Excel VBA
编程实战宝典

尚品科技◎编著

清华大学出版社
北 京

内容简介

本书详细地介绍了Excel VBA编程的知识、技术与实际应用。全书包括23章和3个附录，对Excel VBA语言元素、Application对象、Workbook对象、Worksheet对象、Range对象、Name对象、Sort对象、AutoFilter对象、Shape对象、Chart对象、ChartObject对象、PivotTable对象、创建与使用类模块、编写事件过程、使用Excel对话框、创建用户窗体和控件、定制命令栏和RibbonX功能区、创建用户自定义函数、使用FSO对象模型和VBA内置语句处理文件、与其他Office应用程序交互、使用ADO访问数据、操作注册表、操作VBE、创建和使用加载项、开发Excel实用程序等内容进行了详细讲解。为了帮助读者更好地理解Excel VBA编程涉及的知识与技术，本书提供了400个案例，读者可以在学习的过程中多加练习，不断积累实战经验，快速提高自己的编程水平。本书最后的3个附录分别是VBA函数速查、VBA语句速查、VBA错误代码速查，方便读者在编写代码的过程中遇到问题时随时查阅。

本书提供了大量的附赠资源，包括本书400个案例素材源文件、本书配套PPT课件、本书配套二维码微视频、本书配套教学视频、本书重点案例教学视频、Excel专题教学视频、Windows 10教学视频、Excel公式与函数电子书、Excel数据透视表电子书、Excel图表电子书、Excel文档模板，在线答疑等。

本书内容全面、案例丰富，适合所有从事或希望学习Excel VBA开发的用户阅读。本书既可作为学习Excel VBA的自学用书，又可作为Excel VBA案例应用的速查手册。

图书在版编目（CIP）数据

Excel VBA编程实战宝典 / 尚品科技编著. —北京：清华大学出版社，2018（2021.7重印）

ISBN 978-7-302-50299-9

Ⅰ. ①E… Ⅱ. ①尚… Ⅲ. ①表处理软件－程序设计 Ⅳ. ①TP391.13

中国版本图书馆CIP数据核字（2018）第112432号

责任编辑：张 敏 薛 阳
封面设计：杨玉兰
责任校对：徐俊伟
责任印制：丛怀宇

出版发行：清华大学出版社
网 址：http：//www.tup.com.cn, http：//www.wqbook.com
地 址：北京清华大学学研大厦A座 邮 编：100084
社 总 机：010-62770175 邮 购：010-83470235
投稿与读者服务：010-62776969, c-service@tup.tsinghua.edu.cn
质量反馈：010-62772015, zhiliang@tup.tsinghua.edu.cn
印 装 者：三河市铭诚印务有限公司
经 销：全国新华书店
开 本：185mm×260mm 印 张：32.5 字 数：856千字
版 次：2018年8月第1版 印 次：2021年7月第4次印刷
定 价：99.80元

产品编号：077602-01

前　言

与 Excel 中的其他技术相比，Excel VBA 编程可能是较难学习和掌握的技术。有的读者可能发现，即使花费了大量的时间和精力学习 Excel VBA 编程，也很难编写出自己满意的程序。Excel 是一个操作性很强的软件，而学习 Excel VBA 编程则更需要大量的动手练习和操作实践。在掌握了 Excel VBA 编程的基本概念和语法知识后，只有通过不断练习和经验积累，才能提高编程水平。即使是 Excel VBA 编程高手，也需要经历这样的过程。

本书的目的是为了帮助读者尽快掌握 Excel VBA 编程的核心知识与技术，并降低学习 Excel VBA 编程的难度。本书通过大量的案例帮助读者更好地理解 Excel VBA 编程涉及的知识与技术，同时加强读者的编程实践练习，从而让读者在最短的时间掌握 Excel VBA 编程技术，并能在实际工作中运用自如。本书包括 23 章和 3 个附录，共有 400 个案例，各章的具体情况见表 0-1。

表 0-1　全书各章的具体情况

章　　名	简　　介	案 例 数
第 1 章　VBA 编程概述	介绍了宏的录制、使用与设置，以及 VBE 窗口的组成与使用方法，还介绍了 Excel 应用程序的开发流程	/
第 2 章　掌握 VBA 编程语言	介绍了 VBA 编程语言的基本概念、结构及其包含的语言元素	46
第 3 章　对象编程基础	介绍了对象编程的基本概念和技术	5
第 4 章　使用 Application 对象处理 Excel 程序	介绍了使用 Application 对象处理 Excel 应用程序范围的选项设置和操作方法	18
第 5 章　使用 Workbook 对象处理工作簿	介绍了使用 Workbook 对象处理工作簿的方法	11
第 6 章　使用 Worksheet 对象处理工作表	介绍了使用 Worksheet 对象处理工作表的方法	14
第 7 章　使用 Range 对象处理单元格区域	介绍了使用 Range 对象处理单元格区域的方法，还介绍了使用 Name 对象处理名称、使用 Sort 对象和 AutoFilter 对象处理排序和筛选的方法	25
第 8 章　使用 Shape 对象处理图形对象	介绍了使用 Shape 对象处理图形对象的方法	15
第 9 章　使用 Chart 和 ChartObject 对象处理图表	介绍了在 VBA 中操作图表的方法	22
第 10 章　使用 PivotTable 对象处理数据透视表	介绍了在 VBA 中操作数据透视表的方法	9

续表

章　　名	简　　介	案 例 数
第 11 章　使用类模块创建新的对象	介绍了如何使用类模块创建新对象及其属性的方法，还介绍了在 VBA 中使用类模块创建新对象的方法	4
第 12 章　使用事件编写自动交互的程序	介绍了在 VBA 中编写事件代码所需了解的知识，以及 Excel 中的不同对象所包含的事件及其具体应用	26
第 13 章　使用 Excel 对话框	介绍了在 VBA 中创建与使用 Excel 对话框的方法	8
第 14 章　创建用户窗体和控件	介绍了在 VBA 中通过用户窗体和控件构建自定义对话框的方法	53
第 15 章　定制 Excel 界面环境	介绍了定制传统的菜单栏和工具栏，以及使用 RibbonX 定制功能区的方法，还介绍了同时适用于 Excel 各个版本的快捷菜单的定制方法	36
第 16 章　开发用户自定义函数	介绍了创建包含不同类型参数的 Function 过程的方法，以及使用 VBA 开发的用户自定义函数的大量案例	26
第 17 章　处理文件	介绍使用 FSO 对象模型与 VBA 内置语句和函数操作文件和文件夹的方法	25
第 18 章　与其他 Office 应用程序交互	介绍了在 Excel 中使用 VBA 控制其他 Office 应用程序涉及的基本概念、通用方法以及具体应用	7
第 19 章　使用 ADO 访问数据	介绍了数据库和结构化查询语言的基本概念以及 SQL 语句的基本用法，还介绍了通过 ADO 编程访问 Excel 外部数据的方法	15
第 20 章　操作注册表	介绍了注册表的基础知识和基本操作，以及使用 VBA 操作注册表的方法	6
第 21 章　操作 VBE	介绍了使用 VBA 编程操作 VBE 的方法	19
第 22 章　创建和使用加载项	介绍了创建和管理加载项的方法，还介绍了使用 VBA 操作加载项的方法	8
第 23 章　开发 Excel 实用程序	介绍了使用 VBA 开发 Excel 实用程序的两个典型案例，一个案例是开发通用插件，另一个案例是开发一个人事管理系统	2
附录 A　VBA 函数速查	列出了 VBA 中的所有内部函数	
附录 B　VBA 语句速查	列出了 VBA 中的所有内部语句	
附录 C　VBA 错误代码速查	列出了 VBA 中的所有错误代码的编号和说明	

本书适合有以下需求的读者学习和阅读：

- 专门从事 Excel 二次开发。
- 希望提高日常工作的效率。

- ❒ 对 Excel VBA 感兴趣。
- ❒ 希望根据个人需求，扩展 Excel 功能。
- ❒ 希望自由定制 Excel 界面。
- ❒ 需要在 Office 不同组件之间进行数据互访。
- ❒ 开发 Excel 加载项供自己或他人使用。

本书包含以下配套资源（读者可扫描下方二维码获取）：

- ❒ 本书 400 个案例素材源文件。
- ❒ 本书配套 PPT 课件。
- ❒ 本书配套二维码微视频。
- ❒ 本书配套教学视频。
- ❒ 本书重点案例教学视频。
- ❒ Excel 专题教学视频。
- ❒ Windows 10 教学视频。
- ❒ Excel 公式与函数电子书。
- ❒ Excel 数据透视表电子书。
- ❒ Excel 图表电子书。
- ❒ Excel 文档模板。
- ❒ 在线答疑。

本书由尚品科技编著，参与本书资料收集、整理和编写工作的有杜真民、刘淑平、康玉兰、张宏君、佟英春、徐艳荣、王玲、邸宝霞、徐海彬、王建梅、韩庆龙、肖成云、尤宪明、刘海舟、屈娟、杨晶晶、谷朝辉、徐海军、张志忠、姜晓艳等人。如果在使用本书的过程中遇到问题，或对本书的编写有什么意见或建议，欢迎随时加入专为本书建立的 QQ 技术交流群（238202373）进行在线交流，同时也能在 QQ 群文件中获取本书配套资源，加群时请注明“读者”或书名以验证身份。

编　者

目　　录

案例目录

第 1 章　VBA 编程概述

本章主要介绍 VBA 的一些背景知识、宏的安全性设置、录制与使用宏、使用 Excel VBA 进行编程的界面工具 VBE 窗口的组成等内容，最后还介绍了开发 Excel 应用程序的一般流程。

1.1　VBA 简介

本节对 Excel VBA 的发展历程进行了简要介绍，还介绍了使用 Excel VBA 的原因，以及 Excel VBA 所提供的主要功能。

1.1.1　VBA 发展历程简述

VisiCalc 是世界上最早出现的电子表格软件。虽然以现在的标准看，VisiCalc 存在着很多不完善的地方，但是它为之后的电子表格软件的设计方向奠定了基础。在 VisiCalc 之后出现的是 Lotus 1-2-3，它是当时非常成功的电子表格软件。Lotus 1-2-3 中的宏直接输入到表格的单元格中，由于当时还不存在包含多个工作表的工作簿，因此宏的完整性及其功能很容易受到用户的破坏，进而导致频繁出错。

与 VisiCalc 类似的是 Microsoft 公司开发的 Multiplan，该软件是 Excel 的前身，但其并未取得成功。1985 年在 Macintosh 操作系统中第一次看到了 Excel，它使用了图形化的界面。1987 年 Microsoft 发布了适用于 Windows 操作系统的第一个 Excel 版本，版本号为 Excel 2.0。随后 Microsoft 又发布了 Excel 3.0、Excel 4.0 和 Excel 5.0，在 Excel 4.0 中提供了功能强大的 XLM 宏语言。XLM 宏语言是由保存在工作表中的几百个函数调用组成的，这些函数提供了 Excel 的所有功能，并允许对 Excel 进行编程控制，但是增加了学习和使用的难度。

Microsoft 在 1993 年发布的 Excel 5.0 中首次加入了 VBA，随后其被陆续添加到 Word、PowerPoint、Access 等其他 Office 组件中。通过编写 VBA 代码，能够实现在不同的 Office 组件之间访问数据。Microsoft 在后来发布的 Excel 版本中对 VBA 进行了不同程度的改进，比如增加了大量的事件，通过编写事件代码可以自动响应用户的操作。此外，还为 VBA 提供了一个扩展库，从而允许用户通过编程来自定义 VBE 环境（Visual Basic Editor，VBE）。

Excel 2007 是 Excel 发展历程中一个具有重大意义的版本，它是自 Excel 97 以来发生最大变化的版本。由于 Excel 2007 使用了功能区界面代替早期 Excel 版本中的菜单栏和工具栏，因此通过编程定制 Excel 界面环境的方法也与以前大不相同。Excel 2016/2013/2010 等后续版本与 Excel 2007 类似，虽然在功能区界面环境方面存在一些区别，但是没有本质上的改变。本书以 Excel 2016 为操作环境来讲解 Excel VBA 知识，但是书中内容同样适用于 Excel 2016 之前的 Excel 版本。

提示：“宏”通常指的是一组 VBA 代码。在 Excel 中将录制 VBA 代码的操作称为“录制宏”。本书会介绍很多 VBA 术语，也会使用“宏”这个术语作为表示任何 VBA 代码的一般方式。

1.1.2 VBA 的应用场合

由于本书的主题是 Excel VBA，因此本节介绍的 VBA 的应用场合主要是指在 Excel 环境下，但是列举的这些应用场合也同样适用于其他支持 VBA 的 Office 组件。虽然 Excel 已经提供了非常丰富的功能，以满足日常应用所需，但是仍然有很多原因需要使用 VBA，下面列举了需要使用 VBA 的应用场合。

1. 简化操作，批量完成任务

使用 VBA 或者说录制宏的一个原因是可以将多步操作简化为一步。例如，可能需要对单元格设置多种格式，包括字体、字号、字体颜色、数字格式等。常规方法是在操作界面中逐一找到设置项并依次设置这些格式，或者通过预先定制单元格样式，然后再一次性将样式应用到指定的单元格中。使用 VBA 则可以瞬间完成以上操作，并可重复使用，便捷高效。

对于需要输入复杂公式的情况，可以通过使用 VBA 编写自定义函数来简化公式的输入，即使对函数语法不熟悉的用户，也可以轻松使用自定义函数完成数据的计算任务。

2. 轻松处理专业数据

很多普通用户可能很难使用 Excel 处理自己不擅长的专业领域中的数据。我们通过使用 VBA 预先编制数据处理和分析程序，或者更复杂的人事管理系统、财务管理系统等专业化程序，从而使非专业人员只需单击几下鼠标就可以轻松处理专业数据，而无须浪费时间学习相关专业知识。

3. 扩展程序功能

虽然 Excel 自身已经提供了大量丰富的功能，但是永远也跟不上来自各方面的日新月异的使用需求。使用 VBA 可以根据应用需求编写量身定制的程序，从而完成 Excel 内置功能无法实现的特定任务。例如，当需要在 Excel 中操作 Word 文档或读取注册表的配置信息时，就必须借助 VBA 才能实现。

4. 开发专业插件

使用 VBA 还可以开发专业插件。插件以文件的形式存在，可以被多个用户安装和使用，用于完成一个或多个功能。插件具有普适性，而不只是针对某个特定用户。由于需要考虑插件通用性的问题，因此开发插件比编写针对单一用户并完成简单功能的 VBA 程序要复杂得多。

1.1.3 VBA 的特点

与其他编程语言不同，VBA 代码可以通过录制的方式自动创建，这样对于不了解 VBA 编程知识的用户而言非常方便。然而凡事都有利弊，虽然可以通过录制的方式自动创建 VBA 代码，但是代码本身会包含冗余部分，影响运行的性能，而且兼容性较差，录制的 VBA 代码通常只能完成特定单元格区域中的一项特定任务。

VBA 本身的语法规则通用于 Excel、Word、PowerPoint、Access 等多个 Office 组件，因此学习 VBA 语法投入少，回报高。一旦掌握了 VBA 的语法规则，就可以将其应用到所有支持 VBA 的 Office 组件中。但是如果希望在特定的 Office 组件中真正发挥 VBA 的作用，还需要掌握与该组件对应的对象模型。例如，如果希望在 Excel 中编写能完成 Excel 相关任务的 VBA 代码，则需要学习 Excel 对象模型。

相对于其他类型的编程语言而言，VBA 更容易学习和掌握，而且开发效率较高。这是因为 VBA 中内置了大量的对象，用户在大多数情况下不需要额外创建新的对象，而是直接使用 VBA 提供的现有对象，并使用它们的属性和方法来完成各项任务。

1.2　Excel 文件格式

微软从 Excel 2007 开始为 Excel 工作簿提供了新的文件格式，新格式的文件扩展名在 Excel 2003 文件格式扩展名的结尾多加了一个字母 x 或 m，即.xlsx 和.xlsm。新的文件格式是以工作簿中是否包含宏来作为划分标准的，以.xlsx 格式保存的工作簿不能包含宏，而如果希望工作簿中包含宏，则必须将工作簿以.xlsm 格式保存。当然，如果以早期 Excel 版本中的.xls 格式保存工作簿，则就可以灵活选择是否包含宏。表 1-1 列出了 Excel 2007/2010/2013/2016 包含的主要文件类型及其扩展名。

表 1-1　Excel 文件类型及其扩展名

文 件 类 型	扩 展 名
不包含宏的工作簿	.xlsx
包含宏的工作簿	.xlsm
工作簿模板	.xltx
包含宏的工作簿模板	.xltm
非 XML 二进制工作簿	.xlsb
包含宏的加载项	.xlam

在 Excel 2007 或更高版本的 Excel 中打开由 Excel 2003 或更低版本的 Excel 创建的格式为.xls 的工作簿时，将会自动进入兼容模式，并在 Excel 程序窗口的标题栏中显示文字“兼容模式”，如图 1-1 所示，此时无法使用 Excel 2007 或更高版本的 Excel 提供的新功能。

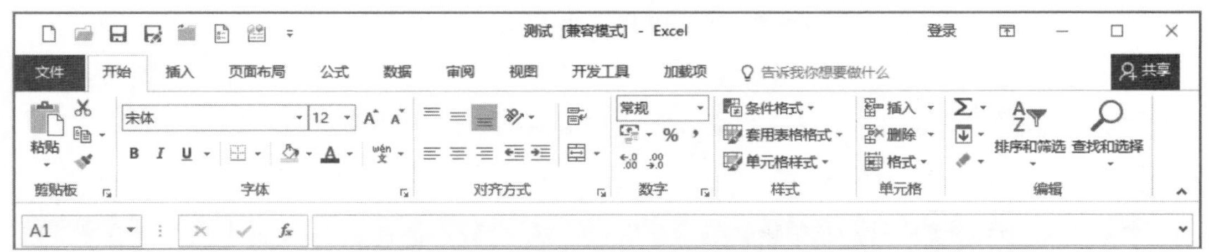

图 1-1　在高版本 Excel 中打开.xls 格式的工作簿会自动进入兼容模式

可以单击“文件”按钮，然后依次选择“信息”|“转换”命令，将.xls 格式的工作簿转换为.xlsx 格式。如果转换前的工作簿中包含 VBA 代码，那么转换后的工作簿的格式将会是.xlsm。

1.3　宏的安全性设置

为了可以正常运行 Excel 工作簿中的宏，或是出于安全性方面的原因而禁止运行工作簿中的宏，都应该了解和正确设置宏的安全性选项。本节将介绍 Excel 中关于允许或禁止运行宏方面的选项设置的方法。

1.3.1　临时允许或禁止运行宏

默认情况下，当打开包含宏的工作簿时，在功能区的下方会显示一条“宏已被禁用”的消息，其中还会包含一个“启用内容”按钮，如图 1-2 所示。如果确定工作簿中的宏是安全可靠

的，可以单击该按钮以允许运行该工作簿中的宏。否则可以忽略该消息，这样就不能运行这个工作簿中的宏，但是可以查看和修改宏。

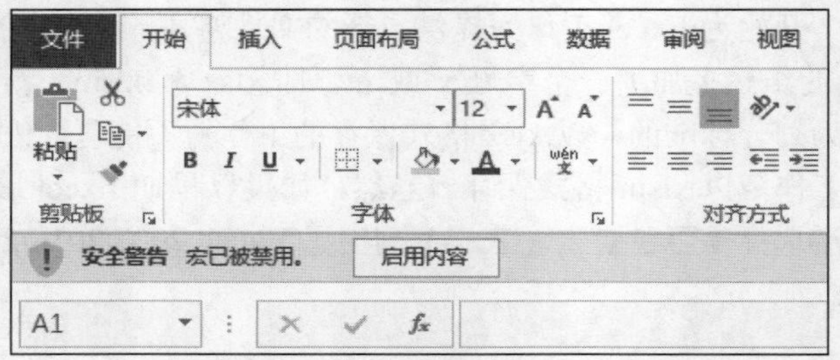

图 1-2　打开包含宏的工作簿时显示的消息

1.3.2　允许运行特定文件夹中的宏

Excel 允许用户将指定的文件夹设置为允许宏运行的文件夹，只要从这个文件夹中打开包含宏的工作簿，其中的宏就可以运行。在 Excel 中将这类文件夹称为“受信任位置”。Excel 自身提供了一些默认的受信任位置，用户也可以向 Excel 中添加新的受信任位置，这样就可以将包含宏的工作簿集中保存在同一个文件夹中，便于使用和管理。

可以使用下面的方法打开用于设置受信任位置的对话框：

（1）单击“文件”按钮，然后选择“选项”，打开“Excel 选项”对话框。

（2）在左侧选择“信任中心”，然后在右侧单击“信任中心设置”按钮，如图 1-3 所示。

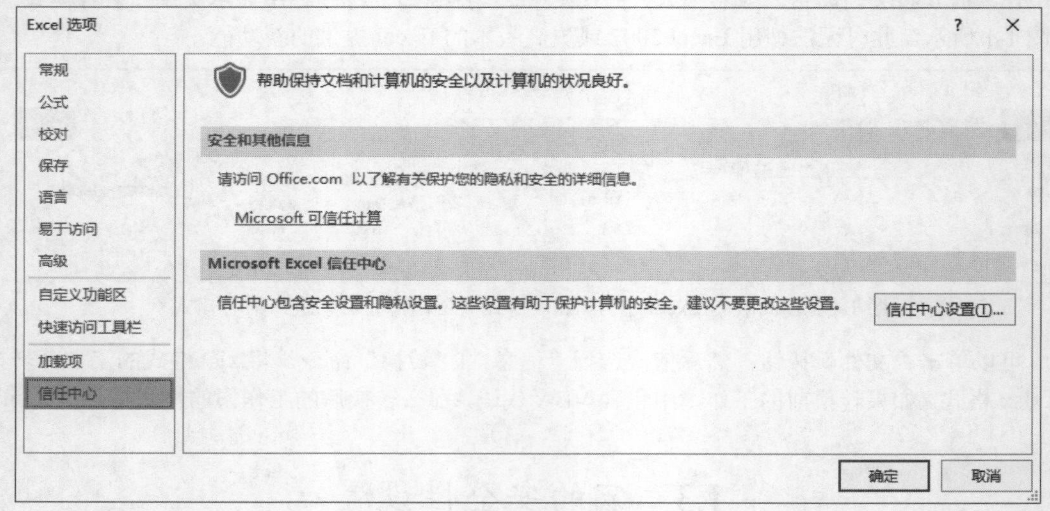

图 1-3　单击“信任中心设置”按钮

（3）打开“信任中心”对话框，在左侧选择“受信任位置”，右侧显示了 Excel 默认的受信任位置，以及用户添加的受信任位置，如图 1-4 所示。

对受信任位置主要可以进行以下 3 种操作。

1. 添加新的受信任位置

除了 Excel 默认提供的受信任位置之外，用户还可以将自己创建的文件夹设置为受信任位置。在图 1-4 中单击“添加新位置”按钮，打开如图 1-5 所示的“Microsoft Office 受信任位置”对话框，其中显示的默认路径是在打开该对话框之前，在受信任位置列表中选择的位置。

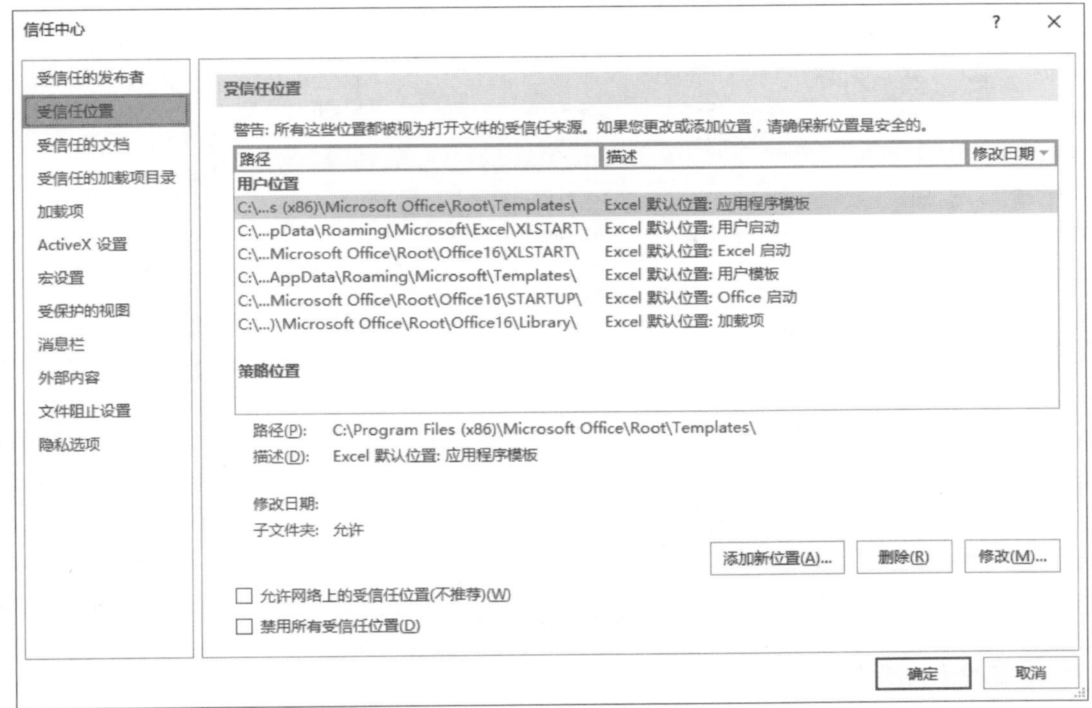

图 1-4　Excel 默认的受信任位置和用户添加的受信任位置

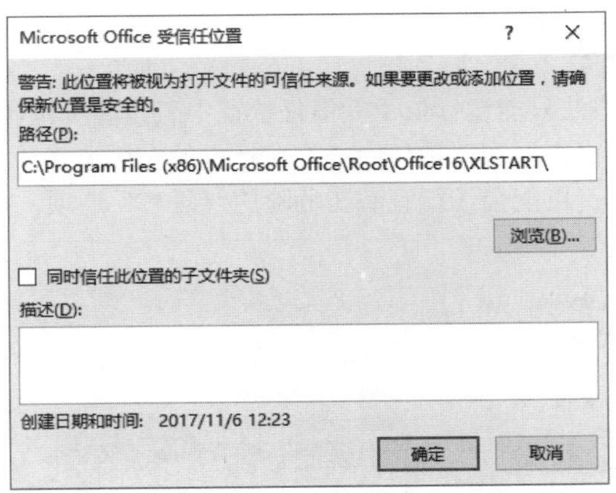

图 1-5　添加新的信任位置

要添加新的位置，需要单击“浏览”按钮，然后选择所需的文件夹。选择后单击“确定”按钮返回“Microsoft Office 受信任位置”对话框，此时会显示新选择的文件夹的完整路径。通过选中“同时信任此位置的子文件夹”复选框，可以同时信任所选文件中包含的所有子文件夹，还可以在“描述”文本框中输入说明信息。

确认无误后单击“确定”按钮关闭该对话框，在受信任位置列表中将会看到新添加的位置，例如如图 1-6 所示的“G:\安全的 Excel 宏”。

2. 修改现有的受信任位置

在受信任位置列表中选择要修改的位置，然后单击“修改”按钮，可以将所选位置改为一个其他的位置。

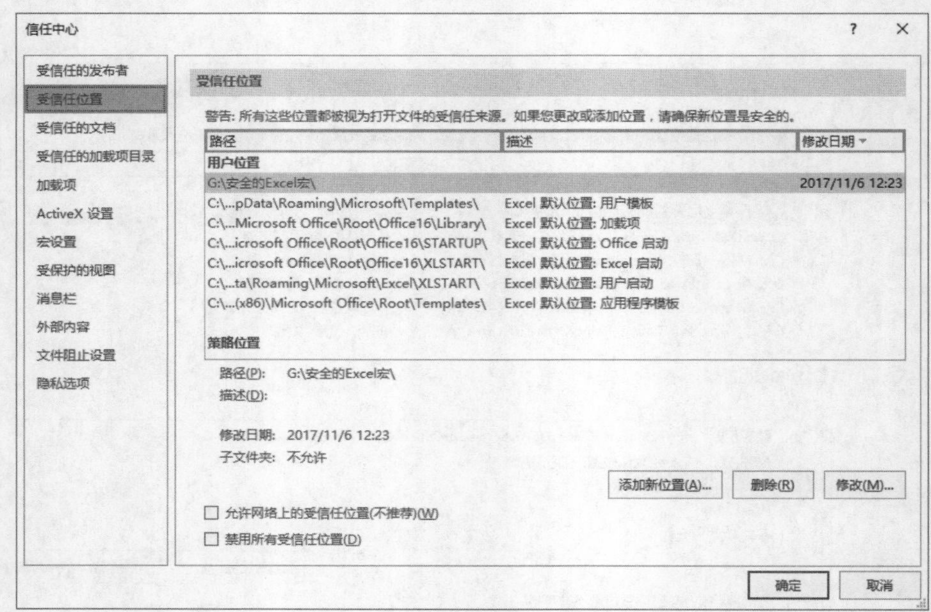

图 1-6　将所选位置添加到受信任位置列表中

3. 删除受信任位置

在受信任位置列表中选择不再需要的受信任位置，单击“删除”按钮将其从列表中删除。

1.3.3　允许运行所有宏

使用 1.3.2 节介绍的方法只能运行位于受信任位置中工作簿所包含的宏。如果希望运行任意位置上工作簿中的宏，那么需要在“信任中心”对话框的左侧选择“宏设置”，然后在右侧选择“启用所有宏（不推荐：可能会运行有潜在危险的代码）”选项，如图 1-7 所示。

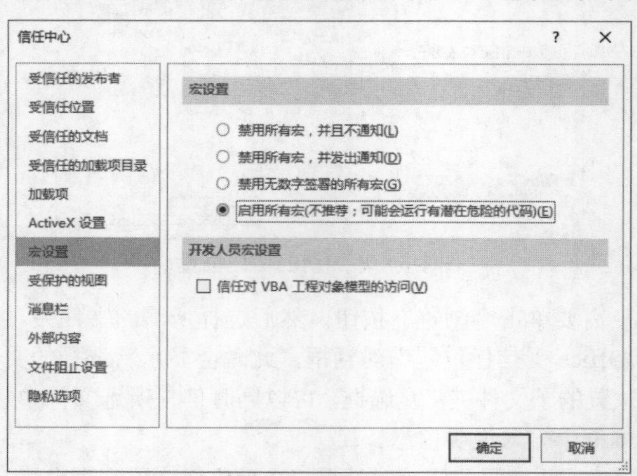

图 1-7　对宏安全性进行全局设置

经过以上设置，无论工作簿是否位于受信任位置，用户都可以运行其中包含的宏，但同时也会带来更多的安全隐患。此外，“宏设置”类别中的选项不会对从受信任位置中打开的工作簿或加载项起作用。例如，如果在“宏设置”类别中选择“禁用所有宏，并且不通知”选项，当从受信任位置打开包含宏的工作簿时，其中的宏仍然可以正常运行。

宏设置中的另外两个选项都用于禁止运行宏，区别在于禁用的同时是否向用户发出消息通知。“禁用所有宏，并发出通知”是宏设置的默认选项，就像 1.3.1 节介绍的那样，当在 Excel 中打开包含宏的工作簿时，会在功能区下方显示消息通知，由用户决定是否允许宏的运行。如果选择“禁用所有宏，并且不通知”选项，禁用宏并且不会向用户发出消息通知。

1.3.4　禁止他人随意修改宏

在宏的安全性设置中即使禁止了宏的运行，在打开包含宏的工作簿后，用户仍然可以查看和修改宏。如果意外地修改了宏，可能会导致其无法正常运行。为了避免出现这种情况，可以通过密码为宏设置访问权限。

在 Excel 中打开指定的包含宏的工作簿，按 Alt+F11 组合键打开 VBE 窗口，在菜单栏中选择“工具”|“VBAProject 属性”命令，打开“VBAProject-工程属性”对话框，在“保护”选项卡中选中“查看时锁定工程”复选框，在“密码”和“确认密码”文本框中输入相同的密码，如图 1-8 所示，最后单击“确定”按钮。

提示：本章后面将会对 VBE 窗口进行详细介绍。

以后再次打开受 VBA 工程密码保护的工作簿，并试图查看或修改 VBA 代码时，将会显示如图 1-9 所示的对话框，只有输入正确的密码才能进行下一步操作。

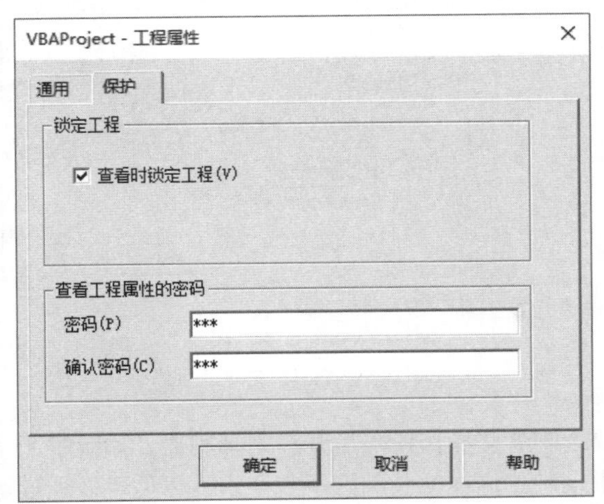

图 1-8　为 VBA 工程设置密码

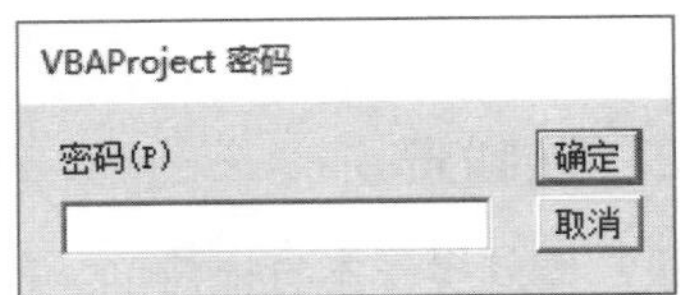

图 1-9　查看 VBA 代码之前必须提供正确的密码

1.4　录制与使用宏

使用 VBA 的绝大多数用户几乎都是从录制宏开始的，这主要有两个原因。首先，录制宏是获得 VBA 代码的最简单方式，另一个原因是可以通过录制宏了解完成特定功能所需使用的 Excel 对象，这样就可以快速掌握 VBA 代码的编写技巧。无论是 VBA 初级用户还是有经验的 VBA 开发人员，都能从录制的宏中受益。本节将介绍录制和使用宏方面的内容，具体包括录制宏、运行宏、保存宏、修改宏等。

1.4.1　显示“开发工具”选项卡

“开发工具”选项卡提供了与操作宏和加载项相关的命令，但是默认没有显示在功能区中。

虽然录制宏的操作不依赖于“开发工具”选项卡，但是如果要对宏进行更多的操作，则需要使用“开发工具”选项卡。

右击功能区或快速访问工具栏，在弹出的菜单中选择“自定义功能区”命令，打开“Excel 选项”对话框并自动进入“自定义功能区”界面，在最右侧的列表框中选中“开发工具”复选框，如图 1-10 所示。单击“确定”按钮，“开发工具”选项卡将被添加到功能区中。

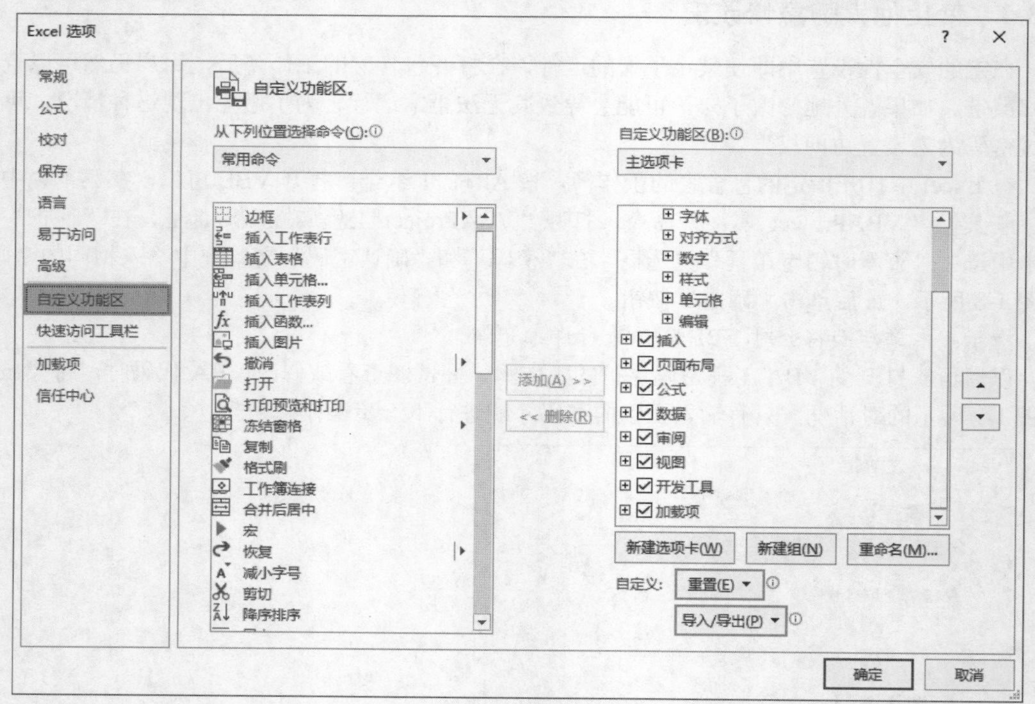

图 1-10　选中“开发工具”复选框

1.4.2　录制宏

录制宏的操作本身很简单，首先想好要录制哪些操作，然后开启宏录制器开始录制，按照预先设想进行操作，最后停止宏录制器结束录制。这样就录制好了一个宏，以后可以通过运行这个宏来重复执行录制过程中涉及的操作。

为了确保录制的宏可用并高效，在开始录制前需要考虑一些事项。首先确定要录制的宏想要完成什么操作，然后排练要录制的操作步骤直到熟练为止。这是因为录制过程中出现的误操作会被宏录制器记录下来，以后运行宏时也会包含这些错误的操作。需要注意的是，并非所有操作都会被宏录制器记录下来。

假设希望录制从 B1 单元格开始在同一行中输入 1 月～3 月的名称，即 1 月、2 月、3 月。由于本例中要在 B1 单元格中输入“1 月”，所以录制时应该包括选择 B1 单元格的操作。如果录制时不包括该操作，会将在活动单元格中输入“1 月”的操作记录下来。在以后运行宏时，活动单元格的位置是不固定的，这样就无法保证“1 月”始终被输入到 B1 单元格中。

除了在单元格中输入内容以外，还需要决定是否为输入的内容设置格式，比如字体格式、数字格式或对齐格式。最后需要考虑在宏运行后活动单元格的位置。假设本例希望宏运行后的活动单元格是 A2，那么在停止宏录制前，需要选择 A2 单元格。

考虑好以上问题后，下面就可以开始录制了。录制之前需要在“录制新宏”对话框中为宏设置一些信息，包括宏的名称、运行宏时的快捷键、宏的说明信息等内容，可以使用以下 3 种方法打开“录制新宏”对话框。在打开该对话框之前确保已经打开了希望包含宏的工作簿，或者新建一个空白的工作簿。

- 单击 Excel 窗口底部状态栏左侧的按钮。如果没有显示该按钮，可以右击状态栏并从弹出的菜单中选择“宏录制”选项。
- 在功能区“视图”选项卡中单击“宏”按钮，然后在弹出的菜单中选择“录制宏”命令。
- 在功能区“开发工具”选项卡中单击“录制宏”按钮。

打开的“录制宏”对话框如图 1-11 所示，在这里可以进行以下 4 项设置，其中的一些设置是可选的。

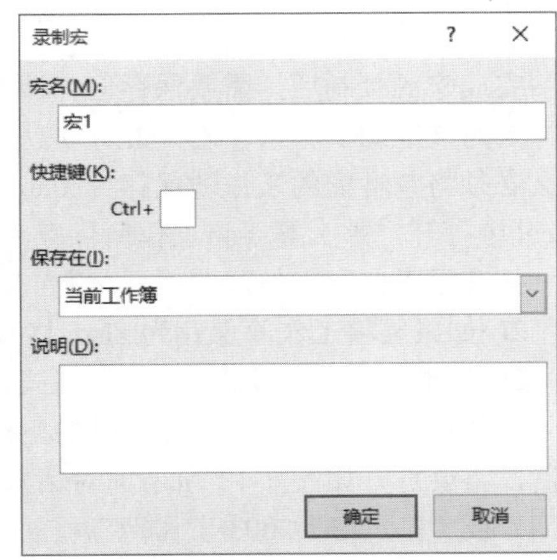

图 1-11　“录制宏”对话框

1. 宏的名称

在“宏名”文本框中输入宏的名称，应该使用易于识别的描述性名称。名称的长度不能超过 255 个字符，而且不能包含空格、问号、叹号等符号。

2. 运行宏的快捷键

在“快捷键”文本框中可以输入一个小写字母，也可以输入一个大写字母。例如，如果输入的是小写字母 r，以后可以使用 Ctrl+R 组合键运行这个宏；如果输入的是大写字母 R，则需要使用 Ctrl+Shift+R 组合键运行宏。

3. 宏的保存位置

在“保存在”下拉列表中选择将录制好的宏保存在哪里，包含以下 3 个选项：

- 选择“当前工作簿”选项，Excel 会将录制的宏保存在当前工作簿中。
- 选择“新工作簿”选项，Excel 会新建一个工作簿并将录制的宏保存在其中。
- 选择“个人宏工作簿”选项，Excel 会将录制的宏保存在名为“Personal.xlsb”的特殊工作簿中。这个工作簿位于 Excel 程序的 XLSTART 启动文件夹中，每次启动 Excel 时也会自动启动该工作簿。由于该工作簿默认处于隐藏状态，因此启动 Excel 后不会显示该工作簿。如果希望录制的宏可以用于任意一个工作簿而不只是录制宏时的工作簿，那么就需要将宏保存到 Personal.xlsb 工作簿中。如果该工作簿不存在，Excel 会自动创建。

4. 宏的说明信息

为了避免以后忘记宏的用途，可以在“说明”文本框中为宏添加说明信息。

设置好所需选项后，单击“确定”按钮开始录制。Excel 窗口底部状态栏左侧的“录制宏”按钮会变为“停止录制”按钮，同时功能区“开发工具”选项卡中的“录制宏”按钮也会变为“停止录制”按钮。本例要从 B1 单元格开始在同一行的 3 个单元格中输入 1 月～3 月的名称，输入好以后让 A2 单元格变为活动单元格，录制过程如下：

（1）单击 B1 单元格，输入“1 月”，然后使用类似的方法，在 C1 和 D1 单元格中分别输入“2 月”和“3 月”。

（2）选择 B1:D1 单元格区域，然后在功能区“开始”选项卡中单击“加粗”按钮，为所选区域中的内容设置加粗格式。

（3）单击 A2 单元格，使其成为活动单元格。

（4）单击 Excel 窗口底部状态栏左侧的“停止录制”按钮■，结束录制。

注意：一定记得要停止宏的录制。否则如果在停止录制之前就运行宏，那么将会陷入死循环。如果出现这种情况，可以使用 Ctrl+Break 组合键强制中断宏的运行。

1.4.3 保存宏

完成宏的录制后，需要保存包含该宏的工作簿。不能将工作簿保存为 Excel 默认的.xlsx 格式，因为该格式不能包含宏。如果希望保存为 Excel 2007 或更高版本的 Excel 新增的文件格式，那么必须将包含宏的工作簿保存为.xlsm 格式。如果希望工作簿可以在 Excel 2003 或更低版本的 Excel 中打开，那么需要将工作簿保存为.xls 格式。

打开用于保存工作簿的“另存为”对话框，在“文件类型”下拉列表选择所需的文件格式：

- 如果要将工作簿保存为.xlsm 格式，需要选择“Excel 启用宏的工作簿”选项。
- 如果要将工作簿保存为.xls 格式，需要选择“Excel 97-2003 工作簿”选项。

如果将宏录制到了已经保存过的格式为.xlsx 的工作簿中，那么当录制好宏并按 Ctrl+S 组合键后，将会打开如图 1-12 所示的对话框，必须单击“否”按钮，然后选择“Excel 启用宏的工作簿”或“Excel 97-2003 工作簿”格式，才能将录制的宏保存到工作簿中。

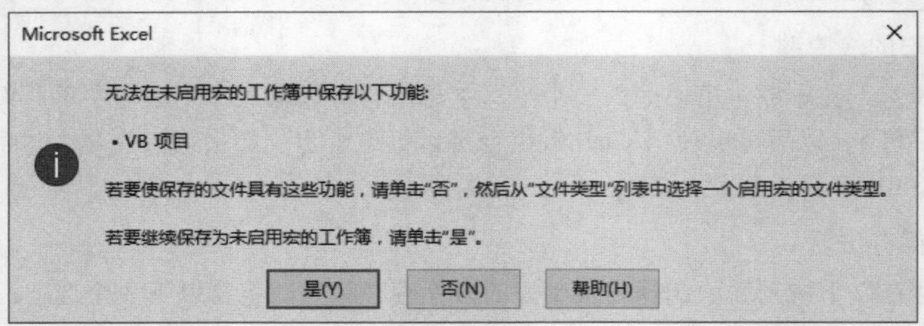

图 1-12　为了保存宏需要更改工作簿的文件格式

提示：默认情况下，在 Windows 操作系统中不会显示文件的扩展名。如果希望显示文件扩展名，需要在文件资源管理器中的“查看”选项卡中选中“文件扩展名”复选框，如图 1-13 所示。这里以 Windows 10 操作系统为例，其他版本的 Windows 操作系统与此类似。

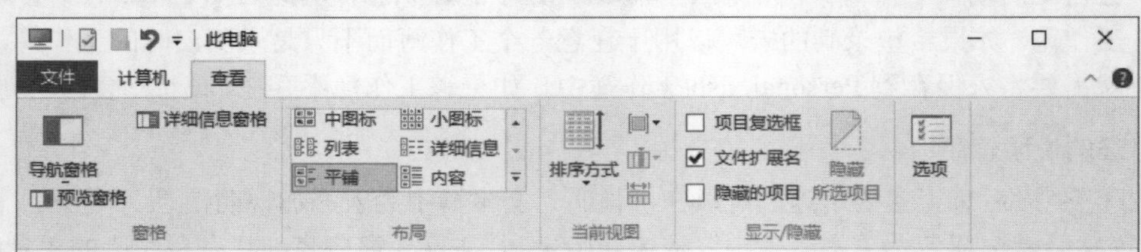

图 1-13　显示文件的扩展名

1.4.4 运行宏的多种方式

运行宏之前，可能需要更改 Excel 中的宏安全性设置，以确保可以正常运行宏。设置宏安全性的方法已在 1.3 节介绍过，这里不再赘述。在 Excel 窗口中要运行工作簿中的宏，需要先打开“宏”对话框，然后才能运行宏。我们可以使用以下几种方法打开“宏”对话框：

- 单击功能区“视图”选项卡中的“宏”按钮，在弹出的菜单中选择“查看宏”命令。

- 单击功能区“开发工具”选项卡中的“宏”按钮。
- 按 Alt+F8 组合键。

打开如图 1-14 所示的“宏”对话框，列表中默认显示了当前打开的所有工作簿中包含的宏。双击要运行的宏，或者选择宏后单击“执行”按钮，都可以运行这个宏。如果录制前为宏设置了快捷键，还可以使用快捷键运行宏，这样就不必打开“宏”对话框。

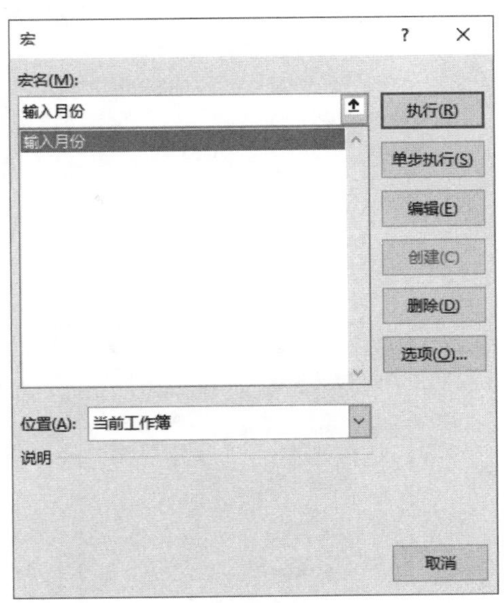

图 1-14　使用“宏”对话框运行宏

如果要修改宏的快捷键和说明信息，可以在“宏”对话框中单击“选项”按钮，然后在打开的对话框中进行修改。

除了上面介绍的运行宏的基本方法之外，还可以使用下面几种方法运行宏。

1. 快速访问工具栏

可以将宏添加到 Excel 窗口顶部的快速访问工具栏中，这样该宏可通用于任意工作表或工作簿。右击快速访问工具栏中的任意一个按钮，在弹出的菜单中选择“自定义快速访问工具栏”命令。打开“Excel 选项”对话框并显示快速访问工具栏的自定义设置界面，在“从下列位置选择命令”下拉列表中选择“宏”选项，下方会显示当前打开的工作簿中包含的宏，如图 1-15 所示。选择要使用的宏，然后单击“添加”按钮，将其添加到快速访问工具栏中。

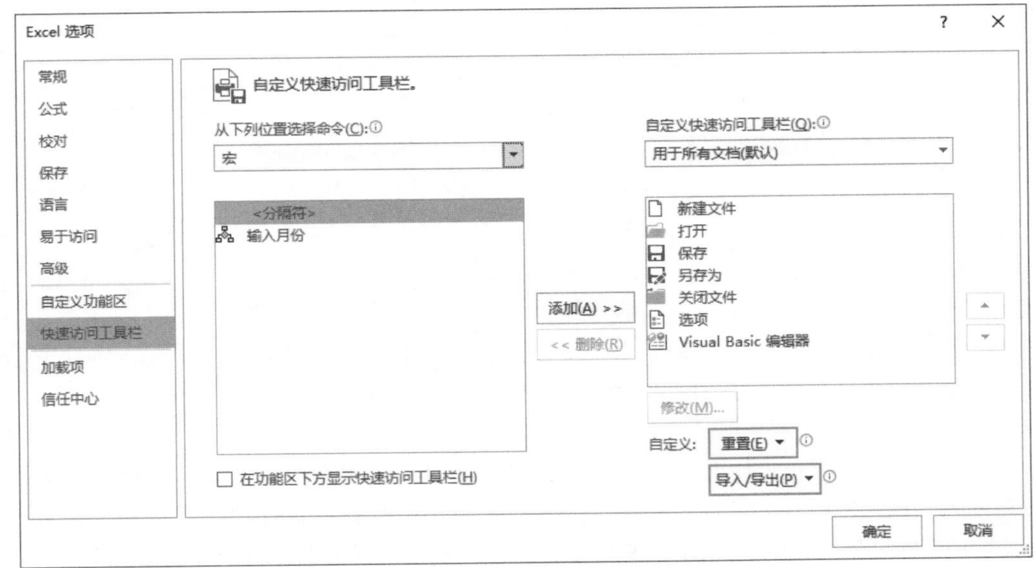

图 1-15　将宏添加到快速访问工具栏中

2. 窗体控件

可以在工作表中嵌入窗体控件。窗体控件的优点是比 ActiveX 控件更简单，因为它们不具备 ActiveX 控件的所有功能。在功能区“开发工具”选项卡中单击“插入”按钮，然后在“表单控件”类别中选择要使用的窗体控件，如图 1-16 所示。在工作表中沿对角线方向拖动鼠标绘制出所选择的控件，比如绘制一个按钮控件。释放鼠标按键的同时会自动显示“指定宏”对话框，如图 1-17 所示，为控件选择一个要运行的宏，然后单击“确定”按钮。

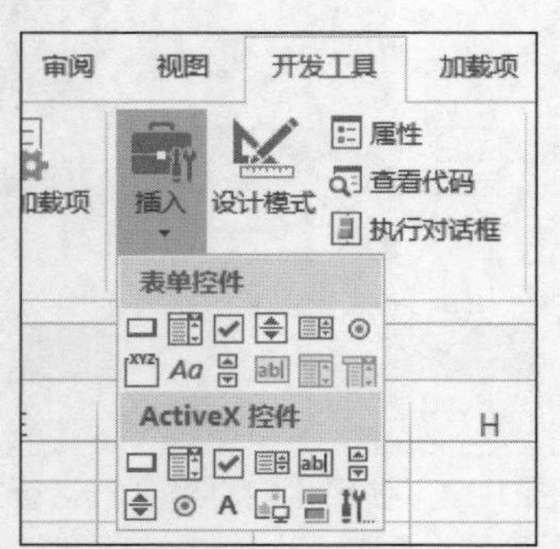

图 1-16　从“表单控件”类别中选择窗体控件

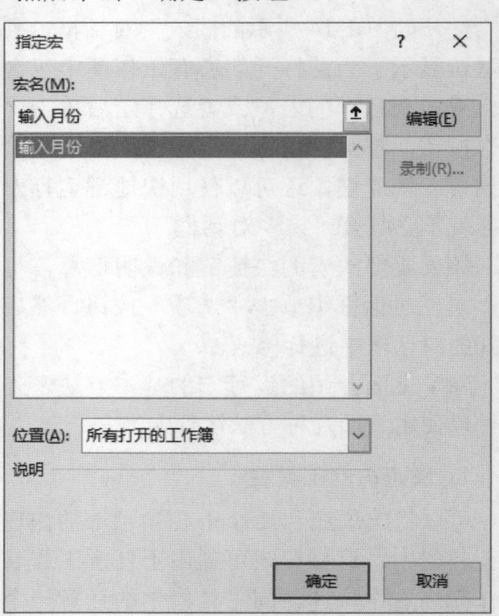

图 1-17　为窗体控件指定宏

之后右击工作表中的窗体控件，在弹出的菜单中选择“编辑文字”命令，如图 1-18 所示，修改控件上显示的文字，使其更有意义。单击控件之外的其他位置，取消控件的选中状态，然后单击这个控件就会运行之前为它指定的宏。在控件的右键菜单中选择“指定宏”命令，可以修改为控件指定的宏。

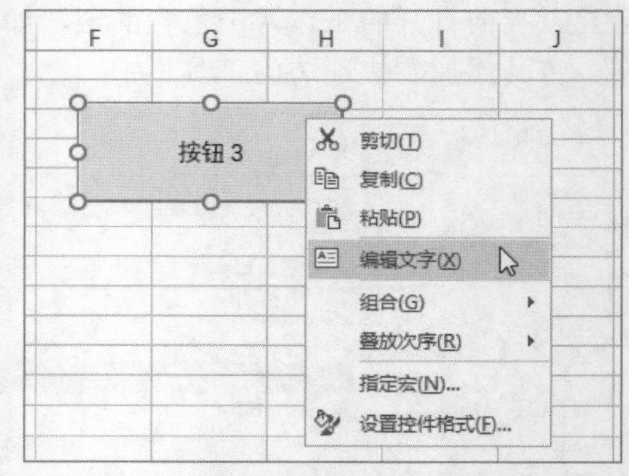

图 1-18　修改控件上显示的文字

3. ActiveX 控件

除了窗体控件之外，还可以在工作表中嵌入 ActiveX 控件。在功能区“开发工具”选项卡中单击“插入”按钮，然后在“ActiveX 控件”类别中选择要使用的 ActiveX 控件。使用类似创建窗体控件的方法在工作表中绘制出一个 ActiveX 控件，此时会进入设计模式。在该模式下可以选择和移动控件、设置控件的属性、为控件的事件过程编写代码。

与窗体控件不同，在工作表中插入 ActiveX 控件时 Excel 不会自动要求用户为控件指定宏，用户需要为 ActiveX 控件的事件过程编写代码。例如，对于命令按钮控件而言，通常需要为其编写 Click 事件过程的代码，如图 1-19 所示。在设计模式下双击工作表中的 ActiveX 控件，在 VBE 窗口中打开该控件的代码窗口，在左、右两个下拉列表中选择该控件的名称以及所需的事件过程名称，Excel 会自动插入 Sub 语句行和 End Sub 语句行，用户需要在这两行语句之间输入所需的代码。

要修改 ActiveX 控件上显示的文本，需要在设计模式下右击控件，在弹出的菜单中选择“属性”命令，然后在打开的“属性”对话框中设置 Caption 属性的值，如图 1-20 所示。

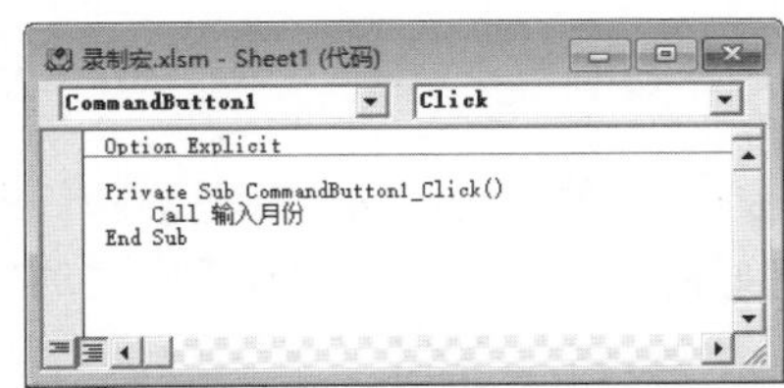
```
Option Explicit

Private Sub CommandButton1_Click()
    Call 输入月份
End Sub
```
图 1-19　编写 ActiveX 控件的事件过程代码

图 1-20　ActiveX 控件的“属性”对话框

4. 事件过程

事件过程允许用户在进行特定的操作或系统发生特定行为时自动运行预先编写好的 VBA 代码。前面介绍的在工作表中插入的命令按钮控件的 Click 就是该控件的其中一个事件过程。事件过程包含在工作簿、工作表、图表、用户窗体等对象所对应的代码模块中。

在 VBE 窗口的工程资源管理器中双击这些代码模块，打开对应的代码窗口，在左侧的下拉列表中选择一个对象，然后在右侧的下拉列表中选择该对象包含的一个事件，如图 1-21 所示。Excel 会自动在代码窗口中添加事件过程框架，即 Sub 语句和 End Sub 语句，之后用户可以在这两个语句之间编写实现特定功能的代码。

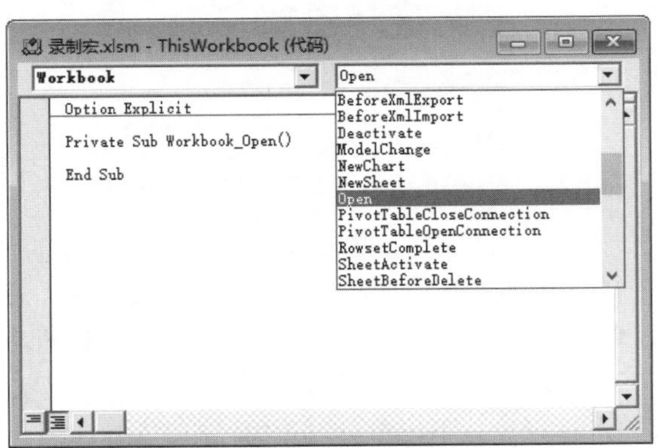

图 1-21　编写对象的事件过程

1.4.5　绝对录制和相对录制

录制宏包括绝对录制和相对录制两种模式。前面介绍的案例是在绝对模式下录制的，这也是宏录制器默认使用的录制模式。不管在哪一个工作簿中运行前面案例中录制的宏，也不管活动单元格位于哪个位置，Excel 始终都会从 B1 单元格开始输入内容。

在相对录制模式下，活动单元格的位置记录是相对的。例如，如果当前的活动单元格是 A1，开始录制后选择了 B1 单元格，那么宏录制器只会记录从当前活动单元格向右移动一个单元格的操作，而不会记录选中 B1 单元格的操作。这样在以后运行这个宏时，假设当前的活动单元格是 C1，那么这个宏就会从 D1 单元格开始输入内容，因为 D1 单元格是 C1 单元格向右移动一个单元格后得到的单元格。

在录制选择单元格的宏之前，应该考虑使用绝对引用还是相对引用进行录制。如果希望宏可以用于不同的单元格或区域，那么通常需要使用相对引用录制。如果只希望操作固定的单元格或区域，则需要使用绝对引用录制。

要在相对模式下录制宏，需要在开始录制前，在功能区“开发工具”选项卡中单击“使用相对引用”按钮。

1.4.6 修改宏

录制好的宏虽然可以运行，但其中通常都会包含一些多余的代码，这些代码会降低宏的运行效率。因此如果了解一些 VBA 知识，就可以对录制好的宏进行修改，删除不必要的代码，提高运行效率。

要修改宏，首先需要打开包含宏的工作簿，然后使用 1.4.4 节介绍的方法打开“宏”对话框。选择要修改的宏，单击“编辑”按钮，打开 VBE 窗口，其中显示了所选择的宏包含的 VBA 代码，如图 1-22 所示。

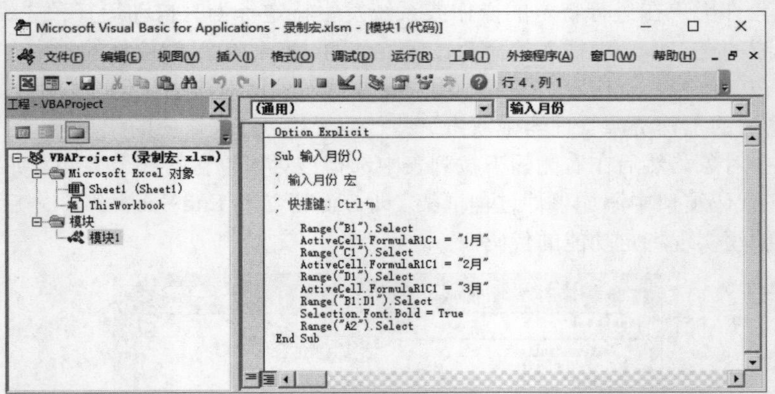

图 1-22 在 VBE 窗口中查看宏包含的 VBA 代码

宏本身是一组 VBA 代码，由 Sub 和 End Sub 以及位于它们之间的代码组成，Sub 右侧的文字是宏的名称，名称右侧有一对圆括号。宏的名称就是录制宏时在“录制新宏”对话框中输入的名称。Sub 语句下方以单引号开始的语句是注释语句，用于对宏的功能进行说明，运行宏时不会执行它们。注释语句下方直到 End Sub 语句之前的数行语句就是实现宏功能的 VBA 代码，可以在 VBE 窗口中对代码进行修改。下一节会对 VBE 窗口进行详细介绍。

1.5 使用 VBE 窗口

VBE（Visual Basic Editor）是独立运行于 Excel 窗口的专有窗口，编写和测试 VBA 代码都需要在 VBE 窗口中进行，因此我们有必要了解和掌握 VBE 窗口包含的组件以及使用方法。

1.5.1　打开 VBE 窗口

可以使用以下两种方法打开 VBE 窗口：

- 在功能区“开发工具”选项卡中单击 Visual Basic 按钮。
- 按 Alt+F11 组合键。

如果希望编辑指定的宏，可以使用 1.4.6 节介绍的方法打开 VBE 窗口并自动显示指定的宏。还可以在 Excel 窗口中右击工作表标签，在弹出的菜单中选择“查看代码”命令，打开 VBE 窗口并自动显示与右击的工作表关联的代码窗口。在后面的 1.5.4 节会对代码窗口进行详细介绍。

虽然从 Excel 2007 开始将 Excel 界面改为了功能区，但是 VBE 窗口一直使用早期 Excel 版本中的菜单栏、工具栏的布局方式。打开的 VBE 窗口类似如图 1-23 所示，由工程资源管理器、属性窗口、代码窗口和管理代码模块等部分组成。根据用户的个人设置，某些部分可能处于隐藏状态，可以使用 VBE 窗口“视图”菜单中的命令显示或隐藏它们。

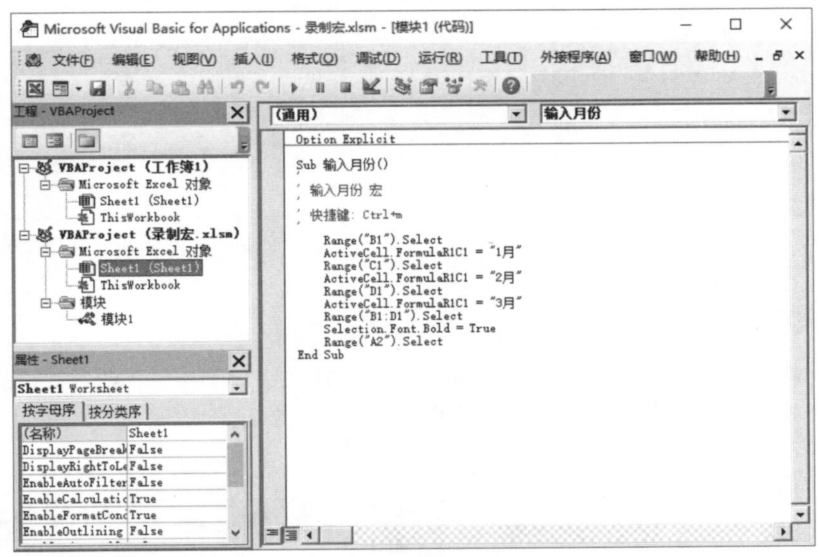

图 1-23　VBE 窗口

1.5.2　工程资源管理器

工程资源管理器如图 1-24 所示，它是 VBE 窗口中的导航工具，其中显示了当前打开的所有工作簿。每个工作簿以独立的工程显示，在每个工作簿的下方显示了工程的组成元素，比如 Sheet1、Sheet2、ThisWorkbook 等。可以通过单击工程资源管理器中的⊟符号折叠或⊞符号展开不同类别中的项目。

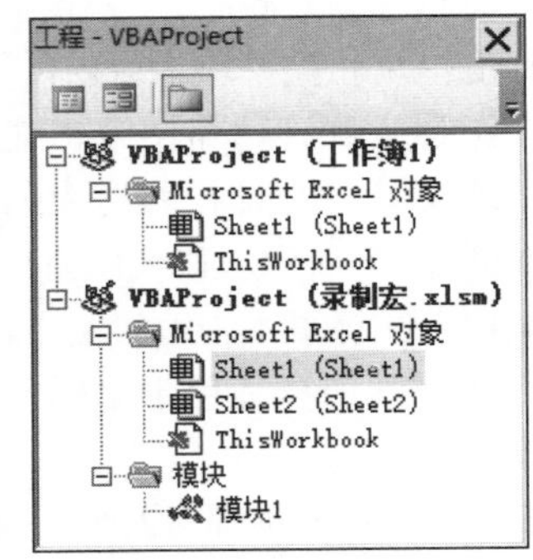

图 1-24　工程资源管理器

如果在工作簿中录制了宏，那么在与该工作簿对应的工程中会包含一个或多个模块。例如，在图 1-24 的“录制宏.xlsm”工程中包含一个名为“模块 1”的模块。如果用户创建了用户窗体和类，在工程中还会包含窗体模块和类模块。

1.5.3 属性窗口

属性窗口显示了在工程资源管理器中当前选中的对象的相关属性，它们都是在设计时可以改变的属性。例如，在工程资源管理器中选择 Sheet1，属性窗口就会显示 Sheet1 的属性，如图 1-25 所示，设置这些属性可以改变 Sheet1 的外观和特性。

属性窗口中的左列是属性的名称，名称的右侧是该属性的值。可以直接输入属性的值，也可以从预置选项中选择属性的值，一些属性提供了预置值。例如，Sheet1 有一个 Visible 属性，当单击该属性名称右侧用于存放属性值的位置时会显示一个下拉按钮，单击该按钮将会显示包含预置值的列表，然后可以从中选择要为属性设置的值，如图 1-26 所示。

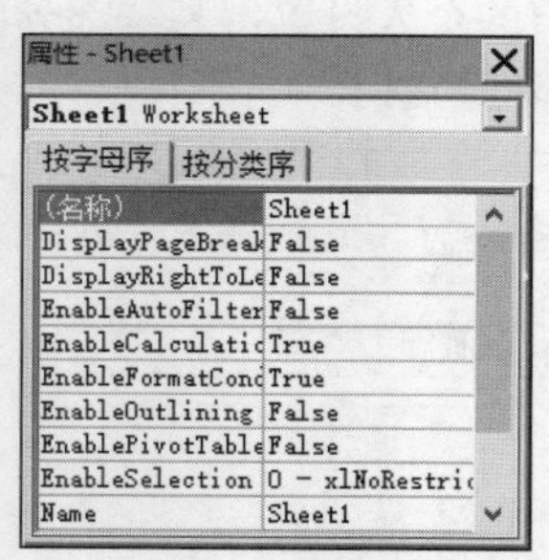

图 1-25 显示当前所选对象的属性

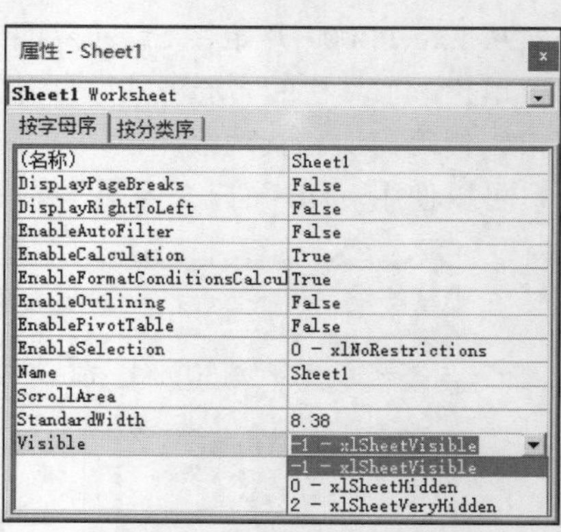

图 1-26 为属性设置预置值

1.5.4 代码窗口

所有录制的宏或手动编写的 VBA 代码都位于代码模块中。VBA 包含两种类型的代码模块：标准模块和类模块。标准模块中的代码可用于应用程序中的任何地方，而类模块主要用于创建对象。

在录制宏时由宏录制器自动创建的模块是标准模块，比如在 1.5.2 节提到的“模块 1”。在 VBA 工程中默认包含了几个类模块，它们与工作簿自身或工作簿中包含的各个工作表相关联，比如 Sheet1、Sheet2、ThisWorkBook。用户也可以手动创建标准模块和类模块。

在工程资源管理器中双击任意一个模块，将会打开与该模块对应的代码窗口，如图 1-27 所示。在代码窗口中编写代码类似于在记事本中编辑文本，编辑文本的操作方法同样适用于编辑代码窗口中的 VBA 代码。

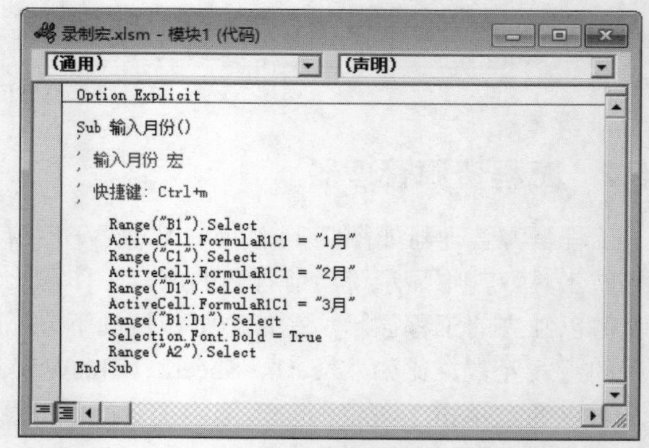

图 1-27 代码窗口

在代码窗口的顶部有两个下拉列表，左侧的列表用于选择当前模块中包含的对象，右侧的列表用于选择 Sub 过程、Function 过程或对象特有的事件过程。选择好这两部分内容后，即可为指定的 Sub 过程、Function 过程或事件过程编写代码。在标准模块的左侧列表中只有“通用”一项。

过程是一组代码的逻辑单元，一个代码模块中可以包含任意数量的过程，每个过程用于完成不同的任务。VBA 中最常使用的过程有 3 类：Sub 过程（子过程）、Function 过程（函数过程）、事件过程。宏录制器只能创建 Sub 过程，Function 过程需要用户手动创建。事件过程是对象自带的过程，它存在于类模块中，通常不需要单独创建，只需从代码窗口的左、右两个列表中分别选择对象和事件，然后编写事件触发时要运行的代码。第 2 章会详细介绍 Sub 过程和 Function 过程，第 12 章会详细介绍事件过程。

要运行代码窗口中的 VBA 代码，需要将插入点定位到指定过程的范围内，然后单击 VBE 窗口"标准"工具栏中的"运行子过程/用户窗体"按钮▶，或按 F5 键。

1.5.5　管理代码模块

每个模块可以包含多个过程，模块为组织互不相关的过程提供了一种较好的方式。模块不能被运行，而只能运行模块中的过程。可以对模块执行以下几种操作：

- 添加新模块：右击工程中的任意一项，在弹出的菜单中选择"插入"命令，然后在子菜单中选择要添加的模块类型，包括用户窗体、模块、类模块 3 种。
- 导出模块：为了便于将编写好的代码用在其他工程中，可以将包含代码的模块以文件的形式保存到计算机磁盘中，然后在需要时将其添加到其他工程中。在工程中右击要导出的模块，在弹出的菜单中选择"导出文件"命令，然后在打开的对话框中设置文件名称和保存位置，最后单击"保存"按钮。
- 导入模块：右击工程中的任意一项，在弹出的菜单中选择"导入文件"命令，然后在打开的对话框中选择要导入的模块文件，最后单击"打开"按钮。
- 删除模块：对于工程中不再需要的模块，可以右击该模块，然后在弹出的菜单中选择"移除 xx"命令（xx 表示模块的名称）。

1.6　Excel 应用程序开发流程

本节将从整体上介绍使用 VBA 开发 Excel 应用程序的基本流程和步骤，这部分内容虽然未涉及具体的 VBA 编程技术，但是却对从整体上管理开发任务和进度有很大的帮助，对于有一定经验的 Excel 开发人员也有一定的参考价值。如果读者只是编写完成单一简单任务的 VBA 代码，可以跳过本节内容。

1.6.1　优秀 Excel 应用程序的标准

没有一个绝对严格的标准来界定开发出来的 Excel 应用程序是否足够优秀，但是一个成功的 Excel 应用程序通常会符合某些既定的规则或要求。

1. 正确实现预期功能

这是最基本的要求，一个应用程序必须可以正确实现预期的目标功能，否则肯定是一个失败的应用程序。

2. 提供简便的操作方式

应用程序应该为用户提供友好的界面操作环境，"友好"意味着简单、方便、易懂，否则用户很可能不知道该如何使用应用程序。对于 Excel 2003 以及更早版本的 Excel 而言，友好的用户界面元素包括菜单栏、工具栏、右键快捷菜单以及快捷键；而从 Excel 2007 开始使用功能区代替了早期的菜单栏和工具栏，因此在 Excel 2007 或更高版本的 Excel 中需要为应用程序开发功能区操作环境。

3. 为可能出现的问题预先提供解决方案

即使可以正确实现预期的功能，然而在程序的运行过程中很可能会出现各种错误，有来自程序自身的问题，也有由意料之外的用户操作导致的问题。最糟糕的情况就是由于错误而导致程序中断运行。为了使应用程序更完美，以应对各种可能的问题，这就要求开发人员必须在程序设计和测试阶段充分考虑各种可能出现的情况，然后编写错误处理程序，以便在错误发生时给予用户具有实际意义的帮助信息，而不是令普通用户费解的 VBE 中断模式。

4. 高效执行代码

符合前面 3 个方面要求的应用程序已经是一个运行良好且易于使用的程序了，但是为了加快程序完成具体任务的速度，同时提高计算机软硬件资源的利用率，在设计和开发应用程序时，还应该尽可能提高代码的运行效率。

1.6.2 确定用户类型

在开发应用程序之前，首先应该确定使用这个程序的都是哪些类型的用户。应用程序是给开发者自己使用，或是为其他某个人开发的，还是要提供给某一类用户使用。根据用户类型的不同，开发应用程序所使用的具体方法和需要注意的问题都各不相同。

1. 开发者自己使用

很多时候开发人员会编写一个程序供自己使用，这类程序通常可能都算不上是一个完整的应用程序，仅仅是完成某个功能或操作的一小段 VBA 代码。开发这样的程序通常比较简单，除了程序本身的功能之外，通常不需要考虑其他太多因素，比如 Excel 版本的兼容性，误操作可能导致的运行问题，甚至不需要为程序额外提供操作界面，因为开发人员可以直接在 VBE 窗口或“宏”对话框中运行自己编写的代码。

2. 给某个用户使用

我们可能经常会收到来自别人为实现某一简单或复杂的任务的开发需求。与开发人员为自己使用而编写程序相比，为别人开发程序需要投入更多的思考。例如，需要考虑用户所用的 Excel 版本，用户当地的语言环境，哪些误操作可能会导致程序出错或崩溃，在用户完成某个操作之前或之后是否要给出有用的提示信息，程序中要使用的文件或数据是否存在于计算机中。以上这些问题都需要在设计应用程序时进行充分的考虑。

3. 给某类用户使用

前面介绍的两类用户都是独立的个体，因此对应用程序的通用性没有太多要求。如果开发的应用程序要提供给某一类用户使用，这时就要注意程序的通用性。因为一类用户中的每一个人所使用的 Excel 版本、操作习惯等都各有不同，这就要求开发人员需要进行全面的构思和细致的规划。开发完成的应用程序通常以加载项的形式分发给每一个用户。

1.6.3 确定用户需求

无论应用程序的规模如何，在真正开始开发之前，需要认真收集用户的需求，即用户希望应用程序可以实现什么功能，以及如何实现。下面列出了需要从用户那里获取的重要信息：

- 如果可能，最好直接与最终用户进行交流，从而了解他们对应用程序的各方面要求。

如果由于地理条件所限，也可以进行在线沟通。

- 了解最终用户的计算机中安装的软硬件情况以及使用的 Excel 版本。
- 了解最终用户的 Excel 使用经验，用户是属于初级水平，还是具有一定的操作经验，或是经验丰富的高级用户。
- 了解用户是否需要经常对应用程序的功能进行扩展。

在了解到以上信息后，先不要急于开始 Excel 程序设计，而是对获取到的信息进行汇总分析并规划出一套设计方案，以便将其作为整个应用程序开发过程中的指导方针。下面列出了规划一套设计方案需要考虑的一些问题。

- Excel 版本：考虑是在 Excel 2007 或更高版本的 Excel 中开发应用程序，还是在 Excel 2003 或更低版本的 Excel 中进行开发。不同 Excel 版本对 VBA 代码有不同的限制，某些 Excel 对象在 Excel 2007 或更高版本的 Excel 中可以使用，但是移植到 Excel 2003 或更低版本的 Excel 中则会出错。
- 文件结构：考虑应用程序中只包含一个工作簿还是需要包含多个工作簿。工作簿中包含一个工作表还是多个工作表。工作簿和工作表的不同组织结构会直接影响到代码的编写。
- 数据结构：应用程序要处理的数据是存储在 Excel 工作簿的工作表中，还是存储在外部程序中。
- 使用现有功能还是开发新功能：如果要实现的功能在 Excel 中已经提供了，那么直接使用现有功能通常要好于重新开发相同的功能。
- 错误处理：错误处理机制是开发任何一个应用程序必备的组成部分。如果没有错误处理程序，用户在使用应用程序时就很可能频繁出现无法解决的问题，而且出现问题时显示的提示信息也不具有任何指导意义。例如，在对某个工作表进行操作之前，需要考虑该工作表是否存在，如果存在则按计划操作，否则应该向用户发出提示信息，并告诉用户接下来该如何操作。
- 程序性能：开发的应用程序不但需要稳定运行，还应该尽可能高效。最终用户的软硬件条件可能受到某种限制，因此需要在尽可能少占用系统资源的情况下，让程序以最快的速度运行。
- 安全问题：安全问题虽然并不影响程序的正常运行，但是对于重要的数据，可能希望将它们保护起来，以禁止其他未授权用户随意查看和修改。事先与最终用户确认是否需要对应用程序中涉及的数据进行安全保护。

1.6.4　设计用户界面

在确定好用户需求后，接下来就可以开始着手设计应用程序了。首先要做的是构思并确定用户界面，这是因为用户界面是用户与应用程序之间进行沟通的媒介。用户界面设计的优劣直接影响着用户的使用体验和操作效率。

对于 Excel 2003 或更低版本的 Excel 而言，设计用户界面的主要任务是定制菜单栏、工具栏和鼠标右键快捷菜单。这些定制虽然也可用于 Excel 2007 或更高版本的 Excel 中，但是由于这些 Excel 版本采用了功能区界面，因此定制的菜单栏和工具栏会出现在功能区的“加载项”选项卡中。

如果应用程序只用于 Excel 2007 或更高版本的 Excel 中，那么除了鼠标右键菜单之外，定制功能区界面的方法与定制菜单栏和工具栏将大为不同。如果应用程序可能会用于多个不同的 Excel 版本中，那么可以设计多版本兼容的界面操作环境，首先检测用户当前使用的 Excel 版本号，然后根据不同版本分别加载功能区界面或加载菜单栏和工具栏界面。

构思用户界面时，需要考虑应用程序是直接以工作表或工作簿为操作界面，还是使用自定义的对话框。如果使用后者作为应用程序的界面，则需要开发者创建用户窗体，并在其上添加所需的控件，从头开始设计对话框的外观和功能。如图 1-28 所示是在启动应用程序后显示的登录窗口，只有输入正确的用户名和密码才能继续使用该程序。

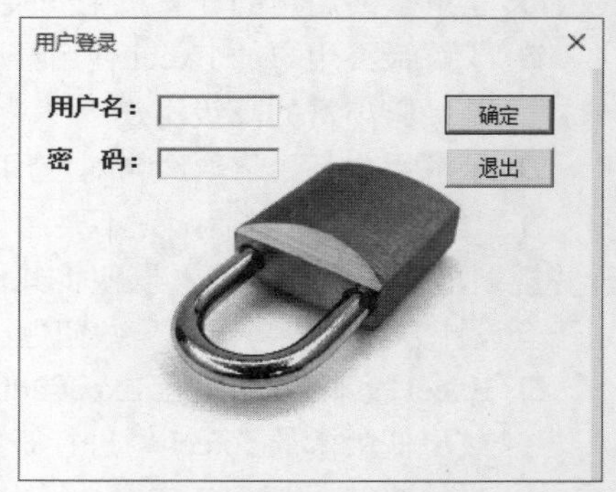

图 1-28　自定义对话框

如果应用程序准备以工作表作为与用户交互的主界面，那么可以在工作表中添加窗体控件或 ActiveX 控件，以便通过这些控件来实现数据的输入、选择和输出。还可以为应用程序设置快捷键来作为界面操作的替代方式，只需按下定义好的按键组合，即可执行相应的操作。

1.6.5　编写代码

编写代码是整个开发过程中最重要的工作。在开始编写代码前，需要详细考虑整个应用程序的结构。使用 VBA 开发的应用程序通常由多个模块组成，这些模块除了工程中默认自带的工作表模块和工作簿模块之外，还可以根据需要在工程中插入标准模块、窗体模块和类模块。应该先规划应用程序由哪些模块组成，每个模块实现应用程序中的哪些功能。确定好这些内容后，接下来就可以开始编写代码了，编写代码的工作需要在 VBE 窗口中完成。

1.6.6　测试应用程序

对应用程序功能的测试通常与编写代码同时进行。很少有人会在编写好全部代码后才开始进行测试工作，这样会加大测试的难度，不利于错误的排查。更好的方法是在编写好完成独立功能的代码段后就立刻进行测试，以便可以及时发现问题并进行修复。当完成所有代码的编写工作后，测试工作就会相对比较轻松。

在完成应用程序的所有开发工作后，接下来需要对整个应用程序进行全面系统性的测试。测试通常分为内部测试和 Beta 测试。内部测试是指开发人员对应用程序的各部分功能进行测试，这一步是至关重要的。与之前对某个代码段的测试不同，对整个应用程序的测试更复杂，在测试过程中要考虑到任何可能的操作或情况，对各部分功能进行不同的测试，以发现任何可能存在的问题。

经过开发人员的测试后，如果应用程序能够正常运作，那么接下来就可以将应用程序分发给一些感兴趣的用户进行 Beta 测试，他们可能就是应用程序的最终用户。在 Beta 测试阶段，很可能发现一些遗漏或隐藏的问题。例如，程序假定某个工作表存在，但实际上用户在执行程序之前已经意外地删除了该工作表。通过 Beta 测试，可以发现这类在开发阶段没有充分考虑到的问题。

1.6.7　修复错误

Excel 应用程序的错误主要分为两类：编译错误和运行时错误。编译错误是指在代码非运行阶段出现的错误，通常是 VBA 语法错误，在编写代码的过程中 VBE 会自动发现这类错误并提示用户。例如，代码中的 Sub 过程名以数字开头，VBE 就会检测出该错误并显示如图 1-29 所示的提示信息，同时自动高亮显示代码中的出错部分。

图 1-29　编译错误

相对于编译错误而言，运行时错误需要在运行代码时才能被检测到。例如，如果当前没有打开名为“销量汇总”的工作簿，那么运行下面的代码就会显示错误提示信息，但是在编写代码时并不会提示这个错误。

```
MsgBox Workbooks("销量汇总").Name
```

除了编译错误和运行时错误之外，还有一类比较隐含的错误，这类错误在程序运行时不会显示出错提示信息，但是运行结果却会和预期结果截然不同。编写的代码本身并无语法错误，运行代码时也没有出现运行时错误，但是运行结果是错的。排查这类问题只能是检查应用程序的每一部分代码的运行结果是否正确，通过分段测试以便逐步将隐藏的错误找出来。

1.6.8　发布应用程序

修复好检测到的所有错误后，接下来就可以发布应用程序了。在发布之前，应该将所有的开发工作记录归档，以形成书面材料。这些资料有两个非常重要的作用，第一，可以为开发人员在日后修改或升级程序提供清晰明了的帮助，时隔多日以后开发人员可能已经忘记了程序最初的设想、结构或是某部分代码的作用，通过这些辅助文档，开发人员可以很快熟悉整个应用程序的工作原理和机制；第二，详细的归档资料可以给最终用户使用应用程序提供有用的指导和帮助。

当然，开发人员自己保留和提供给用户的文档内容并不相同。相对而言，提供给开发人员的文档会包含整个应用程序开发过程的完整技术细节，而提供给最终用户的文档通常只包含应用程序的使用方法。

编写好相关文档后就可以发布应用程序了。发布应用程序有很多种方法，最简单的一种方法是将应用程序所在的工作簿转换为加载项，然后分发给用户并进行安装。另一种更为专业的方法是开发一个安装程序，这样用户只需双击安装程序即可自动进行安装，对最终用户而言操作更方便。

发布应用程序后并不意味着所有开发工作的终止，因为在将来的某个时候，用户很可能会根据实际需求，要求开发人员对应用程序的功能进行扩展或整体升级。此时就会用到之前整理归档的开发文档，开发人员可以很快熟悉应用程序最初的设计意图，以及各部分代码的工作机制，从而可以很容易在原来程序的基础上进行功能扩充或完整升级。

第 2 章　掌握 VBA 编程语言

本章将介绍通用于 Microsoft Office 应用程序的 VBA 编程语言的基本概念、结构及其包含的语言元素。在 VBA 中进行对象编程的内容将在第 3 章进行详细介绍。本章和第 3 章是使用 Excel VBA 进行编程的基础，有必要认真学习和掌握。

2.1　与 VBA 进行简单的交互

VBA 提供了与用户进行简单交互的两种方法，一个是使用 MsgBox 函数在屏幕上显示信息，另一个是使用 InputBox 函数接收用户输入的信息。MsgBox 和 InputBox 都是 VBA 的内置函数。

2.1.1　使用 MsgBox 函数输出信息

在代码中使用 MsgBox 函数可以产生一个对话框，其中显示由用户指定的内容，可用于在程序运行期间显示阶段性的运行结果，或显示需要用户确认的操作提示消息。MsgBox 函数的语法格式如下：

```
MsgBox(prompt[, buttons] [, title] [, helpfile, context])
```

- ❑ prompt：必选，在对话框中显示的内容。
- ❑ buttons：可选，在对话框中显示的按钮和图标的类型，可以只显示按钮，也可以同时显示按钮和图标。该参数的值见表 2-1。
- ❑ title：可选，在对话框标题栏中显示的内容。
- ❑ helpfile、context：可选，表示帮助文件和帮助主题。

提示： “必选”是指必须要为其提供值的参数，“可选”是指可以省略其值的参数。本书后面在介绍其他 VBA 语言元素的语法格式时都会使用这种表述方式。

表 2-1　buttons 参数的值

常　　量	值	说　　明
vbOKOnly	0	只显示“确定”按钮
vbOKCancel	1	显示“确定”和“取消”按钮
vbAbortRetryIgnore	2	显示“终止”“重试”和“忽略”按钮
vbYesNoCancel	3	显示“是”“否”和“取消”按钮
vbYesNo	4	显示“是”和“否”按钮
vbRetryCancel	5	显示“重试”和“取消”按钮
vbCritical	16	显示“关键信息”图标
vbQuestion	32	显示“询问信息”图标
vbExclamation	48	显示“警告信息”图标

续表

常　　量	值	说　　明
vbInformation	64	显示“通知信息”图标
vbDefaultButton1	0	指定第 1 个按钮为默认按钮
vbDefaultButton2	256	指定第 2 个按钮为默认按钮
vbDefaultButton3	512	指定第 3 个按钮为默认按钮
vbDefaultButton4	768	指定第 4 个按钮为默认按钮

案例 2-1　只使用一个参数的 MsgBox 函数

下面的代码显示如图 2-1 所示的对话框，只为 MsgBox 函数提供了 prompt 参数的值，省略了其他参数。显示该对话框时代码会中断运行，直到用户单击“确定”按钮。

```
Sub MsgBox 函数()
    MsgBox "删除当前工作表吗？"
End Sub
```

图 2-1 对话框的标题栏中显示的是 Excel 默认的“Microsoft Excel”，用户可以将其替换为自己的内容。

案例 2-2　使用两个参数的 MsgBox 函数

下面的代码显示如图 2-2 所示的对话框，标题栏中显示由用户指定的内容“确认信息”而非默认的“Microsoft Excel”，此时为 MsgBox 函数同时提供了 prompt 和 title 两个参数的值。

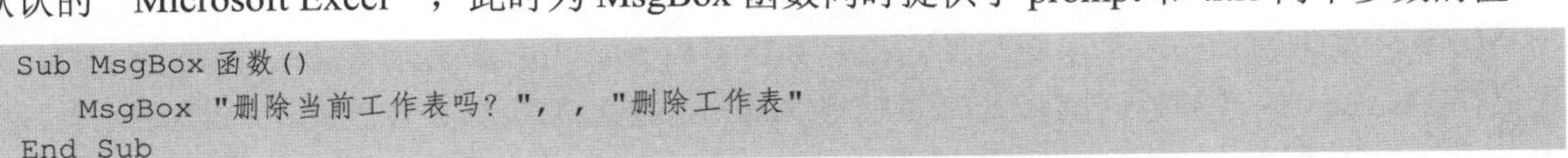

```
Sub MsgBox 函数()
    MsgBox "删除当前工作表吗？", , "删除工作表"
End Sub
```

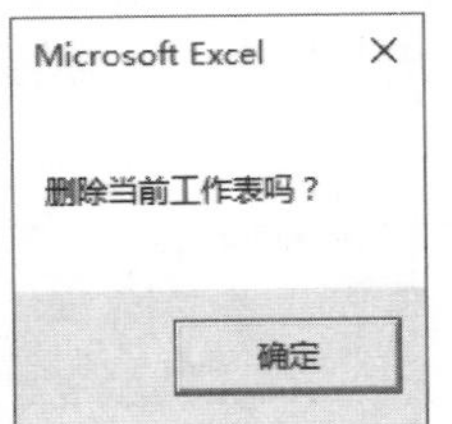

图 2-1　MsgBox 函数产生对话框

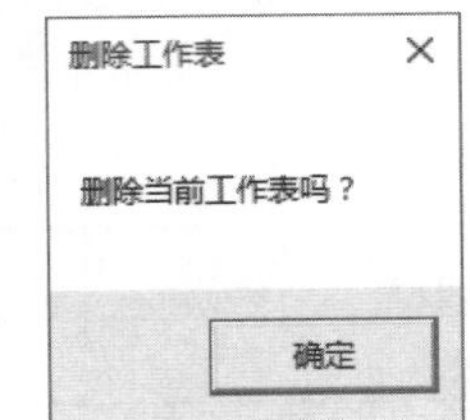

图 2-2　自定义对话框的标题

读者可能已经注意到，在上面的代码中两个参数值之间有两个逗号，这是因为当前只为 MsgBox 函数提供了第一参数 prompt 和第三参数 title 的值，而省略了第二参数的值。由于没有按正确顺序依次指定每一个参数的值，因此必须为省略的参数保留一个额外的逗号。

为了避免输入额外的逗号，还可以使用另一种称为“命名参数”的方法为 MsgBox 函数指定参数值。这种方法需要在参数值的左侧加上参数的名称，并将原来的等号“=”改为冒号+等号“:=”的形式。在后面第 3 章还会详细为读者介绍通过命名参数为对象的方法设置参数值的内容。

案例 2-3　在 MsgBox 函数中使用命名参数

下面的代码显示的对话框与图 2-1 相同，但是由于在代码中使用参数名称来指定参数的值，因此可以按照任意顺序输入参数。

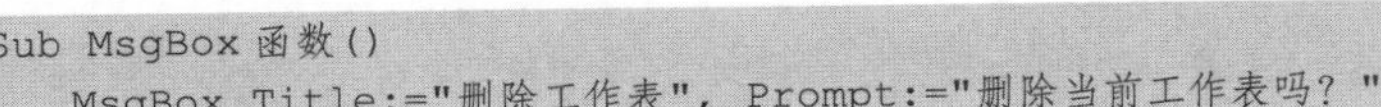

```
Sub MsgBox 函数()
    MsgBox Title:="删除工作表", Prompt:="删除当前工作表吗？"
```

```
End Sub
```

可以根据表 2-1 中列出的 buttons 参数的值改变对话框中默认显示的按钮和图标。

案例 2-4　改变 MsgBox 对话框中的默认按钮和图标

下面的代码显示如图 2-3 所示的对话框，使用“是”和“否”按钮代替原来的“确定”按钮，还显示了“询问信息”图标。

```
Sub MsgBox 函数()
    MsgBox "删除当前工作表吗？", vbYesNo + vbQuestion, "删除工作表"
End Sub
```

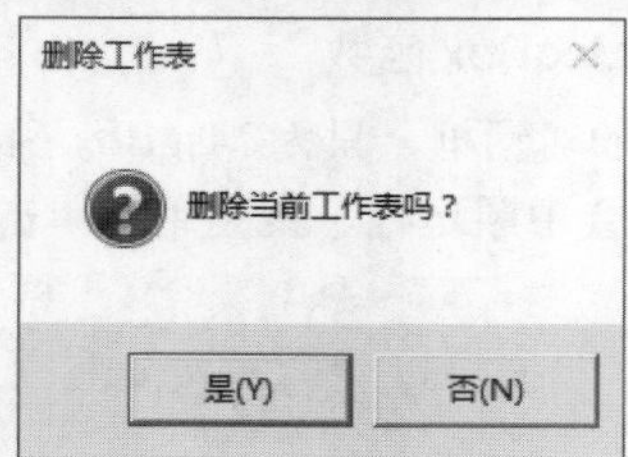

图 2-3　指定对话框中显示的按钮和图标类型

当用户单击案例 2-4 中的“是”或“否”按钮时，VBA 通过 MsgBox 函数的返回值来确定用户单击的是哪个按钮。与在 Excel 工作表中输入函数可以得到计算结果类似，在 VBA 中使用函数也可以返回计算结果。前面几个案例演示的 MsgBox 函数的用法只是显示了一个对话框而不包含返回值。

如果希望获取 MsgBox 函数的返回值，则需要将 MsgBox 函数赋值给一个变量，使用该变量保存 MsgBox 函数的返回值，此时必须将 MsgBox 函数的所有参数放置在一对圆括号中，否则会出现编译错误。之后可以使用 If 判断语句将包含返回值的变量与表 2-2 中列出的 MsgBox 函数的返回值进行比较，以判断用户单击的是哪个按钮，从而进一步执行所需的操作。

表 2-2　MsgBox 函数的返回值

常　　量	值	说　　明
vbOK	1	单击了“确定”按钮
vbCancel	2	单击了“取消”按钮
vbAbort	3	单击了“终止”按钮
vbRetry	4	单击了“重试”按钮
vbIgnore	5	单击了“忽略”按钮
vbYes	6	单击了“是”按钮
vbNo	7	单击了“否”按钮

案例 2-5　判断用户单击的 MsgBox 对话框中的按钮

下面的代码对用户单击的按钮进行判断，并根据判断结果执行不同的操作。首先将 MsgBox 函数的返回值保存到 iAnswer 变量中，然后使用 If 语句判断 iAnswer 变量的值是否等于 7，如果等于 7 则说明用户单击了对话框中的“否”按钮，此时不会执行任何后续操作并直接退出当前 Sub 过程。否则说明用户单击了对话框中的“是”按钮，将执行删除当前工作表的操作。

```
Sub MsgBox 函数()
    Dim lngAnswer As Long
    lngAnswer = MsgBox("删除当前工作表吗？", vbYesNo + vbQuestion, "删除工作表")
```

```
    If lngAnswer = 7 Then Exit Sub
    ActiveSheet.Delete
End Sub
```

注意：为了简化代码的复杂度，在上面的代码中没有包含判断工作表数量的代码。如果当前工作簿中只有一个工作表，运行上面的代码将会产生运行时错误。

如果愿意，也可以不将 MsgBox 函数的返回值指定给变量，而是直接将其与 MsgBox 函数的返回值列表进行比较，因此上面的代码也可以改为以下形式：

```
Sub MsgBox 函数 2()
    If MsgBox("删除当前工作表吗？", vbYesNo + vbQuestion, "删除工作表") = 7 Then Exit Sub
    ActiveSheet.Delete
End Sub
```

只有对 MsgBox 函数的返回值列表非常熟悉的用户，才能理解前面案例中的数字 7 代表用户单击了对话框中的“否”按钮，否则可能很难明白数字 7 的含义。为了使代码更具可读性，可以使用表 2-2 第一列中的常量代替相应的数字值。比如前面案例中的数字 7 可以使用 vbNo 常量代替。

有时可能需要将对话框中的内容分多行显示，可以在代码中需要换行的位置插入 vbCrLf 或 vbNewLine 常量来实现此目的。

案例 2-6　在对话框中将信息分多行显示

下面的代码显示如图 2-4 所示的对话框，内容分别显示在 3 行中，其中多次使用 strMessage 变量来存储不同行的内容，并将它们拼接在一起。“&”符号用于将两部分内容连接起来。

```
Sub MsgBox 函数()
    Dim strMessage As String
    strMessage = "是否删除当前工作表？" & vbCrLf
    strMessage = strMessage & "删除请单击【是】按钮" & vbCrLf
    strMessage = strMessage & "不删除请单击【否】按钮"
    MsgBox strMessage, vbYesNo + vbQuestion, "删除工作表"
End Sub
```

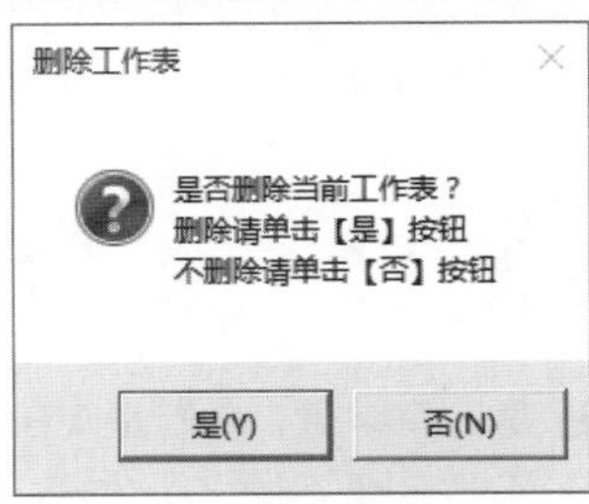

图 2-4　将内容分多行显示

2.1.2　使用 InputBox 函数输入信息

使用 VBA 内置的 InputBox 函数可以产生一个允许用户输入内容的对话框，并以字符串的形式返回该内容。即使在对话框中输入的是数字，InputBox 函数的返回值仍然是字符串类型。InputBox 函数的语法格式如下：

```
InputBox(prompt[, title] [, default] [, xpos] [, ypos] [, helpfile, context])
```

- prompt：必选，在对话框中显示的提示性内容，用于提醒用户需要输入什么样的内容。
- title：可选，在对话框的标题栏中显示的内容。
- default：可选，在接收输入的文本框中显示的默认值，如果用户不输入任何内容，则将返回该默认值。

- xpos、ypos：可选，对话框左上角在屏幕上的坐标值。
- helpfile、context：可选，帮助文件和帮助主题。

案例 2-7　使用 InputBox 函数接收用户的输入

下面的代码显示如图 2-5 所示的对话框，要求用户在文本框中输入用户名。为了让程序可以处理用户输入的内容，需要将 InputBox 函数的返回值赋值给一个变量，然后在后面的代码中通过处理这个变量来操作用户输入的内容，本例是使用 MsgBox 函数在对话框中显示用户名。

```
Sub InputBox 函数()
    Dim strInput As String
    strInput = InputBox("请输入用户名：")
    MsgBox "用户名是：" & strInput
End Sub
```

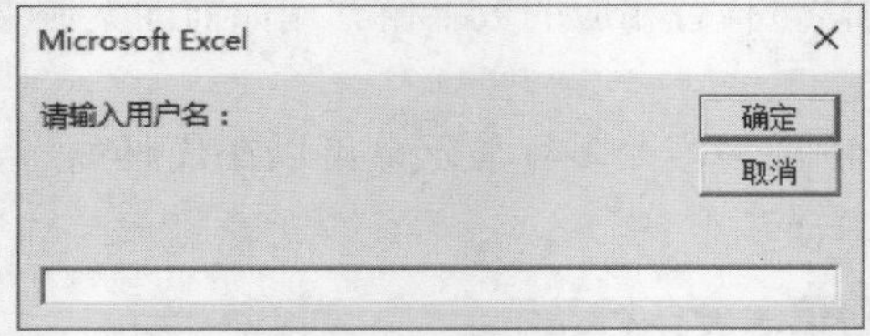

图 2-5　InputBox 函数产生的对话框

如果在对话框中未输入任何内容而单击“确定”按钮，或直接单击“取消”按钮，InputBox 函数都会返回一个零长度的字符串。可以使用 If 判断语句对 InputBox 函数的返回值进行检测来处理这种情况。下面的代码假设 strInput 变量中存储了 InputBox 函数的返回值，在 If 判断语句中检测该变量是否是零长度字符串（在双引号中不能包含空格），如果是则退出当前的 Sub 过程，这样后面的程序就不会对毫无意义的空字符串进行处理了。

```
If strInput = "" Then Exit Sub
```

提示：VBA 内置的 InputBox 函数不能限制用户输入的数据类型，而 Excel 对象模型中的 Application 对象的 InputBox 方法则可以加以限制，第 13 章将对此进行详细介绍。

2.2　数据类型、变量和常量

我们在前面的案例中已经接触过变量和常量，它们是 VBA 代码的重要组成元素。变量和常量都用于在代码中存储数据，它们之间的主要不同之处在于，变量中存储的数据可以在代码运行过程中随时改变，而常量中存储的数据在代码运行过程中通常是固定不变的。由于数据可以分为不同的类型，而数据通常存储在变量和常量中，因此变量和常量也具有相应的数据类型。

2.2.1　VBA 中的数据类型

Excel 允许用户在工作表中输入不同类型的数据，比如整数“168”、小数“3.5”、中文字符“编程”、英文字符“Excel”、日期“2018 年 3 月”、逻辑值“True”和“False”等。在 VBA 中同样可以处理这些类型的数据，而且还对数据类型进行了更细致的划分。

计算机以不同的方式存储不同类型的数据，存储文本的方式与存储数字不同，整数与小数的存储方式也不相同。不同类型的数据会占用不同大小的内存空间。表 2-3 列出了 VBA 支持的数据类型、取值范围以及占用的内存空间。

表 2-3　VBA 支持的数据类型、取值范围与占用的内存空间

数据类型	取值范围	占用的内存空间
Boolean	True 或 False	2 字节
Byte	0～255	1 字节
Currency	-922337203685477.5808～922337203685477.5807	8 字节
Date	100 年 1 月 1 日～9999 年 12 月 31 日	8 字节
Integer	-32768～32767	2 字节
Long	-2147483648～2147483647	4 字节
Single	负数：-3.402823E38～-1.401298E-45 正数：1.401298E-45～3.402823E38	4 字节
Double	负数：-1.79769313486232E308～-4.49065645841247E-324 正数：4.49065645841247E-324～1.79769313486232E308	8 字节
String（定长）	1～65400 个字符	字符串的长度
String（变长）	0～20 亿个字符	10 字节+字符串长度
Object	任何对象的引用	4 字节
Variant（字符型）	与变长字符串的范围相同	22 字节+字符串长度
Variant（数字型）	与 Double 的范围相同	16 字节
用户自定义类型	各组成部分的取值范围	各部分空间总和

表 2-3 中第一列的数据类型主要用于变量和常量的声明中，即在声明变量和常量时指明它们可以存储的数据类型。变量和常量的声明会在本章后面的内容中进行介绍。

2.2.2　声明变量

变量是一些位于计算机内存中已经命名的存储位置。在程序中使用变量可以存储随时可能发生变化的数据。VBA 允许不事先声明变量就可以在程序中使用这个变量，此时变量的数据类型被默认指定为 Variant，具有这种数据类型的变量可以存储任何类型的数据，缺点是比其他数据类型需要占用更多的内存空间，运行效率低。

如果知道要在变量中存储哪种类型的数据，那么应该在使用该变量之前预先将其声明为要使用的数据类型，这样可以让数据存储在与其匹配的具有适当内存大小的变量中，而不会浪费内存空间，而且也可以提高程序的运行效率。例如，在程序中要使用一个其值可能在 100～10 000 的数字，由于该范围位于 Integer 数据类型中，因此如果此时将存储该数字的变量声明为 Long 数据类型就会浪费内存空间。

在前面的案例中曾经遇到过声明变量的例子，它们以 Dim 关键字开头。下面的代码声明了一个名为 strUserName 的变量，该变量的数据类型是 String，用于存储文本（字符串）。

```
Dim strUserName As String
```

提示：关键字用于标识 VBA 中的特定语言元素，比如语句名、函数名、运算符等，是 VBA 中的保留字，用户不能使用关键字作为变量的名称。

下面的代码声明了两个 String 数据类型的变量：

```
Dim strMyName As String
Dim strYourName As String
```

为了减少代码的行数，可以在一条 Dim 语句中声明多个变量。无论这些变量的数据类型是否相同，各变量之间必须以逗号分隔。下面的代码在同一行声明了两个 String 数据类型的变量：

```
Dim strMyName As String, strYourName As String
```

下面的代码只将第二个变量声明为 String 数据类型，而第一个变量的数据类型是 Variant。这个案例说明在同一行声明多个变量时，必须明确指定每个变量的数据类型。

```
Dim strMyName, strYourName As String
```

提示：除了可以使用 Dim 关键字声明变量之外，还可以使用 Public、Private 和 Static 关键字，它们的区别在于声明的变量具有不同的作用域和生存期。变量的作用域和生存期将在 2.2.4 节进行详细介绍。

虽然 VBA 允许用户直接使用变量而不需要预先声明，但是便捷的同时也容易出现问题。例如，在下面的代码中由于误将变量 dRate 拼写为 dRata，因此程序返回了错误的结果。在包含大量代码的程序中，这种错误很容易出现并且难以发现。

```
Sub 变量名拼写错误()
    intTotal = 100
    intTotal = intTotal + 10
    MsgBox intTotel
End Sub
```

在默认情况下，VBA 会将程序中任何无法识别为关键字的单词看作是新的变量。为了避免由于拼写错误而导致意外地创建新的变量，可以让 VBA 强制变量声明。一旦检测到未经声明就直接使用的变量，VBA 会自动显示编译错误的提示消息，并自动选中未声明的变量，如图 2-6 所示。

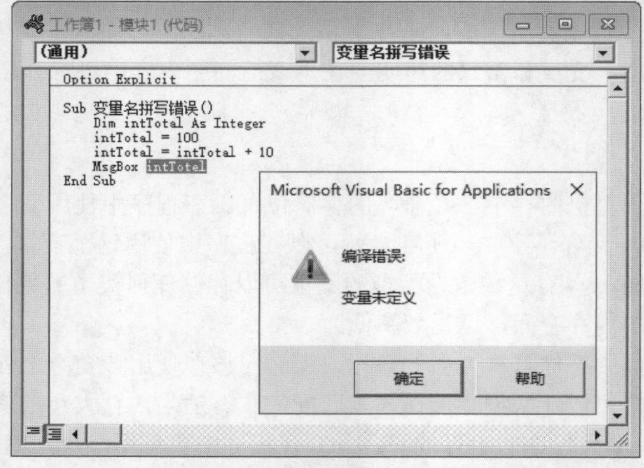

图 2-6　VBA 自动检测未声明的变量

可以使用以下两种方法让 VBA 强制变量声明：

- 单击 VBE 窗口菜单栏中的“工具”|“选项”命令，打开“选项”对话框，在“编辑器”选项卡中选中“要求变量声明”复选框，如图 2-7 所示。
- 将 Option Explicit 语句放置在模块顶部的声明部分，即模块中所有过程的最上方。

在上面两种方法中，第一种方法对已经存在的模块无效，此时必须手动将 Option Explicit 语句添加到已经存在的每个模块顶部的声明部分中。

声明后的每个变量都有一个初始值，不同数据类型的变量具有不同的初始值。Integer、Long、Single、Double 等数值数据类型的变量的初始值是数字 0，String 数据类型的变量的初始值是空字符串、Boolean 数据类型的变量的初始值是逻辑值 False。

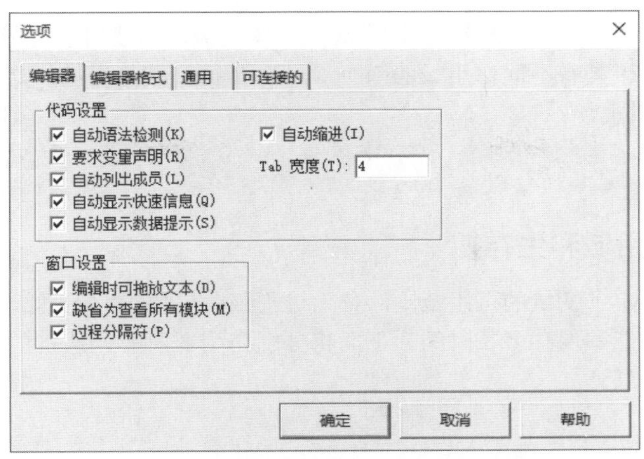

图 2-7　选中“要求变量声明”复选框

只有将特定的数据存储到变量中，变量才变得有意义。将数据存储到变量的过程称为“为变量赋值”。要为一个变量赋值，需要先输入该变量的名称，然后在其右侧输入一个等号，再在等号的右侧输入要为其赋值的数据。下面的代码将数字 100 赋值给 intCount 变量。

```
intCount = 100
```

下面的代码将文本“销售数据”赋值给 strFileName 变量。

```
strFileName = "销售数据"
```

2.2.3　变量的命名规则

并不是所有内容都可以作为变量的名称，在为变量命名时需要遵守一些既定的规则，具体如下：

- 变量的第一个字符必须使用英文字母或汉字。
- 在变量名中可以使用数字和下画线，但是不能使用空格、句点、叹号等符号。
- 变量名的字符长度不能超过 255 个字符。
- 不能使用 VBA 中的关键字作为变量名。

除了上面列出的针对变量名自身的严格限定之外，为了使代码更具可读性，便于开发人员自己和其他开发人员理解，在为变量命名时还应该包含表示数据类型的前缀，这样通过变量名的前缀就可以快速了解变量的数据类型。可以从数据类型标识符中取 1～3 个字符来作为变量名的前缀，表 2-4 列出了建议的前缀及其对应的数据类型。

表 2-4　用于表示数据类型的前缀

前　　缀	数 据 类 型	前　　缀	数 据 类 型
str	String	byt	Byte
int	Integer	dat	Date
lng	Long	cur	Currency
sng	Single	dec	Decimal
dbl	Double	var	Variant
bln	Boolean	udf	用户自定义类型

变量可以在一个过程、一个模块或整个工程中使用，变量的不同使用范围称为变量的作用域。为了可以通过变量名了解到变量的作用域，可以使用一个表示作用域的字母加在数据类型

前缀的前面。使用字母 g 表示工程级，字母 m 表示模块级，不使用字母则表示过程级。例如，下面的代码分别声明了具有不同作用域的两个 String 数据类型的变量，除了第一个字母不同，名称中的其他部分相同。

```
Dim gstrFileName As String
Dim mstrFileName As String
```

2.2.4　变量的作用域和生存期

变量的作用域决定了变量的可用范围，分为过程级、模块级、工程级 3 种。变量的生存期决定了数据在变量中能够保存多长时间。下面将分别介绍 3 种不同级别的变量声明方式、可用范围和保存数据的时长。

1. 过程级变量

过程级变量是指在过程内部声明的变量。可以使用 Dim 或 Static 关键字声明过程级变量。过程级变量只能在其所在的过程内部使用，这意味着可以在不同的过程中声明具有相同名称的变量。过程运行结束后，过程级变量中保存的数据会被自动清空并恢复为初始值。

案例 2-8　使用过程级变量

下面的代码说明了声明过程级变量的方式，以及过程运行期间对过程级变量中的数据的影响。这两个过程都包含同名变量 intTotal。运行第一个过程后，intTotal 变量的值为 1，而第二个过程运行结束后，intTotal 变量的值为 5。这说明虽然两个变量的名称相同，但是由于它们是分别在不同的过程中声明的，因此它们只能在所属的过程内部使用，对其他过程无效。

```
Sub 过程级变量()
    Dim intTotal As Integer
    intTotal = intTotal + 1
End Sub

Sub 过程级变量2()
    Dim intTotal As Integer
    intTotal = intTotal + 5
End Sub
```

上面两个过程无论运行多少次，两个变量的值始终都是 1 和 5，这是因为过程在每次开始运行时，都会将变量的值初始化为 0，这也意味着过程运行结束后，变量中的当前值不会被一直保留。如果希望过程运行结束后可以一直保留变量中的值，则需要使用 Static 关键字声明变量。

下面的两个过程使用 Static 关键字声明变量，第一次运行这两个过程时，其中的 intTotal 变量的值分别为 1 和 5。再次运行这两个过程时，intTotal 变量的值分别为 2 和 10。这是因为第一次运行两个过程后，intTotal 变量的值 1 和 5 被保留下来，并作为该变量在第二次运行的两个过程中的初始值。在工作簿被打开期间，使用 Static 关键字声明的过程级变量中存储的值会一直保留着。

```
Sub 过程级变量()
    Static intTotal As Integer
    intTotal = intTotal + 1
    MsgBox intTotal
End Sub

Sub 过程级变量2()
    Static intTotal As Integer
    intTotal = intTotal + 5
    MsgBox intTotal
End Sub
```

2. 模块级变量

如果在模块顶部的声明部分，即位于模块中的所有过程的最上方，使用 Dim、Static 或 Private 关键字声明的变量就是模块级变量。模块级变量可被其所在模块中的任意一个过程使用。在工作簿被打开期间，模块级变量中存储的值会一直保留着。

案例 2-9　使用模块级变量

下面的代码声明了一个模块级变量，位于该模块中的两个过程都可以使用该变量。运行第一个过程后，intTotal 变量的值为 1。由于 intTotal 变量是模块级的，在运行第二个过程时该变量的当前值可以被直接使用，因此运行第二个过程后，intTotal 变量的值为 6 而不是 5。

```
Option Explicit
Dim intTotal As Integer

Sub 模块级变量()
    intTotal = intTotal + 1
    MsgBox intTotal
End Sub

Sub 模块级变量2()
    intTotal = intTotal + 5
    MsgBox intTotal
End Sub
```

如果同时声明了两个名称相同的模块级变量和过程级变量，那么包含该过程级变量的过程只会使用该过程级变量，而不会使用模块级变量。

3. 工程级变量

如果希望变量可以在当前工程的所有模块的所有过程中使用，则需要在模块顶部的声明部分使用 Public 关键字声明变量。下面的代码声明了一个工程级变量，变量中存储的数据在工作簿被打开期间始终可用。

```
Public strAppName As String
```

通常应该在 VBA 的标准模块中声明工程级变量。如果是在工作簿或工作表模块顶部的声明部分使用 Public 关键字声明变量，当在其他模块中使用该变量时，需要在变量前添加工作簿或工作表对象名称的引用。例如，在 ThisWorkbook 模块顶部的声明部分输入下面的代码声明一个变量：

```
Public strAppName As String
```

当在工作表模块或标准模块的任意过程中为该变量赋值时，需要使用下面的格式：

```
ThisWorkbook.strAppName = "工资管理系统"
```

VBA 工程中的工程级变量还可被其他工作簿使用，只需激活其他工作簿对应的 VBA 工程，然后单击 VBE 窗口菜单栏中的“工具”|“引用”命令，打开“引用”对话框，在列表框中选中包含要引用的变量所在的工作簿对应的 VBA 工程名的复选框，如图 2-8 所示。如果要引用的工作簿当前未打开，则需要单击“浏览”按钮找到并打开这个工作簿。在列表框中选择好要引用的 VBA 工程后，单击“确定”按钮。

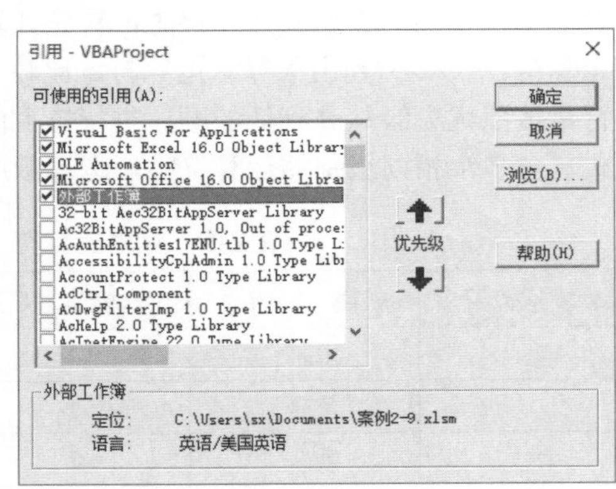

图 2-8　在 VBA 中引用其他工作簿

2.2.5 使用常量

VBA 有很多内置的固有常量，比如前面介绍 MsgBox 函数时使用过的 vbYesNo 和 vbQuestion，这些 VBA 内置常量可以在整个 VBA 中使用。除了内置常量，用户还可以创建自己的常量，在常量中保存固定不变且需要在程序中频繁使用的数值或文本。声明常量需要使用 Const 关键字。下面的代码声明了一个名为 Pi 的常量，并将圆周率的值保存到该常量中。

```
Const Pi = 3.14159265
```

声明常量时也可以指定常量的数据类型。下面的代码声明了一个名为 AppName 的 String 数据类型的常量：

```
Const AppName As String = "工资管理系统"
```

常量的命名规则和作用域与变量相同，这里不再赘述。

2.3 表达式和运算符

表达式可以由变量、常量、函数、运算符等多种类型的内容组成，用于执行数学计算、处理文本或测试数据。下面是一个表达式的例子，它曾在前面的案例中出现过，该表达式返回 intTotal 变量的当前值与数字 5 之和，并将计算结果赋值给 intTotal 变量。

```
intTotal = intTotal + 5
```

表达式返回的结果分为多种类型，可以是一个数字，也可以是一个文本，还可以是一个日期或逻辑值。无论哪种类型的表达式，其中通常都会包含一个或多个运算符，用于连接表达式的各个部分，并决定着表达式要执行的运算类型和运算顺序。VBA 包括以下 4 类运算符：

- 连接运算符：连接两个或多个内容，从而组成一个包含复杂内容的字符串。
- 算术运算符：进行常规的数学运算，比如加法、减法、乘法和除法等。
- 比较运算符：对给定的两部分内容进行比较，由比较运算符组成的表达式返回的结果是逻辑值 True 或 False。比较运算符主要在 If 判断语句的条件部分中使用。
- 逻辑运算符：将多个由比较运算符组成的表达式组合在一起，以形成更复杂的判断条件。由逻辑运算符组成的表达式返回的结果是逻辑值 True 或 False。

当一个表达式包含多个运算符时会涉及运算顺序的问题，运算顺序由运算符的优先级决定。当表达式包含不同类型的运算符时，首先计算算术运算符，然后计算比较运算符，最后计算逻辑运算符。表 2-5 列出了算术运算符、比较运算符和逻辑运算符，其中的算术运算符和逻辑运算符是按照优先级从高到低的顺序进行排列的，而所有的比较运算符具有相同的优先级。当表达式包含多个相同级别的运算符时，运算顺序按照表达式各部分的排列的位置从左到右进行。

表 2-5 算术运算符、比较运算符和逻辑运算符

算术运算符	说　明	比较运算符	说　明	逻辑运算符	说　明
^	求幂	=	等于	Not	逻辑非
-	负号	<>	不等于	And	逻辑与
*	乘	<	小于	Or	逻辑或
/	除	>	大于	Xor	逻辑异或
\	整除	<=	小于等于	Eqv	逻辑等价

续表

算术运算符	说　明	比较运算符	说　明	逻辑运算符	说　明
Mod	求余	>=	大于等于	Imp	逻辑蕴含
+	加				
-	减				

连接运算符的优先级位于所有算术运算符之后，并位于所有比较运算符之前。&和+是 VBA 中的两个连接运算符，在实际应用中最好使用&，因为+在用于连接字符串时有可能会执行加法操作而不是连接操作，具体执行哪种操作由待连接的两部分内容决定。

案例 2-10　使用+运算符

下面的代码说明了+运算符的用法。第一个过程的运行结果是 15 而不是 6，这是因为要连接的两部分内容都是 String 数据类型，虽然两部分内容都是数字，但是由于它们被包围在双引号中，因此 VBA 会将它们视为字符串，所以此时的+运算符起到字符串连接功能。第二个过程的运行结果是 6，这是因为虽然数字 5 使用双引号包围起来会被 VBA 视为 String 数据类型，但是由于 intNumber 变量中的 1 没有被包围在双引号中，因此它是 Integer 数据类型，两部分使用+运算符将会执行加法操作，而不是单纯的字符串连接。

```
Sub 连接运算符()
    Dim intNumber
    intNumber = "1"
    MsgBox intNumber + "5"
End Sub

Sub 连接运算符2()
    Dim intNumber
    intNumber = 1
    MsgBox intNumber + "5"
End Sub
```

上面的案例说明了只要参与运算的两部分内容的其中之一是数值类型的数据，+运算符就会执行加法运算而非字符串连接。如果待连接的两部分内容中的其中之一是文本而不是数字，那么在使用+运算符进行连接时需要格外小心。如果其中一部分内容是文本，而另一部分是加了双引号的数字，那么+运算符可以正常连接它们，此时与使用&运算符具有相同的效果。但是如果一部分内容是文本，另一部分内容是没有加双引号的数字，那么在使用+运算符连接这两部分内容时将会出现类型不匹配的错误，正如下面的代码所示：

```
Sub 连接运算符3()
    Dim intNumber
    intNumber = 1
    MsgBox intNumber + "hello"
End Sub
```

虽然运算符有自己默认的优先级，但是可以通过使用圆括号强制改变运算符的默认优先级，以便优先计算表达式中低优先级的部分。运算时总会先执行圆括号中的运算，然后才会执行圆括号外的运算，位于圆括号中的运算仍然会按照运算符的优先级顺序进行计算。下面的代码使用圆括号改变了默认的运算顺序，此时会先计算圆括号中的加法，然后才会计算圆括号外的乘法，因此最终的计算结果为 30，如果不使用圆括号则计算结果为 26。

```
intTotal = (1 + 5) * 5
```

2.4 创建 Sub 过程

过程是组织和运行一组 VBA 代码的逻辑单元。VBA 中包括 Sub 过程（子过程）、Function 过程（函数过程）、事件过程和属性过程。事件过程实际上属于 Sub 过程，只不过它依附于特定的对象。本节和 2.5 节主要介绍创建 Sub 过程和创建 Function 过程，第 11 章将会介绍属性过程，第 12 章将会介绍事件过程。

2.4.1 声明 Sub 过程

Sub 过程是 VBA 中最常使用的一类过程，在 Excel 中录制的宏就是 Sub 过程。使用过程的主要原因之一是为了简化大量代码堆积在一起导致的复杂程度。可以将实现一个程序中每个独立小功能的代码分别放入不同的过程中，确保每个过程只实现单一的简单功能，最后在一个过程中依次调用包含独立小功能的各个过程。这种利用过程来组织程序的方式使编写和调试代码变得更加简单高效。

一个 Sub 过程由 Sub 语句开始，End Sub 语句结束，在这两个语句之间放置所需的 VBA 代码。声明 Sub 过程的语法格式如下：

```
[Private | Public] [Static] Sub name [(arglist)]
    [statements]
    [Exit Sub]
    [statements]
End Sub
```

- Private：可选，表示声明的是一个私有的 Sub 过程，只有在该过程所在的模块中的其他过程可以访问该过程，其他模块中的过程无法访问该过程。
- Public：可选，表示声明的是一个公共的 Sub 过程，所有模块中的所有其他过程都可以访问该过程。如果在包含 Option Private Module 语句的模块中声明该过程，即使该过程使用了 Public 关键字，也仍然会变为私有过程。
- Static：可选，Sub 过程运行结束后保留过程中所使用的变量的值。
- Sub：必选，表示 Sub 过程的开始。
- name：必选，Sub 过程的名称，与变量的命名规则相同。
- arglist：可选，一对圆括号中可以包含一个或多个参数，这些参数用于向 Sub 过程传递数据以供 Sub 过程处理，各参数之间以逗号分隔。如果过程不包含任何参数，则必须保留一对空括号。
- statements：可选，Sub 过程中包含的 VBA 代码。
- Exit Sub：可选，中途退出 Sub 过程。
- End Sub：必选，表示 Sub 过程的结束。

模块中可以包含任意多个 Sub 过程，在每个 Sub 过程中放置用于完成不同功能的 VBA 代码。一些代码需要放置到模块顶部的声明部分中，即位于所有过程的最上方，这些代码包括模块级变量的声明、用户自定义数据类型、Option Base 语句等。

我们可以使用两种方法声明一个 Sub 过程：手动输入和“添加过程”对话框，下面将分别进行介绍。

1. 手动输入法声明 Sub 过程

打开 VBE 窗口，在指定的 VBA 工程中插入一个模块，打开该模块的代码窗口，然后输入关键字 Sub 和过程的名称如 test，按 Enter 键后 Excel 会自动添加 End Sub 语句。创建好的 Sub

过程如下所示，接下来可以在 Sub 和 End Sub 之间添加所需的 VBA 代码。

```
Sub test()

End Sub
```

2. “添加过程”对话框法声明 Sub 过程

除了手动输入 Sub 和 End Sub 语句之外，还可以使用“添加过程”对话框来声明 Sub 过程，而且该方法还可用于创建 Function 过程和属性过程。单击 VBE 窗口菜单栏中的“插入”|“过程”命令，打开“添加过程”对话框，如图 2-9 所示。在“名称”文本框中输入 Sub 过程的名称，然后在“类型”区域中选择“子程序”以创建 Sub 过程，最后单击“确定”按钮。

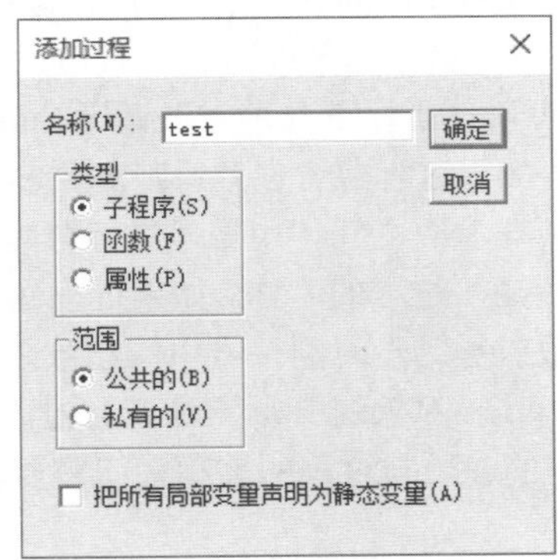

图 2-9　使用“添加过程”对话框创建 Sub 过程

2.4.2　Sub 过程的作用域

Sub 过程的作用域与变量类似，但是只分为模块级和工程级两种。对于 Sub 过程而言，可以将模块级的 Sub 过程称为私有过程，将工程级的 Sub 过程称为公有过程。区分 Sub 过程是私有过程还是公有过程的最直接方法，是在 Sub 语句之前是否包含 Public 或 Private 关键字，以 Public 关键字开头的 Sub 过程是公有过程，以 Private 关键字开头的 Sub 过程是私有过程。如果既没有 Public 关键字也没有 Private 关键字，而是直接以 Sub 关键字开头，那么该过程是公有过程。

在下面的三个过程中，前两个过程是公有过程，第三个过程是私有过程。

```
Public Sub 公有过程()
    MsgBox "这是一个公有过程"
End Sub

Sub 公有过程 2()
    MsgBox "这也是一个公有过程"
End Sub

Private Sub 私有过程()
    MsgBox "这是一个私有过程"
End Sub
```

如果使用 2.4.1 节介绍的第二种方法声明 Sub 过程，则可以在“添加过程”对话框的“范围”区域中选择过程的作用域。在该对话框中选择“把所有局部变量声明为静态变量”选项相当于使用 Static 关键字声明过程，“局部变量”指的就是过程级变量。

VBA 中的大多数过程都是公有过程，用户在标准模块中创建的 Sub 过程通常都是公有过程，录制的宏也是公有过程，而在诸如 ThisWorkbook、Sheet 等类模块中的工作簿和工作表的事件过程都是私有过程。公有过程可以被其所在的工程中的任何模块中的任何过程调用，私有过程只能被其所在的模块中的其他过程调用，而不能被其他模块中的过程调用。

提示：如果不希望让创建的 Sub 过程显示在“宏”对话框中，而只想在 VBA 代码中进行调用，则需要将该 Sub 过程创建为私有过程，或者在创建该 Sub 过程时为其提供参数。

2.4.3 在 VBA 中调用 Sub 过程

将功能复杂的程序分解成包含多个功能相对独立的 Sub 过程，可使程序的结构更清晰，也会使代码的编写和维护更容易。可能会有这样一些 Sub 过程，它们完成的是一些通用的操作，这些操作会在其他多个 Sub 过程所完成的任务中用到，比如打开文件的操作。此时在这些 Sub 过程中只要调用包含打开文件这一操作的 Sub 过程，就可以实现打开文件的操作，而不必重复编写打开文件的 VBA 代码。可以使用以下几种方法调用 Sub 过程：

- 直接输入过程的名称。如果过程包含参数，则需要输入过程的名称及其参数。如果过程包含多个参数，则需要在参数之间使用逗号进行分隔。
- 输入 Call 关键字，然后输入过程的名称。如果过程包含参数，则需要输入过程的名称及其参数，并将所有参数放置到一对圆括号中，参数之间以逗号分隔。
- 使用 Excel 中的 Application 对象的 Run 方法运行过程，过程的名称以字符串的形式作为 Run 方法的参数，过程的参数与过程的名称之间需要使用逗号进行分隔，所有参数不需要放置到一对圆括号中。

为了避免表述混乱，可以将调用某个 Sub 过程的过程称为主调过程，将被其他过程调用的 Sub 过程称为被调过程。

案例 2-11 调用过程

下面的代码使用第一种方法调用名为“确认退出”的 Sub 过程，其中名为“主过程”的 Sub 过程是主调过程，名为“确认退出”的 Sub 过程是被调过程。

```
Sub 主过程()
    确认退出
End Sub

Sub 确认退出()
    MsgBox "是否退出程序？", vbYesNo + vbQuestion, "退出程序"
End Sub
```

可以使用 Call 语句来调用 Sub 过程，与直接使用过程名的调用方法具有相同的效果，如下所示：

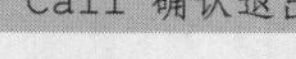

```
Call 确认退出
```

案例 2-12 调用包含参数的过程

下面的代码说明了调用包含参数的 Sub 过程的方法。假设前面案例中的“确认退出”过程包含两个参数，分别用于指定对话框的标题和内容，而对话框中的按钮类型已在名为“确认退出”的被调过程中指定。可以看出，为 Sub 过程提供参数可以为用户提供更大的灵活性，在本例中可以让用户自定义在对话框中显示的提示消息和标题的具体内容。

```
Sub 主过程()
    确认退出 "退出吗？", "退出"
End Sub

Sub 主过程2()
```

```
    Call 确认退出("退出吗？", "退出")
End Sub

Sub 确认退出(varPrompt, varTitle)
    MsgBox varPrompt, vbYesNo + vbQuestion, varTitle
End Sub
```

案例 2-13　使用 Application.Run 方法调用过程

下面的代码使用 Application.Run 方法代替 Call 语句调用 Sub 过程：

```
Sub 主过程()
    Application.Run "确认退出", "退出吗？", "退出"
End Sub

Sub 确认退出(varPrompt, varTitle)
    MsgBox varPrompt, vbYesNo + vbQuestion, varTitle
End Sub
```

前面介绍的过程调用方式都是主调过程与被调过程位于同一个模块的情况，这种调用方式同样适用于它们位于不同模块的情况。但是以下两种例外情况需要注意。

（1）主调过程与被调过程位于同一个模块中，在另一个模块中还存在一个同名的被调过程。

在这种情况下，如果使用前面介绍的方法调用被调过程，那么调用的是与主调过程在同一个模块中的被调过程。如果想要调用的是位于另一个模块中具有相同名称的被调过程，则需要在调用时输入模块名以限定被调过程的来源。

案例 2-14　调用位于不同模块中的过程

工程中包含名为“模块 1”和“模块 2”的两个模块，在模块 1 和模块 2 中都有一个名为“确认退出”的被调过程，模块 1 中还有一个名为“主过程”的主调过程。如果要在主调过程中调用模块 2 中的被调过程，则需要先输入被调过程所在的模块名，然后输入一个句点，再输入被调过程的名称或从自动弹出列表中选择被调过程。也可以使用 Call 语句进行调用，但是后续输入方法相同。如图 2-10 所示显示了代码窗口中的过程调用情况。

```
Sub 主过程()
    模块2.确认退出
End Sub
```

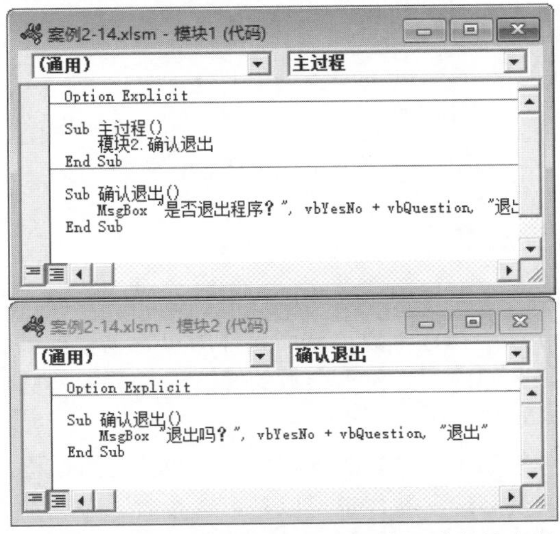

图 2-10　通过使用模块名来限定被调过程的来源

（2）主调过程与被调过程位于不同的模块中，但它们具有相同的名称。

在这种情况下调用被调过程将会出现运行时错误，此时需要使用与第（1）种情况相同的方法来处理，即在调用被调过程时为其添加模块名以明确指定其来源。

以上介绍的方法调用的都是位于同一个工程中的 Sub 过程。也可以调用位于其他工程中的过程，此时可以添加对包含被调过程的工作簿的引用，方法与 2.2.4 节介绍的跨工作簿引用工程级变量类似。通过 VBE 窗口菜单栏中的“工具”|“选项”命令，在打开的“引用”对话框中选择包含被调过程的工程，工程名称默认会显示为 VBAProject，可以在工程属性对话框中修改工程名称。如果工程对应的工作簿当前未被打开，则需要单击“浏览”按钮打开这个工作簿。

建立引用后就可以调用所引用的工程中的 Sub 过程了。为了可以准确调用指定的过程，应该使用下面的格式：

```
工程名.模块名.过程名
```

如图 2-11 所示显示了一个实际调用外部工作簿的案例。外部工作簿使用的是上一个例子用到的工作簿。在当前工作簿中建立对该外部工作簿的引用后，在当前工作簿的模块 1 中的 test 过程中使用了下面的代码来调用位于外部工作簿中的模块 1 中名为“主过程”的过程。外部工作簿对应的工程被命名为 MyPorject 而没有使用默认的 VBAProject，在工程资源管理器中可以看到该名称。

```
MyProject.模块 1.主过程
```

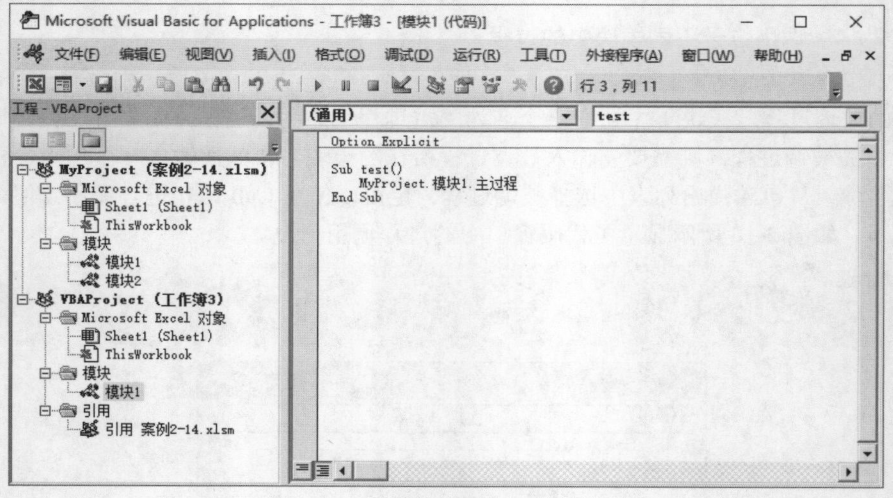

图 2-11　调用其他工作簿中的过程

2.4.4　向 Sub 过程传递参数

所有录制的宏都是公有的 Sub 过程，这些过程不包含任何参数。为了让 Sub 过程具有更大的灵活性，可以通过向 Sub 过程传递参数，从而允许用户为过程提供需要处理的数据，而不是将要处理的数据固定写入到过程内部。包含参数的 Sub 过程只能被其他过程调用，而不能直接运行，也不会显示在“宏”对话框中。

可以将变量、常量、对象等不同类型的内容作为参数传递给过程，一个过程可以包含一个或多个参数，这些参数可以是必选参数，也可以是可选参数。必选参数是指在调用过程时必须要为该参数提供值，可选参数是指在调用过程时不一定非要为该参数提供值。还可以指定参数的数据类型，方法与为变量指定数据类型相同。

在声明 Sub 过程时，在过程名右侧的圆括号中输入所需的一个或多个参数，各参数之间以逗号分隔。如果需要，可以使用 As 关键字为参数指定数据类型。

案例 2-15　在欢迎信息中显示指定的用户名

下面的代码声明的 Sub 过程（名为 Greeting）包含一个参数（名为 UserName），该参数的数据类型是 String，该参数用于指定要在问候消息中显示的用户名。然后在另一个过程中调用 Greeting 过程，并使用具体的人名作为参数值提供给该过程。

```
Sub Greeting(UserName As String)
    MsgBox "你好" & UserName & "，欢迎登录"
End Sub

Sub 主过程()
    Greeting "John"
End Sub
```

在上面的主调过程中，也可以声明一个变量，然后为变量赋值，再在调用过程时使用变量作为参数的值进行传递，如下所示：

```
Sub 主过程2()
    Dim strMyName As String
    strMyName = "John"
    Greeting strMyName
End Sub
```

在向过程传递参数时可以采用传址和传值两种方式，默认为传址。参数的传址或传值是通过在声明过程时使用 ByRef 或 ByVal 关键字指定的，使用 ByRef 或省略该关键字表示参数是传址的，使用 ByVal 关键字表示参数是传值的。传址是指传递到过程内部的是变量本身，过程中的代码对变量的修改不只局限于过程内，而且还会影响过程外的代码，相当于过程内、过程外共享这个变量。传值是指传递到过程内部的是变量的副本，过程中的代码对变量的修改只限于过程内，而不会对过程外的其他过程有任何影响。

案例 2-16　参数的传址与传值

下面的代码说明了参数的传址与传值的区别。在“求和”过程中使用 ByRef 将 Number1 指定为传址，使用 ByVal 将 Number2 指定为传值，因此在主调过程中将声明的两个变量 intNum1 和 intNum2 赋值后传递给“求和”过程时，intNum1 是传址的，intNum2 是传值的。“求和”过程对传递进来的两个变量都执行加 1 运算，由于第一个变量是传址的，因此加 1 后的变量结果会改变原变量 intNum1 的值。而第二个变量由于是传值的，因此加 1 后的变量结果不会改变原变量 intNum2 的值。可以在主调过程中使用 MsgBox 函数在对话框中验证两个变量的值，第一个变量的值为 2，第二个变量的值仍为 1，如图 2-12 所示。

```
Sub 求和(ByRef Number1, ByVal Number2)
    Number1 = Number1 + 1
    Number2 = Number2 + 1
End Sub

Sub 主过程()
    Dim intNum1 As Integer, intNum2 As Integer
    intNum1 = 1
    intNum2 = 1
    求和 intNum1, intNum2
    MsgBox "intNum1=" & intNum1 & vbCrLf & "intNum2=" & intNum2
End Sub
```

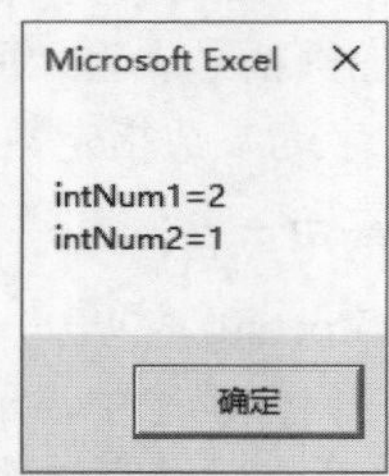

图 2-12　参数的传址和传值

可以在立即窗口中随时验证过程的运行结果。首先需要在 VBE 窗口中通过单击菜单栏中的"视图"|"立即窗口"命令显示出立即窗口，然后需要在代码中使用 Debug.Print 语句代替 MsgBox 函数，以便将变量的值输出到立即窗口中。接下来只需在立即窗口中输入过程名称并按 Enter 键，即可显示变量的结果，如图 2-13 所示。

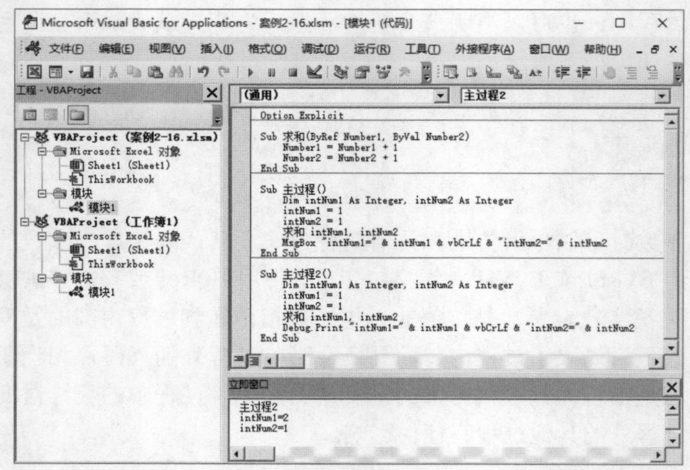

图 2-13　在立即窗口中验证过程的运行结果

提示： 通常会在 Function 过程中更频繁地使用参数，因此在后面 2.5 节介绍 Function 过程时会对参数进行更多的介绍。在 Function 过程中包含不同类型参数的具体方法会在第 16 章进行详细介绍。

2.4.5　Sub 过程的递归

递归是指过程调用其自身。任何一个过程都可以递归，但是递归可能会导致内存耗尽而产生运行时错误。在某些情况下也可以利用递归来完成任务。

案例 2-17　验证用户登录

下面的代码运行后会显示一个输入对话框让用户输入用户名，然后检测用户名是否正确，如果不正确则会再次显示该对话框，直到用户输入正确的用户名为止。如果正确则会显示登录成功的消息并立刻结束该过程。由于使用 If 语句设置了终止递归的判断条件，因此本例中的过程递归不会陷入无限循环。

```
Sub 用户登录()
    Dim strUserName As String
    strUserName = InputBox("请输入用户名：")
    If strUserName = "admin" Then
        MsgBox "登录成功！"
```

```
        Exit Sub
    Else
        MsgBox "用户名错误，请重新输入！"
        用户登录
    End If
End Sub
```

2.5　创建 Function 过程

除了 Sub 过程，用户还可以在 VBA 中创建 Function 过程（函数过程），它与 Sub 过程有很多相似之处，比如声明方式、调用方式、过程包含的参数声明和传递方式等，Sub 过程涉及的很多概念和操作方法也同样适用于 Function 过程。本节将介绍声明与调用 Function 过程的基本方法，还会介绍 VBA 内置函数的使用方法。第 16 章将会详细介绍开发自定义函数的方法和更多案例。

2.5.1　Function 过程与 Sub 过程的区别

尽管 Function 过程和 Sub 过程在很多方面都具有相同或相似的特性，但是二者之间存在一个重要而明显的区别：Function 过程可以返回一个值，而 Sub 过程不能返回任何值。Function 过程类似于 Excel 内置的工作表函数。在 VBA 中创建的 Function 过程主要有以下两个用途：

- 在工作表公式中使用，弥补 Excel 内置函数无法实现的计算功能，简化公式的复杂度。
- 在 VBA 中被其他过程调用，或者作为表达式的一部分参与运算。

2.5.2　声明 Function 过程

声明 Function 过程的语法格式与声明 Sub 过程类似，但是由于 Function 过程有返回值，因此在格式声明的某些部分与 Sub 过程有所区别。声明 Function 过程的语法格式如下：

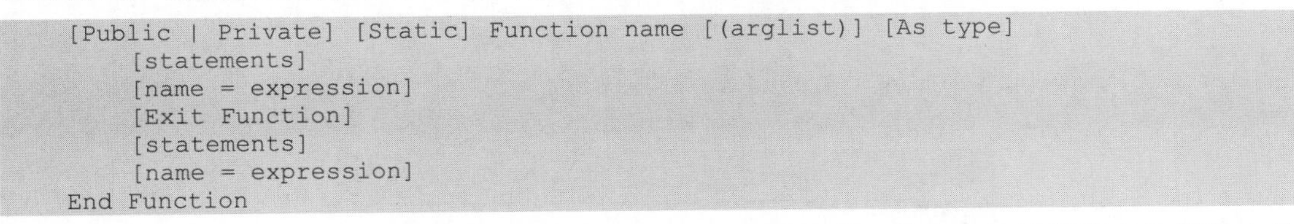

```
[Public | Private] [Static] Function name [(arglist)] [As type]
    [statements]
    [name = expression]
    [Exit Function]
    [statements]
    [name = expression]
End Function
```

- Private：可选，表示声明的是一个私有的 Function 过程，只有在该过程所在的模块中的其他过程可以访问该过程，其他模块中的过程无法访问该过程。
- Public：可选，表示声明的是一个公共的 Function 过程，所有模块中的所有其他过程都可以访问该过程。如果在包含 Option Private Module 语句的模块中声明该过程，即使该过程使用了 Public 关键字，也仍然会变为私有过程。
- Static：可选，Function 过程运行结束后保留过程中所使用的变量的值。
- Function：必选，表示 Function 过程的开始。
- name：必选，Function 过程的名称，与变量的命名规则相同。
- arglist：可选，一对圆括号中可以包含一个或多个参数，这些参数用于向 Function 过程传递数据以供 Function 过程处理，各参数之间以逗号分隔。如果过程不包含任何参数，则必须保留一对空括号。
- type：可选，Function 函数的返回值的数据类型。
- statements：可选，Function 过程中包含的 VBA 代码。

- expression：可选，Function 过程的返回值。
- Exit Function：可选，中途退出 Function 过程。
- End Function：必选，表示 Function 过程的结束。

与声明 Sub 过程的方法类似，可以使用两种方法声明 Function 过程。如果使用“添加过程”对话框声明 Function 过程，则需要在该对话框的“类型”区域中选择“函数”选项，其他选项的设置与 Sub 过程类似。

如果想要手动声明 Function 过程，则需要在代码窗口中输入 Function 关键字和 Function 过程的名称，按 Enter 键后 Excel 会自动添加 End Function 语句，如下所示，接下来可以在 Function 和 End Function 之间添加所需的 VBA 代码。

```
Function MyTime()

End Function
```

还可以在 Function 过程名右侧的圆括号中输入一个或多个参数，各参数以逗号分隔，如下所示：

```
Function GetSum(varNumber1, varNumber2)

End Function
```

提示：在创建 Function 过程时可以为其添加不同形式的参数，关于这方面的具体内容将在第 16 章进行详细介绍。

案例 2-18 创建与使用 Function 过程

下面的代码声明了一个用于计算两个数字之和的 Function 过程，该过程包含两个参数，它们表示要参与计算的数字。在另一个过程中调用了这个 Function 过程，在对话框中显示了用户指定的两个数字之和，如图 2-14 所示。本例中的 Function 过程是作为表达式的一部分使用的。

```
Function GetSum(varNumber1, varNumber2)
    GetSum = varNumber1 + varNumber2
End Function

Sub test()
    MsgBox "两个数字之和是：" & GetSum(1, 2)
End Sub
```

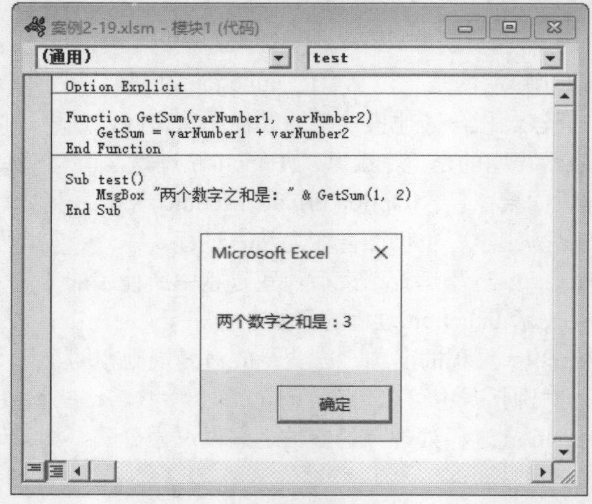

图 2-14　一个简单的 Function 过程

2.5.3　调用 Function 过程

与调用 Sub 过程类似，可以在其他过程中调用指定的 Function 过程，具体可以调用哪些 Function 过程以及调用的方式，由 Function 过程的作用域决定。Function 过程的作用域所遵循的规则与 Sub 过程相同。如果在 Function 过程的开头使用或省略了 Public 关键字，那么该 Function 过程是公有过程。如果在 Function 过程的开头使用了 Private 关键字，那么该 Function 过程是私有过程。

公有的 Function 过程可以被同一个工程中的所有模块中的所有过程调用。如果要在外部工作簿中调用该 Function 过程，需要建立对包含该 Function 过程的工作簿的引用，方法与前面介绍的引用外部工作簿中的 Sub 过程相同。上一个案例说明了在 VBA 中调用 Function 过程的方法，在一个对话框中显示了使用 GetSum 函数对两个数字求和的计算结果。如果希望在后面的代码中使用 Function 过程的返回值，则需要将返回值赋值给一个变量，之后可以在代码中处理这个变量。

案例 2-19　在程序中使用函数的返回值

下面是对上一个案例中的代码修改后的版本，其中声明了一个 varSum 变量，用于保存 GetSum 函数的返回值，然后在 If 判断语句中测试这个变量是否小于 10，如果是则显示“总和太小”的提示消息。

```
Function GetSum(varNumber1, varNumber2)
    GetSum = varNumber1 + varNumber2
End Function

Sub test()
    Dim varSum
    varSum = GetSum(1, 2)
    If varSum < 10 Then MsgBox "总和太小"
End Sub
```

公有的 Function 过程还可以在工作表公式中使用，就像使用 Excel 内置的工作表函数一样。这里仍然使用前面案例中创建的 GetSum 函数，该函数计算 A1 和 B1 两个单元格中的数字之和，如图 2-15 所示。

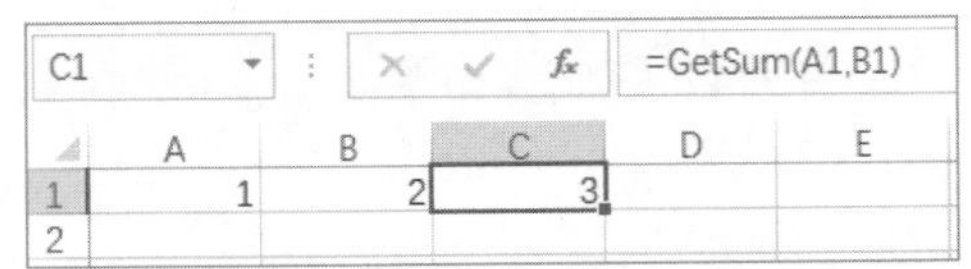

图 2-15　在工作表公式中使用 Function 过程

如果只想在 VBA 中调用 Function 过程，不希望在工作表公式中使用该过程，那么需要在声明 Function 过程的开头使用 Private 关键字。这样该 Function 过程将变为私有过程，它只能被 Function 过程所在模块中的任意过程调用，而不能被其他模块中的过程调用，也不能在工作表公式中使用。

2.5.4　使用 VBA 内置函数

VBA 内置函数是 VBA 自身提供的用于实现特定功能的 Function 过程，它们可用于完成不同类型的计算和文本处理任务。VBA 内置函数与 Excel 工作表函数类似。例如，名为 Ucase 的 VBA 内置函数用于将文本中的英文字母转换为大写形式，该函数的功能与 Excel 工作表函数 UPPER 相同。需要注意的是，如果某个 VBA 内置函数与某个 Excel 工作表函数实现相同的功能（就像上面提到的 Ucase 和 UPPER），那么该工作表函数就不能在 VBA 中使用，否则会出现错误。

如果用户创建的 Function 过程与 VBA 内置函数同名，在 VBA 中调用该 Function 过程时，VBA 会认为用户希望使用自己创建的这个 Function 过程，而不是同名的 VBA 内置函数。此时如果希望使用同名的 VBA 内置函数，则需要先输入 VBA 和一个句点，然后在弹出的自动成员列表中选择所需的 VBA 内置函数（以绿色标记开头），如图 2-16 所示，使用方向键选择某个函数，然后按下 Tab 键将函数输入到代码窗口中。在不知道都有哪些 VBA 内置函数时，也可以使用这种方法快速获得函数列表。

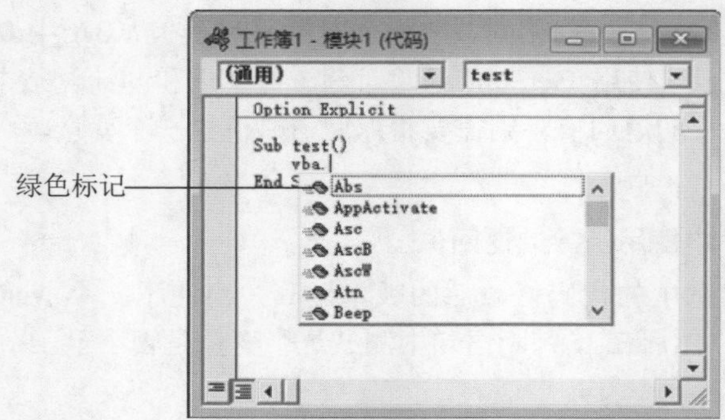

图 2-16　在代码中使用 VBA 内置函数

2.6　控制程序的运行流程

正常情况下，过程中的代码按照从上到下的顺序运行，但是可以在过程中加入控制结构来改变程序的运行流程。

2.6.1　If Then 判断结构

If Then 结构用于根据条件的判断结果是否成立来选择执行不同的代码。如果判断结果为逻辑值 True，则说明条件成立，如果为 False 则说明条件不成立。If Then 判断结构可以分为以下 3 种形式：

- 只处理条件成立情况的 If Then 结构。
- 可以处理条件不成立情况的 If Then 结构。
- 可以处理多个条件的 If Then 结构。

1. 只处理条件成立情况的 If Then 结构

If Then 结构的最简单形式是单行的 If Then 语句，用于在条件成立时执行指定的代码。要检测的条件位于 If 关键字之后，要执行的代码位于 Then 关键字之后，格式如下：

```
If 要检测的条件 Then 条件成立时执行的代码
```

案例 2-20　If 条件成立时执行单条语句

下面的代码判断输入的用户名是否是“Admin”，如果是则显示欢迎信息。

```
Sub 显示欢迎信息()
    Dim strUserName As String
    strUserName = InputBox("请输入用户名：")
```

```
    If strUserName = "Admin" Then MsgBox "hello " & strUserName
End Sub
```

在上例中，只有输入大小写完全相同的“Admin”才会显示欢迎消息，这是因为 VBA 默认使用二进制方式对字符串进行比较。如果希望无论输入大小写形式的 Admin 都能被 If 语句判断为条件成立，则可以将 If 条件判断部分的代码改为以下两种形式之一，其中的 Lcase 和 Ucase 是 VBA 的两个内置函数，前者用于将文本转换为小写形式，后者用于将文本转换为大写形式。

```
If LCase(strUserName) = "admin"
If UCase(strUserName) = "ADMIN"
```

如果希望模块中的所有过程都使用不区分大小写形式的文本比较方式，则可以在模块顶部的声明部分输入下面的代码：

```
Option Compare Text
```

如果在条件成立时需要执行多行代码，则可以使用下面的 If Then 格式。此时在 Then 关键字之后没有任何代码，而将条件成立时要执行的代码放在 If 语句下面的一行或多行中，最后使用 End If 语句作为 If Then 结构的结束。不需要手动输入 End If 语句，只需先输入好 If Then 这条语句，然后按 Enter 键，Excel 会自动添加 End If 语句。

```
If 要检测的条件 Then
    条件成立时执行的代码
End If
```

案例 2-21　If 条件成立时执行多条语句

下面的代码是对上一个案例修改后的版本，如果用户输入正确的用户名，将在对话框中显示欢迎信息，并会记录用户的登录次数。声明 intLogin 变量时使用的是 Static 关键字，目的是在工作簿打开期间多次执行该过程时，intLogin 变量的值可以持续累加，而不是在每次过程运行结束后自动归零。

```
Sub 显示欢迎信息()
    Dim strUserName As String
    Static intLogin As Integer
    strUserName = InputBox("请输入用户名：")
    If strUserName = "Admin" Then
        MsgBox "hello " & strUserName
        intLogin = intLogin + 1
    End If
End Sub
```

实际上单行的 If Then 结构也可以在满足条件时执行多条语句，只要使用冒号分隔多条语句即可，如下所示：

```
If strUserName = "Admin" Then MsgBox "hello " & strUserName: intLogin = intLogin + 1
```

2. 同时处理条件成立和不成立两种情况的 If Then 结构

如果希望在条件成立和不成立时都执行相应的代码，则需要在 If Then 结构中使用 Else 子句。如果在条件成立和不成立时各执行一行代码，则可以使用单行的 If Then Else 结构，格式如下：

```
If 要检测的条件 Then 条件成立时执行的代码 Else 条件不成立时执行的代码
```

案例 2-22　同时处理 If 条件成立与不成立两种情况并执行单条语句

下面的代码判断输入的用户名是否是“Admin”，如果是则显示登录成功的信息，如果不是则显示出错信息。代码中使用 strMessage 变量存储在条件成立和不成立时在对话框中显示的不同信息，最后使用 MsgBox 函数显示该信息。

```
Sub 验证用户名()
```

```
    Dim strUserName As String, strMessage As String
    strUserName = InputBox("请输入用户名：")
    If strUserName = "Admin" Then strMessage = "登录成功" Else strMessage = "用户名错误"
    MsgBox strMessage
End Sub
```

如果在条件成立和不成立时要分别执行多行代码，则需要使用多行的 If Then Else 结构，格式如下：

```
If 要检测的条件 Then
    条件成立时执行的代码
Else
    条件不成立时执行的代码
End If
```

案例 2-23　同时处理 If 条件成立与不成立两种情况并执行多条语句

下面的代码判断输入的用户名是否是“Admin”，如果是则显示登录成功的信息，如果不是则记录用户登录的次数，并显示包括已登录次数在内的登录失败的信息。

```
Sub 验证用户名()
    Dim strUserName As String
    Static intLogin As Integer
    strUserName = InputBox("请输入用户名：")
    If strUserName = "Admin" Then
        MsgBox "登录成功"
    Else
        intLogin = intLogin + 1
        MsgBox "用户名错误，这是第" & intLogin & "次登录失败"
    End If
End Sub
```

3. 处理多个条件的 If Then 结构

使用 If Then 结构还可以对多个条件进行判断，并根据判断结果执行不同的代码。处理多个条件的 If Then 结构可以将普通的 If Then 结构嵌套在另一个 If Then 结构中，可以嵌套任意数量的 If Then 结构，从而构成多层嵌套的 If Then 结构，如下所示，每个 If Then 结构都必须有对应的 End If 语句。

```
If 要检测的第 1 个条件 Then
    第 1 个条件成立时执行的代码
Else
    If 要检测的第 2 个条件 Then
        第 2 个条件成立时执行的代码
    Else
        If 要检测的第 n 个条件 Then
            第 n 个条件成立时执行的代码
        Else
            第 n-1 个条件不成立时执行的代码
        End If
        第 2 个条件不成立时执行的代码
    End If
    第 1 个条件不成立时执行的代码
End If
```

案例 2-24　多个 If Then Else 结构嵌套

下面的代码说明了 If 多条件判断第一种结构的用法，根据用户输入的不同内容而显示不同的信息。如果用户输入的是 Admin，则显示“你好，管理员”；如果输入的是 User，则显示“你好，普通用户”；否则会显示 Else 子句中的信息，即用户输入的实际用户名。

```
Sub 验证用户名()
    Dim strUserName As String
    strUserName = InputBox("请输入用户名：")
    If strUserName = "Admin" Then
        MsgBox "你好，管理员"
    Else
        If strUserName = "User" Then
            MsgBox "你好，普通用户"
        Else
            MsgBox "你好" & strUserName
        End If
    End If
End Sub
```

还可以使用下面的 If Then 结构来处理多个条件，可以添加任意数量的 ElseIf 子句。

```
If 要检测的第 1 个条件 Then
    第 1 个条件成立时执行的代码
ElseIf 要检测的第 2 个条件 Then
    第 1 个条件不成立但第 2 个条件成立时执行的代码
ElseIf 要检测的第 n 个条件 Then
    前 n-1 个条件都不成立但第 n 个条件成立时执行的代码
Else
    前面所有条件都不成立时执行的代码
End If
```

案例 2-25　使用 If Then ElseIf 处理多个条件

下面的代码使用 If Then ElseIf 结构进行了重新编写，实现与上一个案例相同的功能。

```
Sub 验证用户名()
    Dim strUserName As String
    strUserName = InputBox("请输入用户名：")
    If strUserName = "Admin" Then
        MsgBox "你好，管理员"
    ElseIf strUserName = "User" Then
        MsgBox "你好，普通用户"
    Else
        MsgBox "你好" & strUserName
    End If
End Sub
```

无论使用的是单条件判断还是多条件判断的 If Then 结构，都可以在 If 条件部分使用逻辑运算符组合多个条件，以实现同时满足多个条件才执行指定的代码。

案例 2-26　使用逻辑运算符实现多条件判断

下面的代码检查用户输入的是否是“Admin”，以及登录次数是否未超过 3 次。由于在 If 条件部分使用了 And 逻辑运算符，因此只有同时满足两个条件，才会显示登录成功的信息，否则只要有一个条件不满足，就会显示用户名错误或已超过登录次数的信息。

```
Sub 验证用户名()
    Dim strUserName As String
    Static intLogin As Integer
    strUserName = InputBox("请输入用户名：")
    intLogin = intLogin + 1
    If strUserName = "Admin" And intLogin <= 3 Then
        MsgBox "登录成功"
    Else
        MsgBox "用户名错误或已超过登录次数"
    End If
End Sub
```

2.6.2 Select Case 判断结构

当需要依次检测一个表达式的多个值，并根据每个值来执行不同的操作时，Select Case 可以提供更清晰的结构。Select Case 结构的格式如下：

```
Select Case 要检测的表达式
    Case 表达式的第 1 个值
        满足第 1 个值时要执行的代码
    Case 表达式的第 2 个值
        满足第 2 个值时要执行的代码
    Case 表达式的第 n 个值
        满足第 n 个值时要执行的代码
    Case Else
        不满足前面所有值时执行的代码
End Select
```

案例 2-27　使用 Select Case 结构处理多个条件

下面的代码使用 Select Case 结构对案例 2-24 和案例 2-25 进行了重新编写。

```
Sub 验证用户名()
    Dim strUserName As String
    strUserName = InputBox("请输入用户名：")
    Select Case strUserName
        Case "Admin"
            MsgBox "你好，管理员"
        Case "User"
            MsgBox "你好，普通用户"
        Case Else
            MsgBox "你好" & strUserName
    End Select
End Sub
```

如果在每个 Case 下面只执行一条语句，为了使代码结构更紧凑，可以将执行的语句与 Case 语句合并为一行，两个语句之间使用冒号分隔，如下所示：

```
Sub 验证用户名2()
    Dim strUserName As String
    strUserName = InputBox("请输入用户名：")
    Select Case strUserName
        Case "Admin": MsgBox "你好，管理员"
        Case "User": MsgBox "你好，普通用户"
        Case Else: MsgBox "你好" & strUserName
    End Select
End Sub
```

Select Case 结构中的每个 Case 语句都可以对多个值进行检测，各个值之间以逗号分隔。

案例 2-28　验证 Excel 程序版本号

下面的代码检测当前 Excel 程序的版本，如果是 Excel 2007/2010/2013/2016，则显示“Excel 2003 之后的版本”的提示信息，如果是 Excel 2003 或更早版本，则显示“Excel 2003 或更早版本”的提示信息。本例中用到了 Excel 对象模型中的 Application 对象，它代表 Excel 程序本身。Version 是 Application 对象的一个属性，Application.Version 表示 Excel 程序的版本号。

```
Sub 验证Excel程序版本号()
    Select Case Application.Version
        Case "16.0", "15.0", "14.0", "12.0"
            MsgBox "Excel 2003 之后的版本"
        Case Else
```

```
            MsgBox "Excel 2003 或更早版本"
    End Select
End Sub
```

还可以在 Case 语句中使用 To 关键字表示要检测的值的范围，或者使用 Is 关键字与指定的值进行比较。

案例 2-29　计算折扣率

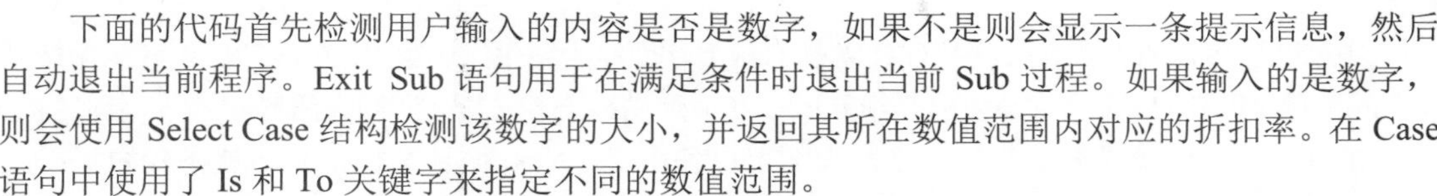

下面的代码首先检测用户输入的内容是否是数字，如果不是则会显示一条提示信息，然后自动退出当前程序。Exit Sub 语句用于在满足条件时退出当前 Sub 过程。如果输入的是数字，则会使用 Select Case 结构检测该数字的大小，并返回其所在数值范围内对应的折扣率。在 Case 语句中使用了 Is 和 To 关键字来指定不同的数值范围。

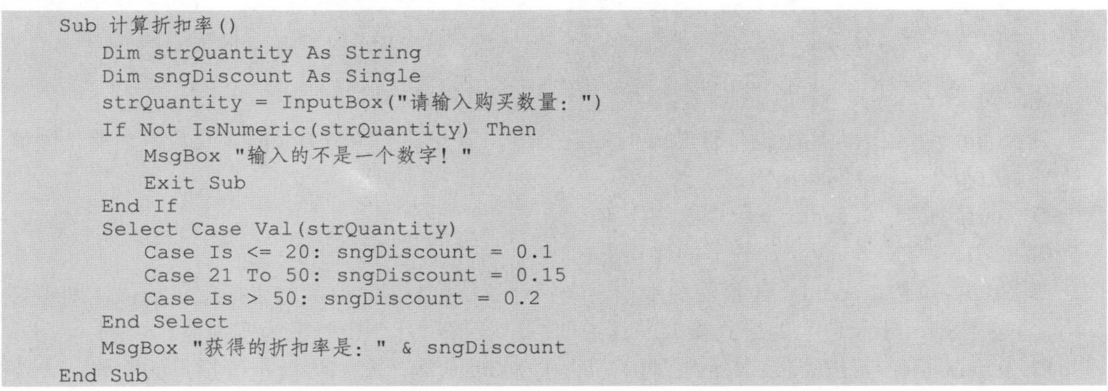

```
Sub 计算折扣率()
    Dim strQuantity As String
    Dim sngDiscount As Single
    strQuantity = InputBox("请输入购买数量: ")
    If Not IsNumeric(strQuantity) Then
        MsgBox "输入的不是一个数字! "
        Exit Sub
    End If
    Select Case Val(strQuantity)
        Case Is <= 20: sngDiscount = 0.1
        Case 21 To 50: sngDiscount = 0.15
        Case Is > 50: sngDiscount = 0.2
    End Select
    MsgBox "获得的折扣率是: " & sngDiscount
End Sub
```

Select Case 结构也可以嵌套使用，即在一个 Select Case 结构中包含另一个 Select Case 结构。

案例 2-30　查询商品定价

下面的代码可以实现根据用户输入的食品的类别和名称来显示对应的食品定价。如果输入的内容不在指定范围内，则会显示“输入的内容无效”的提示信息。本例使用了嵌套的 Select Case 结构，外层的 Select Case 结构用于查找食品的类别，内层的 Select Case 结构用于查找具体的食品名称，每个 Case 语句返回相应食品的定价，最后使用 MsgBox 函数在对话框中显示找到的食品的名称和定价。

```
Sub 查询商品定价()
    Dim strType As String, strFood As String
    Dim sngPrice As Single
    strType = InputBox("请输入食品的类别: ")
    strFood = InputBox("请输入食品的名称: ")
    Select Case strType
        Case "蔬菜"
            Select Case strFood
                Case "西红柿": sngPrice = 3
                Case "芦笋": sngPrice = 6
                Case Else
                    MsgBox "输入的内容无效! ": Exit Sub
            End Select
        Case "水果"
            Select Case strFood
                Case "苹果": sngPrice = 3.5
                Case "猕猴桃": sngPrice = 8
                Case Else
                    MsgBox "输入的内容无效! ": Exit Sub
```

```
            End Select
        Case Else
            MsgBox "输入的内容无效! ": Exit Sub
    End Select
    MsgBox strFood & "的定价是: " & sngPrice & "元/斤"
End Sub
```

2.6.3 For Next 循环结构

计算机最擅长的工作之一就是处理需要不断重复进行的操作。VBA 支持两种最主要的循环结构：For Next 和 Do Loop，本节主要介绍 For Next 循环结构，下一节会详细介绍 Do Loop 循环结构。

如果预先知道操作要重复的次数，那么可以使用 For Next 循环结构，其语法格式如下：

```
For counter = start To end [Step step]
    [statements]
    [Exit For]
    [statements]
Next [counter]
```

- counter：必选，用做循环计数器的数值变量，该变量不能是 Boolean 或数组元素。该值在循环期间会不断递增或递减。
- start：必选，counter 计数器的初始值。
- end：必选，counter 计数器的终止值。
- Step：可选，counter 计数器的步长，未指定该值则默认为 1。如果指定步长值，则需要按“Step 步长值”的格式输入，其中的“步长值”几个字替换为实际值。
- statements：可选，For Next 结构中包含的 VBA 代码，它们将被执行指定的次数。
- Exit For：可选，中途退出 For Next 循环。

使用 For Next 循环结构需要将一个变量指定为计数器（counter），然后为该变量提供一个初始值（start）和一个终止值（end），通过步长值（step）使计数器从初始值递增或递减到终止值。当计数器的值超过终止值或初始值时，结束 For Next 循环并继续执行后面的代码。

案例 2-31　计算 1 到 100 之间的所有整数之和

下面的代码计算 1 到 100 之间的所有整数之和。在该 For Next 结构中，起始值为 1，终止值为 100。由于参与计算的是连续范围内的所有整数，因此步长值为 1。

```
Sub 计算1到100之间的所有整数之和()
    Dim intCounter As Integer, intSum As Long
    For intCounter = 1 To 100
        intSum = intSum + intCounter
    Next intCounter
    MsgBox "1到100之间的所有整数之和是: " & intSum
End Sub
```

案例 2-32　计算 1 到 100 之间的所有偶数之和

下面的代码计算 1 到 100 之间的所有偶数之和，由于偶数是 2、4、6、8 这样的数字，两个相邻偶数之间的增量为 2，因此本例中需要将步长值设置为 2，同时需要将初始值改为 0，这样才能将数字 2 包含在计算范围之内。其他代码与上例相同。

```
Sub 计算1到100之间的所有偶数之和()
    Dim intCounter As Integer, intSum As Long
    For intCounter = 0 To 100 Step 2
        intSum = intSum + intCounter
    Next intCounter
    MsgBox "1到100之间的所有偶数之和是: " & intSum
End Sub
```

还可以将 For Next 循环结构与 If Then 或 Select Case 判断结构嵌套使用。

案例 2-33　计算指定范围内的所有整数之和

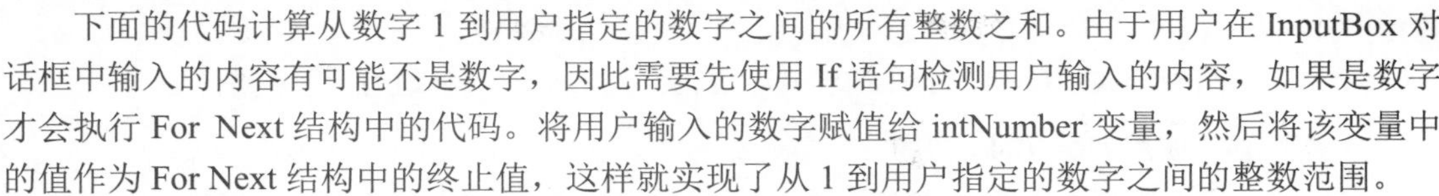

下面的代码计算从数字 1 到用户指定的数字之间的所有整数之和。由于用户在 InputBox 对话框中输入的内容有可能不是数字，因此需要先使用 If 语句检测用户输入的内容，如果是数字才会执行 For Next 结构中的代码。将用户输入的数字赋值给 intNumber 变量，然后将该变量中的值作为 For Next 结构中的终止值，这样就实现了从 1 到用户指定的数字之间的整数范围。

```
Sub 计算指定范围内的所有整数之和()
    Dim intCounter As Integer, intNumber As Integer
    Dim lngSum As Long
    intNumber = InputBox("请输入一个整数：")
    If IsNumeric(intNumber) Then
        For intCounter = 1 To intNumber
            lngSum = lngSum + intCounter
        Next intCounter
        MsgBox "1 到" & intNumber & "之间的整数之和是：" & lngSum
    End If
End Sub
```

实际上不一定必须完成所有预定次数的循环，而是可以在满足特定条件时中途退出循环。为了实现这个目的，通常需要在 For Next 结构中嵌入 If Then 结构，并在 If Then 结构中使用 Exit For 语句。

案例 2-34　达到指定值时结束累加

下面的代码计算数字 1 到 10 之间的所有整数之和，但是当累加的总和大于或等于 20 时就停止累加，并显示达到该值时累加到的那个数字。本例中的 intSum 变量存储累加后的当前总和，在 If 语句中判断该变量的值是否大于等于 20，如果是则执行 Exit For 语句退出当前的 For Next 循环。最后在对话框中显示退出 For Next 循环时的循环计数器的当前值，该值保存在 intCounter 变量中。

```
Sub 达到指定值时结束累加()
    Dim intCounter As Integer, intSum As Long
    For intCounter = 1 To 10
        intSum = intSum + intCounter
        If intSum >= 20 Then Exit For
    Next intCounter
    MsgBox "总和达到 20 时所累加到的数字是：" & intCounter
End Sub
```

2.6.4　Do Loop 循环结构

如果无法预先获悉操作要循环的次数，但是知道在什么情况下开始或停止循环，那么可以使用 Do Loop 循环结构。Do Loop 循环结构分为 Do While 和 Do Until 两种形式，下面将分别对这两种形式进行介绍。

1. Do While 循环

Do While 用于不知道要循环的次数，但是知道在什么条件下开始循环的情况。当条件为 True 时执行循环，条件为 False 时终止循环。Do While 分为以下两种形式。

形式一：

```
Do While 要检测的条件
    条件成立时执行的代码
Loop
```

形式二：

```
Do
    条件成立时执行的代码
Loop While 要检测的条件
```

Do While 两种形式的区别在于在循环开始之前，是否先对条件进行一次判断。

案例 2-35　使用 Do While 结构

下面两段代码检测用户输入的用户名是否是“Admin”，如果不是则会重新显示输入对话框，如果是则显示欢迎信息。两段代码实现的功能相同，但写法不同。

```
Sub DoWhile 结构一()
    Dim strUserName As String
    Do While LCase(strUserName) <> "admin"
        strUserName = InputBox("请输入用户名：")
    Loop
    MsgBox "欢迎" & strUserName & "登录系统！"
End Sub

Sub DoWhile 结构二()
    Dim strUserName As String
    Do
        strUserName = InputBox("请输入用户名：")
    Loop While LCase(strUserName) <> "admin"
    MsgBox "欢迎" & strUserName & "登录系统！"
End Sub
```

如果希望在满足指定条件时退出 Do While 循环，可以使用 Exit Do 语句。

案例 2-36　使用 Exit Do 退出循环

在上面的案例中，只有输入 Admin（大小写形式均可）才会退出循环，即使单击对话框中的“取消”按钮也无法退出循环。正常情况下应该允许用户在单击“取消”按钮时关闭对话框并退出程序，因此应该在 Do While 循环中加入检测 InputBox 函数的返回值是否为空的判断条件，如果返回值为空，则使用 Exit Do 语句退出 Do While 循环。

```
Sub ExitDo 退出循环()
    Dim strUserName As String
    Do
        strUserName = InputBox("请输入用户名：")
        If strUserName = "" Then Exit Do
    Loop While Lcase(strUserName) <> "admin"
    If strUserName <> "" Then MsgBox "欢迎" & strUserName & "登录系统！"
End Sub
```

提示： 如果在对话框中未输入任何内容并单击“确定”按钮，也会执行 Exit Do 语句退出循环。

2. Do Until 循环

Do Until 用于不知道要循环的次数，但是知道在什么条件下停止循环的情况。当条件为 False 时执行循环，条件为 True 时终止循环。Do Until 分为以下两种形式：

形式一：

```
Do Until 要检测的条件
    条件不成立时执行的代码
Loop
```

形式二：

```
Do
    条件不成立时执行的代码
Loop Until 要检测的条件
```

Do Until 两种形式的区别在于在循环开始之前，是否先对条件进行一次判断。

案例 2-37　使用 Do Until 结构

下面的两段代码是对前面介绍的 Do While 结构的两个案例的修改版，这里使用了 Do Until 结构。

```
Sub DoUntil 结构一()
    Dim strUserName As String
    Do Until Lcase(strUserName) = "admin"
        strUserName = InputBox("请输入用户名: ")
    Loop
    MsgBox "欢迎" & strUserName & "登录系统! "
End Sub

Sub DoUntil 结构二()
    Dim strUserName As String
    Do
        strUserName = InputBox("请输入用户名: ")
    Loop Until Lcase(strUserName) = "admin"
    MsgBox "欢迎" & strUserName & "登录系统! "
End Sub
```

与在 Do While 结构中使用 Exit Do 语句的作用类似，也可以使用 Exit Do 语句在满足指定条件时退出 Do Until 循环，这里不再赘述。

2.7　使用数组

普通变量只能存储一个数据，如果希望在一个变量中同时存储多个数据，则需要使用数组。数组是一种特殊类型的变量，其中可以包含多个数据，这些数据称为数组元素，它们共享同一个变量名，通过使用不同的索引号来识别和引用每个数组元素。根据不同的划分方式可以将数组分为不同的类型，按维数划分可以将数组分为一维数组、二维数组和多维数组，按使用方式划分可以将数组分为静态数组和动态数组。本节将介绍数组的声明、赋值等基本操作，还介绍了动态数组的用法。

2.7.1　数组的维数

数组的维数可以是一维、二维或多维。可以将一维数组想象成排列在一行或一列中的数据。数据排列在一行中的数组称为一维水平（横向）数组，如图 2-17 所示，数组元素之间以逗号分隔。下面的一维水平数组包含 6 个数组元素，分别为数字 1、2、3、4、5、6。

```
{1,2,3,4,5,6}
```

如果数组元素是文本，则需要为每个数组元素添加一对双引号。下面的一维水平数组包含 3 个文本类型的数组元素。

```
{"星期一","星期二","星期三"}
```

数据排列在一列中的数组称为一维垂直（纵向）数组，如图 2-18 所示，数组元素之间以分号分隔。下面的一维垂直数组包含 6 个数组元素，分别为数字 1、2、3、4、5、6。

```
={1;2;3;4;5;6}
```

图 2-17　一维水平数组　　　　图 2-18　一维垂直数组

二维数组中的数据同时排列在行和列中，水平方向上的数组元素以逗号分隔，垂直方向上的数组元素以分号分隔。可以将二维数组看作是由行和列构成的表，表中的每一个单元格由行和列的编号组成，表中包含的单元格数量就是数组包含的元素个数，也可以由表中的行数与列数的乘积得出。下面的二维数组由 2 行 3 列组成，第一行包含数字 1、2、3；第二行包含数字 4、5、6，该数组一共包含 6 个数组元素。

```
={1,2,3;4,5,6}
```

三维或更多维的数组很少用到，因此本书不做过多介绍。

2.7.2　声明一维数组

声明一维数组的方法与声明普通变量类似，可以使用 Dim Static、Private、Public 关键字，这些关键字的区别在于使数组具有不同的作用域。与声明普通变量不同的是，需要在声明的数组名称的右侧包含一对圆括号，并在其中输入表示数组上界的数字，上界是数组可以使用的最大索引号，即最后一个数组元素的索引号。下面的代码声明了一个名为 Numbers 的数组，其上界为 2。由于没有明确指定数组的数据类型，因此默认为 Variant 类型。

```
Dim Numbers(2)
```

数组中的所有元素可以是同一种数据类型，也可以是不同的数据类型。如果像上面那样将数组声明为 Variant 数据类型，那么数组中的元素可以是不同类型的数据。也可以在声明数组时明确指定一种数据类型，这样数组中的元素都将是该种数据类型。下面的代码将上面的数组声明为 Integer 数据类型：

```
Dim Numbers(2) As Integer
```

也可以像声明普通变量那样，为数组添加表示数据类型的前缀。为了与普通变量区分，可以在数据类型前缀之前使用小写字母 a 来表示变量是数组，下面的数组名称中的字母 a 表示数组（Array），int 表示 Integer 数据类型。

```
Dim aintNumbers(2) As Integer
```

要引用一个数组元素，只需使用数组名+索引号。下面的代码引用数组中索引号为 1 的数组元素。

```
aintNumbers(1)
```

默认情况下，数组元素的索引号从 0 开始而不是 1，因此前面声明的 aintNumbers(2)数组包括以下 3 个元素：

```
aintNumbers(0)
aintNumbers(1)
aintNumbers(2)
```

如果希望数组元素的索引号从 1 开始，可以使用以下两种方法：

- 声明数组时使用 To 关键字，显式指定数组的下界和上界，如下所示：

```
Dim aintNumbers(1 To 3) As Integer
```

- 在模块顶部的声明部分输入下面的语句，在该模块的任意过程中声明的数组的下界默认都变为 1。

```
Option Base 1
```

可以使用 VBA 内置的 LBound 和 UBound 函数自动检查数组的下界和上界。如果模块顶部的声明部分没有使用 Option Base 1 语句，在声明 aintNumbers 数组时只是指定了上界，那么下面的代码将会检测到数组的下界为 0，上界为 2：

```
Sub 检查数组的上下界()
    Dim aintNumbers(2) As Integer
    MsgBox LBound(aintNumbers)
    MsgBox UBound(aintNumbers)
End Sub
```

如果模块顶部的声明部分使用了 Option Base 1 语句，在声明 aintNumbers 数组时仍然只是指定了上界，那么下面的代码将会检测到数组的下界为 1，上界为 2：

```
Option Explicit
Option Base 1

Sub 检查数组的上下界()
    Dim aintNumbers(2) As Integer
    MsgBox LBound(aintNumbers)
    MsgBox UBound(aintNumbers)
End Sub
```

使用 LBound 和 UBound 函数可以自动计算出一个数组包含的元素总数，而不必在乎是否使用了 Option Base 1 语句，以及声明数组时是否同时指定了上界、下界。

案例 2-38　计算数组包含的元素总数

下面的代码用于计算 aintNumbers 数组包含的元素总数，通过使用 LBound 和 UBound 函数可以避免由 Option Base 1 语句和数组声明方式带来的上界、下界的不确定性。可以任意改变这个数组的声明方式，包括改变数组的上界、使用 To 关键字显式指定上下界、在模块顶部的声明部分添加 Option Base 1 语句，该段代码都能正确计算出数组包含的元素总数。

```
Sub 计算数组包含的元素总数()
    Dim aintNumbers(2) As Integer
    Dim intItems As Integer
    intItems = UBound(aintNumbers) - LBound(aintNumbers) + 1
    MsgBox intItems
End Sub
```

2.7.3　声明二维数组

声明二维数组的方法与声明一维数组类似，但是比一维数组多了一个维度，因此在声明数组时，需要在数组名称右侧的圆括号中输入表示两个维度上界的数字，第一个数字表示数组第一维的上界，第二个数字表示数组第二维的上界，两个数字之间以逗号分隔。

下面的代码声明了一个二维数组，数组第一维的上界是 2，第二维的上界是 3。如果没有在模块顶部的声明部分使用语句，那么该数组两个维度的下界都是 0，该数组共包含 3×4=12 个元素。

```
Dim aintNumbers(2, 3) As Integer
```

在声明二维数组时也可以使用 To 关键字，显式指定数组每一维的上界、下界，如下所示：

```
Dim aintNumbers(1 To 3, 1 To 6) As Integer
```

当引用二维数组中的元素时，需要同时使用两个维度上的索引号，与使用 x 坐标和 y 坐标坐标定位一个点类似。可以将二维数组中的第一维想象成行，将第二维想象成列。下面的代码将数字 100 赋值给 aintNumbers 数组中位于第 1 行第 2 列的元素，这里假设在模块顶部的声明部分没有使用 Option Base 1 语句。

```
aintNumbers(0, 1) = 100
```

与一维数组类似，也可以使用 LBound 和 UBound 函数检查二维数组的下界和上界。由于二维数组包含两个维度，因此必须在 LBound 和 UBound 函数的第二参数中指定要检查的是哪个维度。

案例 2-39　检查二维数组每一维的上下界

下面的代码在对话框中显示了 aintNumbers 数组第一维和第二维的下界和上界，运行结果如图 2-19 所示。

```
Sub 检查二维数组每一维的上下界()
    Dim aintNumbers(1 To 2, 3) As Integer, strMsg As String
    strMsg = "第一维的下界是: " & LBound(aintNumbers, 1) & vbCrLf
    strMsg = strMsg & "第一维的上界是: " & UBound(aintNumbers, 1) & vbCrLf
    strMsg = strMsg & "第二维的下界是: " & LBound(aintNumbers, 2) & vbCrLf
    strMsg = strMsg & "第二维的上界是: " & UBound(aintNumbers, 2)
    MsgBox strMsg
End Sub
```

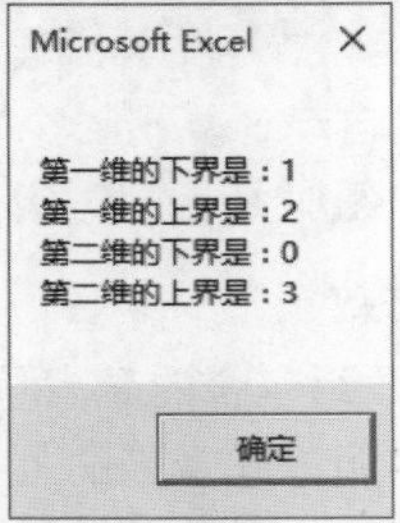

图 2-19　检查二维数组每一维的上下界

2.7.4　为数组赋值

为数组赋值与为普通变量赋值类似，需要在等号的左侧输入数组名称，在等号的右侧输入要赋的值。与普通变量不同的是，由于数组包含多个元素，因此在赋值时需要单独为数组中的每一个元素分别赋值。下面的代码为 aintNumbers 数组中的每一个元素赋值了一个数字：

```
Sub 为数组赋值()
    Dim aintNumbers(2) As Integer
    aintNumbers(0) = 1
    aintNumbers(1) = 2
    aintNumbers(2) = 3
End Sub
```

由于数组元素是通过连续的索引号来识别和引用的，因此可以利用循环结构批量为数组元素赋值。对于上面的案例而言，可以使用 For Next 循环结构来为数组批量赋值。当数组中包含大量元素时，利用循环可以明显加快赋值的速度。

案例 2-40　利用循环结构批量为数组赋值

下面的代码是对上一个案例进行修改后的版本，使用 VBA 内置函数 LBound 和 UBound 自动检查数组的下界和上界，以便作为 For Next 循环计数器的初始值和终止值，从而实现批量赋值的目的。

```
Sub 利用循环结构批量为数组赋值()
    Dim aintNumbers(2) As Integer, intIndex As Integer
    Dim strMsg As String
    For intIndex = LBound(aintNumbers) To UBound(aintNumbers)
        aintNumbers(intIndex) = intIndex + 1
    Next intIndex
End Sub
```

为数组赋值还可以使用 VBA 内置的 Array 函数。使用该函数可以创建一个数据列表，并将该列表赋值给一个 Variant 数据类型的变量，从而创建一个包含列表中所有数据的数组并自动完成赋值操作。下面的代码使用 Array 函数将表示文件名的 3 个文本赋值给 aFileNames 变量，该变量的数据类型为 Variant。

```
aFileNames = Array("一季度", "二季度", "三季度")
```

注意： 如果直接使用 Array 函数，它所创建的数组的下界受 Option Base 1 语句的限制。但是如果使用类型库来限定 Array 函数，比如以 VBA.Array 这种形式输入 Array 函数，此时由该函数创建的数组则不受 Option Base 1 语句的限制。

使用 Array 函数创建并赋值一个数组后，可以使用 For Next 循环结构操作这个数组。

案例 2-41　操作 Array 函数创建的数组

下面的代码首先使用 Array 函数创建了一个包含 3 个文件名的数组，然后在 For Next 循环结构中，通过 Dir 函数检查指定路径中的这 3 个文件是否存在。如果 Dir 函数的返回值为空字符串，则说明指定文件不存在，此时会在对话框中显示文件不存在的提示信息。

```
Sub 操作Array函数创建的数组()
    Dim aFileNames As Variant, intIndex As Integer
    aFileNames = Array("一季度", "二季度", "三季度")
    For intIndex = LBound(aFileNames) To UBound(aFileNames)
        If Dir("C:\" & aFileNames(intIndex) & ".txt") = "" Then
            MsgBox aFileNames(intIndex) & ".txt 文件不存在"
        End If
    Next intIndex
End Sub
```

注意： 如果声明的数组要使用 Array 函数进行赋值，那么该数组必须声明为 Variant 数据类型，而且在数组名称右侧不能包含一对圆括号及上界。

2.7.5　使用动态数组

前面介绍的数组在声明时就指定了数组元素的个数，这种数组是静态数组，在程序运行期间不能改变静态数组的大小。但是在很多实际应用中，在程序运行前无法确定数组包含的元素个数，此时就需要使用动态数组技术。

动态数组与静态数组在声明方式上的唯一区别，是在声明动态数组时不需要在圆括号中指定数组的上界，但是必须保留一对空括号。下面的代码声明了一个名为 aintNumbers 的动态数组。

```
Dim aintNumbers() As Integer
```

在程序运行过程中根据实际情况，使用 ReDim 语句指定动态数组的上界。

案例 2-42　创建动态数组

下面的代码首先声明了一个没有上界的动态数组，在程序运行后对数组重新定义，将用户输入的数字指定为动态数组的上界。使用 IsNumeric 函数检查用户输入的内容是否是数字，以避免出现运行时错误。

```
Sub 创建动态数组()
```

```
    Dim aintNumbers() As Integer, strUBound As String
    strUBound = InputBox("请输入数组的上界：")
    If IsNumeric(strUBound) Then
        ReDim aintNumbers(strUBound)
        MsgBox "重新定义后的数组上界是：" & UBound(aintNumbers)
    End If
End Sub
```

如果在程序中需要多次使用 ReDim 语句定义数组的大小，那么在下一次使用 ReDim 语句时会自动清除数组中包含的数据。如果需要在重新定义数组的大小时保留数组中的数据，则可以在 ReDim 语句中使用 Preserve 关键字。

案例 2-43　重新定义动态数组时保留原有数据

下面的代码在程序开头声明了一个动态数组，在程序运行后定义该数组的上界为 2，然后使用 For Next 循环结构为数组中的元素赋值，之后在对话框中显示索引号为 1 的数组元素的值，此时为 2。再次使用 ReDim Preserve 语句定义该数组的上界为 3，重新在对话框中显示索引号为 1 的数组元素的值，仍为原来的值 2。

```
Sub 重新定义动态数组时保留原有数据()
    Dim aintNumbers() As Integer, intIndex As Integer
    ReDim aintNumbers(2)
    For intIndex = LBound(aintNumbers) To UBound(aintNumbers)
        aintNumbers(intIndex) = intIndex + 1
    Next intIndex
    MsgBox aintNumbers(1)
    ReDim Preserve aintNumbers(3)
    MsgBox aintNumbers(1)
End Sub
```

如果将上面代码中第二次使用 ReDim 语句中的 Preserve 关键字删除，那么第二次在对话框中显示索引号为 1 的数组元素的值时则变为默认值 0 而不是原来的 2，说明在不使用 Preserve 关键字重新定义数组时会清除数组中原有的数据。

对于二维数组或多维数组而言，在 ReDim 语句中使用 Preserve 关键字只能改变数组最后一维的大小，并且不能改变数组的维数。

2.8　错误处理

即使再熟悉 VBA 编程的开发人员，也无法避免在编写的代码中不包含任何错误。为了在错误发生时可以为最终用户提供有指导意义的信息，开发人员应该预先考虑到在程序运行期间，由于客观条件或用户人为原因导致程序可能出现的问题，然后编写应对这些问题的错误处理程序。本节将介绍 VBA 包含的三种错误类型、代码调试工具以及处理运行时错误的方法。

2.8.1　错误类型

VBA 包含的错误分为三类：编译错误、运行时错误、逻辑错误。编译错误通常在运行代码前就能被 VBA 检测出来，运行时错误只有在运行代码的过程中才能被发现，而逻辑错误可能很难被发现。本节将对这三种错误类型进行详细介绍。

1. 编译错误

编译错误是指代码中存在不符合 VBA 语法规则的部分。比如将 VBA 的关键字、语句、函数写错，又比如将 Dim 语句写成 Din，或者在使用 If Then 判断结构时没有输入 Then 关键字或

End If 语句。在按下 Enter 键后，VBA 会自动弹出编译错误的提示信息，如图 2-20 所示。只要将错误的部分改为符合语法规则的正确形式，就可以解决编译错误。

图 2-20　编译错误

2. 运行时错误

运行时错误是指代码的编写符合 VBA 的语法规则，但是在程序运行时出现的各种问题，它是程序出现的最主要的错误类型。导致运行时错误的主要原因是程序试图执行无效的操作。下面列出了一些导致运行时错误的常见原因：

- 将 0 作为除法运算中的分母。
- 将 Null 值传递给无法处理它的函数。在从文件或数据库等不同来源获取来的数据中可能会包含无效的 Null 值，在将包含 Null 值的数据作为参数传递给 VBA 的某些内置函数时，将会产生运行时错误。
- 对不存在或当前处于不可用状态的对象执行操作。例如，对不存在的文件或文件夹执行打开、移动、复制、删除等操作，或者对不可用的驱动器执行操作，都会产生运行时错误。如图 2-21 所示是在删除一个不存在的文件时显示的运行时错误提示信息。

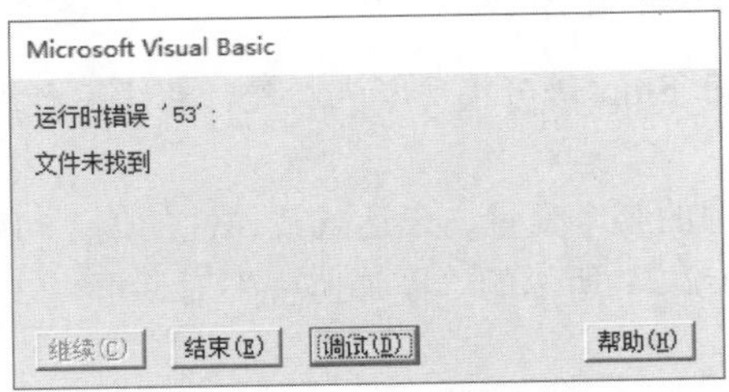

图 2-21　删除不存在的文件时产生的运行时错误

可以在程序中预先编写防御性代码，以便在出现这些问题时具备相应的处理能力。下面给出了针对以上 3 种情况的解决方法：

- 对于第一种情况，可以在执行除法运算前，先使用 If Then 判断结构检查除数是否为 0，如果不为 0 则执行除法计算，否则向用户发出类似“除数不能为零”的提示信息。
- 对于第二种情况，可以使用 VBA 的内置函数 IsNull 检查作为参数传递的数据是否包含 Null 值，如果是则向用户发出警告信息，如果不是则将其作为参数传递给指定的函数。
- 对于第三种情况，需要先使用 VBA 的错误处理语句尝试捕获错误，如果发生了错误，则使用错误处理程序解决发生的错误。

3. 逻辑错误

与前两类错误不同，逻辑错误在程序运行过程中通常不会产生错误提示信息，因此并不会影响程序的正常运行，但是却会导致不正确的程序运行结果。逻辑错误具有一定的隐蔽性，通常只有仔细检查和测试代码，才能找到并解决逻辑错误。

2.8.2 调试代码

如果程序运行过程中产生运行时错误，则会弹出运行时错误的对话框，其中显示了错误编号和简要说明。如果单击“调试”按钮，VBA 会将导致错误的代码标记为黄色，代码行的左侧还会显示一个箭头，如图 2-22 所示。VBE 窗口顶部的标题栏会显示“中断”字样，程序此时处于中断模式，可在该模式下修改导致问题的代码。

修正错误的代码后，可以单击“标准”或“调试”工具栏中的“继续”按钮或按 F5 键，从出错的代码处继续运行程序，以检查是否已经解决问题。也可以单击“标准”或“调试”工具栏中的“重新设置”按钮，再单击“运行子过程/用户窗体”按钮或按 F5 键从头开始运行程序。

如果怀疑某条语句可能是导致问题的原因，则可以将这条语句设置为断点，在程序运行后，会自动在断点位置停止并进入中断模式。要设置断点，只需在代码窗口中单击要设置断点的语句的左侧位置，设置了断点的语句会自动高亮显示，并在其左侧显示一个圆点，如图 2-23 所示。

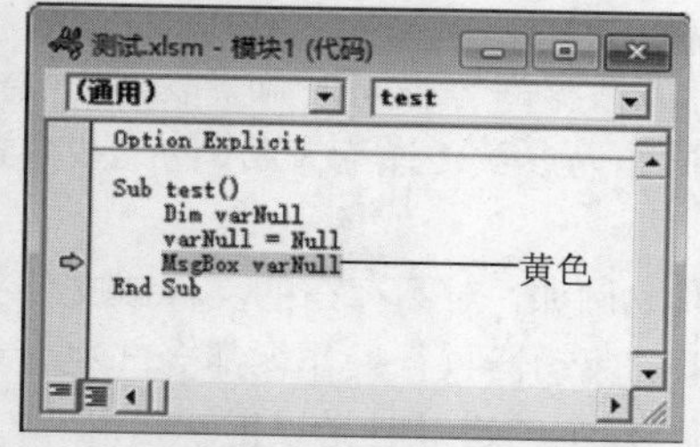

图 2-22 在中断模式下修复错误的代码

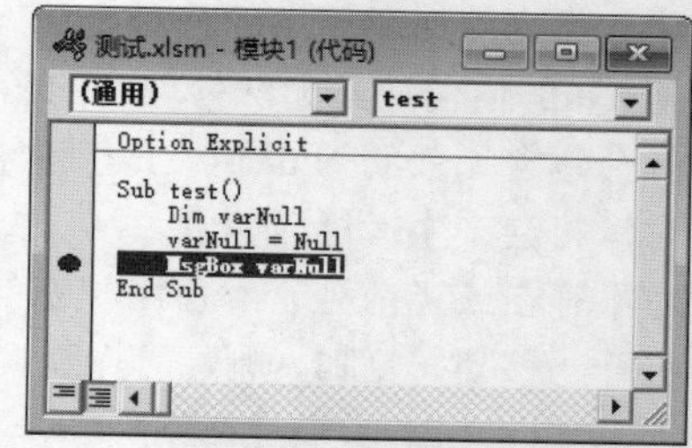

图 2-23 设置断点

提示： 可以在代码中使用 Stop 语句实现断点功能，程序运行到 Stop 语句会自动进入中断模式。

为了监视程序运行过程中的某个变量、表达式或属性的值，可以单击菜单栏中的“调试”|“添加监视”命令，打开如图 2-24 所示的“添加监视”对话框，在“表达式”文本框中输入要监视的内容。

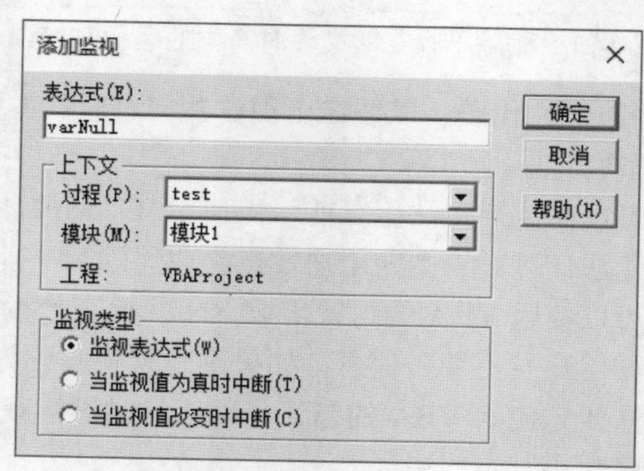

图 2-24 “添加监视”对话框

单击“确定”按钮，监视窗口出现在 VBE 窗口的底部，如图 2-25 所示。在程序运行过程中，监视窗口中的该表达式的值会发生变化，通过观察其变化，可以有助于找到出错的原因。

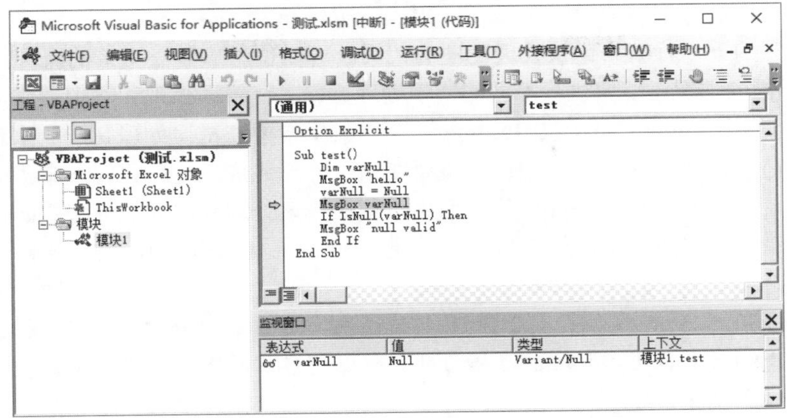

图 2-25　使用监视窗口帮助查找代码出错原因

在调试代码时，还可以使用 F8 键在当前过程中逐行执行每一条语句，以观察程序的运行状况并尽快发现出错的地方。

2.8.3　处理运行时错误

错误处理的主要任务是处理运行时错误，需要预先考虑到程序运行过程中可能会发生的错误，然后编写解决这些错误的代码并将其嵌入到正常的程序中。VBA 提供了以下几个错误处理工具：

- On Error Goto Line：该语句用于在错误发生时将程序的执行转到由 Line 指定的位置，并开始执行错误处理程序。换句话说，Line 标志着错误处理程序的起点。Line 表示一个标签，可以是任何有效的字符串，标签的右侧必须包含一个冒号。
- On Error GoTo 0：该语句用于关闭之前的错误处理程序，这意味着如果在该语句之后的代码中出现运行时错误，VBA 会正常显示运行时错误的提示信息并停止程序的运行。
- On Error Resume Next：该语句用于关闭错误捕获监控功能，这意味着在该语句之后出现的所有运行时错误都会被忽略，而不会显示任何提示信息。使用该语句后，当程序中出现运行时错误时，程序会忽略这个错误，并在出错语句的下一条语句继续执行。
- Err 对象：Err 对象存储着最近一次出现的运行时错误的相关信息，可以通过检查该对象中的内容来判断程序是否出现了运行时错误。Err 对象的 Number 属性包含一个错误号，可以通过检查该属性的值来确定是否发生了特定类型的运行时错误。如果希望获得错误的描述信息，可以使用 Err 对象的 Description 属性，但是开发人员通常会在错误处理程序中自定义错误的提示信息。由于 Err 对象是全局范围的固有对象，因此在使用前不需要创建该对象的实例。

可以使用以下步骤创建错误处理程序：

（1）在可能导致错误的语句之前添加 On Error Goto Line 语句，使用实际的标签替换 Line。

（2）在可能导致错误的语句之后添加 On Error Goto 0 语句，关闭之前处于活动状态的错误处理程序。

（3）在当前过程中的正常程序的末尾添加 Exit Sub 或 Exit Function 语句，以免在未发生错误时仍然执行错误处理程序。

（4）在 Exit Sub 或 Exit Function 语句的下一行添加一个标签，标签右侧必须包含一个冒号，标签名必须与前面的 On Error Goto Line 语句中设置的 Line 相同。

（5）在标签的下一行编写错误处理程序的代码。可以使用 VBA 支持的流程控制结构如 If Then 来判断不同的情况，以便执行不同的错误处理操作。在错误处理程序中通常需要根据希望实现的操作来使用 Resume Next 或 Resume 语句：如果希望在错误处理完成后重新执行出错的那条语句，则需要使用 Resume 语句；如果要在错误处理完成后继续执行出错语句之后的下一条语句，则需要使用 Resume Next 语句。如果希望在错误处理完成后执行特定的语句，而不是出错语句或出错语句的下一条语句，那么可以使用 Resume Line 语句，Line 指明了要执行的特定语句的标签。

注意： 如果在程序中添加了多个错误处理程序，那么必须确保每个错误处理程序都以 Resume Next、Exit Sub 或 Exit Function 语句结束，以免当前的错误处理程序执行结束后，又继续执行其后的错误处理程序。

下面通过几个案例讲解错误处理程序的实际应用。

案例 2-44　捕获并处理运行时错误

下面的代码使用用户在对话框中输入的数字作为数组的上界来创建动态数组。如果用户输入的不是一个有效的数字，那么在使用 ReDim 语句定义动态数组时将会出现运行时错误，此时会被错误处理程序捕获，从而执行 ErrTrap 标签位置上的错误处理代码。由于使用了 Resume 语句，因此会在发出重新输入的提示信息后，重新显示 InputBox 对话框要求用户重新输入数组的上界。只有输入了有效数字，才会执行第一个 MsgBox 函数所在的语句并结束当前过程，否则会一直重复显示输入对话框。

```
Sub 错误处理()
    Dim aNumbers() As Integer
    On Error GoTo ErrTrap
    ReDim aNumbers(InputBox("请输入数组的上界："))
    MsgBox "创建的动态数组的上界是：" & UBound(aNumbers)
    Exit Sub
ErrTrap:
    MsgBox "输入的内容不是一个有效数字，请重新输入！"
    Resume
End Sub
```

案例 2-45　使用 Err 对象的 Number 属性判断是否出现运行时错误

下面的代码是上一案例的另一种处理方式，它没有使用错误处理标签，而是在忽略了所有错误之后，通过判断 Err 对象的 Number 属性是否为 0，来判断是否出现运行时错误。如果 Err.Number 不等于 0，则说明程序出错，从而给出提示信息并退出过程。

```
Sub 错误处理()
    Dim aNumbers() As Integer
    On Error Resume Next
    ReDim aNumbers(InputBox("请输入数组的上界："))
    If Err.Number = 0 Then
        MsgBox "创建的动态数组的上界是：" & UBound(aNumbers)
    Else
        MsgBox "输入的内容不是一个有效数字！"
    End If
End Sub
```

案例 2-46　在错误处理中使用 On Error Resume Next 语句

下面的代码使用 On Error Resume Next 语句忽略了所有运行时错误，即使要删除的文件不存在而导致运行时错误，仍会毫无提示地显示提示信息对话框，因为文件是否存在并不重要，毕竟这才是该有的逻辑。

```
Sub 错误处理()
    Dim strFile As String
    strFile = "C:\销量情况.txt"
    On Error Resume Next
    Kill strFile
    MsgBox "文件不存在或已被删除！"
End Sub
```

2.9　规范化编写代码

为了让编写的 VBA 代码易于阅读和理解，我们应该有意识地使代码规范化。规范化代码包括多个方面，例如使用变量之前必须先进行声明、使用流程控制结构时应该保持缩进格式、为代码添加注释等。编写规范化的代码还可以减少很多不必要的错误发生。本节将介绍规范化编写代码需要遵循的 4 条规则。

2.9.1　强制变量声明

变量名拼写错误会导致很多不易察觉的问题，如果在使用变量前先进行声明，则可以避免很多不必要的错误。为了在工程中的任何位置都强制变量声明，需要将下面的语句添加到每个模块顶部的声明部分。以后在使用未声明的变量时，将会自动显示“变量未定义”的提示信息。

```
Option Explicit
```

2.9.2　使用缩进格式

在编写代码时使用适当的缩进格式，可以让代码易于阅读和理解，也便于检查和排除代码中的错误。尤其在代码中互相嵌套判断结构和循环结构时，正确的缩进格式可以让不同层次的结构变得清晰直观。在下面的代码中包含了两个嵌套的 If Then 结构，使用正确的缩进格式可以很容易分辨出哪些代码属于内层的 If Then 结构。

```
Sub 验证用户名()
    Dim strUserName As String
    strUserName = InputBox("请输入用户名：")
    If strUserName = "Admin" Then
        MsgBox "你好，管理员"
    Else
        If strUserName = "User" Then
            MsgBox "你好，普通用户"
        Else
            MsgBox "你好" & strUserName
        End If
    End If
End Sub
```

如果不使用缩进格式，那么代码可能像下面这样，很难分辨每个 If Then 结构的开始和结束位置，使代码变得混乱而复杂。

```
Sub 验证用户名()
```

```
    Dim strUserName As String
    strUserName = InputBox("请输入用户名：")
    If strUserName = "Admin" Then
    MsgBox "你好，管理员"
    Else
    If strUserName = "User" Then
    MsgBox "你好，普通用户"
    Else
    MsgBox "你好" & strUserName
    End If
    End If
End Sub
```

2.9.3 将长代码分成多行

如果代码窗口中的某行代码过长而超出了窗口的宽度，那么需要拖动窗口底部的水平滚动条才能看到位于窗口外的代码部分，给查看和编写代码带来了不便。为了让所有代码都能完整地显示在代码窗口的可视区域中，可以对较长的代码进行分行处理。

将插入点定位到代码中要准备换行的位置，输入一个空格和一条下画线，然后按下 Enter 键，插入一个 VBA 可以识别的续行标记，此标记之后的代码会自动移入下一行。两部分代码虽然位于两行，但它们仍属于同一条语句，在运行时不会产生语法错误。如图 2-26 所示包含 UBound 和 LBound 函数的两行代码就是经过分行处理后的效果，它们实际上是同一条语句。

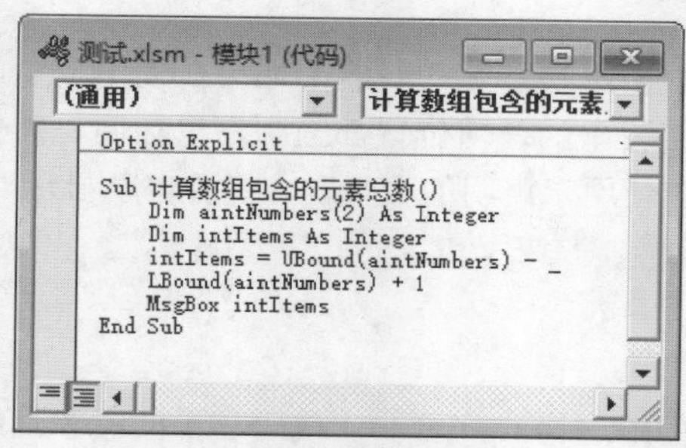

图 2-26　将长代码分成多行

2.9.4 为代码添加注释

为了在时隔多日之后还能理解以前编写的代码所要实现的功能以及编写思路，应该养成为代码添加注释的习惯，不仅方便自己，也为其他开发人员了解和维护代码提供方便。运行 VBA 代码时会自动忽略注释内容。可以使用以下几种方法为代码添加注释：

- 将单引号（'）放置在注释内容的开头。
- 将 Rem 关键字放置在注释内容的开头。
- 选择要转换为注释的一行或多行内容，然后单击“编辑”工具栏中的“设置注释块”按钮。如果要取消一行或多行注释内容，使它们变成可被 VBA 识别的有效代码，则可以单击“编辑”工具栏中的“解除注释块”按钮。

无论使用哪种方法，注释内容都可以单独占据一行，也可以放在一行代码的右侧。在使用 Rem 关键字添加注释时，根据注释的位置需要使用不同的格式：

- 如果将注释放在代码行的上方，需要在 Rem 关键字和注释内容之间保留一个空格。
- 如果将注释放在代码行的右侧，需要在 Rem 关键字之前输入一个冒号，然后输入 Rem

和注释内容，Rem 和注释内容之间保留一个空格。

提示：如果输入的内容被 VBA 正确识别为注释，那么这些内容的字体颜色默认会变为绿色。

下面的代码分别使用了添加注释的两种方法，并将注释放在了不同位置。在实际应用中通常不需要为每一行代码都添加注释，这里主要是为了说明添加注释的不同方法。

```
'下面的过程演示了 InputBox 函数的用法
Sub InputBox 函数()
    Dim strInput As String '声明一个 String 数据类型的变量
    Rem 下面的语句将用户输入的内容赋值给一个变量
    strInput = InputBox("请输入用户名: ")
    MsgBox "用户名是: " & strInput: Rem 在对话框中显示用户名
End Sub
```

第 3 章　对象编程基础

本书前两章详细介绍了 VBA 的语法规则和编程技术，这些内容虽然通用于所有支持 VBA 的 Microsoft Office 组件，但是要想在 Excel 中通过编程来完成实际工作，还需要掌握 Excel 对象模型及其中常用对象的使用方法。本章将介绍对象编程的基本概念和技术，这些内容是使用 Excel VBA 编程来处理各种 Excel 对象、实现各种功能的基础。

3.1　理解类、对象与集合

对象是 Excel VBA 编程的核心，在 Excel 中进行编程的整个过程几乎都离不开对象。打开一个工作簿，新建一个工作表，在单元格中输入数据，这些操作中的工作簿、工作表、单元格都是对象。本节将介绍对象编程的基本概念，包括 Excel 对象模型、类和对象、使用对象浏览器查看类和对象的相关信息、引用集合中的对象、父对象与子对象等内容。

3.1.1　Excel 对象模型

虽然在 Excel 中编程会涉及大量的 VBA 语言元素和语法规则，但是它们操作的主体都是 Excel 对象。整个 Excel 程序由大量的对象组成，Excel 程序本身就是一个对象，其内部的工作簿、工作表、单元格也都是不同的对象，所有这些对象按照特定的逻辑结构组成了 Excel 对象模型。

Application 对象位于 Excel 对象模型的顶层，它表示 Excel 程序本身。在 Excel 程序中可以创建很多个工作簿，每个工作簿都是一个 Workbook 对象。每个工作簿可以包含很多个工作表，每个工作表都是一个 Worksheet 对象。每个工作表又包含很多个单元格，每个单元格或单元格区域都是一个 Range 对象。上述几种对象的层次结构可以表示为如下形式。Excel 对象模型中的其他对象可以在此基本结构的基础上继续扩展，从而构成复杂的体系结构。

```
Application→Workbook→Worksheet→Range
```

Excel VBA 帮助系统提供了 Excel 对象模型中每一个对象的详细说明。由于 Excel 对象模型中包含上百个对象，所以在短时间内掌握所有对象几乎是不现实的，可以先学习较常用的对象，然后再逐步扩展到其他对象。

3.1.2　类与对象

类是面向对象程序设计中的一个重要概念。可以将类想象成 Excel 中的工作簿模板，所有新建的工作簿都是基于工作簿模板创建的，这些新建的工作簿继承了工作簿模板中的内容、格式设置和其他特性。可以根据需要，在创建工作簿后对工作簿中的内容和格式进行自定义设置，从而使工作簿中的内容和格式不同于其他工作簿。

对于类而言，所有新建的对象都是基于类创建的，这些对象称为类的实例，它们继承了类的属性、方法和事件。可以根据需要，在创建对象后通过设置对象的属性、方法和事件，使同一类对象具有不同的特征和行为方式。例如，工作簿中的每一个工作表都是一个 Wordsheet 对象，通过修改工作表的名称和标签颜色，可以使各个工作表具有不同的名称和标签颜色。

3.1.3　使用对象浏览器查看类和对象的相关信息

在 Excel 中编程遇到的主要困难之一是很难掌握复杂的 Excel 对象模型中各对象之间的关系，以及每个对象所包含的属性和方法。Excel 提供了一个用于查询类、对象、集合、属性、方法、事件、常数的易用工具——对象浏览器。打开 VBE 窗口，可以使用以下几种方法打开对象浏览器：

- 单击菜单栏中的“视图”|“对象浏览器”命令。
- 单击“标准”工具栏中的“对象浏览器”按钮。
- 按 F2 键。

打开的对象浏览器如图 3-1 所示。由于在“工程/库”中默认选择的是“所有库”，因此在“类”列表中会显示当前引用的所有库以及当前工程中包含的所有类。如果想要查看某个库中包含的内容，则可以在“工程/库”列表中选择一个特定的库，“类”列表会自动显示所选库中的类。在“类”列表中选择一个类，右侧会显示该类的成员，即类的属性、方法和事件。如果想要快速查找特定信息，可以在搜索框中输入信息的名称，然后单击右侧的搜索按钮。下方会显示搜索结果，可以单击按钮显示或隐藏搜索结果。

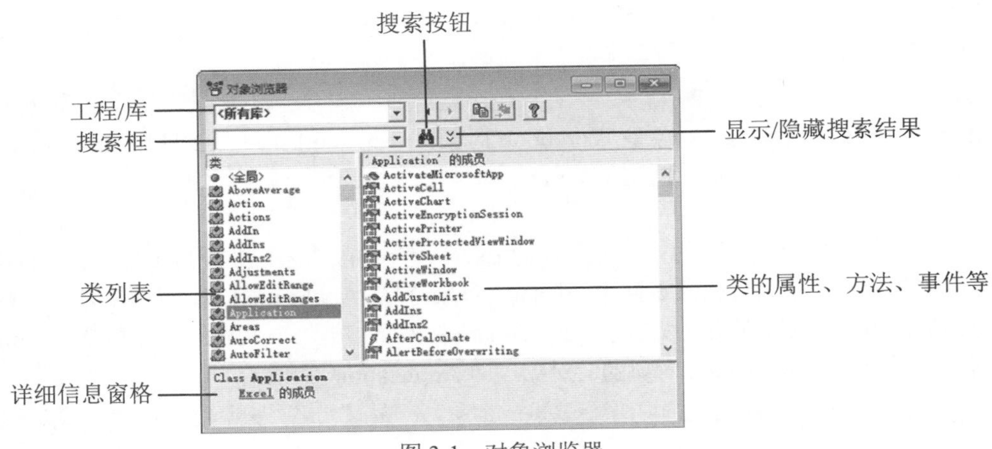

图 3-1　对象浏览器

在对象浏览器中使用不同的图标来区分不同内容，表示库，表示类，表示对象的属性、表示对象的方法，表示对象的事件，表示常数。

3.1.4　引用集合中的对象

同一类对象组成了该类对象的集合，对象是集合中的成员。在 Excel 对象模型中存在着很多对象以及与其对应的集合，例如 Worksheet 对象和 Worksheets 集合，Worksheet 表示一个工作表，Worksheets 表示一个工作簿中的所有工作表。在拼写形式上，集合比其相关的对象在名称末尾多了一个字母 s。

有时需要引用集合中的某个对象，可以使用对象的名称或索引号来引用集合中的对象。例如，如果工作簿中包含从左到右依次排列的名为“1 月”“2 月”和“3 月”的 3 个工作表，那么当需要引用名为“2 月”的工作表时，可以使用以下两种方法：

```
使用名称进行引用：Worksheets("2 月")
使用索引号进行引用：Worksheets(2)
```

第一种方法最安全，只要不改变工作表的名称，即使调整工作表的排列顺序，使用同一个名称始终都引用同一个工作表。而第二种方法引用的是位于第 2 个位置上的工作表，如果调整工作表的顺序，那么位于第 2 个位置上的工作表就不一定是名为“2 月”的工作表了，因此在引用特定工作表时使用第二种方法并不安全。

需要注意的是，如果引用的工作表所在的工作簿是当前活动的工作簿，那么可以直接使用上面的形式来引用。如果要引用的工作表所在的工作簿不是活动工作簿，那么必须添加工作簿的限定，类似于如下所示：

```
Workbooks("一季度").Worksheets("2 月")
```

3.1.5 父对象与子对象及其定位方法

Excel 对象模型中的各个对象彼此交错关联，形成了相对复杂的层次结构。前面介绍的 Application 对象位于 Excel 对象模型的顶层，Workbook 对象位于 Application 对象的下一层，Worksheet 对象又位于 Workbook 对象的下一层。可以将处于上一层的对象称为父对象，将处于下一层的对象称为子对象。那么在上面的例子中，Workbook 对象的父对象是 Application 对象，Workbook 对象的子对象是 Worksheet 对象。

大多数对象都有一个 Parent 属性，使用该属性可以返回对象的父对象。下面的代码返回名为“2 月”的工作表所在的工作簿的名称：

```
Worksheets("2 月").Parent.Name
```

由于 Worksheet 对象的父对象是 Workbook 对象，因此 Worksheets("2 月").Parent 返回的是名为“2 月”的工作表所在的工作簿的 Workbook 对象，之后使用该对象的 Name 属性返回了工作簿的名称。

如果希望返回名为“2 月”的工作表所在的 Excel 程序的版本号，那么可以使用下面的代码，通过 Parent 属性从当前对象依次返回上一层的父对象，直到 Application 对象为止。第一个 Parent 属性返回的是 Worksheet 对象的父对象，即 Workbook 对象。第二个 Parent 属性是 Workbook 对象的属性，因此返回 Workbook 对象的父对象，即 Application 对象。

```
Worksheets("2 月").Parent.Parent.Name
```

如果对象的层次级别很低，那么在上面的代码中可能需要使用更多的 Parent 属性。实际上 Excel 提供了从任意层级的对象直接跳转到顶层对象的方法，即对象的 Application 属性，大多数对象都包含该属性。因此，可以将前面的代码修改为以下形式：

```
Worksheets("2 月").Application.Version
```

3.2 对象的属性

基于同一个类创建的一系列对象在最初阶段具有完全相同的外观和特征。为了让对象区别于其他同类对象，可以通过设置对象的属性来改变对象所具有的特征。例如，在默认情况下，工作表中的单元格具有相同的行高、列宽、填充色。当改变某个单元格的行高、列宽、填充色后，该单元格的外观将不同于其他单元格。行高、列宽、填充色等就是单元格的属性。通过修改对象的属性，可以改变对象的外观或状态。本节将介绍对象属性的引用和赋值的方法，还介绍了可返回对象的属性这一重要概念。

3.2.1　引用对象的属性

如果要引用一个对象的属性，可以使用以下格式：

```
对象的名称.对象的属性
```

下面的代码引用的是 Application 对象的 Version 属性。由于 VBA 具有自动弹出成员列表的功能，因此在输入一个正确的对象名称和一个英文句点后，将会自动弹出该对象包含的属性和方法的成员列表，如图 3-2 所示，使用方向键选择所需的属性，然后按 Tab 键将其输入到代码窗口中。

```
Application.Version
```

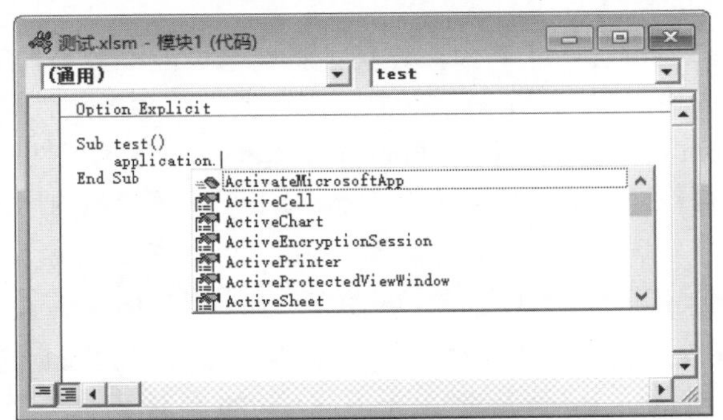

图 3-2　使用自动弹出的成员列表查看和输入对象的属性

当然，也可以直接手动输入属性，但要确保不要出现拼写错误，否则在运行代码时会出现运行时错误。

在 VBA 中不能直接运行引用了对象属性的语句，否则会出现编译错误。但是使用类似下面的语句，则可以正常运行该语句，并在对话框中显示对象的属性值。

```
MsgBox Application.Version
```

为了便于使用对象的属性值，可以将其赋值给一个变量，然后在后面的代码中使用该变量代替对象属性的引用，这样做不但减少了代码的输入量，还可以加快代码的运行速度。下面的代码将 Excel 程序的版本号赋值给名为 strVer 的变量。

```
strVer = Application.Version
```

3.2.2　设置属性的值

通过设置对象的属性，可以改变对象的特征。设置对象属性的方法与将对象的属性赋值给一个变量类似，只不过是相反的过程。要设置属性的值，首先使用上一节介绍的方法输入对象属性的引用，然后输入一个等号，在等号右侧输入要为属性设置的值。

案例 3-1　设置工作表的名称

下面的代码将 InputBox 函数的返回值赋值给 Worksheet 对象的 Name 属性，从而将用户输入的内容指定为当前活动工作表的名称。代码中的 ActiveSheet 引用当前活动的工作表，它是 Application 对象的一个属性，第 4 章将会详细介绍 Application 对象及其应用。

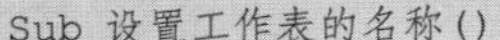

```
Sub 设置工作表的名称()
```

```
    Dim strName As String
    strName = InputBox("请输入工作表的名称：")
    If strName <> "" Then ActiveSheet.Name = strName
End Sub
```

下面的代码将数字 100 输入到当期活动工作表的 A1 单元格中：

```
Range("A1").Value = 100
```

由于 Value 属性是 Range 对象的默认属性，因此在设置该属性时不需要输入 Value，而使用下面的形式：

```
Range("A1") = 100
```

虽然默认属性为代码的输入提供了方便，但是仍然建议输入完整的属性名，这样可使代码易于理解。

3.2.3 可返回对象的属性

很多对象的属性可以返回另一个对象，这句话看起来可能不容易理解。下面的代码用于设置 A1 单元格中的字体格式。Range 是一个对象，Font 是该对象的属性，但是在 Font 之后还有一个 Name。Name 是 Font 的属性吗？可是 Font 不是 Range 对象的属性吗？所以 Font 应该不会是对象，那么 Name 又是什么？对于没有太多 Excel VBA 编程经验的用户而言，这句代码很容易带来困惑。

```
Range("A1").Font.Name = "宋体"
```

这句代码中的 Font 既是属性，又是对象。首先，Range("A1").Font 这部分中的 Font 是作为 Range 对象的属性出现的，用于设置 Range 对象的字体格式。然而 Excel 会在运行 Range("A1").Font 之后，通过 Font 属性返回一个 Font 对象，之后又为该对象使用了 Name 属性。因此，上面的代码相当于设置的是 Font 对象的 Name 属性，开头的 Range("A1")部分只是限定了设置字体格式的是哪个单元格。

Excel VBA 中的很多对象的属性都能返回另一个对象。换句话说，某个对象其自身是一个独立的对象，但同时它可能还会作为另一个对象的属性出现。

3.3 对象的方法

方法是对象自身拥有的动作，通过使用对象的方法，可以执行与对象相关的操作，从而改变对象的状态。例如，打开工作簿中的“打开”（Open）就是 Workbook 对象的一个方法，“打开”这个方法的结果是向工作簿集合中添加了一个新的工作簿成员。对象的方法的使用主要在于设置方法的参数，参数为执行的操作提供了所需的数据或执行方式。此外，与可返回对象的属性类似，某些对象的方法也可以返回另一个对象。除了属性和方法，对象还包含事件，第 12 章将会详细介绍对象的事件。

3.3.1 方法的参数

为了给对象的方法提供所需操作的数据或操作方式，很多方法都包含一个或多个参数。例如，Workbooks 集合有一个 Add 方法，它包含一个参数，用于指定新建工作簿时以哪个模板为基准。

要输入对象的方法，首先需要输入对象的名称，然后输入一个英文句点。如果对象名称的拼写正确，则会自动弹出该对象包含的属性和方法的成员列表，从中选择所需的方法并按 Tab 键，将方法输入到代码窗口中。按一下空格键，将会显示如图 3-3 所示的提示信息，加粗显示的部分是当前准备接收用户输入的方法的第一个参数，这里是 Template。该单词用方括号括起，表示这是一个可选参数，也就是说不是必须要提供该参数的值。如果不显示可选参数的值，Excel 会自动使用其默认值。

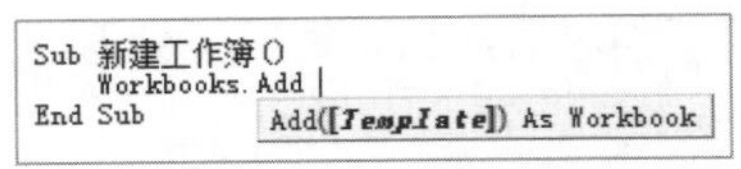

图 3-3　包含一个参数的方法

有些方法包含多个参数，例如 Worksheets 对象的 Add 方法，它包含 4 个参数，如图 3-4 所示。这些参数都用方括号括起，因此它们都是可选参数，在使用 Worksheets 对象的 Add 方法时可以不提供任何参数的值，而使用默认设置添加新的工作表。

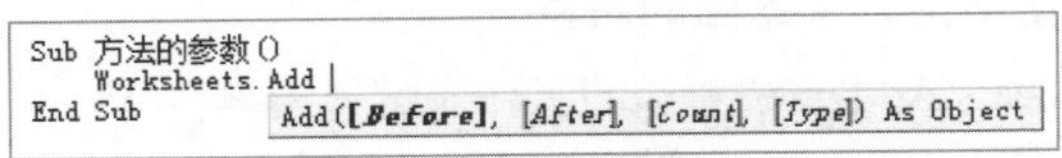

图 3-4　包含多个参数的方法

在输入多个参数的值时，各参数值之间需要以英文逗号分隔，而且必须按照各参数的默认顺序依次输入。当输入第一个参数和一个英文逗号后，第二个参数的名称会自动加粗显示，如图 3-5 所示，从而提醒用户当前正在设置的是哪个参数。

```
Sub 方法的参数()
    Worksheets.Add worksheets(2),|
End Sub          Add([Before], [After], [Count], [Type]) As Object
```

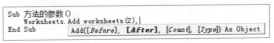

图 3-5　输入不同参数时会以加粗字体提醒用户

如果要省略其中的某个参数值，而跳到下一个参数值的设置上，则必须为省略的参数保留一个英文逗号。如图 3-6 所示跳过了第二个参数 After，而直接设置第三个参数 Count 的值，因此需要为第二个参数额外保留一个英文逗号以占位。

```
Sub 方法的参数()
    Worksheets.Add worksheets(2),,6|
End Sub          Add([Before], [After], [Count], [Type]) As Object
```

图 3-6　省略某个参数的值时需要为其保留一个英文逗号

当然，也有一些方法不需要参数，例如 Workbook 对象的 Save 方法，该方法不包含任何参数，下面的代码用于保存当前包含代码的工作簿。

```
ThisWorkbook.Save
```

3.3.2　使用命名参数

在为一个方法设置多个参数值时，如果省略了其中的某个参数值，则必须为其保留一个英文逗号，以便让 Excel 可以根据逗号来正确识别参数值的对应关系。如果不想为省略的参数额外保留一个英文逗号，则可以使用命名参数的方式来设置参数值。使用命名参数的好处还在于可以按任意顺序指定参数值，以及增加代码的可读性。

在指定参数值时使用命名参数的方法是：先输入参数的名称，然后输入一个冒号和一个等号，最后输入要为参数指定的值。参数的名称不严格区分大小写。下面的代码是对上一节新建工作表的案例修改后的版本，其中使用了命名参数。参数的指定顺序与 Add 方法默认的参数顺序不同，此处先设置的是第三参数 Count 的值，然后设置的是第二参数 After 的值。

```
Worksheets.Add Count:=5, After:=Worksheets(2)
```

3.3.3 可返回对象的方法

与某些属性可返回新的对象类似，对象的某些方法也可以返回新的对象。例如，在使用 Worksheets 集合的 Add 方法新建工作表后，默认情况下会返回一个 Worksheet 对象，表示对刚刚新建的工作表的引用。

如果要在后面的代码中使用方法所返回的对象，那么通常可以将该方法的返回值赋值给一个对象变量，然后在代码中使用该变量来代替返回的对象。与使用函数的返回值时设置参数的方式类似，需要将对象的方法的所有参数值放置在一对圆括号中，然后通过使用等号将方法的返回值赋值给一个变量。

案例 3-2　在程序中使用由方法返回的对象

下面的代码将 Worksheets.Add 方法新建的工作表赋值给名为 wks 的对象变量，然后使用 wks 变量来设置新建工作表的名称。intIndex 变量用于指定新建工作表的索引号，本例中为将新工作表放置在最后一个工作表之后，因此通过 Worksheets.Count 获取工作簿中包含的工作表总数。

```
Sub 可返回对象的方法()
    Dim wks As Worksheet, intIndex As Integer
    intIndex = Worksheets.Count
    Set wks = Worksheets.Add(after:=Worksheets(intIndex))
    wks.Name = "1月"
End Sub
```

3.4 对象编程技巧

本节将介绍在 VBA 中进行对象编程时经常用到的 3 个技巧，实际上它们也属于 VBA 的语言元素，只不过主要用在对象编程方面。下面列出了这 3 个技巧的简要描述，本章剩余内容将对它们做详细介绍。

- 使用对象变量：简化对象引用，减少代码输入量，提高程序运行效率。
- 使用 With 结构：简化对象引用，减少代码输入量，提高程序运行效率。
- 使用 For Each 结构：遍历集合中的对象。

3.4.1 使用对象变量

在 VBA 中，对象也是一种数据类型，可以将变量声明为一般对象类型或特定对象类型。一般对象类型表示为 Object，特定对象类型由对象所属的类决定，比如工作簿对象类型表示为 Workbook，工作表对象类型表示为 Worksheet。

无论将变量声明为哪种对象类型，在声明和使用对象变量时都需要遵循以下 3 个步骤：

```
声明对象变量→为对象变量赋值→释放对象变量占用的内存空间
```

声明对象变量的方法与声明普通变量类似。下面的代码声明了一个 Worksheet 类型的对象变量 wks，该变量代表一个工作表：

```
Dim wks As Worksheet
```

在使用已经声明好的对象变量之前，需要使用 Set 关键字将某个具体的对象赋值给对象变量。就上面的代码而言，需要将一个实际的工作表赋值给 wks 对象变量。假设在当前的活动工作簿中存在一个名为“1 月”的工作表，那么下面的代码将该工作表赋值给 wks 对象变量。

```
Set wks = Worksheets("1 月")
```

为对象变量赋值后，之后就可以使用对象变量代替实际的对象引用，不但可以减少对象引用的代码输入量，还可以提高程序的运行效率。本例中可以使用 wks 变量代表名为“1 月”的工作表，下面的代码显示名为“1 月”的工作表的名称。

```
MsgBox wks.Name
```

当不再需要使用对象变量时，应该使用 Set 关键字将对象变量赋值为 Nothing，以释放对象变量占用的内存空间，如下所示：

```
Set wks = Nothing
```

案例 3-3　使用对象变量引用特定的对象

下面的代码将上面几行分开的语句合并到一起，形成完整的使用对象变量的案例。为了避免由于指定的工作表不存在而导致的运行时错误，因此在代码中加入了防错机制。如果指定的工作表不存在，则会显示一条提示信息并退出程序，否则显示工作表的名称。

```
Sub 使用对象变量()
    Dim wks As Worksheet
    On Error Resume Next
    Set wks = Worksheets("1 月")
    If Err.Number <> 0 Then
        MsgBox "指定的工作表不存在"
        Exit Sub
    End If
    MsgBox wks.Name
End Sub
```

3.4.2　使用 With 结构

正常情况下，当需要对同一个对象进行多种操作时，会在代码中多次引用该对象。下面的代码对活动工作簿中的第一个工作表的 A1:C6 单元格区域进行了一系列设置：

```
Sub 对同一对象执行多个操作()
    Worksheets(1).Range("A1:C6").Font.Bold = True
    Worksheets(1).Range("A1:C6").Font.Italic = True
    Worksheets(1).Range("A1:C6").Font.Color = RGB(255, 0, 0)
    Worksheets(1).Range("A1:C6").Columns.AutoFit
    MsgBox Worksheets(1).Range("A1:C6").Rows.Count
    MsgBox Worksheets(1).Range("A1:C6").Columns.Count
    MsgBox Worksheets(1).Range("A1:C6").Count
End Sub
```

代码中的 Worksheets(1).Range("A1:C6")部分重复出现了 7 次，VBA 会对每次遇到的对象之间的英文句点进行解析，因此上面这段代码的运行效率会受到严重影响。

在 VBA 中，当需要在代码中反复引用同一个对象时，为了提高程序的运行效率，同时减少代码的输入量，可以使用 With 结构简化对象的引用。With 结构的格式如下：

```
With 要引用的对象
    要为对象执行的操作
End With
```

在 With 语句之后输入要引用的对象，按 Enter 键后 VBA 会自动添加 End With 语句。在 With 语句和 End With 语句之间放置要为对象执行的操作，通常是为了设置位于 With 语句之后的对象的属性和方法。这些属性和方法以英文句点开头，然后可从自动弹出的成员列表中选择所需的属性和方法。

案例 3-4　使用 With 结构简化对象的引用

下面的代码使用 With 结构对上一个案例进行了修改，在 With 和 End With 之间省略了 Worksheets(1).Range("A1:C6")部分，代码看起来更简洁。

```
Sub 使用With结构()
    With Worksheets(1).Range("A1:C6")
        .Font.Bold = True
        .Font.Italic = True
        .Font.Color = RGB(255, 0, 0)
        .Columns.AutoFit
        MsgBox .Rows.Count
        MsgBox .Columns.Count
        MsgBox .Count
    End With
End Sub
```

With 结构也可以嵌套在另一个 With 结构中。上面代码中的第 3～5 行重复出现了 3 次 Font，因此也可以使用 With 结构对该对象的引用进行简化。下面的代码使用了嵌套的 With 结构，外层的 With 结构处理的是 Range 对象，内层的 With 结构处理的是 Font 对象。

```
Sub 使用With结构2()
    With Worksheets(1).Range("A1:C6")
        With .Font
            .Bold = True
            .Italic = True
            .Color = RGB(255, 0, 0)
        End With
        .Columns.AutoFit
        MsgBox .Rows.Count
        MsgBox .Columns.Count
        MsgBox .Count
    End With
End Sub
```

3.4.3　使用 For Each 结构

For Each 结构主要用于处理集合中的对象，尤其适用于包含大量对象的集合，而且预先不知道对象的数量的情况。可以使用 For Each 结构对逐个对象进行处理，也可以只处理集合中符合特定条件的某些对象。

For Each 结构的语法格式如下：

```
For Each element In group
    [statements]
    [Exit For]
    [statements]
Next [element]
```

- element：必选，用于遍历集合中的每一个对象或数组中的每一个元素的变量。
- group：必选，要在其内部进行遍历的集合或数组。
- statements：可选，For Each 结构中包含的 VBA 代码，它们将被重复执行，直到处理完集合中的最后一个对象。
- Exit For：可选，中途退出 For Each 循环。

For Each 结构与 For Next 结构有些类似，都用于循环执行特定的代码，但是 For Each 结构是对集合中的每一个对象重复执行相同的代码，而不是重复执行指定次数的代码，For Each 结构对代码进行重复执行的次数取决于集合中的对象总数。当处理完集合中的最后一个对象后，将会自动退出 For Each 结构，也可以使用 If Then 结构设置判断条件，只对符合条件的对象执行操作，并使用 Exit For 语句中途退出循环。

案例 3-5　使用 For Each 结构遍历集合中的对象

下面的代码显示了当前活动工作簿中的每个工作表的名称。由于运行代码前无法确定活动工作簿中包含的工作表数量，因此很适合使用 For Each 结构来进行处理。

```
Sub ForEach结构()
    Dim wks As Worksheet
    For Each wks In Worksheets
       MsgBox wks.Name
    Next wks
End Sub
```

For Each 结构也可以嵌套使用，即在一个 For Each 结构中嵌套另一个 For Each 结构。下面的代码显示了当前打开的每一个工作簿中的每一个工作表的名称，由于运行代码前无法确定当前一共打开了多少个工作簿，以及每个工作簿中包含多少个工作表，因此使用两个嵌套的 For Each 结构，外层的 For Each 结构用于处理打开的每一个工作簿，内层的 For Each 结构用于处理工作簿中的每一个工作表。

```
Sub ForEach结构2()
    Dim wkb As Workbook, wks As Worksheet
    For Each wkb In Workbooks
        For Each wks In Worksheets
           MsgBox wks.Name
        Next wks
    Next wkb
End Sub
```

第 4 章　使用 Application 对象处理 Excel 程序

Application 对象代表整个 Excel 程序，它位于 Excel 对象模型的顶层，其中包含其他所有的 Excel 对象，通过 Application 对象可以引用其他任何 Excel 对象。Application 对象包含用于完成 Excel 应用程序范围的选项设置和操作的属性和方法。本章将详细介绍 Application 对象常用的属性、方法的功能以及它们在实际中的应用。Application 对象的一些方法（如 Intersect 和 Union）用于处理单元格区域，这部分内容将会在第 7 章介绍数据区域的处理时进行统一讲解。Application 对象的一些属性（如 Dialogs 和 FileDialog）用于处理对话框，这部分内容将在第 13 章介绍 Excel 对话框时进行统一讲解。

4.1　理解 Application 对象和全局属性

Application 对象的很多属性和方法都是全局成员。按 F2 键打开对象浏览器，在“工程/库”下拉列表中选择 Excel，然后在“类”列表中选择“全局”，可以在右侧看到 Excel 对象模型中的所有全局成员，如图 4-1 所示。

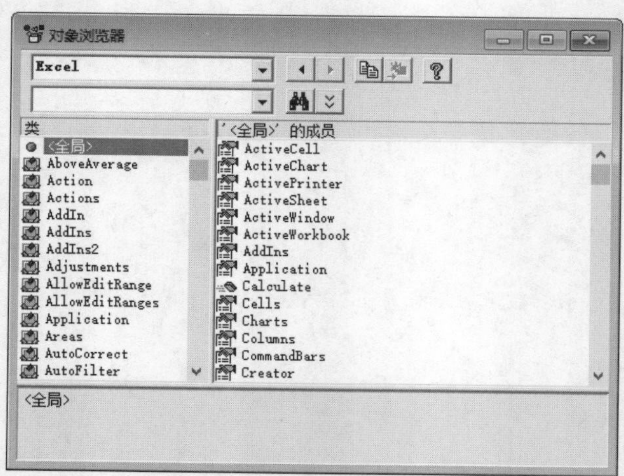

图 4-1　在对象浏览器中查看 Excel 中的全局成员

全局成员的一个优势是在代码中使用它们时，可以不必在全局的属性和方法之前使用对象限定符 Application。下面的两行代码具有相同的功能，由于 ActiveSheet 是全局成员，因此可以省略其左侧的 Application 对象的限定。

```
Application.ActiveSheet
ActiveSheet
```

全局成员中以 Active 开头的属性用于表示当前活动的对象，无论这些对象的名称是什么，都自动引用当前活动的对象，这样就可以利用这些属性来编写适应性强的通用代码。表 4-1 列出了以 Active 开头的全局属性的名称、返回对象的类型以及说明。

表 4-1　以 Active 开头的全局属性

全局属性	返回对象	说明
ActiveCell	Range	表示当前活动工作簿中的活动工作表中的活动单元格
ActiveChart	Chart	表示当前活动工作簿中的活动的图表工作表
ActiveSheet	Object	表示当前活动工作簿中的活动工作表
ActiveWindow	Window	表示当前应用程序中的活动工作簿窗口
ActiveWorkbook	Workbook	表示当前活动的工作簿

无论当前打开了多少个工作簿，下面的代码始终显示当前处于活动状态的工作簿的名称：

```
MsgBox ActiveWorkbook.Name
```

下面的代码将文字“商品”输入到当前活动的单元格中。如果当前活动的单元格是 A1，则会将文字输入到 A1 中；如果当前活动的单元格变成 B6，则会将文字输入到 B6 中。

```
ActiveCell.Value = "商品"
```

Application 对象还有一个 Selection 属性，它表示在当前活动的工作簿窗口中所选择的对象。选中的对象可以是单元格或单元格区域，也可以是图片、图形、图表等不同类型的内容。下面的代码在当前选中的单元格或单元格区域中输入文字“姓名”：

```
Selection.Value = "姓名"
```

如果当前选择的对象不是单元格或单元格区域，而是其他对象，比如图片或图表，运行上面的代码将会出现运行时错误，因为这些对象不支持 Value 属性。解决这类问题的方法是在设置对象的属性之前，先使用 TypeName 函数检查所选对象的类型，之后再对特定对象执行适当的操作。

案例 4-1　在选区中输入内容

下面的代码使用 If Then 判断结构检查 Selection 对象的类型，如果是 Range，则在选区中输入内容，否则显示提示信息以告知用户当前选择的不是单元格或单元格区域。

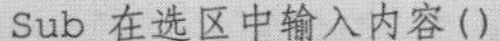

```
Sub 在选区中输入内容()
    If TypeName(Selection) = "Range" Then
        Selection.Value = "姓名"
    Else
        MsgBox "选中的不是单元格或单元格区域！"
    End If
End Sub
```

注意：由于 VBA 默认使用二进制方式来比较文本，因此与 TypeName 函数的返回值进行比较的表示对象类型的字符串必须严格遵守大小写格式，即以大写字母开头，其他字母小写。

与预想的不同，在输入 Selection 和一个英文句点后并不会自动弹出包含属性和方法的成员列表，这对于编写代码而言很不方便。解决这个问题的一种方法是，先声明一个 Range 类型的对象变量，然后将 Selection 赋值给这个变量，就能获得自动弹出的成员列表，如图 4-2 所示。

```
Sub 在选区中输入内容()
    Dim rngSelection As Range
    Set rngSelection = Selection
    rngSelection.Value = "姓名"
End Sub
```

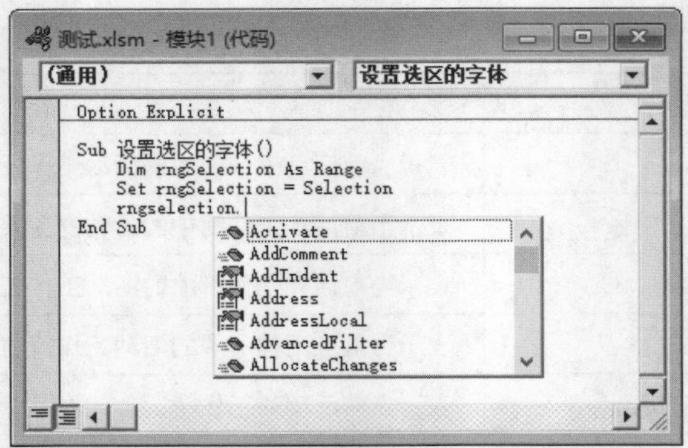

图 4-2 为 Selection 显示自动成员列表

4.2 获取 Excel 程序的相关信息

本节将介绍通过 Application 对象的一些属性来获取 Excel 程序的相关信息的方法，这些信息包括 Excel 版本号、用户名、安装路径、启动文件夹路径以及工作簿模板路径。

4.2.1 获取 Excel 程序的版本号

可以通过 Application 对象的 Version 属性获取 Excel 程序的版本号。下面的代码返回 Excel 程序的版本号。

```
Application.Version
```

可以在判断结构中检测 Excel 程序的版本号，然后给出不同的提示信息或适当的操作。

案例 4-2 根据 Excel 版本显示不同信息

下面的代码根据检测到的 Excel 版本号而显示不同的信息。Val 函数是 VBA 的一个内置函数，使用该函数将由 Version 属性返回的字符串类型的版本号转换为数值，然后以此作为 Select Case 检测的值，根据不同的版本号显示不同的信息。

```
Sub 根据Excel版本显示不同信息()
    Dim strMsg As String
    Select Case Val(Application.Version)
        Case 16: strMsg = "Excel 2016"
        Case 15: strMsg = "Excel 2013"
        Case 14: strMsg = "Excel 2010"
        Case 12: strMsg = "Excel 2007"
        Case Is <= 11: strMsg = "Excel 2003或更低版本"
    End Select
    MsgBox "当前使用的Excel版本是: " & strMsg
End Sub
```

提示：Val 函数返回字符串中从第一个字符开始的连续数字。如果字符串由数字和非数字组成，那么 Val 函数只会返回从第一个数字开始，直到遇到第一个不是数字的字符之前包含的这些数字。例如，Val("1.68ABC168")的返回值是 1.68。如果字符串的第一个字符不是数字，Val 函数会返回 0。

4.2.2 获取在 Excel 程序中设置的用户名

使用 Application 对象的 UserName 属性可以获取在“Excel 选项”对话框中设置的用户名，

如图 4-3 所示。下面的代码返回 Excel 程序的用户名：

```
Application.UserName
```

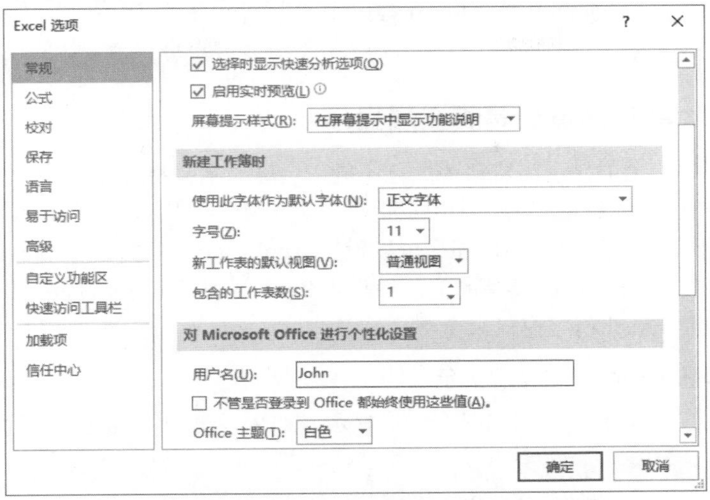

图 4-3　在“Excel 选项”对话框中设置的用户名

4.2.3　获取 Excel 安装路径、启动文件夹路径和工作簿模板路径

1. 获取 Excel 程序的安装路径

我们有时可能需要知道 Excel 程序的安装位置，从而在程序中执行一些特殊操作。使用 Application 对象的 Path 属性可以获取 Excel 程序的安装路径，如下所示：

```
Application.Path
```

2. 获取 Excel 启动文件夹的路径

如果希望让某些工作簿随 Excel 自动启动，以便在 Excel 程序运行期间，该工作簿中的功能可以被其他打开的工作簿使用。使用 Application 对象的 StartupPath 属性可以获取 Excel 启动文件夹的路径，如下所示：

```
Application.StartupPath
```

3. 获取 Excel 工作簿模板的路径

如果需要处理 Excel 的工作簿模板，那么需要知道工作簿模板的路径。使用 Application 对象的 TemplatesPath 属性可以获取 Excel 工作簿模板的路径，如下所示：

```
Application.TemplatesPath
```

4.3　设置 Excel 程序的界面环境与操作方式

Application 对象的一个主要用途是设置 Excel 程序的界面环境和通用选项，通常用于对 Excel 操作环境的初始化设置。本节将介绍一些用于控制 Excel 程序界面环境与操作方式的 Application 对象的属性。

4.3.1　设置 Excel 程序的可见性

正常情况下，启动的 Excel 程序是可见的。出于某些特殊目的，有时希望以隐藏状态启动

Excel 程序并在幕后执行一些操作，此时可以使用 Application 对象的 Visible 属性。该属性返回或设置一个 Boolean 类型的值，如果为 True 则表示 Excel 程序可见，如果为 False 则表示 Excel 程序不可见，即隐藏。下面的代码将 Excel 程序设置为隐藏状态。

```
Application.Visible = False
```

4.3.2 设置 Excel 程序窗口是否全屏显示

Excel 程序窗口的全屏显示与窗口最大化不同，全屏显示会将 Excel 窗口中的标题栏、功能区、状态栏和编辑栏全都隐藏起来，为用户提供最大尺寸的编辑区域。如果希望 Excel 程序窗口全屏显示，而不是普通窗口大小，那么可以设置 Application 对象的 DisplayFullScreen 属性。该属性返回或设置一个 Boolean 类型的值，如果为 True 则表示 Excel 程序窗口处于全屏显示，如果为 False 则表示 Excel 程序窗口未全屏显示。

案例 4-3 设置 Excel 窗口全屏显示

下面的代码检查 Excel 程序窗口是否全屏显示，如果没有则将其全屏显示。

```
Sub 设置Excel窗口全屏显示()
    If Not Application.DisplayFullScreen Then
        Application.DisplayFullScreen = True
    End If
End Sub
```

如果希望可以自动在全屏与非全屏之间切换显示，即如果当前未全屏显示，则将 Excel 程序窗口设置为全屏显示；如果当前已经全屏显示，则将 Excel 程序窗口设置为非全屏显示，那么可以使用下面的代码：

```
Sub 在全屏与非全屏之间切换()
    Application.DisplayFullScreen = Not Application.DisplayFullScreen
End Sub
```

由于 Application.DisplayFullScreen 返回的是一个 True 或 False，因此对该返回值使用 Not 运算符取反则得到一个与返回值相反的 False 或 True。例如，如果等号左边的 Application.DisplayFullScreen 的返回值是 True，则表示当前处于全屏显示状态，那么在等号右边使用 Not 运算符取反后得到的是 False，然后将该结果赋值给等号左边的 DisplayFullScreen，就可以将全屏显示改为非全屏显示。

4.3.3 设置 Excel 程序窗口的状态

窗口的状态是指最大化、最小化、正常等窗口显示方式。使用 Application 对象的 WindowState 属性可以返回或设置窗口的状态，返回或设置的值由 XlWindowState 常量提供，见表 4-2。

表 4-2 XlWindowState 常量

名　称	值	说　明
xlMaximized	−4137	最大化
xlMinimized	−4140	最小化
xlNormal	−4143	正常

下面的代码将当前活动的 Excel 程序窗口设置为最大化：

```
Application.WindowState = xlMaximized
```

可以使用循环结构为当前打开的所有工作簿窗口设置一种指定的窗口状态。

案例 4-4　将所有 Excel 窗口最大化

下面的代码使用 For Each 循环结构将打开的每一个工作簿窗口都设置为最大化。

```
Sub 将所有 Excel 窗口最大化()
    Dim winMyWindow As Window
    For Each winMyWindow In Windows
        winMyWindow.WindowState = xlMaximized
    Next winMyWindow
End Sub
```

下面的代码使用 For Next 循环结构完成了相同的功能：

```
Sub 将所有 Excel 窗口最大化 2()
    Dim intIndex As Integer
    For intIndex = 1 To Windows.Count
        Windows(intIndex).WindowwState = xlMaximized
    Next intIndex
End Sub
```

4.3.4　设置 Excel 程序窗口的尺寸和位置

Application 对象的 Height 和 Width 属性用于设置 Excel 程序窗口的高度和宽度，默认以磅为单位。由于厘米通常是屏幕尺寸中的常用单位，因为可以使用 Application 对象的 CentimetersToPoints 方法将厘米转换为磅。

在设置 Height 和 Width 属性时需要注意，如果窗口的状态为最大化，那么无法设置这两个属性；如果窗口的状态为最小化，那么 Height 属性表示的是该 Excel 窗口的任务栏按钮的图标高度。换句话说，只有在窗口的状态为正常时，才能设置 Height 和 Width 属性。因此，在设置 Height 和 Width 属性之前，需要检查 Excel 程序窗口的当前状态。

案例 4-5　设置 Excel 窗口的尺寸

下面的代码将当前活动的 Excel 窗口的宽度设置为 25 厘米，高度设置为 18 厘米。首先检查 WindowState 属性的值是否为 xlNormal，如果是则说明窗口处于正常状态，此时可以设置窗口的尺寸。然后使用 Application 对象的 CentimetersToPoints 方法将输入的以厘米为单位的宽度和高度值转换为磅，以实现按照厘米来设置窗口的尺寸。代码中使用 With 结构简化对 Application 对象的引用。

```
Sub 设置 Excel 窗口的尺寸()
    With Application
        If .WindowState = xlNormal Then
            .Width = .CentimetersToPoints(25)
            .Height = .CentimetersToPoints(18)
        End If
    End With
End Sub
```

如果希望控制 Excel 程序窗口在屏幕中的位置，则可以使用 Application 对象的 Left 和 Top 属性。Left 属性用于设置从屏幕左边缘到 Excel 程序窗口左边缘的距离，Top 属性用于设置从屏幕上边缘到 Excel 程序窗口上边缘的距离。这两个设置都以磅为单位，如果希望使用厘米为单位来进行设置，则需要使用上一个案例用到的 Application 对象的 CentimetersToPoints 方法进行转换。

案例 4-6　设置 Excel 窗口在屏幕中的位置

下面的代码将当前活动的 Excel 程序窗口的位置设置为距离屏幕左边缘 5 厘米，同时距离屏幕上边缘 2 厘米。

```
Sub 设置Excel窗口在屏幕中的位置()
    With Application
        .Left = .CentimetersToPoints(5)
        .Top = .CentimetersToPoints(2)
    End With
End Sub
```

4.3.5 设置 Excel 程序窗口标题栏中显示的名称

在 Excel 程序窗口的标题栏中同时显示了当前打开的工作簿的名称以及 Excel 程序的名称。Application 对象的 Caption 属性用于返回或设置 Excel 程序窗口标题栏中的 Excel 程序名，默认显示为“Excel”。下面的代码将 Excel 程序窗口标题栏中的程序名改为“人事管理系统”，效果如图 4-4 所示。

```
Application.Caption = "人事管理系统"
```

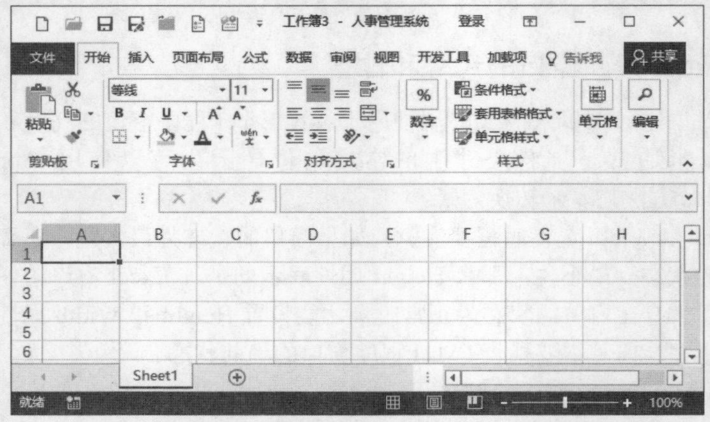

图 4-4　设置 Excel 程序窗口标题栏中显示的程序名称

如果希望不显示 Excel 程序的名称，可以将只包含空格的字符串赋值给 Caption 属性，如下所示：

```
Application.Caption = " "
```

如果希望恢复为默认名称，可以将空字符串赋值给 Caption 属性，如下所示：

```
Application.Caption = ""
```

4.3.6 设置编辑栏、浮动工具栏和“开发工具”选项卡的显示状态

1. 设置编辑栏

编辑栏是 Excel 中输入公式的地方，默认情况下显示编辑栏。使用 Application 对象的 DisplayFormulaBar 属性可以设置编辑栏的显示状态，该属性返回或设置一个 Boolean 类型的值，如果为 True 则表示显示编辑栏，如果为 False 则表示隐藏编辑栏。下面的代码将编辑栏隐藏起来，效果如图 4-5 所示。

```
Application.DisplayFormulaBar = False
```

2. 设置浮动工具栏

用于设置浮动工具栏显示状态的属性有两个，一个是 Application 对象的 ShowSelectionFloaties 属性，该属性与“Excel 选项”对话框“常规”选项卡中的“选择时显示浮动工具栏”选项的作用相同。ShowSelectionFloaties 属性返回或设置一个 Boolean 类型的值，如果为 True 则不显示浮动工

具栏，如果为 False 则显示浮动工具栏。下面的代码在单元格中选择内容时禁止显示浮动工具栏：

```
Application.ShowSelectionFloaties = True
```

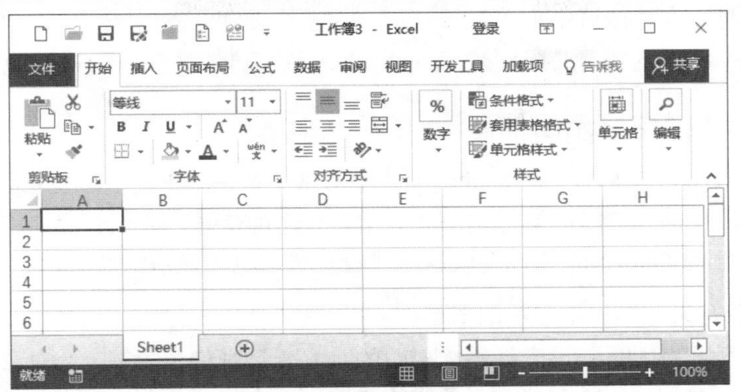

图 4-5　隐藏编辑栏

虽然 ShowSelectionFloaties 属性可以禁止单元格处理编辑状态下，选择单元格中的内容时不会显示浮动工具栏，但是无法禁止右击单元格时显示的浮动工具栏。

如果希望在右击单元格时不显示浮动工具栏，则可以使用 Application 对象的 ShowMenuFloaties 属性，该属性返回或设置一个 Boolean 类型的值，如果为 True 则不显示浮动工具栏，如果为 False 则显示浮动工具栏。下面的代码禁止在右击单元格时显示浮动工具栏：

```
Application.ShowMenuFloaties = True
```

如果要彻底禁用浮动工具栏，则可以将 ShowSelectionFloaties 和 ShowMenuFloaties 属性都设置为 True。

3. 设置“开发工具”选项卡

使用 Application 对象的 ShowDevTools 属性可以设置“开发工具”选项卡的显示状态，该属性与在“Excel 选项”对话框“自定义功能区”选项卡右侧的列表框中是否选中“开发工具”复选框的作用相同，如图 4-6 所示。

图 4-6　在“Excel 选项”对话框中设置“开发工具”选项卡的显示状态

ShowDevTools 属性返回或设置一个 Boolean 类型的值，如果为 True 则在功能区中显示“开发工具”选项卡，如果为 False 则在功能区中不显示“开发工具”选项卡。下面的代码将“开发工具”选项卡显示在功能区中。

```
Application.ShowDevTools = True
```

4.3.7 设置状态栏中显示的信息

默认情况下，Excel 程序窗口底部的状态栏中显示了单元格当前的编辑模式。我们可能希望在运行一个耗时较长的程序时能够显示一些对用户有用的信息，比如程序运行的当前进度。使用 Application 对象的 StatusBar 属性可以返回或设置状态栏中显示的信息。

案例 4-7 自定义状态栏中显示的信息

下面的代码可以测试 For Each 循环结构中的对象变量对集合中每一个对象的引用情况。首先使用 InputBox 函数显示一个对话框，要求用户输入一个表示单元格区域的地址。然后将这个地址转换为 Range 对象并赋值给 rngCells 对象变量。为了避免由于用户输入无效地址而不能正确转换为可被 Excel 识别的单元格区域，因此加入了防错程序。最后在 For Each 循环结构中使用 rngCell 对象变量在指定的单元格区域中依次遍历每一个单元格，并在状态栏中显示当前处理的单元格的地址。程序的运行效果如图 4-7 所示。

```
Sub 控制状态栏中显示的信息()
    Dim rngCell As Range, rngCells As Range, strRange As String
    strRange = InputBox("请输入单元格区域的地址：")
    On Error Resume Next
    Set rngCells = Range(strRange)
    If Err.Number <> 0 Then MsgBox "输入的地址无效！": Exit Sub
    On Error GoTo 0
    For Each rngCell In rngCells
        Application.StatusBar = "正在处理单元格：" & rngCell.Address(0, 0)
    Next rngCell
    Application.StatusBar = False
End Sub
```

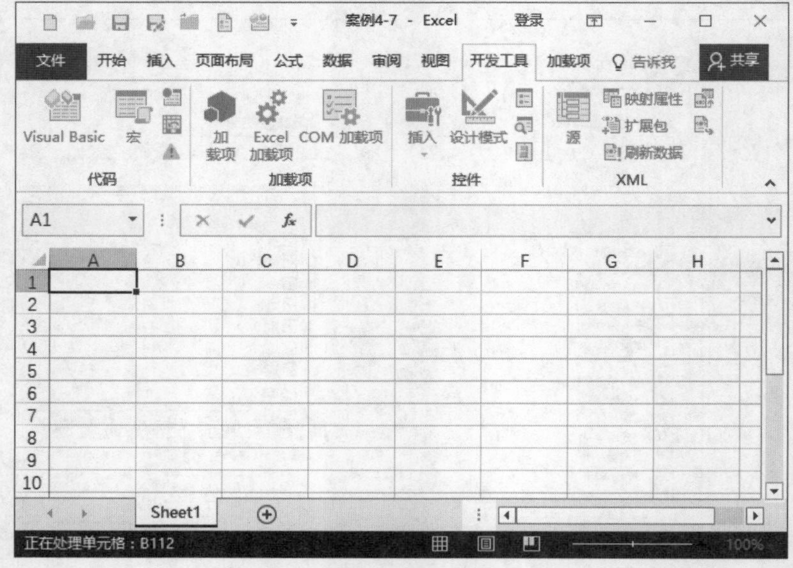

图 4-7 设置状态栏中显示的信息

注意：如果希望在程序运行结束后将状态栏的控制权交还给 Excel，以使状态栏恢复默认的操作，则需要将 StatusBar 属性设置为 False，正如在上面案例中看到的，否则最后的信息会一直停留在状态栏中。

4.3.8　设置警告信息的显示方式

当删除一个工作表时会自动弹出如图 4-8 所示的对话框，单击“删除”按钮，将会删除该工作表。在 Excel 中执行的很多操作都会收到类似的警告信息，比如关闭未保存的工作簿、覆盖已存在的工作簿、合并非空单元格等。

图 4-8　执行某些操作时显示的警告信息

当在 VBA 代码中包含会弹出警告信息对话框的操作时，程序将被迫中断并等待用户做出选择。但是即使用户做出的选择与 VBA 代码执行的操作相反，Excel 也会认为已经执行了代码所要执行的操作。仍然以上面提到的删除工作表为例，如果用户在警告信息对话框中没有单击“删除”按钮而是单击了“取消”按钮，那么 Excel 仍然会认为已经执行了删除工作表的操作，从而导致意外的结果。另一方面，在 VBA 代码运行期间总是频繁弹出需要用户确认的警告信息，很大程度上会影响程序执行的效率和流畅度。

Application 对象的 DisplayAlerts 属性用于设置警告信息的显示方式。该属性返回或设置一个 Boolean 类型的值，如果为 True 则正常显示操作过程中产生的警告信息，如果为 False 则不显示警告信息，并自动执行与警告信息对话框中默认的按钮相关联的操作，比如在删除工作表时显示的警告信息对话框中的默认操作是单击“删除”按钮。

案例 4-8　控制警告信息的显示方式

下面的代码在执行删除当前活动的工作表操作之前，屏蔽了警告信息对话框，在删除工作表操作之后，重新恢复显示 Excel 默认的警告信息对话框。

```
Sub 控制警告信息的显示方式()
    Application.DisplayAlerts = False
    ActiveSheet.Delete
    Application.DisplayAlerts = True
End Sub
```

在执行完可能会显示提示信息对话框的操作后，应该将 DisplayAlerts 属性设置为 True，以恢复 Excel 默认的提示信息功能，从而避免在没有任何提示的情况下执行意想不到的操作。当 VBA 过程运行结束后，Excel 会自动将 DisplayAlerts 属性设置为 True。

4.3.9　设置新工作簿中默认包含的工作表数量

在 Excel 2016 中新建的工作簿默认只包含一个工作表，而在 Excel 2010 中新建的工作簿默认包含 3 个工作表。使用 Application 对象的 SheetsInNewWorkbook 属性可以设置新建的工作簿中默认包含的工作表数量，该属性与在“Excel 选项”对话框“常规”选项卡中的“包含的工作表数”选项的作用相同，如图 4-9 所示。

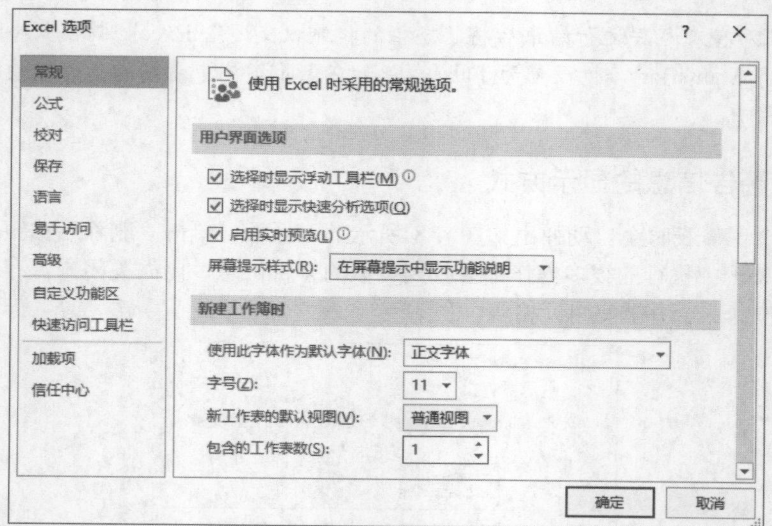

图 4-9　设置新建的工作簿中默认包含的工作表数量

下面的代码将默认工作表的数量设置为 6，以后每次新建工作簿时，其中都会自动包含 6 个工作表。

```
Application.SheetsInNewWorkbook = 6
```

4.3.10　设置工作簿的默认字体和字号

使用 Application 对象的 StandardFont 和 StandardFontSize 属性可以设置新建的工作簿中默认使用的字体和字号。StandardFont 属性用于设置默认字体，StandardFontSize 属性用于设置默认字号。这两个属性与在“Excel 选项”对话框“常规”选项卡中的“使用此字体作为默认字体”和“字号”选项的作用相同。下面的代码分别将新建的工作簿中的默认字体设置为“黑体”，默认字号设置为“16”：

```
Application.StandardFont = "黑体"
Application.StandardFontSize = 16
```

提示：要使新设置的默认字体和字号生效，必须退出 Excel 程序并重新启动。

4.3.11　设置打开文件时的默认路径

默认情况下，当在 Excel 中显示“打开”对话框以打开某个文件时，对话框中默认定位到的位置是当前登录系统的用户的“我的文档”文件夹，这是 Excel 中打开文件的默认位置。如果经常使用的文件位于某个特定位置，则可以将该位置设置为 Excel 中默认的文件打开位置，以加快打开文件的速度。

使用 Application 对象的 DefaultFilePath 属性可以设置打开文件的默认位置，该属性与在“Excel 选项”对话框“保存”选项卡中的“默认本地文件位置”选项的作用相同，如图 4-10 所示。

下面的代码将打开文件的默认位置设置为 E 盘根目录下名为“重要文件”的文件夹：

```
Application.DefaultFilePath = "E:\重要文件"
```

如果为 DefaultFilePath 属性指定的文件夹不存在，则将不会改变最近一次成功设置的打开文件的默认位置，而且也不会显示设置失败的提示信息。因此，为了避免设置了无效的位置，可以加入防错代码。

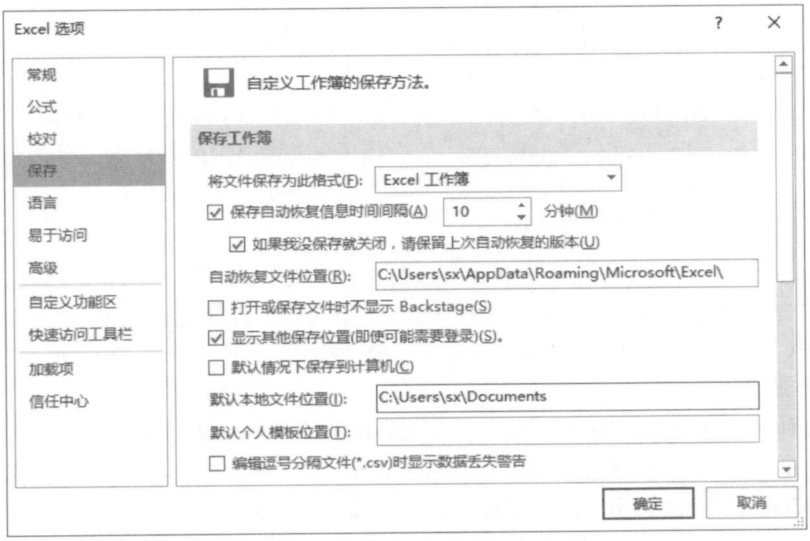

图 4-10　设置打开文件的默认位置

案例 4-9　设置打开文件的默认位置

下面的代码使用一个 String 数据类型的变量存储用户在对话框中输入的表示默认位置的路径。然后在 If Then 结构中使用 VBA 内置的 Dir 函数检查输入的路径是否存在，如果该函数返回空字符串，则表示路径不存在，否则表示路径存在。如果路径不存在，则会显示提示信息并结束程序，如果路径存在则将其设置为打开文件的默认位置。

```
Sub 设置打开文件的默认位置()
    Dim strPath As String
    strPath = InputBox("请指定打开文件的默认位置：")
    If strPath = "" Or Dir(strPath) = "" Then
        MsgBox "指定的位置不存在！"
        Exit Sub
    Else
        Application.DefaultFilePath = strPath
    End If
End Sub
```

4.3.12　控制屏幕刷新

在运行一段耗时较长的程序时，可能不想看到频繁闪烁的屏幕。使用 Application 对象的 ScreenUpdating 属性可以控制屏幕刷新的方式。该属性返回或设置一个 Boolean 类型的值，如果为 True 则开启屏幕刷新，如果为 False 则关闭屏幕刷新。

下面的代码关闭了屏幕刷新，在程序运行的过程中屏幕显示将不会发生变化，从而可以加快程序的运行速度。

```
Application.ScreenUpdating = False
```

当程序运行结束后，才会在屏幕中显示最终结果。或者可以在代码中的任何位置加入下面的语句，以随时显示屏幕的变化情况。

```
Application.ScreenUpdating = True
```

提示： 如果需要在程序运行的过程中显示 Excel 内置对话框或用户窗体，那么需要开启屏幕刷新，否则在拖动对话框时，将会在屏幕上产生橡皮擦的效果。

4.4 使用 Excel 程序

本节将介绍使用 Application 对象的几个方法来完成一些有用的工作，具体包括以下几个方法：OnTim、OnKey、Evaluate、SendKeys。还介绍了如何在 VBA 中使用工作表函数。

4.4.1 定时自动运行 VBA 过程

使用 Application 对象的 OnTime 方法可以在指定的时间自动运行指定的 VBA 过程。实现这一功能的前提条件是必须已经启动了 Excel 程序，让 Excel 程序运行于内存中。在定时自动执行指定的 VBA 过程之前，用户在 Excel 中进行的各种操作都不受影响。OnTime 方法包含 4 个参数，语法格式如下：

```
Application.OnTime(EarliestTime, Procedure, LatestTime, Schedule)
```

- EarliestTime：必选，运行 VBA 过程的时间。
- Procedure：必选，要运行的 VBA 过程的名称。
- LatestTime：可选，开始运行 VBA 过程的最晚时间。
- Schedule：可选，一个 Boolean 类型的值。如果为 True 则设置一个新的定时运行的 VBA 过程，如果为 False 则清除之前设置的某个 VBA 过程。如果省略该参数，则其值默认为 True。

在指定过程运行的时间时，可以使用 VBA 内置的 TimeValue 或 TimeSerial 函数。TimeValue 函数包含一个参数，是一个表示时间的字符串。TimeSerial 函数包含 3 个参数，分别表示时间中的时、分、秒。下面两种形式表示的都是下午两点半：

```
TimeValue("14:30:00")
TimeSerial(14, 30, 0)
```

案例 4-10　在指定时间定时执行任务

下面的代码将在当天下午 2 点 30 分自动运行名为“会议提醒”的 VBA 过程，用于向用户发出会议提醒的提示信息，其中使用 TimeValue 函数来指定时间。编写好代码后，需要运行名为“定时执行任务”的过程，在下午 2 点 30 分将会自动显示“今天下午 4 点有个重要会议！”的提示信息。

```
Sub 定时执行任务()
    Application.OnTime TimeValue("14:30:00"), "会议提醒"
End Sub

Sub 会议提醒()
    MsgBox "今天下午 4 点有个重要会议！"
End Sub
```

下面的代码可以完成相同的任务，但是使用 TimeSerial 函数来指定时间。

```
Sub 定时执行任务2()
    Application.OnTime TimeSerial(14, 30, 0), "会议提醒2"
End Sub

Sub 会议提醒2()
    MsgBox "今天下午 4 点有个重要会议！"
End Sub
```

也可以指定在距离现在多长时间之后运行 VBA 过程，此时可以使用 Now 函数来表示当前时间，将其与 TimeValue 或 TimeSerial 函数相加即可得到间隔多久之后的时间。

案例 4-11　隔多长时间后定时执行任务

下面的代码在 30 分钟后运行名为“会议提醒”的 VBA 过程，其中使用 TimeValue 函数来指定时间。

```
Sub 定时执行任务()
    Application.OnTime Now + TimeValue("00:30:00"), "会议提醒"
End Sub

Sub 会议提醒()
    MsgBox "今天下午 4 点有个重要会议！"
End Sub
```

下面的代码可以完成相同的任务，但是使用 TimeSerial 函数来指定时间。

```
Sub 定时执行任务 2()
    Application.OnTime Now + TimeSerial(0, 30, 0), "会议提醒 2"
End Sub

Sub 会议提醒 2()
    MsgBox "今天下午 4 点有个重要会议！"
End Sub
```

除了按照预定的时间自动运行 VBA 过程之外，还能够以固定的时间间隔自动重复运行 VBA 过程，方法是在要运行的 VBA 过程内部使用 Application 对象的 OnTime 方法，并将 Procedure 参数指定为该过程本身。

案例 4-12　定时重复执行任务

下面的代码每隔 30 分钟发出一次会议提醒的提示信息，在 OnTime 方法中将 Procedure 参数指定为该过程自身，即“会议提醒”。运行该过程后，将会每隔 30 分钟收到一次会议提醒的提示信息。

```
Sub 会议提醒()
    Application.OnTime Now + TimeSerial(0, 30, 0), "会议提醒"
    MsgBox "今天下午 4 点有个重要会议！"
End Sub
```

有时可能需要取消已经进入自动执行状态的 VBA 过程，尤其是像上面设置为以指定时间间隔重复运行的 VBA 过程，为此需要将 OnTime 方法的第 4 个参数设置为 False。

案例 4-13　取消定时任务

下面的代码在模块顶部的声明部分创建了一个名为 datTime 的模块级变量，用于存储需要停止自动运行的 VBA 过程的时间安排，该变量中的值可在模块中的各个过程之间传递。运行名为“会议提醒”的过程后，将会每隔 30 分钟自动运行该过程自身。如果要停止执行该任务计划，则需要运行名为“取消会议提醒”的过程。

```
Dim datTime As Date

Sub 会议提醒()
    datTime = Now + (TimeSerial(0, 30, 0))
    Application.OnTime datTime, "会议提醒"
    MsgBox "今天下午 4 点有个重要会议！"
End Sub

Sub 取消会议提醒()
    Application.OnTime datTime, "会议提醒", , False
End Sub
```

4.4.2 为 VBA 过程指定快捷键

使用 Application 对象的 OnKey 方法可以为指定的 VBA 过程设置快捷键，按下快捷键后将会执行该过程。OnKey 方法的功能与“录制宏”对话框中的快捷键设置类似，但是可以提供更多的按键选择，比如由 Ctrl、Shift、Alt 键与其他按键的组合。OnKey 方法的语法格式如下：

```
Application.OnKey(Key, Procedure)
```

- Key：必选，要指定给 VBA 过程的快捷键，可以是单个按键或多个按键的组合。
- Procedure：可选，要设置快捷键的 VBA 过程的名称。

表 4-3 列出了除字母键、数字键和符号键之外的其他按键在 OnKey 方法中的表示方式。字母键、数字键和符号键表示为其本身，比如字母 A 在 OnKey 中表示为“A”。符号键中的^、+和%分别用于表示 Ctrl、Shift 和 Alt 键，因此如果要将这 3 个键作为快捷键组合中的按键，那么需要为它们加上大括号，比如由 Ctrl 与加号键组成的组合键表示为“^{+}”。

表 4-3 按键在 OnKey 方法中对应的代码

按　键	代　码	按　键	代　码
Shift	+	F1～F15	{F1}～{F15}
Ctrl	^	Tab	{TAB}
Alt	%	Ins	{INSERT}
Enter	{ENTER}或～（波形符）	Break	{BREAK}
Esc	{ESCAPE}或{ESC}	向上	{UP}
Backspace	{BACKSPACE}或{BS}	向下	{DOWN}
Delete 或 Del	{DELETE}或{DEL}	向左	{LEFT}
Home	{HOME}	向右	{RIGHT}
End	{END}	Caps Lock	{CAPSLOCK}
Pageup	{PGUP}	Num Lock	{NUMLOCK}
Pagedown	{PGDN}	Scroll Lock	{SCROLLLOCK}

案例 4-14 使用快捷键加快过程的运行速度

下面的代码将 Ctrl+C 组合键指定给名为“显示欢迎信息”的过程。之后运行名为“设置快捷键”的过程，然后就可以使用 Ctrl+C 组合键来运行名为“显示欢迎信息”的过程，该组合键默认的用于完成复制操作的功能将被“显示欢迎信息”过程代替。

```
Sub 设置快捷键()
    Application.OnKey "^c", "显示欢迎信息"
End Sub

Sub 显示欢迎信息()
    MsgBox "Hello"
End Sub
```

提示：指定快捷键的过程只需运行一次，快捷键即可在当前打开的所有工作簿中有效，但有效期仅在 Excel 程序运行期间。

如果希望将按键恢复为 Excel 的默认功能，则可以省略 OnKey 方法的第二参数，下面的代码恢复 Ctrl+C 组合键在 Excel 中的默认功能：

```
Application.OnKey "^c"
```

如果要禁用按键的正常功能，则可以将 OnKey 方法的第二参数设置为空字符串。下面的代码禁用完成复制操作的组合键 Ctrl+C：

```
Application.OnKey "^c", ""
```

上面代码中使用的是小写字母 C，如果改为大写字母 C，则“^C”表示的是 Ctrl+Shift+C 组合键。

4.4.3　向其他程序发送按键信息

使用 Application 对象的 SendKeys 方法可以发送按键信息来控制不支持其他交互形式的应用程序，比如 OLE 或 DDE。SendKeys 方法的语法格式如下：

```
Application.SendKeys(Keys, Wait)
```

- Keys：必选，以字符串形式发送给其他程序的一个或多个按键。按键在 SendKeys 方法中的表示方式与 OnKey 方法相同，具体的按键代码可参考 4.4.2 节。
- Wait：可选，一个 Boolean 类型的值。如果为 True 则 Excel 会等到处理完按键后将控制权交给当前的 VBA 过程，如果为 False 则继续运行程序而不会等到处理完按键。如果省略该参数，则默认其值为 False。

案例 4-15　使用 SendKeys 方法发送按键信息

下面的代码启动 Windows 系统中的记事本程序，并在其中输入了“Hello”，然后打开记事本程序的“另存为”对话框。

```
Sub 使用SendKeys方法发送按键信息()
    Shell "notepad.exe", vbNormalFocus
    Application.SendKeys "Hello", True
    Application.SendKeys "%fa"
End Sub
```

提示： 当前处于活动状态的语言输入法会影响 SendKeys 方法发送按键信息的结果。

当需要在对话框中填写一些内容，比如密码，那么必须在显示对话框之前，先使用 SendKeys 方法发送与输入的内容对应的按键信息。

案例 4-16　使用 SendKeys 方法向对话框发送按键信息

下面的代码在对话框中填写“Hello”，在显示由 InputBox 函数产生的对话框之前，先使用 SendKeys 方法发送了按键信息。

```
Sub 使用SendKeys方法向对话框发送按键信息()
    Application.SendKeys "Hello", True
    InputBox "请输入问候语："
End Sub
```

4.4.4　计算字符串表达式

使用 Application 对象的 Evaluate 方法可以将一个字符串表达式转换为一个 Excel 对象或一个值，语法格式如下：

```
Application.Evaluate(Name)
```

该方法只有一个参数，表示要进行转换的字符串表达式。

Evaluate 方法还支持一种更简洁的格式：使用一对方括号将字符串表达式包围起来，不需要使用 Evaluate 关键字。下面两行代码的作用相同，都用于引用 A1 单元格：

```
Application.Evaluate ("A1")
[A1]
```

下面两行代码都可以计算 2、5 和 8 三个数的乘积。使用 Evaluate 方法时可以省略其左侧的 Application 对象。

```
Evaluate("2*5*8")
[2*5*8]
```

使用方括号的优点是可以使代码更简洁。使用 Evaluate 关键字的优点在于可以随意组合构成其参数的字符串表达式，而且可以在其中使用变量，让字符串表达式变得更灵活。

案例 4-17　在 Evaluate 方法中使用变量

下面的代码用于计算由用户指定的数字的平方根，在 Evaluate 方法的参数中使用了一个变量，该变量存储用户在对话框中输入的数字。

```
Sub 在 Evaluate 方法中使用变量()
    Dim strNumber As String
    strNumber = InputBox("请输入要计算的数字：")
    If IsNumeric(strNumber) Then
        MsgBox strNumber & "的平方根是" & Evaluate("sqrt(" & strNumber & ")")
    End If
End Sub
```

注意：上面代码中用于计算平方根的函数是工作表中的 SQRT 函数，不能在 Evaluate 方法中以字符串的形式使用 VBA 内置的 SQR 函数，否则会出现运行时错误。

4.4.5　在 VBA 中使用 Excel 工作表函数

在 VBA 中可以使用两组内置函数，一组函数是 VBA 语言元素中的一部分，另一组函数是在 Excel 工作表公式中使用的函数。在 VBA 代码中可以直接使用 VBA 内置函数，而如果要在 VBA 代码中使用 Excel 工作表函数，则需要通过 Application 对象的 WorksheetFunction 属性来实现。Application 对象的 WorksheetFunction 属性返回 WorksheetFunction 对象，该对象包含的方法就是 Excel 工作表函数的子集。

如果一个 VBA 内置函数和一个 Excel 工作表函数具有相同的功能，那么在 VBA 代码中就不能直接使用 Excel 工作表函数。例如，VBA 内置的 SQR 函数与 Excel 工作表函数 SQRT 都可用于计算数字的平方根，因此在 VBA 中只能使用 SQR 函数，而不能直接使用 SQRT 函数。如果要在 VBA 中使用与 SQR 函数具有相同功能的工作表函数 SQRT，则需要使用前面介绍的 Evaluate 方法以字符串的形式来实现。

VBA 内置函数并没有提供很多常用的计算和统计功能，比如求和、计数、求最大值/最小值等，而使用现成的工作表函数则可以使代码的编写更简单。

案例 4-18　在 VBA 中使用工作表函数

下面的代码要求用户在对话框中输入以英文逗号分隔的多个数字，然后使用 VBA 内置的 Split 函数将其解析为一个数组，最后使用 Excel 工作表函数 COUNTA 统计该数组中包含的元素个数。本例代码的运行效果如图 4-11 所示。

```
Sub 在 VBA 中使用工作表函数()
    Dim varNumbers As Variant
    varNumbers = Split(InputBox("请输入以英文逗号分隔的多个数字："), ",")
```

```
    MsgBox "一共输入了" & Application.WorksheetFunction.CountA(varNumbers) & "个数字"
End Sub
```

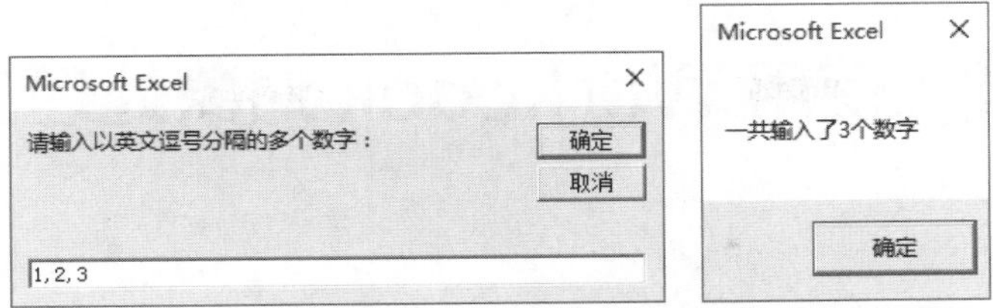

图 4-11　使用工作表函数统计输入数字的个数

提示： Split 函数一共有 4 个参数，最常用的是前两个参数，第一个参数表示要解析为数组的字符串，第二个参数表示用于标识子字符串边界的字符，子字符串就是要作为解析为数组中包含的数组元素。

第 5 章　使用 Workbook 对象处理工作簿

Excel 对象模型中的 Workbook 对象专门用于处理工作簿，但是新建与打开工作簿的操作需要使用 Workbooks 集合进行处理。本章将同时介绍 Workbooks 集合与 Workbook 对象，使用它们提供的属性和方法可以完成与工作簿相关的大量操作。

5.1　理解 Workbooks 集合与 Workbook 对象

Workbooks 集合包含当前打开的所有工作簿，其中的每一个工作簿都是一个 Workbook 对象。本节将介绍 Workbooks 集合与 Workbook 对象的基本概念及其常用的属性和方法，在本章后面的内容中将会详细介绍这些属性和方法的具体应用。

5.1.1　Workbooks 集合的常用属性和方法

Workbooks 集合只包含几个属性和方法，表 5-1 和表 5-2 列出了其中比较常用的属性和方法。

表 5-1　Workbooks 集合的常用属性

属　性	说　明
Count	返回当前打开的所有工作簿的总数
Item	以名称或索引号来引用当前打开的某个工作簿

表 5-2　Workbooks 集合的常用方法

方　法	说　明
Add	新建一个工作簿，并使其成为活动工作簿
Close	关闭当前打开的所有工作簿
Open	打开一个工作簿

5.1.2　Workbook 对象的常用属性和方法

Workbook 对象包含很多属性和方法，表 5-3 和表 5-4 列出了其中比较常用的属性和方法。

表 5-3　Workbook 对象的常用属性

属　性	说　明
ActiveChart	返回工作簿中的活动图表，可能是图表工作表，也可能是嵌入式图表
ActiveSheet	返回工作簿中的活动工作表，可能是工作表，也可能是图表工作表
Charts	返回工作簿中的所有图表工作表
FullName	返回工作簿的完整路径，同时包含工作簿的路径和名称

续表

属　性	说　明
HasPassword	返回是否为工作簿设置了密码，如果是则为 True，否则为 False
Name	返回工作簿的文件名
Password	返回或设置工作簿的密码，该密码是在打开工作簿时需要提供的密码
Path	返回工作簿的路径，不包含路径末尾的分隔符和文件名
Saved	返回或设置工作簿从上次保存至今是否发生过更改，如果是则为 True，否则为 False
Sheets	返回工作簿中的所有工作表和图表工作表
Windows	返回工作簿中的所有窗口。如果在 Windows 属性之前不使用对象限定符，则返回 Excel 中的所有窗口，而不只是指定工作簿中的所有窗口
Worksheets	返回工作簿中的所有工作表，不包含图表工作表

表 5-4　Workbook 对象的常用方法

方　法	说　明
Close	关闭工作簿
Save	保存对指定工作簿所做的更改
SaveAs	在另一不同文件中保存对工作簿所做的更改

5.1.3　引用工作簿

引用工作簿是使用 VBA 对工作簿执行很多操作的前提，因为它指明了要操作的是哪个或哪些工作簿。第 3 章介绍对象编程的基础知识时已经介绍过如何引用集合中的对象，引用工作簿的方法与其类似。

Workbooks 表示当前打开的所有工作簿，要从中引用某个特定的工作簿，可以使用工作簿的名称或索引号。如果在当前打开的所有工作簿中存在一个名为“销售数据”的工作簿，并且该工作簿是第二个打开的工作簿，那么下面两行代码都可以引用该工作簿：

```
Workbooks("销售数据")
Workbooks(2)
```

除了上面介绍的引用特定工作簿的常规方法之外，Excel 还提供了引用工作簿的其他两种方法——ActiveWorkbook 和 ThisWorkbook。ActiveWorkbook 引用的是活动工作簿，无论其名称是什么，引用的都是处于活动状态的那个工作簿，为编写通用的代码提供了方便。ThisWorkbook 引用的是包含正在运行的 VBA 代码的工作簿，ThisWorkbook 是加载项工作簿引用其自身的唯一方法。如果包含代码的工作簿是活动工作簿，那么下面两行代码的作用相同，都将返回该工作簿的名称。

```
ActiveWorkbook.Name
ThisWorkbook.Name
```

5.2　新建工作簿

本节将介绍在 VBA 中新建工作簿的方法，需要使用 Workbooks 集合的 Add 方法来完成。

5.2.1 新建一个工作簿

使用 Workbooks 集合的 Add 方法可以新建工作簿。Add 方法只有一个可选参数 Template，用于指定新建工作簿时所使用的模板。如果省略该参数，Excel 将以默认的模板新建工作簿。使用 Application 对象的 SheetsInNewWorkbook 属性可以指定新建的工作簿中默认包含的工作表的数量，该属性已在第 4 章介绍过。

下面的代码以 F 盘根目录中名为“一季度.xlsx”的工作簿为模板新建了一个工作簿。如果作为模板的工作簿不存在或文件名有误，则会出现运行时错误。

```
Workbooks.Add "F:\一季度.xlsx"
```

使用 Add 方法新建工作簿后将会返回一个 Workbook 对象，该对象表示刚刚新建的工作簿，并且新建的工作簿会自动成为活动工作簿，此时可以使用 ActiveWorkbook 来引用这个新建的工作簿。

案例 5-1 使用 ActiveWorkbook 引用新建的工作簿

下面的代码以默认模板新建了一个工作簿，然后在对话框中显示该工作簿的名称。

```
Sub 使用ActiveWorkbook引用新建的工作簿()
    Workbooks.Add
    MsgBox ActiveWorkbook.Name
End Sub
```

如果以后需要追踪新建的工作簿，则可以在新建工作簿时将其赋值给一个 Workbook 对象变量，这样在以后任何时候都可以通过这个对象变量来引用这个新建的工作簿，而不必在乎它是否是活动工作簿。

案例 5-2 使用对象变量引用新建的工作簿

下面的代码声明了一个 Workbook 类型的对象变量，然后将由 Add 方法新建的工作簿赋值给这个变量，使用该变量引用新建的工作簿，并通过使用 Name 属性来显示新建工作簿的名称。

```
Sub 使用对象变量引用新建的工作簿()
    Dim wkb As Workbook
    Set wkb = Workbooks.Add
    MsgBox wkb.Name
End Sub
```

5.2.2 新建多个工作簿

Workbooks 集合的 Add 方法每次只能新建一个工作簿，但是有时可能需要新建多个工作簿，在这种情况下可以在循环结构中使用 Add 方法来一次性新建多个工作簿。

案例 5-3 使用 ForNext 新建多个工作簿

下面的代码一次性创建指定数量的多个工作簿，该数量由用户在对话框中输入的数字决定。

```
Sub 使用ForNext新建多个工作簿()
    Dim strCount As String, intCounter As Integer
    strCount = InputBox("请输入新建工作簿的数量：")
    If IsNumeric(strCount) Then
        For intCounter = 1 To strCount
            Workbooks.Add
        Next intCounter
    End If
    MsgBox "一共创建了" & strCount & "个工作簿！"
End Sub
```

还可以使用 Do Loop 循环结构新建多个工作簿。使用一个变量记录 Do Loop 循环的执行次数，该次数等同于新建工作簿的数量。然后将该值与要新建的工作簿的目标数量进行比较，如果未达到则继续新建工作簿，否则退出 Do Loop 循环结束操作。

案例 5-4　使用 Do Loop 新建多个工作簿

下面的代码使用 Do Loop 循环结构创建由用户指定的多个工作簿。strCount 变量存储由用户指定的要新建的工作簿的数量，intCounter 变量记录新建工作簿的次数，也就相当于当前已经新建的工作簿的数量。在每次 Do Loop 循环的最后判断 intCounter 中的值是否还未达到 strCount，如果是则继续执行新建工作簿的操作，否则退出 Do Loop 循环停止新建工作簿的操作。

```
Sub 使用 Do Loop 新建多个工作簿()
    Dim strCount As String, intCounter As Integer
    strCount = InputBox("请输入新建工作簿的数量：")
    If IsNumeric(strCount) Then
        Do
            Workbooks.Add
            intCounter = intCounter + 1
        Loop While intCounter < strCount
    End If
    MsgBox "一共创建了" & strCount & "个工作簿！"
End Sub
```

5.3　打开工作簿

与新建工作簿类似，打开工作簿的操作也需要使用 Workbooks 集合来完成。本节将介绍在 VBA 中打开工作簿的方法，还介绍了在打开工作簿之前如何判断工作簿是否存在，以及获取工作簿的路径及名称的方法。

5.3.1　打开一个工作簿

使用 Workbooks 集合的 Open 方法可以打开一个工作簿，该方法包含多个参数，最常使用的是第一个参数 Filename，用于指定要打开的工作簿的路径和文件名。除了第一个参数以外的其他参数都是可选参数。

下面的代码打开 F 盘根目录中名为“一季度.xlsx”的工作簿：

```
Workbooks.Open "F:\一季度.xlsx"
```

可以使用变量保存工作簿的完整路径，然后在 Open 方法中使用这个变量来作为 Filename 参数的值。

如果要打开的工作簿与当前包含 VBA 代码的工作簿位于同一个文件夹，则可以使用 ThisWorkbook 对象的 Path 属性自动获得包含代码的工作簿的路径，然后使用该路径作为 Open 方法 Filename 参数的路径部分，再将工作簿的名称添加到路径之后，即可指定完整的 FileName 参数的值，如下所示：

```
Workbooks.Open ThisWorkbook.Path & "\一季度 xlsx"
```

注意：Path 属性返回的路径不包含末尾的分隔符，因此在指定要打开的工作簿的完整路径时需要手动添加。

与新建工作簿时的 Add 方法可以返回一个 Workbook 对象类似，使用 Open 方法打开一个工作簿后也会返回一个 Workbook 对象，该对象表示刚打开的工作簿，并且该工作簿会自动成为活动工作簿。

在使用 Open 方法打开一个工作簿时，如果 Excel 找不到该文件，则会出现运行时错误，可以通过编写错误处理程序来解决这个问题。

案例 5-5　判断工作簿是否存在

下面的代码在执行 Open 方法之前加入了 On Error Resume Next 语句，以忽略接下来可能发生的运行时错误。在执行 Open 方法后检查 Err 对象的 Number 属性是否为 0，如果不为 0 则说明出现了运行时错误，那么最可能的原因就是 Excel 没有找到要打开的文件，此时向用户发出文件不存在的提示信息。如果为 0 则说明没出现运行时错误，文件正常打开。

```
Sub 判断工作簿是否存在()
    Dim strFileName As String
    strFileName = "F:\一季度.xlsx"
    On Error Resume Next
    Workbooks.Open strFileName
    If Err.Number <> 0 Then MsgBox "未找到文件，无法打开！"
End Sub
```

5.3.2　打开多个工作簿

我们可能希望一次性打开多个工作簿，此时可以使用 Array 函数创建一个包含工作簿名称的数组，然后在 For Next 循环结构中使用计数器变量作为数组元素的索引号，来从之前创建的数组中引用指定名称的工作簿，从而实现批量打开多个工作簿的目的。

案例 5-6　一次性打开指定的多个工作簿

下面的代码使用 Array 函数创建了一个包含 3 个文件名的数组，并将其赋值给一个 Variant 数据类型的变量。然后通过 LBound 和 UBound 函数自动检测该数组的下界和上界，使用 intIndex 变量作为 For Next 循环中的计数器，在下界和上界之间循环执行 Open 方法来打开指定的工作簿。工作簿的名称通过从数组中引用的数组元素动态获得。如果指定的文件不存在，使用 Open 方法时会出现运行时错误，因此加入了防错代码。

```
Sub 打开多个工作簿()
    Dim varName As Variant, intIndex As Integer
    varName = Array("一季度", "二季度", "三季度")
    On Error Resume Next
    For intIndex = LBound(varName) To UBound(varName)
        Workbooks.Open "F:\" & varName(intIndex) & ".xlsx"
        If Err.Number <> 0 Then
            MsgBox varName(intIndex) & ".xlsx" & "文件不存在"
        End If
    Next intIndex
End Sub
```

5.3.3　获取工作簿的路径和名称

Excel 提供了获取工作簿的路径和名称的方法，它们是 Workbook 对象的以下 3 个属性：FullName 属性、Name 属性、Path 属性。

1. FullName 属性

使用 Workbook 对象的 FullName 属性可以获取工作簿的完整路径，其中同时包含工作簿的路径和文件名。下面的代码显示活动工作簿的路径和名称。如果工作簿从未被保存到磁盘中，则只返回工作簿的默认名称且不包含路径，默认名称如“工作簿 1”“工作簿 2”等。

```
ActiveWorkbook.FullName
```

2. Name 属性

使用 Workbook 对象的 Name 属性可以获取工作簿的名称。如果工作簿是还没有保存到磁盘中的新建工作簿，那么返回的文件名不会包含扩展名，否则会返回包含扩展名的文件名。

案例 5-7　显示所有打开的工作簿的名称列表

下面的代码显示当前打开的所有工作簿的名称列表，如图 5-1 所示。

```
Sub 显示所有打开的工作簿的名称列表()
    Dim strMsg As String, wkb As Workbook
    For Each wkb In Workbooks
        strMsg = strMsg & wkb.Name & vbCrLf
    Next wkb
    MsgBox strMsg
End Sub
```

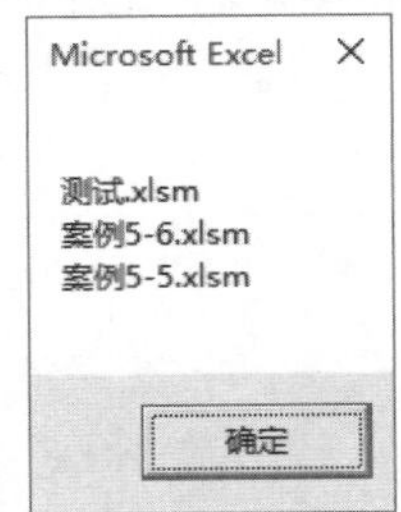

图 5-1　显示所有打开的工作簿的名称列表

3. Path 属性

使用 Workbook 对象的 Path 属性可以获取工作簿的路径，路径中不包含末尾的分隔符和文件名。下面的代码显示了活动工作簿的路径，如果工作簿从未被保存到磁盘中，则显示为空。

```
ActiveWorkbook.Path
```

结合使用 Path 和 Name 属性可以实现 FullName 属性的功能。下面两行代码的效果相同：

```
ActiveWorkbook.FullName
ActiveWorkbook.Path & "\" & ActiveWorkbook.Name
```

如果希望在不同平台上都能获得正确的路径，那么可以将上面代码中的“\”替换为下面的代码：

```
Application.PathSeparator
```

5.4　保存工作簿

Workbook 对象提供了几种保存工作簿的方法，分别适用于不同的情况，常用的是 Save 和 SaveAs 方法，本节将介绍使用这两种方法保存工作簿。

5.4.1　保存和另存工作簿

使用 Workbook 对象的 Save 方法可以保存对工作簿所做的更改，该方法适用于已经保存到磁盘中的工作簿。下面的代码保存对活动工作簿的更改：

```
ActiveWorkbook.Save
```

如果工作簿从未保存到磁盘中，使用该方法将会弹出“另存为”对话框，用户需要设置工作簿的保存位置和文件名。因此如果是首次保存工作簿，则应该使用 Workbook 对象的 SaveAs 方法，从而在代码中直接指定保存位置和文件名。

SaveAs 方法包含多个参数，最常使用的是第一个参数 Filename，该参数用于指定工作簿的保存路径和文件名。下面的代码将活动工作簿以“测试副本”文件名保存到 F 盘根目录中。如果系统中没有 E 盘，则会出现运行时错误。

```
ActiveWorkbook.SaveAs "F:\测试副本.xlsx"
```

提示： 如果不指定 SaveAs 方法的 Filename 参数，则默认将工作簿以当前的文件名保存到当前路径中。

5.4.2 覆盖现有工作簿

当使用 SaveAs 方法以指定的名称和路径保存工作簿时，如果在目标位置已经存在相同名称的工作簿，则会显示如图 5-2 所示的提示信息，要求用户做出是否用当前文件替换原有文件的选择。

图 5-2　替换文件的提示信息

使用 Application 对象的 DisplayAlerts 属性可以屏蔽这类提示信息，在第 4 章介绍 Application 对象时也曾介绍过该属性的用法。将 DisplayAlerts 属性设置为 False 即可屏蔽替换文件的提示信息，在完成另存工作簿的操作后，可以将该属性设置为 True 以开启 Excel 正常的提示功能。

```
Application.DisplayAlerts = False
ActiveWorkbook.SaveAs
Application.DisplayAlerts = True
```

5.5 关闭工作簿

在 VBA 中可以使用 Workbook 对象的 Close 方法关闭指定的工作簿，每次只能关闭一个工作簿。如果希望一次性关闭多个工作簿，则需要在循环结构中使用 Close 方法。本节除了介绍关闭工作簿的方法之外，还介绍了关闭同一个工作簿的多个窗口的方法。

5.5.1 关闭一个工作簿

使用 Workbook 对象的 Close 方法可以关闭指定的工作簿。Close 方法包含 3 个参数，都是可选参数，语法格式如下：

```
Close(SaveChanges, Filename, RouteWorkbook)
```

❒ SaveChanges：可选，如果在关闭工作簿之前对工作簿进行了更改但是还未保存，那么将该参数设置为 True 可以自动保存更改并关闭工作簿，将该参数设置为 False 则不保存更改并关闭工作簿。如果希望让用户选择是否保存对工作簿的更改，则可以省略该参数，这样将会显示是否保存的提示信息。

- Filename：可选，如果将 SaveChanges 参数设置为 True，并且工作簿从未被保存到磁盘中，则可以使用 Filename 参数指定工作簿的保存路径和文件名。
- RouteWorkbook：可选，如果工作簿不需要传送给下一个收件人，则省略该参数。否则将根据该参数的值传送工作簿，如果为 True 则将工作簿传送给下一个收件人，如果为 False 则不传送工作簿。

下面的代码用于关闭名为“一季度”的工作簿。由于将 Close 方法的 SaveChanges 参数设置为 True，因此在关闭前会自动保存对该工作簿所做的更改。如果当前没有打开该工作簿，则会出现运行时错误。

```
Workbooks("一季度").Close True
```

在方法中使用命名参数会使代码更易理解，如下所示：

```
Workbooks("一季度").Close SaveChanges:=True
```

下面的代码在关闭工作簿时不保存在工作簿打开期间自上次保存之后所做的更改：

```
Workbooks("一季度").Close SaveChanges:=False
```

Workbook 对象有一个 Saved 属性，该属性返回或设置一个 Boolean 类型的值，如果为 True 则表示已经保存了对工作簿的更改，如果为 False 则表示还未保存对工作簿的更改。下面两段代码的作用相同，都是不保存更改并关闭工作簿：

```
ActiveWorkbook.Saved = True
ActiveWorkbook.Close
```

等同于

```
ActiveWorkbook.Close SaveChanges:=False
```

注意：将 Saved 属性设置为 True 时需要格外谨慎，因为 Excel 会认为在保存之后工作簿未发生过任何更改，即使实际上并没有真正保存过对工作簿的更改。换句话说，将 Saved 属性设置为 True 会丢失最后一次保存工作簿之后所做的任何更改。

5.5.2　关闭多个工作簿

默认情况下，Workbook 对象的 Close 方法每次只能关闭一个工作簿。如果希望同时关闭多个工作簿，则可以在循环结构中使用 Close 方法。

案例 5-8　关闭当前工作簿以外的其他工作簿

下面的代码一次性关闭除了包含本代码的工作簿之外的其他所有工作簿。通过在 If Then 结构中使用 Workbook 对象的 Name 属性来判断当前正在关闭的工作簿不是包含代码的工作簿，从而排除包含代码的工作簿。

```
Sub 关闭多个工作簿()
    Dim wkb As Workbook
    For Each wkb In Workbooks
        If wkb.Name <> ThisWorkbook.Name Then
            wkb.Close True
        End If
    Next wkb
End Sub
```

如果希望连同包含代码的工作簿一起关闭，则可以在关闭了其他所有工作簿并退出 For Each 循环结构后，加上下面这句代码：

```
ThisWorkbook.Close True
```

5.5.3 关闭多余的工作簿窗口

默认情况下，在打开一个工作簿后，该工作簿显示在一个独立的窗口中。如果希望同时查看一个工作簿的不同部分，则可以为该工作簿添加多个窗口，每个窗口以阿拉伯数字自动编号，这些窗口同属于同一个工作簿，但是可以在各个窗口中显示不同的内容。Workbook 对象的 Windows 集合包含了特定工作簿关联的所有窗口，其中的每一个窗口都是一个 Window 对象，可以使用第 3 章介绍的引用集合中对象的方法来引用 Windows 集合中的某个特定窗口。

如果已经为一个工作簿打开了多个窗口，当只想保留其中的一个窗口而关闭其他窗口时，则可以使用 VBA 程序代替手动操作。

案例 5-9 关闭指定工作簿的多余窗口

下面的代码关闭了属于活动工作簿的多余的窗口，最后只保留该工作簿的一个窗口。首先判断活动工作簿的窗口总数是否大于 1，如果是则进入 For Each 循环来遍历每一个窗口。由于窗口的编号位于窗口标题的末尾，并以 1、2、3 等连续数字进行编排，因此使用 Window 对象的 Caption 属性获取每一个窗口的标题，并使用 VBA 内置的 Right 函数截取标题的最后一个字符并判断其是否不是 1，如果不是 1 则说明该工作簿当前不止一个窗口。由于每次关闭一个窗口的同时窗口总数都在减少，因此还要判断当前窗口的总数是否大于 1。只有同时满足窗口标题最后一个字符不是 1 且当前工作簿的窗口总数大于 1 这两个条件，才将窗口关闭，当只剩下一个窗口时则将其保留。

```
Sub 关闭多余的工作簿窗口()
    Dim win As Window, wins As Windows
    Set wins = ActiveWorkbook.Windows
    If wins.Count > 1 Then
        For Each win In wins
            If Right(win.Caption, 1) <> 1 And wins.Count > 1 Then
                win.Close
            End If
        Next win
    End If
End Sub
```

上面的代码无法关闭编号为 11、21、31 这样的窗口。下面的代码解决了这个问题，当一个工作簿包含多个窗口时，会使用冒号分隔窗口的标题和编号，当只剩一个窗口时，窗口标题不包含冒号和编号。下面的代码使用 VBA 内置的 InStr 函数在每个窗口标题中查找冒号，如果找到则返回一个表示冒号出现位置的数字，说明当前窗口是带有编号的窗口，可以将其关闭。如果找不到则返回 0，说明当前窗口的标题中不包含冒号，那么该窗口就是这个工作簿的唯一窗口，就不需要关闭了。

```
Sub 关闭多余的工作簿窗口2()
    Dim win As Window, wins As Windows
    Set wins = ActiveWorkbook.Windows
    If wins.Count > 1 Then
        For Each win In wins
            If InStr(win.Caption, ":") <> 0 Then
                win.Close
            End If
```

```
        Next win
    End If
End Sub
```

5.6　保护工作簿

除了本章前面介绍的一些常用的工作簿的基本操作之外，为工作簿设置密码以增强安全性也是经常触及的操作。Workbook 对象提供了与工作簿密码相关的一些属性，使用这些属性可以设置或清除工作簿的密码。

5.6.1　为工作簿设置打开密码

对于当前已经打开的工作簿，可以使用 Workbook 对象的 Password 属性为它们设置打开文件的密码，当以后打开设置了密码的工作簿时，只有输入正确的密码才能成功打开这个工作簿。

案例 5-10　设置工作簿的打开密码

下面的代码会要求用户为当前包含 VBA 代码的工作簿设置一个打开文件的密码，设置密码后会自动保存并关闭该工作簿。在下次打开该工作簿时，将会显示如图 5-3 所示的对话框，只有输入上次设置的密码，才能打开该工作簿。

```
Sub 设置工作簿的打开密码()
    Dim strPassword As String
    strPassword = InputBox("请输入工作簿的打开密码：")
    If strPassword = "" Then
        MsgBox "密码不能为空！"
        Exit Sub
    End If
    ThisWorkbook.Password = strPassword
    ThisWorkbook.Close True
End Sub
```

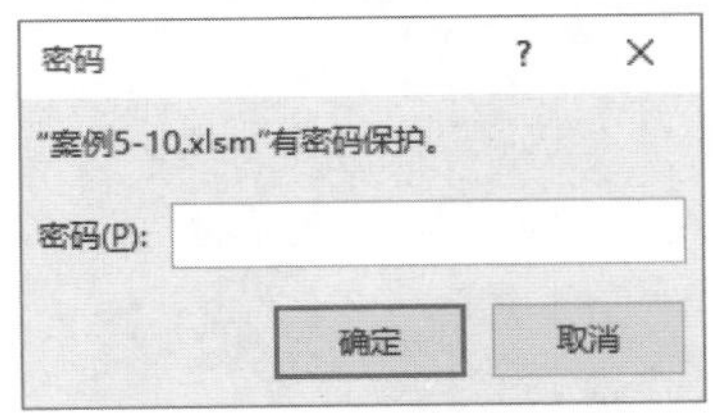

图 5-3　打开工作簿时要求输入密码

5.6.2　清除工作簿中的密码

有时可能需要清除工作簿中设置的打开文件的密码，为此只需将一个空字符串赋值给 Workbook 对象的 Password 属性，如下所示：

```
ActiveWorkbook.Password = ""
```

使用 Workbook 对象的 HasPassword 属性可以检查工作簿中是否包含打开文件的密码，如果包含密码则执行清除密码的操作。HasPassword 属性返回一个 Boolean 类型的值，如果为 True 则表示工作簿包含打开文件的密码，如果为 False 则表示工作簿不包含打开文件的密码。

案例 5-11　清除打开的所有工作簿中的密码

下面的代码清除当前打开的所有工作簿中的打开文件的密码，其中使用 HasPassword 属性检查工作簿中是否包含密码，因此只对包含密码的工作簿执行清除密码操作。

```
Sub 清除打开的所有工作簿中的密码()
    Dim wkb As Workbook
    For Each wkb In Workbooks
        If wkb.HasPassword Then wkb.Password = ""
    Next wkb
End Sub
```

提示：如果需要清除工作簿中的修改内容的密码，则可以将一个空字符串赋值给 Workbook 对象的 WritePassword 属性。

第6章　使用Worksheet对象处理工作表

Excel 对象模型中的 Worksheet 对象专门用于处理工作表，但是工作表的新建、打开等操作需要使用 Worksheets 集合进行处理。本章将同时介绍 Worksheets 集合与 Worksheet 对象，以及它们包含的属性和方法，主要介绍如何使用这些属性和方法对工作表本身进行操作，对工作表中的单元格或单元格区域的处理将在第 7 章进行详细介绍。

6.1　理解 Worksheets 集合与 Worksheet 对象

Worksheets 集合表示工作簿中包含的所有工作表，其中的每一个工作表都是一个 Worksheet 对象。图表工作表不是 Worksheets 集合的成员。本节将介绍 Worksheets 集合与 Worksheet 对象的基本概念及其常用的属性和方法，在本章后面的内容中将会详细介绍这些属性和方法的具体应用。

6.1.1　Worksheets 集合的常用属性和方法

Worksheets 集合只包含几个属性和方法，表 6-1 和表 6-2 列出了其中比较常用的属性和方法。

表 6-1　Worksheets 集合的常用属性

属　性	说　明
Count	返回工作簿中的工作表总数
Item	以名称或索引号来引用工作簿中的某个工作表

表 6-2　Worksheets 集合的常用方法

方　法	说　明
Add	新建一个工作表，并使其成为活动工作表

Sheets 集合包含的属性和方法与 Worksheets 集合类似，但可以新建图表工作表或宏表。

6.1.2　Worksheet 对象的常用属性和方法

Worksheet 对象包含很多属性和方法，表 6-3 和表 6-4 列出了其中比较常用的属性和方法。

表 6-3　Worksheet 对象的常用属性

属　性	说　明
Cells	返回工作表中的所有单元格
Columns	返回工作表中的所有列
Name	返回或设置工作表的名称，即工作表标签上显示的内容

续表

属　　性	说　　明
Range	返回工作表中的单元格或单元格区域
Rows	返回工作表中的所有行
ScrollArea	返回或设置工作表中允许滚动的单元格区域
Type	返回工作表的类型
UsedRange	返回工作表中已使用的单元格区域
Visible	返回或设置工作表的显示或隐藏状态

表 6-4　Worksheet 对象的常用方法

方　　法	说　　明
Activate	激活一个工作表，使其成为活动工作表
ChartObjects	返回工作表中的所有嵌入式图表
Copy	复制工作表，可以在工作簿内复制，也可以将工作表复制到新工作簿中
Delete	删除工作表
Move	移动工作表，可以在工作簿内移动，也可以将工作表移动到新工作簿中
SaveAs	将工作表保存为一个独立的工作簿
Select	选择工作表

6.1.3　Worksheets 集合与 Sheets 集合

Worksheets 集合只包含 Worksheet 对象，即平时最常使用的包含单元格区域的工作表。Sheets 集合可以同时包含两种工作表，一种是工作表（Worksheet），另一种是图表工作表（Chart）。当需要遍历 Worksheets 集合中的每一个工作表时，可以声明一个 Worksheet 类型的对象变量，然后使用 For Each 循环结构在 Worksheets 集合中进行遍历。

如果要遍历工作簿中的每一个工作表，而不管是 Worksheet 工作表还是 Chart 图表工作表，则需要声明一个一般对象变量 Object，然后使用 For Each 循环结构在 Sheets 集合中进行遍历，如下面的两段代码所示：

```
Sub 遍历工作表()
    Dim wks As Worksheet
    For Each wks In Worksheets
        要执行的代码
    Next wks
End Sub

Sub 遍历工作表和图表工作表()
    Dim sht As Object
    For Each sht In Sheets
        要执行的代码
    Next sht
End Sub
```

6.1.4　引用工作表

在 Worksheets 和 Sheets 集合中引用工作表的方法，与第 5 章介绍的在 Workbooks 集合中引用工作簿的方法类似。可以使用工作表的名称或索引号从 Worksheets 集合中引用某个特定的工作表。如果在活动工作簿中存在名为“2 月”的工作表，并且该工作表在工作表标签栏上位于第 2 个位置，那么下面两行代码都可以引用该工作表：

```
Worksheets("2月")
Worksheets(2)
```

还可以使用 ActiveSheet 引用活动工作表，无论其名称是什么，引用的都是处于活动状态的那个工作表，这种方式为编写通用的代码提供了方便。下面的代码返回活动工作表的名称：

```
ActiveSheet.Name
```

Worksheet 对象有一个 Index 属性，它返回的是工作表在 Sheets 集合中的索引号，而不是在 Worksheets 集合中的索引号。在如图 6-1 所示的工作簿中包含两个工作表（Sheet1 和 Sheet2）和两个图表工作表（Chart1 和 Chart2），它们的排列顺序从左到右依次为：Chart1、Sheet1、Chart2、Sheet2。下面的代码返回 Worksheets 集合中的第二个工作表（即 Sheet2）在整个工作簿所有工作表中的索引号。运行结果为 4，这是因为 Sheet2 是 4 个工作表中的最后一个，它在所有工作表中的索引号是 4，而 Sheet2 在 Worksheets 集合中的索引号为 2。

```
Worksheets(2).index
```

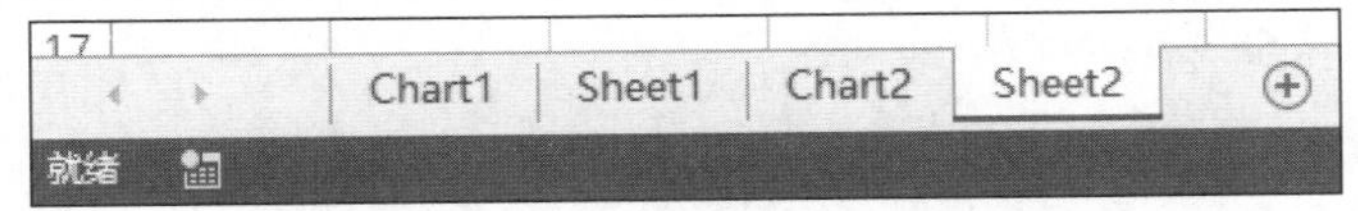

图 6-1　工作簿中 4 个工作表的排列顺序

6.2　获取工作表的相关信息

在对工作表执行一些操作之前，为了避免出现运行时错误，通常需要对工作表的类型和一些设置情况进行检查，以确定当前是否适合执行相关的操作。本节主要介绍工作表的 3 个方面的信息：工作表类型、工作簿结构的保护状态、工作表的保护状态。

6.2.1　获取工作表的类型

在使用 ActiveSheet 引用活动工作表或使用 Sheets 集合引用工作表时，在执行后续操作之前，应该先检查当前引用的工作表的类型。如果当前引用的工作表是图表工作表，由于图表工作表不包含单元格，因此在对图表工作表执行与单元格相关的操作时将会出现运行时错误。

可以使用 Worksheet 对象的 Type 属性来检查工作表的类型，该属性返回的值由 XlSheetType 常量提供，表示工作表的类型，见表 6-5。XlSheetType 常量包含 5 个值，表中只提供了两个最常用的值。

表 6-5　XlSheetType 常量

名　称	值	说　明
xlWorksheet	–4167	工作表
xlChart	–4109	图表工作表

可以在 If Then 判断结构中检查所引用的工作表的类型。下面的代码检查活动工作表的类型，如果它是 Worksheet 则显示一条信息：

```
Sub 使用Type属性检查工作表的类型()
    If ActiveSheet.Type = xlWorksheet Then
        MsgBox "活动工作表是一个Worksheet"
    End If
End Sub
```

除了 Worksheet 对象的 Type 属性之外，还可以使用 VBA 内置的 TypeName 函数来检查所引用的工作表的类型。实际上可以使用 TypeName 函数检查任何内容的数据类型，被检查的内容可以是常量、变量、对象或字面量（如输入的数字、文本等）。TypeName 函数返回一个表示被检查内容的数据类型的字符串，可以将 TypeName 的返回值与表示特定数据类型的字符串进行比较，以此判断被检查的内容是否是特定的类型。在 Excel VBA 中通常使用 TypeName 函数来检查对象的类型，比如判断工作表或当前所选对象的类型。

案例 6-1　使用 TypeName 函数检查工作表的类型

下面的代码使用 TypeName 函数检查活动工作表的类型，将 TypeName 的返回值作为 Select Case 的判断条件，在 Case 语句中放置表示工作表对象类型的字符串，使用 Case Else 语句以匹配工作表的类型既不是 Worksheet 又不是 Chart 的情况。最后使用 MsgBox 函数在对话框中显示活动工作表的类型。

```
Sub 使用TypeName函数检查工作表的类型()
    Dim strMsg As String
    Select Case TypeName(ActiveSheet)
        Case "Worksheet"
            strMsg = "活动工作表是一个Worksheet"
        Case "Chart"
            strMsg = "活动工作表是一个Chart"
        Case Else
            strMsg = "活动工作表不是Worksheet或Chart"
    End Select
    MsgBox strMsg
End Sub
```

6.2.2　获取工作簿结构的保护状态

如果工作簿的结构处于保护状态，则无法在该工作簿中新建工作表，也无法对工作表执行重命名、移动、复制和删除等操作。在 VBA 中如果在保护工作簿结构的情况下执行上面列出的工作表操作，则会出现运行时错误。

使用 Workbook 对象的 ProtectStructure 属性可以返回工作簿结构的保护状态。该属性返回一个 Boolean 类型的值，如果为 True 则表示正处于保护状态，如果为 False 则表示未进行保护。在执行工作表的相关操作之前，应该先检查 ProtectStructure 属性的值以确保工作簿结构未被保护。

案例 6-2　根据工作簿结构的保护状态执行不同操作

下面的代码在新建工作表之前先检查 ProtectStructure 属性的值，如果返回 True，则向用户发出解除保护状态的提示信息，否则使用 Worksheets 对象 Add 方法的默认操作在活动工作表的左侧新建一个工作表。

```
Sub 获取工作簿结构的保护状态()
    If ActiveWorkbook.ProtectStructure Then
        MsgBox "请先解除工作簿结构的保护状态！"
    Else
        Worksheets.Add
```

```
    End If
End Sub
```

6.2.3 获取工作表的保护状态

当工作表处于保护状态时，对工作表中的单元格所能进行的操作将会受到限制。在此状态下如果在 VBA 中对工作表中的单元格进行操作，将会显示运行时错误。

使用 Worksheet 对象的 ProtectContents 属性可以返回工作表的保护状态。该属性返回一个 Boolean 类型的值，如果为 True 则表示正处于保护状态，如果为 False 则表示未进行保护。在对工作表中的单元格进行操作之前，应该先检查 ProtectContents 属性的值，以避免出现运行时错误。

案例 6-3　根据工作表的保护状态执行不同操作

下面的代码在向 A1 单元格中输入数据之前，先对 A1 单元格所属的工作表进行检查，以确保工作表是否处于保护状态。如果 ProtectStructure 属性返回 True，则向用户发出解除保护状态的提示信息，否则将数据输入到 A1 单元格中。

```
Sub 获取工作表的保护状态()
    If ActiveSheet.ProtectContents Then
        MsgBox "工作表处于保护状态，无法编辑该工作表中的单元格！"
    Else
        Range("A1").Value = 100
    End If
End Sub
```

6.3　新建工作表

使用 Worksheets 集合的 Add 方法可以在工作簿中新建工作表。新建工作表的类型可以是普通工作表、图表工作表或其他类型的表，比如宏表。Add 方法包含 4 个参数，语法格式如下：

```
Add(Before, After, Count, Type)
```

- Before：可选，将新建的工作表放置到指定的工作表之前。
- After：可选，将新建的工作表放置到指定的工作表之后。
- Count：可选，新建工作表的数量，如果省略该参数，则其值默认为 1。
- Type：可选，新建工作表的类型，使用 XlSheetType 常量指定该参数值，该常量的值请参考表 6-5。如果省略该参数，则其值默认为 xlWorksheet。

如果省略所有参数，那么使用 Add 方法新建的工作表默认位于活动工作表之前。使用 Add 方法新建工作表后将会返回一个 Worksheet，该对象表示刚刚新建的工作表，并且新建的工作表会自动成为活动工作表，此时可以使用 ActiveSheet 引用这个新建的工作表。

注意：无法使用 Worksheets 集合的 Add 方法新建图表工作表，否则会出现运行时错误。如果要新建图表工作表，需要使用 Sheets 集合的 Add 方法。

下面的代码在活动工作簿中新建了一个工作表，由于没有提供任何参数，因此新建的工作表被放置到活动工作表之前。

```
Worksheets.Add
```

下面的代码在活动工作簿的最后一个工作表之后新建了两个工作表，其中使用了命名参数来指定 After 参数的值，使用 Worksheets(Worksheets.Count)引用最后一个工作表。

```
Worksheets.Add after:=Worksheets(Worksheets.Count)
```

案例 6-4　使用对象变量引用新建的工作表

下面的代码声明了一个 Object 类型的对象变量 sht 来保存新建的工作表。首先在对话框中输入表示新建工作表的类型的数字，然后使用 Add 方法根据输入的工作表类型来新建工作表，最后使用 TypeName 函数检查并显示该工作表的类型。由于新建的工作表可能是图表工作表，所以需要使用 Sheets 集合的 Add 方法，否则会出现运行时错误。

```
Sub 使用对象变量引用新建的工作表()
    Dim sht As Object, shtType As String
    shtType = InputBox("请输入表示工作表类型的数字（1 表示工作表，2 表示图表工作表）：")
    Select Case shtType
        Case 1
            Set sht = Sheets.Add(Type:=xlWorksheet)
        Case 2
            Set sht = Sheets.Add(Type:=xlChart)
        Case Else
            MsgBox "输入的内容无效，无法新建工作表！"
            Exit Sub
    End Select
    MsgBox "新建的工作表的类型是：" & TypeName(sht)
End Sub
```

通过在 Add 方法中指定 Count 参数，可以一次性新建指定数量的工作表。下面的代码在活动工作表之前新建 3 个工作表：

```
Worksheets.Add Count:=3
```

6.4　选择与激活工作表

使用 Worksheet 对象的 Activate 方法可以激活指定的工作表为活动工作表，使用 Worksheet 对象的 Select 方法可以选择工作表。Activate 和 Select 方法的区别在于，Select 方法可以同时选择多个工作表，而 Activate 方法只能将所有选中的工作表中的其中之一激活为活动工作表。在 VBA 中执行很多操作之前通常不需要先选择特定的对象。

下面的两行代码分别用于选择活动工作簿中的第 3 个工作表，以及激活活动工作簿中的第 2 个工作表：

```
Worksheets(3).Select
Worksheets(2).Activate
```

如果需要选择多个工作表，则可以使用两种方法。一种方法是使用 Worksheet 对象的 Select 方法并将其 Replace 参数设置为 False，以扩展所选择的工作表数量。该参数的值默认为 True，因此在新选择一个工作表后会自动替换原来选择的工作表。

案例 6-5　使用 Replace 参数选择多个工作表

下面的代码同时选择活动工作簿中第 1 个、第 3 个、第 5 个工作表，假设活动工作簿中的工作表总数不低于 5 个。

```
Sub 使用 Replace 参数选择多个工作表()
    Dim astrNames(1 To 3) As String, intIndex As Integer
    astrNames(1) = Worksheets(1).Name
    astrNames(2) = Worksheets(3).Name
    astrNames(3) = Worksheets(5).Name
    Worksheets(astrNames(1)).Select
    For intIndex = 2 To 3
        Worksheets(astrNames(intIndex)).Select False
```

```
    Next intIndex
End Sub
```

选择多个工作表的另一种方法是使用 Worksheet 对象的 Select 方法配合 Array 函数。

案例 6-6　使用 Array 函数选择多个工作表

下面的代码可以实现与上一个案例相同的效果，但是本例是使用 Array 函数生成一个包含要选择的 3 个工作表的索引号的数组。在选择 3 个工作表后，使用 Activate 方法激活选中的工作表中的第 2 个工作表，这个工作表是工作簿中的第 3 个工作表。SelectedSheets 是 Window 对象的属性，它表示窗口中已选中的所有工作表的集合。

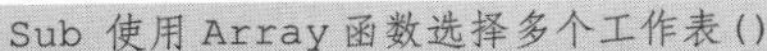

```
Sub 使用Array函数选择多个工作表()
    Worksheets(Array(1, 3, 5)).Select
    ActiveWindow.SelectedSheets(2).Activate
End Sub
```

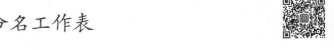

6.5　重命名工作表

新建的工作表的名称以 Sheet+编号的形式自动命名。Excel 2016 中的工作簿默认包含一个工作表，其名称为 Sheet1。新建一个工作表的默认名称是 Sheet2，再新建一个工作表的默认名称是 Sheet3，以此类推。

我们应该对工作表的名称进行重命名，以便让名称更易于识别。使用 Worksheet 对象的 Name 属性可以返回或设置工作表的名称。下面的代码将 Sheet1 工作表的名称改为“1 月”，在 VBA 中执行该操作之前不需要先选择指定的工作表。

```
Worksheets("Sheet1").Name = "1月"
```

使用 Name 属性每次只能修改一个工作表的名称。通过使用循环结构可以一次性设置多个工作表的名称。

案例 6-7　批量重命名工作表

下面的代码将重命名工作簿中的所有工作表，但不包含图表工作表。工作表的名称由用户指定，各个工作表的名称以用户指定的名称+编号的形式进行设置。

```
Sub 批量重命名工作表()
    Dim strName As String, intNumber As Integer
    Dim wks As Worksheet
    strName = InputBox("请指定工作表的名称：")
    If strName = "" Then Exit Sub
    For Each wks In Worksheets
        intNumber = intNumber + 1
        wks.Name = strName & intNumber
    Next wks
End Sub
```

由于一个工作簿中不能存在名称相同的工作表，因此可以利用名称的这种唯一性来准确定位工作表，或在一些操作中作为判断的条件。

案例 6-8　对指定表以外的表进行批量重命名

下面的代码将对名为“汇总表”的工作表以外的其他工作表以 1 月、2 月、3 月等名称进行命名。在 For Each 循环结构中依次遍历每一个工作表，然后使用 If Then 结构判断工作表的名称是否是“汇总表”，如果不是则重命名该工作名。使用 intIndex 变量存储一个从 1 开始不断递增的数字，该数字作为工作表新名称中的月份数。

```
Sub 对指定表以外的表进行批量重命名()
    Dim wks As Worksheet, intIndex As Integer
    For Each wks In Worksheets
        If wks.Name <> "汇总表" Then
            intIndex = intIndex + 1
            wks.Name = intIndex & "月"
        End If
    Next wks
End Sub
```

6.6 移动和复制工作表

移动和复制工作表需要使用 Worksheet 对象的 Move 和 Copy 方法。本节将介绍移动和复制工作表的方法，还介绍了如何解决无法在工作簿中的最后一个工作表之后新建图表工作表的问题。

6.6.1 移动工作表

使用 Worksheet 对象的 Move 方法可以将工作表在其所在的工作簿中移动，或将其移动到另一个工作簿中。Move 方法包含 Before 和 After 两个参数，分别用于指定将工作表移动到某个工作表之前或之后。下面的代码将活动工作表移动到其所在工作簿中的最后一个工作表之后：

```
ActiveSheet.Move After:=Worksheets(Worksheets.Count)
```

与 Add 方法不同，Move 方法不返回任何内容。使用 Move 方法移动后的工作表会成为活动工作表，因此可以使用 ActiveSheet 来引用使用 Move 方法移动后的工作表。

案例 6-9　引用移动后的工作表

下面的代码将 Sheet1 工作表移动到工作簿中的最后一个工作表之前，然后显示该工作表在工作簿中的索引号。

```
Sub 引用移动后的工作表()
    Worksheets("Sheet1").Move Before:=Worksheets(Worksheets.Count)
    MsgBox ActiveSheet.Index
End Sub
```

在 VBA 中，不能直接在工作簿中的最后一个工作表之后新建图表工作表，但是可以通过使用 Move 方法将新建的图表工作表移动到最后一个工作表之后。

案例 6-10　在工作表之后新建图表工作表

下面的代码在活动工作簿中的每个工作表之后新建一个图表工作表。实际上是在新建图表工作表后，将其移动到指定的工作表之后。

```
Sub 在工作表之后新建图表工作表()
    Dim wks As Worksheet
    For Each wks In Worksheets
        Sheets.Add Type:=xlChart
        ActiveSheet.Move After:=wks
    Next wks
End Sub
```

除了在工作表所在的工作簿内进行移动之外，还可以将工作表移动到另一个工作簿中。这个工作簿可以是一个已打开的工作簿，或者一个新建的工作簿。如果使用 Move 方法时同时省略 Before 和 After 两个参数，则将工作表移动到新建的工作簿中。下面的代码将活动工作表移动到一个新建的工作簿中：

```
ActiveSheet.Move
```

案例 6-11　将工作表移动到其他工作簿中

下面的代码将活动工作表移动到名为“销售报表”的工作簿中的最后一个工作表之后。如果该工作簿当前未打开，则向用户发出提示信息。为了避免对未打开的工作簿进行操作而导致的运行时错误，因此在将指定的工作簿赋值给对象变量之前加入了 On Error Resume Next 语句忽略任何可能的错误，赋值后检查是否有错误发生，如果有则向用户发出提示信息并退出当前过程。否则将活动工作表移动到指定的工作簿中。

```
Sub 将工作表移动到其他工作簿中()
    Dim wkb As Workbook
    On Error Resume Next
    Set wkb = Workbooks("销售报表")
    If Err.Number <> 0 Then
        MsgBox "没有打开指定的工作簿！"
        Exit Sub
    End If
    ActiveSheet.Move After:=wkb.Worksheets(wkb.Worksheets.Count)
End Sub
```

6.6.2　复制工作表

使用 Worksheet 对象的 Copy 方法可以复制工作表，Copy 方法与 Move 方法包含的参数以及使用方法完全相同，复制后的工作表也将自动成为活动工作表。两种方法的唯一区别在于 Copy 方法是复制工作表，而 Move 方法是移动工作表。复制工作表是指在原位置保留工作表，而在其他位置新增工作表的副本。下面的代码将活动工作表复制到其所在工作簿中的最后一个工作表之前：

```
ActiveSheet.Copy Before:=Worksheets(Worksheets.Count)
```

6.7　隐藏工作表

使用 Worksheet 对象的 Visible 属性可以返回或设置工作表的显示状态，该属性返回或设置的值由 XlSheetVisibility 常量提供，见表 6-6。也可以将该属性设置为 True 或 False，如果设置为 True 则表示工作表正常显示，作用等同于 xlSheetVisible 常量值，如果设置为 False 则表示将工作表隐藏，作用等同于 xlSheetHidden 常量值。

表 6-6　XlSheetVisibility 常量

名　称	值	说　明
xlSheetVisible	-1	显示工作表
xlSheetHidden	0	隐藏工作表，可以通过功能区或鼠标右键菜单中的命令让工作表重新显示
xlSheetVeryHidden	2	深度隐藏工作表，只有将该属性设置为 True 才能让工作表重新显示

案例 6-12　隐藏除指定表以外的其他工作表

下面的代码将用户指定的工作表以外的其他工作表进行深度隐藏，无法通过 Excel 界面操作来恢复这些工作表的显示。使用 strName 变量存储用户输入的工作表名称，为了避免输入不存在的工作表名称，因此将输入名称的工作表的引用赋值给一个对象变量，如果该名称的工作表不存在，则会出现运行时错误。因此在复制语句之前使用 On Error Resume Next 语句忽略所有错误。在赋值后检查 Err 对象的 Number 属性是否为 0，如果不为 0 则说明指定的工作表不存在，此时会向用户发出提示信息，然后退出当前过程；如果为 0 则说明工作表存在，然后在所有工作表中进行遍历，将不是用户输入的名称的工作表进行深度隐藏。由于 VBA 默认以二进制方式进行比较，因此使用 Ucase 函数将遍历的工作表的名称和用户输入的名称都转换为大写形式，从而绕开严格的大小写格式。

```
Sub 隐藏除指定表以外的其他工作表()
    Dim wks As Worksheet, strName As String
    strName = InputBox("请输入要显示的工作表的名称：")
    On Error Resume Next
    Set wks = Worksheets(strName)
    If Err.Number <> 0 Then
        MsgBox "指定的工作表不存在！"
        Exit Sub
    Else
        For Each wks In Worksheets
            If UCase(wks.Name) <> UCase(strName) Then
                wks.Visible = xlSheetVeryHidden
            Else
                wks.Visible = xlSheetVisible
            End If
        Next wks
    End If
End Sub
```

6.8　删除工作表

使用 Worksheet 对象的 Delete 方法可以删除指定的工作表，删除工作表时将会显示确认删除的对话框，其中包含“删除”和“取消”两个按钮。Delete 方法返回一个 Boolean 类型的值，如果为 True 则表示单击的是对话框中的“删除”按钮，如果为 False 则表示单击的是对话框中的“取消”按钮。如果不想显示确认删除对话框而自动执行默认的删除操作，则可以将 Application 对象的 DisplayAlerts 属性设置为 True。

下面的代码删除活动工作簿中的第 1 个、第 3 个和第 5 个工作表：

```
Worksheets(Array(1, 3, 5)).Delete
```

案例 6-13　批量删除工作表

下面的代码将会删除用户指定的工作表以外的其他工作表。Do Loop 循环结构用于检查用户指定要保留的工作表是否存在于活动工作簿中，如果不存在则重新显示输入对话框并在其中显示新的提示信息，如图 6-2 所示。strMsg 变量用于存储在输入对话框中显示的不同信息。如果指定的工作表存在或者在输入对话框中单击了“取消”按钮，则会退出 Do Loop 循环。如果指定的工作表存在，则进入 For Each 循环并开始遍历活动工作簿中的每一个工作表，只要工作表的名称不是用户在输入对话框中指定的工作表的名称，就删除这个工作表。为了避免每次删除工作表都出现确认删除的对话框，可将 Application 对象的 DisplayAlerts 属性设置为 False。

```
Sub 批量删除工作表()
    Dim strMsg As String, strName As String, wks As Worksheet
    strMsg = "请输入要保留的工作表的名称: "
    Do
        strName = InputBox(strMsg)
        If strName = "" Then Exit Sub
        On Error Resume Next
        Set wks = Worksheets(strName)
        If Err.Number <> 0 Then
            strMsg = "指定的工作表不存在，请重新输入: "
        End If
    Loop Until Err.Number = 0
    Application.DisplayAlerts = False
    For Each wks In Worksheets
        If UCase(wks.Name) <> UCase(strName) Then
            wks.Delete
        End If
    Next wks
    Application.DisplayAlerts = True
End Sub
```

图 6-2　指定不存在的工作表时在输入对话框中会显示不同的提示信息

6.9　将工作簿中的所有工作表导出为独立的工作簿

有时可能需要将工作簿中的每一个工作表保存为独立的工作簿，有些工作簿包含多个工作表，有时可能需要将这些工作表逐一保存为单独的工作簿，每个工作簿的名称以相应的工作表标签的名称来命名。例如，如果工作簿包含 Sheet1、Sheet2 和 Sheet3 这 3 个工作表，那么拆分后包括 3 个工作簿，名称分别为 Sheet1、Sheet2、Sheet3。下面的代码用于将当前工作簿以工作表为单位拆分为多个工作簿，每个工作簿以原工作簿中的工作表标签名称来命名。

案例 6-14　将工作簿中的每一个工作表保存为独立的文件

下面的代码使用 strPath 和 strName 变量分别存储导出的工作簿的路径和文件名，路径为活动工作簿的路径，文件名为每个工作表的名称。将 Application 对象的 ScreenUpdating 属性设置为 True 来关闭屏幕刷新，以防处理各个工作表时带来屏幕闪烁。将 Application 对象的 DisplayAlerts 属性设置为 False 屏蔽警告信息对话框，因为如果已经存在同名文件，在保存时将会显示是否覆盖文件的提示信息。使用 For Each 循环结构遍历活动工作簿中的每一个工作表，使用不带参数的 Copy 方法复制每一个工作表，这样会将工作表复制到一个新建的工作簿中，此时新建工作簿成为活动工作簿。使用 ActiveWorkbook 引用包含新复制的工作表的工作簿，然后使用 SaveAs 方法将该工作簿以 strPath 和 strName 变量组成的路径和文件名进行保存，最后使用 Close 方法关闭活动工作簿。继续遍历下一个工作表并进行相同的处理。

```
Sub 将工作簿中的所有工作表导出为独立的工作簿()
    Dim strPath As String, strName As String, wks As Worksheet
```

```
    strPath = ActiveWorkbook.Path & "\"
    Application.ScreenUpdating = False
    Application.DisplayAlerts = False
    For Each wks In Worksheets
        strName = wks.Name
        wks.Copy
        ActiveWorkbook.SaveAs strPath & strName
        ActiveWorkbook.Close
    Next wks
    Application.DisplayAlerts = True
    Application.ScreenUpdating = True
End Sub
```

提示: 如果希望可以自由选择工作表的保存路径而不只是保存在活动工作簿所在的路径中，则可以使用 FileDialog 对象提供的对话框来选择文件保存路径，该对象的用法将在第 13 章进行详细介绍。

第 7 章　使用 Range 对象处理单元格区域

Range 对象代表单元格区域，它是 Excel 对象模型中最重要且频繁使用的对象，几乎所有与单元格区域相关的操作都与 Range 对象有关。本章将详细介绍使用 Range 对象处理单元格区域的方法，包括引用单元格和单元格区域的多种方式、在单元格区域中定位与查找、读写单元格区域中的数据。除此之外，还将介绍与处理单元格区域中的数据相关的其他一些对象和技术，包括使用 Name 对象处理名称、使用 Sort 对象和 AutoFilter 对象处理排序和筛选等。

7.1　理解 Range 对象

Range 对象是 Worksheet 对象的子对象，它可以是一个单元格，一个单元格区域，不相邻的多个单元格区域。本节将介绍 Range 对象的基本概念及其常用的属性和方法，在本章后面的内容中将会详细介绍这些属性和方法的具体应用。

7.1.1　Range 对象的常用属性和方法

Range 对象包含很多属性和方法，表 7-1 和表 7-2 列出了其中比较常用的属性和方法。

表 7-1　Range 对象的常用属性

属　性	说　明
Address	返回 Range 对象中包含的单元格或单元格区域的相对或绝对引用的地址
Areas	返回包含多个单元格区域的 Areas 集合，每一个单元格区域是一个 Range 对象
Cells	返回单元格区域中的所有单元格
Column	返回单元格区域第一列的列号，如果有多个区域，则只返回第一个区域第一列的列号
Columns	返回单元格区域中的所有列，如果有多个区域，则只返回第一个区域中的所有列
ColumnWidth	返回或设置单元格区域中的所有列的列宽
Count	返回单元格区域中的所有单元格的总数
CountLarge	返回比 Count 属性范围更大的单元格数量
CurrentRegion	返回单元格所在的连续的数据区域，该区域与其他数据区域之间以空行和空列分隔
End	返回数据区域末尾的单元格，该属性与 Ctrl+方向键的操作具有同等效果
EntireColumn	返回单元格区域中的整列
EntireRow	返回单元格区域中的整行
Font	返回表示单元格字体格式的 Font 对象
Formula	返回或设置单元格中的公式，使用 A1 引用样式
Height	返回单元格区域的高度，以磅为单位
Hidden	返回或设置是否隐藏行或列

续表

属　　性	说　　明
Offset	返回对单元格或单元格区域进行偏移后得到的单元格或单元格区域
Resize	返回对单元格或单元格区域的大小进行调整后得到的单元格区域
Row	返回单元格区域第一行的行号，如果有多个区域，则只返回第一个区域第一行的行号
RowHeight	返回或设置单元格区域中的所有行的行高
Rows	返回单元格区域中的所有行，如果有多个区域，则只返回第一个区域中的所有行
Text	返回或设置单元格或单元格区域中的文本，包含格式
Value	返回或设置单元格或单元格区域中的值，不包含格式
Width	返回单元格区域的宽度，以字符为单位

表 7-2　Range 对象的常用方法

方　　法	说　　明
Activate	激活选区内的一个单元格
AutoFit	根据单元格中的内容多少，自动调整单元格所在行的行高或列的列宽以适应内容
ClearContents	清除单元格区域中的内容
ClearFormats	清除单元格区域中的格式
Copy	将单元格区域复制到指定的单元格区域或剪贴板中
Cut	将单元格区域剪切到指定的单元格区域或剪贴板中
Find	在单元格区域中查找特定信息，不影响选区和活动单元格
FindNext	返回由 Find 方法指定的搜索条件所找到的下一个匹配单元格，不影响选区和活动单元格
FindPrevious	返回由 Find 方法指定的搜索条件所找到的上一个匹配单元格，不影响选区和活动单元格
PasteSpecial	将单元格区域中的内容以指定格式粘贴到目标区域，与 Excel 中的选择性粘贴功能等效
Select	选择单元格或单元格区域
SpecialCells	返回与指定类型匹配的所有单元格，与 Excel 中的定位条件功能等效

7.1.2　选择与激活单元格

单元格操作方面的一个比较容易混淆的概念是单元格的选择与激活。使用 Range 对象的 Select 方法可以选择单元格或单元格区域。下面的代码选择活动工作表中的 B2:D6 单元格区域：

```
Range("B2:D6").Select
```

选择 B2:D6 单元格区域后的效果如图 7-1 所示，该区域被绿色边框包围起来，除了区域中的一个单元格呈白色背景外，其他单元格的背景都是灰色的。如果在此状态下输入内容，那么会将内容输入到具有白色背景的 B2 单元格中，这个单元格是该选区中的活动单元格。在保持选区不变的情况下，可以按 Tab、Shift+Tab、Enter 和 Shift+Enter 等键在选区内改变活动单元格的位置。

在 VBA 中，可以在选择一个单元格区域后，使用 Activate 方法在选区内激活任一单元格，使其成为活动单元格。下面的代码先选择 B2:D6 单元格区域，然后激活其中的 D5 单元格，使其成为活动单元格，结果如图 7-2 所示。

```
Range("B2:D6").Select
Range("D5").Activate
```

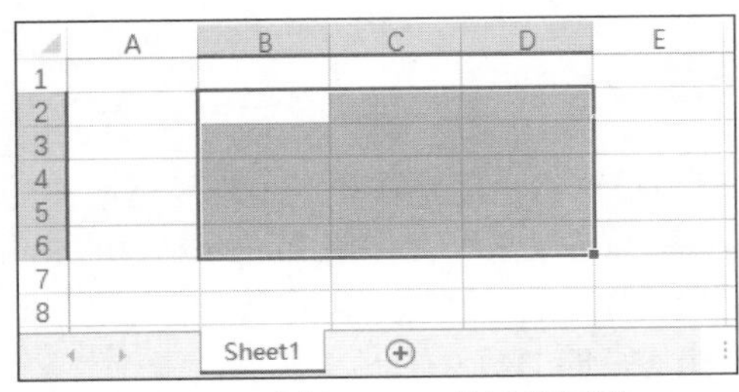

图 7-1　选择 B2:D6 单元格区域

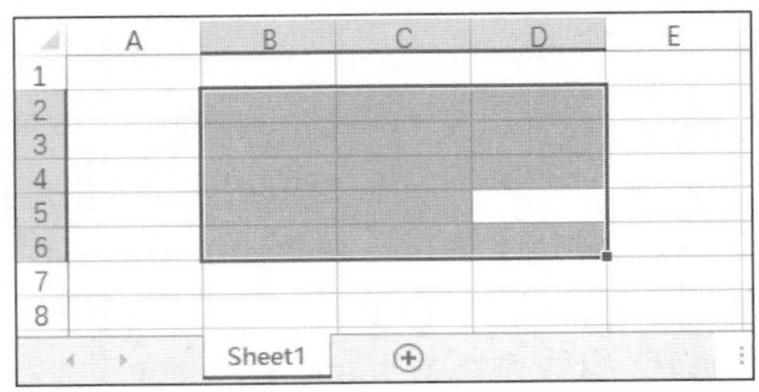

图 7-2　激活选区中的 D5 单元格

如果使用 Activate 方法激活的单元格不在当前选区内，那么激活的单元格将取代原来的选区。换句话说，激活的单元格变成活动单元格且成为当前选区，该选区只包含这个刚被激活的单元格。

7.2　引用单元格和单元格区域

本节将介绍在 VBA 中引用单元格或单元格区域的多种方法，其中的一些方法具有相同的效果，而另一些方法则适合在不同的情况下使用。

7.2.1　引用一个单元格

可以使用 Range 或 Cells 属性引用单元格。Range 属性以字符串的形式进行引用，Cells 属性以数字的形式进行引用。本节主要介绍引用一个单元格的方法，引用单元格区域的方法将在下一节介绍。

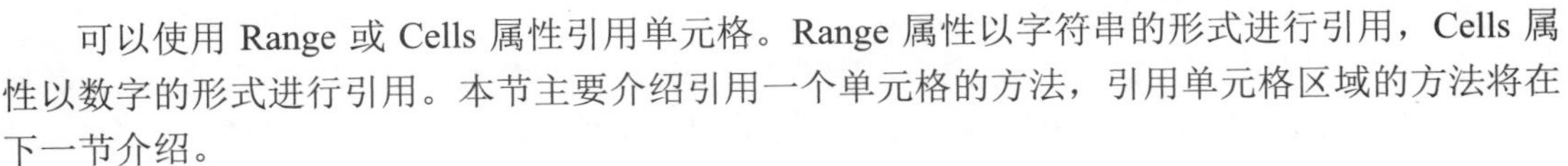

1. Range 属性

可以使用 Application 或 Worksheet 对象的 Range 属性引用工作表中的单元格。使用 Application 对象的 Range 属性引用的是活动工作表中的单元格，使用 Worksheet 对象可以引用活动工作表中的单元格，也可以引用指定工作表中的单元格。

无论使用哪个对象的 Range 属性，要引用一个单元格都需要将表示单元格地址的文本输入到 Range 属性右侧的一对圆括号中，并使用双引号将单元格地址括起来。下面的代码引用活动工作表中的 A1 单元格：

```
Range("A1")
```

如果活动工作表是 Sheet1，那么下面的代码引用 Sheet2 工作表中的 A1 单元格：

```
Worksheets("Sheet2").Range("A1")
```

由于 Range 属性中的参数是字符串，因此可以使用变量、数字和文本的组合来作为字符串表达式提供给 Range 属性的参数。

案例 7-1　在 Range 属性中使用变量

下面的代码在 Range 属性的参数中使用由变量和文本组成的表达式，变量用于存储用户输入的表示行号的数字，然后与表示列标的字母组合为单元格地址，并将作为 Range 属性的参数。本例将选择位于 A 列某行中的单元格。

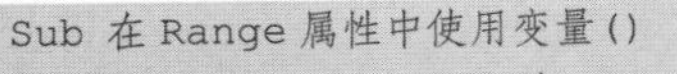

```
Sub 在Range属性中使用变量()
    Dim strRow As String
    strRow = InputBox("请输入单元格的行号：")
```

```
    If IsNumeric(strRow) Then
        Range("A" & strRow).Select
    End If
End Sub
```

Range 对象也有一个 Range 属性，虽然也可以引用单元格，但是在使用中容易造成混乱。下面的代码使用了 Range 对象的 Range 属性，引用的是 D4 单元格。在使用 Range 对象的 Range 属性的情况下，可以将 Range 对象所引用的单元格想象成工作表中左上角的 A1 单元格，即本例中的 B2，C3 则是 B2 向右 3 列并向下 3 行后的单元格，即 D4。

```
Range("B2").Range("C3")
```

2. Cells 属性

引用单元格的另一种方式是使用 Cells 属性。与 Range 属性类似，Cells 属性的父对象也可以是 Application、Worksheet 或 Range 对象。Cells 属性包含两个参数，分别用于指定要引用的单元格的行号和列号。下面的代码引用 Sheet1 工作表中的 A2 单元格。

```
Worksheets("Sheet1").Cells(2, 1)
```

如果 Sheet1 是活动工作表，则可以省略 Worksheet 对象的限定，写为以下形式，这种方式等同于 Application.Cells。

```
Cells(2, 1)
```

Cells 属性的第二个参数除了可以使用数字外，还可以使用字母来表示列，如下所示：

```
Cells(2, "A")
```

虽然 Cells 属性包含两个参数，但是第二个参数是可选参数，这意味着可以省略第二个参数。当只使用第一个参数时，该参数表示的是工作表或单元格区域中的单元格索引号，按先行后列的顺序计算。下面的代码仍然引用单元格 A2，但是只使用了 Cells 属性的第一个参数。在 Excel 2007 或更高版本的 Excel 中，列的总数是 16384。由于使用一个参数的 Cells 属性是按照先行后列的顺序来计算索引号的，因此下面代码中的 16385 相当于是 16384+1，即扫描完第一行的 16384 列之后，转向下一行的第一列，即 A2 单元格。

```
Worksheets("Sheet1").Cells(16385)
```

由于 Cells 属性可以使用表示行号、列号的两个数字来引用特定的单元格，因此可以很方便地在循环结构中进行处理。

案例 7-2　在循环结构中处理 Cells 属性

下面的代码在 A1:D6 单元格区域的每一个单元格中输入一个数字，该数字是其所在单元格的行号和列号的乘积，如图 7-3 所示。

```
Sub 在循环结构中处理Cells属性()
    Dim intRow As Integer, intCol As Integer
    For intRow = 1 To 6
        For intCol = 1 To 4
            Cells(intRow, intCol).Value = intRow * intCol
        Next intCol
    Next intRow
End Sub
```

如果在 Range 对象中使用 Cells 属性，那么引用的将是该 Range 对象所表示的单元格区域中的某个单元格。下面的代码引用活动工作表中的 B2:F6 单元格区域的第 2 行第 3 列的单元格，即 D3 单元格。使用 Range 对象引用单元格区域的方法将在下一节介绍。

```
Range("B2:F6").Cells(2, 3)
```

	A	B	C	D	E
1	1	2	3	4	
2	2	4	6	8	
3	3	6	9	12	
4	4	8	12	16	
5	5	10	15	20	
6	6	12	18	24	
7					

图 7-3　在单元格区域中输入数字

也可以在 Range 对象的 Cells 属性中只使用一个参数，其作用与前面介绍的使用一个参数的 Cells 属性相同，仍然按照先行后列的方式引用单元格区域中的单元格。如果仍要在上面的 B2:F6 单元格区域中引用 D3 单元格，则可以将 Cells 属性的第一个参数设置为 8。这是因为单元格 D3 位于 B2:F6 单元格区域中的第 2 行第 3 列，该区域每行有 5 个单元格，因此 D3 单元格的索引号为 1×5+3=8。

```
Range("B2:F6").Cells(8)
```

7.2.2　引用连续或不连续的单元格区域

可以使用 Range 属性引用单元格区域，也可以在 Range 属性中使用 Cells 属性引用单元格区域。如果要引用不连续的单元格区域，则可以使用 Range 属性或 Application 对象的 Union 方法。

1. Range 属性

与使用 Range 属性引用一个单元格的方法类似，也可以使用 Range 属性引用一个单元格区域，只需将表示单元格区域的地址放入 Range 属性右侧的一对圆括号中，并使用双引号将其括起来。下面的代码引用活动工作表中的 B2:F6 单元格区域：

```
Range("B2:F6")
```

Range 属性实际上有两个参数，在使用该属性引用单元格区域时，可以同时指定两个参数，将第一个参数指定为单元格区域左上角的单元格，将第二个参数指定为单元格区域右下角的单元格，两个参数之间以逗号分隔。下面的代码仍然引用 B2:F6 单元格区域，但是同时指定了 Range 属性的两个参数：

```
Range("B2", "F6")
```

也可以将 Cells 属性返回的单元格作为 Range 属性的两个参数，以指定单元格区域的左上角单元格和右下角单元格。下面的代码仍然引用 B2:F6 单元格区域，但是使用 Cells 属性作为 Range 属性的参数：

```
Range(Cells(2, 2), Cells(6, 6))
```

使用 Range 属性不仅可以引用一个单元格区域，还可以引用多个不连续的单元格或单元格区域，只需在 Range 属性右侧的圆括号中使用一对双引号将所有以逗号分隔的单元格或单元格区域括起来。下面的两行代码分别引用 5 个单元格（A1、B3、C6、D2、E5）和 3 个单元格区域（A1:A6、C1:C6、E1:E6）。

```
Range("A1,B3,C6,D2,E5")
Range("A1:A6,C1:C6,E1:E6")
```

2. Union 方法

当需要引用并处理多个区域时，可以使用 Application 对象的 Union 方法。该方法可以将多个单元格区域引用合并为一个 Range 对象，其中的每个参数表示一个单元格区域引用，各参数之间以逗号分隔。必须至少为 Union 方法提供两个参数。下面的代码使用 rng 变量存储 A1:B3

和 D3:E6 两个单元格区域：

```
Dim rng As Range
Set rng = Union(Range("A1:B3"), Range("D3:E6"))
```

7.2.3 处理多个单元格区域

在使用上一节介绍的技术引用了多个单元格区域后，如果要处理这些区域，则需要使用 Range 对象的 Areas 属性。该属性返回 Range 对象中包含的所有单元格区域的集合，其中的每一个区域都是一个 Range 对象，可以使用 For Each 循环结构在 Areas 集合中遍历每一个区域并进行相应的处理。

案例 7-3 使用 Areas 属性处理多个区域

下面的代码显示了每个单元格区域包含的单元格数量，使用 rngs 变量存储两个单元格区域，然后在 For Each 循环结构中使用 rng 变量遍历每一个单元格区域，使用 Range 对象的 Count 属性统计每个单元格区域中的单元格数量，并显示在对话框中。

```
Sub 使用Areas属性处理多个区域()
    Dim rng As Range, rngs As Range
    Set rngs = Union(Range("A1:B3"), Range("D3:E6"))
    For Each rng In rngs.Areas
        MsgBox rng.Address(0, 0) & "区域中的单元格数量是：" & rng.Count
    Next rng
End Sub
```

7.2.4 引用多个区域的重叠部分

如果需要获取多个区域的重叠部分，则可以使用 Application 对象的 Intersect 方法。Intersect 方法包含的参数与 Union 方法类似，每个参数表示要获取重叠部分的单元格区域的引用，各参数之间以逗号分隔。必须至少为 Intersect 方法提供两个参数。

案例 7-4 使用 Intersect 方法引用多个区域的重叠部分

下面的代码显示两个单元格区域的重叠部分包含的单元格的地址，如果没有重叠部分，则向用户显示提示信息。通过使用 Is 运算符将存储重叠部分的 rng 变量与 Nothing 关键字进行比较，来判断两个单元格区域是否存在重叠部分。

```
Sub 使用Intersect方法引用多个区域的重叠部分()
    Dim rng As Range, rngs As Range, strMsg As String
     Set rngs = Intersect(Range("A1:C6"), Range("B5:E8"))
    If rngs Is Nothing Then
        MsgBox "两个单元格区域没有重叠部分！"
    Else
        For Each rng In rngs
            strMsg = strMsg & vbCrLf & rng.Address(0, 0)
        Next rng
        MsgBox "两个区域重叠部分的单元格包括：" & strMsg
    End If
End Sub
```

Intersect 方法常被用于检测用户操作的单元格是否位于指定的区域内，由此来决定用户的操作权限或执行特殊的操作。

案例 7-5 检查活动单元格是否在指定区域内

下面的代码判断活动单元格是否位于 B3:E9 单元格区域内，如果不是则向用户发出提示信息，禁止当前的操作。

```
Sub 检查活动单元格是否在指定区域内()
    If Intersect(ActiveCell, Range("B3:E9")) Is Nothing Then
        MsgBox "活动单元格不在指定区域内，禁止操作！"
        Exit Sub
    End If
End Sub
```

上面的代码放在工作簿或工作表的事件中才能发挥更好的作用。在 VBA 中编写事件代码的内容将在第 12 章进行详细介绍。

7.2.5　引用一行或多行

使用 Range 对象的 Rows 属性可以返回单元格区域中的所有行。Range 对象还有一个 EntireRow 属性，用于返回单元格区域中的所有整行。这两个属性可能容易引起混淆，它们看起来具有相同的作用，但实际上不同。

下面的代码显示活动工作表中的 B3:D5 单元格区域中每一行的地址，这里使用的是 Rows 属性。返回的结果依次为 B3:D3、B4:D4、B5:D5，说明 Rows 属性返回的行是限定在单元格区域范围内的每一行，而不是贯穿整个工作表的一整行。

```
Sub Rows 属性()
    Dim rng As Range
    For Each rng In Range("B3:D5").Rows
        MsgBox rng.Address(0, 0)
    Next rng
End Sub
```

如果使用 EntireRow 属性替换上面代码中的 Rows 属性，那么返回的结果依次为 3:3、4:4、5:5，说明 EntireRow 属性返回的行是从单元格区域范围内的每一行延伸到贯穿整个工作表的一整行。

```
Sub EntireRow 属性()
    Dim rng As Range
    For Each rng In Range("B3:D5").EntireRow
        MsgBox rng.Address(0, 0)
    Next rng
End Sub
```

可以使用索引号引用 Rows 属性返回的所有行中的某一行。下面的代码引用活动工作表中的第 2 行：

```
Rows(2)
```

如上面的代码所示，不带对象限定符的 Rows 属性引用的是活动工作表中的行。也可以使用 Worksheet 对象引用指定工作表中的行。下面的代码引用 Sheet2 工作表中的第 2 行：

```
Worksheets("Sheet2").Rows(2)
```

下面的代码引用 B3:D5 单元格区域中的第 2 行（即 B4:D4）：

```
Range("B3:D5").Rows(2)
```

可以使用 Range 对象的 Row 属性返回对象的行号。下面的代码返回 B3:D5 单元格区域中的第 2 行的行号，返回值为 4，因为该区域的首行从工作表的第 3 行开始：

```
Range("B3:D5").Rows(2).Row
```

如果将 Rows 属性应用于包含多个单元格区域的 Range 对象，则将只返回第一个区域中的所有行，因此下面的代码返回第一个单元格区域的总行数 3，而不是所有单元格区域的总行数 18。

```
Range("A1:A3,C1:C6,E1:E9").Rows.Count
```

可以使用 EntireRow 属性引用某个单元格所在的一整行。下面的代码引用单元格 B5 所在的整行，即工作表中的第 5 行：

```
Range("B5").EntireRow
```

也可以使用 EntireRow 属性引用单元格区域所占据的所有整行。下面的代码引用 B3:D5 单元格区域所占据的工作表中的第 3～5 行。

```
Range("B3:D5").EntireRow
```

7.2.6 引用一列或多列

与上一节介绍的使用 Rows 和 EntireRow 属性引用行的方法类似，使用 Range 对象的 Columns 和 EntireColumn 属性可以引用工作表或单元格区域中的所有列或整列。下面的代码引用 Sheet2 工作表中的第 3 列：

```
Worksheets("Sheet2").Columns(3)
```

下面的代码引用 B3:D5 单元格区域中的所有列，即 B～D 列：

```
Range("B3:D5").EntireColumn
```

与 Rows 属性类似，如果将 Columns 属性应用于包含多个单元格区域的 Range 对象，则将只返回第一个区域中的所有列。

7.2.7 [A1]引用方式

除了使用 Range 和 Cells 属性引用单元格和单元格区域之外，还可以使用一种更简洁的方式来引用单元格或单元格区域。只需将要引用的单元格或单元格区域的地址放置在一对方括号中，这种方法实际上是 Application 对象的 Evaluate 方法的简写形式。使用[A1]引用方式所引用的单元格都是绝对引用。下面的两行代码分别引用 A1 单元格和 B3:D5 单元格区域：

```
[A1]
[B3:D5]
```

7.2.8 引用当前包含数据的独立区域

如果某个包含数据的区域与其他数据区域之间至少被一个空行和一个空列分隔开，那么就可以使用该区域内的任一单元格的 CurrentRegion 属性来选择这个区域。在如图 7-4 所示的工作表中包含两个彼此由空列隔开的数据区域 B2:D6 和 F2:H6。如果希望快速选择其中的某个数据区域，则可以使用 Range 对象的 CurrentRegion 属性。下面的代码选择 B2:D6 数据区域，作为 Range 属性的参数的单元格并非必须是 B2，也可以是 B2:D6 数据区域中的任一单元格。

```
Range("B2").CurrentRegion.Select
```

	A	B	C	D	E	F	G	H	I
1									
2		1	1	1		101	101	101	
3		2	2	2		102	102	102	
4		3	3	3		103	103	103	
5		4	4	4		104	104	104	
6		5	5	5		105	105	105	
7									

图 7-4 使用 CurrentRegion 属性选择当前数据区域

随着数据的增加，数据区域的范围会逐渐变大。为了在任何时候都可以正确选择完整的数据区域，使用 CurrentRegion 属性通常是最好的选择，但是需要确保数据区域是连续的，即不能包含空行和空列。

7.2.9 引用工作表中的已用区域

UsedRange 属性是 Worksheet 对象的属性，该属性返回的是一个 Range 对象，表示工作表中已使用的单元格区域。已使用的单元格区域并不仅仅是指包含数据的单元格区域，那些曾经设置过格式的单元格区域也被纳入“已使用”的范围内，即使这些单元格中没有任何内容。

一个工作表只有一个已使用的单元格区域，该区域左上角的单元格由已使用过的最小行行号和最小列列标组成，该区域右下角的单元格由已使用过的最大行行号和最大列列标组成，由这两个单元格组成的矩形区域就是工作表中已使用的单元格区域。

对于上一节工作表中的两个不连续区域而言，使用下面的代码将返回这个工作表的已使用的单元格区域 B2:H6，假设这个工作表是活动工作表。这是因为工作表中包含数据的第一个单元格是 B2，包含数据的最后一个单元格是 H6，因此工作表中已使用的单元格区域是 B2:H6。

```
ActiveSheet.UsedRange
```

案例 7-6 确定已使用区域的最后一行和最后一列

下面的代码确定活动工作表中已使用区域的最后一行和最后一列的位置，其中声明了 4 个变量，分别表示已使用区域的第一行、第一列、总行数、总列数，然后将已使用区域的第一行、第一列、总行数、总列数赋给这 4 个变量，最后通过公式计算出已使用区域最后一个单元格的行号和列号，并在对话框中显示相关信息。程序运行后的效果如图 7-5 所示。

```
Sub 确定已使用区域的最后一行和最后一列()
    Dim lngFirstRow As Long, lngFirstCol As Long
    Dim lngRowCount As Long, lngColCount As Long
    Dim strMsg As String
    lngFirstRow = ActiveSheet.UsedRange.Row
    lngFirstCol = ActiveSheet.UsedRange.Column
    lngRowCount = ActiveSheet.UsedRange.Rows.Count
    lngColCount = ActiveSheet.UsedRange.Columns.Count
    strMsg = "已使用区域的最后一行是工作表中的第" & lngRowCount + lngFirstRow - 1 & "行"
    strMsg = strMsg & vbCrLf & "已使用区域的最后一列是工作表中的第" & lngColCount + lngFirstCol
    - 1 & "列"
    MsgBox strMsg
End Sub
```

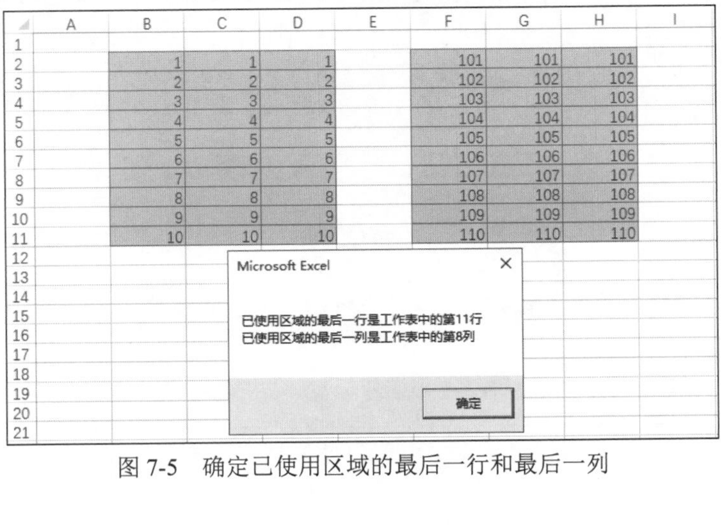

	A	B	C	D	E	F	G	H	I
1									
2		1	1	1		101	101	101	
3		2	2	2		102	102	102	
4		3	3	3		103	103	103	
5		4	4	4		104	104	104	
6		5	5	5		105	105	105	
7		6	6	6		106	106	106	
8		7	7	7		107	107	107	
9		8	8	8		108	108	108	
10		9	9	9		109	109	109	
11		10	10	10		110	110	110	

Microsoft Excel

已使用区域的最后一行是工作表中的第11行
已使用区域的最后一列是工作表中的第8列

确定

图 7-5 确定已使用区域的最后一行和最后一列

案例 7-7 删除工作表中的所有空行

下面的代码删除活动工作表已使用区域中的所有空行。在 For Next 循环结构中从已使用区域的底部向顶部逐行循环，这样可以避免由上向下删除行时导致的行号错乱问题。使用工作表函数 CountA 判断当前行是否为空，如果是则删除该行，否则检查下一行，直到已使用区域的第一行为止。

```
Sub 删除工作表中的所有空行()
    Dim lngRowCount As Long, lngRow As Long
    lngRowCount = ActiveSheet.UsedRange.Rows.Count
    For lngRow = lngRowCount To 1 Step -1
        If Application.WorksheetFunction.CountA(Rows(lngRow).Cells) = 0 Then
            Rows(lngRow).Delete
        End If
    Next lngRow
End Sub
```

案例 7-8 选择工作表中的所有合并单元格

下面的代码选择活动工作表中的所有合并单元格，如图 7-6 所示。在活动工作表中的已使用区域中遍历每一个单元格，使用 Range 对象的 MergeCells 属性判断当前单元格是否是合并单元格，如果是则判断作为用于存储合并单元格的对象变量 rngMerge 是否为空，如果为空则将当前单元格赋值给该对象变量，如果不为空则说明该对象变量已经存储过一个合并单元格了，那么就使用 Union 方法将当前的合并单元格与之前的合并单元格同时存储到 rngMerge 对象变量中。遍历完所有的单元格后选择 rngMerge 对象变量中存储的所有合并单元格。为了避免没有合并单元格时导致运行时错误，因此在执行 Select 方法选择前先使用 Is 运算符判断 rngMerge 对象变量是否为空。

```
Sub 选择工作表中的所有合并单元格()
    Dim rngUsed As Range, rngMerge As Range, rngCell As Range
    Set rngUsed = ActiveSheet.UsedRange
    For Each rngCell In rngUsed
        If rngCell.MergeCells Then
            If rngMerge Is Nothing Then
                Set rngMerge = rngCell
            Else
                Set rngMerge = Union(rngMerge, rngCell)
            End If
        End If
    Next rngCell
    If Not rngMerge Is Nothing Then
        rngMerge.Select
    End If
End Sub
```

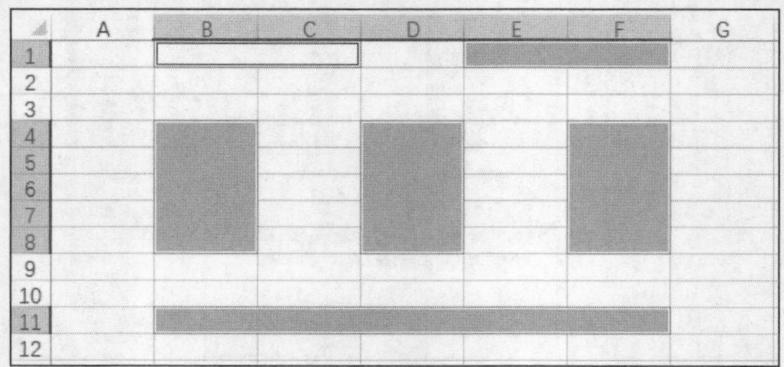

图 7-6 选择工作表中的所有合并单元格

7.2.10　通过偏移引用单元格或单元格区域

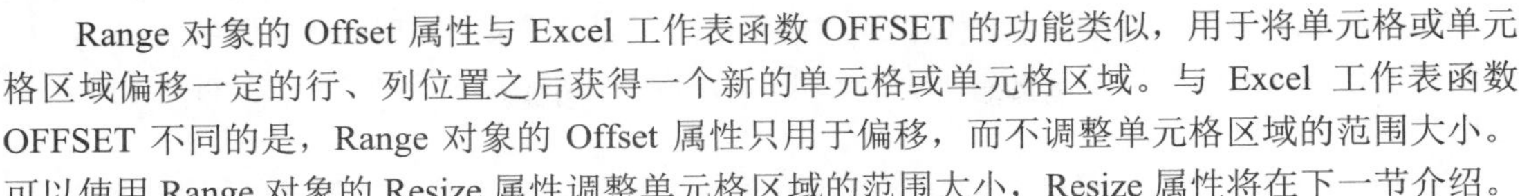

Range 对象的 Offset 属性与 Excel 工作表函数 OFFSET 的功能类似，用于将单元格或单元格区域偏移一定的行、列位置之后获得一个新的单元格或单元格区域。与 Excel 工作表函数 OFFSET 不同的是，Range 对象的 Offset 属性只用于偏移，而不调整单元格区域的范围大小。可以使用 Range 对象的 Resize 属性调整单元格区域的范围大小，Resize 属性将在下一节介绍。

Offset 属性包含两个可选参数，语法格式如下：

```
Offset(RowOffset, ColumnOffset)
```

- RowOffset：可选，单元格或单元格区域向上或向下偏移的行数。正数为向下偏移，负数为向上偏移，0 为不偏移。如果省略该参数，则其值默认为 0。
- ColumnOffset：可选，单元格或单元格区域向左或向右偏移的列数。正数为向右偏移，负数为向左偏移，0 为不偏移。如果省略该参数，则其值默认为 0。

下面的代码引用的是 F7 单元格。从 C5 单元格开始向下偏移 2 行变成 C7，然后从 C7 再向右偏移 3 列变成 F7。

```
Range("C5").Offset(2, 3)
```

如果 Range 对象是一个单元格区域，那么在使用 Offset 属性后得到的就是一个经过偏移指定行、列数后的与原区域具有相同行列数的新区域。下面的代码引用的是 E5:G8 单元格区域。这是因为原区域 B3:D6 包含 4 行 3 列，该区域左上角单元格 B3 向下偏移 2 行，再向右偏移 3 列后变成 E5，因此偏移后的新区域的左上角单元格是 E5。由于区域的行列数并没有发生改变，因此新区域从 E5 单元格为起点，向下和向右延伸至 4 行 3 列的范围，即 E5:G8 单元格区域。

```
Range("B3:D6").Offset(2, 3)
```

注意： 由于 Offset 属性的两个参数都可以是负数，因此在使用 Offset 属性时要小心偏移后得到无效的单元格，此时会出现运行时错误。比如在对 A1 单元格执行向左偏移列的操作时就会出现运行时错误，因为 A1 单元格的左边已经没有单元格了。

案例 7-9　标记销量未达标的员工姓名

下面的代码将销量不足 500 的员工姓名设置为黄色背景，如图 7-7 所示。首先获取以 A1 单元格所在的连续数据区域，然后使用 For Each 循环结构遍历该区域第 2 列中的每一个单元格，如果销量小于 500，则将当前单元格左侧一列且同行的单元格的背景色设置为黄色，这个单元格就是与当前销量对应的姓名。

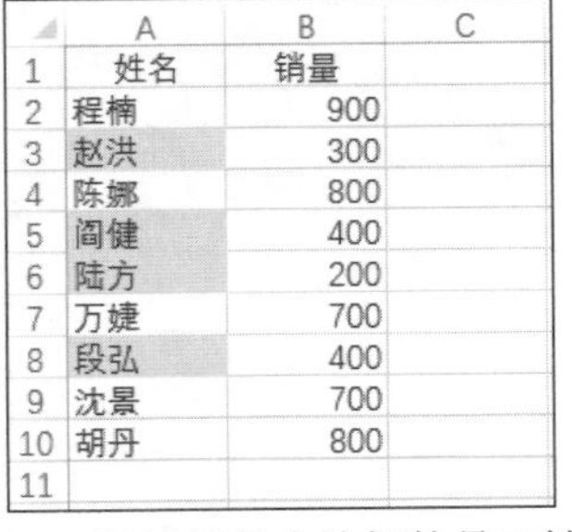

	A	B	C
1	姓名	销量	
2	程楠	900	
3	赵洪	300	
4	陈娜	800	
5	阎健	400	
6	陆方	200	
7	万婕	700	
8	段弘	400	
9	沈景	700	
10	胡丹	800	
11			

图 7-7　标记销量未达标的员工姓名

```
Sub 标记销量未达标的员工姓名()
    Dim rng As Range, rngs As Range
    Set rngs = Range("A1").CurrentRegion
    For Each rng In rngs.Columns(2).Cells
        If rng.Value < 500 Then
            rng.Offset(0, -1).Interior.Color = vbYellow
        End If
    Next rng
End Sub
```

7.2.11 调整单元格区域的引用范围

使用 Range 对象的 Resize 属性可以缩放单元格区域的范围大小。Resize 属性用于在原有单元格或单元格区域的基础上，扩大或缩小区域的范围大小。Resize 属性包含两个可选参数，语法格式如下：

```
Resize(RowSize, ColumnSize)
```

- RowSize：可选，新区域包含的行数，省略该参数表示新区域的行数不变。
- ColumnSize：可选，新区域包含的列数，省略该参数表示新区域的列数不变。

下面的代码引用 A1:B3 单元格区域。缩放前只有 A1 单元格，使用 Resize 属性后，从 A1 单元格为起点，扩展到包含三行、两列的范围，最后得到的就是 A1:B3。

```
Range("A1").Resize(3, 2)
```

下面的代码由原有的 A1:C3 单元格区域扩展到 A1:E5 单元格区域：

```
Range("A1:C3").Resize(5, 5)
```

下面的代码由原有的 A1:C3 单元格区域缩小到 A1:B2 单元格区域：

```
Range("A1:C3").Resize(2, 2)
```

案例 7-10 标记销量未达标的员工记录

下面的代码将销量不足 500 的员工的整行记录（包括姓名和销量）同时设置为黄色背景，如图 7-8 所示。本例与上一个案例只有一个区别，就是当销量不足 500 时标记员工的整行数据，而不只是员工姓名。此时需要使用 Resize 属性来扩展单元格的范围大小，以员工姓名所在的单元格为起点，包含一行两列的区域。

```
Sub 标记销量未达标的员工记录()
    Dim rng As Range, rngs As Range
    Set rngs = Range("A1").CurrentRegion
    For Each rng In rngs.Columns(2).Cells
        If rng.Value < 500 Then
            rng.Offset(0, -1).Resize(1, 2).Interior.Color = vbYellow
        End If
    Next rng
End Sub
```

	A	B	C
1	姓名	销量	
2	程楠	900	
3	赵洪	300	
4	陈娜	800	
5	阎健	400	
6	陆方	200	
7	万婕	700	
8	段弘	400	
9	沈景	700	
10	胡丹	800	
11			

图 7-8 标记销量未达标的员工记录

7.3 在单元格区域中定位与查找

Range 对象提供了几个用于在工作表中定位和查找数据的属性和方法，包括 End 属性、SpecialCells 方法和 Find 方法等。本节将介绍使用以上几种技术在单元格区域中进行定位与查找的方法。

7.3.1　定位单元格区域的边界

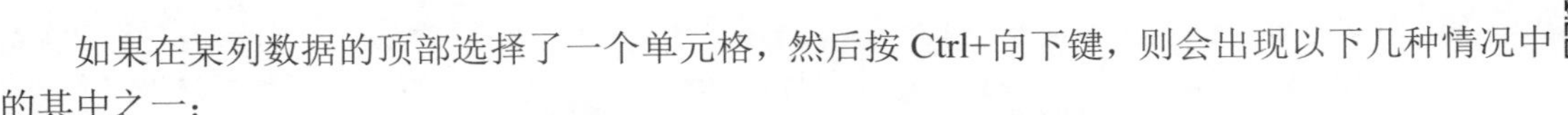

如果在某列数据的顶部选择了一个单元格，然后按 Ctrl+向下键，则会出现以下几种情况中的其中之一：

- 选中所选单元格的列中有空单元格，则将跳转到该列中的空单元格之前包含数据的单元格。
- 如果所选单元格的列中没有空单元格，则跳转到该列中包含数据的最后一个单元格。
- 如果所选单元格的下面一个单元格为空，则将跳转到同列中下一个包含数据的单元格。
- 如果所选单元格的同列下方没有任何数据，则将跳转到该列中的最后一个单元格。

除了使用 Ctrl+向下键之外，还可以使用 Ctrl 键与其他 3 个方向键的组合来实现其他方向的定位操作。

在 VBA 中可以使用 Range 对象的 End 属性实现 Ctrl+方向键的功能。该属性包含一个参数，用于确定单元格跳转的方向，参数值由 XlDirection 常量提供，见表 7-3。

表 7-3　XlDirection 常量

名　　称	值	说　　明
xlUp	−4162	向上
xlDown	−4121	向下
xlToLeft	−4159	向左
xlToRight	−4161	向右

下面的代码引用从 A1 单元格开始，包含连续数据的区域的最后一个单元格，如图 7-9 所示为 A10 单元格。

```
Range("A1").End(xlDown)
```

如果 A1 单元格为空，那么上面的代码将引用从 A1 单元格开始，同列中下一个包含数据的单元格，如图 7-10 所示为 A3 单元格。

	A	B
1	1	
2	2	
3	3	
4	4	
5	5	
6	6	
7	7	
8	8	
9	9	
10	10	
11		
12		
13		
14		
15		

图 7-9　A1 不为空时跳转到 A10

	A	B
1		
2		
3	1	
4	2	
5	3	
6	4	
7	5	
8	6	
9	7	
10	8	
11	9	
12	10	
13		
14		
15		

图 7-10　A1 为空时跳转到 A3

上面的代码只有在 A 列数据的中间不包含空单元格时才能跳转到 A 列包含数据的最后一个单元格。如果 A 列中包含空单元格，但是又希望引用 A 列最后一个包含数据的单元格，那么可以使用下面的代码，从工作表底部的最后一行开始向上查找包含数据的单元格。

```
Range("A1048576").End(xlUp)
```

上面的代码可以在 Excel 2007 或更高版本的 Excel 中正常运行，但是如果在 Excel 2007 之前的 Excel 版本中运行则会出现运行时错误，这是因为早期版本的 Excel 工作表最多只有 65536

行。可以使用下面的代码解决这个问题，该代码通用于 Excel 各个版本：

```
Cells(Rows.Count, 1).End(xlUp)
```

使用 End 属性可以实现 CurrentRegion 属性的功能。假设数据区域的位置如图 7-11 所示，其左上角的单元格是 B3，下面的代码将引用该数据区域，即 B3:E9 单元格区域：

```
Range("B3", Range("B3").End(xlDown).End(xlToRight))
```

	A	B	C	D	E	F
1						
2						
3		32	73	60	68	
4		62	36	79	21	
5		30	13	96	66	
6		83	65	85	16	
7		30	37	88	51	
8		61	100	35	78	
9		17	57	29	65	
10						
11						

图 7-11　使用 End 属性实现 CurrentRegion 属性的功能

7.3.2　定位包含指定类型内容的单元格

如果希望快速选择包含特定类型内容的所有单元格，则可以在 Excel 界面中按 F5 键，然后单击“定位条件”按钮，在打开的“定位条件”对话框中进行设置，如图 7-12 所示。

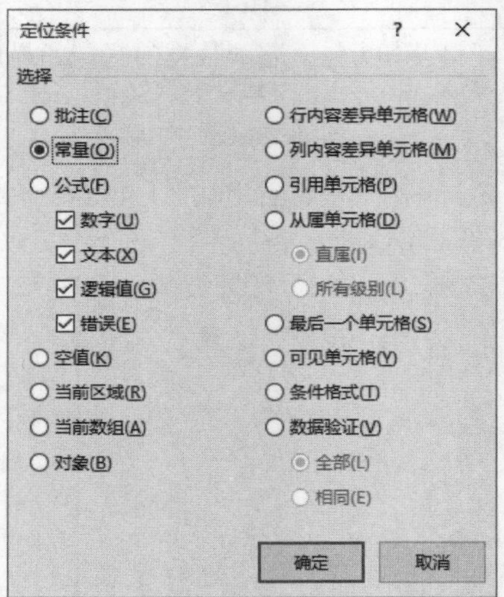

图 7-12　“定位条件”对话框

在 VBA 中可以使用 Range 对象的 SpecialCells 方法实现相同的功能。SpecialCells 方法包含两个参数，语法格式如下：

```
SpecialCells(Type, Value)
```

- Type：必选，要返回的单元格的类型，该参数的值由 XlCellType 常量提供，见表 7-4。
- Value：可选，只有将 Type 参数设置为 xlCellTypeConstants（常量）或 xlCellTypeFormulas（公式）时，Value 参数才起作用。该参数的值由 XlSpecialCellsValue 常量提供，可以从表 7-5 的 4 个值中选择一个或多个来设置常量或公式包含的类型。可以采取将不同常量值相加的方式来同时包括多个类型。默认选择常量或公式的所有类型。

表 7-4　XlCellType 常量

名　　称	值	说　　明
xlCellTypeBlanks	4	空单元格
xlCellTypeConstants	2	包含常量的单元格
xlCellTypeFormulas	−4123	包含公式的单元格
xlCellTypeComments	−4144	包含批注的单元格
xlCellTypeVisible	12	所有可见单元格
xlCellTypeLastCell	11	已用区域中的最后一个单元格
xlCellTypeAllFormatConditions	−4172	包含所有条件格式的单元格
xlCellTypeSameFormatConditions	−4173	包含相同条件格式的单元格
xlCellTypeAllValidation	−4174	包含所有数据有效性的单元格
xlCellTypeSameValidation	−4175	包含相同数据有效性的单元格

表 7-5　XlSpecialCellsValue 常量

名　　称	值	说　　明
xlNumbers	1	数字
xlTextValues	2	文本
xlLogical	4	逻辑值
xlErrors	16	错误值

使用 SpecialCells 方法返回与指定类型的内容匹配的所有单元格。如果没找到匹配的单元格，则会出现运行时错误，因此在使用 SpecialCells 方法时应该编写防错代码。

案例 7-11　删除销售数据中的日期

下面的代码删除工作表中的所有日期，而保留商品名称和销量，如图 7-13 所示。由于在 Excel 中日期也是数值的一种，因此使用 SpecialCells 方法会同时返回日期和销量。为了只删除其中的日期，需要使用 VBA 的内置函数 IsDate 来判断返回的数值中哪些是日期，然后再进行删除。

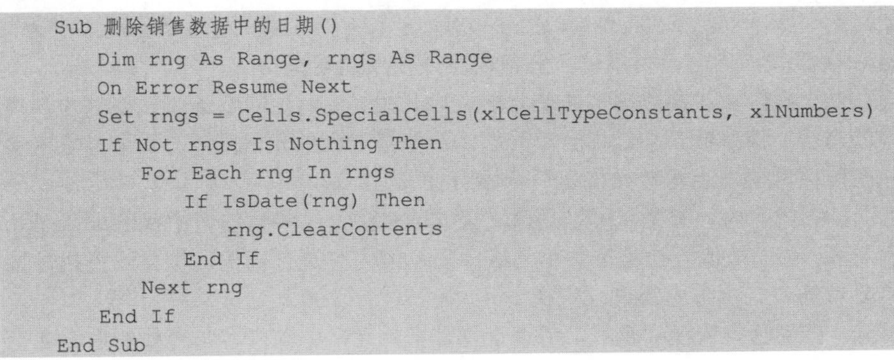

```
Sub 删除销售数据中的日期()
    Dim rng As Range, rngs As Range
    On Error Resume Next
    Set rngs = Cells.SpecialCells(xlCellTypeConstants, xlNumbers)
    If Not rngs Is Nothing Then
        For Each rng In rngs
            If IsDate(rng) Then
                rng.ClearContents
            End If
        Next rng
    End If
End Sub
```

	A	B	C	D	E	F	G	H
1	一号店				二号店			
2	商品	销量	日期		商品	销量	日期	
3	洗衣机	13	2017年8月16日		电磁炉	24	2017年8月28日	
4	电视	13	2017年8月10日		洗衣机	11	2017年8月1日	
5	空调	25	2017年8月21日		手机	14	2017年8月28日	
6	电脑	14	2017年8月15日		微波炉	30	2017年8月18日	
7	电脑	29	2017年8月20日		电视	18	2017年8月22日	
8	电脑	46	2017年8月11日		冰箱	36	2017年8月25日	
9	微波炉	16	2017年8月22日		空调	38	2017年8月17日	
10	冰箱	49	2017年8月26日		音响	29	2017年8月5日	
11	音响	25	2017年8月24日		洗衣机	42	2017年8月18日	
12								

图 7-13　要删除日期的数据区域

使用 SpecialCells 方法还可以确定工作表中已使用区域的最后一个单元格，如下所示：

```
Cells.SpecialCells(xlCellTypeLastCell)
```

注意：没有数据但包含格式的单元格也被看作是已使用的单元格，即使将这类单元格删除，Excel 也不会自动重设已使用区域中的最后一个单元格。只有保存工作簿或执行 ActiveSheet.UsedRange 代码才能重置已使用的区域。

7.3.3　查找包含特定信息的单元格

在 Excel 工作表中要搜索特定的内容，则可以使用查找功能。只需按 Ctrl+F 组合键，在打开的“查找和替换”对话框中的“查找”选项卡中进行设置即可，如图 7-14 所示。

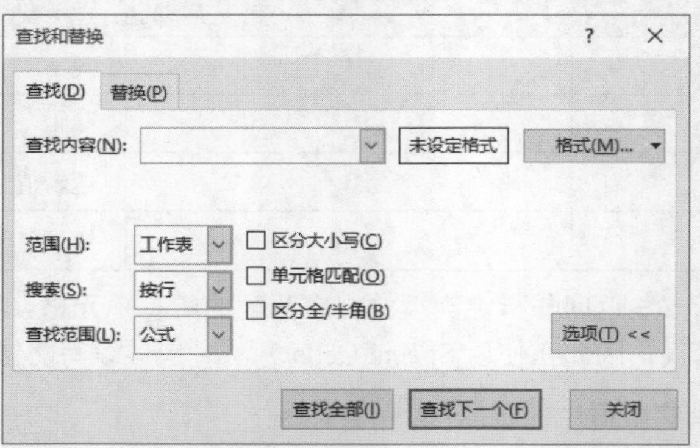

图 7-14　“查找和替换”对话框中的“查找”选项卡

在 VBA 中可以使用 Range 对象的 Find 方法实现相同的功能。Find 方法包含多个参数，语法格式如下：

```
Find(What, After, LookIn, LookAt, SearchOrder, SearchDirection, MatchCase, MatchByte, SearchFormat)
```

- What：必选，要查找的内容，可以输入任何内容或使用通配符*或?。
- After：可选，查找操作从该参数指定的单元格之后开始，直到绕回到该单元格时才查找该单元格中的内容。该参数必须是单个单元格，不能指定为单元格区域。如果省略该参数，则将从指定区域的左上角单元格之后开始查找。
- LookIn：可选，查找的内容类型，可以是值、公式或批注，该参数的值由 XlFindLookIn 常量提供，见表 7-6。按值查找是按照单元格中显示的内容进行查找，按公式查找是按照编辑栏中显示的公式本身内容进行查找。
- LookAt：可选，精确查找或模糊查找，精确查找是指单元格中的内容与查找的内容完全匹配，模糊查找是指单元格中的部分内容与查找的内容匹配。该参数的值由 XlLookAt

常量提供，只有 xlWhole 和 xlPart 两个值，xlWhole 表示精确查找，xlPart 表示模糊查找。

- SearchOrder：可选，按行或按列查找，该参数的值由 XlSearchOrder 常量提供，只有 xlByRows 和 xlByColumns 两个值，xlByRows 表示按行查找，xlByColumns 表示按列查找。
- SearchDirection：可选，查找的方向，该参数的值由 XlSearchDirection 常量提供，只有 xlNext 和 xlPrevious 两个值，xlNext 表示查找下一个匹配值，xlPrevious 表示查找上一个匹配值。
- MatchCase：可选，查找时是否完全匹配英文大小写。如果为 True 则区分英文大小写，如果为 False 则不区分英文大小写。
- MatchByte：可选，只在已经选择或安装了双字节语言支持时适用。如果为 True 则双字节字符只与双字节字符匹配，如果为 False 则双字节字符可与其对等的单字节字符匹配。
- SearchFormat：可选，设置查找的格式。

表 7-6　XlFindLookIn 常量

名　称	值	说　明
xlValues	-4163	值
xlFormulas	-4123	公式
xlComments	-4144	批注

Find 方法返回一个 Range 对象，表示查找到的第一个符合条件的单元格。如果没找到符合条件的单元格，该方法将返回 Nothing，因此可以在 If Then 结构中判断是否找到了符合条件的单元格。

每次使用 Find 方法后，LookIn、LookAt、SearchOrder 和 MatchByte 这 4 个参数的设置结果都会被保存下来。如果在下次执行 Find 方法时不指定这几个参数的值，则会自动使用上一次保存的设置结果。为了避免在查找中出现意料之外的问题，最好在每次使用 Find 方法时都显式设置这几个参数的值。如果要按照相同的条件进行重复查找，则可以使用 FindNext 和 FindPrevious 方法。

案例 7-12　查找特定商品所在的单元格地址

下面的代码在对话框中显示名称为“电视”的商品出现在哪些单元格中。由于商品名称位于 A 列，因此在查找时将 SearchOrder 参数指定为 xlByColumns （按列）可以节省逐行扫描的时间。为了避免一直重复进行查找，在找到第一个符合条件的单元格时，使用变量存储该单元格的地址，将之后找到的每个符合条件的单元格的地址都与其作比较，以此判断是否已经查找完所有的数据，如果是则结束查找。使用 FindNext 方法可以在找到一个符合条件的单元格后，以相同的条件继续查找。

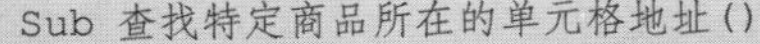

```
Sub 查找特定商品所在的单元格地址()
    Dim rngFind As Range, rngFound As Range
    Dim strFirstAddress As String, strMsg As String
    Set rngFind = Range("A1").CurrentRegion
    Set rngFound = rngFind.Find("电视", , xlValues, xlWhole, xlByColumns)
    If rngFound Is Nothing Then Exit Sub
    strFirstAddress = rngFound.Address
    Do
        strMsg = strMsg & vbCrLf & rngFound.Address(0, 0)
        Set rngFound = rngFind.FindNext(rngFound)
    Loop Until rngFound Is Nothing Or rngFound.Address = strFirstAddress
```

```
    MsgBox "电视所在的单元格是: " & strMsg
End Sub
```

案例 7-13　确定包含数据的区域的最后一个单元格

下面的代码可以确定数据区域的最后一个单元格。将 Find 方法的第一个参数设置为“*”表示按通配符对任何字符进行模糊查找。由于将 SearchDirection 参数设置为 xlPrevious，因此将从 A1 单元格向上绕到工作表的底部开始查找。为了找到包含数据的最后一行和最后一列，将两次查找中的 SearchOrder 参数分别设置为 xlByRows（按行）和 xlByColumns（按列）。在按行查找中，从工作表底部的最后一行开始逐行向上查找包含数据的单元格，如果找到则返回该单元格的引用，然后使用 Range 对象的 Row 属性获取该单元格所在的行号。同理，在按列查找中，从工作表的最后一列开始逐列向左查找包含数据的单元格。找到后使用 Range 对象的 Column 属性返回包含数据的单元格的列号。

```
Sub 确定数据区域的最后一个单元格()
    Dim lngLastRow As Long, lngLastCol As Long
    lngLastRow = Cells.Find("*", Range("A1"), xlFormulas, , xlByRows, xlPrevious).Row
    lngLastCol = Cells.Find("*", Range("A1"), xlFormulas, , xlByColumns, xlPrevious).Column
    MsgBox "数据区域的最后一个单元格是: " & Cells(lngLastRow, lngLastCol).Address(0, 0)
End Sub
```

7.4　读取和写入单元格区域中的数据

使用 VBA 处理工作表的主要操作就是在单元格区域中读取和写入数据。本节将介绍使用不同技术与单元格区域交换数据的方法，还介绍了对数据进行选择性粘贴的方法。

7.4.1　通过循环遍历每个单元格读写数据

在单元格区域中读取和写入数据的最基本技术是使用 For Next 或 For Each 循环结构。For Next 循环结构的优点是可以指定区域中某个特定行、特定列位置上的单元格，而 For Each 循环结构的优点是不管单元格区域中包含多少个单元格，它都会依次进行遍历，直到区域中的最后一个单元格为止。

案例 7-14　使用行号和列号遍历区域中的每个单元格

下面的代码将 A1:C5 单元格区域中的每个值都加 6，如图 7-15 所示。将该单元格区域赋值给一个 Range 类型的对象变量，使用两个 Long 数据类型的变量分别存储该区域的总行数和总列数。之后使用嵌套的 For Next 循环结构遍历区域中的每个单元格，外层循环负责控制行号，内层循环负责控制列号，通过行号和列号定位区域中的每个单元格。使用 Range 对象的 Value 属性获取单元格中的原有数据，并将计算后的结果再赋值给该属性。循环结束的标志是到达单元格区域的最后一个单元格，它由 Range 对象的总行数和总列数决定。

```
Sub 使用行号和列号遍历区域中的每个单元格()
    Dim rng As Range, lngRow As Long, lngCol As Long
    Set rng = Range("A1:C5")
    For lngRow = 1 To rng.Rows.Count
        For lngCol = 1 To rng.Columns.Count
            rng.Cells(lngRow, lngCol).Value = rng.Cells(lngRow, lngCol).Value + 6
        Next lngCol
    Next lngRow
End Sub
```

	A	B	C	D
1	70	60	80	
2	60	30	80	
3	50	20	60	
4	30	70	60	
5	60	20	20	
6				

	A	B	C	D
1	76	66	86	
2	66	36	86	
3	56	26	66	
4	36	76	66	
5	66	26	26	
6				

图 7-15　代码运行前后的效果

案例 7-15　使用一个索引号遍历区域中的每个单元格

下面的代码与上一个案例的效果相同，但是在遍历区域中的单元格时只使用了一个索引号。通过在 Range 对象的 Cells 属性中使用该索引号来引用区域中的每个单元格，并使用 Range 对象的 Value 属性获取单元格中的原有值，然后将求和后的结果再赋值给 Value 属性。循环结束的标志是到达单元格区域的最后一个单元格，它由 Range 对象的 Count 属性决定。

```
Sub 使用一个索引号遍历区域中的每个单元格()
    Dim rng As Range, lngIndex As Long
    Set rng = Range("A1:C5")
    For lngIndex = 1 To rng.Count
        rng.Cells(lngIndex).Value = rng.Cells(lngIndex).Value + 6
    Next lngIndex
End Sub
```

案例 7-16　使用 For Each 循环结构遍历区域中的每个单元格

还可以使用 For Each 循环结构遍历区域中的每个单元格来读写数据，这种方法比前两种方法更简洁。

```
Sub 使用ForEach循环结构遍历区域中的每个单元格()
    Dim rng As Range
    For Each rng In Range("A1:C5")
        rng.Value = rng.Value + 6
    Next rng
End Sub
```

7.4.2　使用数组与单元格区域交换数据

上一节介绍的在单元格区域中读取和写入数据的方法并不是最高效的，这是因为这些方法都要在循环结构中不断遍历每个单元格并进行相应的处理。更好的方法是将单元格区域中的数据赋值给一个数组，然后在数组中对数据进行所需的处理，最后将数组中包含的数据写入到单元格区域中。这样可以减少程序运行期间对 Range 对象的操作次数，加快程序的处理速度。

如果要将单元格区域中的数据赋值给一个数组，那么该数组必须是一个 Variant 数据类型的变量，然后可以直接将单元格区域中的数据一次性赋值给 Variant 变量。这与使用 VBA 的内置函数 Array 赋值一个数组的方法类似。

下面的代码将 A1:C5 单元格区域中的数据赋值给 avarNumbers 变量，该变量被声明为 Variant 数据类型：

```
Dim avarNumbers As Variant
avarNumbers = Range("A1:C5").Value
```

注意：将单元格区域中的数据赋值给一个 Variant 类型的变量，与将单元格区域作为 Range 对象赋值给一个对象变量完全不同。前者是创建了一个 Variant 类型的数组，后者则是创建了一个 Range 类型的对象变量。

将单元格区域中的数据赋值给一个 Variant 变量后，相当于创建了一个二维数组。第一维表示单元格区域中的行，第二维表示单元格区域中的列，因此可以使用行号和列号来访问数组中的特定元素。下面的代码将数组中第 2 行第 3 列的数组元素的值赋值给 intNumber 变量：

```
intNumber = avarNumbers(2, 3)
```

即使单元格区域只有一行或一列，赋值后创建的数组仍然是二维的。下面的代码通过将 A1:A6 单元格区域中的数据赋值给一个 Variant 变量而创建了一个二维数组，该数组包含 6 行 1 列，数组中的第一个元素是 avarNumbers(1, 1)，最后一个元素是 avarNumbers(6, 1)。

```
avarNumbers = Range("A1:A6").Value
```

无论模块顶部的声明部分是否包含 Option Base 语句，将单元格区域中的数据赋值给变量所创建的数组的任何一维的下界都总是 1。可以使用 VBA 的内置函数 LBound 和 UBound 确定赋值后所创建的数组每一维的下界和上界。由于每一维的下界总是 1，因此每一维的上界就是该维度的大小。比如使用 A1:C5 单元格区域中的值创建一个数组后，该数组第一维的上界是 5，第二维的上界是 3。假设赋值后创建名为 avarNumbers 的数组，可以使用 UBound 函数自动获取该数组每一维的上界，UBound 函数的第一个参数指定数组名称，第二个参数指定数组的维度，如下所示：

```
UBound(avarNumbers, 1)
UBound(avarNumbers, 2)
```

案例 7-17　使用数组读写单元格区域中的数据

下面的代码重写了上一节中的案例，使用数组代替原先在区域中循环遍历每一个单元格的方法。

```
Sub 使用数组读写单元格区域中的数据()
    Dim avarNumbers As Variant, lngRow As Long, lngCol As Long
    avarNumbers = Range("A1:C5")
    For lngRow = 1 To UBound(avarNumbers, 1)
        For lngCol = 1 To UBound(avarNumbers, 2)
            avarNumbers(lngRow, lngCol) = avarNumbers(lngRow, lngCol) + 6
        Next lngCol
    Next lngRow
    Range("A1:C5") = avarNumbers
End Sub
```

也可以利用 Range 对象的 Resize 属性将计算结果放置在其他任意指定的单元格区域中，这样可以避免覆盖原始区域中的数据。新区域的左上角单元格由用户指定，新区域所需的行数是数组第一维的上界，新区域所需的列数是数组第二维的上界。

案例 7-18　将数据的计算结果放置在指定区域中

下面的代码可以将对单元格区域中每个单元格的计算结果放置在一个指定的区域中，新区域的左上角单元格由用户在对话框中指定。为了避免用户输入无效的单元格地址，或指定的单元格位于原始数据区域中，因此加入了防错代码。代码的运行效果如图 7-16 所示。

```
Sub 将数据的计算结果放置在指定的区域中()
    Dim avarNumbers As Variant, strAddress As String
    Dim lngRow As Long, lngCol As Long, rngNew As Range
    strAddress = InputBox("请输入新区域左上角单元格的地址：")
    On Error Resume Next
    Set rngNew = Range(strAddress)
    If rngNew Is Nothing Then
        MsgBox "输入了无效的单元格地址！"
        Exit Sub
    Else
        If Not Intersect(rngNew, Range("A1:C5")) Is Nothing Then
            MsgBox "不能使用数据区域中的单元格！"
```

```
            Exit Sub
        End If
    End If
    avarNumbers = Range("A1:C5")
    For lngRow = 1 To UBound(avarNumbers, 1)
        For lngCol = 1 To UBound(avarNumbers, 2)
            avarNumbers(lngRow, lngCol) = avarNumbers(lngRow, lngCol) + 6
        Next lngCol
    Next lngRow
    Range(strAddress).Resize(UBound(avarNumbers, 1), UBound(avarNumbers, 2)).Value =
    avarNumbers
End Sub
```

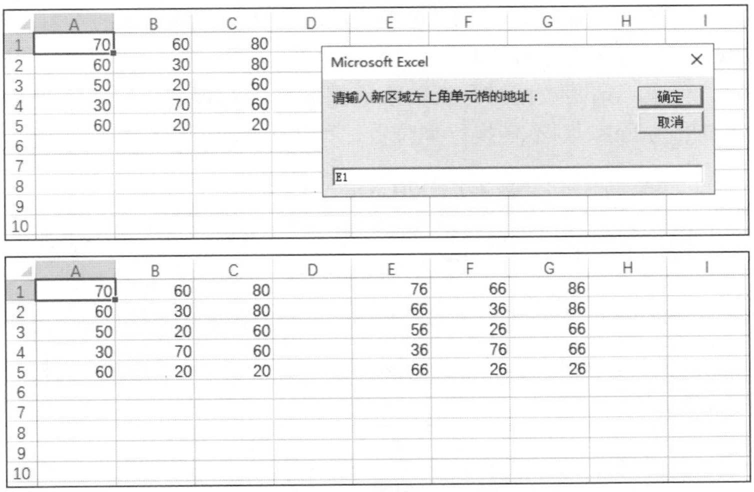

	A	B	C	D	E	F	G	H	I
1	70	60	80						
2	60	30	80						
3	50	20	60						
4	30	70	60						
5	60	20	20						
6									
7									
8									
9									
10									

	A	B	C	D	E	F	G	H	I
1	70	60	80		76	66	86		
2	60	30	80		66	36	86		
3	50	20	60		56	26	66		
4	30	70	60		36	76	66		
5	60	20	20		66	26	26		
6									
7									
8									
9									
10									

图 7-16　将数据的计算结果放置在指定的区域中

7.4.3　使用选择性粘贴

将工作表中的数据复制到剪贴板之后，右击某个单元格，在右键菜单中选择“选择性粘贴”命令，将打开如图 7-17 所示的“选择性粘贴”对话框，从中可以选择数据的粘贴方式。如果目标单元格中包含数据，那么还可以选择粘贴时与目标单元格进行的运算方式，包括加、减、乘、除 4 种。

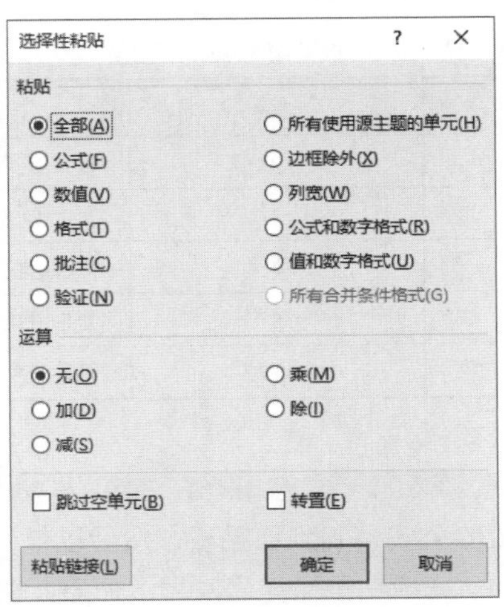

图 7-17　“选择性粘贴”对话框

在 VBA 中可以使用 Range 对象的 PasteSpecial 方法实现"选择性粘贴"对话框中的相同功能。PasteSpecial 方法包含 4 个参数，语法格式如下：

```
PasteSpecial(Paste, Operation, SkipBlanks, Transpose)
```

- Paste：可选，粘贴到目标单元格中的数据的格式，该参数的值由 XlPasteType 常量提供，见表 7-7。
- Operation：可选，粘贴时与目标单元格进行的运算方式，该参数的值由 XlPasteSpecialOperation 常量提供，见表 7-8。
- SkipBlanks：可选，如果复制的单元格区域中存在空单元格，则可以选择粘贴时是否忽略这些空单元格。如果为 True 则忽略空单元格，如果为 False 则不忽略空单元格。如果省略该参数，则其值默认为 False。
- Transpose：可选，粘贴数据时是否转换数据区域中的行列位置。如果为 True 则转换行列位置，如果为 False 则不转换行列位置。如果省略该参数，则其值默认为 False。

表 7-7　XlPasteType 常量

名　称	值	说　明
xlPasteAll	-4104	粘贴全部内容
xlPasteAllExceptBorders	7	粘贴除边框外的全部内容
xlPasteAllMergingConditionalFormats	14	将粘贴所有内容，并且将合并条件格式
xlPasteAllUsingSourceTheme	13	使用源主题粘贴全部内容
xlPasteColumnWidths	8	粘贴复制的列宽
xlPasteComments	-4144	粘贴批注
xlPasteFormats	-4122	粘贴复制的源格式
xlPasteFormulas	-4123	粘贴公式
xlPasteFormulasAndNumberFormats	11	粘贴公式和数字格式
xlPasteValidation	6	粘贴有效性
xlPasteValues	-4163	粘贴值
xlPasteValuesAndNumberFormats	12	粘贴值和数字格式

表 7-8　XlPasteSpecialOperation 常量

名　称	值	说　明
xlPasteSpecialOperationAdd	2	复制的数据与目标单元格中的值相加
xlPasteSpecialOperationSubtract	3	复制的数据与目标单元格中的值相减
xlPasteSpecialOperationMultiply	4	复制的数据与目标单元格中的值相乘
xlPasteSpecialOperationDivide	5	复制的数据与目标单元格中的值相除
xlPasteSpecialOperationNone	-4142	粘贴数据时不执行任何计算

假设 C1 单元格包含如下公式：

```
=$A$1+$A$2
```

下面的代码将 C1 单元格中的公式复制到剪贴板，然后以值的形式粘贴到 B1 单元格中，并计算与 B1 单元格中的数字之和。完成粘贴操作后，为了关闭剪切复制模式，需要将 Application 对象的 CutCopyMode 属性设置为 False，否则执行剪切或复制操作时的虚线框会停留在工作表中。

```
Sub 选择性粘贴()
    Range("C1").Copy
    Range("B1").PasteSpecial xlPasteValues, xlPasteSpecialOperationAdd
    Application.CutCopyMode = False
End Sub
```

7.5　创建与使用名称

在 Excel 中可以为单元格或单元格区域创建名称，然后可以在公式中使用名称代替相应的单元格或单元格区域，既可以简化单元格地址的输入，又可以使公式各个部分的含义更易于理解。实际上还可以为数字、文本或公式创建名称，从而可以在名称中存储一些难以记忆或输入的内容。在 VBA 中，可以使用 Excel 对象模型中的 Names 集合和 Name 对象来执行与名称相关的操作。

7.5.1　Excel 中的预定义名称

Excel 已经为某些功能预先创建好了一些名称。例如，用户在工作表中选择一个单元格区域，然后在功能区“页面布局”选项卡中单击“打印区域”按钮，然后在弹出的菜单中选择“设置打印区域”命令，Excel 将会自动创建工作表级的名称 Print_Area。如果重新设置打印区域，新定义的区域范围将会覆盖 Print_Area 名称中的原有范围。在设置打印标题时，Excel 将会自动创建工作表级的名称 Print_Titles。

Excel 包含以下一些预定义名称：Criteria、Database、Extract、Print_Area、Print_Titles。为了避免出现错误，在创建名称时最好不要与 Excel 中的预定义名称同名。

7.5.2　命名单元格区域

根据名称的作用范围，可以将名称分为工作簿级名称和工作表级名称。在 VBA 中，Workbook 对象的 Names 属性返回一个 Names 集合，它表示在特定工作簿中创建的所有工作簿级名称。Worksheet 对象也有一个 Names 属性，该属性返回的 Names 集合表示在特定工作表中创建的所有工作表级名称。Application 对象的 Names 属性返回的 Names 集合表示活动工作簿中的所有名称。

在 VBA 中可以使用 Names 集合的 Add 方法创建名称。Add 方法包含多个参数，前 3 个参数 Name、RefersTo 和 Visible 比较常用。

- Name：可选，用于描述名称的文本。
- RefersTo：可选，名称引用的单元格区域。
- Visible：可选，名称是否隐藏，如果为 True 则显示名称，如果为 False 则隐藏名称。如果省略该参数，则其值默认为 True。

在设置名称引用的单元格区域时，应该使用美元符号（$）将单元格引用限定为绝对引用，否则该名称将引用定义该名称时相对于活动单元格的相对单元格地址，而且还需要在单元格区域的左侧包含一个等号。下面的代码为活动工作簿中的 Sheet1 工作表中的 C2:C9 单元格区域创建一个工作簿级的名称“数量”：

```
Application.Names.Add "数量", "=Sheet1!$C$2:$C$9"
```

注意： 如果存在同名的名称，那么创建的名称中定义的区域范围会自动覆盖原名称中的区域范围，并且不会显示任何提示信息。

由于是为活动工作簿创建名称，因此可以省略 Application 对象的限定，如下所示：

```
Names.Add "数量", "=Sheet1!$C$2:$C$9"
```

如果在指定名称引用的单元格区域时不包含工作表的名称，则将引用活动工作表中的单元格区域，如下所示：

```
Names.Add "数量", "=$C$2:$C$9"
```

如果要为当前打开的某个特定的工作簿创建名称，但是该工作簿不是活动工作簿，则需要在 Names 属性前添加对该特定工作簿的 Workbook 对象的引用。下面的代码为当前打开的名为“一季度”的工作簿创建工作簿级的名称“数量”。

```
Workbooks("一季度").Names.Add "数量", "=Sheet1!$C$2:$C$9"
```

如果要创建工作表级的名称，则需要在名称前添加工作表的名称和一个叹号。下面的代码在 Sheet1 工作表中创建名称“数量”：

```
Names.Add "Sheet1!数量", "=Sheet1!$C$2:$C$9"
```

如果使用 Worksheet 对象的 Names 属性返回的 Names 集合来创建工作表级的名称，则不需要在名称前添加工作表的名称和叹号，因为当前的 Names 集合就是该工作表的名称集合。下面的代码创建的名称与上面的代码完全相同，在 Names 集合前添加了 Worksheet 对象的限定：

```
Worksheets("Sheet1").Names.Add "数量", "=Sheet1!$C$2:$C$9"
```

还可以使用 Range 对象的 Name 属性为该 Range 对象创建名称，此时创建的名称是工作簿级的名称，可用于工作簿中的任意一个工作表。下面的代码为 Sheet1 工作表中的 C2:C9 单元格区域创建名称“数量”。

```
Worksheets("Sheet1").Range("C2:C9").Name = "数量"
```

如果要创建工作表级的名称，则需要在名称前添加工作表名称和一个叹号，如下所示：

```
Worksheets("Sheet1").Range("C2:C9").Name = "Sheet1!数量"
```

虽然使用 Range 对象的 Name 属性创建名称更加简单直观，但是 Names 集合的 Add 方法是为数字、文本和公式创建名称的唯一方法。

7.5.3 Name 对象和 Name 属性

如果使用 Range 对象 Name 属性为该 Range 对象所代表的单元格区域创建了名称，那么可能希望以后查看为该区域定义的名称，于是运行下面的代码。运行结果如图 7-18 所示，其中显示的是名称引用的单元格区域，而不是名称自身的名字。

```
MsgBox Range("C2:C9").Name
```

图 7-18　使用 Range 对象的 Name 属性显示的是名称引用的单元格区域

Range 对象和 Name 对象都包含 Name 属性，Range 对象的 Name 属性返回一个 Name 对象，Name 对象的 Name 属性返回名称自身的名字。因此如果想要显示单元格区域的名称本身，则需要使用 Name 对象的 Name 属性。可以将上面的代码改为以下形式：

```
MsgBox Range("C2:C9").Name.Name
```

7.5.4　使用名称

创建名称后，可以在代码中使用名称来引用相应的单元格区域。如果所使用的名称不存在，则会出现运行时错误，因此在使用名称前应该先检查名称是否存在。

案例 7-19　使用名称将新增数据添加到数据区域的底部

如图 7-19 所示，将 A3:C3 单元格区域命名为“输入区”，新的销售数据在该区域中输入。将从 A6 单元格开始的连续数据区域命名为“存储区”，用于放置所有的销售数据。每次在输入区中输入的新数据会被添加到存储区中所有数据的底部，并删除输入区中的数据，同时更新在存储区中定义的区域范围，从而可以包含新增的数据行。为此需要使用 Range 对象的 Resize 属性扩展到新数据的位置，并通过为 Range 对象的 Name 属性赋值来重新定义存储区的名称。

```
Sub 使用名称将新增数据添加到数据区域的底部()
    Dim lngRowCount As Long
    Range("A3").Resize(1, 3).Name = "输入区"
    Range("A6").CurrentRegion.Name = "存储区"
    If Application.WorksheetFunction.CountA(Range("输入区")) <> 3 Then
        MsgBox "新增数据不完整！"
        Exit Sub
    End If
    With Range("存储区")
        lngRowCount = .Rows.Count + 1
        Range("输入区").Cut .Cells(lngRowCount, 1)
        .Resize(lngRowCount).Name = "存储区"
    End With
End Sub
```

	A	B	C	D
1	输入区			
2	商品	销量	日期	
3	电视	36	2017年8月28日	
4				
5				
6	存储区			
7	商品	销量	日期	
8	洗衣机	13	2017年8月16日	
9	电视	13	2017年8月10日	
10	空调	25	2017年8月21日	
11	电脑	14	2017年8月15日	
12	冰箱	49	2017年8月26日	
13				
14				

	A	B	C	D
1	输入区			
2	商品	销量	日期	
3				
4				
5				
6	存储区			
7	商品	销量	日期	
8	洗衣机	13	2017年8月16日	
9	电视	13	2017年8月10日	
10	空调	25	2017年8月21日	
11	电脑	14	2017年8月15日	
12	冰箱	49	2017年8月26日	
13	电视	36	2017年8月28日	
14				

图 7-19　将输入区中的数据添加到存储区的底部

7.5.5　在名称中存储值

可以为经常使用且难以记忆和输入的数字或文本创建名称，之后可以使用名称代替这些数字或文本。当创建引用数字或文本的名称时，需要在设置 Add 方法的第二个参数 RefersTo 时，直接输入要创建名称的数字或文本，但不能包含等号。

案例 7-20　使用名称代替实际值

下面的代码创建了两个名称，将圆周率 3.14 存储在“圆周率”名称中，将文本“计算圆面积”存储在“标题”名称中。然后使用这两个名称中存储的值计算圆的面积，并将计算结果显示在对话框中，如图 7-20 所示。

```
Sub 使用名称代替实际值()
    Names.Add "圆周率", 3.14
    Names.Add "标题", "计算圆的面积"
    MsgBox InputBox("请输入半径：") ^ 2 * [圆周率], , [标题]
End Sub
```

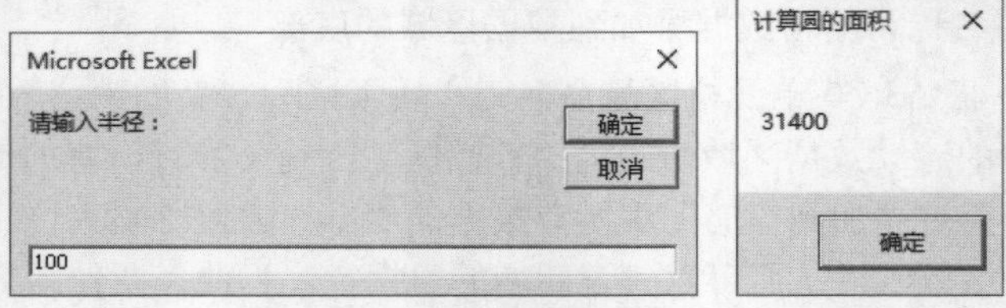

图 7-20　使用名称代替实际值

可以使用[A1]饮用方式获取名称中存储的值，下面的代码显示“圆周率”名称中存储的值：

```
MsgBox [圆周率]
```

7.5.6　在名称中存储公式

与为单元格区域创建名称的方法类似，也可以为公式创建名称，从而可以在工作表公式或 VBA 中使用名称代替公式。

案例 7-21　使用名称代替公式

下面的代码为 B 列的销量数据创建名称“总销量”，其中存储使用 SUM 函数计算的所有销量之和，然后在“总销量”文字右侧的单元格中放置计算结果，如图 7-21 所示。如果改变了包含“总销量”文字的单元格，计算结果仍然会被输入到“总销量”文字的右侧，这是因为使用 Range 对象的 Find 方法查找包含“总销量”文字的单元格，然后使用 Offset 属性引用该单元格右侧一列的单元格。

```
Sub 使用名称代替公式()
    Names.Add "总销量", "=SUM($B:$B)"
    Cells.Find("总销量", Range("A1"), xlValues, xlWhole, xlByRows).Offset(0, 1).Value
    = [总销量]
End Sub
```

	A	B	C	D	E	F	G
1	商品	销量	日期		总销量	230	
2	洗衣机	13	2017年8月16日				
3	电视	13	2017年8月10日				
4	空调	25	2017年8月21日				
5	电脑	14	2017年8月15日				
6	电脑	29	2017年8月20日				
7	电脑	46	2017年8月11日				
8	微波炉	16	2017年8月22日				
9	冰箱	49	2017年8月26日				
10	音响	25	2017年8月24日				
11							

图 7-21　使用名称代替公式

7.5.7　在名称中存储数组

与在名称中存储数字和文本的方法类似，也可以在名称中存储数组包含的值。下面的代码创建一个数组 aintNumbers 并为其赋值，然后将该数组中的所有值保存到新建的名称“数组”

中，最后在对话框中显示数组中的元素总数。

```
Sub 在名称中存储数组()
    Dim aintNumbers(1 To 6) As Integer, intIndex As Integer
    For intIndex = LBound(aintNumbers) To UBound(aintNumbers)
        aintNumbers(intIndex) = intIndex
    Next intIndex
    Names.Add "数组", aintNumbers
    MsgBox Application.WorksheetFunction.Count(aintNumbers)
End Sub
```

7.5.8　隐藏名称

有时可能希望将一些存储背景数据并且不希望让用户看到的名称隐藏起来，以免这些名称被误用和误删。在 VBA 中可以将创建的名称隐藏起来，隐藏的名称不会显示在“名称管理器”对话框中，但是可以在工作表或 VBA 中使用这些名称。

可以使用两种方法隐藏名称，一种方法是在创建名称的同时隐藏该名称，只需将 Names 集合的 Add 方法的第三个参数设置为 False，如下所示：

```
Names.Add "数量", "=Sheet1!$C$2:$C$9", False
```

另一种方法是在创建名称后，将 Name 对象的 Visible 属性设置为 False 来隐藏名称，如下所示：

```
Names.Add "数量", "=Sheet1!$C$2:$C$9", False
Names("数量").Visible = False
```

7.5.9　删除名称

使用 Name 对象的 Delete 方法可以删除不需要的名称。下面的代码删除工作簿级的名称“数量”，如果该名称不存在，则将出现运行时错误，因此需要在执行删除操作之前加入防错语句。

```
On Error Resume Next
Names("数量").Delete
```

如果希望删除工作簿中的所有名称，无论它是工作簿级还是工作表级的名称，可以使用下面的代码，它将删除活动工作簿中的所有名称。

```
Sub 删除工作簿中的所有名称()
    Dim nam As Name
    For Each nam In Names
        nam.Delete
    Next nam
End Sub
```

7.6　排序和筛选数据

排序和筛选是比较常用且易于操作的数据分析工具，通过排序可以快速对比数值的大小，还可以对相同名称的内容进行视觉上的分组排列。通过筛选可以快速找出符合特定条件的数据。本节将介绍在 VBA 中排序和筛选数据的方法。

7.6.1　排序数据

在开始排序和筛选数据前，需要正确组织工作表中的数据，每一列数据的顶部应该包含标题作为该列的字段名称，数据区域顶部由各列标题组成的行称为标题行，标题下方的每一行数据称为数据记录。

在 Excel 2007 或更高版本的 Excel 中，可以使用 SortFields 集合和 Sort 对象对数据进行排序。SortFields 集合用于存储排序状态，该集合的 Add 方法用于添加排序字段，该集合的 Clear 方法用于清除以前已经定义好的排序字段。Sort 对象的属性用于设置与排序相关的选项，该对象的 Apply 方法用于执行排序操作。

SortFields 集合的 Add 方法包含 5 个参数，语法格式如下：

```
Add(Key, SortOn, Order, CustomOrder, DataOption)
```

- Key：必选，要排序的字段。
- SortOn：可选，数据的排序方式，该参数的值由 XlSortOn 常量提供，见表 7-9。
- Order：可选，数据的排序顺序，包括升序和降序两种，该参数的值由 XlSortOrder 常量提供，见表 7-10。
- CustomOrder：可选，是否使用自定义排序。
- DataOption：可选，对数据区域进行文本排序的方式，该参数的值由 XlSortDataOption 常量提供，见表 7-11。

表 7-9　XlSortOn 常量

名　称	值	说　明
SortOnValues	0	值
SortOnCellColor	1	单元格颜色
SortOnFontColor	2	字体颜色
SortOnIcon	3	图标

表 7-10　XlSortOrder 常量

名　称	值	说　明
xlAscending	1	按升序对指定字段排序
xlDescending	2	按降序对指定字段排序

表 7-11　XlSortDataOption 常量

名　称	值	说　明
xlSortNormal	0	分别对数字和文本进行排序
xlSortTextAsNumbers	1	将文本作为数字型数据进行排序

除了使用 SortFields 集合的 Add 方法添加排序字段之外，还需要使用 Sort 对象的一些属性和方法设置排序选项并执行排序操作，具体如下：

- SetRange 方法：要进行排序的数据区域。如果是按列排序，则在指定的数据区域中不需要包含区域顶部的标题行；如果是按行排序，则应该在指定的数据区域中包含标题行。
- Header 属性：排序时数据区域的第一行是否作为标题行。如果将第一行指定为标题行，则在排序时第一行不参与排序，否则第一行参与排序。该参数的值由 XlYesNoGuess 常量提供，见表 7-12。如果省略该参数，则其值默认为 xlNo。

- MatchCase 属性：排序时是否按英文字母的大小写进行排序，如果为 True 则按英文字母的大小写排序，如果为 False 则不按英文字母的大小写排序。如果省略该参数，则其值默认为 False。
- Orientation 属性：排序的方向，可按列或按行排序，该参数的值由 XlSortOrientation 常量提供，见表 7-13。如果省略该参数，则其值默认为 xlSortRows。
- SortMethod 属性：中文排序的方法，可按拼音或笔画排序，该参数的值由 XlSortMethod 常量提供，见表 7-14。如果省略该参数，则其值默认为 xlPinYin。
- Apply 方法：按照设置好的排序字段和排序选项执行排序操作。

表 7-12　XlYesNoGuess 常量

名　称	值	说　明
xlGuess	0	让 Excel 自己判断区域是否包含标题行
xlYes	1	数据区域顶部的标题行不参与排序
xlNo	2	数据区域顶部的标题行参与排序

表 7-13　XlSortOrientation 常量

名　称	值	说　明
xlSortColumns	1	按列排序
xlSortRows	2	按行排序

表 7-14　XlSortMethod 常量

名　称	值	说　明
xlPinYin	1	按字符的拼音顺序排序
xlStroke	2	按字符的笔画数排序

案例 7-22　对销售数据按销量从高到低进行排序

下面的代码对如图 7-22 所示的销售数据按 C 列中的销量从高到低进行排序，假设该数据区域位于名为“销售数据”的工作表中。首先使用 SortFields 集合的 Clear 方法清除之前的排序状态，然后使用该集合的 Add 方法设置排序字段为“销量”，然后通过指定 Sort 对象的相关属性设置排序选项，最后使用 Sort 对象的 Apply 方法执行排序操作。

```
Sub 对销售数据按销量从高到低进行排序()
    With Worksheets("销售数据").Sort
        .SortFields.Clear
        .SortFields.Add Key:=Range("C1"), SortOn:=xlSortOnValues, Order:=xlDescending,
         DataOption:=xlSortNormal
        .SetRange Range("A1:C15")
        .Header = xlNo
        .MatchCase = False
        .Orientation = xlSortColumns
        .SortMethod = xlPinYin
        .Apply
    End With
End Sub
```

如果指定多个排序字段，则可以实现多列排序。根据要同时进行排序的列的数量，多次使用 SortFields 集合的 Add 方法设置多个排序字段。除此之外，与前面介绍的只有一个排序字段的单列排序没有太大区别。

	A	B	C	D
1	商品	地区	数量	
2	酒水	河北	492	
3	饼干	上海	403	
4	酒水	北京	418	
5	大米	天津	452	
6	牛奶	河北	383	
7	饮料	广东	482	
8	饮料	河北	264	
9	饼干	北京	448	
10	饼干	上海	227	
11	酸奶	上海	381	
12	酒水	广东	155	
13	牛奶	广东	220	
14	饮料	天津	104	
15	大米	上海	357	
16				

	A	B	C	D
1	商品	地区	数量	
2	酒水	河北	492	
3	饮料	广东	482	
4	大米	天津	452	
5	饼干	北京	448	
6	酒水	北京	418	
7	饼干	上海	403	
8	牛奶	河北	383	
9	酸奶	上海	381	
10	大米	上海	357	
11	饮料	河北	264	
12	饼干	上海	227	
13	牛奶	广东	220	
14	酒水	广东	155	
15	饮料	天津	104	
16				

图 7-22　对销售数据按销量从高到低进行排序

7.6.2　自动筛选

使用自动筛选可以快速从数据区域中找到符合特定条件的数据。在数据区域中单击任意一个单元格，然后在功能区“数据”选项卡中单击“筛选”按钮，进入自动筛选模式，区域顶部的标题行中的每个字段右侧会显示一个下拉按钮，如图 7-23 所示。可以单击字段右侧的下拉按钮，然后在打开的列表中选择字段中包含的项目，从而指定筛选条件。

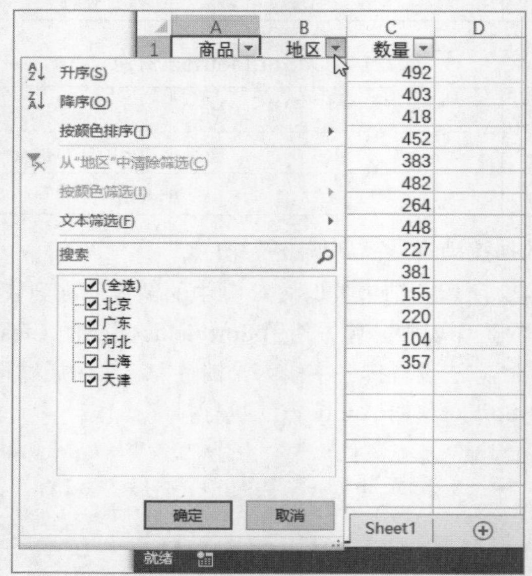

图 7-23　在自动筛选模式下对数据进行筛选

每个工作表只能有一个数据区域开启自动筛选模式。如果工作表包含两个数据区域，且其中一个数据区域处于自动筛选模式，那么在对另一个数据区域开启自动筛选模式后，之前的那个数据区域将会自动退出自动筛选模式。

在 VBA 中，可以使用 AutoFilter 对象获取自动筛选的相关信息。如果自动筛选位于 Excel 表中，那么 AutoFilter 对象的父对象是 ListObject 对象，否则 AutoFilter 对象的父对象是 Worksheet 对象。

AutoFilter 对象存在于自动筛选模式开启期间。如果当前没有开启自动筛选模式，则可以使用 Range 对象的 AutoFilter 方法开启。使用 Worksheet 对象的 AutoFilterMode 属性可以检查当前是否开启了自动筛选模式，该属性返回一个 Boolean 类型的值，如果为 True 则表示已开启自动筛选模式，如果为 False 则表示未开启自动筛选模式。

下面的代码检查活动工作表中是否开启了自动筛选模式，如果已开启则向用户发出已开启的提示信息，如果未开启则在已使用区域中开启自动筛选模式。

```
Sub 检查是否开启了自动筛选模式()
    Select Case ActiveSheet.AutoFilterMode
        Case True
            MsgBox "当前已开启自动筛选模式！"
        Case False
            ActiveSheet.UsedRange.AutoFilter
    End Select
End Sub
```

如果工作表中包含多个不相邻的数据区域，则可以为指定的区域开启自动筛选模式。下面的代码为 A1:C10 单元格区域开启自动筛选模式。

```
Range("A1:C10").AutoFilter
```

不带参数的 AutoFilter 方法相当于一个开启和关闭自动筛选模式的开关。如果工作表中已经开启了自动筛选模式，那么使用 AutoFilter 方法会将其关闭。下面的代码关闭处于开启状态的自动筛选模式，其中使用由 ActiveSheet.AutoFilter 返回的 AutoFilter 对象的 Range 属性引用开启筛选模式的数据区域，然后使用该 Range 对象的 AutoFilter 方法关闭筛选模式。

```
Sub 关闭自动筛选模式()
    If ActiveSheet.AutoFilterMode Then
        ActiveSheet.AutoFilter.Range.AutoFilter
    End If
End Sub
```

如果希望对数据执行筛选操作，则需要使用带有参数的 AutoFilter 方法，该方法包含 5 个参数，语法格式如下：

```
AutoFilter(Field, Criteria1, Operator, Criteria2, VisibleDropDown)
```

- Field：可选，要进行筛选的字段编号。数据区域最左侧的第一列的编号为 1，第二列的编号为 2，以此类推。
- Criteria1：可选，第一个筛选条件，根据 Operator 参数中指定的筛选类型来进行设置。
- Operator：可选，筛选类型，该参数的值由 XlAutoFilterOperator 常量提供，见表 7-15。
- Criteria2：可选，第二个筛选条件，根据第一个筛选条件以及 Operator 参数中指定的筛选类型来进行设置。
- VisibleDropDown：可选，字段右侧是否显示下拉按钮。如果为 True 则显示，如果为 False 则不显示。如果省略该参数，则其值默认为 True。

表 7-15　XlAutoFilterOperator 常量

名　称	值	说　明
xlAnd	1	条件 1 和条件 2 的逻辑与
xlOr	2	条件 1 和条件 2 的逻辑或
xlTop10Items	3	显示最高值项（条件 1 中指定的项数）
xlBottom10Items	4	显示最低值项（条件 1 中指定的项数）

续表

名　　称	值	说　　明
xlTop10Percent	5	显示最高值项（条件 1 中指定的百分数）
xlBottom10Percent	6	显示最低值项（条件 1 中指定的百分数）
xlFilterValues	7	筛选值
xlFilterCellColor	8	单元格颜色
xlFilterFontColor	9	字体颜色
xlFilterIcon	10	筛选图标
xlFilterDynamic	11	动态筛选

案例 7-23　筛选指定商品的销量情况

下面的代码对 A1:C15 单元格区域中的第 1 列（商品）进行筛选，希望显示酒水和饮料的销量情况，并且只显示“商品”列的下拉按钮，隐藏其他列的筛选下拉按钮，如图 7-24 所示。

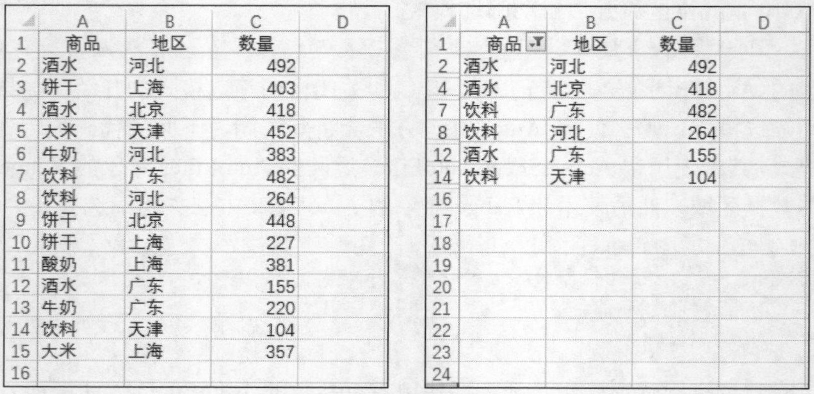

	A	B	C	D
1	商品	地区	数量	
2	酒水	河北	492	
3	饼干	上海	403	
4	酒水	北京	418	
5	大米	天津	452	
6	牛奶	河北	383	
7	饮料	广东	482	
8	饮料	河北	264	
9	饼干	北京	448	
10	饼干	上海	227	
11	酸奶	上海	381	
12	酒水	广东	155	
13	牛奶	广东	220	
14	饮料	天津	104	
15	大米	上海	357	
16				

	A	B	C	D
1	商品	地区	数量	
2	酒水	河北	492	
4	酒水	北京	418	
7	饮料	广东	482	
8	饮料	河北	264	
12	酒水	广东	155	
14	饮料	天津	104	
16				
17				
18				
19				
20				
21				
22				
23				
24				

图 7-24　筛选指定列中的数据

```
Sub 筛选指定商品的销量情况()
    Dim rngFilter As Range, intIndex As Integer
    Set rngFilter = Range("A1:C10")
    If Not ActiveSheet.AutoFilterMode Then
        rngFilter.AutoFilter
    End If
    For intIndex = 1 To rngFilter.Columns.Count
        rngFilter.AutoFilter Field:=intIndex, VisibleDropDown:=False
    Next intIndex
    rngFilter.AutoFilter 1, "酒水", xlOr, "饮料", True
End Sub
```

每一列的筛选信息存储在与该列对应的 Filter 对象中，所有的 Filter 对象组成了 Filters 集合，表示数据区域中的所有列的筛选信息。在 Filters 集合中可以使用索引号引用指定的筛选列。

案例 7-24　显式指定列中的第一个筛选条件

下面的代码显示数据区域第 1 列中设置的第一个筛选值。首先判断工作表是否开启了筛选模式，如果是则判断数据区域中的第 1 列是否设置了筛选条件，Filter 对象的 On 属性用于检测字段是否执行了筛选操作，如果是则返回 True，否则返回 False。如果 On 属性返回 True，则在对话框中显示第 1 列设置的筛选条件。

```
Sub 显式指定列中的第一个筛选条件()
```

```
    If ActiveSheet.AutoFilterMode Then
        If ActiveSheet.AutoFilter.Filters(1).On Then
            MsgBox ActiveSheet.AutoFilter.Filters(1).Criteria1
        End If
    End If
End Sub
```

注意：无法使用 Filter 对象设置筛选信息，而需要使用 Range 对象的 AutoFilter 方法设置筛选信息。

如果要筛选多个值而不是前面案例中的两个值，那么可以使用 Array 函数创建包含所有筛选值的数组，将其指定为 AutoFilter 方法中的第二个参数的值。同时还要将 Operator 参数的值设置为 xlFilterValues，以允许使用多个筛选值。下面的代码是对案例 7-23 修改后的版本，它将筛选出酒水、饮料、大米 3 种商品的销量情况。

```
Sub 设置多个筛选值()
    Dim rngFilter As Range, intIndex As Integer
    Set rngFilter = Range("A1:C10")
    If Not ActiveSheet.AutoFilterMode Then
        rngFilter.AutoFilter
    End If
    For intIndex = 1 To rngFilter.Columns.Count
        rngFilter.AutoFilter Field:=intIndex, VisibleDropDown:=False
    Next intIndex
    rngFilter.AutoFilter 1, Array("酒水", "饮料", "大米"), xlFilterValues, , True
End Sub
```

7.6.3　高级筛选

使用高级筛选也可以获取符合条件的数据并显示出来，而且可以将筛选结果提取到其他指定的位置上，这样可以不影响原始数据的显示。提取的目标位置可以是同一个工作表，也可以是同一个工作簿的其他工作表，还可以是其他工作簿。高级筛选还可以将筛选结果中的重复值删除。

使用高级筛选时，需要先在单元格区域中输入筛选条件，然后在高级筛选中将筛选条件指定为该单元格区域。可以将放置筛选条件的单元格区域称为条件区域。条件区域的顶部需要包含筛选字段的标题，然后在标题下方的单元格中输入具体的筛选条件。筛选条件及其输入方式分为以下三种。

- 如果要在同一个字段中设置满足两个条件之一的筛选条件，则需要将筛选条件放置在条件区域的同列多行中。如图 7-25 所示的条件区域表示希望筛选出酒水或饮料的销量数据。
- 如果要在不同字段中设置同时满足多个条件的筛选条件，则需要将筛选条件放置在条件区域的同行多列中。如图 7-26 所示的条件区域表示希望筛选出北京地区酒水的销售数据。
- 如果要在不同字段中设置满足两个条件之一的筛选条件，则需要将这两个条件放置在条件区域的不同列和不同行中。如图 7-27 所示表示筛选出酒水的销售数据，或者筛选出北京地区的销售数据。

E	F	G	H
	商品		
	酒水		
	饮料		

图 7-25　第一种筛选条件

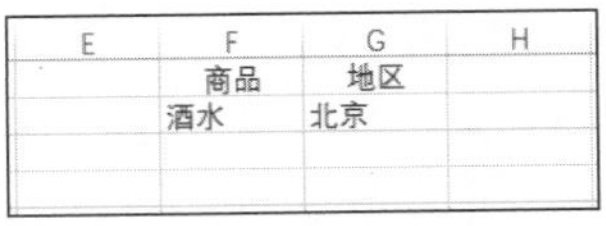

E	F	G	H
	商品	地区	
	酒水	北京	

图 7-26　第二种筛选条件

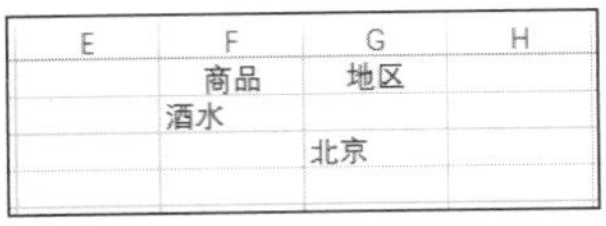

E	F	G	H
	商品	地区	
	酒水		
		北京	

图 7-27　第三种筛选条件

我们还可以使用返回逻辑值 True 或 False 的公式作为筛选条件，此时在条件区域中的第一行不能包含筛选字段的标题，或者包含的标题不能与待筛选的数据区域中的标题相同。

在 VBA 中可以使用 Range 对象的 AdvancedFilter 方法对数据执行高级筛选的操作，该方法包含 4 个参数，语法格式如下：

```
AdvancedFilter(Action, CriteriaRange, CopyToRange, Unique)
```

- Action：必选，在数据区域的原始位置进行筛选，还是将筛选结果复制到其他位置，该参数的值由 XlFilterAction 常量提供，见表 7-16。
- CriteriaRange：可选，高级筛选的条件区域。
- CopyToRange：可选，将筛选结果复制到的单元格区域。
- Unique：可选，是否提取不重复值。如果为 True 则在筛选后删除重复值，如果为 False 则不删除重复值。如果省略该参数，则其值默认为 False。

表 7-16　XlFilterAction 常量

名　　称	值	说　　明
xlFilterInPlace	1	在数据的原始位置显示筛选结果
xlFilterCopy	2	将筛选结果复制到其他位置

案例 7-25　对数据进行高级筛选

下面的代码对 A1:C15 单元格区域中的数据进行高级筛选，F1:G2 是高级筛选中的条件区域。将筛选结果放置在新建工作表的指定区域中，该区域的左上角单元格是 A1，如图 7-28 所示。

	A	B	C	D	E	F	G	H
1	商品	地区	数量			商品	地区	
2	酒水	河北	492			饼干	上海	
3	饼干	上海	403					
4	酒水	北京	418					
5	大米	天津	452					
6	牛奶	河北	383					
7	饮料	广东	482					
8	饮料	河北	264					
9	饼干	北京	448					
10	饼干	上海	227					
11	酸奶	上海	381					
12	酒水	广东	155					
13	牛奶	广东	220					
14	饮料	天津	104					
15	大米	上海	357					
16								

	A	B	C	D
1	商品	地区	数量	
2	饼干	上海	403	
3	饼干	上海	227	
4				

图 7-28　对数据进行高级筛选

```
Sub 对数据进行高级筛选()
    Dim rngOld As Range, rngNew As Range, rngCriteria As Range
    Set rngOld = Range("A1:C15")
    Set rngCriteria = Range("F1:G2")
    Set rngNew = Worksheets.Add.Range("A1")
    rngOld.AdvancedFilter xlFilterCopy, rngCriteria, rngNew
End Sub
```

第 8 章　使用 Shape 对象处理图形对象

Excel 对象模型中的 Shape 对象专门用于处理位于工作表的绘图层中的对象，例如图片、形状、文本框、艺术字、图表等，但是这些对象的创建需要使用 Shapes 集合进行处理。为了便于描述，本章将使用术语“图形对象”作为绘图层中的对象的统一描述方式。本章将详细介绍使用 Shape 对象处理图形对象的方法。

8.1　理解 Shapes 集合与 Shape 对象

Shapes 集合包含工作表中的所有图形对象，其中的每一个图形都是一个 Shape 对象，Shape 对象是 Shapes 集合的成员。Shapes 集合的父对象是 Worksheet 对象。本节将介绍 Shapes 集合与 Shape 对象的基本概念及其常用的属性和方法，在本章后面的内容中将会详细介绍这些属性和方法的具体应用。

8.1.1　Shapes 集合的常用属性和方法

Shapes 集合只包含为数不多的属性和方法，而其中的大多数方法都用于创建不同类型的图形对象。表 8-1 和表 8-2 列出了 Shapes 集合的常用属性和方法。

表 8-1　Shapes 集合的常用属性

属　性	说　明
Count	返回工作表中的图形对象的总数
Range	返回包含指定范围内的所有图形对象的 ShapeRange 集合

表 8-2　Shapes 集合的常用方法

方　法	说　明
AddChart	创建一个图表，并返回表示该图表的 Shape 对象
AddFormControl	创建一个 Excel 窗体控件，并返回表示该控件的 Shape 对象
AddPicture	插入一个图片，并返回表示该图片的 Shape 对象
AddShape	创建一个自选图形，并返回表示该自选图形的 Shape 对象
AddTextbox	创建一个文本框，并返回表示该文本框的 Shape 对象
AddTextEffect	创建一个艺术字，并返回表示该艺术字的 Shape 对象
Item	以名称或索引号来引用特定的图形对象
SelectAll	选择并返回包含 Shapes 集合中的所有图形对象的 ShapeRange 集合

8.1.2 Shape 对象的常用属性和方法

Shape 对象包含很多属性和方法，表 8-3 和表 8-4 列出了其中比较常用的属性和方法。

表 8-3 Shape 对象的常用属性

属　性	说　明
BottomRightCell	返回一个表示图形对象右下角所在的单元格的 Range 对象
Chart	返回一个包含图形对象中的图表的 Chart 对象
Fill	返回一个用于设置图形对象的填充格式的 FillFormat 或 ChartFillFormat 对象
HasChart	确定图形对象中是否包含图表
Height	返回或设置图形对象的高度，以磅为单位
Left	返回或设置图形对象的左边缘与工作表 A 列左边缘的距离，以磅为单位
Line	返回一个用于设置图形对象的边框格式的 LineFormat 对象
LockAspectRatio	返回或设置图形对象的宽度和高度之间的比例的锁定状态
Name	返回或设置图形对象的名称
OnAction	返回或设置为图形对象指定的宏的名称
PictureFormat	返回一个用于设置图片格式的 PictureFormat 对象
Top	返回或设置图形对象的上边缘与工作表上边缘的距离，以磅为单位
TopLeftCell	返回一个表示图形对象左上角所在的单元格的 Range 对象
Type	返回图形对象的类型
Visible	返回或设置图形对象的显示或隐藏状态
Width	返回或设置图形对象的宽度，以磅为单位
ZOrderPosition	返回与图形对象在 Shapes 集合中的索引号对应的 z-顺序中的位置

表 8-4 Shape 对象的常用方法

方　法	说　明
Delete	删除图形对象
ScaleHeight	按指定比例调整图形对象的高度
ScaleWidth	按指定比例调整图形对象的宽度
Select	选择图形对象
SetShapesDefaultProperties	将图形对象的当前格式设置为以后创建的图形对象的默认格式

8.1.3 Shapes 集合与 ShapeRange 集合

Shapes 集合包含指定工作表中的所有图形对象，而 ShapeRange 集合包含指定范围内的所有图形对象，这个范围可以是当前选中的所有图形，也可以是由用户指定的一个或多个图形，可以将 ShapeRange 集合看成是 Shapes 集合的子集。

8.1.4　引用图形对象

在工作表中单击某个图形对象将其选中，然后在编辑栏左侧的名称框中可以看到所选图形对象的名称，比如“矩形 1”“图片 2”等，如图 8-1 所示，名称中的汉字与数字之间有一个空格。

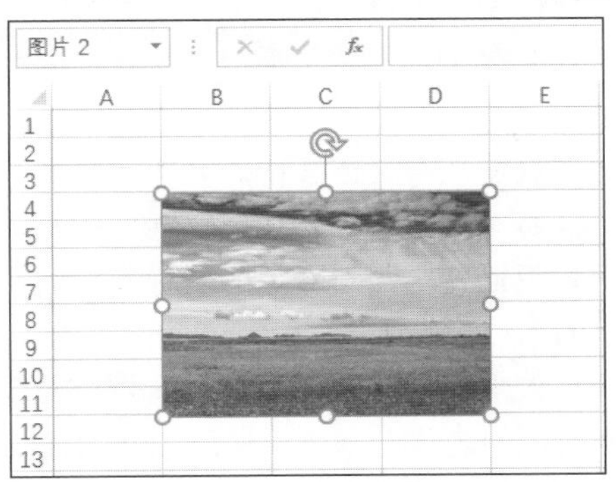

图 8-1　图形对象的名称显示在名称框中

在 VBA 中，可以使用图形对象的名称或索引号从 Shapes 集合中引用特定的图形对象。如果在活动工作表中存在名为“图片 2”的图片，并且该图片在该工作表包含的所有图形对象中位于第 2 个位置，那么下面 3 行代码都可以引用这个图片：

```
ActiveSheet.Shapes(2)
ActiveSheet.Shapes("图片 2")
ActiveSheet.Shapes("Picture 2")
```

如果使用 Shape 对象的 Name 属性，返回的是图形对象的英文名称，比如 Picture 2。

还可以使用 Shapes 集合的 Range 属性引用一个或多个图形对象，该属性返回 ShapeRange 集合。下面的代码引用活动工作表中名为“图片 2”的图片：

```
ActiveSheet.Shapes.Range("图片 2")
```

当引用一个图形对象时，直接使用不带 Range 属性的 Shapes 集合更简洁。但是当引用多个图形对象时，则需要使用 Shapes 集合的 Range 属性并配合 Array 参数。下面的代码引用活动工作表中索引号为 1、2、3 的三个图形对象：

```
ActiveSheet.Shapes.Range(Array(1, 2, 3))
```

下面的代码引用活动工作表中名为“矩形 1”和“图片 2”的两个图形对象：

```
ActiveSheet.Shapes.Range(Array("矩形 1", "图片 2"))
```

下面的代码引用当前选中的所有图形对象：

```
Selection.ShapeRange
```

下面的代码引用当前选中的所有图形对象中的第 2 个图形对象：

```
Selection.ShapeRange(2)
```

使用 Shapes 对象的 Range 属性返回一个包含特定范围内的多个图形对象的 ShapeRange 集合后，可以声明一个 Shape 类型的对象变量，然后在 For Each 循环结构中使用该变量遍历返回的 ShapeRange 集合中的每一个图形，并进行所需的处理。

8.2　获取图形对象的相关信息

可以通过 Shape 对象的一些属性来获取图形对象的相关信息，比如图形对象的名称、类型和位置。本节将介绍获取这些信息的方法。

8.2.1 获取图形对象的名称

通过本章前面的介绍可以了解到，虽然可以通过索引号来定位不同的图形对象，但是如果工作表中包含很多图形对象，那么索引号并不是很直观，通过图形对象的名称来定位图形对象更可靠。

在工作表中插入的每个图形对象都有一个默认的名称，对于图片来说，其名称可能是“图片 1”“图片 2”等；对于自选图形中的矩形来说，其名称可能是“矩形 1”“矩形 2”等。使用 Shape 对象的 Name 属性可以返回特定图形对象的名称。下面的代码在对话框中显示活动工作表中索引号为 2 的图形对象的名称：

```
MsgBox ActiveSheet.Shapes(2).Name
```

如果想要查看选中的图形对象的名称，则可以使用下面的代码：

```
MsgBox Selection.ShapeRange(1).Name
```

案例 8-1　列出所有图形对象的索引号和名称

下面的代码将 Sheet1 工作表中的所有图形对象的索引号和名称显示在 Sheet2 工作表的 A 列和 B 列，如图 8-2 所示。代码中声明了 5 个变量，wksShape 变量和 wksOutput 变量分别引用 Sheet1 工作表和 Sheet2 工作表，intRow 变量用于稍后定义的数组中第一维的索引值。shp 变量用于在 For Each 循环结构中对 Sheet1 工作表中的所有图形对象进行遍历，aShapes 变量是一个动态数组，用于存储 Sheet1 工作表中的所有图形对象的索引号和名称，之后再一次性写入到 Sheet2 工作表的单元格区域中。

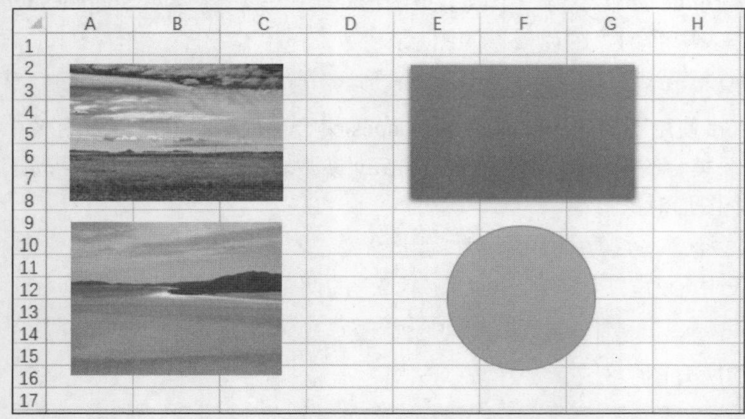

	A	B	C
1	索引号	名称	
2	1	Picture 2	
3	2	Picture 4	
4	3	Rectangle 5	
5	4	Oval 6	
6			
7			

图 8-2　Sheet1 包含的图形对象及其在 Sheet2 中列出的索引号和名称

使用 ReDim 语句对数组进行重新定义时，使用 Sheet1 工作表中的所有图形对象的总数作为该数组第一维的上界，而该数组第二维的上界为 2 是因为数组中一共存储索引号和名称两列数据。在 For Each 循环结构中将每个图形对象的索引号和名称存储到每个数组元素中。之后通过 Range 对象的 Resize 属性确定要写入数据的单元格区域的范围，该区域的行数就是数组第一维的上界，列数就是数组第二维的上界。然后将数组中的所有数据一次性写入指定的单元格区域中，最后调整单元格区域的列宽以正好容纳其中的内容。

如果活动工作簿中不存在 Sheet1 或 Sheet2，或者 Sheet1 工作表中没有任何图形对象，则会出现运行时错误。

```
Sub 列出所有图形对象的索引号和名称()
    Dim wksShape As Worksheet, wksOutput As Worksheet
    Dim intRow As Integer, shp As Shape, aShapes() As Variant
    Set wksShape = Worksheets("Sheet1")
    Set wksOutput = Worksheets("Sheet2")
    ReDim aShapes(1 To wksShape.Shapes.Count, 1 To 2)
    wksOutput.Range("A1").Resize(1, 2) = Array("索引号", "名称")
    For Each shp In wksShape.Shapes
        intRow = intRow + 1
        aShapes(intRow, 1) = shp.ZOrderPosition
        aShapes(intRow, 2) = shp.Name
    Next shp
    wksOutput.Range("A2").Resize(UBound(aShapes, 1), 2) = aShapes
    wksOutput.Range("A2").Resize(UBound(aShapes, 1), 2).EntireColumn.AutoFit
End Sub
```

8.2.2　获取图形对象的类型

很多时候可能需要对工作表中特定类型的图形对象进行操作。使用 Shape 对象的 Type 属性可以确定图形对象的类型，该属性的值由 MsoShapeType 常量提供，表 8-5 列出了常见类型对应的常量值。

表 8-5　MsoShapeType 常量

名　　称	值	说　　明
msoAutoShape	1	自选图形
msoChart	3	图表
msoComment	4	批注
msoGroup	6	组合图形
msoEmbeddedOLEObject	7	嵌入的 OLE 对象
msoFormControl	8	窗体控件
msoLine	9	线条
msoLinkedOLEObject	10	链接的 OLE 对象
msoPicture	13	图片
msoTextBox	17	文本框
msoIgxGraphic	24	SmartArt

下面的代码返回活动工作表中索引号为 2 的图形对象的类型：

```
ActiveSheet.Shapes(2).Type
```

下面的代码返回选定图形对象的类型：

```
Selection.ShapeRange(1).Type
```

Type 属性返回的是数字值，而不是常量值的名称，因此不易于理解。为了增强可读性，可以创建一个自定义函数，其中包含一个待检查类型的 Shape 对象类型的参数，根据检查结果返回文本形式的类型。

案例 8-2　创建检测图形对象类型的自定义函数

下面的代码创建了一个 strShapeType 自定义函数，其中包含一个 Shape 对象类型的参数 shp，表示被检测的图形对象。

```
Function strShapeType(shp As Shape)
    Dim strType As String
    Select Case shp.Type
        Case 1: strType = "自选图形"
        Case 3: strType = "图表"
        Case 4: strType = "批注"
        Case 6: strType = "组合图形"
        Case 9: strType = "线条"
        Case 13: strType = "图片"
        Case 17: strType = "文本框"
        Case 24: strType = "SmartArt"
    End Select
    strShapeType = strType
End Function
```

下面的代码使用上面创建的 strShapeType 自定义函数检测选定图形对象的类型，并显示表示类型的文本信息而不是数字值，如图 8-3 所示。

```
MsgBox strShapeType(Selection.ShapeRange(1))
```

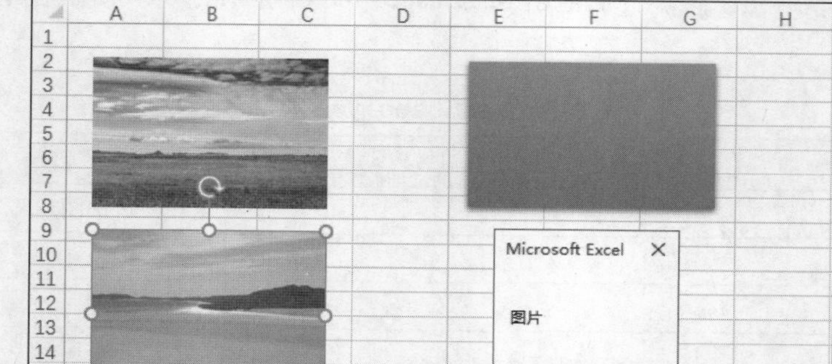

图 8-3　显示表示图形对象类型的文本信息

8.2.3　获取图形对象的位置

Shape 对象包含用于确定图形对象位置的以下几个属性：Left、Top、TopLeftCell 和 BottomRightCell。Left 属性用于确定图形对象的左边缘与工作表 A 列左边缘的距离，Top 属性用于确定图形对象的上边缘与工作表上边缘的距离。换句话说，这两个属性用于确定图形对象的左上角在工作表中的位置。TopLeftCell 和 BottomRightCell 两个属性用于确定图形对象的左上角和右下角所在的单元格。

案例 8-3　显示图形对象的位置信息

下面的代码在对话框中显示选定图形对象的位置信息，包括 Left、Top、TopLeftCell 和 BottomRightCell 的值，如图 8-4 所示。

```
Sub 显示图形对象的位置信息()
    Dim strMsg As String, shp As Shape
    Set shp = Selection.ShapeRange(1)
    strMsg = strMsg & "距离A列左边缘的距离：" & Round(shp.Left, 2) & vbCrLf
    strMsg = strMsg & "距离工作表上边缘的距离：" & Round(shp.Top, 2) & vbCrLf
```

```
    strMsg = strMsg & "图形对象左上角所在的单元格: " & shp.TopLeftCell.Address(0, 0) & vbCrLf
    strMsg = strMsg & "图形对象右下角所在的单元格: " & shp.BottomRightCell.Address(0, 0) & vbCrLf
    MsgBox strMsg
End Sub
```

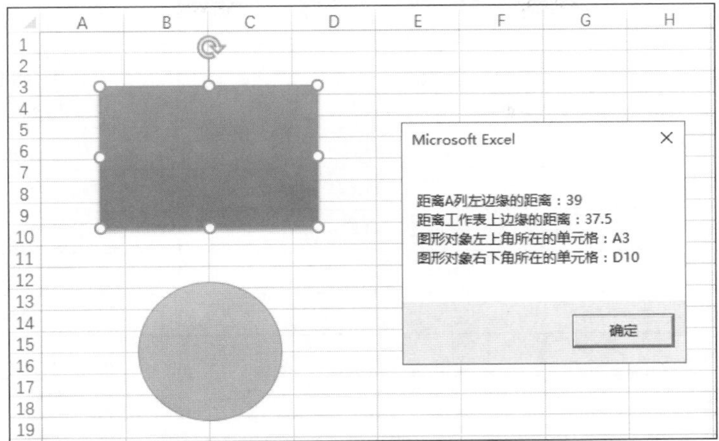

图 8-4　显示图形对象的位置信息

8.3　插入与删除图形对象

使用 Shapes 集合包含的方法可以插入不同类型的图形对象，本节主要介绍在工作表中插入自选图形和图片，以及选择和删除图形对象的方法。

8.3.1　插入自选图形

在 VBA 中，可以使用 Shapes 集合的 AddShape 方法在工作表中插入自选图形，该方法包含 5 个参数，语法格式如下：

```
AddShape(Type, Left, Top, Width, Height)
```

- Type：必选，自选图形的类型，该参数的值由 MsoAutoShapeType 常量提供，表 8-6 列出了部分常用的常量值。
- Left：必选，自选图形的左边缘与工作表 A 列左边缘的距离，以磅为单位。
- Top：必选，自选图形的上边缘与工作表上边缘的距离，以磅为单位。
- Width：必选，自选图形的宽度，以磅为单位。
- Height：必选，自选图形的高度，以磅为单位。

表 8-6　MsoAutoShapeType 常量

名　称	值	说　明
msoShapeRectangle	1	矩形
msoShapeParallelogram	2	平行四边形
msoShapeTrapezoid	3	梯形
msoShapeDiamond	4	菱形
msoShapeRoundedRectangle	5	圆角矩形

续表

名　　称	值	说　　明
msoShapeIsoscelesTriangle	7	等腰三角形
msoShapeRightTriangle	8	直角三角形
msoShapeOval	9	椭圆形
msoShapeCan	13	圆柱形
msoShapeCross	11	十字形
msoShapeCube	14	立方体
msoShapeRightArrow	33	右箭头
msoShapeLeftArrow	34	左箭头
msoShapeUpArrow	35	上箭头
msoShapeDownArrow	36	下箭头
msoShape5pointStar	92	五角星

下面的代码在活动工作表中插入一个矩形，该矩形的宽度是 100 磅，高度是 70 磅，其左边缘与工作表 A 列左边缘的距离是 50 磅，其上边缘与工作表上边缘的距离是 30 磅，如图 8-5 所示。

```
ActiveSheet.Shapes.AddShape msoShapeRectangle, 50, 30, 100, 70
```

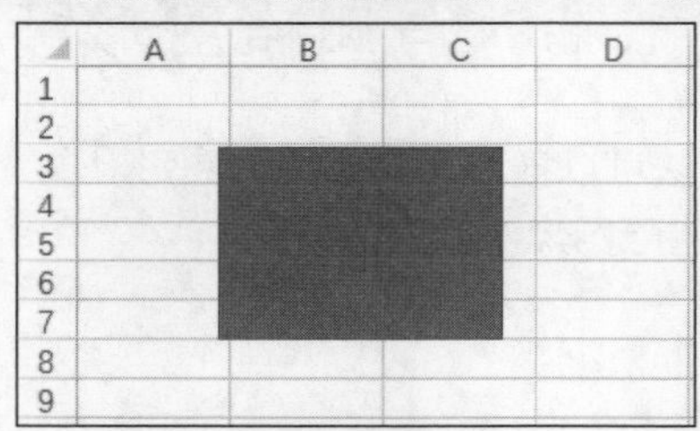

图 8-5　使用 AddShape 方法插入一个矩形

在 Excel 界面中如果想要插入一个正方形，则需要选择矩形后按住 Shift 键并拖动鼠标才能绘制出来。在 VBA 中创建正方形的方法与创建矩形类似，只需指定相同的宽度和高度即可。下面的代码在活动工作表中插入一个边长为 70 磅的正方形：

```
ActiveSheet.Shapes.AddShape msoShapeRectangle, 50, 30, 70, 70
```

案例 8-4　以厘米为单位指定矩形的尺寸

我们可能习惯于使用厘米为单位来指定自选图形的尺寸。可以使用 Application 对象的 CentimetersToPoints 方法将输入的厘米值转换为磅值。下面的代码在活动工作表中插入宽度为 10 厘米，高度为 6 厘米的矩形，该矩形的左边缘与工作表 A 列左边缘的距离为 5 厘米，上边缘与工作表上边缘的距离为 3 厘米，如图 8-6 所示。

```
Sub 插入以厘米为单位指定尺寸的矩形()
    Dim dblLeft As Double, dblTop As Double
    Dim dblWidth As Double, dblHeight As Double
    dblLeft = Application.CentimetersToPoints(5)
    dblTop = Application.CentimetersToPoints(3)
    dblWidth = Application.CentimetersToPoints(10)
    dblHeight = Application.CentimetersToPoints(6)
    ActiveSheet.Shapes.AddShape msoShapeRectangle, dblLeft, dblTop, dblWidth, dblHeight
End Sub
```

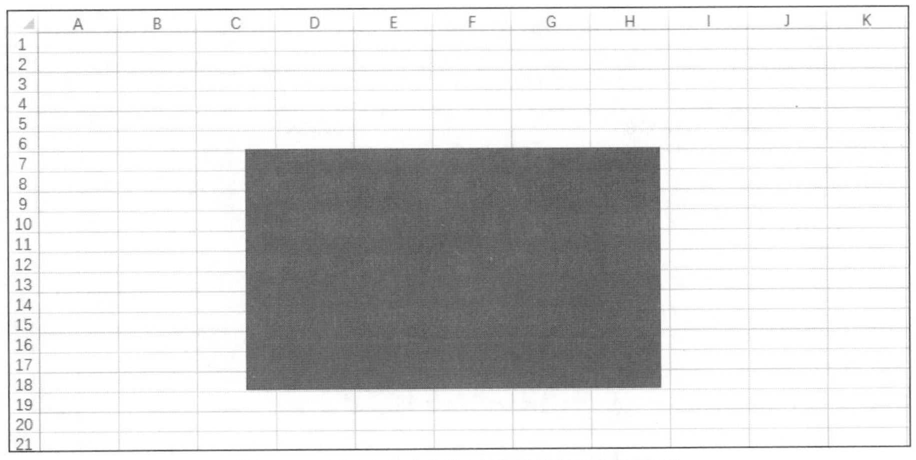

图 8-6　插入以厘米为单位指定尺寸的矩形

8.3.2　插入图片

与插入自选图形相比，在工作表中插入图片的操作可能更加频繁。使用 Shapes 集合的 AddPicture 方法可以在工作表中插入图片，该方法包含 7 个参数，语法格式如下：

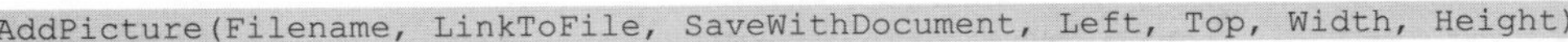

```
AddPicture(Filename, LinkToFile, SaveWithDocument, Left, Top, Width, Height)
```

- Filename：必选，要插入的图片文件的路径和文件名。
- LinkToFile：必选，以链接或嵌入的形式插入图片。如果设置为 True 则以链接的形式插入图片，如果设置为 False 则以嵌入的形式插入图片。
- SaveWithDocument：必选，是否将插入的图片与工作簿一起保存。如果将 LinkToFile 参数设置为 False，则必须将 SaveWithDocument 参数设置为 True。
- Left：必选，图片的左边缘与工作表 A 列左边缘的距离，以磅为单位。
- Top：必选，图片的上边缘与工作表上边缘的距离，以磅为单位。
- Width：必选，图片的宽度，以磅为单位。
- Height：必选，图片的高度，以磅为单位。

在 Excel 2016 中还包括一个 AddPicture2 方法，该方法包含 8 个参数，前 7 个参数与 AddPicture 方法相同，第 8 个参数用于设置是否对插入的图片进行压缩。

下面的代码将 C 盘根目录中名为“风景.jpg”的图片插入到活动工作表中。如果图片没有位于指定的位置上，则会出现运行时错误。

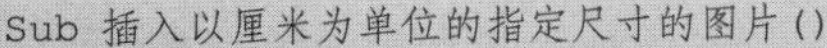

```
ActiveSheet.Shapes.AddPicture "C:\风景.jpg", False, True, 50, 30, 200, 150
```

案例 8-5　插入以厘米为单位指定尺寸的图片

下面的代码将 C 盘根目录中名为“风景.jpg”的图片插入到活动工作表中，并将其宽度设置为 8 厘米，高度设置为 5 厘米，图片的左边缘与工作表 A 列左边缘的距离为 3 厘米，上边缘与工作表上边缘的距离为 2 厘米，如图 8-7 所示。

```
Sub 插入以厘米为单位的指定尺寸的图片()
    Dim strFileName As String
    Dim dblLeft As Double, dblTop As Double
    Dim dblWidth As Double, dblHeight As Double
    strFileName = "C:\风景.jpg"
    dblLeft = Application.CentimetersToPoints(3)
```

```
    dblTop = Application.CentimetersToPoints(2)
    dblWidth = Application.CentimetersToPoints(8)
    dblHeight = Application.CentimetersToPoints(5)
    ActiveSheet.Shapes.AddPicture strFileName, False, True, dblLeft, dblTop, dblWidth,
    dblHeight
End Sub
```

图 8-7　插入以厘米为单位的指定尺寸的图片

案例 8-6　插入图片时与指定的单元格区域对齐

下面的代码在活动工作表中插入图片时，自动将图片与用户指定的单元格区域对齐，图片的左上角位于指定区域的左上角单元格，图片的宽度与区域中的所有列的列宽相同，图片的高度与区域中的所有行的行高相同，如图 8-8 所示。代码将用户在对话框中输入的表示单元格区域地址的文本赋值给 strRange 变量，然后将其用作 Range 属性的参数以获得对指定单元格区域的引用，并将其赋值给 rng 变量。为了避免用户输入的内容无法解析为有效的单元格区域地址，因此加入了防错代码。如果输入的单元格区域的地址有效，则使用 Range 对象的 Left、Top、Width 和 Height 四个属性获得单元格区域的左上角位置以及宽度和高度，并将它们赋值给 4 个 dbl 开头的变量，最后使用 Shapes 对象的 AddPicture 方法插入指定路径下的图片文件，并使用 4 个 dbl 开头的变量指定图片在工作表中的位置和尺寸。

```
Sub 插入图片时与指定的单元格区域对齐()
    Dim strFileName As String
    Dim strRange As String, rng As Range
    Dim dblLeft As Double, dblTop As Double
    Dim dblWidth As Double, dblHeight As Double
    strFileName = "C:\风景.jpg"
    strRange = InputBox("请输入单元格区域的地址：")
    If strRange = "" Then Exit Sub
    On Error Resume Next
    Set rng = Range(strRange)
    If rng Is Nothing Then
        MsgBox "单元格区域的地址无效！"
        Exit Sub
    End If
    dblLeft = rng.Left
    dblTop = rng.Top
    dblWidth = rng.Width
    dblHeight = rng.Height
```

```
    ActiveSheet.Shapes.AddPicture strFileName, False, True, dblLeft, dblTop, dblWidth,
    dblHeight
End Sub
```

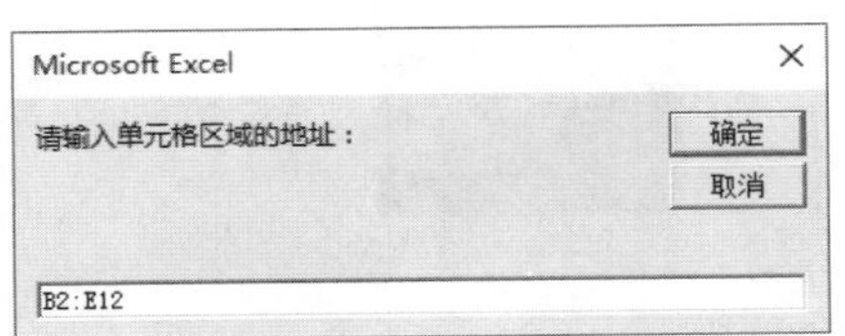

图 8-8　插入图片时与指定的单元格区域对齐

案例 8-7　隔行批量插入多个图片

下面的代码将指定的多个图片隔行插入到活动工作表中，所有图片的大小相同，并与指定的单元格区域对齐排列，如图 8-9 所示。本例代码与上一个案例中的代码类似，不同之处在于使用 Array 函数创建包含要插入的所有图片的文件名称的 Variant 类型数组，以便在使用 AddPicture 方法插入图片时，可以通过索引号动态引用数组中的不同元素以获得对应的图片文件的名称。使用 For Next 循环结构在数组的下界与上界之间循环，使用由用户指定的单元格区域的位置和大小插入图片并设置尺寸。然后重新定义用于确定下一个图片所在位置的单元格区域，新区域是当前区域向下偏移指定行数后得到的区域，偏移的行数为当前区域的总行数加 1，从而可以确保两个图片之间包含一个空行。

```
Sub 隔行批量插入多个图片()
    Dim avarName As Variant, intIndex As Integer
    Dim strRange As String, rng As Range, shp As Shape
    Dim dblLeft As Double, dblTop As Double
    Dim dblWidth As Double, dblHeight As Double
    avarName = Array("风景1.jpg", "风景2.jpg", "风景3.jpg")
    strRange = InputBox("请输入起始单元格区域的地址：")
    If strRange = "" Then Exit Sub
    On Error Resume Next
    Set rng = Range(strRange)
    If rng Is Nothing Then
        MsgBox "单元格区域的地址无效！"
        Exit Sub
    End If
    For intIndex = LBound(avarName) To UBound(avarName)
        dblLeft = rng.Left
        dblTop = rng.Top
        dblWidth = rng.Width
        dblHeight = rng.Height
        Set shp = ActiveSheet.Shapes.AddPicture(ThisWorkbook.Path & "\" & avarName(intIndex),
        False, True, dblLeft, dblTop, dblWidth, dblHeight)
        Set rng = rng.Offset(rng.Rows.Count + 1)
    Next intIndex
End Sub
```

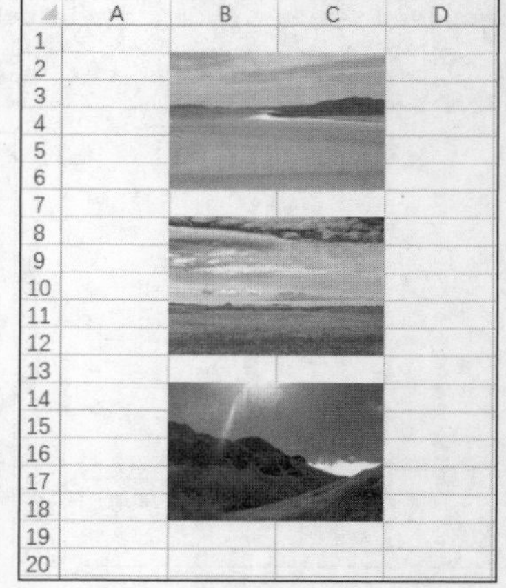

图 8-9　隔行批量插入多个图片

8.3.3　选择特定类型的图形对象

Shapes 集合有一个 SelectAll 方法，用于选择工作表中的所有图形对象。如果要选择特定类型的图形对象，比如图片或自选图形，则需要考虑使用其他方式。ShapeRange 集合包含指定范围内的所有图形对象，而使用 Shapes 集合的 Range 属性则可以返回 ShapeRange 集合。如果将 Array 函数返回的表示图形对象的索引号或名称的 Variant 类型数组作为 Range 属性的参数，则可以创建包含多个指定图形对象的 ShapeRange 集合。借助这个思路，可以使用动态数组代替 Array 函数生成的数组，将符合指定类型的图形对象添加到动态数组中，然后将该数组作为 Range 属性的参数，从而创建包含指定类型的所有图形对象的 ShapeRange 集合，最后使用 ShapeRange 集合的 Select 方法选择这些图形对象。

案例 8-8　选择活动工作表中的所有图片

下面的代码选择活动工作表中的所有图片，而不会选择图片以外的其他类型的图形对象。代码中声明了一个动态数组 astrShapes 用于存储工作表中的所有图片。在 For Each 循环结构中遍历活动工作表中的每一个图形对象，使用 Shape 对象的 Type 属性判断当前图形对象的类型是否是图片（即 msoPicture），如果是则将表示动态数组上界的 intShapeCount 变量的值加 1，此时 intShapeCount 变量的值由 0 变为 1。然后使用 ReDim 语句以 1 为数组的下界，intShapeCount 变量为数组的上界重新定义动态数组，并将当前图形对象的名称赋值给该动态数组的第一个元素。重复 For Each 循环，只要找到图片就将 intShapeCount 变量的值继续加 1，然后将新找到的图片的名称赋值给新增加的数组元素，以此类推。

遍历完所有图形对象退出 For Each 循环结构后，需要检查 intShapeCount 变量的值是否大于 0，如果大于 0 则说明工作表中至少包含 1 个图片，将动态数组作为 Shapes 对象 Range 属性的参数以返回包含所有图片的 ShapeRange 集合，然后使用该集合的 Select 方法选择所有图片。如果 intShapeCount 变量的值不大于 0，则显示工作表中不包含图片的提示信息。

```
Sub 选择活动工作表中的所有图片()
    Dim shp As Shape, intShapeCount As Integer
    Dim astrShapes() As String
    For Each shp In ActiveSheet.Shapes
        If shp.Type = msoPicture Then
            intShapeCount = intShapeCount + 1
            ReDim Preserve astrShapes(1 To intShapeCount)
            astrShapes(intShapeCount) = shp.Name
```

```
        End If
    Next shp
    If intShapeCount > 0 Then
        ActiveSheet.Shapes.Range(astrShapes).Select
    Else
        MsgBox "活动工作表中不包含图片！"
    End If
End Sub
```

8.3.4　删除工作表中的所有图形对象

如果想要删除工作表中的所有图形对象，则可以在 For Each 循环结构中使用一个 Shape 类型的对象变量遍历每一个图形对象，并执行 Shape 对象的 Delete 方法进行删除。

案例 8-9　使用 For Each 循环结构删除所有图形对象

下面的代码使用 For Each 循环结构删除活动工作表中的所有图形对象。

```
Sub 使用ForEach循环结构删除所有图形对象()
    Dim shp As Shape
    For Each shp In ActiveSheet.Shapes
        shp.Delete
    Next shp
End Sub
```

如果工作表中包含数量庞大的图形对象，那么还可以使用一种更加简单有效的方法来删除所有的这些图形对象。通过使用 Shapes 集合的 SelectAll 方法选择工作表中的所有图形对象，然后使用返回的 ShapeRange 集合的 Delete 方法删除所有图形对象，减少 For Each 循环所需花费的时间。

案例 8-10　使用 SelectAll 方法删除所有图形对象

下面的代码使用 SelectAll 方法删除活动工作表中的所有图形对象。

```
Sub 使用SelectAll方法删除所有图形对象()
    ActiveSheet.Shapes.SelectAll
    Selection.ShapeRange.Delete
End Sub
```

8.3.5　删除特定类型的图形对象

虽然有时需要删除工作表中的所有图形对象，但是遇到更多的情况可能是删除某种特定类型的图形对象，或者删除特定类型以外的其他图形对象。定位特定类型的图形对象的一种方法是使用 8.3.3 节中介绍的技术，利用动态数组存储特定类型的图形对象，然后将其作为 Shape 对象的 Range 属性的参数以返回 ShapeRange 集合，然后该集合的 Delete 方法即可一次性删除特定类型的图形对象。

另一种方法是在 For Each 循环结构中遍历每一个图形对象，并判断图形对象是否是特定的类型，如果是则执行 Shape 对象的 Delete 方法将其删除。

案例 8-11　删除活动工作表中的所有自选图形

下面的代码删除活动工作表中的所有自选图形，而不会删除自选图形以外的其他类型的图形对象。

```
Sub 删除活动工作表中的所有自选图形()
    Dim shp As Shape
        For Each shp In ActiveSheet.Shapes
```

```
            If shp.Type = msoAutoShape Then
                shp.Delete
            End If
        Next shp
    Next shp
End Sub
```

8.4 设置图形对象的格式

图形对象的格式主要包括填充格式和边框格式两种，图片通常不需要设置填充格式，边框格式则同时适用于图片和自选图形。本节主要介绍为自选图形设置填充格式和边框格式的方法。

8.4.1 设置图形对象的填充格式

可以使用 FillFormat 对象设置图形对象的填充格式，该对象由 Shape 对象的 Fill 属性返回。要设置单种颜色的纯色填充，需要使用 FillFormat 对象的 ForeColor 属性，该属性返回 ColorFormat 对象，使用 ColorFormat 对象的 RGB 属性设置填充颜色。

可以使用 VBA 的内置函数 RGB 为 ColorFormat 对象的 RGB 属性设置颜色值。RGB 函数包含 3 个参数，分别表示颜色中的红、绿、蓝 3 个颜色分量，每个颜色分量的取值范围为 0～255。表 8-7 列出了常用的颜色及其对应的 RGB 颜色分量值。

表 8-7 常用的颜色及其对应的 RGB 颜色分量

颜 色 名 称	红 色 分 量	绿 色 分 量	蓝 色 分 量
黑色	0	0	0
白色	255	255	255
红色	255	0	0
绿色	0	255	0
蓝色	0	0	255
黄色	255	255	0
粉色	255	0	255
青色	0	255	255

案例 8-12 为自选图形设置纯色填充

下面的代码将活动工作表中的所有自选图形的填充色设置为粉色。由于某些自选图形有可能已经设置了单色或双色渐变填充，因此需要使用 FillFormat 对象的 Solid 方法将填充方式改为纯色填充，然后再使用 ColorFormat 对象的 RGB 属性设置填充颜色。

```
Sub 为自选图形设置纯色填充()
    Dim shp As Shape
    For Each shp In ActiveSheet.Shapes
        If shp.Type = msoAutoShape Then
            shp.Fill.Solid
            shp.Fill.ForeColor.RGB = RGB(255, 0, 255)
        End If
    Next shp
End Sub
```

如果要设置单色渐变，则需要使用 FillFormat 对象的 OneColorGradient 方法，然后与设置纯色填充的方法类似，使用 FillFormat 对象的 ForeColor 属性返回 ColorFormat 对象，然后为该对象的 RGB 属性设置单色渐变填充的颜色。

如果要设置双色渐变，则需要使用 FillFormat 对象的 TwoColorGradient 方法。然后与设置单色渐变填充的方法类似，但不同之处在于除了需要设置 ForeColor 属性之外，还需要设置 BackColor 属性，从而实现双色渐变填充效果。

OneColorGradient 和 TwoColorGradient 两个方法的第一个参数用于设置渐变填充的样式，该参数的值由 MsoGradientStyle 常量提供，见表 8-8。

表 8-8　MsoGradientStyle 常量

名　称	值	说　明
msoGradientHorizontal	1	水平经过图形的渐变
msoGradientVertical	2	垂直向下填充图形的渐变
msoGradientDiagonalUp	3	从一个底角到另一侧顶角的对角渐变
msoGradientDiagonalDown	4	从一个顶角到另一侧底角的对角渐变
msoGradientFromCorner	5	从一个角到其他三个角的渐变
msoGradientFromTitle	6	从标题向外的渐变
msoGradientFromCenter	7	从中心到各个角的渐变
msoGradientMixed	–2	渐变是混合的

案例 8-13　为自选图形设置双色渐变填充

下面的代码为活动工作表中选中的自选图形设置由粉色和绿色组成的双色渐变，如图 8-10 所示。如果未选择任何自选图形，则会出现运行时错误。

```
Sub 为自选图形设置双色渐变填充()
    With Selection.ShapeRange
        .Fill.TwoColorGradient msoGradientVertical, 1
        .Fill.BackColor.RGB = RGB(255, 0, 255)
        .Fill.ForeColor.RGB = RGB(0, 255, 0)
    End With
End Sub
```

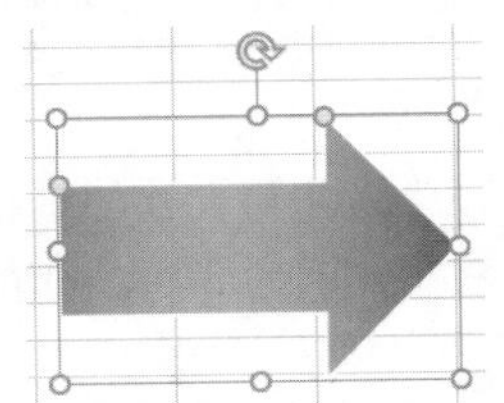

图 8-10　设置双色渐变填充

还可以使用 FillFormat 对象的 UserPicture 方法为自选图形设置图片填充效果，该方法包含一个参数，表示图片文件的路径和名称。

案例 8-14　为自选图形设置图片填充

下面的代码为活动工作表中选中的自选图形设置图片填充，如图 8-11 所示。这个图片位于包含代码的工作簿所在的路径中，其文件名为“风景 1.jpg”。

```
Sub 为自选图形设置图片填充()
    Dim strFileName As String
    strFileName = ThisWorkbook.Path & "\" & "风景 1.jpg"
    Selection.ShapeRange.Fill.UserPicture strFileName
End Sub
```

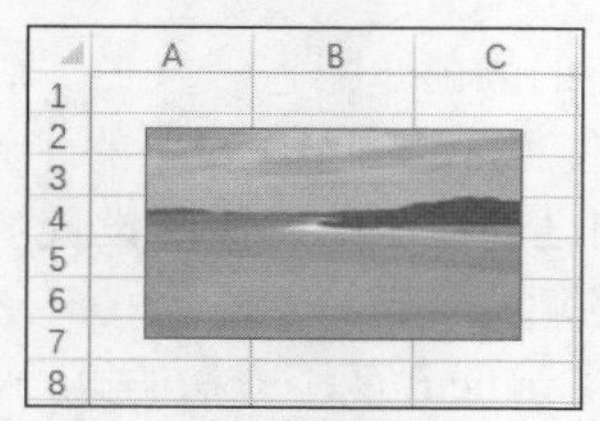

图 8-11　为自选图形设置图片填充

8.4.2　设置图形对象的边框格式

可以使用 LineFormat 对象设置图形对象的边框格式，该对象由 Shape 对象的 Line 属性返回。然后使用 LineFormat 对象的一些属性设置边框的格式，主要包括边框的线型、颜色和粗细，具体如下：

- 线型：使用 DashStyle 属性设置边框的线型，该属性的值由 MsoLineDashStyle 常量提供，见表 8-9。
- 颜色：使用 ForeColor 属性返回的 ColorFormat 对象的 RGB 属性设置边框的颜色。
- 粗细：使用 Weight 属性设置边框的粗细，以磅为单位。

表 8-9　MsoLineDashStyle 常量

名　称	值	说　明
msoLineSolid	1	边框是实线
msoLineSquareDot	2	边框由方点构成
msoLineRoundDot	3	边框由圆点构成
msoLineDash	4	边框是短画线
msoLineDashDot	5	边框是点画线
msoLineDashDotDot	6	边框是点画线
msoLineLongDash	7	边框是长画线
msoLineLongDashDot	8	边框是长点画线

案例 8-15　设置自选图形的边框格式

下面的代码为活动工作表中选中的自选图形设置边框格式，将边框的线型设置为短画线，将边框的颜色设置为蓝色，将边框的粗细设置为 3 磅，如图 8-12 所示。

```
Sub 设置自选图形的边框格式()
    With Selection.ShapeRange
        .Line.DashStyle = msoLineDash
        .Line.ForeColor.RGB = RGB(0, 0, 255)
        .Line.Weight = 3
    End With
End Sub
```

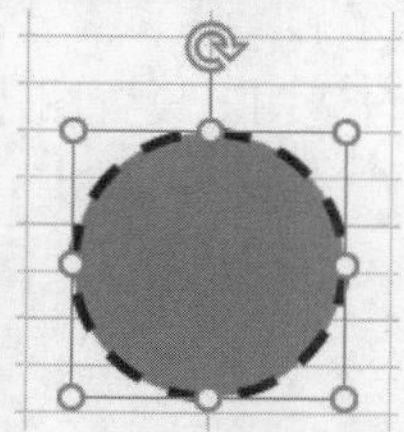

图 8-12　设置自选图形的边框格式

第 9 章　使用 Chart 和 ChartObject 对象处理图表

图表是将工作表中的数据可视化呈现的主要方式。在 Excel 界面环境中可以很容易地创建和设置图表，在 VBA 中可以使用 Excel 对象模型中的图表对象来创建和设置图表。由于 Excel 中的图表分为嵌入式图表和图表工作表两种类型，因此在 VBA 中需要使用不同的对象才能创建这两类图表。本章将详细介绍在 VBA 中操作图表的方法。

9.1　图表基础

本节主要介绍在 VBA 中创建图表需要了解的一些基础知识，包括 Excel 中的两种图表类型、图表的组成结构、Excel 对象模型中的图表对象，以及在 VBA 中引用图表的方法。

9.1.1　嵌入式图表和图表工作表

在 Excel 中可以创建两类图表：嵌入式图表和图表工作表。如果希望同时查看和打印图表及其数据源，则可以创建嵌入式图表，如图 9-1 所示。嵌入式图表位于工作表中，可以在工作表中随意调整嵌入式图表的位置、大小，操作方法类似于工作表中的图片和图形。要选择嵌入式图表，需要先选择包含嵌入式图表的工作表。

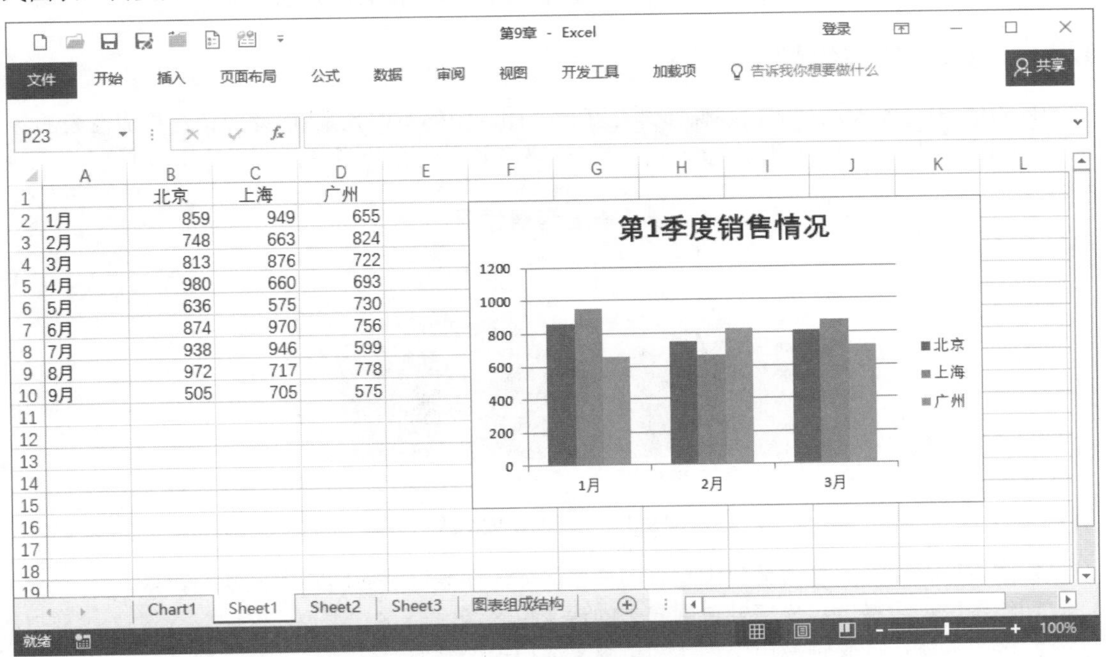

图 9-1　嵌入式图表

如果希望在一个独立的空间以最大的可视范围显示图表，则可以创建图表工作表，如图 9-2

所示。图表工作表类似于普通的工作表，在 Excel 窗口底部的工作表标签栏中有其自己的工作表标签，单击图表工作表标签可以选择并显示其中的图表。

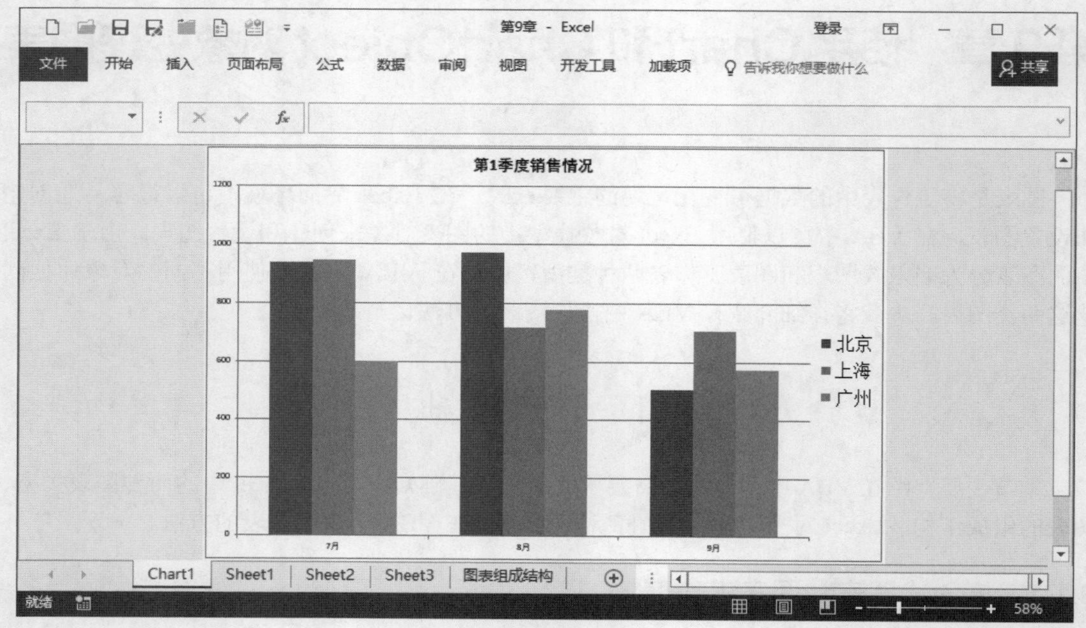

图 9-2　图表工作表

无论最初创建的是嵌入式图表还是图表工作表，都可以随时在两者之间相互转换。选择一个嵌入式图表或图表工作表后，将在功能区中显示“图表工具”|“设计”和“图表工具”|“格式”两个选项卡，可以使用这两个选项卡中包含的选项设置图表的外观格式。

9.1.2　图表的组成结构

在 VBA 中对图表进行的很多操作都是在设置图表中的不同元素，因此应该对构成图表的各个元素有所了解。如图 9-3 所示是一个标准的图表及其中包含的图表元素，具体如下：

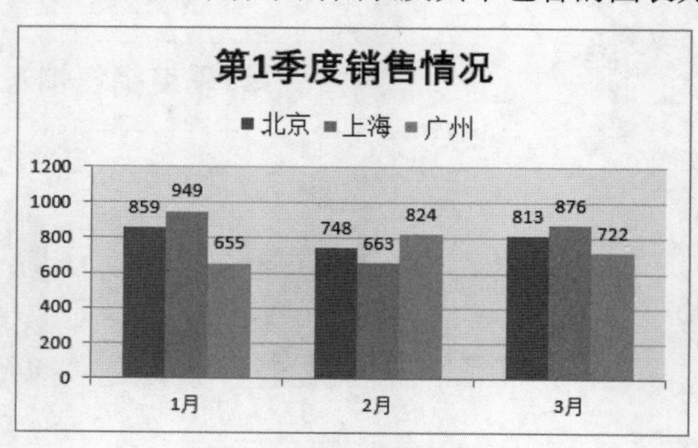

图 9-3　图表的组成结构

- 图表区：由图表外边框包围起来的白色区域，图表区是其他图表元素的背景。
- 绘图区：由横、纵坐标轴包围起来的浅灰色区域。
- 图表标题：图表顶部用于描述图表含义或用途的文字。
- 图例：图表标题下方带有颜色块的文字，用于标识图表中的各个数据系列。
- 数据系列：绘图区中的长条矩形，数据系列由数据源区域中的行或列组成。图 9-3 中的图表包含 3 个数据系列，每个数据系列中的矩形表示一个数据点，即特定单元格中的值。

- 数据标签：每个矩形上方的数字，表示特定数据点的值。
- 横坐标轴：绘图区下方用于显示数据的分类信息的文字，比如“1 月”“2 月”。
- 纵坐标轴：绘图区左侧用于显示数值的数字刻度，比如 200、400。
- 网格线：贯穿绘图区的水平或垂直方向上的线条。在不显示数据标签的情况下，网格线有助于估算数据系列中的每个数据点的值。

除了上面介绍的图表元素之外，图表中还可以包含横坐标轴标题、纵坐标轴标题、数据表等元素。

9.1.3　图表的 Excel 对象模型

由于在 Excel 中存在嵌入式图表和图表工作表，因此在 Excel 对象模型中也存在与这两类图表对应的 Excel 对象——ChartObject 对象和 Chart 对象。ChartObject 对象表示嵌入式图表，Chart 对象表示图表工作表。

ChartObject 对象实际上是嵌入式图表的容器，用于控制嵌入式图表的外观和大小，真正的嵌入式图表是 Chart 对象。如果要对嵌入式图表本身进行操作，需要使用 ChartObject 对象的 Chart 属性返回 Chart 对象，然后使用 Chart 对象的属性和方法来处理嵌入式图表。

由于嵌入式图表位于工作表中，因此 ChartObject 对象的父对象是 Worksheet 对象，工作表中的所有嵌入式图表组成了 ChartObjects 集合。由于嵌入式图表与图片和图形都位于工作表的绘图层中，因此可以将 ChartObject 对象看作是一种特殊类型的 Shape 对象，在工作表中新建的嵌入式图表同时属于 ChartObjects 和 Shapes 集合的成员。嵌入式图表的 ChartObject 对象的层次结构如下：

```
Application→Workbook→Worksheet→ChartObject→Chart
```

工作簿中的图表工作表是 Chart 对象，因此 Chart 对象的父对象是 Workbook 对象，工作簿中的所有图表工作表组成了 Charts 集合。与 Worksheet 对象类似，Chart 对象也是 Sheets 集合的成员。在图表工作表中也可以创建嵌入式图表，但通常不需要这么做。图表工作表的 Chart 对象的层次结构如下：

```
Application→Workbook→Chart
```

9.1.4　在 VBA 中引用图表

在 VBA 中处理图表之前，首先需要引用指定的图表。如果当前已经选中了某个图表，无论它是嵌入式图表还是图表工作表，都可以使用 Application 对象的全局属性 ActiveChart 来引用该活动图表。下面的代码返回活动图表的名称：

```
ActiveChart.Name
```

如果要在工作表中引用特定的嵌入式图表，则需要使用 ChartObjects 集合或 Shapes 集合并使用嵌入式图表的索引号或名称。下面的代码引用活动工作表中的第 2 个嵌入式图表：

```
ActiveSheet.ChartObjects(2)
```

如果活动工作表中的第 2 个嵌入式图表的名称是“图表 2”，则还可以使用以下两种方法来引用这个嵌入式图表：

```
ActiveSheet.ChartObjects("图表 2")
ActiveSheet.Shapes("图表 2")
```

注意： 不能像引用活动工作表中的 Range 对象那样，在引用 ChartObjects 时省略其左侧的工作表限定符（如 ActiveSheet），否则会出现错误。

要引用工作簿中的图表工作表，可以使用 Charts 集合或 Sheets 集合，这与使用 Worksheets 集合或 Sheets 集合来引用工作表的方式类似。如果活动工作簿中存在名为 Chart1 和 Chart2 的两个图表工作表，其在工作表标签栏上的位置如图 9-4 所示，那么可以使用以下几种方法来引用名为 Chart2 的图表工作表：

Chart1	Sheet1	Chart2	Sheet2	⊕

图 9-4　引用工作簿中名为 Chart2 的图表工作表

```
Charts(2)
Sheets(3)
Charts("Chart2")
Sheets("Chart2")
```

如果要引用的图表工作表是活动工作簿中的活动工作表，那么还可以使用 ActiveSheet 来引用该图表工作表。使用 VBA 的内置函数 TypeName 可以检查 ActiveSheet 返回的对象类型，显示为 Chart，如下所示：

```
MsgBox TypeName(ActiveSheet)
```

9.1.5　Chart 对象的常用属性和方法

无论是嵌入式图表还是图表工作表，在 VBA 中处理与图表自身相关的各项功能所使用的都是 Chart 对象。表 9-1 和表 9-2 列出了 Chart 对象的常用属性和方法。

表 9-1　Chart 对象的常用属性

属　　性	说　　明
ChartArea	返回一个表示图表区的 ChartArea 对象
ChartTitle	返回一个表示图表标题的 ChartTitle 对象
ChartType	返回或设置图表的类型
HasAxis	返回或设置图表的坐标轴
HasLegend	返回或设置图例的显示状态
HasTitle	返回或设置图表标题的显示状态
Legend	返回一个表示图例的 Legend 对象
Name	返回或设置图表的名称
PlotArea	返回一个表示绘图区的 PlotArea 对象
PlotBy	返回或设置图表中的数据的行列方向
Visible	返回或设置图表工作表的显示或隐藏状态

表 9-2　Chart 对象的常用方法

方　　法	说　　明
Activate	激活图表，使其成为活动图表
ApplyLayout	指定图表的默认布局
Axes	返回图表上的坐标轴或坐标轴集合

续表

方　法	说　明
Copy	复制图表
Delete	删除图表
Export	将图表导出为指定格式的图片
Location	移动图表，在嵌入式图表和图表工作表之间进行转换
Move	移动图表工作表，可以在工作簿内移动，也可以将其移动到新工作簿中
Paste	将剪贴板中的数据粘贴到图表中
SaveChartTemplate	创建图表模板
SeriesCollection	返回图表中的一个数据系列或所有数据系列
SetBackgroundPicture	设置图表的背景
SetElement	设置图表中的图表元素
SetSourceData	设置用于创建图表的数据源区域

9.2　创建图表

本节将介绍在 VBA 中创建图表的方法，还介绍了在创建好的嵌入式图表和图表工作表之间进行转换的方法。使用 VBA 处理图表的更多内容将在 9.3 节进行介绍。

9.2.1　创建嵌入式图表

可以使用工作表的 ChartObjects 集合的 Add 方法，或 Shapes 集合的 AddChart 或 AddChart2 方法创建嵌入式图表。这几种方法的主要区别在于，ChartObjects 集合的 Add 方法只能使用 Excel 默认的图表类型创建图表，不能选择图表类型（如柱形图、折线图、饼图等）；Shapes 集合的 AddChart 方法可以在创建图表时指定图表的类型；AddChart2 方法比 AddChart 新增了两个参数。

Shapes 集合的 AddChart 方法包含 5 个参数，语法格式如下：

```
AddChart(XlChartType, Left, Top, Width, Height)
```

- XlChartType：可选，图表的类型，该参数的值由 XlChartType 常量提供，见表 9-3。如果省略该参数，则使用 Excel 默认的图表类型创建图表。
- Left：可选，图表的左边缘与工作表 A 列左边缘的距离，以磅为单位。
- Top：可选，图表的上边缘与工作表上边缘的距离，以磅为单位。
- Width：可选，图表的宽度，以磅为单位。
- Height：可选，图表的高度，以磅为单位。

Shapes 集合的 AddChart2 方法包含 7 个参数，语法格式如下：

```
AddChart(Style, XlChartType, Left, Top, Width, Height, NewLayout)
```

AddChart2 方法新增了 Style 和 NewLayout 两个参数，Style 参数用于设置图表的样式，图表样式的更多内容将在 9.3.4 节介绍。如果将 NewLayout 参数设置为 True，则使用新的动态格式规则创建图表。其他 5 个参数的含义与 AddChart 方法相同。

表 9-3 XlChartType 常量

名　　称	值	说　　明
xlColumnClustered	51	簇状柱形图
xlColumnStacked	52	堆积柱形图
xlColumnStacked100	53	百分比堆积柱形图
xl3DColumn	-4100	三维柱形图
xl3DColumnClustered	54	三维簇状柱形图
xl3DColumnStacked	55	三维堆积柱形图
xl3DColumnStacked100	56	三维百分比堆积柱形图
xlCylinderColClustered	92	簇状柱形圆柱图
xlCylinderColStacked	93	堆积柱形圆柱图
xlCylinderColStacked100	94	百分比堆积柱形圆柱图
xlCylinderCol	98	三维柱形圆柱图
xlConeColClustered	99	簇状柱形圆锥图
xlConeColStacked	100	堆积柱形圆锥图
xlConeColStacked100	101	百分比堆积柱形圆锥图
xlConeCol	105	三维柱形圆锥图
xlPyramidColClustered	106	簇状柱形棱锥图
xlPyramidColStacked	107	堆积柱形棱锥图
xlPyramidColStacked100	108	百分比堆积柱形棱锥图
xlPyramidCol	112	三维柱形棱锥图
xlBarClustered	57	簇状条形图
xlBarStacked	58	堆积条形图
xlBarStacked100	59	百分比堆积条形图
xl3DBarClustered	60	三维簇状条形图
xl3DBarStacked	61	三维堆积条形图
xl3DBarStacked100	62	三维百分比堆积条形图
xlCylinderBarClustered	95	簇状条形圆柱图
xlCylinderBarStacked	96	堆积条形圆柱图
xlCylinderBarStacked100	97	百分比堆积条形圆柱图
xlConeBarClustered	102	簇状条形圆锥图
xlConeBarStacked	103	堆积条形圆锥图
xlConeBarStacked100	104	百分比堆积条形圆锥图
xlPyramidBarClustered	109	簇状条形棱锥图
xlPyramidBarStacked	110	堆积条形棱锥图

续表

名　称	值	说　明
xlPyramidBarStacked100	111	百分比堆积条形棱锥图
xlLine	4	折线图
xlLineMarkers	65	数据点折线图
xlLineMarkersStacked	66	堆积数据点折线图
xlLineMarkersStacked100	67	百分比堆积数据点折线图
xlLineStacked	63	堆积折线图
xlLineStacked100	64	百分比堆积折线图
xl3DLine	-4101	三维折线图
xlXYScatter	-4169	散点图
xlXYScatterLines	74	折线散点图
xlXYScatterLinesNoMarkers	75	无数据点折线散点图
xlXYScatterSmooth	72	平滑线散点图
xlXYScatterSmoothNoMarkers	73	无数据点平滑线散点图
xlPie	5	饼图
xlPieExploded	69	分离型饼图
xlPieOfPie	68	复合饼图
xlBarOfPie	71	复合条饼图
xl3DPie	-4102	三维饼图
xl3DPieExploded	70	分离型三维饼图
xlArea	1	面积图
xlAreaStacked	76	堆积面积图
xlAreaStacked100	77	百分比堆积面积图
xl3DArea	-4098	三维面积图
xl3DAreaStacked	78	三维堆积面积图
xl3DAreaStacked100	79	百分比堆积面积图
xlSurfaceTopView	85	曲面图（俯视图）
xlSurfaceTopViewWireframe	86	曲面图（俯视线框图）
xlSurface	83	三维曲面图
xlSurfaceWireframe	84	三维曲面图（线框）
xlDoughnut	-4120	圆环图
xlDoughnutExploded	80	分离型圆环图
xlBubble	15	气泡图
xlBubble3DEffect	87	三维气泡图
xlRadar	-4151	雷达图

续表

名　　称	值	说　　明
xlRadarFilled	82	填充雷达图
xlRadarMarkers	81	数据点雷达图
xlStockHLC	88	盘高—盘低—收盘图
xlStockOHLC	89	开盘—盘高—盘低—收盘图
xlStockVHLC	90	成交量—盘高—盘低—收盘图
xlStockVOHLC	91	成交量—开盘—盘高—盘低—收盘图

案例 9-1　使用 AddChart 方法创建嵌入式图表

下面的代码在 Sheet1 工作表中创建了一个嵌入式图表，该图表的类型是簇状条形图，图表位于 F2:K15 单元格区域中，图表的大小与该区域等大。创建后的图表如图 9-5 所示，由于没有为图表指定数据源，因此创建的图表一片空白。

```
Sub 使用AddChart方法创建嵌入式图表()
    Dim shp As Shape
    Set shp = Worksheets("Sheet1").Shapes.AddChart(xlBarClustered)
    With Range("F2:K15")
        shp.Top = .Top
        shp.Left = .Left
        shp.Height = .Height
        shp.Width = .Width
    End With
End Sub
```

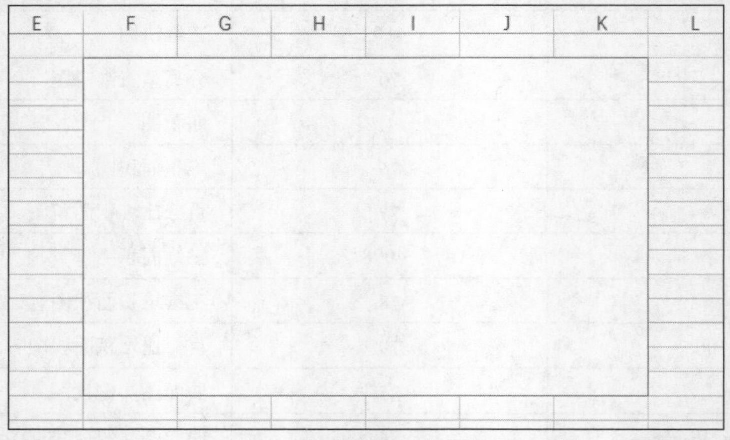

图 9-5　创建一个未指定数据源的空白图表

创建一个空白图表后，需要为图表指定数据源，这样才能将数据绘制到图表上。可以使用 Chart 对象的 SetSourceData 方法为图表指定数据源，该方法包含两个参数，语法格式如下：

```
SetSourceData(Source, PlotBy)
```

- Source：必选，图表使用的数据源所在的单元格区域。
- PlotBy：可选，从数据源的哪个方向绘制数据系列，该参数的值由 XlRowCol 常量提供，见表 9-4。

表 9-4　XlRowCol 常量

名　称	值	说　明
xlRows	1	按数据源的行绘制数据系列
xlColumns	2	按数据源的列绘制数据系列

案例 9-2　使用 SetSourceData 方法为图表设置数据源

下面的代码为 Sheet1 工作表中的嵌入式图表设置数据源所在的单元格区域为 A1:D7。本例假设该工作表中只有一个嵌入式图表，且该工作表是上一个案例中创建的空白图表，因此可以使用 ChartObjects(1)的形式引用该图表。Worksheets("Sheet1").ChartObjects(1).Chart 返回的是一个 Chart 对象。为嵌入式图表设置数据源后的效果如图 9-6 所示，由于在上一个案例中创建图表时将图表类型设置为 xlBarClustered（簇状条形图），因此在为图表设置好数据源之后，图表以簇状条形图的形式呈现数据。

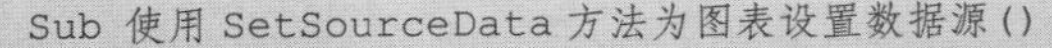

```
Sub 使用 SetSourceData 方法为图表设置数据源()
    Dim cht As Chart
    Set cht = Worksheets("Sheet1").ChartObjects(1).Chart
    cht.SetSourceData Range("A1:D7")
End Sub
```

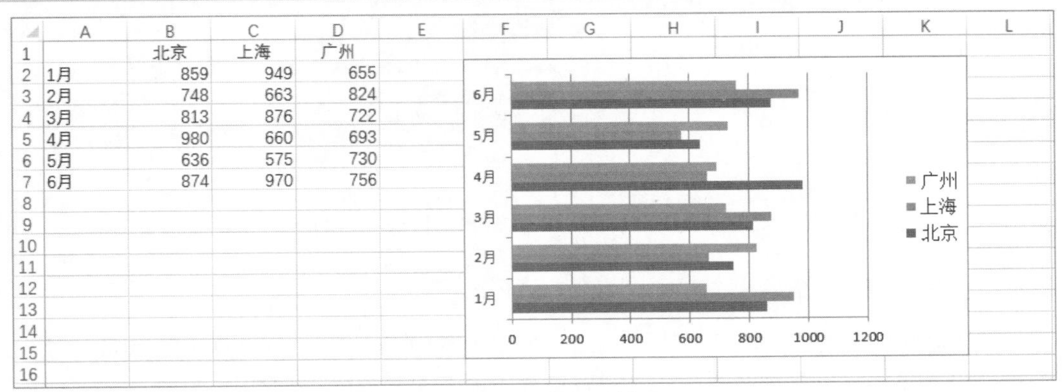

图 9-6　为图表设置数据源

提示： 如果创建图表之前，选择的单元格位于数据区域中，则在创建图表时就会自动使用该区域中的数据作为图表的数据源。

还可以使用 Shapes 集合的 AddChart2 方法创建嵌入式图表，该方法与 AddChart 方法类似，只是多了两个用于指定图表样式和布局的参数。

案例 9-3　使用 AddChart2 方法创建嵌入式图表

下面的代码使用 AddChart2 方法创建与前面案例中类似的嵌入式图表，并使用图表样式 26 格式化图表外观，如图 9-7 所示。首先使用 ChartObjects 集合的 Delete 方法删除工作表中可能存在的嵌入式图表，如果不存在则会出现运行时错误，因此需要在执行 Delete 方法前加入 On Error Resume Next 语句以忽略所有的错误。接着使用 AddChart2 方法创建簇状条形图，使用图表样式 26 来格式化图表，并设置图表的位置。然后使用 Chart 对象的 SetSourceData 方法为图表设置数据源，最后将 Chart 对象的 HasTitle 和 HasLegend 属性都设置为 True 以显示图表标题和图例，并使用 ChartTitle 对象的 Text 属性设置图表的标题内容。

```
Sub 使用 AddChart2 方法创建嵌入式图表()
    Dim shp As Shape
```

```
    On Error Resume Next
    Worksheets("Sheet1").ChartObjects.Delete
    On Error GoTo 0
    Set shp = Worksheets("Sheet1").Shapes.AddChart2(Style:=26, XlChartType:=xlBarClustered)
    With Range("F2:K15")
        shp.Top = .Top
        shp.Left = .Left
        shp.Height = .Height
        shp.Width = .Width
    End With
    With shp.Chart
        .SetSourceData Range("A1:D7")
        .HasTitle = True
        .ChartTitle.Text = "各地区销售情况"
        .HasLegend = True
    End With
End Sub
```

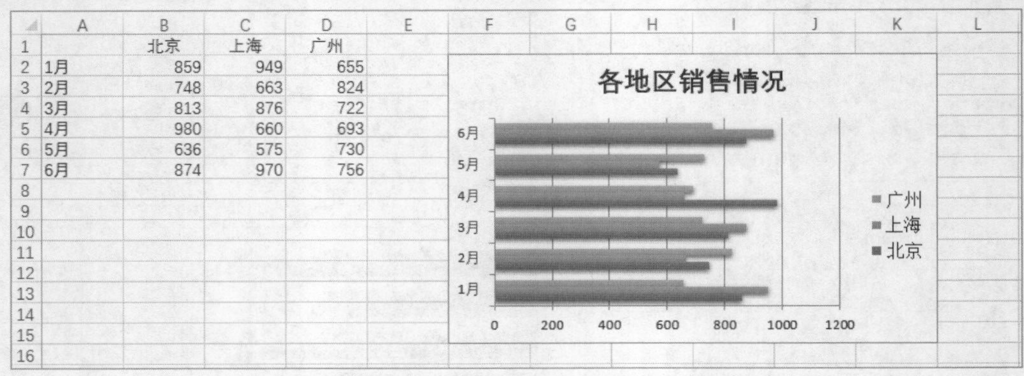

图 9-7 使用 AddChart2 方法创建嵌入式图表

9.2.2 创建图表工作表

如果要创建图表工作表，可以使用 Charts 集合的 Add 方法或 Sheets 集合的 Add 方法，这两个集合的 Add 方法的用法基本相同，只有第 4 参数不同，语法格式如下：

```
Charts.Add(Before, After, Count, Type)
Sheets.Add(Before, After, Count, Type)
```

- Before：可选，将新建的图表工作表放置到指定的工作表之前。
- After：可选，将新建的图表工作表放置到指定的工作表之后。
- Count：可选，新建的图表工作表的数量，如果省略该参数，则其值默认为 1。
- Type：可选，如果是 Charts 集合的 Add 方法的 Type 参数，则用于设置新建的图表工作表的图表类型，该参数的值由 XlChartType 常量提供；如果是 Sheets 集合的 Add 方法的 Type 参数，则用于设置新建的工作表的类型，该参数的值由 XlSheetType 常量提供，如果要创建图表工作表，则需要将该参数的值设置为 xlChart，并且使用 Excel 默认的图表类型。

案例 9-4 使用 Charts 集合的 Add 方法创建图表工作表

下面的代码使用 Charts 集合的 Add 方法创建一个图表工作表，如图 9-8 所示。由于没有为 Add 方法指定 Before 或 After 参数，因此图表工作表被创建在活动工作表的左侧。使用 cht 变量存储新建的图表工作表，然后在 With 结构中设置图表工作表的多个属性和方法，包括 ChartType（图表类型）、SetSourceData（图表数据源）、图表标题（ChartTitle）。

```
Sub 使用Charts集合的Add方法创建图表工作表()
    Dim cht As Chart, rngSource As Range
    Set rngSource = Worksheets("Sheet1").Range("A1:D7")
    Set cht = Charts.Add
    With cht
        .ChartType = xlBarClustered
        .SetSourceData rngSource, xlColumns
        .HasTitle = True
        .ChartTitle.Text = "各地区销售情况"
    End With
End Sub
```

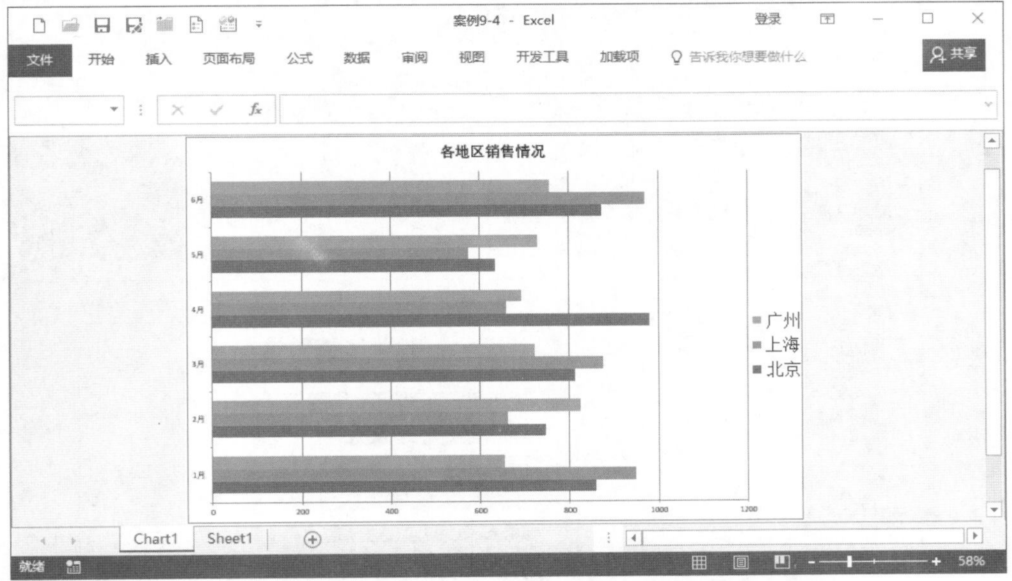

图 9-8　使用 Charts 集合的 Add 方法创建图表工作表

9.2.3　在嵌入式图表和图表工作表之间转换

无论最初创建的是嵌入式图表还是图表工作表，以后都可以使用 Chart 对象的 Location 方法从其中的一种图表转换为另一种图表。Location 方法的语法格式如下：

```
Location(Where, Name)
```

- Where：必选，要将图表转换为嵌入式图表还是图表工作表，该参数的值由 XlChartLocation 常量提供，见表 9-5。
- Name：可选，如果将 Where 参数的值设置为 xlLocationAsNewSheet，则该参数表示新建的图表工作表的名称；如果将 Where 参数的值设置为 xlLocationAsObject，则该参数将变为必选参数，且为包含嵌入式图表的工作表的名称，该工作表必须是工作簿中已经存在的工作表。

表 9-5　XlChartLocation 常量

名　称	值	说　明
xlLocationAsNewSheet	1	将嵌入式图表转换为图表工作表
xlLocationAsObject	2	将图表工作表转换为嵌入式图表
xlLocationAutomatic	3	Excel 控制图表的位置

案例 9-5　将嵌入式图表转换为图表工作表

下面的代码将活动工作簿中 Sheet1 工作表中的第一个嵌入式图表转换为图表工作表，并将该图表工作表的工作表标签的名称设置为“上半年销售情况”，如图 9-9 所示。为了避免引用的嵌入式图表不存在或工作簿中已存在同名的图表工作表，因此应该加入防错代码。首先忽略所有可能发生的运行时错误，之后检查 cht 变量中的值是否是 Nothing，如果是则说明 Set 语句并没有将 Chart 对象赋值给 cht 变量，这就意味着没有成功引用指定的嵌入式图表，换句话说，指定的嵌入式图表并不存在。

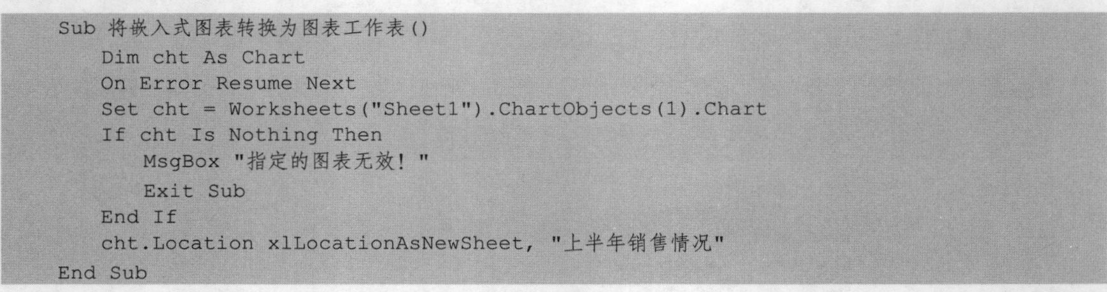

```
Sub 将嵌入式图表转换为图表工作表()
    Dim cht As Chart
    On Error Resume Next
    Set cht = Worksheets("Sheet1").ChartObjects(1).Chart
    If cht Is Nothing Then
        MsgBox "指定的图表无效！"
        Exit Sub
    End If
    cht.Location xlLocationAsNewSheet, "上半年销售情况"
End Sub
```

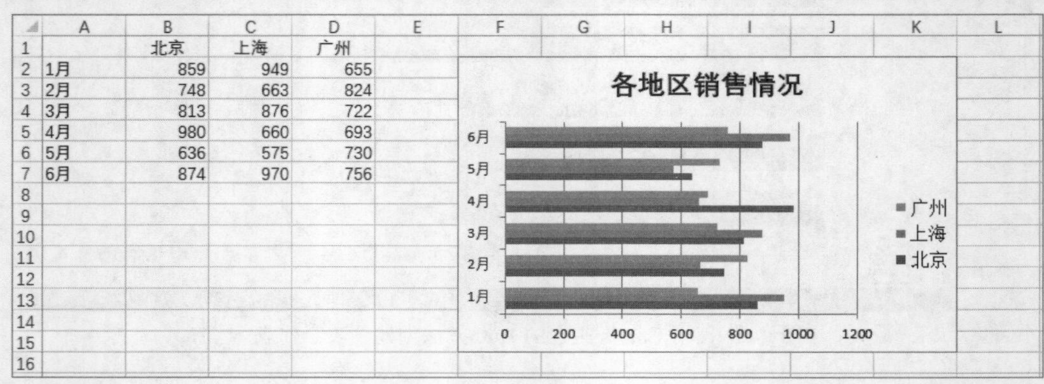

	北京	上海	广州
1月	859	949	655
2月	748	663	824
3月	813	876	722
4月	980	660	693
5月	636	575	730
6月	874	970	756

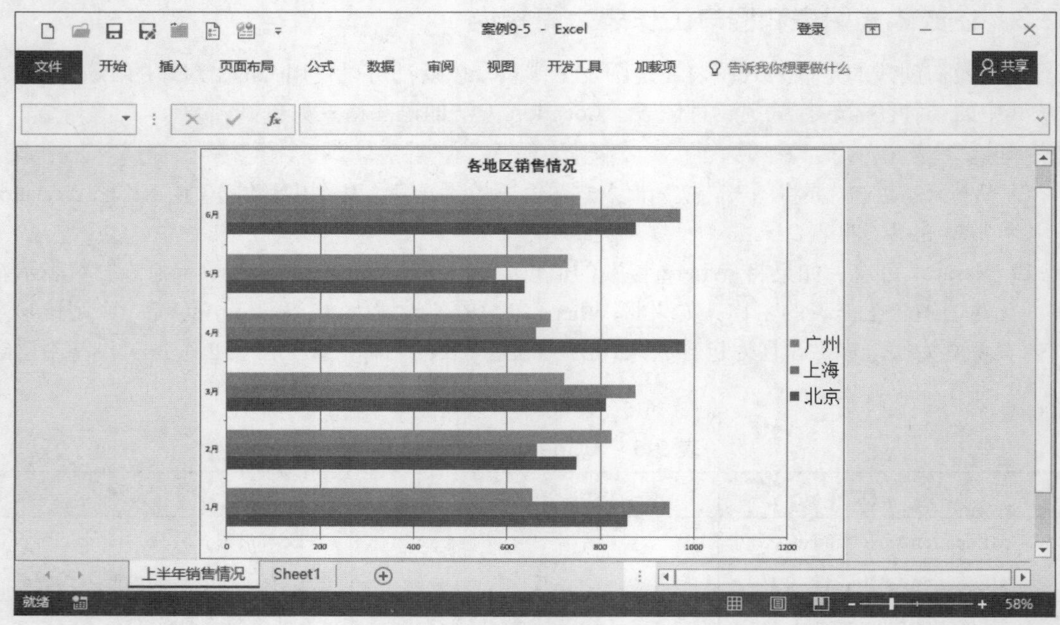

图 9-9　将嵌入式图表转换为图表工作表

案例 9-6　将图表工作表转换为嵌入式图表

下面的代码将活动工作簿中名为“上半年销售情况”的图表工作表移动到 Sheet1 工作表中，使其变为嵌入式图表。Charts.Location 返回一个 Chart 对象，使用 Parent 属性返回该对象的父对象，即 ChartObject 对象。然后设置 ChartObject 对象的 Top、Left、Height 和 Width 属性，以确定转换后的嵌入式图表的位置和大小。为了避免指定的图表工作表或转换到的目标工作表不存在，因此加入了防错代码。

```
Sub 将图表工作表转换为嵌入式图表()
    Dim cho As ChartObject
    On Error Resume Next
    Set cho = Charts("上半年销售情况").Location(xlLocationAsObject, "Sheet1").Parent
    If Err.Number <> 0 Then
        MsgBox "指定的图表工作表或目标工作表不存在！"
        Exit Sub
    End If
        With Range("F2:K15")
        cho.Top = .Top
        cho.Left = .Left
        cho.Height = .Height
        cho.Width = .Width
    End With
End Sub
```

9.2.4　将所有嵌入式图表转换为图表工作表

如果一个工作簿中有多个工作表，每个工作表中包含一个或多个嵌入式图表，当需要将所有这些嵌入式图表都转换为图表工作表时，手动操作将是一项非常耗时且烦琐的工作，使用 VBA 则可以快速完成。

案例 9-7　将所有嵌入式图表批量转换为图表工作表

下面的代码将活动工作簿中的所有工作表中的所有嵌入式图表都转换为图表工作表。转换后的图表工作表的标签使用转换前的嵌入式图表中的图表标题命名。使用内外两层嵌套的 For Each 循环结构，分别在活动工作簿中的每个工作表中，以及每个工作表中的嵌入式图表集合中遍历每一个嵌入式图表。通过嵌入式图表的 Chart 属性返回 Chart 对象，然后通过 Chart 对象的 ChartTitle.Text 属性返回图表的标题，并将标题赋值给 strTitle 变量。最后使用 Chart 对象的 Location 方法将嵌入式图表转换为图表工作表，并以每个图表标题的名称对转换后的图表工作表命名。

```
Sub 将所有嵌入式图表转换为图表工作表()
    Dim wks As Worksheet, cho As ChartObject, strTitle As String
    For Each wks In Worksheets
        For Each cho In wks.ChartObjects
            strTitle = cho.Chart.ChartTitle.Text
            cho.Chart.Location xlLocationAsNewSheet, strTitle
        Next cho
    Next wks
End Sub
```

9.3　设置与管理图表

本节将介绍在 VBA 中对图表进行一些常规性设置的方法，包括更改图表的类型和布局、使用图表样式更改图表的外观、设置图表的数据系列和数据标签等内容，最后还介绍了设置所有嵌入式图表的大小以及删除图片的方法。

9.3.1 更改图表类型

创建图表后，可以使用 Chart 对象的 ChartType 属性更改图表的类型，该属性的值由 XlChartType 常量提供，具体可参考表 9-3。下面的代码将活动工作表中的第一个嵌入式图表的图表类型改为带数据标记的折线图。如果活动工作表中不存在嵌入式图表，则会出现运行时错误。

```
ActiveSheet.ChartObjects(1).Chart.ChartType = xlLineMarkers
```

9.3.2 选择预置的图表布局

图表布局是指图表中的各个元素在图表中的显示状态和排列位置。Excel 预置了一些图表布局，可以从中选择以便快速获得图表元素的不同组合方式。不同类型的图表拥有不同数量的布局，比如簇状柱形图包含 11 种布局，簇状条形图包含 10 种布局。

在 VBA 中，可以使用 Chart 对象的 ApplyLayout 方法为图表选择 Excel 预置的图表布局。ApplyLayout 方法包含两个参数，语法格式如下：

```
ApplyLayout(Layout, ChartType)
```

- Layout：必选，要使用的布局，使用数字 1～12 表示不同的布局。
- ChartType：可选，包含要使用的布局所属的图表类型，该参数的值由 XlChartType 常量提供，见表 9-3。

下面的代码为活动图表设置默认布局中的第 2 个布局，假设该图表的图表类型是簇状柱形图。该布局包含图表标题、图例、数据标签，图例位于图表标题的下方，数据标签位于数据系列每个柱形条的顶部，在图表中不显示纵坐标轴和网格线，如图 9-10 所示。

```
ActiveChart.ApplyLayout 2
```

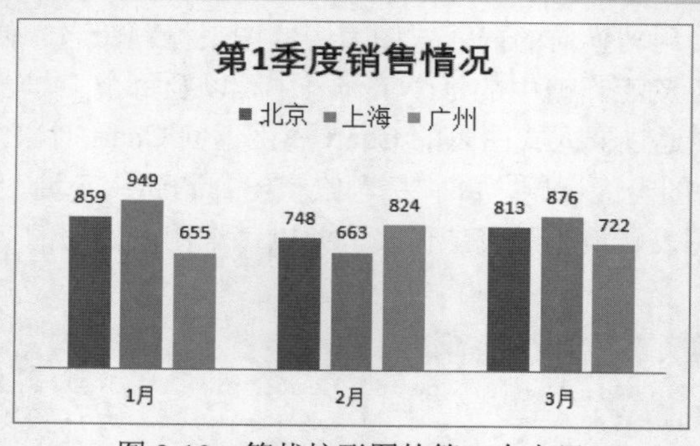

图 9-10　簇状柱形图的第 2 个布局

由于可用的布局数量由图表类型决定，如果在 VBA 中设置的布局编号大于当前图表类型所拥有的最大布局数，则会出现运行时错误。因此，在设置图表布局时，应该加入防错代码，当所选布局不存在时可以向用户发出提示信息。

案例 9-8　为图表设置 Excel 预置的图表布局

下面的代码根据用户输入的数字来为图表设置相应的图表布局，如果没有与输入的数字对应的图表布局，则会向用户发出提示信息。将用户输入的内容存储在 strLayout 变量中，然后使用 VBA 的内置函数 IsNumeric 检查该变量中的值是否是有效的数字，如果是则使用 Chart 对象的 ApplyLayout 方法为活动图表选择与用户输入的数字对应的图表布局。Cint 函数用于将数据显式转换为整型值，也可以不使用该函数而让 VBA 自动完成类型转换。如果出现运行时错误，则说明没有与输入的数字对应的图表布局。运行本例代码之前，需要先选择一个图表以使其成为活动图表，否则即使输入了正确的数字，也会显示提示信息。

```
Sub 选择预置的图表布局()
    Dim strLayout As String
    strLayout = InputBox("请输入表示图表布局的编号: ")
    If IsNumeric(strLayout) Then
        On Error Resume Next
        ActiveChart.ApplyLayout CInt(strLayout)
        If Err.Number <> 0 Then
            MsgBox "选择的图表布局不存在! "
            Exit Sub
        End If
    End If
End Sub
```

9.3.3　自定义设置图表布局

大家有可能会觉得 Excel 预置的布局并不能满足实际需要，为此可以自定义设置图表中显示的元素以及它们在图表中的位置。在 VBA 中，可以使用 Chart 对象的 SetElement 方法自定义设置图表的布局。该方法只有一个参数，用于指定要设置的图表元素的类型及其显示方式。SetElement 方法中的参数的值由 MsoChartElementType 常量提供，表 9-6 列出了部分常用的常量值。

表 9-6　MsoChartElementType 常量

名　称	值	说　明
msoElementChartTitleNone	0	不显示图表标题
msoElementChartTitleCenteredOverlay	1	将标题显示为居中覆盖
msoElementChartTitleAboveChart	2	在图表上方显示标题
msoElementLegendNone	100	不显示图例
msoElementLegendRight	101	在右侧显示图例
msoElementLegendTop	102	在顶部显示图例
msoElementLegendLeft	103	在左侧显示图例
msoElementLegendBottom	104	在底部显示图例
msoElementLegendRightOverlay	105	在右侧叠放图例
msoElementLegendLeftOverlay	106	在左侧叠放图例
msoElementDataLabelNone	200	不显示数据标签
msoElementDataLabelShow	201	显示数据标签
msoElementDataLabelCenter	202	居中显示数据标签
msoElementDataLabelInsideEnd	203	在顶端内侧显示数据标签
msoElementDataLabelInsideBase	204	在底端内侧显示数据标签
msoElementDataLabelOutSideEnd	205	在顶端外侧显示数据标签
msoElementDataLabelLeft	206	靠左显示数据标签
msoElementDataLabelRight	207	靠右显示数据标签

续表

名　称	值	说　明
msoElementDataLabelTop	208	在顶部显示数据标签
msoElementDataLabelBottom	209	在底部显示数据标签
msoElementDataLabelBestFit	210	使用数据标签最佳位置
msoElementPrimaryCategoryAxisNone	348	不显示主分类轴
msoElementPrimaryCategoryAxisShow	349	显示主分类轴
msoElementPrimaryCategoryAxisWithoutLabels	350	无标签显示主分类轴
msoElementPrimaryValueAxisNone	352	不显示主数值轴
msoElementPrimaryValueAxisShow	353	显示主数值轴
msoElementSeriesAxisNone	368	不显示系列轴
msoElementSeriesAxisShow	369	显示系列轴
msoElementPlotAreaNone	1000	不显示绘图区
msoElementPlotAreaShow	1001	显示绘图区

可以在对象浏览器中查看 MsoChartElementType 常量包含的所有值。按 F2 键打开对象浏览器，在“工程/库”列表框中选择“所有库”，在下方的类列表中选择 MsoChartElementType，在右侧的列表框中将会显示 MsoChartElementType 常量包含的所有值，如图 9-11 所示。

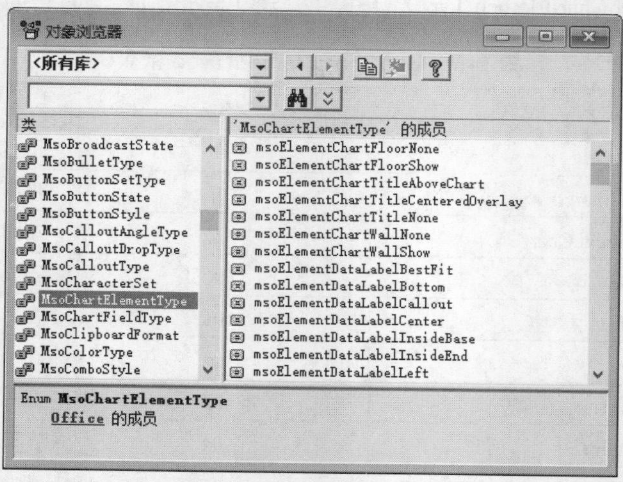

图 9-11　在对象浏览器中查看 MsoChartElementType 常量包含的所有值

案例 9-9　将图例移动到图表标题下方

下面的代码将活动工作表中的第一个嵌入式图表中的图例由图表右侧的默认位置移动到图表顶部，位于图表标题下方的位置，如图 9-12 所示。

```
Sub 自定义设置图表布局()
    If ActiveChart Is Nothing Then
        MsgBox "当前未选中任何图表!"
        Exit Sub
    End If
    ActiveChart.SetElement msoElementLegendTop
End Sub
```

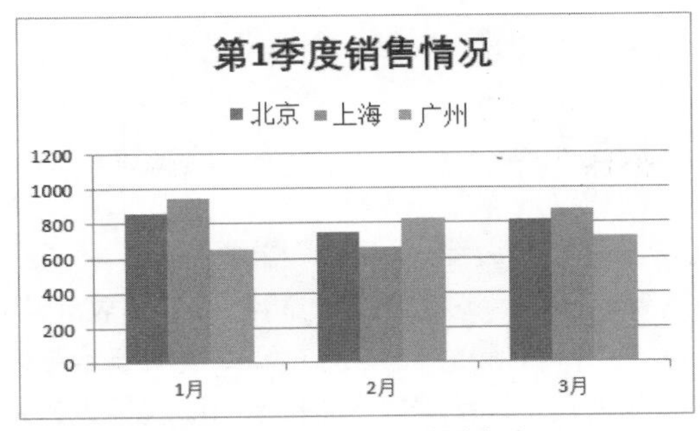

图 9-12　自定义设置图表布局

9.3.4　选择预置的图表样式

为了快速改变图表的外观，可以为图表选择一种 Excel 预置的图表样式。图表样式包括对图表元素的配色、边框样式以及发光、阴影等特殊效果的格式设置组合。

在 VBA 中，可以使用 Chart 对象的 ChartStyle 属性为图表选择 Excel 预置的图表样式。与 Excel 预置的图表布局类似，预置的图表样式采用数字 1～48 的编号方式，分别对应于 48 种预置的图表样式。

案例 9-10　使用 Excel 预置的图表样式格式化图表

下面的代码根据用户输入的数字来为图表设置相应的图表样式，如图 9-13 所示。如果没有与输入的数字对应的图表样式，则会向用户发出提示信息。运行本例代码之前，需要先选择一个图表以使其成为活动图表，否则即使输入了正确的数字，也会显示提示信息。

```
Sub 选择预置的图表样式()
    Dim strStyle As String
    strStyle = InputBox("请输入表示图表样式的编号: ")
    If IsNumeric(strStyle) Then
        On Error Resume Next
        ActiveChart.ChartStyle = CInt(strStyle)
        If Err.Number <> 0 Then
            MsgBox "选择的图表样式不存在! "
            Exit Sub
        End If
    End If
End Sub
```

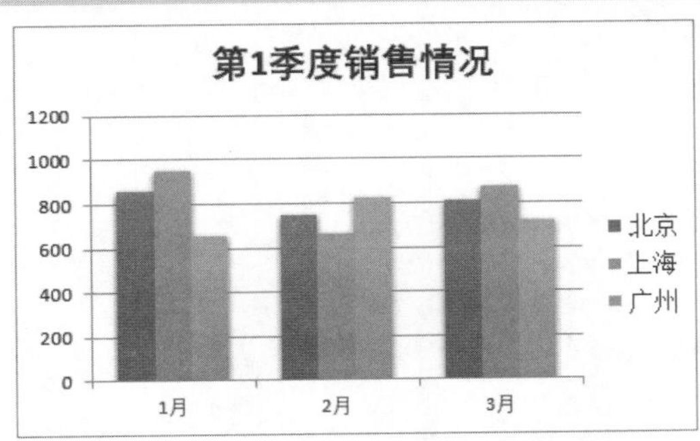

图 9-13　为图表设置指定的图表样式

9.3.5　自定义设置图表格式

使用预置的图表样式虽然可以快速改变图表的外观，但是在很多情况下可能并不符合图表格式上的要求。可以根据实际需求对图表中的各个元素的格式进行自定义设置。图表元素的格式主要包括以下几种。

- 填充：设置图表元素的填充色。
- 边框：设置图表元素的边框。
- 特殊效果：设置发光、阴影、边缘、三维等格式。

在 VBA 中，可以使用 ChartFormat 对象的不同属性设置图表元素的不同格式，表 9-7 列出了 ChartFormat 对象的不同属性所负责设置的格式。可以使用表示图表元素的对象的 Format 属性返回 ChartFormat 对象，比如使用 Chart 对象的 ChartTitle 属性返回 ChartTitle 对象，然后使用 ChartTitle 对象的 Format 属性返回 ChartFormat 对象。

表 9-7　用于设置图表元素格式的 ChartFormat 对象的属性

属　　性	说　　明
Fill	使用由 Fill 属性返回的 FilFormat 对象设置填充格式
Glow	使用由 Glow 属性返回的 GlowFormat 对象设置发光格式
Line	使用由 Line 属性返回的 LineFormat 对象设置边框格式
PictureFormat	使用由 PictureFormat 属性返回的 PictureFormat 对象设置图片格式
Shadow	使用由 Shadow 属性返回的 ShadowFormat 对象设置阴影格式
SoftEdge	使用由 SoftEdge 属性返回的 SoftEdgeFormat 对象设置边缘格式
TextFrame2	使用由 TextFrame2 属性返回的 TextFrame2 对象设置文本格式
ThreeD	使用由 ThreeD 属性返回的 ThreeDFormat 对象设置三维格式

下面以设置绘图区的格式为例，介绍设置图表元素格式的方法。

案例 9-11　将绘图区的背景设置为灰色

下面的代码将活动图表中的绘图区的背景设置为灰色，并将填充色的透明度设置为 50%，效果如图 9-14 所示。本例使用 VBA 的内置函数 RGB 指定一种颜色，该函数包含 3 个表示颜色分量的参数，对应于红、绿、蓝。FillFormat 对象的 Transparency 属性用于设置填充色的透明度，取值为 0～1，表示由透明到不透明，本例中的透明度 50%即为 0.5。

```
Sub 将绘图区的背景设置为灰色()
    With ActiveChart.PlotArea.Format.Fill
        .ForeColor.RGB = RGB(200, 200, 200)
        .Transparency = 0.5
    End With
End Sub
```

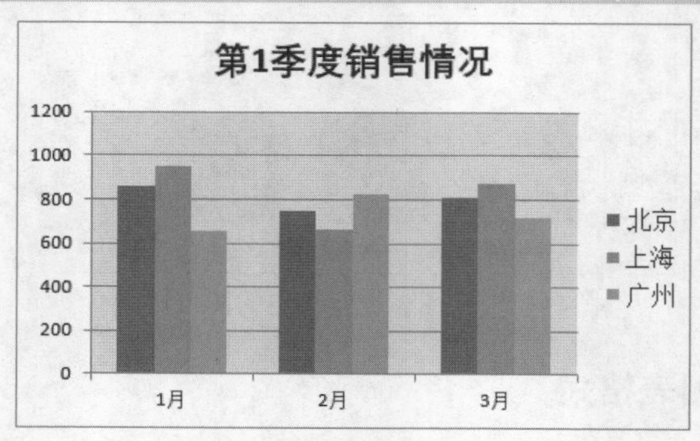

图 9-14　将绘图区的背景设置为灰色

案例 9-12　将图片设置为绘图区的背景

下面的代码将包含该代码的工作簿所在路径中名为“图表背景”的图片设置为活动图表的绘图区的背景，如图 9-15 所示。FillFormat 对象的 UserPicture 方法用于将图片设置为绘图区的背景，该方法只有一个参数，用于指定要使用的图片的路径和名称。

```
Sub 将图片设置为绘图区的背景()
    Dim strPic As String
    On Error Resume Next
    strPic = ThisWorkbook.Path & "\" & "图表背景.jpg"
    ActiveChart.PlotArea.Format.Fill.UserPicture strPic
End Sub
```

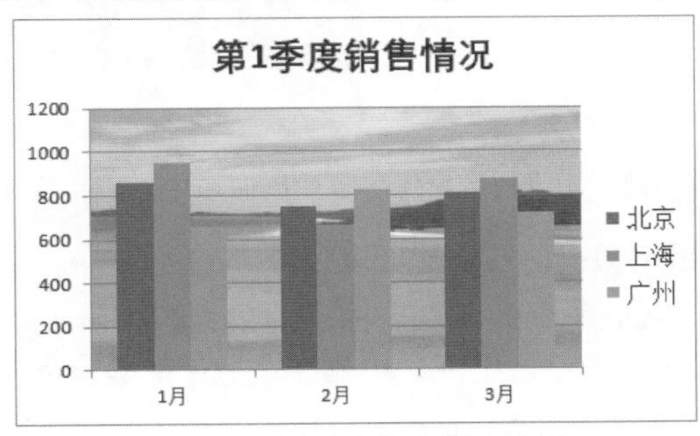

图 9-15　用图片作为填充介质

案例 9-13　设置绘图区的边框

下面的代码将活动图表的绘图区的边框设置为虚线，如图 9-16 所示。由于图表中显示了数值轴的网格线，为了让绘图区的边框更清晰，因此使用 SetElement 方法隐藏了数值轴的网格线。然后使用 LineFormat 对象的 DashStyle 属性设置边框的线型为虚线，再将该对象的 Visible 属性设置为 True 使边框显示出来。

```
Sub 设置绘图区的边框()
    With ActiveChart
        .SetElement msoElementPrimaryValueGridLinesNone
        With .PlotArea.Format.Line
            .DashStyle = msoLineDash
            .Visible = True
        End With
    End With
End Sub
```

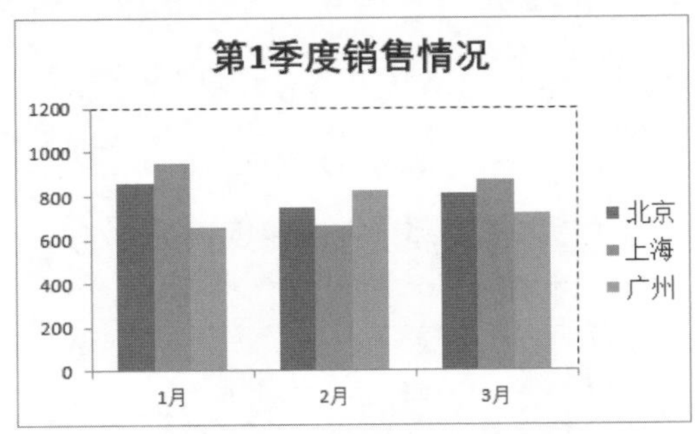

图 9-16　设置绘图区的边框

9.3.6　编辑图表的数据系列

如图 9-17 所示中的图表的数据源包含单元格区域中的所有数据。如果希望图表中只包含北京、上海、广州的销售数据，则可以使用两种方法：一种方法是使用所需的数据区域重新创建图表，另一种方法是对现有图表的数据系列进行编辑。

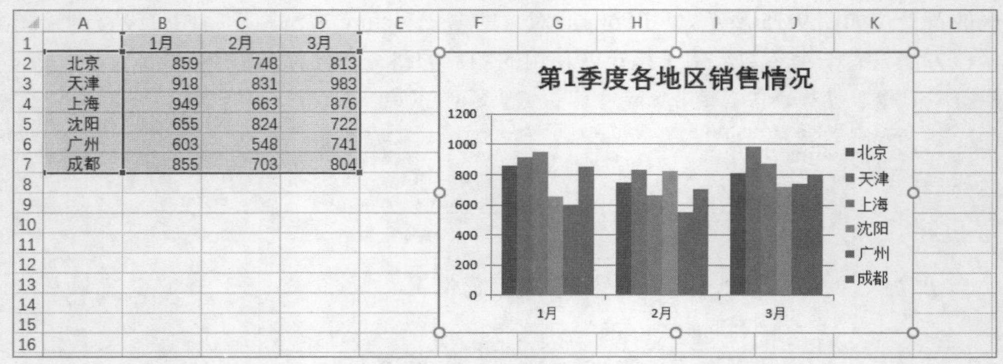

	1月	2月	3月
北京	859	748	813
天津	918	831	983
上海	949	663	876
沈阳	655	824	722
广州	603	548	741
成都	855	703	804

图 9-17　图表的数据源包含数据区域中的所有数据

案例 9-14　使用不连续的数据区域创建图表

下面的代码创建如图 9-18 所示的图表，图表的数据源使用了 3 个不连续的单元格区域 A1:D2、A4:D4 和 A6:D6。由于北京、上海、广州 3 个地区的数据位于不连续的单元格区域中，因此需要使用 Application 对象的 Union 方法将 3 个独立区域以及分类轴（水平轴）所在的区域合并为一个整体，然后在创建图表时使用 Chart 对象的 SetSource 方法将合并后的数据区域指定为图表的数据源。

```
Sub 使用不连续的数据区域创建图表()
    Dim rng1 As Range, rng2 As Range, rng3 As Range
    Dim rngSource As Range, shp As Shape
    Set rng1 = Range("A1:D2")
    Set rng2 = Range("A4:D4")
    Set rng3 = Range("A6:D6")
    Set rngSource = Application.Union(rng1, rng2, rng3)
    Set shp = ActiveSheet.Shapes.AddChart
    With Range("M2:R15")
        shp.Top = .Top
        shp.Left = .Left
        shp.Height = .Height
        shp.Width = .Width
    End With
    With shp.Chart
        .SetSourceData rngSource, xlRows
        .ChartType = xlColumnClustered
        .SetElement msoElementChartTitleAboveChart
        .ChartTitle.Text = "第 1 季度部分地区销售情况"
    End With
End Sub
```

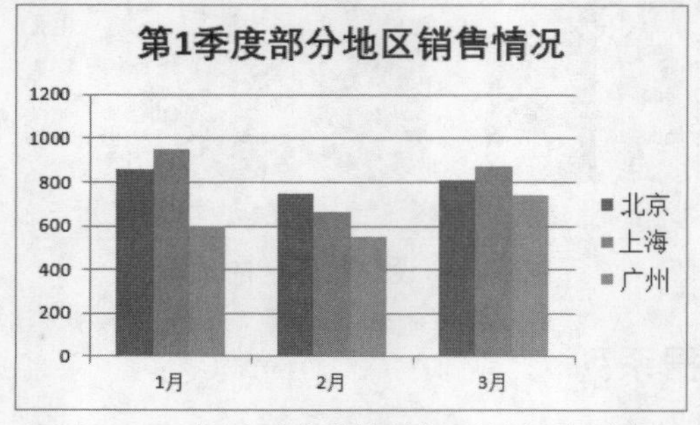

图 9-18　使用不连续的数据区域创建图表

如果只想修改图表而不是重新创建图表，则可以使用 Series 对象编辑特定的数据系列。Series 对象表示一个数据系列，图表中的所有数据系列组成了 SeriesCollection 集合。Series 对象的 Values 属性用于指定图表的数据系列，该对象的 XValues 属性用于指定图表的分类轴信息。

对于上一个案例来说，由于图表中包含 6 个地区的数据，如果只想在图表中显示其中 3 个地区的数据，则可以将另外 3 个地区的数据从图表中删除。与从其他集合中引用特定对象的方法类似，可以使用数据系列的索引号或名称从 SeriesCollection 集合中引用指定的数据系列，之后就可以使用 Series 对象的 Delete 方法删除指定的数据系列。下面的代码将名为“沈阳”的数据系列从活动图表中删除。

```
ActiveChart.SeriesCollection("沈阳").delete
```

案例 9-15　使用 Series 对象删除图表中的多个数据系列

下面的代码删除如图 9-19 所示的图表中的“天津”“沈阳”“成都”3 个数据系列，从而实现与上一个案例相同的效果。通过 SeriesCollection 集合的 Count 属性获得图表中包含的数据系列总数，然后在 For Next 循环中从最后一个数据系列开始每隔两个删除一个数据系列，即删除第 6 个、第 4 个和第 2 个数据系列，从而将第 5 个、第 3 个和第 1 个数据系列保留下来。如果从最小的编号开始删除数据系列，位于后面的数据系列的最初编号会在删除过程中改变，从而导致无法引用特定编号的数据系列的运行时错误。

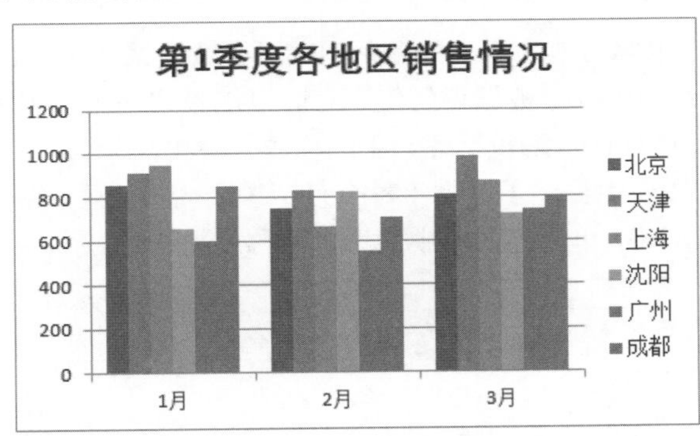

图 9-19　一次性删除多个数据系列

```
Sub 使用Series对象删除图表中的多个数据系列()
    Dim intCount As Integer, sc As SeriesCollection
    Set sc = ActiveChart.SeriesCollection
    For intCount = sc.Count To 2 Step -2
        sc(intCount).Delete
    Next intCount
End Sub
```

如果要删除的数据系列的编号不像上一个案例那样呈规律性变化，则可以使用 Array 函数为要删除的数据系列的名称创建一个数组，然后使用 For Next 循环结构进行删除。

案例 9-16　删除编号无规律的多个数据系列

下面的代码删除前面案例中的“天津”“上海”“广州”“成都”这 4 个数据系列，它们的编号分别是 2、3、5、6，这些数据系列不完全连续且编号无规律。将 Array 函数创建的由数据系列名称组成的数组赋值给 varName 变量从而创建一个数组，然后使用 VBA 的内置函数 LBound 和 UBound 获取数组的下界和上界，从而可以回避模块顶部的 Option Base 语句所限定的数组下界。之后使用 SeriesCollection 集合通过遍历数组中每一个元素来删除指定名称的数据系列，如图 9-20 所示。

```
Sub 删除编号无规律的多个数据系列()
    Dim intIndex As Integer, varName As Variant
    varName = Array("天津", "上海", "广州", "成都")
    For intIndex = LBound(varName) To UBound(varName)
        ActiveChart.SeriesCollection(varName(intIndex)).Delete
    Next intIndex
End Sub
```

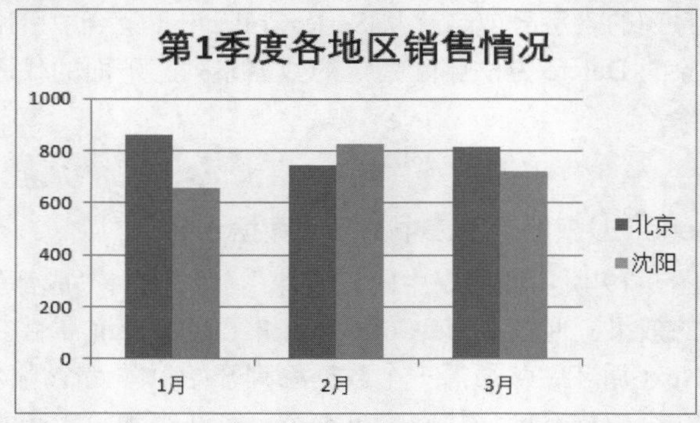

图 9-20　删除编号无规律的多个数据系列

9.3.7　将指定内容设置为图表的数据标签

在 Excel 图表中可以很容易地为一个数据系列或所有数据系列添加数据标签。默认情况下，数据标签的内容是数据系列中各个数据点的值。有时可能希望使用一组特定的内容代替数据标签的默认值，使用 VBA 进行批量编辑比逐一手动修改效率更高。

在如图 9-21 所示的图表中显示了上半年每个月销量最高的地区，图表中的数据标签显示的是销量，现在希望使用 B2:B7 单元格区域中的地区名称替换销量。

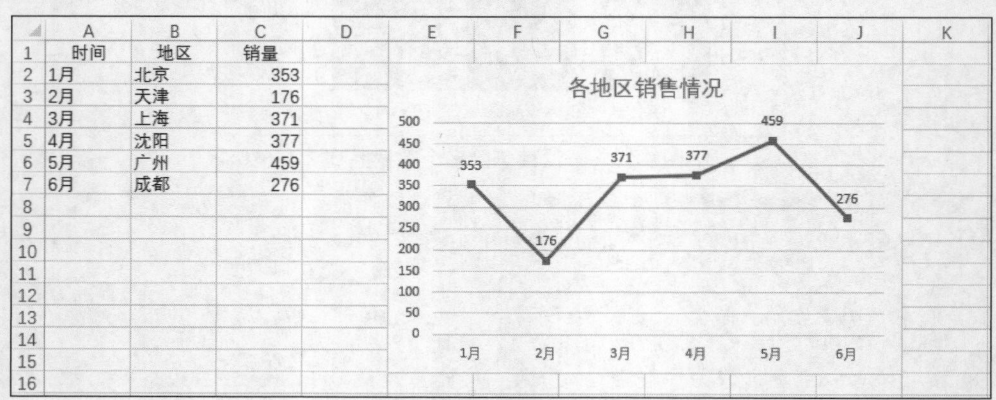

	A	B	C
1	时间	地区	销量
2	1月	北京	353
3	2月	天津	176
4	3月	上海	371
5	4月	沈阳	377
6	5月	广州	459
7	6月	成都	276

图 9-21　数据标签默认显示数据点的值

案例 9-17　自定义图表的数据标签

下面的代码使用 B2:B7 单元格区域中的地区名称代替数据标签中的销量，如图 9-22 所示。首先将活动工作表中的第 1 个嵌入式图表赋值给 cht 变量，然后将图表中的第 1 个数据系列赋值给 ser 对象变量。将 Series 对象的 HasDataLabels 属性设置为 True 以显示数据标签，之后在 For Each 循环结构中遍历数据系列中的每一个数据点，将每个数据点的数据标签设置为 B2:B7 单元格区域中的内容。使用 intIndex 变量存储当前循环的次数，也就是当前正在处理的是第几个数据点，并将该变量作为从 B2:B7 单元格区域中引用指定单元格的索引号，从而可以确保将

B2:B7 单元格区域中指定单元格的内容与指定的数据点正确对应上。

```
Sub 将指定内容设置为图表的数据标签()
    Dim cht As Chart, intIndex As Integer
    Dim ser As Series, poi As Point
    Set cht = ActiveSheet.ChartObjects(1).Chart
    Set ser = cht.SeriesCollection(1)
    ser.HasDataLabels = True
    For Each poi In ser.Points
        intIndex = intIndex + 1
        poi.DataLabel.Text = Range("B2:B7").Cells(intIndex).Value
    Next poi
End Sub
```

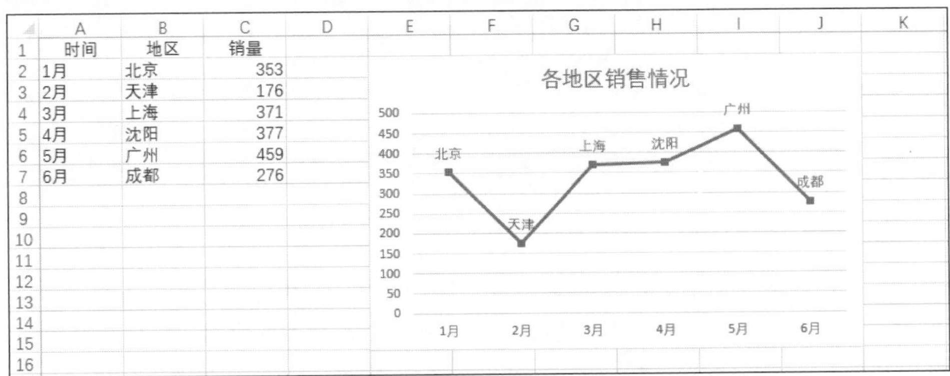

图 9-22　将指定内容设置为图表的数据标签

9.3.8　设置所有嵌入式图表的大小

当工作表中存在多个嵌入式图表时，为了整齐美观，可能希望将所有图表设置为相同大小。可以使用 VBA 快速精确地将所有图表设置为指定大小，也可以以某个图表的大小为基准，将其他图表都设置为与该图表等大。使用 ChartObject 对象的 Width 和 Height 属性可以设置嵌入式图表的宽度和高度。

案例 9-18　将所有嵌入式图表设置为相同大小

下面的代码将活动工作表中的所有嵌入式图表的宽度设置为 10 厘米，将高度设置为 6 厘米。在 For Each 循环结构中遍历活动工作表中的所有图形对象，使用 Shape 对象的 Type 属性检查图形对象是否是图表，如果是则为其设置大小。为了防止图表的宽度和高度处于锁定状态，因此将 Shape 对象的属性 LockAspectRatio 设置为 False 以解除锁定。由于 Width 和 Height 属性接受的是磅值，因此使用 Application 对象的 CentimetersToPoints 方法将输入的厘米值转换为磅值。

```
Sub 将所有嵌入式图表设置为相同大小()
    Dim shp As Shape
    For Each shp In ActiveSheet.Shapes
        If shp.Type = msoChart Then
            shp.LockAspectRatio = False
            shp.Width = Application.CentimetersToPoints(10)
            shp.Height = Application.CentimetersToPoints(6)
        End If
    Next shp
End Sub
```

案例 9-19　将所有嵌入式图表的大小设置为与活动图表等大

下面的代码以活动图表的大小为基准，将同一个工作表中的其他嵌入式图表的大小设置为与该活动图表等大。运行代码之前，需要先选择一个图表以使其成为活动图表。

```
Sub 将所有嵌入式图表的大小设置为与活动图表等大()
    Dim shp As Shape, dblWidth As Double, dblHeight As Double
    If ActiveChart Is Nothing Then
        MsgBox "当前没有活动图表！"
        Exit Sub
    End If
    dblWidth = ActiveChart.Parent.Width
    dblHeight = ActiveChart.Parent.Height
    For Each shp In ActiveSheet.Shapes
        If shp.Type = msoChart Then
            shp.LockAspectRatio = False
            shp.Width = dblWidth
            shp.Height = dblHeight
        End If
    Next shp
End Sub
```

9.3.9　删除图表

如果一个工作簿包含多个工作表，每个工作表又包含多个嵌入式图表，当希望删除工作簿中的所有嵌入式图表时，手动删除不但效率低，而且还很容易出现遗漏，使用 VBA 可以快速完成删除操作。

案例 9-20　删除工作簿中的所有嵌入式图表

下面的代码删除活动工作簿中的所有嵌入式图表，在 For Each 循环结构中遍历工作簿中的每一个工作表，然后使用 Worksheet 对象的 ChartObjects 方法返回 ChartObjects 集合，该集合表示工作表中的所有嵌入式图表，之后执行该集合的 Delete 方法删除指定工作表中的所有嵌入式图表。加入 On Error Resume Next 语句以防没有嵌入式图表时出现运行时错误。

```
Sub 删除工作簿中的所有嵌入式图表()
    Dim wks As Worksheet
    On Error Resume Next
    For Each wks In Worksheets
        wks.ChartObjects.Delete
    Next wks
End Sub
```

如果要删除一个工作簿中的所有图表工作表，则可以使用 Charts 集合的 Delete 方法。为了在删除图表工作表时不会出现中断程序运行的确认删除的提示信息，可以将 Application 对象的属性设置为 False，在完成删除操作之后再将该属性设置为 True。

```
Application.DisplayAlerts = False
Charts.Delete
Application.DisplayAlerts = True
```

9.4　将图表转换为图片

如果希望只允许其他人浏览图表而不能对其进行修改，则可以使用 VBA 将图表转换为指定格式的图片。可以导出的图片格式由 Windows 操作系统中安装的文件筛选器决定。

9.4.1　将单个嵌入式图表转换为图片

在 VBA 中，可以使用 Chart 对象的 Export 方法将嵌入式图表转换为图片。Export 方法包含 3 个参数，语法格式如下：

```
Export(Filename, FilterName, Interactive)
```

- Filename：必选，将图表转换为图片的文件路径和文件名。
- FilterName：可选，将图表转换为图片的文件格式。
- Interactive：可选，如果设置为 True 则显示包含筛选器特定选项的对话框，如果设置为 False 则使用筛选器的默认值。如果省略该参数，则其值默认为 False。

案例 9-21　将活动的嵌入式图表转换为图片

下面的代码将活动图表转换为 JPG 格式的图片，图片的保存位置与图表所属工作簿位于同一个文件夹中，并使用图表标题作为图片的文件名。ActiveChart.Parent.Parent.Parent 返回对活动图表所属工作簿的引用，ActiveChart.Parent 返回 Chart 对象的父对象，即 ChartObject 对象。ActiveChart.Parent.Parent 相当于返回 ChartObject 对象的父对象，即 Worksheet 对象。ActiveChart.Parent.Parent.Parent 相当于返回 Worksheet 对象的父对象，即 Workbook 对象，最后使用 Workbook 对象的 Path 属性获取工作簿的路径。

```
Sub 将活动的嵌入式图表转换为图片()
    Dim strFileName As String, strPath As String
    If ActiveChart Is Nothing Then
        MsgBox "当前没有活动图表！"
        Exit Sub
    End If
    strPath = ActiveChart.Parent.Parent.Parent.Path
    strFileName = strPath & "\" & ActiveChart.ChartTitle.Text & ".jpg"
    ActiveChart.Export strFileName, "jpg"
End Sub
```

9.4.2　将工作簿中的所有嵌入式图表转换为图片

将工作簿中的所有嵌入式图表转换为图片的方法与上一节介绍的转换单个图片的方法类似，只是需要使用 For Each 循环结构遍历工作簿中的每个工作表，以及在每个工作表中遍历每个图表。

案例 9-22　将所有嵌入式图表批量保存为图片

下面的代码将活动工作簿中的所有嵌入式图表转换为 JPG 格式的图片，如图 9-23 所示。由于不同工作表中的图表可能具有相同的标题，如果以图表标题作为图片的文件名，那么在将这些图表转换为图片时就会出现同名文件的情况，此时 Excel 会中断程序的运行，并显示是否覆盖文件的提示信息。为了避免这种情况，在导出不同工作表中的图表时，使用工作表名+图表标题的方式来为转换后的图片命名，在工作表名与图表标题之间使用“-”符号作为分隔符。

```
Sub 将工作簿中的所有嵌入式图表转换为图片()
    Dim wks As Worksheet, cho As ChartObject
    Dim strFileName As String, strPath As String
    strPath = ActiveWorkbook.Path
    On Error Resume Next
    For Each wks In Worksheets
        For Each cho In wks.ChartObjects
            strFileName = strPath & "\" & wks.Name & "-" & cho.Chart.ChartTitle.Text & ".jpg"
```

```
            cho.Chart.Export strFileName, "jpg"
        Next cho
    Next wks
End Sub
```

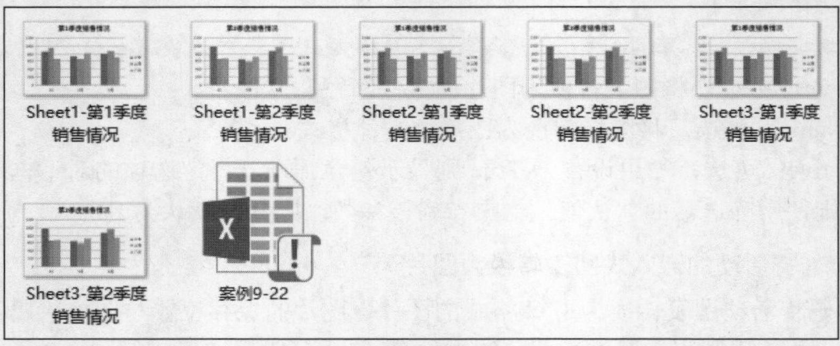

图 9-23　将工作簿中的所有嵌入式图表转换为图片

第 10 章　使用 PivotTable 对象处理数据透视表

数据透视表是一种功能强大且易于使用的数据分析工具。在 Excel 界面环境中可以很容易地创建和设置数据透视表，在 VBA 中可以使用 Excel 对象模型中的数据透视表对象来创建和设置数据透视表。本章将详细介绍在 VBA 中操作数据透视表的方法。

10.1　数据透视表基础

本节主要介绍在 VBA 中创建数据透视表需要了解的一些基础知识，包括数据透视表的组成结构、数据透视表的常用术语、数据透视表缓存，以及 Excel 对象模型中的数据透视表对象。

10.1.1　数据透视表的组成结构

数据透视表通常包括 4 个部分：行区域、列区域、值区域、报表筛选区域。下面将对各部分进行简要介绍。

1. 行区域

如图 10-1 所示的灰色部分是数据透视表的行区域，它位于数据透视表的左侧。在行区域中通常放置一些可用于进行分类或分组的内容，比如部门、地区、日期等。

	A	B	C	D	E	F	G
1							
2	负责人	(全部)					
3							
4	求和项:销量	商品					
5	地区	冰箱	电脑	电视	空调	洗衣机	总计
6	北京	4104	1618	2391	1213	6191	15517
7	成都	3801	4377	5915	2708	2915	19716
8	大连	1703	3474	539	3796	4426	13938
9	广州	4298	3061	958	1731	4515	14563
10	哈尔滨	2694	1332	3095	1665	3221	12007
11	济南	3441	1496	2992	4107	1689	13725
12	上海	4671	5440	1280	503	3171	15065
13	沈阳	3556	4097	2702	4559	2966	17880
14	石家庄	1499	1419	3673	3906	3076	13573
15	太原	1439	521	6673	2285	3096	14014
16	天津	3999	2592	4856	3848	2063	17358
17	武汉	2682	3916	2781	1390	1504	12273
18	长春	2703	2127	1280	2705	5580	14395
19	长沙	3201	2173	4081	4098	2402	15955
20	重庆	1948	3671	2415	3446	2117	13597
21	总计	45739	41314	45631	41960	48932	223576
22							

图 10-1　行区域

2. 列区域

如图 10-2 所示的灰色部分是数据透视表的列区域，它位于数据透视表各列的顶部。

	A	B	C	D	E	F	G
1							
2	负责人	(全部)					
3							
4	求和项:销量	商品					
5	地区	冰箱	电脑	电视	空调	洗衣机	总计
6	北京	4104	1618	2391	1213	6191	15517
7	成都	3801	4377	5915	2708	2915	19716
8	大连	1703	3474	539	3796	4426	13938
9	广州	4298	3061	958	1731	4515	14563
10	哈尔滨	2694	1332	3095	1665	3221	12007
11	济南	3441	1496	2992	4107	1689	13725
12	上海	4671	5440	1280	503	3171	15065
13	沈阳	3556	4097	2702	4559	2966	17880
14	石家庄	1499	1419	3673	3906	3076	13573
15	太原	1439	521	6673	2285	3096	14014
16	天津	3999	2592	4856	3848	2063	17358
17	武汉	2682	3916	2781	1390	1504	12273
18	长春	2703	2127	1280	2705	5580	14395
19	长沙	3201	2173	4081	4098	2402	15955
20	重庆	1948	3671	2415	3446	2117	13597
21	总计	45739	41314	45631	41960	48932	223576
22							

图 10-2 列区域

3. 值区域

如图 10-3 所示的灰色部分是数据透视表的值区域，它是由行区域和列区域包围起来的面积最大的区域。值区域中的数据是对行区域和列区域中的字段所包含的数据进行数值运算后的计算结果。默认情况下，Excel 对值区域中的数值型数据进行求和，对文本型数据进行计数。

	A	B	C	D	E	F	G
1							
2	负责人	(全部)					
3							
4	求和项:销量	商品					
5	地区	冰箱	电脑	电视	空调	洗衣机	总计
6	北京	4104	1618	2391	1213	6191	15517
7	成都	3801	4377	5915	2708	2915	19716
8	大连	1703	3474	539	3796	4426	13938
9	广州	4298	3061	958	1731	4515	14563
10	哈尔滨	2694	1332	3095	1665	3221	12007
11	济南	3441	1496	2992	4107	1689	13725
12	上海	4671	5440	1280	503	3171	15065
13	沈阳	3556	4097	2702	4559	2966	17880
14	石家庄	1499	1419	3673	3906	3076	13573
15	太原	1439	521	6673	2285	3096	14014
16	天津	3999	2592	4856	3848	2063	17358
17	武汉	2682	3916	2781	1390	1504	12273
18	长春	2703	2127	1280	2705	5580	14395
19	长沙	3201	2173	4081	4098	2402	15955
20	重庆	1948	3671	2415	3446	2117	13597
21	总计	45739	41314	45631	41960	48932	223576
22							

图 10-3 值区域

4. 报表筛选区域

如图 10-4 所示的灰色部分是数据透视表的报表筛选区域，它位于数据透视表的最上方。报表筛选区域由一个或多个下拉列表组成，在下拉列表中选择特定选项后，将会对整个数据透视表中的数据进行筛选。

	A	B	C	D	E	F	G
1							
2	负责人	(全部)					
3							
4	求和项:销量	商品					
5	地区	冰箱	电脑	电视	空调	洗衣机	总计
6	北京	4104	1618	2391	1213	6191	15517
7	成都	3801	4377	5915	2708	2915	19716
8	大连	1703	3474	539	3796	4426	13938
9	广州	4298	3061	958	1731	4515	14563
10	哈尔滨	2694	1332	3095	1665	3221	12007
11	济南	3441	1496	2992	4107	1689	13725
12	上海	4671	5440	1280	503	3171	15065
13	沈阳	3556	4097	2702	4559	2966	17880
14	石家庄	1499	1419	3673	3906	3076	13573
15	太原	1439	521	6673	2285	3096	14014
16	天津	3999	2592	4856	3848	2063	17358
17	武汉	2682	3916	2781	1390	1504	12273
18	长春	2703	2127	1280	2705	5580	14395
19	长沙	3201	2173	4081	4098	2402	15955
20	重庆	1948	3671	2415	3446	2117	13597
21	总计	45739	41314	45631	41960	48932	223576
22							

图 10-4　报表筛选区域

10.1.2　数据透视表的常用术语

本章会使用数据透视表的一些术语用于描述数据透视表中的特定内容，了解这些术语不仅有助于理解本章的内容，还可以与使用数据透视表的其他用户进行更好的交流。

1. 数据源

数据源是创建数据透视表的数据来源，数据源可以是 Excel 中的单元格区域、定义的名称、另一个数据透视表，还可以是 Excel 之外的其他来源的数据，比如文本文件、Access 数据库或 SQL Server 数据库。

2. 字段

数据透视表中的字段是数据源中各列顶部的标题，每一个字段代表一类数据。如图 10-5 所示的深灰色部分就是数据透视表中的字段，比如“商品”“地区”“销量”“负责人”。

	A	B	C	D	E	F	G
1							
2	负责人	(全部)					
3							
4	销量	商品					
5	地区	冰箱	电脑	电视	空调	洗衣机	总计
6	北京	4104	1618	2391	1213	6191	15517
7	成都	3801	4377	5915	2708	2915	19716
8	大连	1703	3474	539	3796	4426	13938
9	广州	4298	3061	958	1731	4515	14563
10	哈尔滨	2694	1332	3095	1665	3221	12007
11	济南	3441	1496	2992	4107	1689	13725
12	上海	4671	5440	1280	503	3171	15065
13	沈阳	3556	4097	2702	4559	2966	17880
14	石家庄	1499	1419	3673	3906	3076	13573
15	太原	1439	521	6673	2285	3096	14014
16	天津	3999	2592	4856	3848	2063	17358
17	武汉	2682	3916	2781	1390	1504	12273
18	长春	2703	2127	1280	2705	5580	14395
19	长沙	3201	2173	4081	4098	2402	15955
20	重庆	1948	3671	2415	3446	2117	13597
21	总计	45739	41314	45631	41960	48932	223576
22							

图 10-5　数据透视表中的字段

可以将字段按其所在的不同区域分为报表筛选字段、行字段、列字段、值字段，各字段的说明如下：

- 报表筛选字段：位于报表筛选区域中的字段，可以对整个数据透视表中的数据进行筛选。
- 行字段：位于行区域中的字段。如果数据透视表包含多个行字段，这些行字段将以树状结构的形式进行排列，类似文件夹和子文件夹。通过改变各个行字段在行区域中的排列顺序，可以获得表达不同含义的数据透视表。
- 列字段：位于列区域中的字段。
- 值字段：位于最外层行字段上方的字段。值字段中的数据主要用于执行各种运算，Excel 对数值数据默认执行求和，对文本数据默认执行计数。

3. 项

项是字段中包含的数据。如图 10-6 所示的深灰部分就是数据透视表中的项，比如“北京”“成都”“大连”是“地区”字段中的项。各个字段中位于同一行上的某个项组成了一条数据记录，每条数据记录在表中应该是唯一的。

	A	B	C	D	E	F	G
1							
2	负责人	(全部)					
3							
4	销量	商品					
5	地区	冰箱	电脑	电视	空调	洗衣机	总计
6	北京	4104	1618	2391	1213	6191	15517
7	成都	3801	4377	5915	2708	2915	19716
8	大连	1703	3474	539	3796	4426	13938
9	广州	4298	3061	958	1731	4515	14563
10	哈尔滨	2694	1332	3095	1665	3221	12007
11	济南	3441	1496	2992	4107	1689	13725
12	上海	4671	5440	1280	503	3171	15065
13	沈阳	3556	4097	2702	4559	2966	17880
14	石家庄	1499	1419	3673	3906	3076	13573
15	太原	1439	521	6673	2285	3096	14014
16	天津	3999	2592	4856	3848	2063	17358
17	武汉	2682	3916	2781	1390	1504	12273
18	长春	2703	2127	1280	2705	5580	14395
19	长沙	3201	2173	4081	4098	2402	15955
20	重庆	1948	3671	2415	3446	2117	13597
21	总计	45739	41314	45631	41960	48932	223576
22							

图 10-6　数据透视表中的项

10.1.3　数据透视表缓存

数据透视表缓存是一个数据缓冲区，用于在数据透视表与数据源之间传递数据。在 Excel 2003 中使用相同的数据源创建的每一个数据透视表都有一个与其匹配的数据透视表缓存。但是在 Excel 2007 或更高版本的 Excel 中，使用相同的数据源创建的所有数据透视表都将共享同一个数据透视表缓存。

共享数据透视表缓存的优点是可以减少内存占用，并可避免工作簿的体积随数据透视表数量的增多而显著变大。共享数据透视表缓存也存在以下两个问题：

- 刷新任意一个数据透视表，共享相同的数据透视表缓存的其他数据透视表也将自动刷新。
- 在任意一个数据透视表中添加计算字段和计算项，或对指定字段进行组合后，操作结果也会在共享相同的数据透视表缓存的其他数据透视表中生效。

如果希望在 Excel 2007 或更高版本的 Excel 中，在使用相同的数据源创建数据透视表时不共享同一个数据透视表缓存，可以使用“数据透视表和数据透视图向导”对话框。

（1）单击数据源中的任意一个单元格，然后按 Alt+D 组合键，在显示快捷键提示时按 P 键，打开“数据透视表和数据透视图向导”对话框，如图 10-7 所示，保持默认设置直接单击“下一步”按钮。

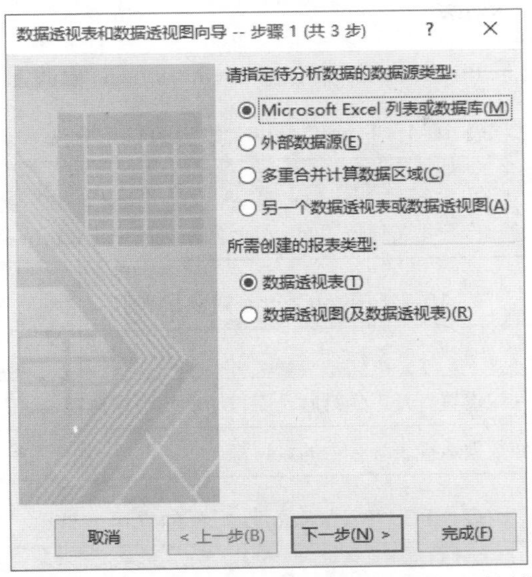

图 10-7　“数据透视表和数据透视图向导”对话框

（2）进入向导的下一个设置界面，Excel 会自动将数据源的连续单元格区域填入数据源区域，如图 10-8 所示，直接单击“下一步”按钮。

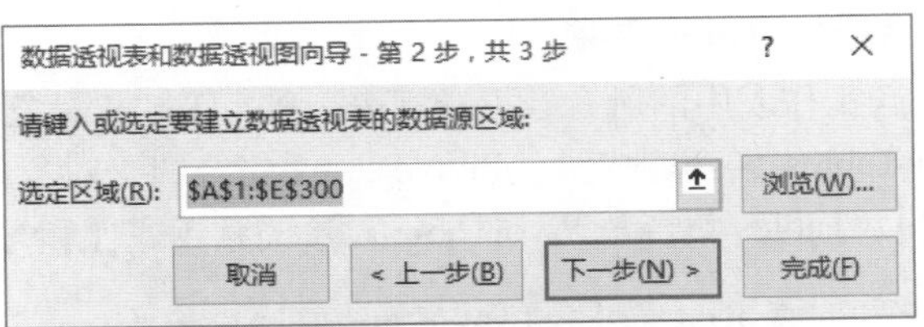

图 10-8　自动填入数据源的范围

（3）如果在上一步填入的数据源范围与工作簿中现有的数据透视表所使用的数据源范围相同，则会显示如图 10-9 所示的对话框，单击“否”按钮将会创建一个新的数据透视表缓存，而不是使用现有的数据透视表缓存。

图 10-9　选择是否共享同一个数据透视表缓存

10.1.4　数据透视表的 Excel 对象模型

Excel 对象模型中主要包括 4 个与数据透视表相关的常用对象：PivotCaches 集合/PivotCache 对象、PivotTables 集合/PivotTable 对象、PivotFields 集合/PivotField 对象和 PivotItems 集合

/PivotItem 对象。

1. PivotCaches 集合/PivotCache 对象

PivotCaches 集合包含工作簿中的所有数据透视表缓存，PivotCache 对象是特定的数据透视表缓存，PivotCache 对象是 PivotCaches 集合的成员。PivotCaches 集合的父对象是 Workbook 对象。表 10-1～表 10-3 列出了 PivotCaches 集合与 PivotCache 对象的常用属性和方法。

表 10-1　PivotCaches 集合的常用方法

方　法	说　明
Create	创建一个数据透视表缓存，并返回相应的 PivotCache 对象

表 10-2　PivotCache 对象的常用属性

属　性	说　明
RefreshOnFileOpen	返回或设置打开工作簿时是否自动刷新数据透视表缓存
SourceData	返回数据透视表缓存中的数据源

表 10-3　PivotCache 对象的常用方法

方　法	说　明
CreatePivotTable	创建一个基于 PivotCache 对象的数据透视表，并返回一个 PivotTable 对象
Refresh	刷新数据透视表缓存

2. PivotTables 集合/PivotTable 对象

PivotTables 集合包含工作表中的所有数据透视表，PivotTable 对象是特定的数据透视表，PivotTable 对象是 PivotTables 集合的成员。PivotTables 集合的父对象是 Worksheet 对象。表 10-4～表 10-6 列出了 PivotTables 集合与 PivotTable 对象的常用属性和方法。

表 10-4　PivotTables 集合的常用方法

方　法	说　明
Add	创建一个数据透视表，并返回相应的 PivotTable 对象

表 10-5　PivotTable 对象的常用属性

属　性	说　明
ColumnFields	返回包含数据透视表中的所有列字段的 PivotFields 集合
ColumnGrand	返回或设置是否显示列总计
ColumnRange	返回表示数据透视表中的列区域的 Range 对象
DataBodyRange	返回表示数据透视表中的值区域的 Range 对象
DataFields	返回包含数据透视表中的所有值字段的 PivotFields 集合
LayoutRowDefault	返回或设置初次向数据透视表中添加字段时的布局形式
Name	返回或设置数据透视表的名称

续表

属　　性	说　　明
PageFields	返回包含数据透视表中的所有报表筛选字段的 PivotFields 集合
PageRange	返回表示数据透视表中的报表筛选区域的 Range 对象
RowFields	返回包含数据透视表中的所有行字段的 PivotFields 集合
RowGrand	返回或设置是否显示行总计
RowRange	返回表示数据透视表中的行区域的 Range 对象
SourceData	返回数据透视表使用的数据源
TableRange1	返回不包含页字段的整个数据透视表区域的 Range 对象
TableRange2	返回包含页字段在内的整个数据透视表区域的 Range 对象
TableStyle2	返回或设置当前应用于数据透视表的数据透视表样式
VisibleFields	返回包含数据透视表中当前已布局的所有字段的 PivotFields 集合

表 10-6　PivotTable 对象的常用方法

方　　法	说　　明
AddDataField	在数据透视表中添加值字段，并返回相应的 PivotField 对象
AddFields	在数据透视表中添加行字段、列字段和报表筛选字段
ClearTable	清除数据透视表中的所有字段以及排序和筛选，使其恢复为空白的数据透视表
PivotFields	返回包含数据透视表中的所有字段的 PivotFields 集合
RefreshTable	使用数据源刷新数据透视表，如果刷新成功则返回 True，刷新失败则返回 False
RowAxisLayout	设置数据透视表的布局形式
Update	更新数据透视表

3. PivotFields 集合/PivotField 对象

PivotFields 集合包含数据透视表中的所有字段，PivotField 对象是特定的字段，PivotField 对象是 PivotFields 集合的成员。PivotTables 集合的父对象是 Worksheet 对象。表 10-7 和表 10-8 列出了 PivotTable 对象的常用属性和方法。

表 10-7　PivotField 对象的常用属性

属　　性	说　　明
Calculation	返回或设置值字段中的数据的值显示方式，比如百分比、差异、差异百分比等
Caption	返回或设置字段在数据透视表字段列表窗格中显示的名称
DataRange	返回包含字段中的所有数据的 Range 对象
DataType	返回字段中的数据的数据类型
Name	返回或设置字段的名称
NumberFormat	返回或设置值字段中的数据的数字格式
Function	返回或设置值字段中的数据的值汇总依据，比如求和、计数、平均值等

续表

属　　性	说　　明
Orientation	返回或设置数据透视表中的字段布局方式
Position	返回或设置位于相同区域中的多个字段的排列方式
Subtotals	返回或设置值字段以外的其他字段中的数据的汇总方式

表 10-8　PivotField 对象的常用方法

方　　法	说　　明
Delete	删除字段
PivotItems	返回包含字段中的所有项的 PivotItems 集合

4. PivotItems 集合/PivotItem 对象

PivotItems集合包含字段中的所有项，PivotItem对象是特定的项，PivotItem对象是PivotItems集合的成员。PivotItems 集合的父对象是 PivotField 对象。表 10-9 和表 10-10 列出了 PivotItem 对象的常用属性和方法。

表 10-9　PivotItem 对象的常用属性

属　　性	说　　明
Caption	返回或设置项在数据透视表中显示的名称
Name	返回或设置项的名称
Position	返回或设置项在其所属字段中的位置
Visible	设置项的显示或隐藏状态

表 10-10　PivotItem 对象的常用方法

方　　法	说　　明
Delete	删除项

10.2　创建与设置数据透视表

本节将介绍在 VBA 中创建数据透视表，以及对数据透视表中的数据进行操作的方法。

10.2.1　创建基本的数据透视表

在 VBA 中创建数据透视表之前，需要先创建数据透视表缓存，其中存储用于创建数据透视表的数据源，然后使用已创建好的数据透视表缓存来创建数据透视表。可以使用 PivotCaches 集合的 Create 方法创建数据透视表缓存，该方法包含 3 个参数，语法格式如下：

```
PivotCaches.Create(SourceType, SourceData, Version)
```

- SourceType：必选，数据源的类型，该参数的值由 XlPivotTableSourceType 常量提供，见表 10-11。
- SourceData：可选，数据源的位置。如果没有将 SourceType 参数设置为 xlExternal，则必须指定 SourceData 参数。

- Version：可选，数据透视表缓存的版本。Excel 2003 版本表示为 xlPivotTableVersion11，Excel 2007 版本表示为 xlPivotTableVersion12，Excel 2010 版本表示为 xlPivotTableVersion14，Excel 2013 版本表示为 xlPivotTableVersion15，Excel 2016 版本表示为 xlPivotTableVersion16。

表 10-11　XlPivotTableSourceType 常量

名　　称	值	说　　明
xlDatabase	1	Excel 中的数据区域
xlConsolidation	3	多重合并计算数据区域
xlExternal	2	其他应用程序中的数据
xlScenario	4	使用方案管理器创建的方案
xlPivotTable	-4148	来源于另一个数据透视表

创建好数据透视表缓存后，可以使用 PivotCache 对象的 CreatePivotTable 方法创建数据透视表。该方法包含 4 个参数，语法格式如下：

```
PivotCache.CreatePivotTable(TableDestination, TableName, ReadData, DefaultVersion)
```

- TableDestination：放置数据透视表的区域左上角的单元格。
- TableName：数据透视表的名称。
- ReadData：在创建数据透视表时通常省略该参数。如果设置为 True 则创建一个包含外部数据库中所有记录的数据透视表高速缓存，如果设置为 False 则允许在实际读取数据之前将某些字段设置为基于服务器的页字段。
- DefaultVersion：数据透视表的版本，与前面介绍的 PivotCaches 对象的 Create 方法的 Version 参数相同。

	A	B	C	D	E
1	商品	地区	销量	销售额	负责人
2	冰箱	太原	561	1570800	雷盛
3	电视	武汉	993	3475500	范妮
4	电脑	沈阳	875	4987500	石杰
5	电脑	大连	793	4520100	邵森
6	洗衣机	石家庄	563	1069700	曾莎
7	空调	沈阳	641	1410200	杜晶
8	洗衣机	成都	622	1181800	曹琼
9	洗衣机	重庆	639	1214100	杜晶
10	空调	沈阳	962	2116400	石杰
11	洗衣机	大连	833	1582700	卢婷
12	冰箱	天津	769	2153200	曹琼
13	电脑	大连	642	3659400	龚蕙
14	电脑	长沙	738	4206600	杜晶
15	空调	长春	749	1647800	胡晶
16	电视	太原	835	2922500	龚蕙
17	电视	太原	619	2166500	龚蕙
18	空调	哈尔滨	707	1555400	侯迪
19	冰箱	成都	853	2388400	范妮

图 10-10　数据源

案例 10-1　创建数据透视表缓存和数据透视表

下面的代码以如图 10-10 所示的数据区域作为数据源，创建一个空白的数据透视表，如图 10-11 所示。数据源所在的工作表的名称是“数据源”，将放置数据透视表的工作表命名为“数据透视表”，将创建的数据透视表命名为“销量分析”。pvc 变量表示数据透视表缓存，pvt 变量表示数据透视表，rngSource 变量表示数据源区域，rngPvt 变量表示放置所创建的数据透视表的区域左上角的单元格。

```
Sub 创建数据透视表缓存和数据透视表()
    Dim pvc As PivotCache, pvt As PivotTable
    Dim rngSource As Range, rngPvt As Range
    Set rngSource = Worksheets("数据源").Range("A1").CurrentRegion
    Worksheets.Add
    ActiveSheet.Name = "数据透视表"
    Set rngPvt = ActiveSheet.Range("A3")
    Set pvc = ActiveWorkbook.PivotCaches.Create(xlDatabase, rngSource)
    pvc.CreatePivotTable rngPvt, "销量分析"
End Sub
```

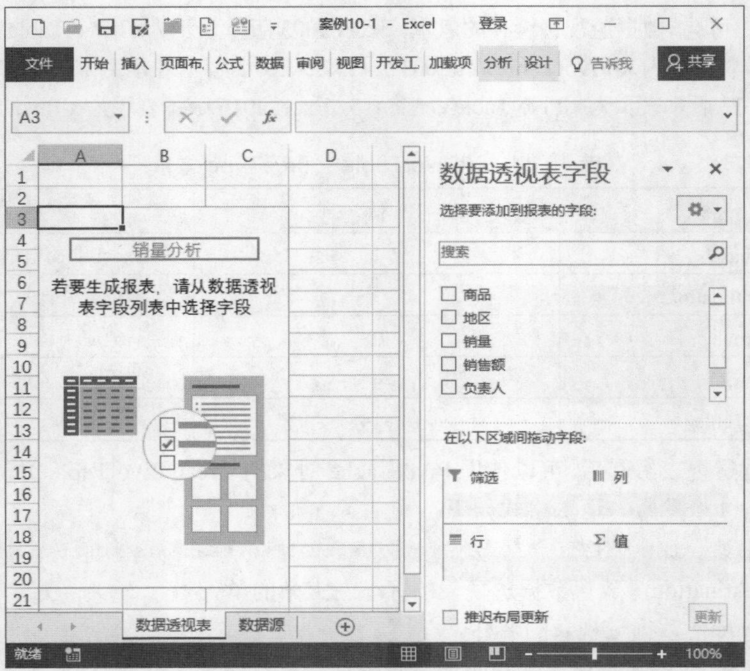

图 10-11　创建的空白数据透视表

10.2.2　将字段添加到数据透视表中

本节中的案例以上一节创建好的数据透视表为基础进行介绍。在创建好一个空白的数据透视表之后，需要将字段添加在数据透视表中的不同区域中，以构建有意义的数据报表。可以使用 PivotField 对象的 Orientation 属性和 Position 属性指定字段在数据透视表中的位置，Orientation 属性的值由 XlPivotFieldOrientation 常量提供，见表 10-12。

表 10-12　XlPivotFieldOrientation 常量

名　称	值	说　明
xlHidden	0	从数据透视表中删除指定的字段
xlRowField	1	将字段添加到行区域
xlColumnField	2	将字段添加到列区域
xlPageField	3	将字段添加到报表筛选区域
xlDataField	4	将字段添加到值区域

案例 10-2　对数据透视表中的字段进行布局

下面的代码对数据透视表中的字段进行布局，将“负责人”字段添加到报表筛选区域，将“地区”和“商品”两个字段添加到行区域，将“销量”和“销售额”两个字段添加到值区域。对字段进行布局后的数据透视表如图 10-12 所示。首先将活动工作表中的数据透视表赋值给 pvt 变量，然后使用 PivotField 对象的 Orientation 属性设置将字段添加到哪个区域。由于本例中行区域包含两个字段，因此需要使用 PivotField 对象的 Position 属性指定字段的排列顺序。使用 PivotTable 对象的 AddDataField 方法将值字段添加到数据透视表中。

```
Sub 将字段添加到数据透视表中()
```

```
    Dim pvt As PivotTable
    Set pvt = Worksheets("数据透视表").PivotTables(1)
    With pvt
        .PivotFields("负责人").Orientation = xlPageField
        With .PivotFields("地区")
            .Orientation = xlRowField
            .Position = 1
        End With
        With .PivotFields("商品")
            .Orientation = xlRowField
            .Position = 2
        End With
        .AddDataField .PivotFields("销量")
        .AddDataField .PivotFields("销售额")
    End With
End Sub
```

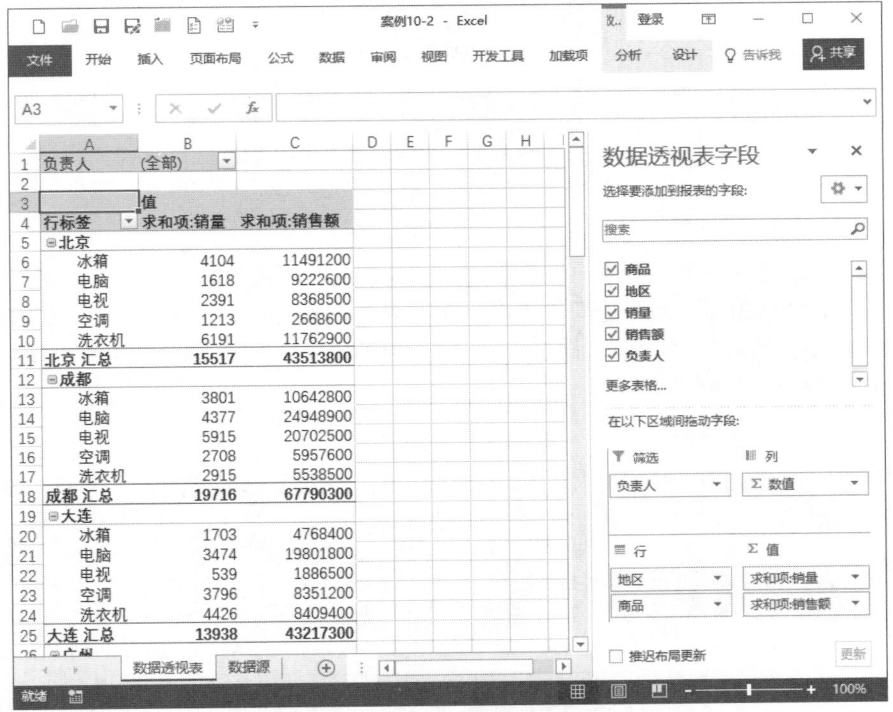

图 10-12　对字段进行布局后的数据透视表

10.2.3　调整和删除字段

在对数据透视表中的字段进行布局后，以后可能需要调整字段的位置或删除不需要的字段。调整数据透视表中现有字段的位置仍然需要使用 PivotField 对象的 Orientation 和 Position 属性，而从数据透视表中删除字段则需要将 Orientation 属性的值设置为 xlHidden。

案例 10-3　更改数据透视表中的字段布局

下面的代码将“地区”字段从行区域移动到报表筛选区域，并将该字段置于“负责人”字段的下方，然后将“销量”字段从数据透视表中删除，如图 10-13 所示。

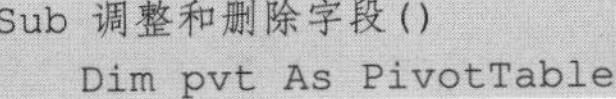

```
Sub 调整和删除字段()
    Dim pvt As PivotTable
```

```
    Set pvt = Worksheets("数据透视表").PivotTables(1)
    With pvt
        With .PivotFields("地区")
            .Orientation = xlPageField
            .Position = 1
        End With
        .PivotFields("求和项:销量").Orientation = xlHidden
    End With
End Sub
```

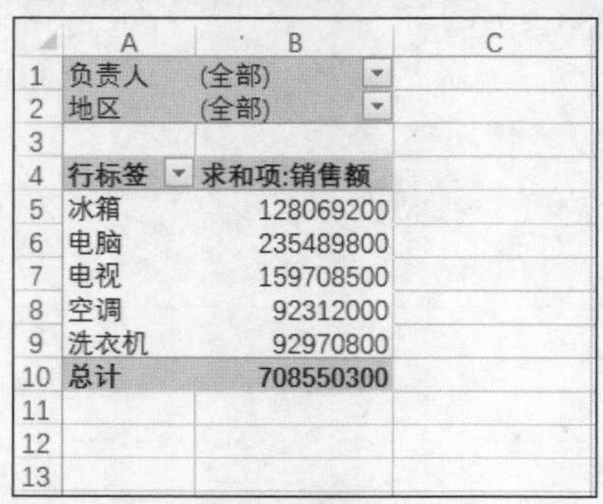

	A	B	C
1	负责人	(全部)	
2	地区	(全部)	
3			
4	行标签	求和项:销售额	
5	冰箱	128069200	
6	电脑	235489800	
7	电视	159708500	
8	空调	92312000	
9	洗衣机	92970800	
10	总计	708550300	
11			
12			
13			

图 10-13　调整和删除数据透视表中的字段

10.2.4　修改字段的名称

可以修改数据透视表中的字段的显示名称，但是该名称不能与数据透视表字段列表窗格中的同一个字段的名称相同。为了让同一个字段获得两个完全相同的名称，可以在数据透视表中的字段名称的末尾添加一个空格，这样 Excel 会将其看作另一个不同的名称。可以使用 PivotTable 对象的 Name 属性设置字段的名称。

案例 10-4　重命名字段

下面的代码将数据透视表中的“求和项：销售额”字段的名称改为“销售额”，如图 10-14 所示。

```
Sub 修改字段的名称()
    Dim pvt As PivotTable
    Set pvt = Worksheets("数据透视表").PivotTables(1)
    pvt.PivotFields("求和项:销售额").Name = "销售额 "
End Sub
```

	A	B	C
1	负责人	(全部)	
2	地区	(全部)	
3			
4	行标签	销售额	
5	冰箱	128069200	
6	电脑	235489800	
7	电视	159708500	
8	空调	92312000	
9	洗衣机	92970800	
10	总计	708550300	
11			
12			
13			

图 10-14　修改字段的名称

10.2.5　设置数据透视表的布局形式

默认创建的数据透视表使用压缩形式的布局，本章前面出现的数据透视表都使用的是这种布局形式。可以使用 PivotTable 对象的 RowAxisLayout 方法设置数据透视表的布局形式，该方法的参数值由 XlLayoutRowType 常量提供，见表 10-13。

表 10-13　XlLayoutRowType 常量

名　称	值	说　明
xlCompactRow	0	压缩布局形式
xlTabularRow	1	表格布局形式
xlOutlineRow	2	大纲布局形式

案例 10-5　设置数据透视表的报表布局

下面的代码将数据透视表的布局设置为表格形式，如图 10-15 所示。

```
Sub 设置数据透视表的布局形式()
    Dim pvt As PivotTable
    Set pvt = Worksheets("数据透视表").PivotTables(1)
    pvt.RowAxisLayout xlTabularRow
End Sub
```

	A	B	C
1	负责人	(全部)	
2	地区	(全部)	
3			
4	商品	销售额	
5	冰箱	128069200	
6	电脑	235489800	
7	电视	159708500	
8	空调	92312000	
9	洗衣机	92970800	
10	总计	708550300	
11			
12			
13			

图 10-15　将数据透视表的布局设置为表格形式

10.2.6　隐藏行总计和列总计

默认创建的数据透视表会在行区域的最下方以及列区域的最右侧显示总计。可以使用 PivotTable 对象的 RowGrand 和 ColumnGrand 属性设置行总计和列总计的显示状态。这两个属性都返回或设置一个 Boolean 类型的值，如果为 True 则表示显示总计，如果为 False 则表示隐藏总计。

案例 10-6　不显示数据透视表中的行总计和列总计

下面的代码将“商品”字段移动到列区域，将“地区”字段移动到行区域，然后隐藏行总计和列总计，如图 10-16 所示。

```
Sub 隐藏行总计和列总计()
    Dim pvt As PivotTable
    Set pvt = Worksheets("数据透视表").PivotTables(1)
    With pvt
        .PivotFields("商品").Orientation = xlColumnField
        .PivotFields("地区").Orientation = xlRowField
        .RowGrand = False
        .ColumnGrand = False
    End With
End Sub
```

	A	B	C	D	E	F	G
1							
2	负责人	(全部)					
3							
4	销售额	商品					
5	地区	冰箱	电脑	电视	空调	洗衣机	
6	北京	11491200	9222600	8368500	2668600	11762900	
7	成都	10642800	24948900	20702500	5957600	5538500	
8	大连	4768400	19801800	1886500	8351200	8409400	
9	广州	12034400	17447700	3353000	3808200	8578500	
10	哈尔滨	7543200	7592400	10832500	3663000	6119900	
11	济南	9634800	8527200	10472000	9035400	3209100	
12	上海	13078800	31008000	4480000	1106600	6024900	
13	沈阳	9956800	23352900	9457000	10029800	5635400	
14	石家庄	4197200	8088300	12855500	8593200	5844400	
15	太原	4029200	2969700	23355500	5027000	5882400	
16	天津	11197200	14774400	16996000	8465600	3919700	
17	武汉	7509600	22321200	9733500	3058000	2857600	
18	长春	7568400	12123900	4480000	5951000	10602000	
19	长沙	8962800	12386100	14283500	9015600	4563800	
20	重庆	5454400	20924700	8452500	7581200	4022300	
21							
22							
23							

图 10-16　隐藏行总计和列总计

10.2.7　设置数据的数字格式

可以为值区域中的数据设置数字格式，比如为表示金额的数字设置货币格式。使用 PivotField 对象的 NumberFormat 属性可以为数据设置数字格式，该格式设置的方法与 Excel 中的"设置单元格格式"对话框"数字"选项卡中的设置相同。

案例 10-7　使用货币格式显示销售额

下面的代码将值区域中的"销售额"字段中包含的数据设置为货币格式，如图 10-17 所示。由于在前面案例中对"销售额"字段进行过重命名而使其末尾包含一个空格，因此在 VBA 代码中引用该字段时也要包含对应的空格。

```
Sub 设置数据的数字格式()
    Dim pvt As PivotTable
    Set pvt = Worksheets("数据透视表").PivotTables(1)
    pvt.PivotFields("销售额 ").NumberFormat = "￥#,##0.00;￥-#,##0.00"
End Sub
```

	A	B	C	D	E	F	G
1							
2	负责人	(全部)					
3							
4	销售额	商品					
5	地区	冰箱	电脑	电视	空调	洗衣机	
6	北京	￥11,491,200.00	￥9,222,600.00	￥8,368,500.00	￥2,668,600.00	￥11,762,900.00	
7	成都	￥10,642,800.00	￥24,948,900.00	￥20,702,500.00	￥5,957,600.00	￥5,538,500.00	
8	大连	￥4,768,400.00	￥19,801,800.00	￥1,886,500.00	￥8,351,200.00	￥8,409,400.00	
9	广州	￥12,034,400.00	￥17,447,700.00	￥3,353,000.00	￥3,808,200.00	￥8,578,500.00	
10	哈尔滨	￥7,543,200.00	￥7,592,400.00	￥10,832,500.00	￥3,663,000.00	￥6,119,900.00	
11	济南	￥9,634,800.00	￥8,527,200.00	￥10,472,000.00	￥9,035,400.00	￥3,209,100.00	
12	上海	￥13,078,800.00	￥31,008,000.00	￥4,480,000.00	￥1,106,600.00	￥6,024,900.00	
13	沈阳	￥9,956,800.00	￥23,352,900.00	￥9,457,000.00	￥10,029,800.00	￥5,635,400.00	
14	石家庄	￥4,197,200.00	￥8,088,300.00	￥12,855,500.00	￥8,593,200.00	￥5,844,400.00	
15	太原	￥4,029,200.00	￥2,969,700.00	￥23,355,500.00	￥5,027,000.00	￥5,882,400.00	
16	天津	￥11,197,200.00	￥14,774,400.00	￥16,996,000.00	￥8,465,600.00	￥3,919,700.00	
17	武汉	￥7,509,600.00	￥22,321,200.00	￥9,733,500.00	￥3,058,000.00	￥2,857,600.00	
18	长春	￥7,568,400.00	￥12,123,900.00	￥4,480,000.00	￥5,951,000.00	￥10,602,000.00	
19	长沙	￥8,962,800.00	￥12,386,100.00	￥14,283,500.00	￥9,015,600.00	￥4,563,800.00	
20	重庆	￥5,454,400.00	￥20,924,700.00	￥8,452,500.00	￥7,581,200.00	￥4,022,300.00	
21							
22							
23							

图 10-17　将数据设置为货币格式

10.2.8　设置数据的汇总方式

默认情况下，Excel 对数据透视表中的数值型数据进行自动求和，对文本型数据进行自动计数。可以根据需要改变数据的运算方式，在数据透视表中将其称为“汇总方式”。可以使用 PivotField 对象的 Function 属性设置数据的汇总方式。

案例 10-8　将销售额的汇总方式设置为求最大值

下面的代码将销售额的汇总方式改为最大值，即显示每种商品的最大销售额，如图 10-18 所示。

```
Sub 设置数据的汇总方式()
    Dim pvt As PivotTable
    Set pvt = Worksheets("数据透视表").PivotTables(1)
    pvt.PivotFields("销售额 ").Function = xlMax
End Sub
```

	A	B	C	D	E	F	G
1							
2	负责人	(全部)					
3							
4	最大值项:销售额	商品					
5	地区	冰箱	电脑	电视	空调	洗衣机	
6	北京	¥2,746,800.00	¥5,614,500.00	¥3,335,500.00	¥1,381,600.00	¥1,873,400.00	
7	成都	¥2,721,600.00	¥5,563,200.00	¥3,374,000.00	¥2,162,600.00	¥1,795,500.00	
8	大连	¥2,696,400.00	¥4,520,100.00	¥1,886,500.00	¥2,109,800.00	¥1,822,100.00	
9	广州	¥2,382,800.00	¥3,887,400.00	¥3,353,000.00	¥2,101,000.00	¥1,445,900.00	
10	哈尔滨	¥2,441,600.00	¥4,451,700.00	¥2,471,000.00	¥2,107,600.00	¥1,755,600.00	
11	济南	¥2,707,600.00	¥5,084,400.00	¥3,181,500.00	¥1,977,800.00	¥1,787,900.00	
12	上海	¥2,578,800.00	¥5,295,300.00	¥2,243,500.00	¥1,106,600.00	¥1,434,500.00	
13	沈阳	¥2,018,800.00	¥5,700,000.00	¥2,793,000.00	¥2,175,800.00	¥1,643,500.00	
14	石家庄	¥2,464,000.00	¥4,058,400.00	¥3,374,000.00	¥2,109,800.00	¥1,734,700.00	
15	太原	¥2,458,400.00	¥2,969,700.00	¥3,321,500.00	¥2,092,200.00	¥1,577,000.00	
16	天津	¥2,763,600.00	¥5,329,500.00	¥3,458,000.00	¥2,182,400.00	¥1,531,400.00	
17	武汉	¥2,654,400.00	¥5,175,600.00	¥3,475,500.00	¥1,557,600.00	¥1,461,100.00	
18	长春	¥2,357,600.00	¥4,987,500.00	¥2,464,000.00	¥1,647,800.00	¥1,896,200.00	
19	长沙	¥2,688,000.00	¥4,542,900.00	¥3,227,000.00	¥2,076,800.00	¥1,417,400.00	
20	重庆	¥2,114,000.00	¥5,466,300.00	¥3,447,500.00	¥2,160,400.00	¥1,660,600.00	
21							
22							
23							

图 10-18　将销售额的汇总方式由求和改为求最大值

10.2.9　设置数据的显示方式

默认情况下，Excel 对数据透视表中的数值型数据进行自动求和，对文本型数据进行自动计数。可以根据需要改变数据的运算方式，在数据透视表中将其称为“显示方式”。可以使用 PivotField 对象的 Calculation 属性设置数据的显示方式。

案例 10-9　设置数据的计算方式

下面的代码将“销售额”字段中的数据的显示方式设置为占同列数据总和的百分比，并显示列总计，以便分析同一种商品在不同地区的销售比重，如图 10-19 所示。

```
Sub 设置数据的显示方式()
    Dim pvt As PivotTable
    Set pvt = Worksheets("数据透视表").PivotTables(1)
    pvt.PivotFields("销售额 ").Calculation = xlPercentOfColumn
    pvt.ColumnGrand = True
End Sub
```

	A	B	C	D	E	F	G
1							
2	负责人	(全部)					
3							
4	销售额	商品					
5	地区	冰箱	电脑	电视	空调	洗衣机	
6	北京	8.97%	3.92%	5.24%	2.89%	12.65%	
7	成都	8.31%	10.59%	12.96%	6.45%	5.96%	
8	大连	3.72%	8.41%	1.18%	9.05%	9.05%	
9	广州	9.40%	7.41%	2.10%	4.13%	9.23%	
10	哈尔滨	5.89%	3.22%	6.78%	3.97%	6.58%	
11	济南	7.52%	3.62%	6.56%	9.79%	3.45%	
12	上海	10.21%	13.17%	2.81%	1.20%	6.48%	
13	沈阳	7.77%	9.92%	5.92%	10.87%	6.06%	
14	石家庄	3.28%	3.43%	8.05%	9.31%	6.29%	
15	太原	3.15%	1.26%	14.62%	5.45%	6.33%	
16	天津	8.74%	6.27%	10.64%	9.17%	4.22%	
17	武汉	5.86%	9.48%	6.09%	3.31%	3.07%	
18	长春	5.91%	5.15%	2.81%	6.45%	11.40%	
19	长沙	7.00%	5.26%	8.94%	9.77%	4.91%	
20	重庆	4.26%	8.89%	5.29%	8.21%	4.33%	
21	总计	100.00%	100.00%	100.00%	100.00%	100.00%	
22							
23							
24							

图 10-19　设置数据占同列数据总和的百分比

10.2.10　刷新数据透视表

如果对数据源中的数据进行了修改，那么可以通过刷新命令使修改后的结果反映到已创建好的数据透视表中，以便与数据源中的数据保持同步。下面的代码将会刷新名为“数据透视表”的工作表中的数据透视表的数据。

```
Worksheets("数据透视表").PivotTables(1).RefreshTable
```

第 11 章 使用类模块创建新的对象

在 Excel 中进行编程的大多数时间都是在处理不同类型的对象，比如代表 Excel 工作簿的 Workbook 对象。Excel 提供了大量的内置对象，这些对象构成了 Excel 对象模型，以供用户操作 Excel 的各个部分。虽然在处理大多数任务时通常不需要额外创建新的对象，但是 Excel 仍然为用户提供了创建新对象的机制——类模块。本章将介绍如何使用类模块创建新对象及其属性和方法，还介绍了在 VBA 中使用创建的新对象的方法。

11.1 类和类模块简介

类模块是 VBA 中一种特殊类型的模块，可以在 VBA 工程中插入类模块，并在类模块中编写代码，从而创建新的对象所属的类。实际上在类模块中创建的是类而不是对象，新对象是在实际使用中基于类而创建的，不同的类创建不同的对象。在对象浏览器的"类"列表中显示的都是对象所属的类，在实际使用中需要基于这些类来创建它们的实例，这些实例就是类的对象。

例如，在使用 Excel 内置的 Workbook 对象之前，需要先声明一个类型为 Workbook 的变量，然后使用 Set 语句将 Workbook 对象的实例赋值给该变量。下面的代码首先声明了一个 Workbook 类型的变量 wkb，然后将当前活动工作簿赋值给该变量。其中的 Workbook 就是一个表示工作簿的类，而 wkb 就是从 Workbook 类创建出来的对象，该对象被赋值为 ActiveWorkbook 之后就可以代表活动工作簿。之后就可以使用 Workbook 类包含的属性和方法来处理活动工作簿。

```
Dim wkb As Workbook
Set wkb = ActiveWorkbook
```

可以使用类模块创建用户自己的类，并为类添加所需的属性和方法，在实际应用中新建类的工作方式与 Excel 内置的类(如 Workbook)类似。VBA 工程中的 ThisWorkbook 模块和 Sheet1、Sheet2 等模块是比较特殊的类模块。

在 Excel VBA 中进行的大多数编程任务通常都不需要涉及类模块的操作，但是在完成以下几类特定任务时则必须使用类模块：

- 捕获和使用应用程序事件。
- 捕获和使用嵌入式图表事件。
- 同时处理多个同类控件的事件。
- 创建可易于被其他工程使用的可重用组件。
- 封装复杂的代码，比如包含 API 函数的 Sub 过程。

在 VBA 中可以使用以下两种方法插入类模块：

- 在 VBE 窗口显示出工程资源管理器，选择要插入类模块的 VBA 工程中的任意一项，然后单击菜单栏中的"插入"|"类模块"命令。
- 在 VBE 窗口显示出工程资源管理器，然后在要插入类模块的 VBA 工程中的任意一项上右击，在弹出的菜单中选择"插入"|"类模块"命令。

11.2 创建类

本节将通过一个实例来介绍创建类的基本方法，包括创建基本的类以及创建类的属性和方法。关于使用类模块捕获和使用应用程序事件与嵌入式图表事件的内容，将在第 12 章中进行介绍。

11.2.1 创建基本的类

本节将创建一个表示员工的类，该类包含 3 个属性和 1 个方法。本例中的员工类的名称为 CEmployee，它的 3 个属性是 Name、Hours 和 Rate，分别用于记录员工的姓名、加班时长和加班费等级。该类包含一个 Pay 方法，用于根据工作时长和薪水等级来计算员工每周的加班费。

创建一个类的首要工作是在 VBA 工程中插入一个类模块，然后修改其名称。类模块的名称就是要创建的类的名称。

案例 11-1 创建基本的类并为其命名

使用上一节介绍的方法在 VBA 工程中插入一个类模块，在工程资源管理器中选择该类模块，然后按 F4 键打开属性窗口，其中显示了该类模块的属性。在属性窗口中选择“(名称)”，然后在其右侧输入新的名称“CEmployee”，按 Enter 键确认修改，如图 11-1 所示。

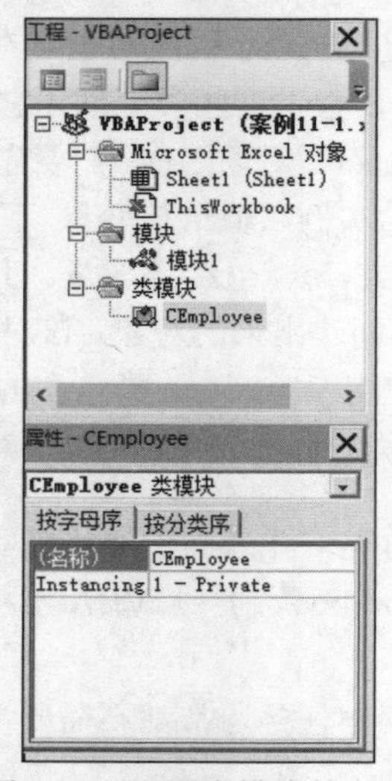

图 11-1 设置类模块的名称

11.2.2 创建类的属性

通过对象的属性可以改变对象的特性。创建类的属性的最简单方法是在类模块中使用 Public 关键字声明变量，这些变量将作为类的属性。使用 Public 关键字声明的变量是工程级变量，可被工程中的其他过程访问，因此这些变量所代表的属性都是可读写的，即既可以设置这些属性的值，也可以获取这些属性中的值。

案例 11-2 使用 Public 关键字为类创建简单的可读写属性

下面的代码位于 CEmployee 类模块中，使用 Public 关键字声明了 3 个变量，这 3 个变量用作 CEmployee 类的可读写属性，如图 11-2 所示。

```
Public Name As String
Public Hours As Double
Public Rate As Double
```

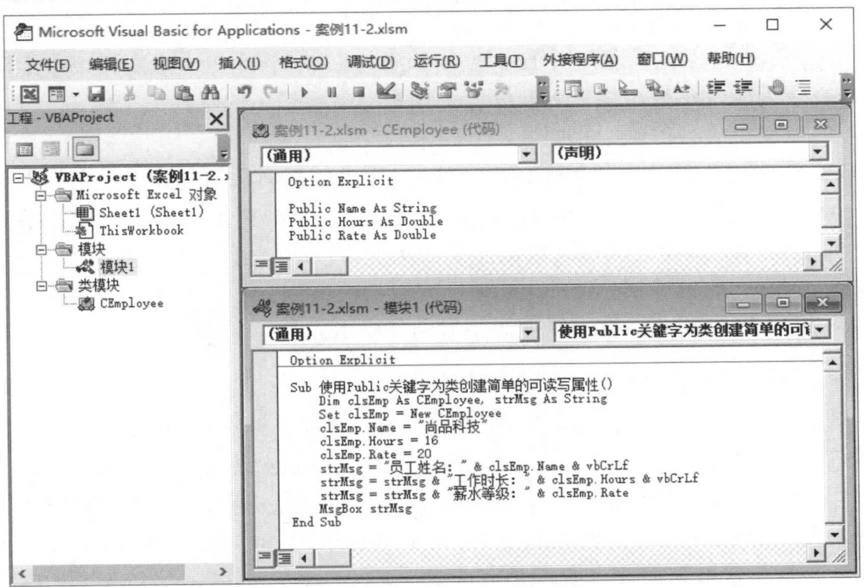

图 11-2　在类模块和标准模块中的代码

下面的代码位于一个标准模块中，声明了一个 CEmployee 类型的变量 clsEmp，然后在 Set 语句使用 New 关键字将该类的一个实例赋值给 clsEmp 变量。然后分别设置对象的 Name 属性、Hours 属性和 Rate 属性，最后在对话框中显示包含各个属性值的汇总信息，如图 11-3 所示。

```
Sub 使用Public关键字为类创建简单的可读写属性()
    Dim clsEmp As CEmployee, strMsg As String
    Set clsEmp = New CEmployee
    clsEmp.Name = "尚品科技"
    clsEmp.Hours = 16
    clsEmp.Rate = 20
    strMsg = "员工姓名：" & clsEmp.Name & vbCrLf
    strMsg = strMsg & "工作时长：" & clsEmp.Hours & "小时" & vbCrLf
    strMsg = strMsg & "薪水等级：" & clsEmp.Rate & "元/小时"
    MsgBox strMsg
End Sub
```

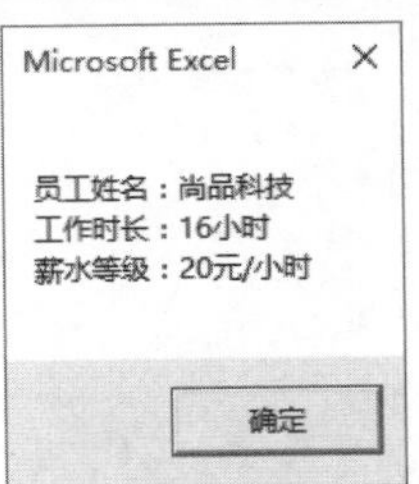

图 11-3　获取对象的属性值

使用 Public 关键字创建类的属性虽然简单，但是只能单纯地为属性赋值或从属性中读取值，属性自身不具备任何检测与控制功能。如果希望对类的属性进行更多的内部控制，则需要使用 Property 过程创建类的属性。在 Property 过程内部可以通过编写代码来检测和控制属性的值，从而可以将属性的值限定在一个特定的范围内，而不是任意值。Property 过程有以下 3 种形式：

- ❑ Property Get 过程：该过程用于获取属性的值。与 Function 过程有返回值类似，Property Get 过程可以返回值，即实际使用时从属性获取到值。创建 Property Get 过程时需要为其返回值指定数据类型。
- ❑ Property Let 过程：该过程用于为属性赋值。通常包含至少一个参数，用于接收用户的输入以便为属性赋值。为 Property Let 过程的参数指定的数据类型应该与 Property Get 过程的返回值的数据类型相同。
- ❑ Property Set 过程：该过程与 Property Let 过程类似，但是用于处理对象而不是普通值。

使用 Property 过程创建类的属性时，需要在类模块中使用 Private 关键字声明模块级变量，以便在不同的 Property 过程之间传递数据，从而实现属性的赋值与返回值。如果一个属性是可读写的，那么该属性则会同时包含 Property Get 和 Property Let 两个过程。如果一个属性只有 Property Get 过程，则该属性是只读属性，不能为其赋值。

案例 11-3　使用 Property 过程创建类的属性

下面的代码位于 CEmployee 类模块中，使用 Public 关键字创建 CEmployee 类的 Name 属性，该属性的赋值不受任何限制。使用 Property 过程创建 CEmployee 类的 Hours 和 Rate 属性。将 Hours 属性的值分为正常工作时间与加班时间两部分，8 小时以内属于正常工作时间，超过 8 小时属于加班时间。将 Rate 属性的值限制在 10～50。NormalHours 和 OverTimeHours 两个属性用于返回正常工作时间和加班时间，它们是只读属性，因为各自只有一个 Property Get 过程。在实际使用中只能为 Hours 属性赋值，然后由其内部的代码对输入的时间进行处理，最后得到 NormalHours 和 OverTimeHours 两个属性的值，并返回给用户。

```
Public Name As String
Private dblHours As Double
Private dblRate As Double
Private dblNormalHours As Double
Private dblOverTimeHours As Double

Property Let Hours(dblInputHours As Double)
   If dblInputHours < 8 Then
      dblNormalHours = dblInputHours
   Else
      dblNormalHours = 8
      dblOverTimeHours = dblInputHours - 8
   End If
End Property

Property Get Hours() As Double
   Hours = dblNormalHours + dblOverTimeHours
End Property

Property Get NormalHours() As Double
   NormalHours = dblNormalHours
End Property

Property Get OverTimeHours() As Double
   OverTimeHours = dblOverTimeHours
End Property

Property Let Rate(dblInputRate As Double)
   If dblInputRate < 10 Or dblInputRate > 50 Then
      Exit Property
   Else
      dblRate = dblInputRate
```

```
        End If
    End Property

    Property Get Rate() As Double
        Rate = dblRate
    End Property
```

下面的代码位于一个标准模块中，与上一个案例中的代码基本类似，唯一区别是在最后显示的汇总信息中，使用只读属性 NormalHours 和 OverTimeHours 返回正常工作时间和加班时间，这两个时间是由用户为 Hours 属性设置的时间自动计算得到的，如图 11-4 所示。

```
Sub 使用Property过程创建类的属性()
    Dim clsEmp As CEmployee, strMsg As String
    Set clsEmp = New CEmployee
    clsEmp.Name = "尚品科技"
    clsEmp.Rate = 20
    clsEmp.Hours = 12
    strMsg = "员工姓名：" & clsEmp.Name & vbCrLf
    strMsg = strMsg & "正常工作时间：" & clsEmp.NormalHours & "小时" & vbCrLf
    strMsg = strMsg & "加班时间：" & clsEmp.OverTimeHours & "小时"
    MsgBox strMsg
End Sub
```

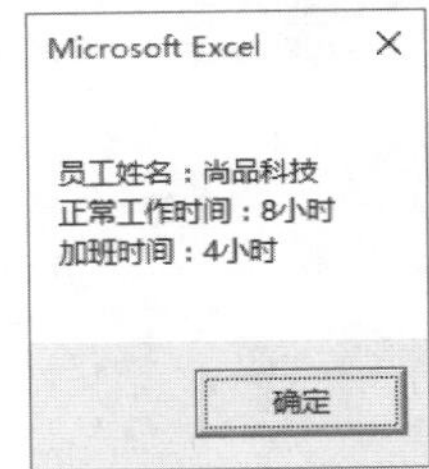

图 11-4　使用 Property 过程创建类的属性

11.2.3　创建类的方法

与创建类的属性相比，创建类的方法则显得没有那么复杂。在类模块中包含的 Sub 过程或 Function 都将作为类的方法，它们之间的唯一区别是方法是否需要返回值。类模块中的 Sub 过程是没有返回值的类的方法，而 Function 过程则是包含返回值的类的方法。

到目前为止，为 CEmployee 类创建了 3 个属性，可以为这些属性赋值，也可以获取这些属性中的值并显示在指定的提示信息中。由于 CEmployee 类还没有方法，因此还无法对该类执行任何有实际意义的操作。

下面将为 CEmployee 类创建一个 Pay 方法，用于计算员工的薪水。薪水的计算方式分为两个部分，一部分是正常工作时间的薪水，使用正常工作时间与薪水等级的乘积得到。另一部分是加班时间的薪水，加班时间的薪水比正常薪水多 1 倍，使用加班时间与 2 倍薪水等级的乘积得到。

案例 11-4　创建一个计算员工薪水的类

下面的代码位于 CEmployee 类模块中，使用 Public 关键字创建名为 Pay 的 Function 过程，将正常时间薪水与加班时间薪水总和的公式的计算结果赋值给函数名 Pay，以使该函数包含返回值。

```
Public Function Pay() As Double
    Pay = dblNormalHours * Rate + dblOverTimeHours * Rate * 2
End Function
```

下面的代码位于一个标准模块中，为 CEmployee 对象的各个属性赋值，使用该对象的 Pay 方法计算员工的薪水，并显示在汇总信息中，如图 11-5 所示。

```
Sub 创建类的方法()
    Dim clsEmp As CEmployee, strMsg As String
    Set clsEmp = New CEmployee
    clsEmp.Name = "尚品科技"
    clsEmp.Rate = 20
    clsEmp.Hours = 12
    strMsg = "员工姓名：" & clsEmp.Name & vbCrLf
    strMsg = strMsg & "正常工作时间：" & clsEmp.NormalHours & "小时" & vbCrLf
    strMsg = strMsg & "加班时间：" & clsEmp.OverTimeHours & "小时" & vbCrLf
    strMsg = strMsg & "薪水等级：" & clsEmp.Rate & "元/小时" & vbCrLf
    strMsg = strMsg & "应得薪水：" & clsEmp.Pay & "元"
    MsgBox strMsg
End Sub
```

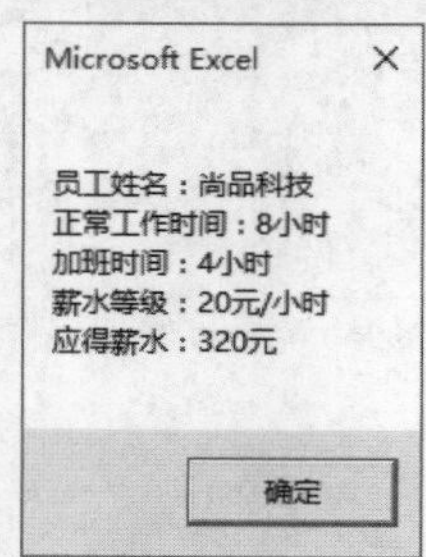

图 11-5　创建类的方法

第 12 章　使用事件编写自动交互的程序

对象除了具有属性和方法之外，还具有可以响应用户操作的事件。通过为对象的事件编写 VBA 代码，可以在用户执行特定操作时自动执行相应的代码，从而实现对用户操作的自动化处理，而不必手动运行指定的代码。本章将详细介绍在 VBA 中编写事件代码所需了解的知识，以及 Excel 中的不同对象所包含的事件及其具体应用。

12.1　事件编程基础

本节将介绍 VBA 事件相关的一些基础知识，它们是在开始编写事件代码前需要了解的内容。

12.1.1　Excel 中的事件类型

Excel 为不同的对象提供了大量可用的事件，当用户对这些对象执行特定操作时，如果事先为相应的事件编写了 VBA 代码，这些代码就会在用户执行操作时自动运行。在 Excel 中主要包括应用程序事件、工作簿事件、工作表事件、图表工作表事件、嵌入式图表事件、用户窗体和控件事件，各类事件的简要说明如下。

- 应用程序事件：应用程序事件监视在 Excel 运行期间发生的操作，它针对的是任意一个工作簿，而不是特定的某个工作簿。如果希望在触发不同工作簿中的相同事件时执行指定的操作，比如在新建或打开任意一个工作簿时显示特定的信息，那么就需要使用应用程序事件。默认情况下无法使用应用程序事件，只有在类模块和标准模块中编写少量代码后才能使用应用程序事件。
- 工作簿事件：工作簿事件只作用于特定工作簿中的操作，包括工作簿自身的操作，以及工作簿中任意一个工作表的操作。
- 工作表事件：工作表事件只作用于特定工作表中的操作，而不是任意一个工作表。
- 图表工作表事件：图表工作表事件只作用于特定图表工作表中的操作。
- 嵌入式图表事件：嵌入式图表事件只作用于特定嵌入式图表的操作。与应用程序事件类似，默认无法使用嵌入式图表事件，需要在类模块和标准模块中编写少量代码后才能使用嵌入式图表事件。
- 用户窗体和控件事件：用户窗体和控件事件只作用于特定用户窗体和控件的操作。

12.1.2　事件代码的存储位置与输入方法

不同对象的事件代码存储在不同的位置，具体如下：

- 应用程序事件的代码存储在用户创建的类模块中。只有在类模块和标准模块中编写少量的代码之后，才能使用应用程序事件。
- 工作簿事件的代码存储在与工作簿关联的 ThisWorkbook 模块中。
- 工作表事件的代码存储在与工作表关联的 Sheet1、Sheet2 等模块中。

- 图表工作表事件的代码存储在与图表工作表关联的 Chart1、Chart2 等模块中。
- 嵌入式图表事件的代码存储在用户创建的类模块中。嵌入式图表事件与应用程序事件类似，也需要在类模块和标准模块中编写少量代码之后才能正常使用。
- 用户窗体和控件事件的代码存储在与用户窗体关联的代码模块中。如果控件嵌入到工作表或图表工作表中，那么控件事件的代码存储在与包含该控件的工作表或图表工作表关联的代码模块中。

输入事件代码时，必须将事件代码输入到事件所属的对象的代码模块中。例如，如果想要输入 Sheet1 工作表的事件代码，则需要在 VBE 窗口的工程资源管理器中双击与 Sheet1 工作表关联的代码模块（比如 Sheet1），打开对应的代码窗口。

在窗口顶部左侧的下拉列表中选择“Worksheet”，如图 12-1 所示。此时会自动输入默认事件过程的代码框架，它由包含事件过程声明的两行代码组成，与第 2 章介绍的声明普通的 Sub 过程的格式类似，只不过事件过程以 Private 关键字开头，说明是私有过程。事件过程的名称由“对象名”+“事件名”组成，两个名称之间使用下画线分隔，比如 Worksheet_SelectionChange。

```
Private Sub Worksheet_SelectionChange(ByVal Target As Range)

End Sub
```

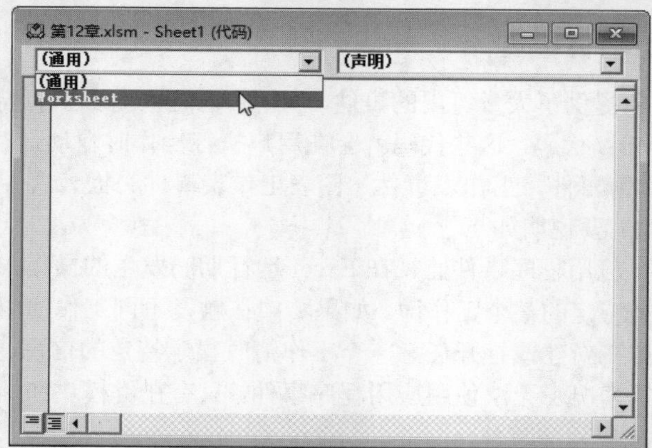

图 12-1　在左侧下拉列表中选择事件所属的对象

如果默认输入的事件不是想要使用的事件，则可以在代码窗口顶部右侧的下拉列表中选择其他事件，如图 12-2 所示。

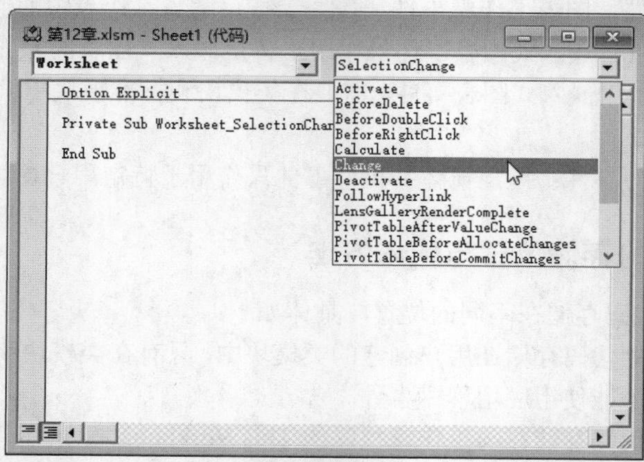

图 12-2　选择所需的事件

12.1.3　包含参数的事件

与普通的 Sub 过程类似，事件过程也可以包含一个或多个参数，大多数参数都采用 ByVal 传值方式来传递数据。下面显示的是工作簿的 SheetChange 事件过程的框架：

```
Private Sub Workbook_SheetChange(ByVal Sh As Object, ByVal Target As Range)

End Sub
```

在该事件过程名称右侧的括号中包含两个参数 Sh 和 Target，两个参数的传递方式都是 ByVal 传值，将 Sh 参数声明为 Object 一般对象类型，将 Target 参数声明为 Range 特定对象类型。Sh 参数表示工作簿中的某个工作表，Target 参数表示工作表中的单元格或单元格区域。与普通 Sub 过程中的参数的作用类似，事件过程中的参数也用于传递所需的数据。

案例 12-1　使用包含参数的事件过程

下面的代码放置在本例工作簿的 SheetChange 事件过程中。当对该工作簿中的某个工作表中的某个单元格执行编辑操作后，将在对话框中显示刚编辑过的单元格地址及其所属的工作表的名称，如图 12-3 所示。

```
Private Sub Workbook_SheetChange(ByVal Sh As Object, ByVal Target As Range)
   MsgBox "刚编辑的是" & Sh.Name & "工作表中的" & Target.Address(0, 0) & "单元格"
End Sub
```

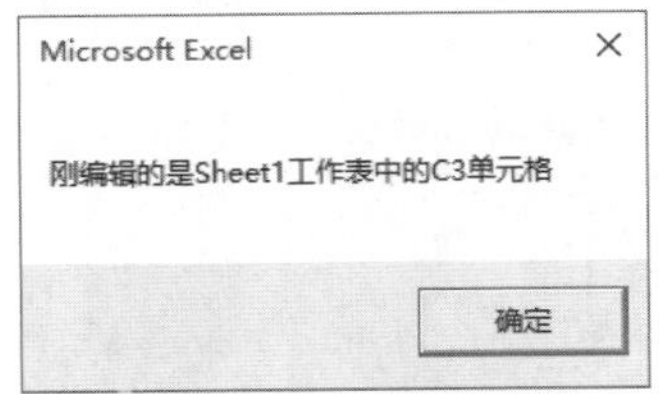

图 12-3　包含参数的事件过程的一个简单案例

很多事件过程都包含一个名为 Cancel 的参数，该参数是一个 Boolean 类型的值，如果为 True 则取消事件过程，如果为 False 或不进行设置，则按正常方式执行事件过程。

案例 12-2　使用事件过程中的 Cancel 参数

下面的代码位于工作簿的 BeforePrint 事件过程中，在该事件过程中将 Cancel 参数设置为 True。在工作簿中执行打印命令时将显示如图 12-4 所示的对话框，询问用户是否进行打印，单击“取消”按钮将取消打印。

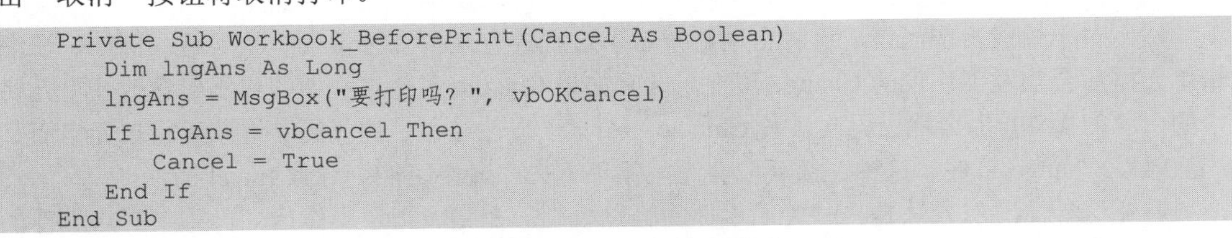

```
Private Sub Workbook_BeforePrint(Cancel As Boolean)
    Dim lngAns As Long
    lngAns = MsgBox("要打印吗？", vbOKCancel)
    If lngAns = vbCancel Then
        Cancel = True
    End If
End Sub
```

图 12-4　使用 Cancel 参数控制是否取消事件过程

12.1.4 事件触发的先后顺序

Excel 包含大量的事件，不同对象既拥有不同的事件，也拥有相同的事件。用户的某些操作会触发不同对象的同一个事件，另一些操作会触发同一个对象的多个事件。这些事件具有预先指定的先后顺序。例如，在工作簿中添加新工作表时，将会按先后顺序依次触发以下 3 个工作簿事件：

- 先触发 NewSheet 事件：在工作簿中新建工作表时先触发该事件。
- 再触发 SheetDeactivate 事件：执行新建工作表的操作后，原来处于活动状态的工作表将失去焦点。
- 最后触发 SheetActivate 事件：添加的工作表获得焦点，成为活动工作表。

事件的执行始终遵循由低到高的顺序，如果同时设置了工作表事件、工作簿事件和应用程序事件，工作表事件将被优先执行，然后是工作簿事件，最后是应用程序事件。

对于不同对象拥有的同一个事件而言，事件触发的先后顺序遵循最小范围优先原则。

案例 12-3 不同对象的同一个事件的触发顺序

应用程序、工作簿和工作表都包含 SelectionChange 事件，如果在这 3 个对象的该事件过程中输入下面的代码，那么在包含该事件过程的工作表中改变选择的单元格时，将会先触发工作表的 SelectionChange 事件，然后触发工作簿的 SelectionChange 事件，最后触发应用程序的 SelectionChange 事件。

```
Private Sub Worksheet_SelectionChange(ByVal Target As Range)
    MsgBox "触发工作表事件"
End Sub

Private Sub Workbook_SheetSelectionChange(ByVal Sh As Object, ByVal Target As Range)
    MsgBox "触发工作簿事件"
End Sub

Private Sub xlsApp_SheetSelectionChange(ByVal Sh As Object, ByVal Target As Range)
    MsgBox "触发应用程序事件"
End Sub
```

12.1.5 开启与关闭事件

在用户执行特定操作时会触发与该操作关联的事件过程，并自动执行其中包含的 VBA 代码。这种机制为自动处理大量工作带来了方便，并且可以让程序变得更智能。

然而对于某些操作而言，这种自动触发事件过程的方式可能会带来一些问题。例如，在编辑单元格后会触发工作表的 Change 事件，此时如果 Change 事件过程中的代码包含改变单元格中的内容的操作，那么就会再次触发 Change 事件。该事件过程中的代码会继续编辑单元格而又一次触发 Change 事件，这种连锁反应会无限循环下去，最终可能会导致 Excel 崩溃。

避免这种情况的方法是临时关闭事件的触发机制，在完成指定操作后，再重新开启事件的触发机制。为此需要在事件过程中设置 Application 对象的 EnableEvents 属性，将其设置为 False 表示关闭事件触发，将其设置为 True 表示开启事件触发。

关闭事件触发：

```
Application.EnableEvents = False
```

开启事件触发：

```
Application.EnableEvents = True
```

12.2　使用工作簿事件

本节首先列出了 Excel 中的所有工作簿事件，然后介绍其中一些常用事件的具体应用。

12.2.1　工作簿包含的事件

表 12-1 列出了 Excel 中的所有工作簿事件以及触发事件的操作。

表 12-1　工作簿事件

事 件 名 称	触发事件的操作
Activate	激活工作簿时
AddinInstall	作为加载项安装工作簿时
AddinUninstall	作为加载项卸载工作簿时
AfterSave	保存工作簿之后
AfterXmlExport	保存或导出指定工作簿中的 XML 之后
AfterXmlImport	刷新 XML 数据连接或导入 XML 之后
BeforeClose	关闭工作簿之前
BeforePrint	打印工作簿之前
BeforeSave	保存工作簿之前
BeforeXmlExport	保存或导出指定工作簿中的 XML 之前
BeforeXmlImport	刷新 XML 数据连接或导入 XML 之前
Deactivate	工作簿由活动状态转为非活动状态时
NewChart	在工作簿中新建图表时
NewSheet	在工作簿中新建工作表时
Open	打开工作簿时
PivotTableCloseConnection	关闭数据透视表与其数据源的连接之后
PivotTableOpenConnection	打开数据透视表与其数据源的连接之后
RowsetComplete	在 OLAP 上深化记录集或调用行集操作时
SheetActivate	激活任何一个工作表时
SheetBeforeDoubleClick	双击任何一个工作表时，发生在默认的双击之前
SheetBeforeRightClick	右击任意一个工作表时，发生在默认的右击之前
SheetCalculate	重新计算工作表时
SheetChange	由用户更改任意一个工作表时
SheetDeactivate	任意一个工作表由活动状态转为非活动状态时
SheetFollowHyperlink	单击 Excel 中的任何一个超链接时
SheetPivotTableAfterValueChange	在编辑或重新计算数据透视表中的单元格或单元格区域之后
SheetPivotTableBeforeAllocateChanges	在向数据透视表应用更改之前
SheetPivotTableBeforeCommitChanges	在针对 OLAP 数据源提交对数据透视表的更改之前
SheetPivotTableBeforeDiscardChanges	在放弃对数据透视表所做的更改之前
SheetPivotTableChangeSync	在对数据透视表进行更改之后

续表

事 件 名 称	触发事件的操作
SheetPivotTableUpdate	更新数据透视表的工作表之后
SheetSelectionChange	在任意一个工作表中选择单元格或单元格区域时
Sync	同步工作簿的本地副本与服务器的副本时
WindowActivate	激活工作簿窗口时
WindowDeactivate	当工作簿窗口由活动状态变为非活动状态时
WindowResize	调整任何一个工作簿窗口大小时

12.2.2 Open 事件

在打开指定的工作簿时将会触发 Open 事件。工作簿的 Open 事件过程主要用于对工作簿进行初始化设置，具体包括以下几个方面：

- 显示欢迎信息。
- 激活特定的工作表和单元格。
- 配置工作簿的界面环境。
- 通过验证 Excel 用户名来设置工作簿的操作权限。

案例 12-4 使用工作簿的 Open 事件显示欢迎信息

下面的代码位于工作簿的 Open 事件过程中，在用户打开工作簿时自动显示“欢迎使用本系统”的提示信息。

```
Private Sub Workbook_Open()
    MsgBox Prompt:="欢迎使用本系统！", Title:="欢迎信息"
End Sub
```

案例 12-5 使用工作簿的 Open 事件设置用户的操作权限

下面的代码位于工作簿的 Open 事件过程中，在打开工作簿时检查 Excel 的用户名是否是“admin”，如果不是则自动关闭该工作簿。

```
Private Sub Workbook_Open()
    Dim strUserName As String
    strUserName = Application.UserName
    If LCase(strUserName) <> "admin" Then
        MsgBox "用户名不正确，退出程序！"
        ThisWorkbook.Close False
    End If
End Sub
```

我们可能会发现无法修改本例工作簿中的代码，因为如果用户计算机中的 Excel 程序的用户名不是 admin（大小写均可），在每次打开工作簿时显示一个提示信息后就会自动关闭工作簿。为了能编辑工作簿中的代码，可以在打开工作簿时按住 Shift 键禁止执行工作簿的 Open 事件过程。还可以在打开工作簿并显示提示信息后，按 Ctrl+Break（Pause）组合键进入中断模式。

12.2.3 Activate 事件

在打开工作簿后或者激活某个工作簿使其成为活动工作簿时，将触发工作簿的 Activate 事件。可以使用 Activate 事件过程对激活后的工作簿进行显示方面的设置。

案例 12-6　使用工作簿的 Activate 事件设置工作簿的界面显示环境

下面的代码位于工作簿的 Activate 事件过程中，在激活工作簿使其成为活动工作簿后，自动将该工作簿的窗口最大化显示，并隐藏水平滚动条和垂直滚动条。

```
Private Sub Workbook_Activate()
    ThisWorkbook.Windows(1).WindowState = xlMaximized
    ThisWorkbook.Windows(1).DisplayHorizontalScrollBar = False
    ThisWorkbook.Windows(1).DisplayVerticalScrollBar = False
End Sub
```

12.2.4　Deactivate 事件

在以下几种情况下会触发工作簿的 Deactivate 事件：

- 打开或激活一个工作簿时，之前处于活动状态的工作簿将会触发 Deactivate 事件。
- 将工作簿窗口最小化。
- 关闭工作簿。

案例 12-7　使用工作簿的 Deactivate 事件

下面的代码位于工作簿的 Deactivate 事件过程中，当工作簿成为非活动工作簿时，恢复工作簿窗口中的水平滚动条和垂直滚动条的正常显示，并自动将工作簿窗口最小化到任务栏。

```
Private Sub Workbook_Deactivate()
    ThisWorkbook.Windows(1).WindowState = xlMinimized
    ThisWorkbook.Windows(1).DisplayHorizontalScrollBar = True
    ThisWorkbook.Windows(1).DisplayVerticalScrollBar = True
End Sub
```

12.2.5　BeforeClose 事件

在关闭工作簿之前触发工作簿的 BeforeClose 事件，该事件常与工作簿的 Open 事件组合使用。最常见的一个应用是在 Open 事件中编写自定义工作簿界面环境的代码，以便在打开工作簿后可以自动加载并配置窗口中的界面显示元素。在 BeforeClose 事件中编写移除自定义界面元素的代码，从而确保关闭工作簿时可以自动卸载任何自定义界面元素。

当关闭一个未保存的工作簿时会弹出是否保存的确认对话框，无论用户选择是否保存工作簿或单击“取消”按钮返回工作簿窗口，BeforeClose 事件都已被触发。如果该事件过程用于移除工作簿中临时加载的自定义菜单和命令，那么在用户单击“取消”按钮返回工作簿窗口后，工作簿中的自定义菜单和命令仍然会被移除，这并不是我们希望的效果。

避免这个问题的方法是将 BeforeClose 事件过程中的 Cancel 参数的值设置为 True，以便拦截关闭工作簿时弹出的是否保存的确认对话框，然后使用自己编写的代码控制工作簿的关闭方式。

案例 12-8　使用 BeforeClose 事件过程控制工作簿的关闭方式

下面的代码位于工作簿的 BeforeClose 事件过程中，当关闭未保存的工作簿时，会显示自定义的对话框，如图 12-5 所示，询问用户是否保存工作簿，并根据用户在对话框中的选择执行不同的操作。代码中通过 Workbook 对象的 Saved 属性的值来判断工作簿是否已保存，如果未保存则显示自定义的对话框，并将 MsgBox 的返回值赋值给 lngAns 变量，然后使用 Select Case 判断结构检测 lngAns 变量以判断用户单击的是哪个按钮。如果单击“是”按钮，则执行 Workbook 对象的 Save 方法保存工作簿；如果单击“否”按钮，则将 Workbook 对象的 Saved 属性设置为 True，让 Excel 认为工作簿已保存；如果单击“取消”按钮，则将 BeforeClose 事件过程中的 Cancel

参数的值设置为 True，取消关闭操作并退出该事件过程，从而避免在未关闭工作簿的情况下意外地执行了其他代码。

```
Private Sub Workbook_BeforeClose(Cancel As Boolean)
    Dim strMsg As String, lngAns As Long
    If Not ThisWorkbook.Saved Then
        strMsg = "是否保存对“" & ThisWorkbook.Name & "”的更改？"
        lngAns = MsgBox(strMsg, vbInformation + vbYesNoCancel)
        Select Case lngAns
            Case vbYes: ThisWorkbook.Save
            Case vbNo: ThisWorkbook.Saved = True
            Case vbCancel
                Cancel = True
                Exit Sub
        End Select
    End If
End Sub
```

图 12-5　自定义确认保存的对话框

12.2.6　BeforeSave 事件

在用户执行“保存”或“另存为”命令时将会触发 BeforeSave 事件。BeforeSave 事件过程包含两个参数，SaveAsUI 参数用于确定是否显示了“另存为”对话框，如果显示了该对话框，则 SaveAsUI 参数的值为 True，否则为 False。BeforeSave 事件过程的另一个参数 Cancel 用于控制是否允许保存工作簿，该参数的默认值为 False，如果将其设置为 True，则不保存工作簿。

案例 12-9　禁止另存工作簿

下面的代码位于工作簿的 BeforeSave 事件过程中，通过检查 SaveAsUI 的值是否为 True 来判断用户是否执行了“另存为”命令，如果为 True 则说明用户执行了“另存为”命令，此时将 BeforeSave 事件过程中的 Cancel 参数的值设置为 True，从而取消另存工作簿的操作。

```
Private Sub Workbook_BeforeSave(ByVal SaveAsUI As Boolean, Cancel As Boolean)
    If SaveAsUI = True Then Cancel = True
End Su
```

案例 12-10　禁止保存工作簿

下面的代码位于工作簿的 BeforeSave 事件过程中，通过检查 SaveAsUI 的值是否为 False 来判断用户是否执行了“保存”命令，如果为 False 则说明用户执行了“保存”命令，此时将 BeforeSave 事件过程中的 Cancel 参数的值设置为 True，从而取消保存工作簿的操作。

```
Private Sub Workbook_BeforeSave(ByVal SaveAsUI As Boolean, Cancel As Boolean)
    If SaveAsUI = False Then Cancel = True
End Sub
```

案例 12-11　禁止保存和另存工作簿

下面的代码位于工作簿的 BeforeSave 事件过程中，通过将 Cancel 参数的值设置为 True，从而完全禁止保存和另存工作簿的操作。为了避免在关闭未保存的工作簿时弹出是否保存的确认对话框，可以在工作簿的 BeforeClose 事件过程中将 Workbook 对象的 Saved 属性设置为 True。

```
Private Sub Workbook_BeforeSave(ByVal SaveAsUI As Boolean, Cancel As Boolean)
    Cancel = True
End Sub

Private Sub Workbook_BeforeClose(Cancel As Boolean)
    ThisWorkbook.Saved = True
End Sub
```

12.2.7　BeforePrint 事件

在用户执行打印操作时将会触发 BeforePrint 事件。BeforePrint 事件过程包含一个 Cancel 参数，将其设置为 True 可以取消打印操作，该用法已在 12.1.3 节介绍过。

案例 12-12　打印前检查数据区域的标题是否填写完整

下面的代码位于工作簿的 BeforePrint 事件过程中，在执行打印前检查活动工作表中的数据区域顶部的标题是否填写完整，如果缺少内容则显示预先指定的提示信息并取消打印操作，如图 12-6 所示。

```
Private Sub Workbook_BeforePrint(Cancel As Boolean)
    Dim rng As Range, intCount As Integer
    Set rng = ActiveSheet.UsedRange
    intCount = rng.Rows(1).Cells.Count
    If WorksheetFunction.CountA(rng.Rows(1)) < intCount Then
        MsgBox "标题内容不完整，无法打印！"
        Cancel = True
    End If
End Sub
```

	A	B	C	D	E	F	G
1	商品	销量					
2	微波炉	557	魏玲				
3	洗衣机	763	丁文				
4	手机	676	施昂				
5	音响	911	韩美				
6	微波炉	691	彭婷				
7	音响	574	任安				
8	微波炉	637	邹晖				
9	空调	944	范慧				
10	冰箱	726	武骏				
11							

Microsoft Excel

标题内容不完整，无法打印！

确定

图 12-6　打印前检查数据区域的标题是否填写完整

12.2.8　SheetActivate 事件

在工作簿中激活任意一个工作表时将会触发工作簿的 SheetActivate 事件。SheetActivate 事件过程包含一个 Sh 参数，表示激活的工作表。该参数的数据类型是 Object，因为激活的既可能是工作表，也可能是图表工作表。可以通过检查 Sh 参数的类型来判断激活的工作表的类型，然后执行相应的操作。

案例 12-13　显示激活的工作表中的数据区域的地址

下面的代码位于工作簿的 SheetActivate 事件过程中，在激活一个工作表时显示该工作表的名称及其中包含的数据区域的地址，如图 12-7 所示。为了避免激活图表工作表后出现运行时错误，使用 If Then 判断结构检查激活的工作表的类型，并根据判断结果执行相应的代码。

如果激活的工作表的类型是 Worksheet，则将激活的工作表的名称存储在 strMsg 变量中。然后通过 WorksheetFunction 对象调用 CountA 工作表函数检查工作表是否包含不为空的单元格，如果没有这样的单元格，则将“该工作表中不包含数据”文本添加到 strMsg 变量中；如果存在这样的单元格，则该单元格的地址添加到 strMsg 变量中。最后在对话框中显示包含了工作表名称和指定内容的信息。

```
Private Sub Workbook_SheetActivate(ByVal Sh As Object)
    Dim strMsg As String
    If TypeName(Sh) = "Worksheet" Then
        strMsg = "当前激活的工作表是: " & Sh.Name & vbCrLf
        If WorksheetFunction.CountA(Cells) = 0 Then
           strMsg = strMsg & "该工作表中不包含数据"
        Else
           strMsg = strMsg & "该工作表中的数据区域是: " & Sh.UsedRange.Address(0, 0)
        End If
        MsgBox strMsg
    End If
End Sub
```

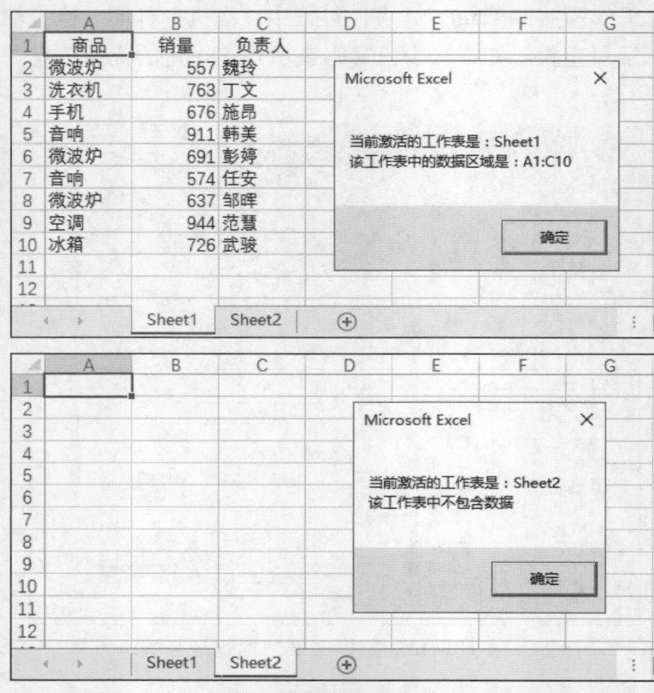

图 12-7　显示激活的工作表中的数据区域的地址

12.2.9　SheetDeactivate 事件

在工作簿中激活一个工作表后，之前处于活动状态的工作表将失去焦点并触发 SheetDeactivate 事件。SheetDeactivate 事件过程包含一个 Sh 参数，表示失去焦点的工作表。由于可能是工作表，也可能是图表工作表，因此 Sh 参数的数据类型为 Object。

案例 12-14　显示失去焦点的工作表的名称

下面的代码位于工作簿的 SheetDeactivate 事件过程中，在激活一个工作表时显示刚失去焦点的工作表的名称。

```
Private Sub Workbook_SheetDeactivate(ByVal Sh As Object)
    MsgBox Sh.Name & "工作表已失去焦点"
End Sub
```

12.2.10　NewSheet 事件

在工作簿中新建工作表时将会触发工作簿的 NewSheet 事件。NewSheet 事件过程包含一个 Sh 参数，表示新建的工作表或图表工作表。

案例 12-15　新建工作表时显示工作簿中的工作表总数

下面的代码位于工作簿的 NewSheet 事件过程中，在新建工作表时显示到目前为止工作簿中包含的工作表总数。

```
Private Sub Workbook_NewSheet(ByVal Sh As Object)
    MsgBox "工作簿当前包含" & Sheets.Count & "个工作表"
End Sub
```

案例 12-16　为新建的工作表自动命名

下面的代码位于工作簿的 NewSheet 事件过程中，在新建工作表时自动为其设置名称，名称为“工作表”+编号。工作簿默认只包含一个工作表，因此新建工作表的编号就是工作簿当前包含的工作表总数。

```
Private Sub Workbook_NewSheet(ByVal Sh As Object)
    If TypeName(Sh) = "Worksheet" Then
        Sh.Name = "工作表" & Worksheets.Count
    End If
End Sub
```

12.2.11　SheetChange 事件

当对工作簿中的任意一个工作表中的任意一个单元格进行编辑时，将会触发工作簿的 SheetChange 事件。SheetChange 事件过程包含两个参数，Sh 参数表示编辑的单元格所属的工作表，Target 参数表示编辑的单元格或单元格区域。

案例 12-17　显示编辑的单元格的地址及其工作表名称

下面的代码位于工作簿的 SheetChange 事件过程中，在工作簿中的任意一个工作表中编辑单元格时，将会在对话框中显示正在编辑的单元格的地址及其所属工作表的名称，如图 12-8 所示。

```
Private Sub Workbook_SheetChange(ByVal Sh As Object, ByVal Target As Range)
    Dim strMsg As String
    strMsg = "刚编辑过的单元格的地址是：" & Target.Address(0, 0) & vbCrLf
    strMsg = strMsg & "刚编辑过的单元格所属工作表的名称是：" & Sh.Name
    MsgBox strMsg
End Sub
```

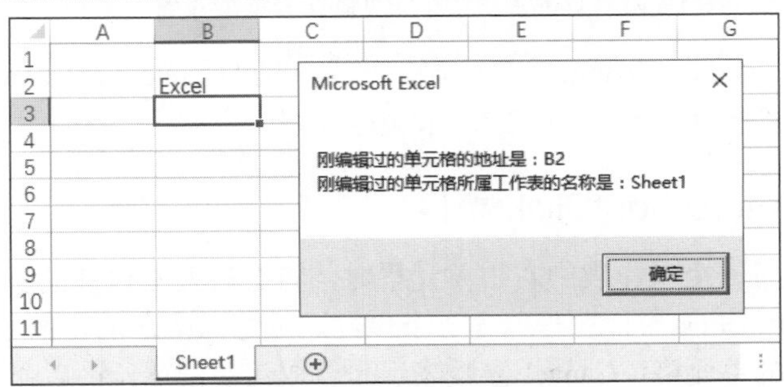

图 12-8　显示编辑的单元格的地址及其工作表名称

工作簿的 SheetChange 事件与特定工作表的 Change 事件类似，关于 Change 事件的更多说明将在 12.3.4 节进行介绍。

12.2.12 SheetSelectionChange 事件

在工作簿中的任意一个工作表中选择单元格或单元格区域时，将会触发工作簿的 SheetSelectionChange 事件。SheetSelectionChange 事件过程包含两个参数，Sh 参数表示选择的单元格所属的工作表，Target 参数表示选择的单元格或单元格区域。

案例 12-18 自动为选区所在的整行和整列设置背景色

下面的代码位于工作簿的 SheetSelectionChange 事件过程中，在工作簿中的任意一个工作表中选择单元格或单元格区域时，自动为选区所在的整行和整列设置背景色，如图 12-9 所示。为了避免下次选择新单元格时仍然保留上次设置的背景色，因此需要先清除之前设置的背景色。

```
Private Sub Workbook_SheetSelectionChange(ByVal Sh As Object, ByVal Target As Range)
    Cells.Interior.ColorIndex = xlColorIndexNone
    Target.EntireColumn.Interior.ColorIndex = 6
    Target.EntireRow.Interior.ColorIndex = 6
End Sub
```

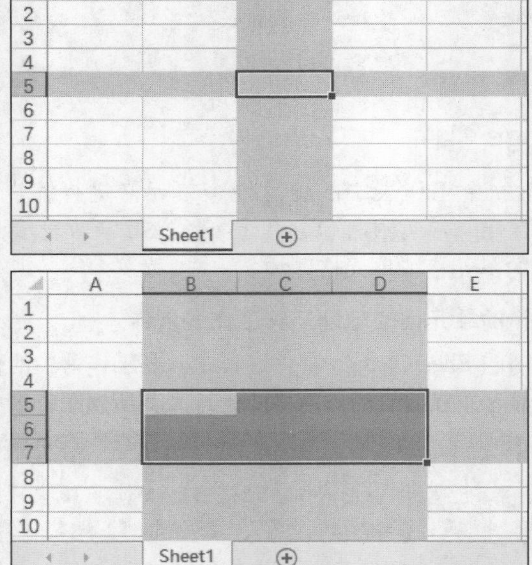

图 12-9 自动为选区所在的整行和整列设置背景色

工作簿的 SheetSelectionChange 事件与特定工作表的 SelectionChange 事件类似，关于 SelectionChange 事件的更多说明将在 12.3.5 节进行介绍。

12.2.13 SheetBeforeRightClick 事件

在工作簿中的任意一个工作表中右击单元格时，将会触发工作簿的 SheetBeforeRightClick 事件。SheetBeforeRightClick 事件过程包含 3 个参数，Sh 参数表示右击的单元格所属的工作表，Target 参数表示右击的单元格，Cancel 参数表示是否取消右击单元格后弹出的快捷菜单，将该参数设置为 True 则不弹出快捷菜单，默认值为 False。可以使用 SheetBeforeRightClick 事件过程显示用户自定义的快捷菜单。

案例 12-19　右击单元格时显示自定义快捷菜单

下面的代码位于工作簿的 SheetBeforeRightClick 事件过程中，在工作簿中的任意一个工作表中右击一个单元格时，将会弹出用户自定义的快捷菜单，假设该自定义快捷菜单由名为“AddShortCutMenu”的 Sub 过程创建。为了避免由于缺少 AddShortCutMenu 过程或其他问题而导致的运行时错误，因此加入了防错代码。如果出现运行时错误，则会显示预先指定的提示信息。

```
Private Sub Workbook_SheetBeforeRightClick(ByVal Sh As Object, ByVal Target As Range,
Cancel As Boolean)
    On Error Resume Next
    CommandBars("AddShortCutMenu").ShowPopup
    Cancel = True
    If Err.Number <> 0 Then
        MsgBox "加载自定义快捷菜单失败！"
        Exit Sub
    End If
End Sub
```

12.2.14　SheetBeforeDoubleClick 事件

SheetBeforeDoubleClick 事件与上一节介绍的 SheetBeforeRightClick 事件类似，只不过在工作簿中的任意一个工作表中双击单元格时才会触发 SheetBeforeDoubleClick 事件。SheetBeforeDoubleClick 事件过程也包含 3 个参数，Sh 参数表示双击的单元格所属的工作表，Target 参数表示双击的单元格，Cancel 参数表示是否取消双击单元格后执行的默认操作，将该参数设置为 True 则在双击后不进入单元格的编辑状态，默认值为 False。

案例 12-20　双击单元格时自动删除单元格中的内容和格式

下面的代码位于工作簿的 SheetBeforeDoubleClick 事件过程中，在工作簿中的任意一个工作表中双击一个单元格时，将会自动删除该单元格中的内容和格式。

```
Private Sub Workbook_SheetBeforeDoubleClick(ByVal Sh As Object, ByVal Target As Range,
Cancel As Boolean)
    Target.Clear
    Cancel = True
End Sub
```

12.3　使用工作表事件

本节首先列出了 Excel 中的所有工作表事件，然后介绍其中一些常用事件的具体应用。

12.3.1　工作表包含的事件

表 12-2 列出了 Excel 中的所有工作表事件以及触发事件的操作。

表 12-2　工作表事件

事 件 名 称	触发事件的操作
Active	激活工作表时
BeforeDoubleClick	双击工作表时
BeforeRightClick	右击工作表时

续表

事 件 名 称	触发事件的操作
Calculate	重新计算工作表之后
Change	当用户更改工作表时
Deactivate	任意一个工作表由活动状态转为非活动状态时
FollowHyperlink	单击工作表中的任意一个超链接时
PivotTableAfterValueChange	编辑或重新计算数据透视表中的单元格或单元格区域之后
PivotTableBeforeAllocateChanges	在向数据透视表应用更改之前
PivotTableBeforeCommitChanges	在针对 OLAP 数据源提交对数据透视表的更改之前
PivotTableBeforeDiscardChanges	在放弃对数据透视表所做的更改之前
PivotTableChangeSync	在对数据透视表进行更改之后
PivotTableUpdate	更新工作簿中的数据透视表时
SelectionChange	选择工作表中的单元格或单元格区域时

12.3.2 Activate 事件

工作表的 Activate 事件与工作簿的 Activate 事件类似，但是工作表的 Activate 事件只在特定工作表被激活时触发，而不是在工作簿中的任意一个工作表被激活时触发。

12.3.3 Deactivate 事件

工作表的 Deactivate 事件与工作簿的 Deactivate 事件类似，但是工作表的 Deactivate 事件只在特定工作表失去焦点时触发，而不是在工作簿中的任意一个工作表失去焦点时触发。

12.3.4 Change 事件

工作表的 Change 事件与工作簿的 SheetChange 事件类似，但是工作表的 Change 事件只在特定工作表中编辑单元格时触发，而不是在工作簿中的任意一个工作表中编辑单元格时触发。下面列出了一些触发或不触发 Change 事件的操作：

- 无论单元格中是否包含内容，按 Delete 键都会触发 Change 事件。
- 清除单元格的格式会触发 Change 事件。
- 改变单元格的格式不会触发 Change 事件。
- 使用“选择性粘贴”对话框复制格式时会触发 Change 事件。
- 为单元格添加批注不会触发 Change 事件。

如果在 Change 事件过程中包含编辑单元格的操作，则会在 Change 事件过程内部触发 Change 事件自身，这将导致 Change 事件过程的无限递归调用，最终可能会使 Excel 崩溃。为了解决这个问题，需要在导致触发 Change 事件的代码前添加下面的代码，从而关闭事件触发机制。

```
Application.EnableEvents = False
```

在导致触发 Change 事件的代码之后将 EnableEvents 属性设置为 True，从而开启正常的事件触发机制。

```
    Application.EnableEvents = True
```

12.3.5　SelectionChange 事件

工作表的 SelectionChange 事件与工作簿的 SheetSelectionChange 事件类似，但是工作表的 SelectionChange 事件只在特定工作表中选择单元格或单元格区域时触发，而不是在工作簿中的任意一个工作表中选择单元格或单元格区域时触发。

案例 12-21　在指定工作表的状态栏中显示选区地址

下面的代码位于 Sheet1 工作表的 SelectionChange 事件过程中，在该工作表中选择任意单元格或单元格区域时，选区地址会显示在状态栏中，如图 12-10 所示。

```
Private Sub Worksheet_SelectionChange(ByVal Target As Range)
    Dim strMsg As String
    strMsg = "当前选择的单元格或单元格区域是："
    Application.StatusBar = strMsg & Target.Address(0, 0)
End Sub
```

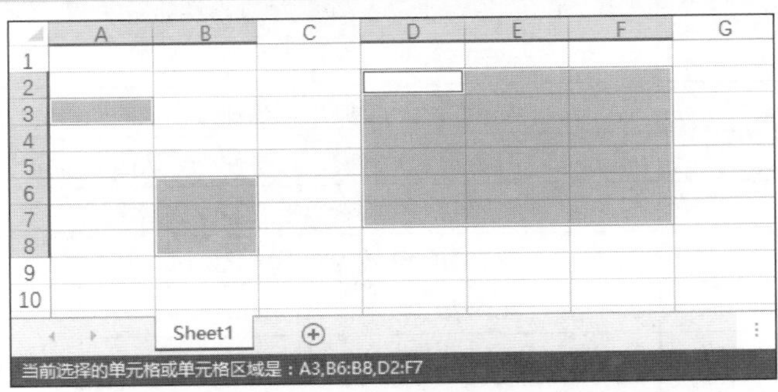

图 12-10　在指定工作表的状态栏中显示选区地址

12.3.6　BeforeRightClick 事件

工作表的 BeforeRightClick 事件与工作簿的 BeforeRightClick 事件类似，但是工作表的 BeforeRightClick 事件只在特定工作表中右击单元格时触发，而不是在工作簿中的任意一个工作表中右击单元格时触发。

案例 12-22　在指定区域内右击时显示自定义快捷菜单

下面的代码位于 Sheet1 工作表的 BeforeRightClick 事件过程中，只有在 Sheet1 工作表中的 A1:C10 单元格区域范围内右击时，才会弹出用户自定义的快捷菜单，右击该区域以外的其他单元格则只会弹出 Excel 默认的快捷菜单。假设该自定义快捷菜单由名为“AddShortCutMenu”的 Sub 过程创建。

```
Private Sub Worksheet_BeforeRightClick(ByVal Target As Range, Cancel As Boolean)
    On Error Resume Next
    If Not Intersect(Range("A1:C10"), Target) Is Nothing Then
        CommandBars("AddShortCutMenu").ShowPopup
        Cancel = True
    End If
    If Err.Number <> 0 Then
        MsgBox "加载自定义快捷菜单失败！"
        Exit Sub
    End If
End Sub
```

12.3.7 BeforeDoubleClick 事件

工作表的 BeforeDoubleClick 事件与工作簿的 BeforeDoubleClick 事件类似，但是工作表的 BeforeDoubleClick 事件只在特定工作表中双击单元格时触发，而不是在工作簿中的任意一个工作表中双击单元格时触发。

12.4 使用图表工作表事件

图表工作表也包含一些事件，从而可以实现用户和图表之间的交互。图表工作表事件的代码存储在与图表工作表关联的 Chart1、Chart2 等模块中。表 12-3 列出了 Excel 中的所有图表工作表事件以及触发事件的操作。

表 12-3 图表工作表事件

事 件 名 称	触发事件的操作
Activate	激活图表时
BeforeDoubleClick	双击图表元素时。该事件在默认的双击操作之前发生
BeforeRightClick	右击图表元素时。该事件在默认的右击操作之前发生
Calculate	在图表上绘制新数据或修改数据之后
Deactivate	图表由活动转为非活动状态时
MouseDown	在图表上按下鼠标按键时
MouseMove	在图表上移动鼠标指针时
MouseUp	在图表上释放鼠标按键时
Resize	调整图表大小时
Select	选择图表元素时
SeriesChange	修改图表上的数据点的值时

案例 12-23 通过双击控制图表元素的显示状态

下面的代码位于 Chart1 工作表的 BeforeDoubleClick 事件过程中，在图表中双击不同的图表元素可以控制图表元素的显示状态，如图 12-11 所示。双击图表区将会显示图标标题的内容，双击绘图区或图例则会让图例在显示或隐藏之间切换，双击其他位置则会显示预先指定的提示信息。

```
Private Sub Chart_BeforeDoubleClick(ByVal ElementID As Long, ByVal Arg1 As Long, ByVal
Arg2 As Long, Cancel As Boolean)
    Select Case ElementID
        Case xlChartArea
            MsgBox Me.ChartTitle.Text
            Cancel = True
        Case xlPlotArea
            Me.HasLegend = Not Me.HasLegend
            Cancel = True
        Case xlLegend
            Me.HasLegend = Not Me.HasLegend
            Cancel = True
        Case Else
            MsgBox "双击了无效的区域！"
            Cancel = True
```

```
    End Select
End Sub
```

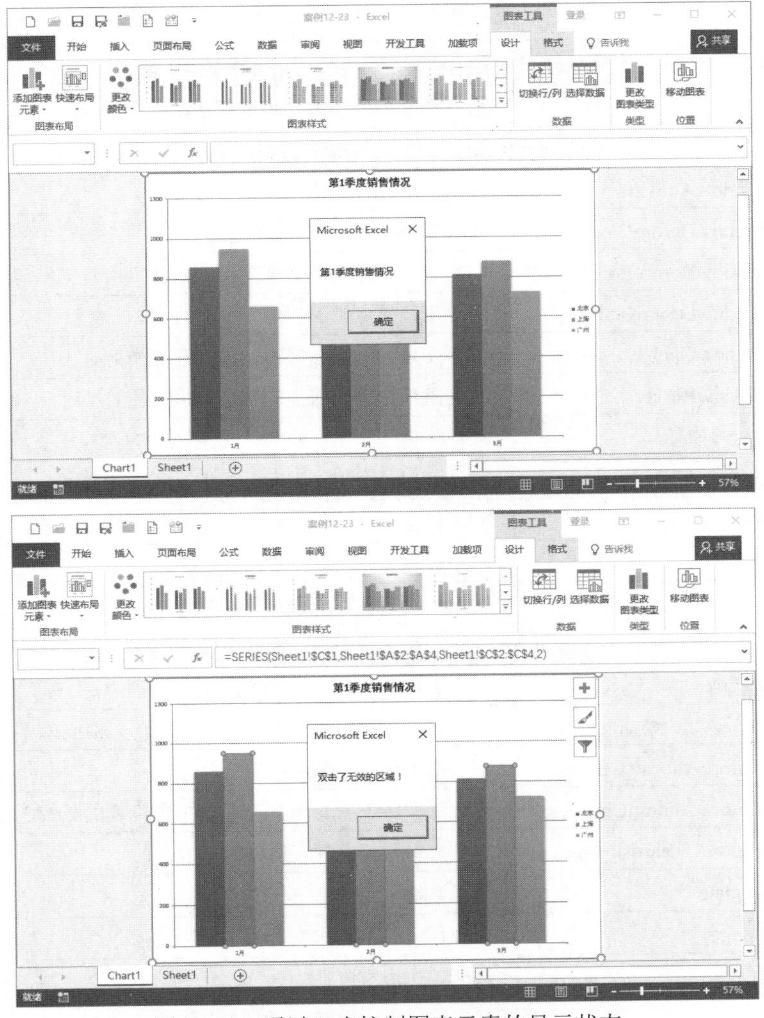

图 12-11　通过双击控制图表元素的显示状态

12.5　使用应用程序事件与嵌入式图表事件

应用程序事件可以监控 Excel 中的每一个工作簿而非特定工作簿，特别适合在应用程序事件中放置实现工作簿通用功能的 VBA 代码。嵌入式图表是位于普通工作表中的图表，它不具有单独的工作表标签，可以通过类模块监视嵌入式图表的事件。默认情况下，应用程序事件与嵌入式图表事件无法直接使用，只有在类模块和标准模块中编写少量代码之后才能正常使用。本节将介绍捕获与使用应用程序事件与嵌入式图表事件的方法，还介绍了应用程序事件的几个典型应用。

12.5.1　捕获应用程序事件

应用程序事件可以监控当前 Excel 进程中所有工作簿的相关操作，而不是某个特定工作簿中的操作。表 12-4 列出了 Excel 中的所有应用程序事件以及触发事件的操作。

表 12-4　应用程序事件

事件名称	触发事件的操作
AfterCalculate	所有挂起的同步和异步刷新活动和结果计算活动均已完成时
NewWorkbook	新建一个工作簿时
ProtectedViewWindowActivate	激活“受保护的视图”窗口时
ProtectedViewWindowBeforeClose	在“受保护的视图”或“受保护的视图”窗口中的工作簿关闭之前
ProtectedViewWindowBeforeEdit	在指定的“受保护的视图”窗口中启用对工作簿的编辑之前
ProtectedViewWindowDeactivate	在停用“受保护的视图”窗口时
ProtectedViewWindowOpen	在“受保护的视图”窗口中打开工作簿时
ProtectedViewWindowResize	在调整任意“受保护的视图”窗口的大小时
SheetActivate	激活任何一个工作表时
SheetBeforeDoubleClick	双击任何一个工作表时，发生在默认的双击之前
SheetBeforeRightClick	右击任意一个工作表时，发生在默认的右击之前
SheetCalculate	重新计算工作表时
SheetChange	由用户更改任意一个工作表时
SheetDeactivate	任意一个工作表由活动状态转为非活动状态时
SheetFollowHyperlink	单击 Excel 中的任何一个超链接时
SheetPivotTableAfterValueChange	在编辑或重新计算数据透视表中的单元格或单元格区域之后
SheetPivotTableBeforeAllocateChanges	在向数据透视表应用更改之前
SheetPivotTableBeforeCommitChanges	在针对 OLAP 数据源提交对数据透视表的更改之前
SheetPivotTableBeforeDiscardChanges	在放弃对数据透视表所做的更改之前
SheetPivotTableUpdate	更新数据透视表的工作表之后
SheetSelectionChange	更改任何一个工作表上的选择区域时
WindowActivate	激活工作簿窗口时
WindowDeactivate	当工作簿窗口由活动状态变为非活动状态时
WindowResize	调整任何一个工作簿窗口大小时
WorkbookActivate	激活工作簿时
WorkbookAddinInstall	作为加载项安装工作簿时
WorkbookAddinUninstall	作为加载项卸载工作簿时
WorkbookAfterSave	保存工作簿之后
WorkbookAfterXmlExport	保存或导出指定工作簿中的 XML 之后
WorkbookAfterXmlImport	刷新 XML 数据连接或导入 XML 之后
WorkbookBeforeClose	关闭工作簿之前
WorkbookBeforePrint	打印工作簿之前
WorkbookBeforeSave	保存工作簿之前
WorkbookBeforeXmlExport	保存或导出指定工作簿中的 XML 之前
WorkbookBeforeXmlImport	刷新 XML 数据连接或导入 XML 之前

续表

事 件 名 称	触发事件的操作
WorkbookDeactivate	工作簿由活动状态转为非活动状态时
WorkbookNewChart	在工作簿中新建图表时
WorkbookNewSheet	在工作簿中新建工作表时
WorkbookOpen	打开工作簿时
WorkbookPivotTableCloseConnection	关闭数据透视表与其数据源的连接之后
WorkbookPivotTableOpenConnection	打开数据透视表与其数据源的连接之后
WorkbookRowsetComplete	在 OLAP 上深化记录集或调用行集操作时
WorkbookSync	同步工作簿的本地副本与服务器的副本时

案例 12-24　捕获并使用应用程序事件

本例将介绍捕获应用程序事件的方法，并以应用程序级别的 WorkbookOpen 事件为例，介绍应用程序事件的编程方法与效果。本例想要实现的效果是在 Excel 中每次打开一个工作簿时，在对话框中显示该工作簿的路径和名称。捕获并使用应用程序事件的方法如下：

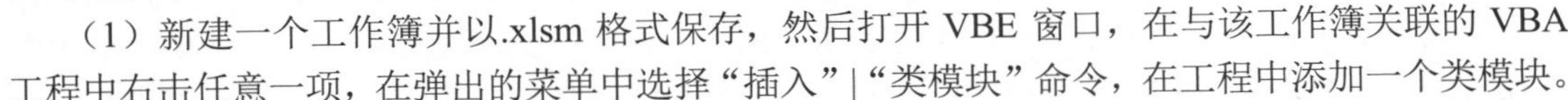

（1）新建一个工作簿并以.xlsm 格式保存，然后打开 VBE 窗口，在与该工作簿关联的 VBA 工程中右击任意一项，在弹出的菜单中选择“插入”|“类模块”命令，在工程中添加一个类模块。

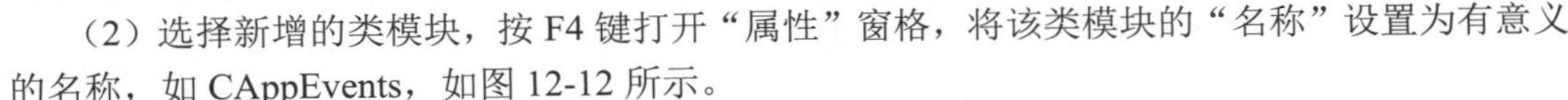

（2）选择新增的类模块，按 F4 键打开“属性”窗格，将该类模块的“名称”设置为有意义的名称，如 CAppEvents，如图 12-12 所示。

图 12-12　将类模块的名称设置为 CAppEvents

（3）双击 CAppEvents 类模块打开与其关联的代码窗口，在模块顶部输入下面的代码，使用 Public 关键字和 WithEvents 关键字声明一个 Application 对象类型的变量 xlsApp，变量名可以是任何有效的名称。WithEvents 关键字用于引发与 Application 对象相关联的事件。

```
Public WithEvents xlsApp As Application
```

（4）在类模块的代码窗口顶部左侧的下拉列表中选择上一步声明的 xlsApp 变量，如图 12-13 所示。然后在右侧的下拉列表中选择要使用的应用程序事件，这里选择 WorkbookOpen 事件，如图 12-14 所示。

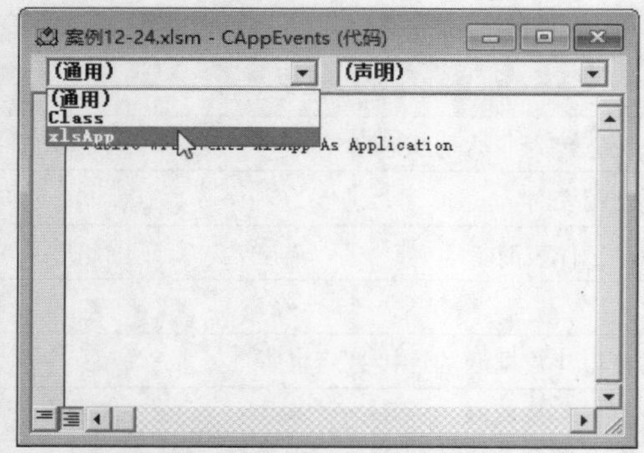

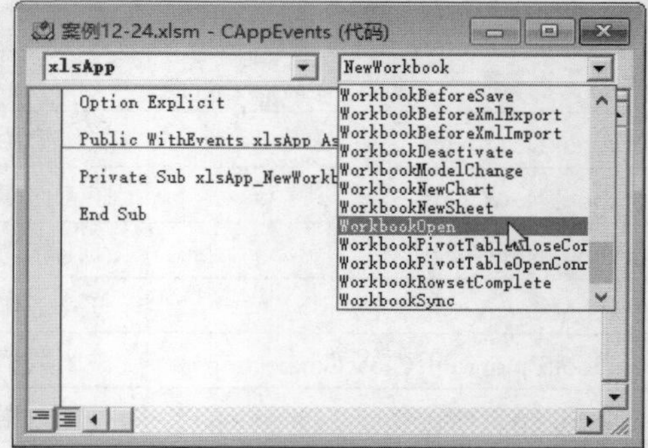

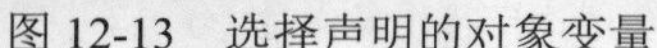

图 12-13　选择声明的对象变量　　　　图 12-14　选择要使用的应用程序事件

（5）Excel 会自动输入所选事件的事件过程框架，然后在其中手动输入触发该事件时要运行的代码，如下所示：

```
Private Sub xlsApp_WorkbookOpen(ByVal Wb As Workbook)
    MsgBox Wb.FullName & Wb.Name
End Sub
```

（6）与工作簿的 ThisWorkbook 模块和工作表的 Sheet1、Sheet2 等模块不同，用户自己创建的类模块默认不具备自动响应用户操作的功能，因此需要创建类模块的实例。在 VBA 工程中添加一个标准模块，打开该标准模块的代码窗口，然后在模块顶部输入下面的代码，声明一个工程级变量 clsApp，变量的类型就是前面创建的类模块 CAppEvents，即相当于创建了一个 CAppEvents 类型的变量。

```
Public clsApp As CAppEvents
```

（7）在标准模块中创建一个 Sub 过程，将 CAppEvents 类的实例赋值给上一步声明的 clsApp 变量，然后将 Application 对象赋值给 clsApp 变量所代表的 CAppEvents 对象的 xlsApp 属性。xlsApp 就是最开始在类模块中使用 Public 关键字声明的变量，该变量是 CAppEvents 类的一个属性。

```
Sub 实例化类()
    Set clsApp = New CAppEvents
    Set clsApp.xlsApp = Application
End Sub
```

（8）最后在标准模块中运行一次上一步创建的 Sub 过程，即可使所有的应用程序事件自动响应用户的操作。就本例来说，在 Excel 中打开任何一个工作簿时，将自动弹出对话框并显示打开的工作簿的路径和名称。

提示： 如果希望应用程序事件始终可用，而不是每次都要运行一次标准模块中的特定 Sub 过程，则可以将前面创建的类模块和标准模块及其所有代码与相应的事件代码放置到个人宏工作簿中，或将包含这些模块和代码的工作簿转换为加载项。

案例 12-25　关闭任意一个工作簿时删除其中的空工作表

下面的代码位于应用程序级别的 WorkbookBeforeClose 事件过程中，在关闭任意一个工作簿时将会显示一个对话框，如图 12-15 所示。如果单击“是”按钮则自动删除其中的空工作表并显示删除的空工作表的数量，单击“否”按钮则不删除任何工作表。无论单击哪个按钮，最后都会关闭工作簿。

代码中将显示在对话框中的提示信息存储在 strMsg 变量中，创建对话框将表示用户在对话框中单击的按钮的返回值赋值给 lngAns 变量。然后检查 lngAns 变量中的值以确定单击的是哪个按钮，如果单击“是”按钮，则遍历工作簿中的每一个工作表，使用工作表函数 CountA 判断工作表中是否包含内容。如果 CountA 函数返回 0，则说明任何单元格中都不包含内容，此时删除该工作表。由于工作簿中至少必须包含一个工作表，因此在执行删除操作前需要判断工作簿中当前包含的工作表数量，如果不止一个工作表，则可执行删除操作。最后显示已删除的空工作表的数量，然后保存并关闭工作簿。本例中捕获应用程序事件的方法与前面介绍的完全相同，因此不再重复给出操作步骤。

```
Private Sub xlsApp_WorkbookBeforeClose(ByVal Wb As Workbook, Cancel As Boolean)
    Dim wks As Worksheet, strMsg As String
    Dim lngAns As Long, intCount As Integer
    strMsg = "工作簿即将关闭，是否删除空工作表？"
    lngAns = MsgBox(strMsg, vbInformation + vbYesNo)
    If lngAns = vbYes Then
        Application.DisplayAlerts = False
        For Each wks In Wb.Worksheets
            If Application.WorksheetFunction.CountA(wks.Cells) = 0 Then
                If Wb.Worksheets.Count > 1 Then
                    wks.Delete
                    intCount = intCount + 1
                End If
            End If
        Next wks
        MsgBox intCount & "个空工作表已被删除"
        Application.DisplayAlerts = True
    End If
    Wb.Save
End Sub
```

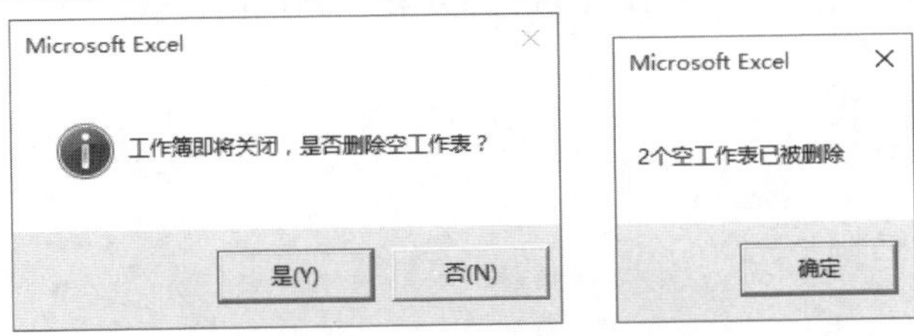

图 12-15　关闭任意一个工作簿时删除其中的空工作表

12.5.2　捕获嵌入式图表事件

Excel 中包含的所有嵌入式图表事件与图表工作表事件类似，具体可参考 12.4 节。捕获嵌入式图表事件的方法与捕获应用程序事件类似，也需要在类模块和标准模块中编写少量代码之后才能正常使用。

案例 12-26　捕获并使用嵌入式图表事件

本例将介绍捕获嵌入式图表事件的方法，并以嵌入式图表的 BeforeDoubleClick 事件为例，介绍嵌入式图表事件的编程方法与效果。本例想要实现的效果是在包含嵌入式图表的特定工作簿的活动工作表中双击第一个嵌入式图表的图表区，会自动将该嵌入式图表转换为图表工作表，并将图表工作表的标签名称设置为嵌入式图表的图表标题。捕获并使用嵌入式图表事件的方法如下：

（1）打开包含嵌入式图表的工作簿，然后打开 VBE 窗口，在与该工作簿关联的 VBA 工程中右击任意一项，在弹出的菜单中选择“插入”|“类模块”命令，在工程中添加一个类模块。

（2）选择新增的类模块，按 F4 键打开“属性”窗格，将该类模块的“名称”设置为有意义的名称，如 CChartEvents。

（3）双击 CChartEvents 类模块打开与其关联的代码窗口，在模块顶部输入下面的代码，使用 Public 关键字和 WithEvents 关键字声明一个 Chart 对象类型的变量 xlsChart，变量名可以是任何有效的名称。WithEvents 关键字用于引发与 Chart 对象相关联的事件。

```
Public WithEvents xlsChart As Chart
```

（4）在类模块的代码窗口顶部左侧的下拉列表中选择上一步声明的 xlsChart 变量，然后在右侧的下拉列表中选择要使用的嵌入式图表事件，这里选择 BeforeDoubleClick 事件。Excel 会自动输入所选事件的事件过程框架，然后在其中手动输入触发该事件时要运行的代码，如下所示：

```
Private Sub xlsChart_BeforeDoubleClick(ByVal ElementID As Long, ByVal Arg1 As Long,
ByVal Arg2 As Long, Cancel As Boolean)
    Dim strName As String
    If ElementID = xlChartArea Then
        strName = ActiveChart.ChartTitle.Caption
        ActiveChart.Location xlLocationAsNewSheet, strName
        Cancel = True
    End If
End Sub
```

（5）在 VBA 工程中添加一个标准模块，打开该标准模块的代码窗口，然后在模块顶部输入下面的代码，声明一个工程级变量 clsChart，变量的类型就是前面创建的类模块 CChartEvents，即相当于创建了一个 CChartEvents 类型的变量。

（6）在标准模块中创建一个 Sub 过程，将 CChartEvents 类的实例赋值给上一步声明的 clsChart 变量，然后将 Chart 对象赋值给 clsChart 变量所代表的 CChartEvents 对象的 xlsChart 属性。xlsChart 就是最开始在类模块中使用 Public 关键字声明的变量，该变量是 CChartEvents 类的一个属性。

```
Public clsChart As CChartEvents
Sub 实例化类()
    Set clsChart = New CChartEvents
    On Error Resume Next
    Set clsChart.xlsChart = ActiveSheet.ChartObjects(1).Chart
End Sub
```

（7）最后在标准模块中运行一次上一步创建的 Sub 过程，即可使指定工作簿中的活动工作表中的第一个嵌入式图表的事件自动响应用户的操作。就本例来说，在包含嵌入式图表的工作簿中双击活动工作表中的第一个嵌入式图表的图表区，会自动将该嵌入式图表转换为图表工作表，并将图表工作表的标签名称设置为嵌入式图表的图表标题。

第 13 章　使用 Excel 对话框

对话框是用户与 Excel 之间进行交互的主要途径。由于在对话框中提供了用于输入和选择选项的界面元素，因此它使用户与 Excel 之间的交互变得更加简单直观。使用 Excel 对象模型中的 Application 对象的一些方法和属性可以创建适用于不同情况的对话框，从简单的数据输入对话框，到复杂一些的文件打开和另存对话框，以及 Excel 内置的各种选项对话框。本章将详细介绍在 VBA 中创建与使用 Excel 对话框的方法。

13.1　使用 InputBox 方法

使用 Application 对象的 InputBox 方法可以创建类似于使用 InputBox 函数创建的对话框，但是 InputBox 方法更强大。本节将介绍使用 Application 对象的 InputBox 方法输入普通数据与选择单元格区域的方法。

13.1.1　InputBox 方法与 InputBox 函数的区别

可以将 Application 对象的 InputBox 方法看作是 VBA 内置的 InputBox 函数的增强版。虽然两者创建的对话框的外观类似，但是却具有很多不同之处，具体包括以下几点：

- InputBox 方法的返回值默认为 String 数据类型，但是可以为其指定返回值的数据类型，比如数字、逻辑值或单元格引用等。而 InputBox 函数的返回值始终都是 String 数据类型。
- 在 InputBox 方法中指定返回值的数据类型后，InputBox 方法会对用户输入的内容进行验证，只有通过验证的数据才能被输入并返回，否则将拒绝输入。而 InputBox 函数不会对输入的内容进行验证，用户的输入不受限制，而且不能使用鼠标选择工作表中的单元格或单元格区域。
- InputBox 方法可以检查用户单击的是“确定”按钮还是“取消”按钮，单击“确定”按钮将返回用户输入的内容，单击“取消”按钮将返回逻辑值 False。对于 InputBox 函数来说，未输入内容而直接单击“确定”按钮，与直接单击“取消”按钮都将返回零长度的空字符串，在这种情况下无法判断用户单击的是哪个按钮。

提示：不带 Application 对象限定符输入的 InputBox 指的是 VBA 内置的 InputBox 函数。

13.1.2　使用 InputBox 方法输入指定类型的内容

Application 对象的 InputBox 方法包含 8 个参数，前 7 个参数的含义与 VBA 内置的 InputBox 函数的参数类似。InputBox 方法的语法格式如下：

```
Application.InputBox(Prompt, Title, Default, Left, Top, HelpFile, HelpContextID, Type)
```

- Prompt：必选，在对话框中显示的提示性内容。
- Title：可选，在对话框的标题栏中显示的内容。
- Default：可选，在接收输入的文本框中显示的默认值，如果用户不输入任何内容，则返回该默认值。

- Left、Top：可选，对话框左上角在屏幕上的位置，以磅为单位。
- HelpFile、HelpContextID：可选，帮助文件和帮助主题。
- Type：可选，返回的数据类型，该参数的值见表 13-1。如果省略该参数，则 InputBox 方法将返回 String 数据类型。Type 参数的值可以是几个数据类型的值之和，以此来表示可以接受并返回多种数据类型的内容。例如，如果希望 InputBox 方法产生的对话框可以同时接受用户输入的文本、数字和单元格，则可以将 Type 参数的值设置为 1+2+8。

表 13-1 Type 参数的值

值	数 据 类 型
0	公式
1	数字
2	文本
4	逻辑值 True 或 False
8	单元格引用
16	错误值
64	数值数组

下面的代码允许用户在对话框中输入一个数字，如果输入的是文本，则在单击"确定"按钮时会显示如图 13-1 所示的提示信息，只有修改为数字后才能在单击"确定"按钮时关闭对话框。

```
Application.InputBox "请输入一个数字：", "输入数字", Type:=1
```

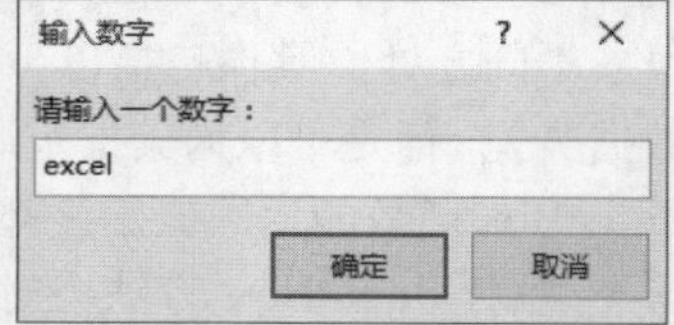

图 13-1 输入数字以外的内容会显示错误信息

InputBox 方法可以检查用户是否单击了"取消"按钮，如果单击了该按钮，则将返回 False。

案例 13-1 检查是否单击了"取消"按钮

下面的代码要求用户输入一个数字，然后在活动工作簿中创建由该数字指定数量的工作表。如果用户单击"取消"按钮，则退出该过程。

```
Sub 检查是否单击了取消按钮()
    Dim intCount As Integer
    intCount = Application.InputBox("请指定工作表的数量：", Type:=1)
    If intCount = False Then Exit Sub
    Worksheets.Add Count:=intCount
End Sub
```

还可以让 InputBox 方法产生的对话框接收用户对单元格或单元格区域的指定，为此需要将 Type 参数的值设置为 8。

案例 13-2 计算非空单元格的数量

下面的代码在对话框中显示所选择的区域中包含数据的单元格的数量，即计算非空单元格的数量。运行程序后弹出对话框，使用鼠标在工作表中选择一个单元格区域，所选区域的地址被自动输入到对话框中，单击“确定”按钮，将显示选区中非空单元格的总数，如图 13-2 所示。如果用户单击“取消”按钮，InputBox 方法将返回逻辑值 False，此时 Set 语句将单元格引用赋值给 Range 类型的变量将会失败并导致运行时错误，因此在 Set 语句之前使用 On Error Resume Next 语句忽略所有错误，然后在 Set 语句之后检查变量是否是 Nothing，如果是则说明赋值失败，此时会显示提示信息并退出程序。

```
Sub 计算非空单元格的数量()
    Dim rng As Range
    On Error Resume Next
    Set rng = Application.InputBox("请指定单元格区域：", Type:=8)
    If rng Is Nothing Then
        MsgBox "指定的单元格无效！"
        Exit Sub
    End If
    MsgBox "非空单元格的数量是：" & Application.WorksheetFunction.CountA(rng)
End Sub
```

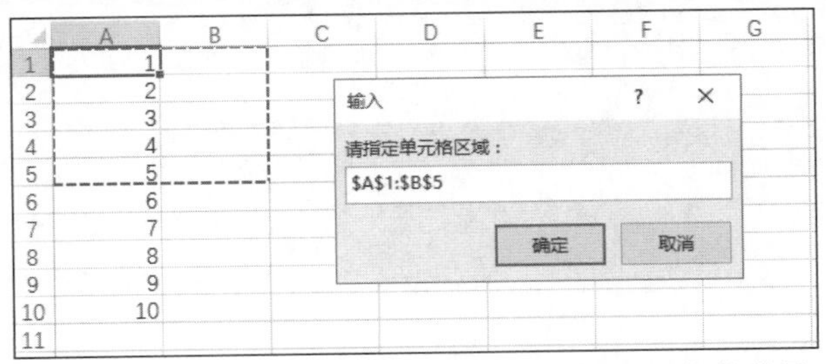

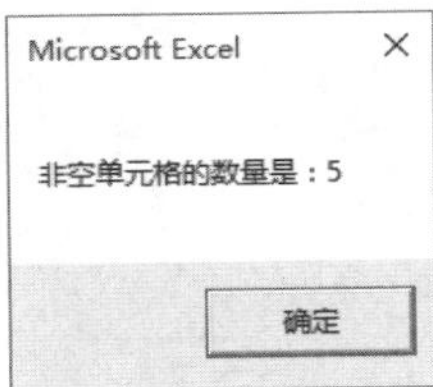

图 13-2　计算非空单元格的数量

13.2　使用 Excel 的打开和另存对话框

使用 Application 对象的 GetOpenFilename 和 GetSaveAsFilename 两个方法可以分别显示“打开”对话框和“另存为”对话框。这两个方法并不会真正打开和另存文件，而是返回所选文件的路径和文件名，之后可以通过编程的方式进行处理。

13.2.1　GetOpenFilename 方法

使用 GetOpenFilename 方法可以显示一个“打开”对话框，其外观与在 Excel 界面中使用“打开”命令打开的“打开”对话框相同，但是 GetOpenFilename 方法显示的“打开”对话框只记录所选文件的路径和名称，而不会真正打开文件。GetOpenFilename 方法的语法格式如下：

```
Application.GetOpenFilename(FileFilter, FilterIndex, Title, ButtonText, MultiSelect)
```

- FileFilter：可选，文件筛选条件，由文本筛选字符串和 MS-DOS 通配符文件筛选规范组成，两部分之间以逗号分隔。如果包含多个筛选条件，则需要使用逗号分隔各个筛选条件。如果省略该参数，则其值默认为“All Files(*.*),*.*”，即所有文件类型，其中的“All Files(*.*)”将显示在“文件类型”下拉列表中，“*.*”是真正发挥筛选作用的 MS-DOS 通配符。要为单个筛选条件设置多个 MS-DOS 通配符文件筛选规范，需要使用分号分隔各个通配符，比如“Excel 文件(*.xls; *.xlsx; *.xlsm)”。
- FilterIndex：可选，默认文件筛选条件的索引号，取值范围为 1 到由 FileFilter 参数指定的筛选条件的总数。如果省略该参数，或该参数的值大于筛选条件总数，则该参数的值为 1，即使用 FileFilter 参数中指定的第一个文件筛选条件。

- Title：可选，在对话框的标题栏中显示的内容。默认为“打开”。
- ButtonText：可选，仅用于 Macintosh 计算机。
- MultiSelect：可选，是否允许选择多个文件。如果为 True 则表示可以同时选择多个文件，此时 GetOpenFilename 方法的返回值将是一个包含所有选择文件名的数组，如果为 False 则表示只能选择一个文件。如果省略该参数，则其值默认为 False。

案例 13-3　显示用于打开文件的对话框

下面的代码在“打开”对话框中指定了两种文件类型，将 Excel 文件类型设置为默认显示的类型，因此在对话框中默认只显示 Excel 文件（包括 Excel 2003 以及更高版本 Excel 创建的工作簿），可以通过选择其他文件类型来显示其他文件。选择好一个文件并单击“打开”按钮，将在对话框中显示所选文件的路径和名称，如图 13-3 所示。

```
Sub 显示用于打开文件的对话框()
    Dim strFilter As String, strTitle As String, varFileName
    strFilter = "Excel 文件(*.xls;*.xlsx;*.xlsm),*.xls;*.xlsx;*.xlsm," & "文本文件,*.txt"
    strTitle = "请选择一个文件"
    varFileName = Application.GetOpenFilename(FileFilter:=strFilter, Title:=strTitle)
    If varFileName <> False Then
        MsgBox "所选文件的路径和名称是：" & varFileName
    End If
End Sub
```

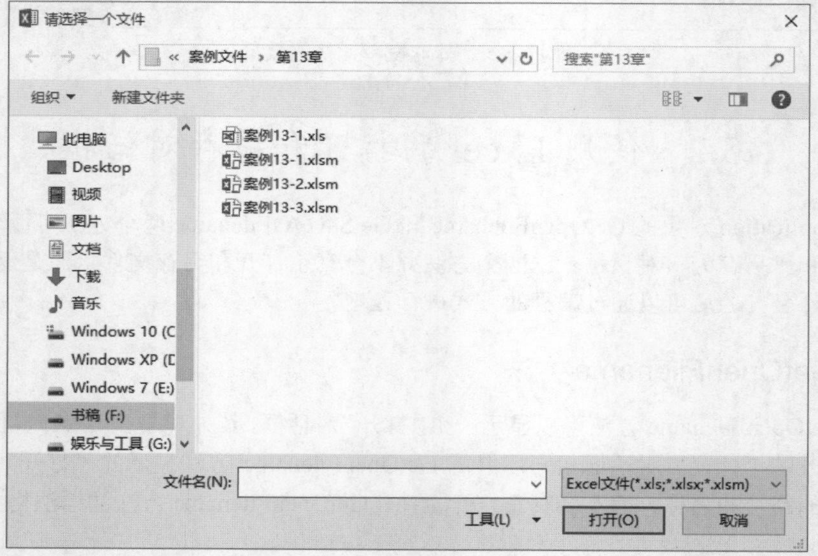

图 13-3　使用 GetOpenFilename 方法显示的对话框

案例 13-4　在打开文件的对话框中选择多个文件

下面的代码与上一个案例的功能类似，但是允许用户同时选择多个文件。单击“打开”按钮后会将所有选择的文件路径和名称以数组的形式返回，即使只选择了一个文件，返回值仍是数组。此时需要使用 VBA 的内置函数 IsArray 检查 GetOpenFilename 方法的返回值是否是一个数组，如果不是则说明用户单击了“取消”按钮，如果是则说明单击了“打开”按钮，此时将数组中每一个元素的值存储到同一个变量中，并在对话框中显示该变量中存储的内容，即选择的所有文件的路径和名称，如图 13-4 所示。

```
Sub 在打开文件的对话框中选择多个文件()
    Dim strFilter As String, strTitle As String, varFileNames
    Dim intIndex As Integer, strFileName As String
    strFilter = "Excel 文件(*.xls;*.xlsx;*.xlsm),*.xls;*.xlsx;*.xlsm," & "文本文件,*.txt"
    strTitle = "请选择一个文件"
    varFileNames = Application.GetOpenFilename(FileFilter:=strFilter, Title:=strTitle,
    MultiSelect:=True)
    If IsArray(varFileNames) = False Then Exit Sub
    For intIndex = LBound(varFileNames) To UBound(varFileNames)
        strFileName = strFileName & varFileNames(intIndex) & vbCrLf
    Next intIndex
    MsgBox "所选文件的路径和名称是：" & vbCrLf & strFileName
End Sub
```

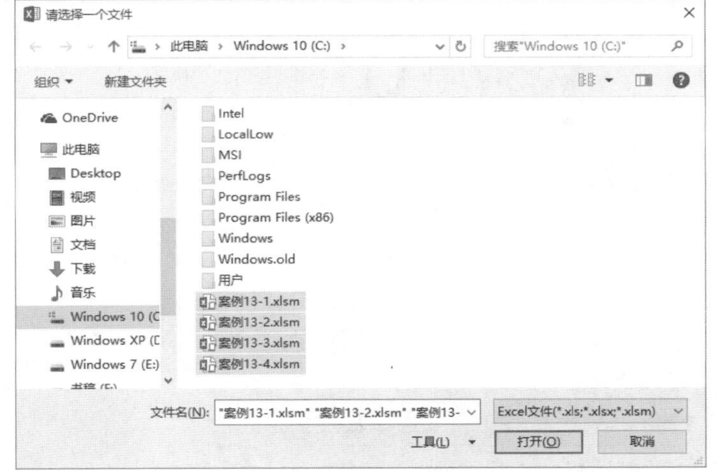

图 13-4　同时选择多个文件

13.2.2　GetSaveAsFilename 方法

使用 GetSaveAsFilename 方法可以显示一个“另存为”对话框，其外观与在 Excel 界面中使用“另存为”命令打开的“另存为”对话框相同，但是 GetSaveAsFilename 方法显示的“另存为”对话框只记录文件的保存路径和名称，而不会真正保存文件。GetSaveAsFilename 方法的参数与 GetOpenFilename 方法类似，语法格式如下：

```
Application.GetSaveAsFilename(InitialFilename, FileFilter, FilterIndex, Title,
ButtonText)
```

- InitialFilename：可选，默认的文件保存名称，如果省略该参数，则使用活动工作簿的名称。
- FileFilter：可选，文件筛选条件，由文本筛选字符串和 MS-DOS 通配符文件筛选规范组成，两部分之间以逗号分隔。如果包含多个筛选条件，则需要使用逗号分隔各个筛选条件。如果省略该参数，则其值默认为“All Files(*.*),*.*”。要为单个筛选条件设置多个 MS-DOS 通配符文件筛选规范，需要使用分号分隔各个通配符，比如“Excel 文件(*.xls; *.xlsx; *.xlsm)”。
- FilterIndex：可选，默认文件筛选条件的索引号，取值范围为 1 到由 FileFilter 参数指定的筛选条件的总数。如果省略该参数，或该参数的值大于筛选条件总数，则该参数的值为 1，即使用 FileFilter 参数中指定的第一个文件筛选条件。
- Title：可选，在对话框的标题栏中显示的内容，默认为“另存为”。
- ButtonText：可选，仅用于 Macintosh 计算机。

案例 13-5　显示用于保存文件的对话框

下面的代码在对话框中显示了由用户指定的文件保存路径和文件名，如图 13-5 所示。

```
Sub 显示用于保存文件的对话框()
    Dim strFilter As String, strTitle As String, varFileName
    strFilter = "Excel 文件(*.xls;*.xlsx;*.xlsm),*.xls;*.xlsx;*.xlsm," & "文本文件,*.txt"
    strTitle = "请选择文件的保存路径和名称"
    varFileName = Application.GetSaveAsFilename(FileFilter:=strFilter, Title:=strTitle)
    If varFileName <> False Then
        MsgBox "文件的保存路径和名称是: " & varFileName
    End If
End Sub
```

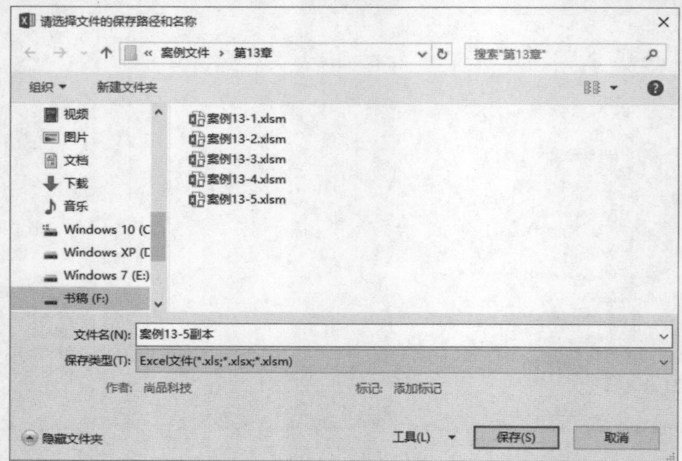

图 13-5　使用 GetSaveAsFilename 方法显示的对话框

13.3　使用 FileDialog 对象显示和处理对话框

使用 Office 对象模型中的 FileDialog 对象不但可以显示类似于使用 GetOpenFilename 和 GetSaveAsFilename 方法显示的打开和保存文件的对话框，还可以显示用于选择文件和文件夹的对话框，并具备更灵活的编程处理方式。FileDialog 对象通用于 Excel 2003 以及更高版本的 Excel，而且在所有支持 VBA 的 Office 应用程序都可以使用 FileDialog 对象。

13.3.1　FileDialog 对象的常用属性和方法

FileDialog 对象的一些属性的功能与前面介绍的 GetOpenFilename 和 GetSaveAsFilename 方法的参数类似，用于设置对话框的相关选项。表 13-2 和表 13-3 列出了 FileDialog 对象的常用属性和方法。

表 13-2　FileDialog 对象的常用属性

属　　性	说　　明
AllowMultiSelect	是否允许选择多个文件
ButtonName	返回或设置对话框中的动作按钮上显示的文本
DialogType	对话框的类型

续表

属　　性	说　　明
FilterIndex	对话框中的默认文件筛选器
Filters	返回包含筛选器中所有文件类型的 FileDialogFilters 集合
InitialFileName	返回或设置对话框中默认显示的路径和文件名
SelectedItems	返回包含所有选择的文件路径和名称的 FileDialogSelectedItems 集合
Title	返回或设置对话框标题栏中显示的内容

表 13-3　FileDialog 对象的常用方法

方　　法	说　　明
Show	显示指定类型的对话框
Execute	对所选文件执行打开或保存操作

13.3.2　显示不同类型的对话框

使用 Application 对象的 FileDialog 属性可以返回 FileDialog 对象。FileDialog 属性包含一个参数，用于指定要显示的对话框的类型，该属性的值由 msoFileDialogType 常量提供，见表 13-4。

表 13-4　msoFileDialogType 常量

名　　称	值	说　　明
msoFileDialogOpen	1	“打开文件”对话框
msoFileDialogSaveAs	2	“保存文件”对话框
msoFileDialogFilePicker	3	“文件选取器”对话框
msoFileDialogFolderPicker	4	“文件夹选取器”对话框

FileDialog 对象的 Show 方法用于根据设置好的文件筛选器以及其他相关选项来显示指定类型的对话框。如果用户在对话框中选择文件后单击“打开”按钮，Show 方法将返回 True，如果单击“取消”按钮则返回 False。

下面的代码显示一个默认的“打开文件”对话框。将 FileDialog 属性右侧括号中的常量替换为表 13-4 中的其他 3 个，可以显示不同的对话框。如图 13-6 所示显示了使用 FileDialog 对象可以显示的 4 种类型的对话框。

```
Application.FileDialog(msoFileDialogOpen).Show
```

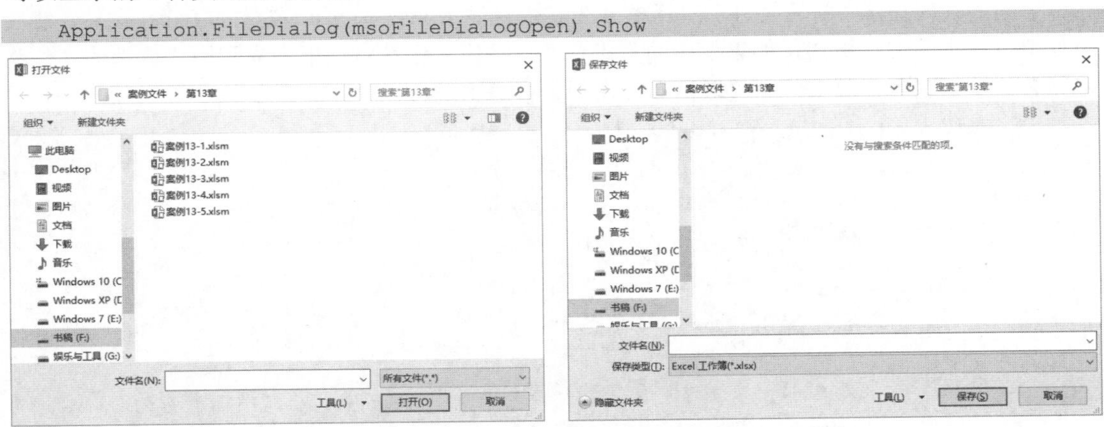

图 13-6　使用 FileDialog 对象显示的 4 种类型的对话框

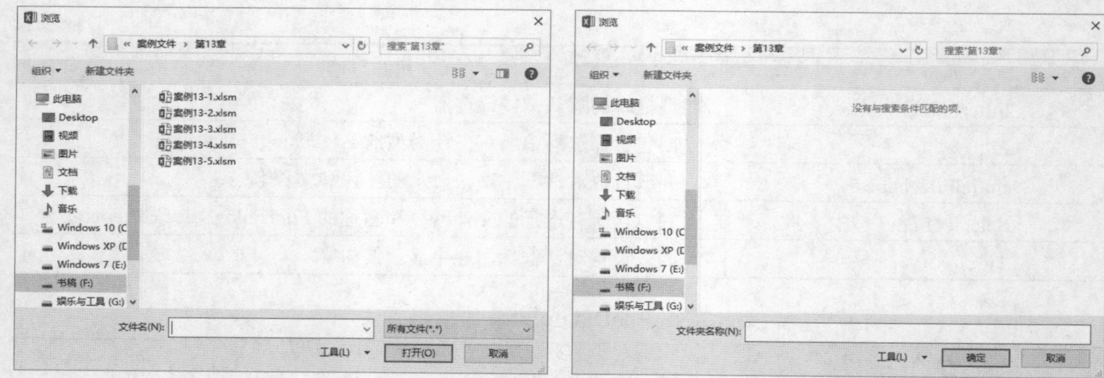

图 13-6　使用 FileDialog 对象显示的 4 种类型的对话框（续）

13.3.3　指定在对话框中显示的文件类型

使用 FileDialog 对象的 Filters 属性可以指定在对话框中显示的文件类型，该属性返回的 FileDialogFilters 集合用于设置文件筛选器。每个文件筛选器由文件类型的文本说明和文件扩展名两部分组成，文件筛选器在对话框的“文件类型”下拉列表中会以类似“文本文件(*.txt)”的形式显示。在对话框中添加文件筛选器时并不会删除默认的文件筛选器，因此通常需要使用 FileDialogFilters 集合的 Clear 方法删除对话框中预置的所有文件筛选器，再使用 Add 方法添加新的文件筛选器。

FileDialogFilters 集合的 Add 方法的语法格式如下：

```
FileDialogFilters.Add(Description, Extensions, Position)
```

- Description：要添加的文件筛选器中的文件类型的文本说明。
- Extensions：要添加的文件筛选器中的文件扩展名。可以指定多个扩展名，每个扩展名必须以分号分隔，比如“*.xlsx;*.xls”。不需要在文件扩展名两侧添加括号，在成功添加文件筛选器后，Excel 会自动在文件扩展名两侧添加括号。
- Position：新添加的文件筛选器在对话框的文件筛选器列表中的位置。新的文件筛选器将被添加到由该参数指定的位置所对应的文件筛选器之前。如果省略该参数，则将新的文件筛选器添加到文件筛选器列表的最后。

案例 13-6　设置对话框中的文件筛选器

下面的代码显示“打开文件”对话框并在其中只显示.xlsx 和.xlsm 格式的 Excel 文件，然后检查用户单击了哪个按钮，如果单击的是“打开”按钮，则在对话框中显示用户选择的文件路径和名称，否则用户单击的是“取消”按钮则直接退出过程。

```
Sub 设置对话框中的文件筛选器()
    Dim fdl As FileDialog, fdf As FileDialogFilters
    Set fdl = Application.FileDialog(msoFileDialogOpen)
    Set fdf = fdl.Filters
    With fdf
        .Clear
        .Add "Excel 文件", "*.xlsx;*.xlsm"
    End With
    If fdl.Show Then MsgBox fdl.SelectedItems(1)
End Sub
```

13.3.4　在对话框中选择一个或多个文件

通过设置 FileDialog 对象的 AllowMultiSelect 属性，可以控制在对话框中只能选择一个文件，还是可以同时选择多个文件。该属性返回或设置一个 Boolean 类型的值，如果为 True 则表示可以选择多个文件，如果为 False 则表示只能选择一个文件。如果省略该参数，则其值默认为 True。

无论在对话框中选择一个文件还是多个文件，选择的所有文件都包含在返回的 FileDialogSelectedItems 集合中。如果选择了一个文件，则需要处理该集合中索引号为 1 的元素；如果选择了多个文件，则需要在 For Each 循环结构中遍历集合中的每一个元素并进行所需的处理。

案例 13-7　将所选文件的路径和名称添加到单元格区域中

下面的代码将用户在“打开文件”对话框中选择的所有文件的路径和名称添加到 Sheet1 工作表中的 A、B 两列，如图 13-7 所示。

```
Sub 将所选文件的路径和名称添加到单元格区域中()
    Dim fdl As FileDialog, fdf As FileDialogFilters
    Dim varItem, intRow As Integer, wks As Worksheet
    Set wks = Worksheets("Sheet1")
    Set fdl = Application.FileDialog(msoFileDialogOpen)
    Set fdf = fdl.Filters
    With fdf
        .Clear
        .Add "Excel 文件", "*.xlsx;*.xlsm"
    End With
    If fdl.Show Then
        wks.Range("A1").Resize(1, 2).Value = Array("编号", "文件路径和名称")
        For Each varItem In fdl.SelectedItems
            intRow = intRow + 1
            wks.Cells(intRow + 1, 1).Value = intRow
            wks.Cells(intRow + 1, 2).Value = varItem
        Next varItem
        wks.Range("A1").Resize(1, 2).EntireColumn.AutoFit
    End If
End Sub
```

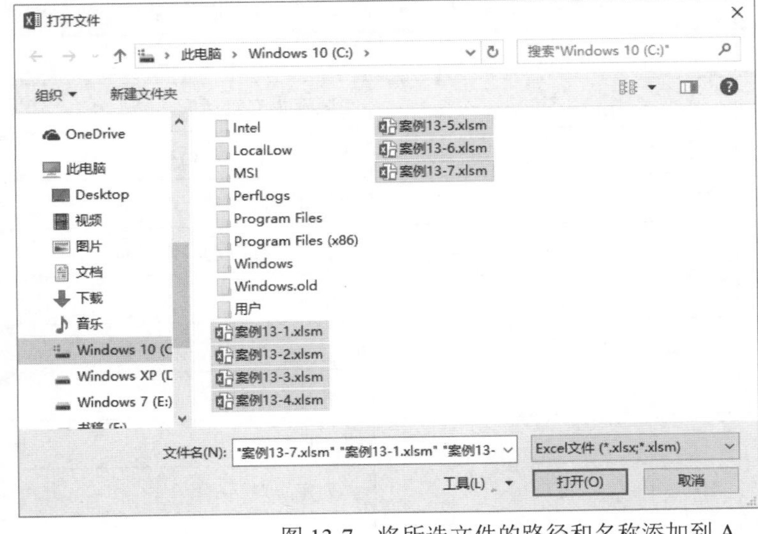

	A	B	C
1	编号	文件路径和名称	
2	1	C:\案例13-1.xlsm	
3	2	C:\案例13-2.xlsm	
4	3	C:\案例13-3.xlsm	
5	4	C:\案例13-4.xlsm	
6	5	C:\案例13-5.xlsm	
7	6	C:\案例13-6.xlsm	
8	7	C:\案例13-7.xlsm	
9			
10			

图 13-7　将所选文件的路径和名称添加到 A、B 两列

13.3.5 对所选文件执行操作

FileDialog 对象的 Show 方法只用于显示对话框并获取用户在对话框中选择的文件，但不会执行打开或保存文件的操作。如果需要在选择文件后执行相应的打开或保存操作，则需要在 Show 方法之后使用 Execute 方法。

案例 13-8 在 Excel 中打开所选择的文件

下面的代码在 Excel 中打开用户在“打开”对话框中选择的文件。本例将 FileDialog 对象的 AllowMultiSelect 属性设置为 False，从而只允许用户选择一个文件。

```
Sub 在Excel中打开所选择的文件()
    Dim fdl As FileDialog, fdf As FileDialogFilters
    Set fdl = Application.FileDialog(msoFileDialogOpen)
    Set fdf = fdl.Filters
    fdl.AllowMultiSelect = False
    With fdf
        .Clear
        .Add "Excel 文件", "*.xlsx;*.xlsm"
    End With
    If fdl.Show Then fdl.Execute
End Sub
```

13.4 使用 Dialogs 集合显示 Excel 内置对话框

Excel 本身提供的大量的内置对话框用于完成 Excel 各项功能的设置或使用，比如定位目标单元格的“定位”对话框。使用 Application 对象的 Dialogs 属性可以返回 Dialogs 集合，该集合包含一个参数，用于指定想要显示的 Excel 内置对话框。该参数的值由 XlBuiltInDialog 常量提供，Excel 中的每一个内置对话框都与一个预定义的 XlBuiltInDialog 常量值相对应，表 13-5 列出了部分常用的常量值。

表 13-5 XlBuiltInDialog 常量

名　称	值	说　明
xlDialogOpen	1	“打开”对话框
xlDialogSaveAs	5	“另存为”对话框
xlDialogPageSetup	7	“页面设置”对话框
xlDialogPrint	8	“打印”对话框
xlDialogSetPrintTitles	23	“设置打印标题”对话框
xlDialogFont	26	“字体”对话框
xlDialogDisplay	27	“显示”对话框
xlDialogCalculation	32	“计算”对话框
xlDialogBorder	45	“边框”对话框
xlDialogColumnWidth	47	“列宽”对话框
xlDialogClear	52	“清除”对话框

续表

名　　称	值	说　　明
xlDialogPasteSpecial	53	“选择性粘贴”对话框
xlDialogEditDelete	54	“编辑删除”对话框
xlDialogInsert	55	“插入”对话框
xlDialogPasteNames	58	“粘贴名称”对话框
xlDialogDefineName	61	“定义名称”对话框
xlDialogCreateNames	62	“以选定区域创建名称”对话框
xlDialogFormulaGoto	63	“转到公式”对话框
xlDialogUnhide	94	“取消隐藏工作簿”对话框
xlDialogActivate	103	“激活”对话框
xlDialogDeleteName	110	“删除名称”对话框
xlDialogRowHeight	127	“行高”对话框
xlDialogSelectSpecial	132	“定位条件”对话框
xlDialogApplyNames	133	“应用名称”对话框
xlDialogSaveWorkbook	145	“另存为”对话框
xlDialogConsolidate	191	“合并计算”对话框
xlDialogDefineStyle	229	“定义样式”对话框
xlDialogZoom	256	“缩放”对话框
xlDialogWorkbookOptions	284	“重命名工作表”对话框
xlDialogWorkbookNew	302	“插入”对话框
xlDialogInsertPicture	342	“插入图片”对话框
xlDialogFontProperties	381	“设置单元格格式”对话框
xlDialogWorkbookUnhide	384	“取消隐藏工作表”对话框
xlDialogWorkbookProtect	417	“保护结构和窗口”对话框
xlDialogStandardWidth	472	“标准宽度”对话框
xlDialogConditionalFormatting	583	“条件格式规则管理器”对话框
xlDialogImportTextFile	666	“导入文本文件”对话框
xlDialogCreateList	796	“创建表”对话框
xlDialogNameManager	977	“名称管理器”对话框
xlDialogNewName	978	“新建名称”对话框

通过使用 Show 方法可以显示指定的内置对话框，下面的代码显示“定位”对话框。如果用户单击对话框中的“确定”按钮，则 Show 方法返回 True，如果单击“取消”按钮，则 Show 方法返回 False，由此可以判断用户离开内置对话框的方式。

```
Application.Dialogs(xlDialogFormulaGoto).Show
```

第 14 章　创建用户窗体和控件

Excel 内置了大量的对话框，为用户与 Excel 程序之间的交互提供了方便，用户只需在对话框中单击几下鼠标，即可完成对 Excel 程序的设置和使用。在 VBA 中内置了两种基本的对话框，由 InputBox 函数和 MsgBox 函数创建，使用它们可以输入和显示信息，但是功能比较简单。VBA 为用户提供了创建复杂对话框的工具——用户窗体和控件，用户可以根据需要创建适应各种需求从简单到复杂的自定义对话框，其外观与操作方式类似于 Excel 内置对话框。本章将详细介绍在 VBA 中通过用户窗体和控件构建自定义对话框的方法，并列举了大量的案例以帮助读者理解本章涉及的知识和技术。

14.1　理解用户窗体和控件

本节主要介绍用户窗体和控件的一些基本概念，了解这些内容有助于更好地学习和理解本章后面将要介绍的内容。

14.1.1　用户窗体和控件简介

虽然 VBA 提供了两种用于与用户进行简单交互的对话框，但是很难满足实际应用的需要。通过用户窗体和控件可以创建包含更多界面元素和交互方式的对话框，它们的外观和操作方式类似于 Excel 内置对话框和 Windows 操作系统中的标准对话框。用户窗体主要用于欢迎和登录界面、信息确认界面、选项设置界面、程序帮助界面和数据输入和查询界面。

控件是放置在用户窗体上的对象，不同类型的控件提供了与用户交互的不同方式。例如，文本框控件可以接收用户输入的信息，选项按钮和复选框控件以选项的形式接收用户的输入，列表框控件可以显示一系列数据，图像控件可以显示指定的图片。

用户窗体和控件与用户之间的交互依赖于用户窗体和控件的事件。用户在对用户窗体和控件执行特定操作时将会触发相应的事件，用户窗体和控件会响应用户的操作，并自动运行预先在事件过程中编写的 VBA 代码。例如，当用户在列表框控件中选择某项时，将会触发该控件的 Change 事件过程。用户窗体及其中包含的所有控件的事件过程的 VBA 代码存储在与用户窗体关联的代码模块中。

与 Excel 对象模型中的对象类似，每个控件还包含一些属性和方法。可以在设计时设置用户窗体和控件的属性，以便改变用户窗体和控件的外观或状态。其中的一些改变会在设计时立刻显示出来，而另一些改变则只能在运行时才会有所体现。设计时是指创建用户窗体、添加控件、编写代码的阶段，运行时是指执行代码的期间。每个控件都有一个默认属性，如果只输入控件名而省略属性名，则表示使用的是该控件的默认属性。

无论创建的用户窗体是简单的还是复杂的，都可以遵循以下步骤来进行创建：

（1）在 VBA 工程中创建一个新的用户窗体。

（2）在用户窗体中添加所需的控件，并排列控件的位置。

（3）设置用户窗体和控件的属性，以符合最终对话框的外观和效果。

（4）在与用户窗体关联的模块中编写用户窗体和控件的事件过程代码。

（5）编写加载、显示、隐藏和关闭用户窗体的代码。这些代码可能位于标准模块中，也可能位于 ThisWorkbook 模块或某个 Sheet 模块中。

（6）测试用户窗体和控件是否能够按预期要求正确工作。

14.1.2　控件工具箱与控件类型

在 VBA 工程中添加一个用户窗体后，将会显示该用户窗体和工具箱，如图 14-1 所示。如果未显示工具箱，则可以单击菜单栏中的“视图”|“工具箱”命令将其显示出来。

图 14-1　用户窗体的工具箱

提示：读者可能会对用户窗体工具箱中的控件与工作表中的表单控件和 ActiveX 控件之间的关系感到混乱。表单控件和 ActiveX 控件位于 Excel 功能区“开发工具”选项卡的“插入”按钮中，这两类控件只能在工作表或图表工作表中使用，不能在用户窗体中使用。用户窗体工具箱中的控件则与在工作表中使用的 ActiveX 控件具有相同的功能，实际上可以将它们认为是在不同环境下的同类控件。

在创建用户窗体时，需要将工具箱中的控件添加到用户窗体中。工具箱中除了第一个图标以外，其他图标表示不同的控件类型。工具箱中默认包含 15 种控件，可以根据需要向工具箱中添加新的控件，只需右击工具箱中的任意一个图标，在弹出的菜单中选择“附加控件”命令，然后在打开的对话框中选择要添加到工具箱中的控件，如图 14-2 所示。

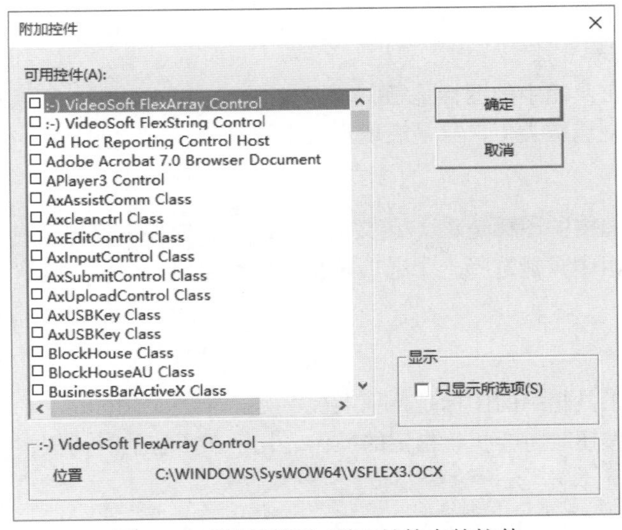

图 14-2　选择要添加到工具箱中的控件

下面对工具箱中默认显示的 15 种控件的功能进行简要介绍，这些控件的具体用法将在 14.3.8 节进行详细说明。

1. 标签

标签控件在工具箱中的图标是 A，英文名是 Label。标签主要用于显示特定内容，或作为其他对象的说明性文字。

2. 文本框

文本框控件在工具箱中的图标是▣，英文名是 TextBox。文本框主要用于接收用户输入的内容。

3. 复合框

复合框（又称为组合框）控件在工具箱中的图标是▣，英文名是 ComboBox。可以将复合框看作是文本框与列表框的组合，既可以在复合框中选择一项，也可以在复合框顶部的文本框中进行输入。

4. 列表框

列表框控件在工具箱中的图标是▣，英文名是 ListBox。列表框主要用于显示多个项目，用户可从中选择一项或多项。

5. 复选框

复选框控件在工具箱中的图标是☑，英文名是 CheckBox。虽然复选框和复合框只差一字，但是功能完全不同。复选框类似于一个开关，常用于控制在两种状态之间切换，比如开/关、显示/隐藏、真/假、是/否等。复选框还常用于对多个选项进行设置，同时选择多个选项以表示这些选项全部生效。

6. 选项按钮

选项按钮控件在工具箱中的图标是⊙，英文名是 OptionButton。选项按钮通常成组出现，只能选择一组选项按钮中的其中之一，这是选项按钮与复选框的最大区别。不同组之间的选项按钮各自独立、互不干扰。

7. 切换按钮

切换按钮控件在工具箱中的图标是▣，英文名是 ToggleButton。切换按钮包括按下和弹起两种状态，其功能与复选框类似，只是表现形式不同。

8. 框架

框架控件在工具箱中的图标是▣，英文名是 Frame。框架主要用于对不同用途的选项按钮进行分组，并确保每组中只能选择一个选项按钮，以避免用户窗体中包含大量选项按钮时导致的混乱。

9. 命令按钮

命令按钮控件在工具箱中的图标是▣，英文名是 CommandButton。命令按钮是最常用的控件，在用户单击命令按钮时将会执行指定的操作。几乎在所有的对话框中都包含命令按钮。

10. TabStrip

TabStrip 控件在工具箱中的图标是▣。TabStrip 控件类似于多页控件，但是该控件不能作为其他控件的容器

11. 多页

多页控件在工具箱中的图标是▣，英文名是 MultiPage。多页控件主要用于在一个对话框中显示多个选项卡，每个选项卡中包含不同的内容。每个选项卡的顶部有一个文字标签，通过单击文字标签可以在不同的选项卡之间切换。

12. 滚动条

滚动条控件在工具箱中的图标是▤，英文名是 ScrollBar。滚动条主要用于对大量项目或信息的快速定位和浏览。

13. 旋转按钮

旋转按钮（又称为微调按钮或数值调节钮）控件在工具箱中的图标是▤，英文名是 SpinButton。旋转按钮通常与文本框搭配使用，主要用于调整值的大小，并将调整后的值显示在文本框中。

14. 图像

图像控件在工具箱中的图标是▤，英文名是 Image。图像控件主要用于在用户窗体中显示图片和图标。

15. RafEdit

RafEdit 控件在工具箱中的图标是▤。RafEdit 控件允许用户从工作表中选择单元格区域，并自动将所选单元格区域的地址输入到对话框中。

14.1.3　理解 Controls 集合

上一节介绍的不同类型的控件以及用户窗体本身都是窗体对象模型中的对象。每个用户窗体中包含的所有控件组成了该用户窗体的 Controls 集合。由于可以在框架控件和多页控件中放置其他类型的控件，因此这两种控件也都有各自的 Controls 集合。

除了以上 3 种对象拥有它们自己的 Controls 集合外，其他控件没有 Controls 集合，而且窗体对象模型中也不存在特定控件类型的集合，比如没有文本框控件集合，也没有命令按钮控件集合。但是有两个例外情况，由于多页控件中可以包含多个选项卡，每一个选项卡都是一个 Page 对象，因此多页控件中包含的所有选项卡组成了多页控件的 Pages 集合。与多页控件类似，TabStrip 控件可以包含多个选项卡标签，每一个选项卡标签都是一个 Tab 对象，因此 TabStrip 控件中包含的所有选项卡标签组成了 TabStrip 控件的 Tabs 集合。

由于没有特定控件类型的集合，因此如果希望处理特定类型的控件，则需要在 For Each 循环结构中使用 TypeName 函数检测每一个控件，并判断该函数的返回值是否是特定控件类型的名称，该名称就是在上一节介绍控件时的英文名称。

案例 14-1　处理 Controls 集合中特定类型的控件

下面的代码统计并显示了 UserForm1 用户窗体中包含的文本框总数，如图 14-3 所示。使用 For Each 循环结构在 UserForm1 用户窗体中的控件集合中遍历每一个控件，然后使用 TypeName 函数判断每一个控件的类型是否是 TextBox，如果是则将用于记录文本框数量的变量的值加 1，最后在对话框中显示文本框的总数。

```
Sub 处理Controls集合中特定类型的控件()
    Dim ctl As Control, intCount As Integer
    For Each ctl In UserForm1.Controls
        If TypeName(ctl) = "TextBox" Then
            intCount = intCount + 1
        End If
    Next ctl
    MsgBox "在用户窗体中包含" & intCount & "个文本框"
End Sub
```

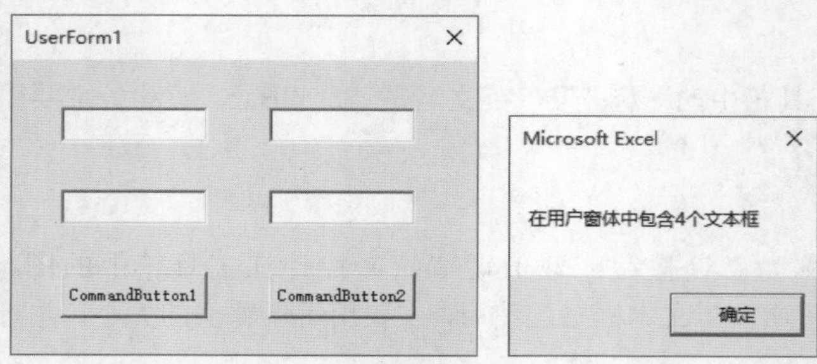

图 14-3　统计用户窗体中包含的文本框总数

14.2　用户窗体的基本操作

本节将介绍创建用户窗体以及使用 VBA 代码控制用户窗体的显示和关闭等状态的方法，还介绍了通过编写用户窗体的事件过程来实现用户窗体自动响应用户操作的方法。

14.2.1　创建用户窗体

与标准模块和类模块类似，用户窗体也有其自己的模块。就像 ThisWorkbook 模块和 Sheet 模块那样，用户窗体也是一种特定的类模块。要创建一个新的用户窗体，可以在 VBE 窗口中使用以下两种方法：

- ❑ 选择 VBA 工程中的任意一项，然后单击菜单栏中的“插入”|“用户窗体”命令。
- ❑ 右击 VBA 工程中的任意一项，然后在弹出的菜单中选择“插入”|“用户窗体”命令。

如图 14-4 所示为创建的一个用户窗体，用户窗体的默认名称由英文 UserForm 和一个数字组成，比如 UserForm1、UserForm2 等。由于在代码中需要使用名称来引用用户窗体，因此为用户窗体设置一个易于识别的名称变得非常重要。选择 VBE 窗口中的用户窗体，然后按 F4 键或单击菜单栏中的“视图”|“属性窗口”命令打开属性窗口，其中列出了用户窗体的所有可在设计时设置的属性。单击“（名称）”属性，然后输入用户窗体的新名称，最后按 Enter 键确认修改，如图 14-5 所示。修改用户窗体的名称实际上是在修改与用户窗体关联的模块的名称。

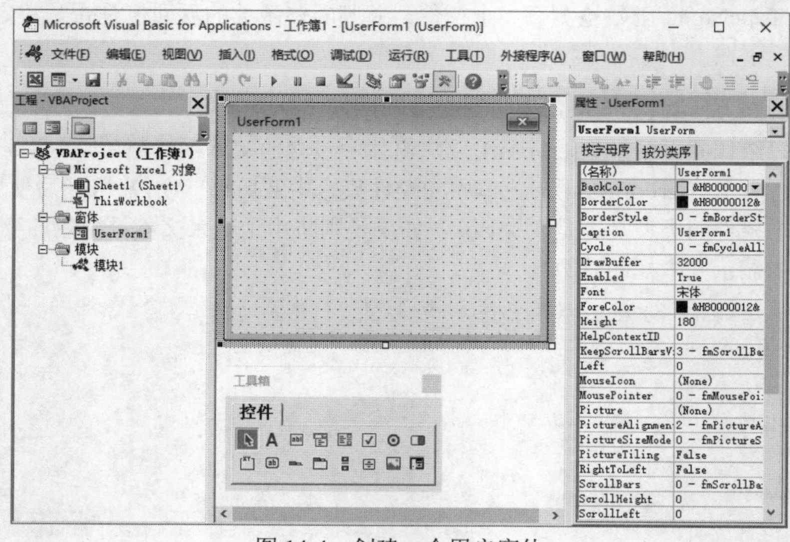

图 14-4　创建一个用户窗体

图 14-5　修改用户窗体的名称

如果用户窗体中包含一些控件，则要确保选择的不是控件而是用户窗体本身。证明选择的是用户窗体的一个方法是查看选择框是否位于用户窗体的四周，选择框由粗的线条及其中的 8 个方块形的控制点组成。另一个方法是检查属性窗口顶部的下拉列表中当前显示的是否是用户窗体的名称，此处只会显示当前选中的对象的名称。可以使用 frm 作为用户窗体名称的前缀，以便可以在代码中快速了解到拥有该前缀的名称都是用户窗体。

14.2.2　设置用户窗体的属性

创建一个用户窗体后，为了改变用户窗体的外观特征和行为方式，需要设置用户窗体的属性。要设置用户窗体的属性，需要双击工程资源管理器中的用户窗体模块，打开用户窗体的设计窗口，其中显示了一个用户窗体。按 F4 键打开属性窗口，其中显示的就是该用户窗体的所有在设计时可以设置的属性。表 14-1 列出了用户窗体的常用属性。

表 14-1　用户窗体的常用属性

属　　性	说　　明
（名称）（即 Name）	设置用户窗体的名称，在代码中将使用该名称引用用户窗体
BackColor	设置用户窗体的背景色
BorderStyle	设置用户窗体的边框样式
Caption	设置用户窗体的标题，即用户窗体标题栏中显示的文本
Enabled	设置用户窗体是否可用，包括是否可以接受焦点以及响应用户的操作
ForeColor	设置用户窗体的前景色
Height	设置用户窗体的高度
Left	设置用户窗体的左边缘与屏幕左边缘之间的距离
Picture	设置用户窗体的背景图
ScrollBars	设置在用户窗体中是否显示水平滚动条和垂直滚动条
ShowModal	设置用户窗体的显示模式，分为模式和无模式两种
StartUpPosition	设置用户窗体显示时的位置
Top	设置用户窗体的上边缘与屏幕上边缘之间的距离
Width	设置用户窗体的宽度

无论设置哪个属性，都需要先在属性窗口中单击属性的名称，然后再设置属性的值。不同

的属性拥有不同的设置方法。有的属性可以直接为其输入一个值，有的属性包含多个预置选项，需要从属性名右侧的下拉列表中选择。还有的属性包含一个...按钮，单击该按钮将会打开一个对话框，然后从中选择指定的文件。

提示：“属性”窗口中包含“按字母序”和“按分类序”两个选项卡，它们包含相同的属性，只不过属性的排列方式不同。

例如，设置用户窗体的 Caption 属性时只需为其指定所需的文本，设置 StartUpPosition 属性时需要从预置选项中选择一个，而设置 Picture 属性则需要单击...按钮，然后在打开的对话框中选择一张图片。

注意：有些属性无法在程序运行时设置，比如“(名称)”属性和 ShowModal 属性。

14.2.3 显示和关闭用户窗体

只有将用户窗体显示出来，用户才能与用户窗体及其中包含的控件进行交互。可以通过手动操作来显示用户窗体，为此需要在工程资源管理器中双击用户窗体对应的模块，打开用户窗体的设计窗口，然后按 F5 键或单击 VBE 窗口“标准”工具栏中的▶按钮。如果用户窗体中包含控件，在运行用户窗体前应该确保没有选中任何控件，而只是选中了用户窗体。

为了在程序运行期间自动显示窗体，需要使用 Show 方法。下面的代码位于标准模块中，用于显示名为 frmLogin 的用户窗体：

```
frmLogin.Show
```

也可以只将用户窗体加载到内存中但不显示出来，为此需要使用 Load 语句，如下所示：

```
Load frmLogin
```

如果直接使用 Show 方法显示了指定的用户窗体，则会自动加载该用户窗体。

注意：如果多次对某个用户窗体执行 Load 语句，则会重复加载多个该用户窗体。

如果希望隐藏用户窗体并使其存在于内存中，则可以使用 Hide 方法，如下所示：

```
frmLogin.Hide
```

需要显示隐藏的用户窗体时，可以使用 Show 方法随时将其显示出来。

如果要关闭用户窗体并将其从内存中删除，则可以使用 UnLoad 语句，将用户窗体卸载，如下所示：

```
UnLoad frmLogin
```

提示：卸载用户窗体后，用户窗体中的所有控件将恢复到其初始值，而且不会保存卸载之前在用户窗体中所做的任何更改。如果希望在卸载用户窗体后使用其中的某些数据，则需要在卸载之前使用公有变量存储所需的数据，或将数据写入到工作表中。

可以使用 Me 关键字代替用户窗体名称来引用代码所在的用户窗体，这样无论如何修改用户窗体的名称，Me 关键字都能始终有效地引用同一个用户窗体。下面的代码位于名为 frmLogin 的用户窗体中，在卸载用户窗体时使用 Me 关键字代替用户窗体的名称：

```
UnLoad Me
```

14.2.4 使用模式与无模式用户窗体

Show 方法包含一个 modal 参数，用于指定显示的用户窗体是模式的还是无模式的。如果省略该参数，则默认显示为模式用户窗体。下面的两行代码分别将名为 frmLogin 的用户窗体显示为模式和无模式的：

```
frmLogin.Show vbModal
```

```
frmLogin.Show vbModeless
```

模式用户窗体是指在将其关闭之前，不能操作应用程序的其他部分。Excel 中有很多这样的对话框，比如“设置单元格格式”对话框和“页面设置”对话框。无模式用户窗体是指在将其关闭之前，可以操作应用程序的其他部分。Excel 中也有一些这样的对话框，比如“查找和替换”对话框。

14.2.5　使用变量引用特定的用户窗体

在引用名称不确定的用户窗体时，可以使用变量来存储用户窗体的名称，然后使用 UserForms 集合的 Add 方法将特定名称的用户窗体添加到 UserForms 集合中。UserForms 集合表示当前已加载的所有用户窗体。

案例 14-2　使用变量引用用户窗体

下面的代码将表示用户窗体名的文本存储到一个变量中，然后使用 UserForms 集合的 Add 方法将拥有该名称的用户窗体添加到 UserForms 集合中，并使用 Show 方法将其显示出来。

```
Sub 使用变量引用特定的用户窗体()
    Dim strName As String
    strName = "frmLogin"
    UserForms.Add(strName).Show
End Sub
```

案例 14-3　向 UserForms 集合中批量添加用户窗体

下面的代码一次性将 3 个用户窗体添加到 UserForms 集合中，如图 14-6 所示显示了 3 个用户窗体的名称。代码中声明了一个 Variant 数据类型的变量，是一个存储 3 个用户窗体名称的数组。然后在 For Next 循环结构中通过数组的索引号获取每一个用户窗体的名称，并使用 UserForms 集合的 Add 方法将其添加到 UserForms 集合中。

```
Sub 向UserForms集合中批量添加用户窗体()
    Dim varNames As Variant, intIndex As Integer
    Dim intRow As Integer
    varNames = Array("frmLogin", "frmGreet", "frmMain")
    For intIndex = LBound(varNames) To UBound(varNames)
        UserForms.Add (varNames(intIndex))
    Next intIndex
End Sub
```

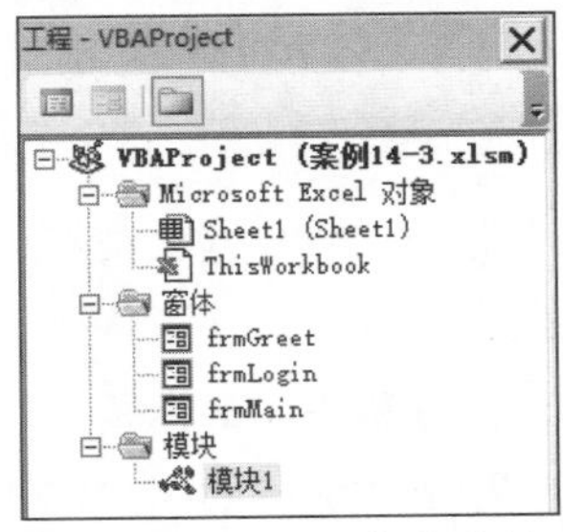

图 14-6　要添加到 UserForms 集合中的 3 个用户窗体

如果要从 UserForms 集合中引用特定的用户窗体，则必须使用索引号而不能使用名称。添加到 UserForms 集合中的第一个用户窗体的索引号是 0，第二个用户窗体的索引号是 1，以此类推。使用 UserForms 集合的 Count 属性可以确定集合中包含的用户窗体总数，将该值加 1 就是集合中最后一个用户窗体的索引号。

案例 14-4 从 UserForms 集合中引用用户窗体

下面的代码的前半部分与上一个案例相同，将指定名称的所有窗体添加到 UserForms 集合中。后半部分用于从 UserForms 集合中引用每一个用户窗体，并将其索引号、名称和窗体标题栏中的标题写入活动工作表中的 A～C 列，如图 14-7 所示。

```
Sub 从UserForms集合中引用用户窗体()
    Dim varNames As Variant, intIndex As Integer
    Dim intRow As Integer
    varNames = Array("frmLogin", "frmGreet", "frmMain")
    For intIndex = LBound(varNames) To UBound(varNames)
        UserForms.Add varNames(intIndex)
    Next intIndex
    With Range("A1:C1")
        .Value = Array("索引号", "名称", "标题")
        .HorizontalAlignment = xlCenter
    End With
    intRow = 1
    For intIndex = 0 To UserForms.Count - 1
        intRow = intRow + 1
        Cells(intRow, 1).Value = intIndex
        Cells(intRow, 2).Value = UserForms(intIndex).Name
        Cells(intRow, 3).Value = UserForms(intIndex).Caption
    Next intIndex
End Sub
```

	A	B	C	D
1	索引号	名称	标题	
2	0	frmLogin	登录窗口	
3	1	frmGreet	欢迎窗口	
4	2	frmMain	主窗口	
5				

图 14-7 从 UserForms 集合中引用特定的用户窗体

14.2.6 创建特定用户窗体的多个实例

在设计时向 VBA 工程中添加的用户窗体实际上是一个专门用于窗体的类模块，可以基于特定用户窗体的类来创建特定用户窗体的多个实例。为此需要将变量的数据类型声明为特定的用户窗体，然后使用 Set 语句和 New 关键字将该特定用户窗体的引用赋值给变量。

下面的代码声明了一个名为 frm 的变量，该变量的数据类型是名为 frmLogin 的用户窗体。然后使用 Set 语句将该用户窗体的引用赋值给 frm 变量。

```
Dim frm As frmLogin
Set frm = New frmLogin
```

也可以在声明语句中使用 New 关键字直接完成赋值操作，如下所示：

```
Dim frm As New frmLogin
```

案例 14-5 为同一个用户窗体设置 3 种不同的标题

下面的代码使用 3 个变量引用名为 frmLogin 的用户窗体，相当于创建了该用户窗体的 3 个副本，然后将 3 个用户窗体的标题设置为不同内容，最后显示这 3 个用户窗体。这 3 个用户窗体除了标题不同以外，其他都相同，如图 14-8 所示。

```
Sub 创建特定用户窗体的多个实例()
    Dim frm1 As frmLogin, frm2 As frmLogin, frm3 As frmLogin
    Set frm1 = New frmLogin
    Set frm2 = New frmLogin
    Set frm3 = New frmLogin
```

```
    frm1.Caption = "登录一"
    frm2.Caption = "登录二"
    frm3.Caption = "登录三"
    frm1.Show
    frm2.Show
    frm3.Show
End Sub
```

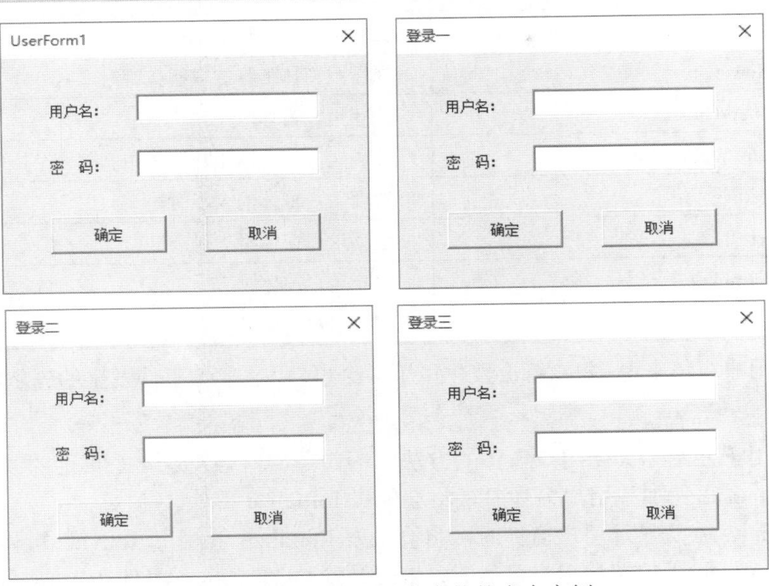

图 14-8　创建特定用户窗体的多个实例

14.2.7　编写用户窗体的事件代码

为了让用户窗体可以响应用户的操作，需要为用户窗体编写事件代码，比如可能希望在单击或双击用户窗体时执行特定的操作。表 14-2 列出了用户窗体包含的所有事件以及触发事件的操作。

表 14-2　用户窗体事件

事件名称	触发事件的操作
Activate	激活用户窗体时
AddControl	代码运行期间向用户窗体中添加一个控件时
BeforeDragOver	鼠标指针位于用户窗体上并准备进行拖放操作之前
BeforeDropOrPaste	在一个对象上放置或粘贴数据之前
Click	单击用户窗体时
DblClick	双击用户窗体时
Deactivate	用户窗体失去焦点时，即激活另一个用户窗体时
Error	控件检测出错误但不能将错误信息返回调用过程时
Initialize	加载用户窗体时
KeyDown	在用户窗体上按下按键时
KeyPress	在用户窗体上按下任意按键时

续表

事 件 名 称	触发事件的操作
KeyUp	在用户窗体上释放按键时
Layout	改变用户窗体的大小时
MouseDown	在用户窗体上按下鼠标按键时
MouseMove	在用户窗体上移动鼠标时
MouseUp	在用户窗体上释放鼠标按键时
QueryClose	关闭用户窗体时
RemoveControl	代码运行期间从用户窗体中删除一个控件时
Resize	改变用户窗体的大小时
Scroll	滚动用户窗体时
Terminate	终止用户窗体时
Zoom	缩放用户窗体时

对于一个用户窗体来说，每次都会发生以下 4 个事件，它们按事件发生的先后顺序进行排列。

```
Initialize→Activate→QueryCloser→Terminate
```

下面说明用于显示和关闭用户窗体的方法和语句是如何触发这 4 个事件的：

- 使用 Load 语句加载用户窗体时，将会触发 Initialize 事件。
- 使用 Show 方法显示用户窗体时，将会触发 Initialize 事件和 Activate 事件。
- 使用 UnLoad 语句卸载用户窗体时，将会触发 QueryCloser 事件和 Terminate 事件，使用 Hide 方法隐藏用户窗体时不会触发这两个事件。

为用户窗体编写事件代码的方法与为工作簿和工作表编写事件代码类似，首先使用以下两种方法之一打开用户窗体的代码窗口：

- 在工程资源管理器中右击用户窗体模块，然后在弹出的菜单中选择“查看代码”命令。
- 在工程资源管理器中双击用户窗体模块，打开用户窗体设计窗口，然后双击其中的用户窗体。

打开用户窗体的代码窗口，顶部左侧的下拉列表中已经选中了当前的用户窗体，在右侧的下拉列表中选择要编写代码的事件，如图 14-9 所示，然后在其中编写代码。

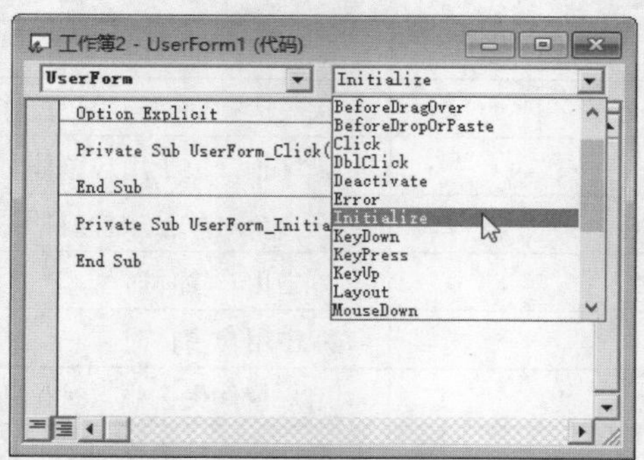

图 14-9　选择用户窗体的事件

注意：在开始编写事件代码前应该设置好用户窗体的名称。如果在编写事件过程后修改了用户窗体的名称，则需要返回用户窗体的代码窗口，并使用用户窗体的新名称替换事件过程名中用户窗体的旧名称，否则事件将会失效。

案例 14-6　让用户窗体响应用户的操作

下面的代码使用标准模块中的“显示用户窗体”过程显示一个用户窗体，该窗体显示在屏幕正中间，标题是“用户登录”，同时显示水平滚动条和垂直滚动条，如图 14-10 所示。当用户双击用户窗体时，将会显示一个对话框，询问用户是否关闭用户窗体。单击“是”按钮将关闭用户窗体，单击“否”按钮则不关闭用户窗体。

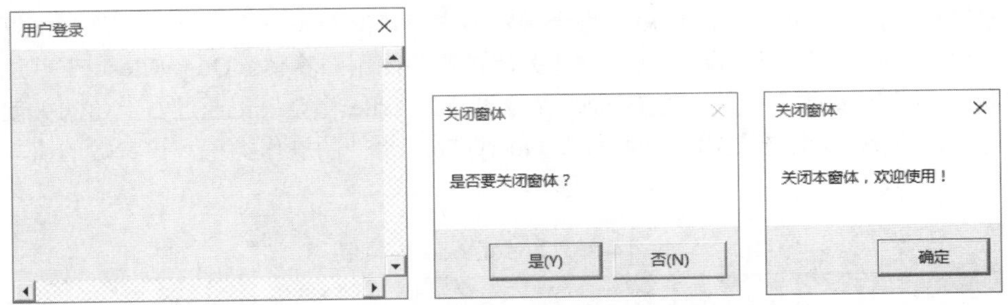

图 14-10　让用户窗体响应用户的操作

下面的代码位于标准模块中，用于显示名为 frmLogin 的用户窗体。

```
Sub 显示用户窗体()
    frmLogin.Show
End Sub
```

下面的代码位于用户窗体的 Initialize 事件过程中，用于在加载用户窗体时初始化用户窗体的相关设置，本例包括设置用户窗体的标题、显示水平滚动条和垂直滚动条、将用户窗体显示在屏幕正中间 3 项设置。

```
Private Sub UserForm_Initialize()
    Me.Caption = "用户登录"
    Me.ScrollBars = fmScrollBarsBoth
    Me.StartUpPosition = 2
End Sub
```

下面的代码位于用户窗体的 DblClick 事件过程中，当用户双击用户窗体时关闭用户窗体。

```
Private Sub UserForm_DblClick(ByVal Cancel As MSForms.ReturnBoolean)
    Unload Me
End Sub
```

下面的代码位于用户窗体的 QueryClose 事件过程中，用于在关闭用户窗体时显示一个由用户自定义的对话框，询问用户是否关闭窗体。如果单击“是”按钮，则关闭用户窗体；如果单击“否”按钮，则不关闭用户窗体。

```
Private Sub UserForm_QueryClose(Cancel As Integer, CloseMode As Integer)
    Dim lngAns As Long
    lngAns = MsgBox("是否要关闭窗体? ", vbYesNo, "关闭窗体")
    Select Case lngAns
        Case vbYes
        Case vbNo
            Cancel = True
    End Select
End Sub
```

下面的代码位于用户窗体的 Terminate 事件过程中，用于在关闭用户窗体时显示一条信息。

```
Private Sub UserForm_Terminate()
    MsgBox "关闭本窗体，欢迎使用！", vbOKOnly, "关闭窗体"
End Sub
```

14.2.8 禁用用户窗体中的关闭按钮

在显示一个用户窗体后，用户可以通过单击用户窗体右上角的关闭按钮将其关闭。但是如果在用户窗体中添加了命令按钮控件，则很可能希望用户通过单击命令按钮执行操作后关闭用户窗体，而不是绕过命令按钮而意外地关闭用户窗体，因此需要禁用用户窗体右上角的关闭按钮的功能。

单击用户窗体右上角的关闭按钮时将会触发用户窗体的 QueryClose 事件，因此可以在该事件过程中编写代码来禁止用户通过右上角的关闭按钮关闭用户窗体。QueryClose 事件过程包含 Cancel 和 CloseMode 两个参数，将 Cancel 参数设置为 True 将会禁止通过右上角的关闭按钮关闭用户窗体，CloseMode 参数用于判断触发 QueryClose 事件的操作类型，该参数的值与对应的操作类型见表 14-3。

表 14-3 CloseMode 参数值

名 称	值	说 明
vbFormControlMenu	0	单击用户窗体右上角的关闭按钮关闭用户窗体
vbFormCode	1	在 VBA 代码中使用 UnLoad 语句卸载用户窗体
vbAppWindows	2	正在关闭 Windows 操作系统
vbAppTaskManager	3	使用 Windows 任务管理器关闭 Excel 程序

案例 14-7 禁用用户窗体右上角的关闭按钮

下面的代码在用户单击对话框右上角的关闭按钮时，将会显示一个包含自定义信息的对话框，并禁止关闭对话框。

```
Private Sub UserForm_QueryClose(Cancel As Integer, CloseMode As Integer)
    If CloseMode = vbFormControlMenu Then
        MsgBox "请使用【取消】按钮关闭对话框！"
        Cancel = True
    End If
End Sub
```

14.3 在用户窗体中使用控件

通过上一节的内容已经可以创建正常显示、关闭以及响应用户操作的用户窗体，但是一个空白的用户窗体没有太多实际意义。如果要创建具有实际用途的自定义对话框，则需要在用户窗体中添加所需类型的控件，然后设置它们的属性，并为这些控件编写能够响应用户操作的事件代码。本节将介绍在窗体中使用控件的方法，包括添加控件、设置控件的属性、编写控件的事件代码等内容。

14.3.1 在用户窗体中添加控件

可以使用以下 3 种方法将工具箱中的控件添加到用户窗体中：

- 在工具箱中单击要添加的控件，然后单击用户窗体中的任意位置，将具有默认尺寸的控件添加到用户窗体中。
- 在工具箱中单击要添加的控件，然后在用户窗体中按住鼠标左键沿对角线方向拖动，绘制出由用户指定大小的控件。

- 在工具箱中双击要添加的控件，进入该控件的锁定模式，然后在用户窗体中可以连续添加同一类型的多个控件。如果要退出锁定模式，则可以单击工具箱中当前锁定的控件。

如图 14-11 所示显示了在用户窗体中添加的 3 个命令按钮，按钮上显示的文本由控件的 Caption 属性决定，可以将其称为控件的标题。

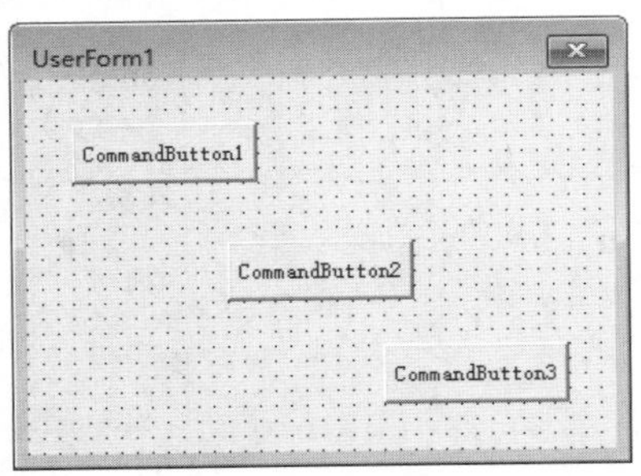

图 14-11　在用户窗体中添加控件

在代码中需要使用控件的名称来引用控件，控件的名称由其“（名称）”属性（Name）决定。在用户窗体中添加的控件会自动使用默认名称，默认名称由“控件类型名”+“数字”组成，比如命令按钮控件会被命名为 CommandButton1，文本框控件会被命名为 TextBox1。如果创建了同一类型的多个控件，则默认名称中的数字编号会自动递增。默认情况下，同一个控件的 Name 属性和 Caption 属性具有相同的值。

14.3.2　设置控件的属性

将控件添加到用户窗体后，为了让控件具有所需的外观和行为方式，需要设置控件的属性。按 F4 键打开属性窗口，如果在窗口顶部的下拉列表中当前显示的不是要设置的控件名，则需要在用户窗体的设计窗口中选择所需的控件，直到在下拉列表中当前显示该控件的名称为止。控件的很多属性的含义与用户窗体中的同名属性类似，设置控件属性的方法也与设置用户窗体的属性类似，因此这里不再赘述。

虽然不同类型的控件都有自己的一套属性，但其中的一些属性是所有控件共同的属性，比如每个控件都有 Name、BackColor、Left、Top、Width、Height、Enabled、Visible、Tag 等属性。这些属性与用户窗体的同名属性具有相同的含义，具体可参考 14.2.2 节。

可以一次性为多个控件设置它们都有的共同属性，比如通过设置 Enabled 属性决定所有控件是否可用。但是共同属性中的 Name 属性是个例外，同一个用户窗体中的所有控件的 Name 属性必须是唯一的，不能相同。当选择多个控件后，在属性窗口中只会显示所有选中控件的共同属性，如图 14-12 所示。

图 14-12　显示所有选中控件的共同属性

可以使用以下几种方法选择用户窗体中的控件：

- 选择所有控件：在用户窗体中按 Ctrl+A 组合键。
- 选择一定范围内的控件：使用鼠标拖动过一定的范围，只要控件的全部或部分位于该范围内，这些控件就都会被选中。也可以先选择一个控件，然后按住 Shift 键再单击另一个控件，从而选中这两个控件以及位于它们之间的所有控件。
- 选择不相邻的多个控件：按住 Ctrl 键后依次单击要选择的每一个控件。

当选择多个控件时，选中的控件中总有一个控件其四周的控制点显示为白色，而其他选中的控件的控制点显示为黑色，如图 14-13 所示。当同时调整所有选中控件的格式时，将以控制点为白色的控件为准。

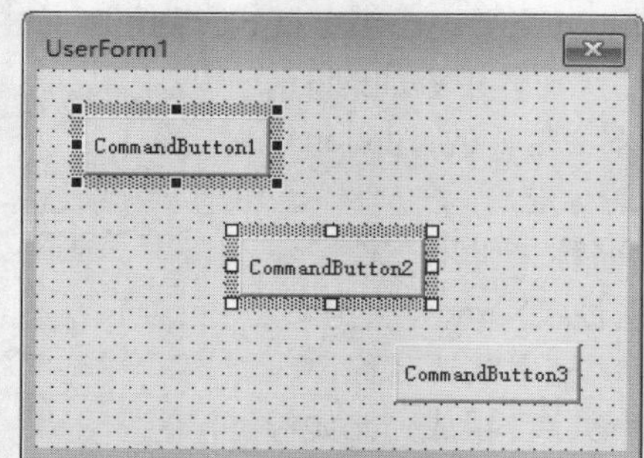

图 14-13　选中的控件具有白色或黑色的控制点

除了每次手动选择多个控件外，还可以将多个控件设置为一个组，之后就可以将这些控件作为一个整体来操作，比如移动或调整大小。组中的控件可以是相同类型，也可以是不同类型，可以直接操作整个组，也可以只操作组中的特定控件。

要将多个控件设置为一个组，需要先选择这些控件，然后右击选中的任意一个控件，在弹出的菜单中选择“生成组”命令。在第一次单击组中的任意一个控件时，将会选中整个组，组中的所有控件有一个共同的选择框和控制点，如图 14-14 所示。此时单击组中的某个控件，将会选中该控件并在其四周显示该控件自己的选择框和控制点。

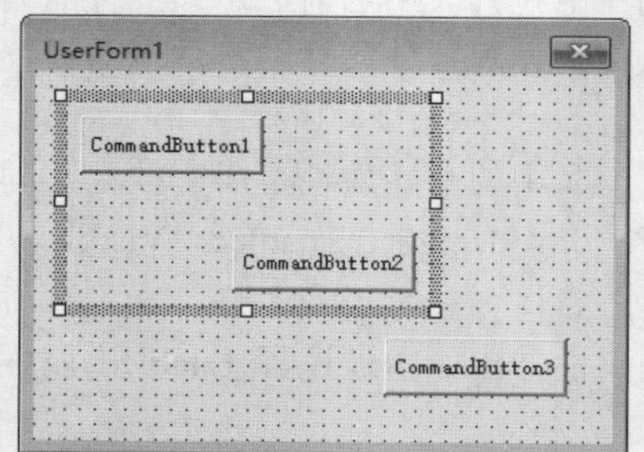

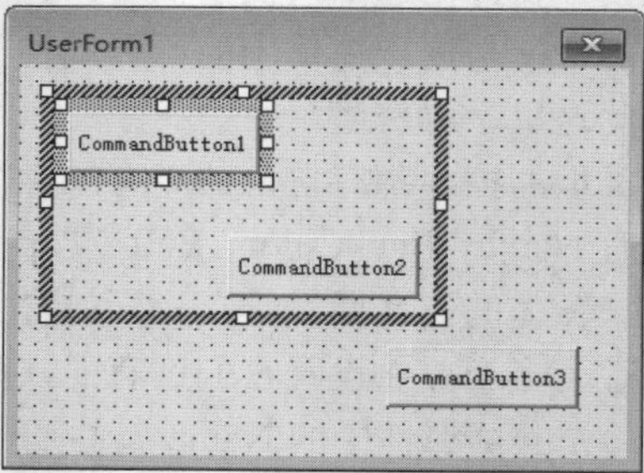

图 14-14　选择整个组和组中的特定控件

如果要取消组并使其中的控件恢复为独立状态，则可以选中组，然后右击组的选项框，在弹出的菜单中选择“取消组”命令。

14.3.3　设置控件的大小

在向用户窗体添加控件时，通过在对角线方向上拖动鼠标可以控制正在添加的控件的大小。对于已经添加到用户窗体中的控件，则可以使用以下几种方法来设置控件的大小。

- ❒ 选择控件后拖动其四周的控制点。
- ❒ 利用用户窗体上显示的网格线作为参考线，设置控件的大小，尤其用于对齐和排列多个控件。
- ❒ 选择控件，然后在属性窗口中设置该控件的 Height 属性和 Width 属性，从而精确控制控件的大小。

如果希望将多个控件设置为相同的大小，则可以在选中这些控件后右击选中的任意一个控件，然后在弹出的菜单中选择“统一尺寸”命令，然后在其子菜单中选择一种设置方式，如图 14-15 所示。

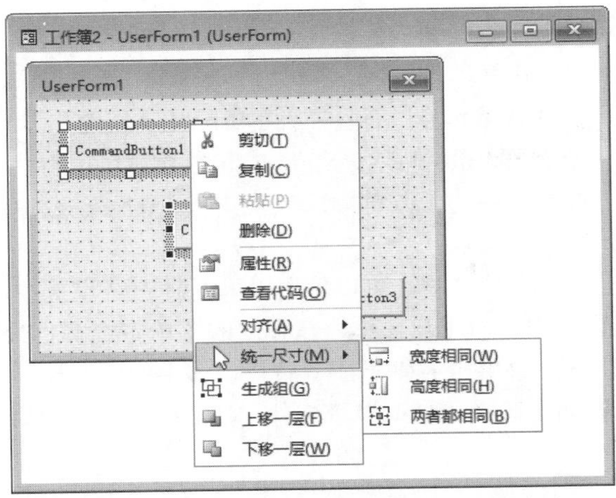

图 14-15　快速将多个控件设置为相同的大小

14.3.4　设置控件的位置和对齐方式

在将控件添加到用户窗体后，可以使用鼠标拖动控件以改变其位置。也可以使用前面介绍的方法选择多个控件，然后同时改变这些控件的位置，并确保它们之间的相对位置固定不变。如果希望精确设置控件在用户窗体中的位置，则可以设置控件的 Left 属性和 Top 属性。

如果要同时调整多个控件在用户窗体中的排列方式，则可以使用以下两种方法：

- 选择要调整排列方式的多个控件，右击选中的任意一个控件，在弹出的菜单中选择“对齐”命令，然后在其子菜单中选择一种对齐方式。
- 利用用户窗体上显示的网格作为参考线，将多个控件以特定的网格线为基准进行对齐。

如果不想让控件与网格对齐，则可以在 VBE 窗口中单击菜单栏中的“工具”|“选项”命令，打开“选项”对话框。然后在“通用”选项卡中取消选中“对齐控件到网格”复选框，如图 14-16 所示。如果不想在用户窗体中显示网格，则可以取消选中“显示网格”复选框。

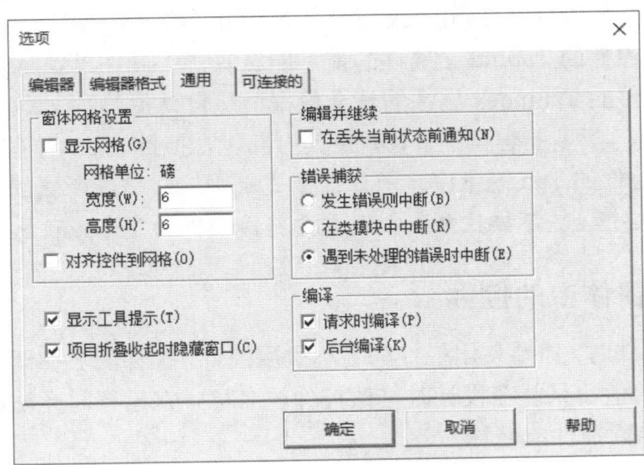

图 14-16　用户窗体的网格设置

14.3.5　设置控件的 Tab 键顺序

焦点是指可以接收用户输入或单击等操作的能力。当对象获得焦点时，用户输入的内容就会位于该对象中，或通过按 Enter 键执行与鼠标单击等同的操作。当前获得焦点的对象有时可以从外观上分辨出来，比如当命令按钮控件获得焦点时，按钮上会出现虚线框，如图 14-17 所示中的 CommandButton1 控件获得焦点。

同一时间只能有一个控件获得焦点，而且控件的 Enabled 属性和 Visible 属性必须都设置为 True 时，控件才能获得焦点。按 Tab 键或按 Shift+Tab 组合键可以将焦点从一个对象上移动到另一个对象上。可以通过设置控件的 Tab 键顺序来决定焦点的移动顺序，位于 Tab 键顺序第一位的控件在显示用户窗体时获得焦点。

当用户窗体中包含不止一个控件时，可以使用以下两种方法设置控件的 Tab 键顺序：

- 在用户窗体设计窗口中右击用户窗体，在弹出的菜单中选择“Tab 键顺序”命令，打开“Tab 键顺序”对话框，如图 14-18 所示。用户窗体中的所有控件按照获得焦点的先后顺序从上到下依次排列。选择一个或多个控件，然后单击“上移”或“下移”调整控件的 Tab 键顺序。

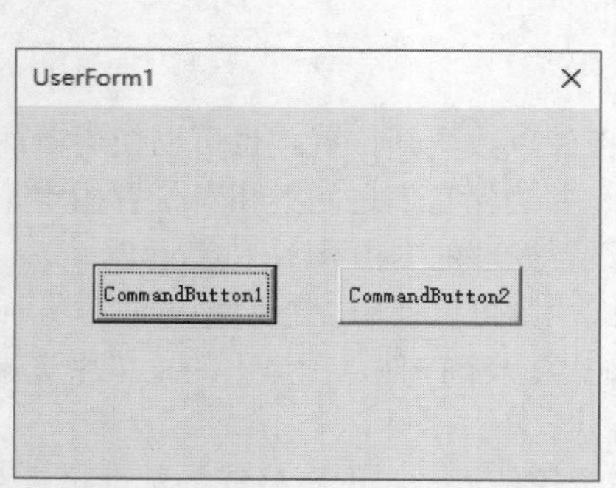

图 14-17　从外观上分辨获得焦点的控件

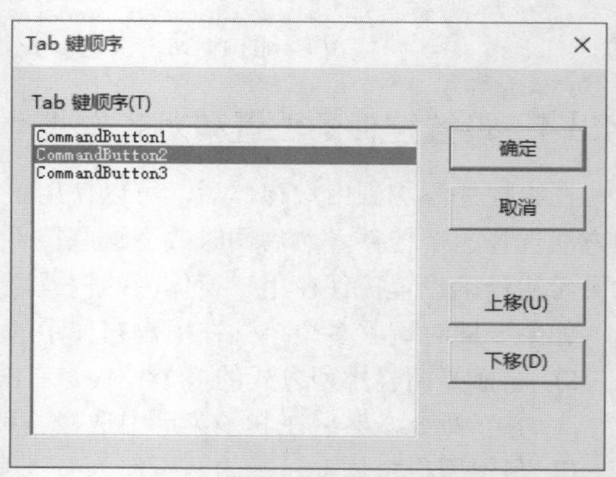

图 14-18　设置控件的 Tab 键顺序

- 另一种设置 Tab 键顺序的方法是设置控件的 TabIndex 属性。在用户窗体中选择要设置的控件，然后在属性窗口中选择 TabIndex 属性，接着输入一个数字。显示用户窗体时第一个获得焦点的控件其 TabIndex 属性的值为 0，第二个为 1，以此类推。同一个用户窗体中的所有控件的 TabIndex 属性的值不能重复，因此在设置某个控件的 TabIndex 属性时，其他控件的 TabIndex 属性的值会根据情况自动调整。

对于像框架、多页等类型的容器控件，如果其内部包含控件，那么这些控件也有自己的 Tab 键顺序。在设置这些控件的 Tab 键顺序之前，需要先选中这些控件所属的容器控件。

提示：如果希望某个控件不接收焦点，则需要将该控件的 TabStop 属性设置为 False。

14.3.6　引用用户窗体中的控件

在 VBA 中操作控件时，需要使用控件的名称引用控件，控件的名称即是在属性窗口中设置的“（名称）”属性的值。只能在设计时修改控件的名称，在运行时无法修改控件的名称，但可以使用 Name 属性返回控件的名称。

与为普通变量命名类似，在为控件命名时，为了在代码中易于识别控件的类型，也应该使用表示控件类型的字符作为控件名的前缀，比如将“确定”按钮控件命名为 cmdOk，将用于输入姓名的文本框控件命名为 txtName。

由于控件位于用户窗体中，而用户窗体本身也是一个模块，因此在引用一个用户窗体中的控件时，需要根据不同情况使用不同的方法，具体如下：

- 如果在用户窗体中引用其内部包含的控件，则可以直接输入控件的名称来引用该控件。例如，在名为 frmLogin 的用户窗体中有一个名为 txtName 的文本框控件，可以使用下面的代码引用该文本框，并将“Excel VBA”输入到文本框中：

```
txtName.Value = "Excel VBA"
```

- 如果从其他模块中引用用户窗体中的控件，则需要在控件名称前添加用户窗体的名称以作为限定符，就像引用不同标准模块中的变量一样。仍然以上面的情况为例，下面的代码位于标准模块中，引用名为 frmLogin 的用户窗体中名为 txtName 的文本框控件，并将“Excel VBA”输入到该文本框中：

```
frmLogin.txtName.Value = "Excel VBA"
```

14.3.7　编写控件的事件代码

为了让控件可以响应用户对其进行的操作，需要为控件编写相应的事件代码。当用户对控件执行特定操作时，将会触发相应的事件，从而自动执行事件中的代码。控件的事件代码位于控件所在的用户窗体模块的代码窗口中。

如果要编写控件的事件代码，可以在用户窗体的设计窗口中双击该控件，打开用户窗体模块的代码窗口，并自动输入好该控件默认的事件过程的框架。如果当前事件不是要编写的事件，则可以从窗口顶部右侧的下拉列表中选择所需的事件，如图 14-19 所示。

每个控件都有其默认的事件，比如命令按钮控件的默认事件是 Click 事件，文本框控件的默认事件是 Change 事件。

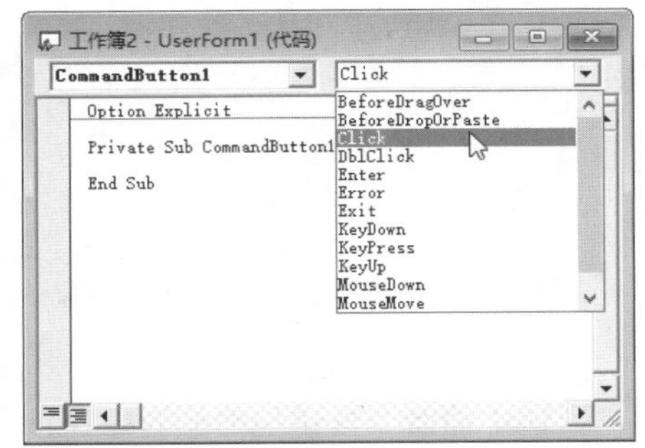

图 14-19　复合框控件的事件列表

案例 14-8　让控件响应用户的操作

下面的代码位于按钮控件的 Click 事件过程中，当用户单击用户窗体中的“确定”按钮时，将会显示一条用于确认用户单击了该按钮的信息，信息中包含按钮的标题，如图 14-20 所示。

```
Private Sub cmdOk_Click()
   MsgBox "你单击了【" & cmdOk.Caption & "】按钮"
End Sub
```

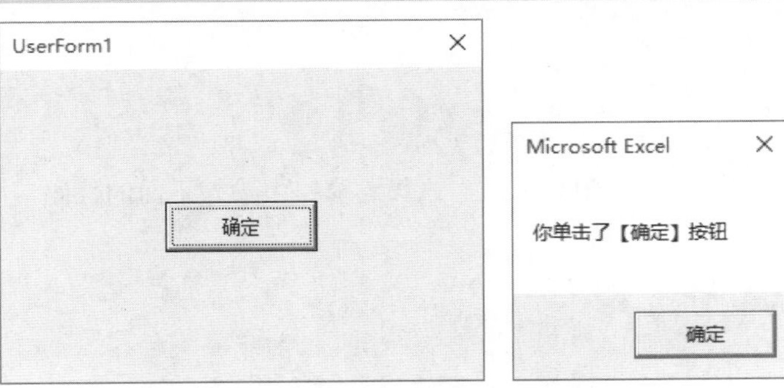

图 14-20　让控件响应用户的操作

14.3.8　使用同一个事件过程处理多个控件

在实际应用中，常会遇到多个同类控件完成同一种操作的情况。例如，在用户窗体中有多个命令按钮，希望在单击任何一个按钮时，都能显示一个类似但又存在个体差异的信息，以告知用户当前单击的按钮的标题。常规方法是为每一个按钮编写代码几乎相同的事件过程，而使用类模块则可以简化操作，只需在一个位置编写事件过程的代码即可。

案例 14-9　让多个按钮共享同一个事件过程

实现本例功能的方法如下：

（1）新建一个工作簿，将其保存为“Excel 启用宏的工作簿”格式。

（2）按 Alt+F11 组合键打开 VBE 窗口，在 VBA 工程中添加一个用户窗体，然后在其中添加 7 个命令按钮控件，修改这些按钮的 Caption 属性，如图 14-21 所示，并将“关闭”按钮的名称设置为 cmdClose，用于在代码中使用该名称来引用“关闭”按钮。

（3）在 VBA 工程中添加一个类模块。选中类模块后打开属性窗口，将类模块的名称设置为 CcmdEvents，如图 14-22 所示。

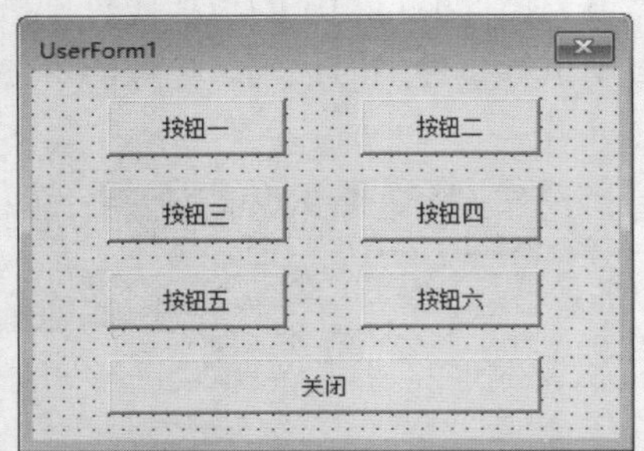

图 14-21　创建用户窗体及其中的命令按钮控件

图 14-22　设置类模块的名称

（4）在类模块 CcmdEvents 的代码窗口中输入下面的代码，使用 WithEvents 关键字声明一个用户窗体中的命令按钮控件的对象，该声明相当于为类模块创建了一个属性。

```
Public WithEvents fmCommandButton As MSForms.CommandButton
```

提示：可以将命令按钮改为其他类型的控件，只需修改 WithEvents 关键字右侧的变量名以及 As 关键字右侧的控件类型名，比如下面的代码用于处理文本框控件：

```
Public WithEvents fmTextBox As MSForms.TextBox
```

（5）在类模块的代码窗口顶部左侧的下拉列表中选择上一步声明好的 fmCommandButton，在右侧下拉列表中选择 Click，然后在 Click 事件过程中输入下面的代码：

```
Private Sub fmCommandButton_Click()
    Dim strMsg As String
    strMsg = "你单击的按钮是："
    MsgBox strMsg & fmCommandButton.Caption
End Sub
```

（6）双击用户窗体中的“关闭”按钮，在代码窗口中输入下面的代码，用于在单击该按钮时关闭用户窗体。

```
Private Sub cmdClose_Click()
    Unload Me
End Sub
```

（7）在用户窗体的代码窗口顶部左侧下拉列表中选择 UserForm，在右侧下拉列表中选择 Initialize，然后编写 Initialize 事件过程的代码。在用户窗体模块顶部的声明部分声明一个名为 cmdButtons 的对象数组变量，该变量的数据类型就是前面创建的类模块的名称 CcmdEvents。

```
Private cmdButtons() As New CcmdEvents
Private Sub UserForm_Initialize()
```

```
    Dim ctl As Control, intCount As Integer
    For Each ctl In Me.Controls
        If TypeName(ctl) = "CommandButton" Then
            If ctl.Name <> "cmdClose" Then
                intCount = intCount + 1
                ReDim Preserve cmdButtons(1 To intCount)
                Set cmdButtons(intCount).fmCommandButton = ctl
            End If
        End If
    Next ctl
End Sub
```

完成所有设计工作后，在 VBE 窗口中运行用户窗体，单击其中除了“关闭”按钮以外的其他任何按钮，都会显示内容几乎完全相同的提示信息，这些信息的唯一区别是命令按钮的标题名不同，如图 14-23 所示。

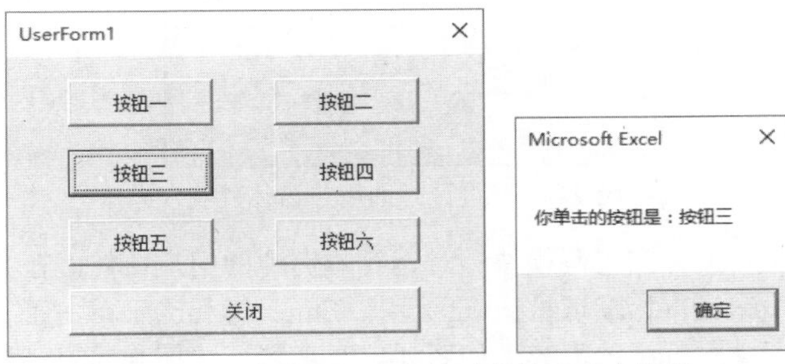

图 14-23　使用同一个事件过程处理多个控件

14.4　常用控件的使用方法

本节将介绍工具箱中一些常用控件的使用方法，包括这些控件的常用属性和事件，并列举了大量案例以更好地说明如何使用 VBA 操控这些控件。为了避免重复列出共同属性而浪费篇幅，所有控件具有的共同属性不会在后面介绍的每个控件中重复列出，具体包括 Name、BackColor、Left、Top、Width、Height、Enabled、Visible、Tag 等属性，这些属性的含义请参考 14.2.2 节。

14.4.1　命令按钮

命令按钮几乎出现在绝大多数的对话框中，通过单击命令按钮执行所需的操作。Click 事件是命令按钮控件的默认事件，单击命令按钮时将会触发 Click 事件。表 14-4 列出了命令按钮控件的常用属性。

表 14-4　命令按钮控件的常用属性

属　　性	说　　明
Cancel	如果将 Cancel 设置为 True，则在按 Esc 键时将会执行命令按钮上的操作
Default	如果将 Default 设置为 True，则在按 Enter 键时将会执行命令按钮上的操作
TakeFocusOnClick	单击控件时该控件是否获得焦点，获得则设置为 True，否则设置为 False

如果将 Cancel 属性设置为 True，即使命令按钮没有获得焦点，按 Esc 键也会执行该命令按钮上的操作。Excel 中的很多内置对话框都具有该功能，比如打开“设置单元格格式”对话框后，

按 Esc 键将会关闭该对话框。同理，如果将 Default 属性设置为 True 时，即使命令按钮没有获得焦点，按 Enter 键也会执行该命令按钮上的操作。

案例 14-10　为用户窗体指定默认的确定按钮和取消按钮

本例的用户窗体在设计时的外观如图 14-24 所示，其中包括一个名为 txtName 的文本框和名为 cmdOk（确定）和 cmdCancel（取消）的两个命令按钮。将 cmdOk 命令按钮的 Default 属性设置为 True，将 cmdCancel 命令按钮的 Cancel 属性设置为 True。

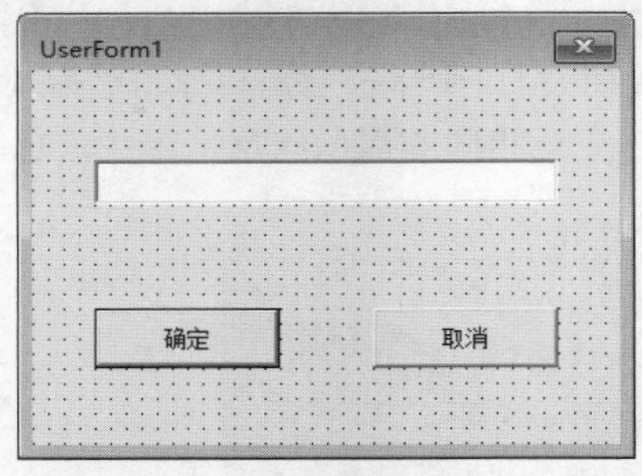

图 14-24　设计时的用户窗体外观

下面的代码位于用户窗体的代码模块中。运行本例中的用户窗体，在文本框中输入一些内容。由于将"确定"按钮设置为默认按钮，因此按 Enter 键相当于单击了"确定"按钮，将在一个弹出对话框中显示文本框中的内容，如图 14-25 所示。关闭弹出对话框，仍然可以继续在文本框中输入内容，而无须重新将焦点定位到文本框中，这是因为在初始化用户窗体时将"确定"按钮的 TakeFocusOnClick 属性设置为 False。如果要关闭用户窗体，只需按 Esc 键即可，这是因为将"取消"按钮的 Cancel 属性设置为 True，因此按 Esc 键相当于单击"取消"按钮。

```
Private Sub UserForm_Initialize()
   cmdOk.TakeFocusOnClick = False
End Sub

Private Sub cmdOk_Click()
   MsgBox "当前输入的是：" & txtName.Text
End Sub

Private Sub cmdCancel_Click()
   Unload Me
End Sub
```

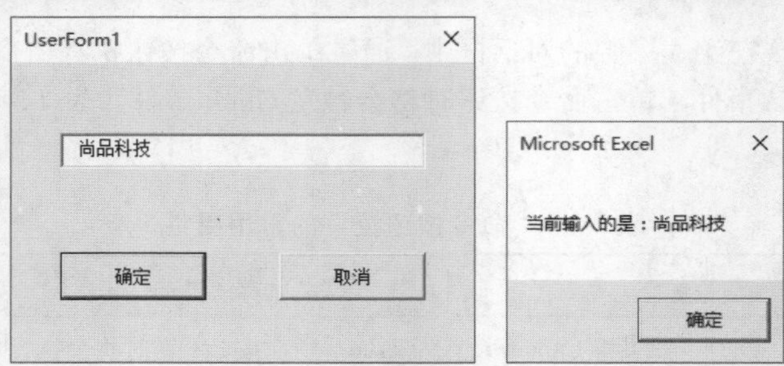

图 14-25　用户窗体的运行效果

案例 14-11　单击按钮时自动修改其上显示的标题

下面的代码位于用户窗体的代码模块中。运行用户窗体后，在单击用户窗体中的命令按钮时，其标题将会自动在"确定"和"取消"之间切换，如图 14-26 所示。

```
Private Sub cmdSwitch_Click()
    Select Case cmdSwitch.Caption
        Case "确定"
            cmdSwitch.Caption = "取消"
        Case "取消"
            cmdSwitch.Caption = "确定"
    End Select
End Sub
```

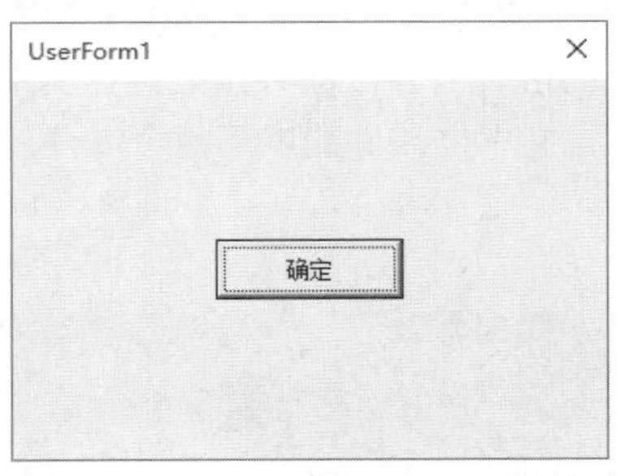

图 14-26　自动切换命令按钮的标题

14.4.2　文本框

文本框用于接收用户的输入或显示指定的信息。Change 事件是文本框控件的默认事件，当文本框中的文本发生改变时将会触发 Change 事件。表 14-5 列出了文本框控件的常用属性。

表 14-5　文本框控件的常用属性

属　　性	说　　明
EnterKeyBehavior	设置在文本框中按 Enter 键后的结果，如果设置为 True，则在文本框中创建一个新行，如果设置为 False，则将焦点移动到下一个 Tab 键顺序的控件上
LineCount	返回文本框中包含的文本的行数
Locked	锁定文本框并禁止用户编辑文本框中的文本
MaxLength	设置文本框中可容纳的字符总数
MultiLine	设置文本框是否可以接收和显示多行文本，如果设置为 True，则使用多行文本，如果设置为 False，则使用单行文本
PasswordChar	设置在文本框中输入的内容显示为哪种字符，该属性用于创建密码文本框
ScrollBars	设置在文本框中是否包含水平滚动条和垂直滚动条
SelLength	设置在文本框中选中的字符数
SelStart	设置选中文本的起始位置，如果没有选中的文本，则设置插入点的位置
SelText	返回或设置文本框中选中的文本
Text	设置在文本框中显示的文本
TextAlign	设置文本框中的文本的对齐方式，包括左对齐、居中对齐和右对齐 3 种
TextLength	返回文本框中的文本的字符数
WordWrap	设置文本框中的文本在超过一行后是否自动换行

如果将 MultiLine 属性设置为 False，则 WordWrap 属性的设置不会产生任何效果，因为文本框中的文本始终以单行显示，不存在换行问题。如果将 MultiLine 属性设置为 True，则 WordWrap 属性的设置会影响多行文本是否可以自动换行，但是还有一个因素也会影响 WordWrap 属性的

设置效果，即 ScrollBars 属性。在将 MultiLine 属性设置为 True 的情况下，如果将 ScrollBars 属性设置为显示水平滚动条，那么 WordWrap 属性的设置不会产生任何效果，因为无论在文本框中有多少文本，都可以拖动水平滚动条查看到当前显示范围之外的文本。

案例 14-12　创建密码文本框并限制可输入的字符数

下面的代码位于用户窗体的代码模块中。运行用户窗体后，在文本框中输入一些内容，无论输入什么内容，都以*号显示，如图 14-27 所示。如果输入的字符个数少于 6 位，单击“确定”按钮时将会弹出提示信息，并自动清空文本框中的所有内容，同时焦点仍在文本框中，等待用户的下次输入。为了获得本例中的效果，需要设置文本框控件的以下两个属性：

- ❒ MaxLength 属性：设置为 6。
- ❒ PasswordChar 属性：设置为*。

```
Private Sub UserForm_Initialize()
    cmdOk.TakeFocusOnClick = False
End Sub

Private Sub cmdOk_Click()
    If Len(txtPassword.Value) < txtPassword.MaxLength Then
        MsgBox "密码位数不够，请重新输入"
        txtPassword.Text = ""
    End If
End Sub
```

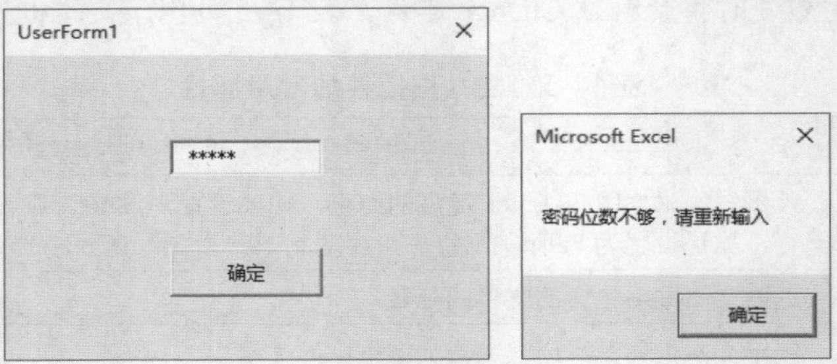

图 14-27　创建密码文本框

案例 14-13　创建显示多行文本的文本框

下面的代码位于用户窗体的代码模块中。运行用户窗体后，在文本框中将会自动载入预置的文本，并显示在多行中，还会显示垂直滚动条，如图 14-28 所示。单击“确定”按钮时将会弹出提示信息，显示文本框中文本的总行数。为了获得本例中的效果，需要设置文本框控件的以下 3 个属性：

- ❒ MultiLine 属性：设置为 True。
- ❒ ScrollBars 属性：设置为 fmScrollBarsVertical。
- ❒ WordWrap 属性：设置为 True

```
Private Sub UserForm_Initialize()
    txtMulti.Text = "文本框用于接收用户的输入或显示指定的信息。Change 事件是文本框控件的默认事
    件，当文本框中的文本发生改变时将会触发 Change 事件。"
    cmdOk.TakeFocusOnClick = False
End Sub

Private Sub cmdOk_Click()
    MsgBox "文本共有" & txtMulti.LineCount & "行"
End Sub
```

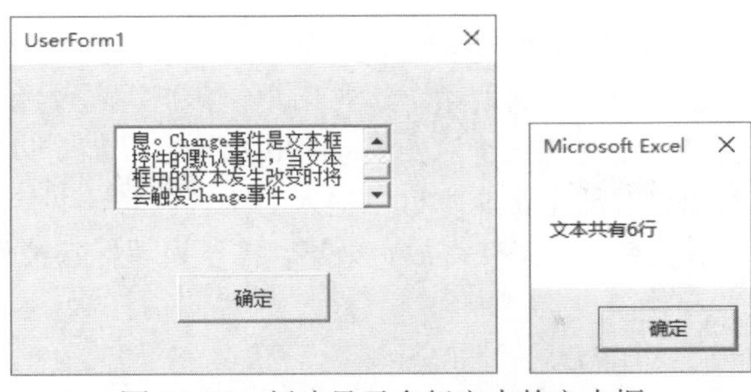

图 14-28　创建显示多行文本的文本框

为了使 LineCount 属性正常工作，必须确保文本框始终获得焦点，因此需要在用户窗体的 Initialize 事件过程中加入下面的代码，以确保文本框不会失去焦点。

```
cmdOk.TakeFocusOnClick = False
```

案例 14-14　将文本框中的内容添加到工作表中

下面的代码位于用户窗体的代码模块中。运行用户窗体后，在文本框中输入内容并单击“添加”按钮，输入的内容会自动被添加到 A 列最后一个包含数据的单元格下方的单元格中，如图 14-29 所示。由于每次单击“添加”按钮都会触发 Click 事件过程，在运行完过程中的代码后就会结束该过程。为了在两次单击之间能够记录由 lngRow 变量存储的最后一个包含数据的单元格所在的行号，因此需要使用 Static 关键字将变量声明为静态变量，从而可以确保在退出 Sub 过程时变量中的值不会丢失。

```
Private Sub UserForm_Initialize()
    cmdAdd.TakeFocusOnClick = False
End Sub

Private Sub cmdAdd_Click()
    Dim rng As Range
    Static lngRow As Long
    lngRow = Cells(Rows.Count, 1).End(xlUp).Row
    If IsEmpty(Range("A1")) Then
        Range("A1").Value = txtAdd.Text
    Else
        lngRow = lngRow + 1
        Set rng = Cells(lngRow, 1)
        rng.Value = txtAdd.Text
    End If
    txtAdd.Text = ""
End Sub
```

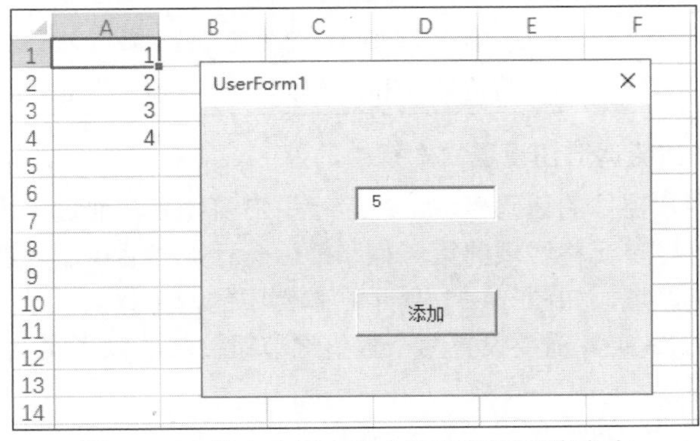

图 14-29　将文本框中的内容添加到工作表中

案例 14-15　验证在文本框中输入的每一个字符

下面的代码位于用户窗体的代码模块中。运行用户窗体后，在文本框中每输入一个字符，都会在下方以放大的比例显示相同的字符，如图 14-30 所示，从而可以验证输入的字符是否正确。单击“重新输入”按钮将会清空在文本框中输入的所有内容，并等待用户的下一次输入。显示放大字符的是一个标签控件，为了获得放大效果，需要设置标签控件的 Font 属性中的字号大小，本例将其设置为“三号”。

```
Private Sub txtCheck_Change()
    lblCheck.Caption = txtCheck.Text
End Sub

Private Sub cmdCheck_Click()
    txtCheck.Text = ""
    txtCheck.SetFocus
End Sub
```

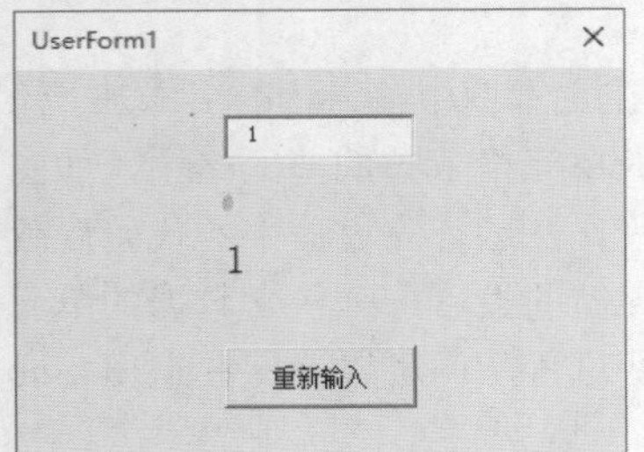

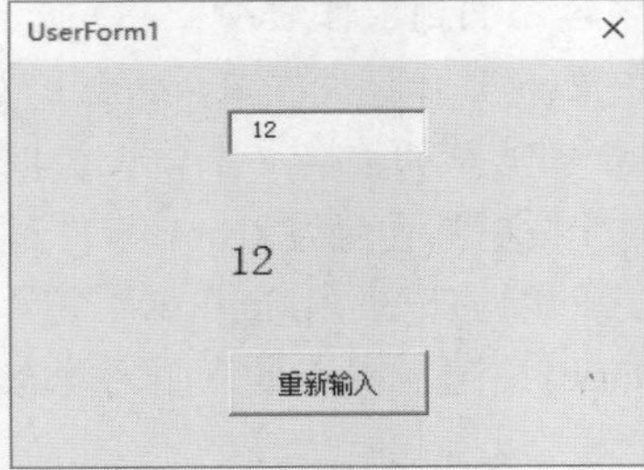

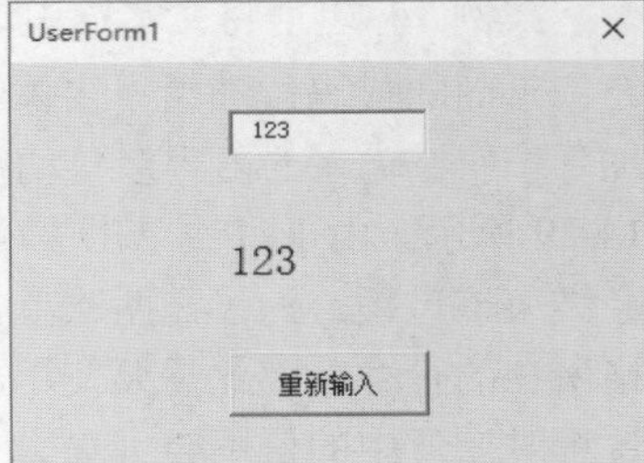

图 14-30　验证在文本框中输入的内容

14.4.3　数值调节钮

数值调节钮由上下两个箭头组成，单击上箭头或下箭头可以增加或减少数值，通常与文本框配合使用。Change 事件是数值调节钮控件的默认事件，当单击数值调节钮的上箭头或下箭头时将会触发 Change 事件。表 14-6 列出了数值调节钮控件的常用属性。

表 14-6　数值调节钮控件的常用属性

属　性	说　明
Max	设置数值调节钮可以调整到的最大值
Min	设置数值调节钮可以调整到的最小值
Orientation	设置数值调节钮的方向，分为水平和垂直两种
SmallChange	单击数据调节钮的上箭头或下箭头时数值递增或递减的量，默认为 1
Value	单击数值调节钮的上箭头或下箭头将会改变 Value 属性的值

案例 14-16　使用数值调节钮设置文本框中的值

下面的代码位于用户窗体的代码模块中。运行用户窗体后，通过单击数值调节钮设置两个文本框中的值，以便确定单元格区域的第一行和最后一行，然后单击“选择区域”按钮将选择由这两行组成的单元格区域，如图 14-31 所示。本例中的两个数值调节钮设置的值范围为 1～100。为了获得本例中的效果，需要设置两个数值调节钮控件的以下属性：

- ❒ Min 属性：设置为 1。
- ❒ Max 属性：设置为 100。
- ❒ SmallChange 属性：设置为 1。

```
Private Sub UserForm_Initialize()
    txtFirst.Text = SpnFirst.Min
    txtLast.Text = SpnLast.Min
End Sub

Private Sub SpnFirst_Change()
    txtFirst.Text = SpnFirst.Value
End Sub

Private Sub SpnLast_Change()
    txtLast.Text = SpnLast.Value
End Sub

Private Sub cmdSelect_Click()
    Dim intFirstRow As Integer, intLastRow As Integer
    intFirstRow = txtFirst.Text
    intLastRow = txtLast.Text
    Range(Cells(intFirstRow, 1), Cells(intLastRow, 2)).EntireRow.Select
End Sub
```

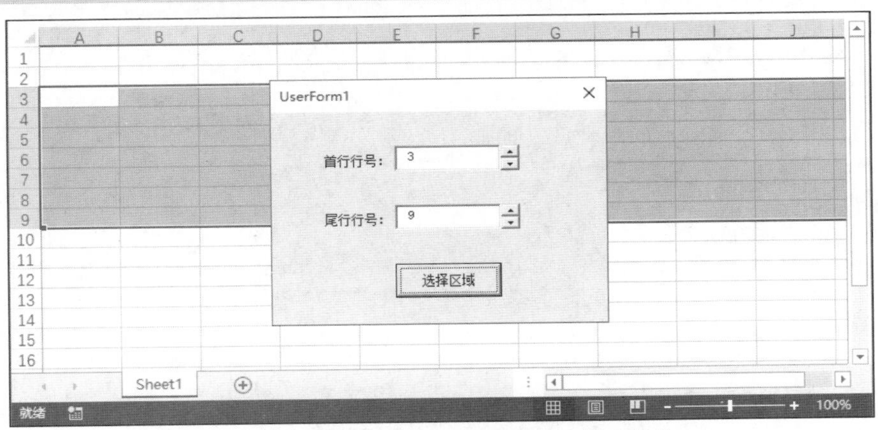

图 14-31　使用数值调节钮设置文本框中的值

14.4.4　滚动条

滚动条用于快速浏览或定位大范围的内容，其工作机制与数值调节钮类似，它们包含大量相同的属性。Change 事件是滚动条控件的默认事件，当拖动滚动条上的滑块、单击滚动条两端的箭头、单击滑块与两端箭头之间的区域时都会触发 Change 事件。表 14-7 列出了滚动条控件的常用属性。

表 14-7　滚动条控件的常用属性

属　　性	说　　明
LargeChange	单击滑块与两端箭头之间的区域时数值递增或递减的量
Max	设置滚动条可以调整到的最大值
Min	设置滚动条可以调整到的最小值
Orientation	设置滚动条的方向，分为水平和垂直两种
SmallChange	单击滚动条的上箭头或下箭头时数值递增或递减的量，默认为 1
Value	拖动滚动条上的滑块、单击滚动条两端的箭头、单击滑块与两端箭头之间的区域都会改变 Value 属性的值

案例 14-17　使用滚动条放大字体的显示比例

下面的代码位于用户窗体的代码模块中。运行用户窗体后，在文本框中输入任何内容，然后调整滚动条的位置，将在滚动条左侧的标签中显示对输入的内容经过放大后的内容，如图 14-32 所示。单击“还原”按钮将会清空文本框和标签中的内容，同时将滚动条上的滑块恢复到初始位置。为了获得本例中的效果，需要设置滚动条控件的以下 4 个属性，以及将标签控件的 TextAlign 属性设置为 fmTextAlignCenter，即居中对齐。

- Min 属性：设置为 1。
- Max 属性：设置为 10。
- SmallChange 属性：设置为 1。
- LargeChange 属性：设置为 3。

```
Private Sub txtOriginal_Change()
    lblZoom.Caption = txtOriginal.Text
End Sub

Private Sub scrZoom_Change()
    lblZoom.Font.Size = txtOriginal.Font.Size * scrZoom.Value
End Sub

Private Sub cmdSelect_Click()
    scrZoom.Value = scrZoom.Min
    txtOriginal.Text = ""
    lblZoom.Caption = ""
    txtOriginal.SetFocus
End Sub
```

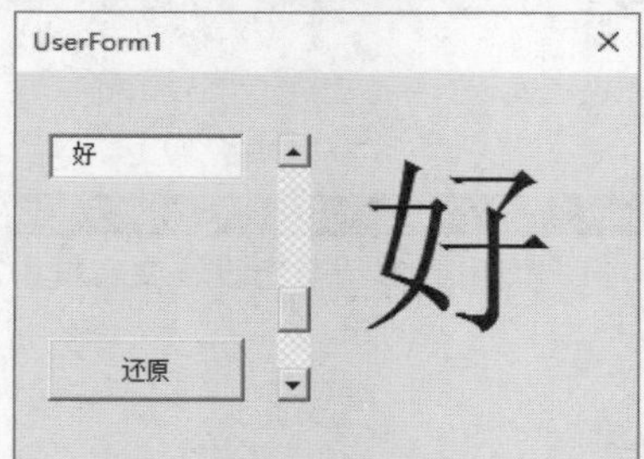

图 14-32　使用滚动条放大字体的显示比例

使用 Change 事件是在改变滑块在滚动条上的位置后触发的，因此在拖动滑块的过程中不会实时显示放大效果。如果希望实现该效果，则需要同时使用滚动条的 Scroll 事件和 Change 事件。下面添加了滚动条的 Scroll 事件代码，将其添加到上面的案例中。

```
Private Sub scrZoom_Scroll()
    lblZoom.Font.Size = txtOriginal.Font.Size * scrZoom.Value
End Sub
```

14.4.5　选项按钮

选项按钮通常成组出现，用于为用户提供多个选项，用户只能从一组选项按钮中选择其中的一项。可以使用容器控件为选项按钮分组，比如用户窗体、框架控件。如果一部分选项按钮位于用户窗体中，另一部分选项按钮位于用户窗体中的框架中，则这两部分选项按钮被视为不同的组。Click 事件是选项按钮控件的默认事件，当选中选项按钮或将选项按钮的 Value 属性设置为 True 时，将会触发 Click 事件。表 14-8 列出了选项按钮控件的常用属性。

表 14-8　选项按钮控件的常用属性

属　性	说　明
Alignment	设置选项按钮和标题的位置关系，可以是选项按钮在左，标题在右，也可以是标题在左，选项按钮在右
AutoSize	设置选项按钮是否自动调整大小以适应完整显示其中的内容，如果为 True 则自动调整选项按钮的大小，如果为 False 则不自动调整选项按钮的大小
GroupName	设置一个名称，所有具有该名称的选项按钮属于同一个组，使用该方法可以代替容器控件来为选项按钮分组
Value	返回或设置选项按钮的选中状态，如果为 True 则表示选中选项按钮，如果为 False 则表示未选中选项按钮

案例 14-18　使用选项按钮实现单项选择功能

下面的代码位于用户窗体的代码模块中。运行用户窗体后，从几个表示 Excel 版本的选项按钮中选择一个，然后单击“确定”按钮，将会弹出一个对话框，其中显示了所选择的 Excel 版本，如图 14-33 所示。

```
Private Sub cmdOk_Click()
    Dim strVersion As String
    Select Case True
        Case opt2003.Value
            strVersion = "Excel 2003"
        Case opt2007.Value
            strVersion = "Excel 2007"
        Case opt2010.Value
            strVersion = "Excel 2010"
        Case opt2016.Value
            strVersion = "Excel 2016"
    End Select
    MsgBox "你选择的 Excel 版本是: " & strVersion
End Sub
```

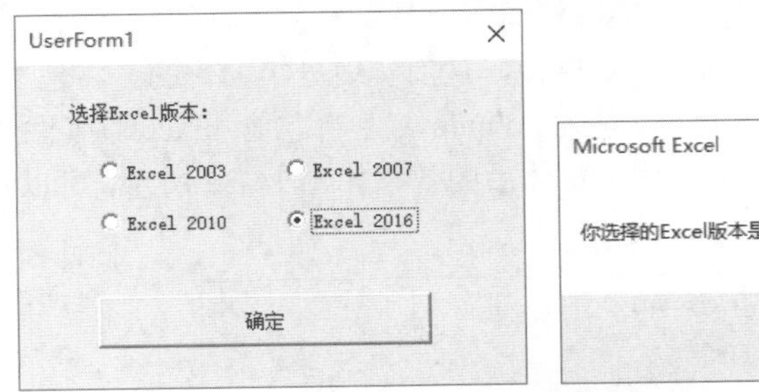

图 14-33　使用选项按钮实现单项选择功能

案例 14-19　使用多组选项按钮实现多组选项设置功能

下面的代码位于用户窗体的代码模块中。运行用户窗体后，可以从不同的组中选择不同的选项，单击“确定”按钮后将在弹出对话框中显示所有选择的结果，如图 14-34 所示。本例使用框架控件对不同类别的选项按钮进行分组，从而实现不同组中的选项按钮相对独立。由于本例需要从两组选项按钮中分别选择不同的选项，因此需要使用两个变量分别存储两组中选择的选项，然后在对话框中显示选择结果。

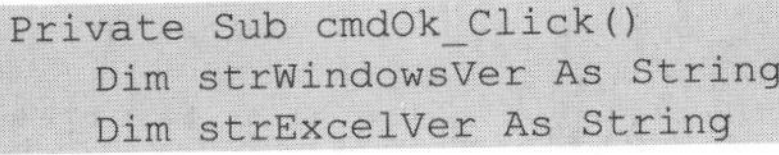

```
Private Sub cmdOk_Click()
    Dim strWindowsVer As String
    Dim strExcelVer As String
```

```
    Dim strMsg As String
    Select Case True
        Case optXP.Value
            strWindowsVer = "Windows XP"
        Case opt7.Value
            strWindowsVer = "Windows 7"
        Case opt10.Value
            strWindowsVer = "Windows 10"
    End Select
    Select Case True
        Case opt2003.Value
            strExcelVer = "Excel 2003"
        Case opt2010.Value
            strExcelVer = "Excel 2010"
        Case opt2016.Value
            strExcelVer = "Excel 2016"
    End Select
    strMsg = "你选择的 Windows 版本是: " & strWindowsVer & vbCrLf
    strMsg = strMsg & "你选择的 Excel 版本是: " & strExcelVer
    MsgBox strMsg
End Sub
```

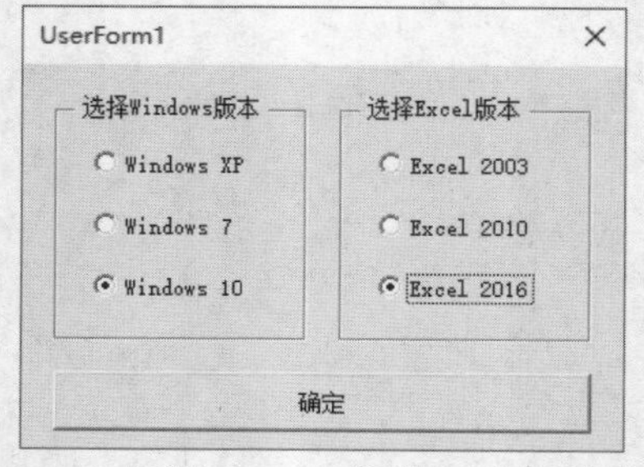

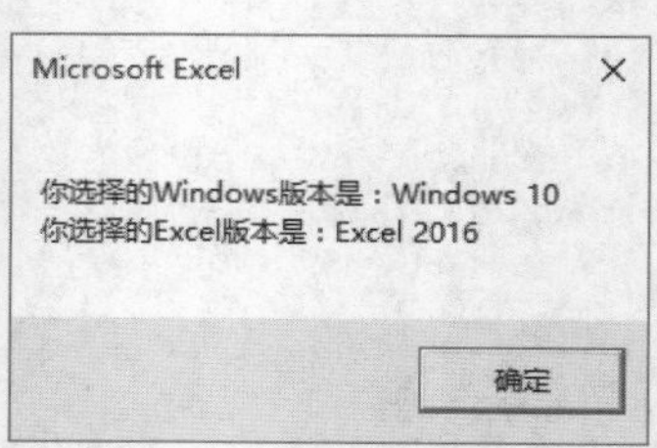

图 14-34　使用多组选项按钮实现多组选项设置功能

案例 14-20　使用 GroupName 属性代替框架控件将选项按钮分组

本例实现的功能和代码与上一个案例相同，但是没有使用框架控件为选项按钮分组，而是通过为选项按钮设置不同的 GroupName 属性，从而实现分组的目的。将包含 Windows 版本的所有选项按钮的 GroupName 属性设置为 Windows，将包含 Excel 版本的所有选项按钮的 GroupName 属性设置为 Excel。运行用户窗体后的效果如图 14-35 所示，可以看到其中并未显示框架，但是仍然可以分组选择不同的选项。

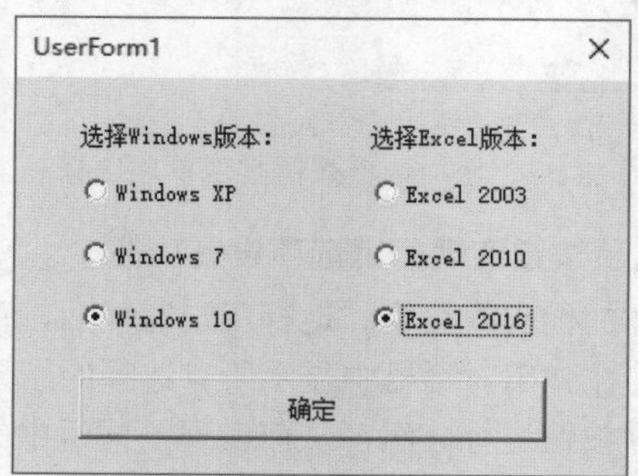

图 14-35　使用 GroupName 属性代替框架控件

14.4.6　复选框

复选框与选项按钮类似，都用于在一个或多个选项中做出选择，而且它们包含几乎完全相同的属性。复选框与选项按钮的最主要区别是复选框允许同时选择多个，而对于一组选项按钮来说只能选择其中之一。Click 事件是复选框控件的默认事件，当选中复选框或将复选框的 Value 属性设置为 True 时，将会触发 Click 事件。表 14-9 列出了复选框控件的常用属性。

表 14-9　复选框控件的常用属性

属　性	说　明
Alignment	设置复选框和标题的位置关系，可以是复选框在左，标题在右，也可以是标题在左，复选框在右
AutoSize	设置复选框是否自动调整大小以适应完整显示其中的内容，如果为 True 则自动调整复选框的大小，如果为 False 则不自动调整复选框的大小
Value	返回或设置复选框的选中状态，如果为 True 则表示选中复选框，如果为 False 则表示未选中复选框

案例 14-21　使用复选框实现多项选择功能

下面的代码位于用户窗体的代码模块中。运行用户窗体后，可以从所有选项中选择一个或多个，选择的同时将会为文本框中的文本设置相应的字体格式，如图 14-36 所示。单击“重置”按钮，将会清除文本框中文本的所有字体格式，同时清除所有复选框以使它们恢复到未选中状态。

```
Private Sub chkBold_Click()
    txtName.Font.Bold = chkBold.Value
End Sub

Private Sub chkItalic_Click()
    txtName.Font.Italic = chkItalic.Value
End Sub

Private Sub chkUnderLine_Click()
    txtName.Font.Underline = chkUnderLine.Value
End Sub

Private Sub cmdOk_Click()
    chkBold.Value = False
    chkItalic.Value = False
    chkUnderLine.Value = False
    txtName.Font.Bold = False
    txtName.Font.Italic = False
    txtName.Font.Underline = False
End Sub
```

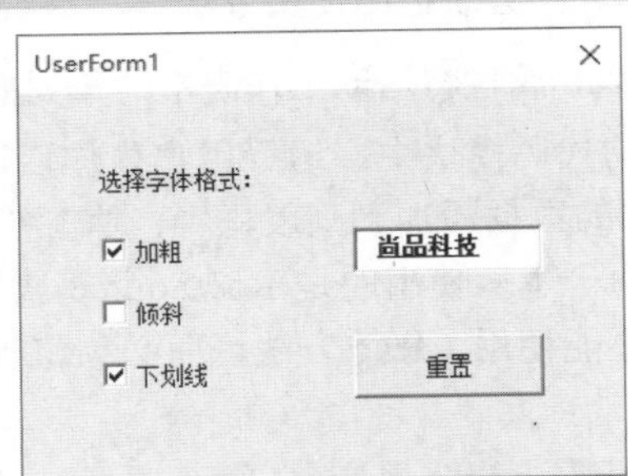

图 14-36　使用复选框实现多项选择功能

14.4.7　列表框

列表框是用户窗体中使用频繁且用途广泛的控件，用于在一个列表中显示多个项目，用户可以从中选择一个。Click 事件是列表框控件的默认事件，当在列表框中选择某个选项时将会触发 Click 事件。表 14-10 和表 14-11 列出了列表框控件的常用属性和方法。

表 14-10 列表框控件的常用属性

属　性	说　明
BoundColumn	对于多列列表框来说，该属性用于设置使用当前所选行的哪一列数据作为列表框的 Value 属性的值
ColumnCount	设置在列表框中显示的项目的列数
List	返回或设置列表框中包含的项目，通过索引号来引用列表框中的特定项目，列表框中的第一个项目的索引号为 0，第二个项目的索引号为 1，以此类推
ListCount	返回列表框中包含的项目总数
ListIndex	返回在列表框中当前选择的项目的索引号，列表框中的第一个项目的索引号是 0，第二个项目的索引号是 1，以此类推
ListStyle	设置列表框中的项目的外观样式，可以将项目显示为选项按钮或复选框的外观
MultiSelect	设置是否可以在列表框中选择多个项目，可以通过鼠标反复单击来选择或取消选择项目，也可以使用 Ctrl 或 Shift 键并配合鼠标单击来选择指定范围内的项目
RowSource	将工作表单元格区域中的数据指定为列表框中的项目
Selected	在允许多项选择的情况下，该属性用于返回或设置指定项目的选中状态，如果为 True 则表示已选中，如果为 False 则表示未选中
Text	返回在列表框中当前选择的项目
TopIndex	返回或设置列表框顶端的项目，如果列表框中没有任何项目或未被显示，则该属性返回-1

表 14-11 列表框控件的常用方法

方　法	说　明
AddItem	将新的项目添加到列表框中
Clear	删除列表框中的所有项目
RemoveItem	删除列表框中的指定项目

本节将通过多个案例来详细介绍列表框的使用方法。

案例 14-22 使用 RowSource 属性将活动工作表中的单列数据添加到列表框中

下面的代码位于用户窗体的代码模块中。运行用户窗体后，单击“添加”按钮，将活动工作表的 A1:A10 单元格区域中的数据添加到列表框中，单击“清空”按钮，将清空列表中的所有内容，如图 14-37 所示。由于本例使用的是 RowSource 属性向列表框中添加项目，因此在删除列表框中的所有项目时不能使用 Clear 方法，而必须将 RowSource 属性设置为空字符串才能实现。

```
Private Sub cmdAdd_Click()
   lstName.RowSource = "A1:A10"
End Sub

Private Sub cmdClear_Click()
   lstName.RowSource = ""
End Sub
```

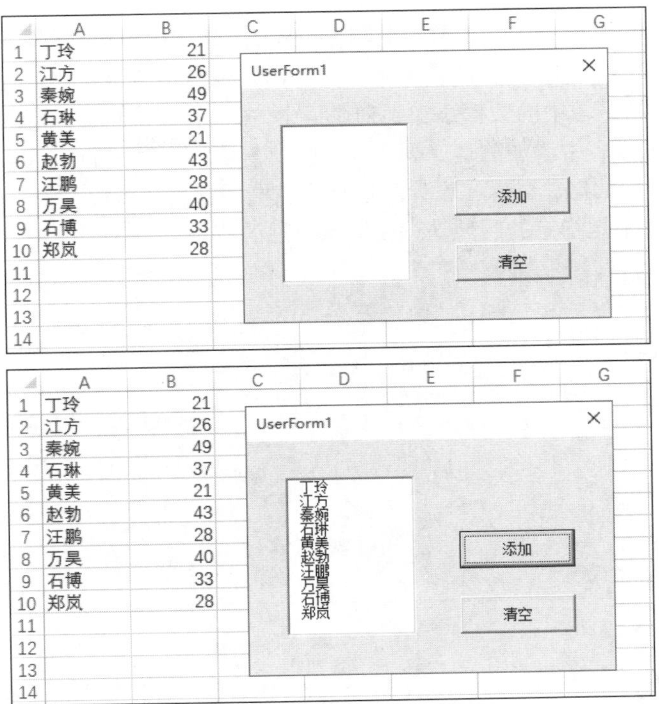

图 14-37　使用 RowSource 属性将活动工作表中的单列数据添加到列表框中

案例 14-23　使用 RowSource 属性将特定工作表中的单列数据添加到列表框中

下面的代码与上一个案例类似，仍然使用 RowSource 属性将工作表中的数据添加到列表框中，如图 14-38 所示。不同的是，本例添加的是特定工作表中的数据，而不是活动工作表中的数据，因此在为 RowSource 属性赋值时，必须包含特定工作表的名称和一个叹号，就像在工作表公式中引用其他工作表的单元格那样。

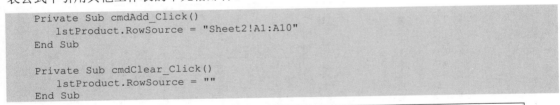

```
Private Sub cmdAdd_Click()
   lstProduct.RowSource = "Sheet2!A1:A10"
End Sub

Private Sub cmdClear_Click()
   lstProduct.RowSource = ""
End Sub
```

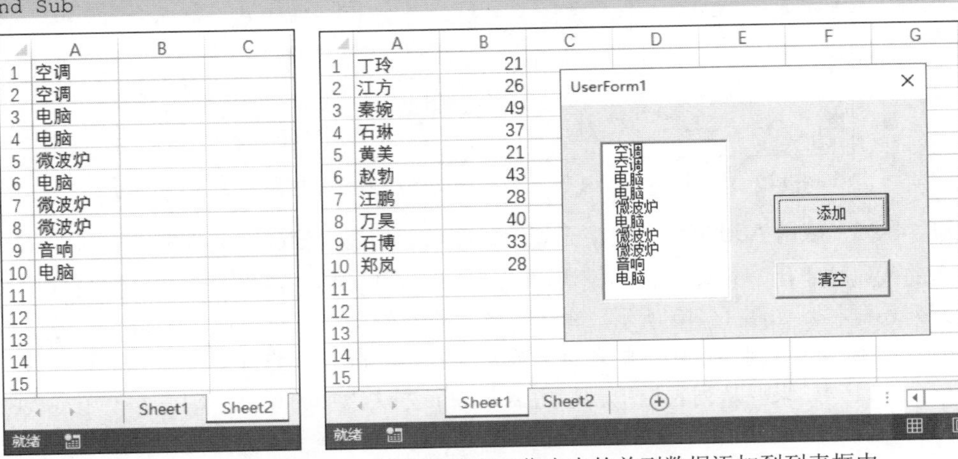

图 14-38　使用 RowSource 属性将特定工作表中的单列数据添加到列表框中

案例 14-24　使用 RowSource 属性将工作表中的多列数据添加到列表框中

下面的代码位于用户窗体的代码模块中。运行用户窗体后，单击“添加”按钮，将活动工作表的 A1:C10 单元格区域中的数据添加到列表框中，在列表框中将会显示 3 列数据，如图 14-39 所示。由于本例向工作表中添加的是 3 列数据，因此需要将列表框的 ColumnCount 属性设置为 3，以便正确显示 3 列数据。可以在设计时选择列表框后在属性窗口设置 ColumnCount 属性，本例是在代码运行时根据指定的区域动态设置该属性的值。

```
Private Sub cmdAdd_Click()
    Dim strAddress As String, intCols As Integer
    strAddress = "A1:C10"
    intCols = Range(strAddress).Columns.Count
    lstName.ColumnCount = intCols
    lstName.RowSource = strAddress
End Sub

Private Sub cmdClear_Click()
    lstName.RowSource = ""
End Sub
```

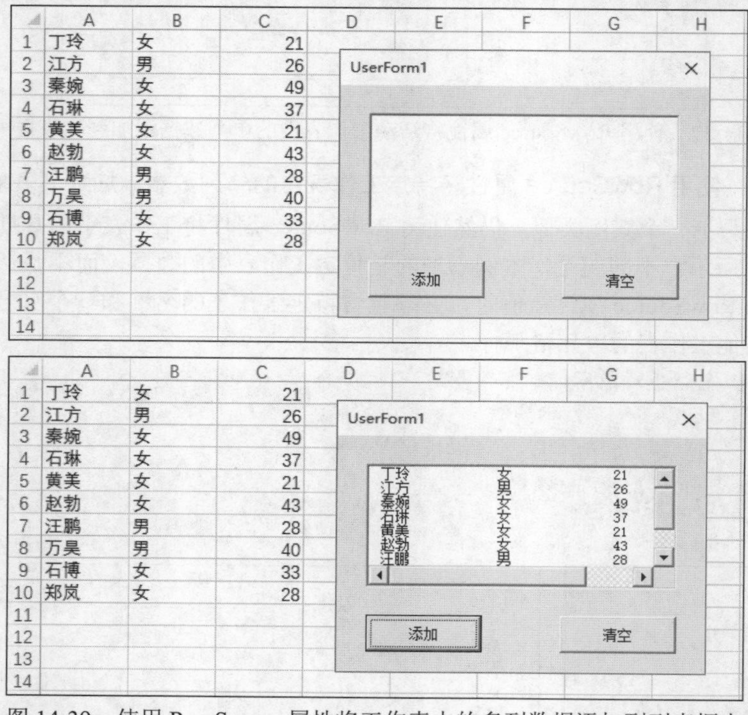

图 14-39　使用 RowSource 属性将工作表中的多列数据添加到列表框中

案例 14-25　使用 AddItem 方法将无规律的项目逐一添加到列表框中

下面的代码位于用户窗体的代码模块中。运行用户窗体后，单击“添加”按钮，将商品名称添加到列表框中，如图 14-40 所示。本例与上一个案例类似，也是使用 AddItem 方法将项目添加到列表框中，但是因为本例中的项目名称没有规律，因此只能重复执行 AddItem 方法逐一添加每一个项目。如果要从列表框中删除由 AddItem 方法添加的项目，则需要使用列表框控件的 Clear 方法。

```
Private Sub cmdAdd_Click()
    lstProduct.AddItem "电视"
    lstProduct.AddItem "冰箱"
    lstProduct.AddItem "空调"
    lstProduct.AddItem "洗衣机"
    lstProduct.AddItem "微波炉"
    lstProduct.AddItem "电磁炉"
    lstProduct.AddItem "热水器"
End Sub

Private Sub cmdClear_Click()
    lstProduct.Clear
End Sub
```

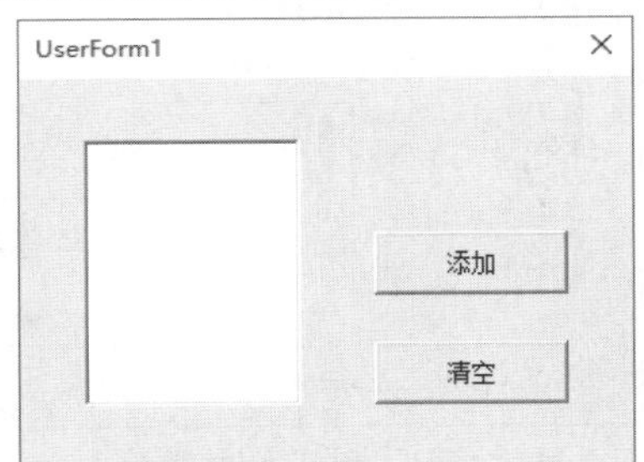

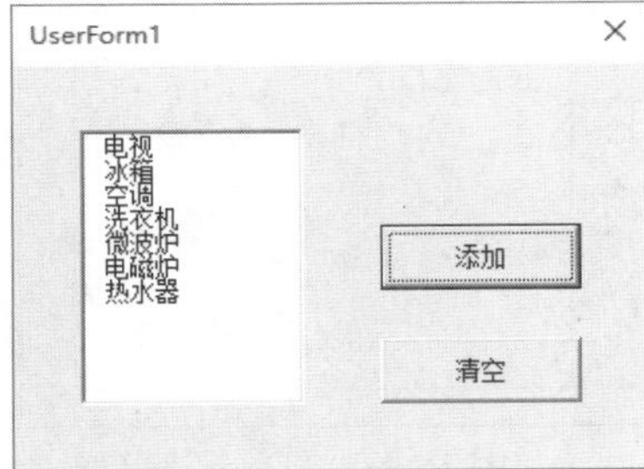

图 14-40　使用 AddItem 方法将无规律的项目逐一添加到列表框中

案例 14-26　使用 AddItem 方法将连续的数字编号批量添加到列表框中

下面的代码位于用户窗体的代码模块中。运行用户窗体后，单击“添加”按钮，将 1～50 这 50 个数字添加到列表框中，如图 14-41 所示。由于数字是连续的，因此可以使用 For Next 循环结构进行批量添加。与前几个案例不同，本例使用 AddItem 方法向列表框中添加项目，该方法包含两个参数，第一个参数表示要添加的项目，第二个参数表示要将项目添加到列表框中的位置。如果省略第二个参数，则将新的项目添加到列表框的底部。

```
Private Sub cmdAdd_Click()
    Dim intNumber As Integer
    For intNumber = 1 To 50
        lstNumber.AddItem intNumber
    Next intNumber
End Sub
```

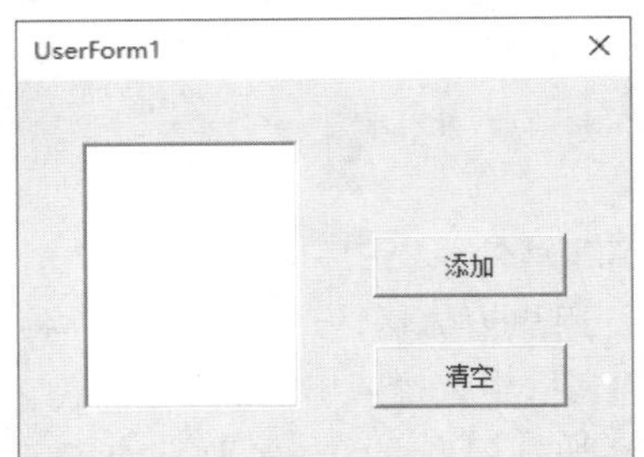

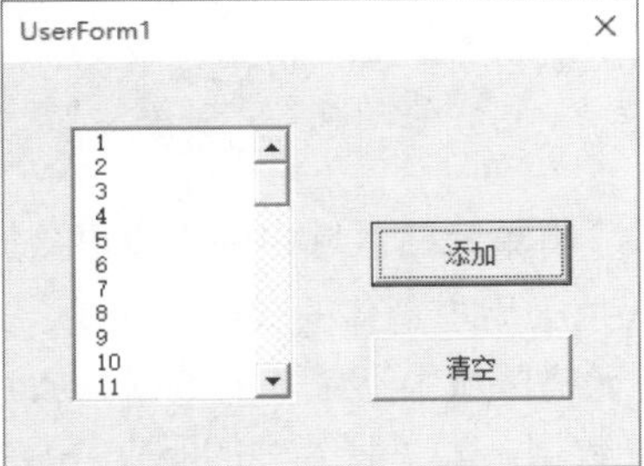

图 14-41　使用 AddItem 方法将连续的数字编号批量添加到列表框中

案例 14-27　使用 AddItem 方法将单元格区域中的数据批量添加到列表框中

下面的代码位于用户窗体的代码模块中。运行用户窗体后，单击“添加”按钮，将活动工

作表中的 A1:A10 单元格区域中的数据添加到列表框中，如图 14-42 所示。如果已经为列表框的 RowSource 属性设置了值，则在使用 AddItem 方法向列表框中添加数据时将会出现运行时错误。为了避免发生这种情况，可以在代码中将 RowSource 属性设置为空字符串。

```
Private Sub cmdAdd_Click()
    Dim intRow As Integer
    lstName.RowSource = ""
    For intRow = 1 To 10
        lstName.AddItem Cells(intRow, 1).Value
    Next intRow
End Sub
```

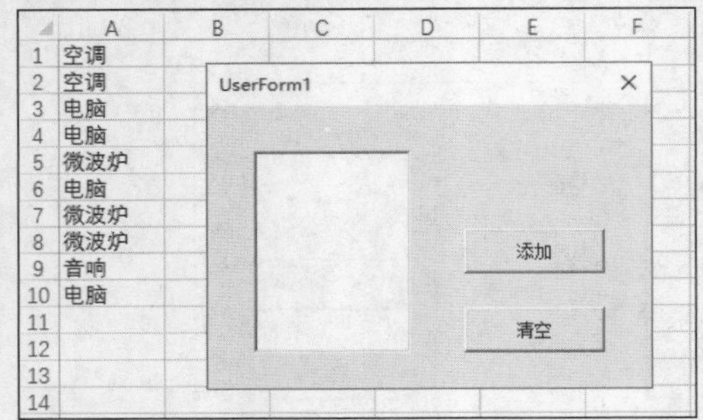
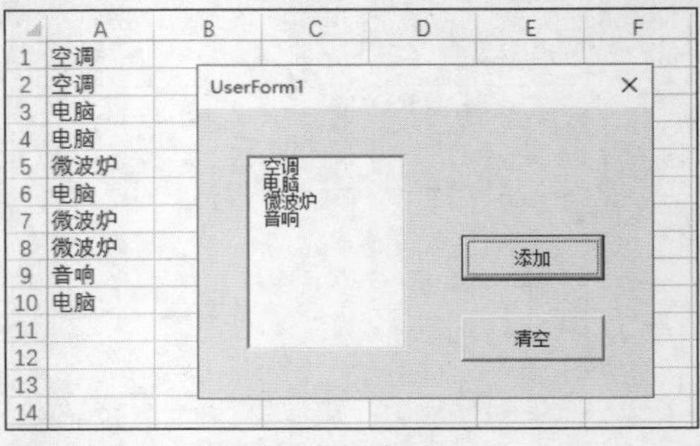

图 14-42　将单元格区域中的不重复数据添加到列表框中

案例 14-28　使用 List 属性将多个项目一次性添加到列表框中

下面的代码位于用户窗体的代码模块中。运行用户窗体后，单击"添加"按钮，将商品名称添加到列表框中。列表框控件的 List 属性接收一个水平数组，因此可以使用 Array 函数创建一个包含所需项目的数组，并将其赋值给 List 属性，从而一次性完成项目的添加。

```
Private Sub cmdAdd_Click()
    lstProduct.List = Array("电视", "冰箱", "空调", "洗衣机", "微波炉", "电磁炉", "热水器")
End Sub
```

案例 14-29　使用 List 属性将工作表中的一列数据添加到列表框中

下面的代码位于用户窗体的代码模块中。运行用户窗体后，单击"添加"按钮，将工作表中的 A1:A10 单元格区域中的数据添加到列表框中。由于 List 属性接收的是一个水平数组，而本例中的 A1:A10 单元格区域是一个垂直数组，因此在将其赋值给 List 属性之前，需要使用 Transpose 函数对数组方向进行转置。

```
Private Sub cmdAdd_Click()
    lstName.List = Application.WorksheetFunction.Transpose(Range("A1:A10"))
End Sub
```

案例 14-30　将单元格区域中的不重复数据添加到列表框中

下面的代码位于用户窗体的代码模块中。运行用户窗体后，单击"添加"按钮，将工作表中的 A1:A10 单元格区域中不重复的数据添加到列表框中，如图 14-42 所示。在 A1:A10 单元格区域中存在重复数据，为了将其中的不重复数据添加到列表框中，需要借助 Collection 集合。在 Collection 集合中只存储唯一值，如果将重复的数据添加到 Collection 集合中，则会出现运行时错误，为了避免出现错误，需要加入 On Error Resume Next 语句以忽略错误。最后再将包含唯一值的 Collection 集合中的所有数据添加到列表框中。

```
Private Sub cmdAdd_Click()
```

```
    Dim cnn As Collection, rng As Range
    Dim intIndex As Integer
    Set cnn = New Collection
    On Error Resume Next
    For Each rng In Range("A1:A10")
        cnn.Add rng.Value, rng.Value
    Next rng
    For intIndex = 1 To cnn.Count
        lstProduct.AddItem cnn(intIndex)
    Next intIndex
End Sub
```

案例 14-31　在列表框中动态添加单元格区域中的所有数据

下面的代码位于用户窗体的代码模块中。运行用户窗体后，单击“添加”按钮，将活动工作表 A 列中的所有数据添加到列表框中。无论以后增加或减少 A 列中的数据，每次单击“添加”按钮都会将 A 列中当前包含的所有数据添加到列表框中，如图 14-43 所示。

```
Private Sub cmdAdd_Click()
    Dim strAddress As String, lngLastRow As Long
    lngLastRow = Cells(Rows.Count, 1).End(xlUp).Row
    strAddress = "A1:" & Cells(lngLastRow, 1).Address(0, 0)
    lstName.RowSource = strAddress
End Sub
```

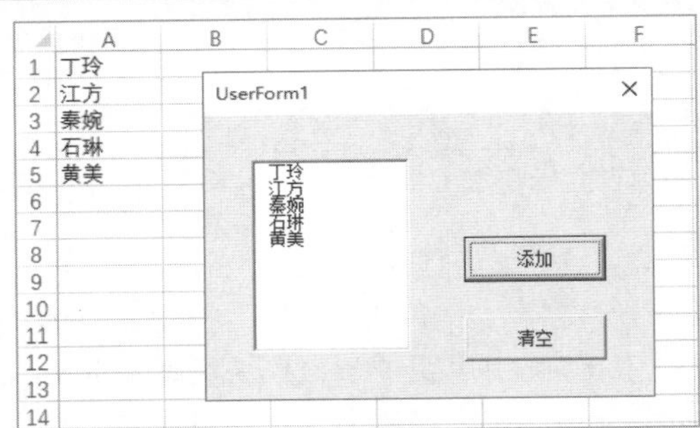

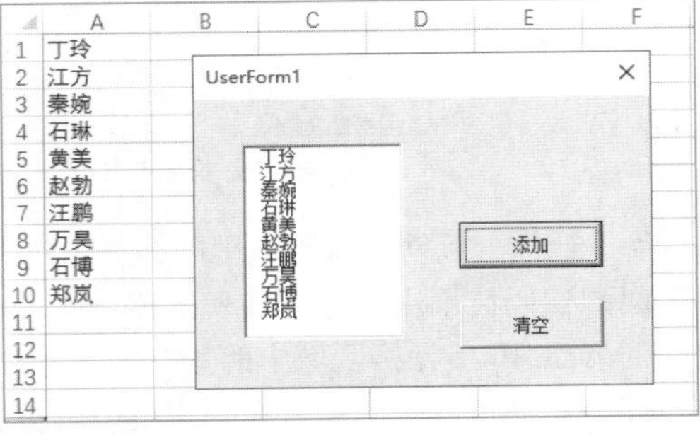

图 14-43　在列表框中动态添加单元格区域中的所有数据

案例 14-32　将在文本框中输入的内容添加到列表框中

下面的代码位于用户窗体的代码模块中。运行用户窗体后，单击“添加”按钮，将在文本框中输入的内容添加到列表框中，同时清空文本框中的内容，并将焦点继续定位在文本框中，等待下次输入，如图 14-44 所示。

```
Private Sub cmdAdd_Click()
    lstName.AddItem txtName.Text
    txtName.Text = ""
    txtName.SetFocus
End Sub
```

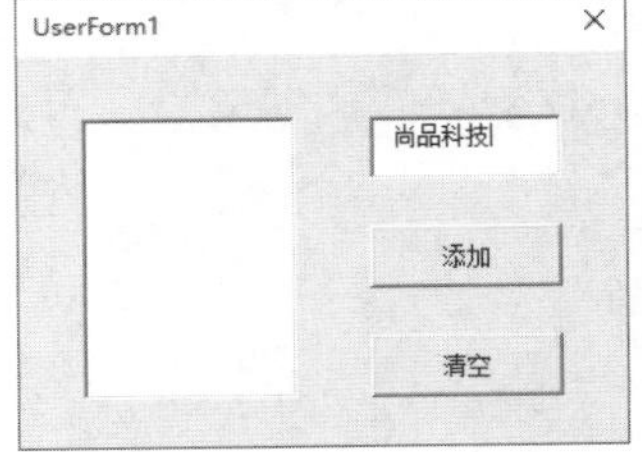

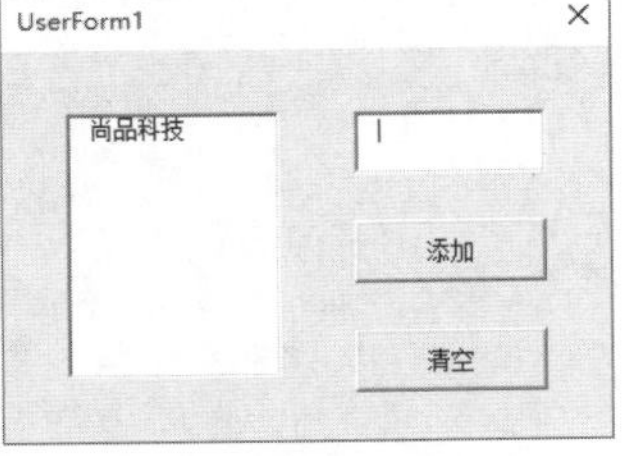

图 14-44　将在文本框中输入的内容添加到列表框中

案例 14-33　将列表框中选中的项目显示在文本框中

下面的代码位于用户窗体的代码模块中。运行用户窗体后，单击“添加”按钮，将活动工作表中的 A1:C10 单元格区域中的数据添加到列表框中，在列表中选择的项目会自动显示在文本框中，如图 14-45 所示。

```
Private Sub cmdAdd_Click()
    lstName.RowSource = "A1:A10"
End Sub

Private Sub lstName_Click()
    txtName.Text = lstName.Text
End Sub

Private Sub cmdClear_Click()
    lstName.RowSource = ""
    txtName.Text = ""
End Sub
```

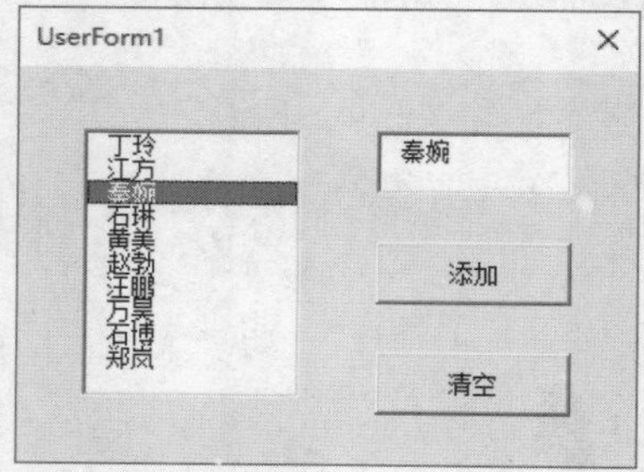

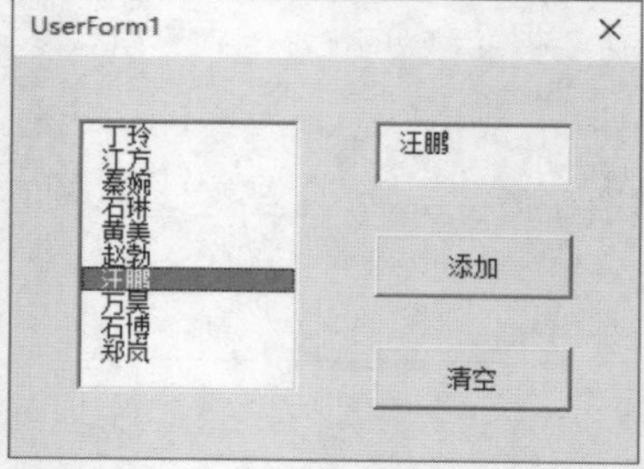

图 14-45　将列表框中选中的项目显示在文本框中

案例 14-34　对列表框中选中的项目进行修改

下面的代码位于用户窗体的代码模块中。运行用户窗体后，单击“添加”按钮，将活动工作表中的 A1:C10 单元格区域中的数据添加到列表框中。代码中声明了一个模块级变量 intIndex，用于存储当前进行修改的项目在列表框中的位置的索引号，在列表框中选择项目时将会触发列表框控件的 Click 事件，此时将选中项目的索引号赋值给 intIndex 变量，并在文本框中显示所选项目。在对文本框中的内容完成编辑后，单击“修改”按钮，将文本框中的内容添加到由 intIndex 变量指定的列表框中的位置，并删除位于其下方的那个项目，如图 14-46 所示。这个项目就是之前选中的项目，它在列表框中的索引号是 intIndex 变量加 1，因为将修改后的内容添加到了它的上方。

```
Dim intIndex As Integer

Private Sub cmdAdd_Click()
    Dim intRow As Integer
    lstName.RowSource = ""
    For intRow = 1 To 10
        lstName.AddItem Cells(intRow, 1).Value
    Next intRow
End Sub

Private Sub cmdEdit_Click()
    lstName.AddItem txtName.Text, intIndex
    lstName.RemoveItem intIndex + 1
End Sub

Private Sub lstName_Click()
```

```
    txtName.Text = lstName.Text
    intIndex = lstName.ListIndex
End Sub
```

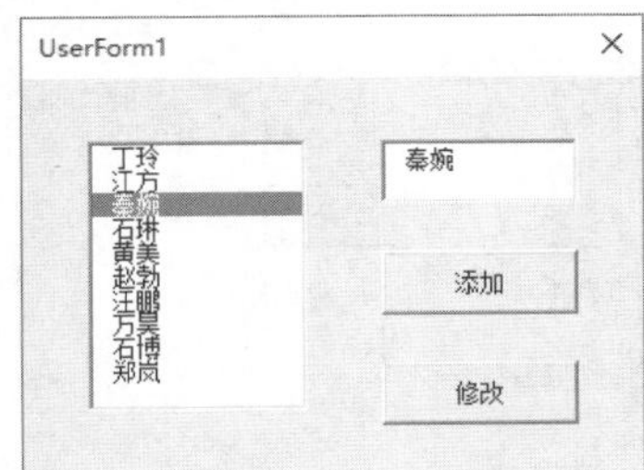

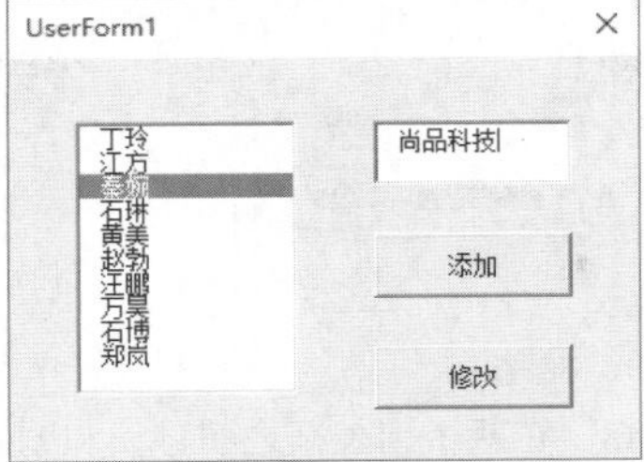

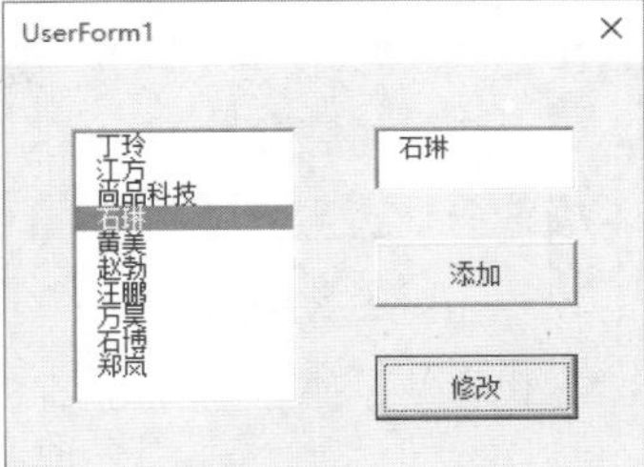

图 14-46　对列表框中选中的内容进行修改

案例 14-35　创建可选择多个项目的列表框

下面的代码位于用户窗体的代码模块中。运行用户窗体后，单击“添加”按钮，将活动工作表中的 A1:C10 单元格区域中的数据添加到列表框中，然后可以在列表框中选择一个或多个项目，如图 14-47 所示。本例是在代码中将列表框控件设置为可支持多项选择，也可以在用户窗体的属性窗口中设置 MultiSelect 属性来实现相同的效果。可为 MultiSelect 属性设置的值有以下 3 个：

- fmMultiSelectSingle 0：MultiSelect 属性的默认值，只能在列表框中选择一项。
- fmMultiSelectMulti 1：通过鼠标单击不同的项目可以实现多项选择，再次单击选中的项目可以取消选中。使用空格键也可以实现相同的效果。
- fmMultiSelectExtended 2：使用 Ctrl 键或 Shift 键并配合鼠标单击可以在列表中选择多个项目。要取消选中的项目，可以按住 Ctrl 键后依次单击它们。

```
Private Sub cmdAdd_Click()
    Dim intRow As Integer
    lstName.RowSource = ""
    For intRow = 1 To 10
        lstName.AddItem Cells(intRow, 1).Value
    Next intRow
    lstName.MultiSelect = fmMultiSelectMulti
End Sub
```

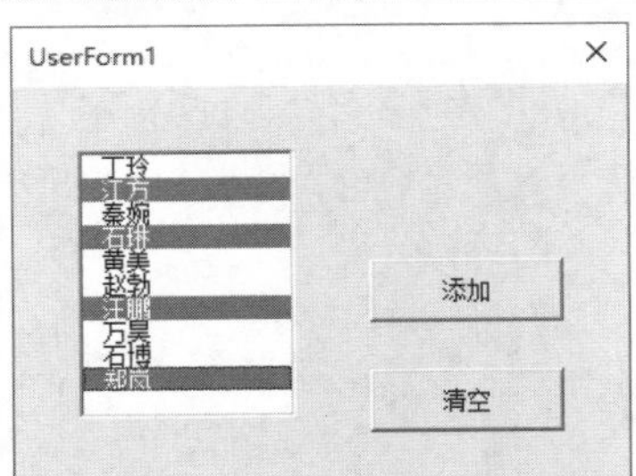

图 14-47　创建可选择多个项目的列表框

案例 14-36　在两个列表框之间移动和删除项目

下面的代码位于用户窗体的代码模块中。运行用户窗体后，单击“加载数据”按钮，将活动工作表中的 A1:C10 单元格区域中的数据添加到列表框中。如果在左侧列表框中没有选择任何项目，则在单击“添加”按钮时会显示提示信息而不进行添加。如果在左侧列表框中选择了一个项目，则可以单击“添加”按钮将其添加到右侧列表框中，如图 14-48 所示。

在向右侧列表框中添加新项目时有两种情况，一种情况是在右侧列表框中没有选择任何项目，此时将新项目添加到列表框的底部，即所有项目的末尾；另一种情况是在右侧列表框中选择了一个项目，此时将新项目添加到所选项目的下方。

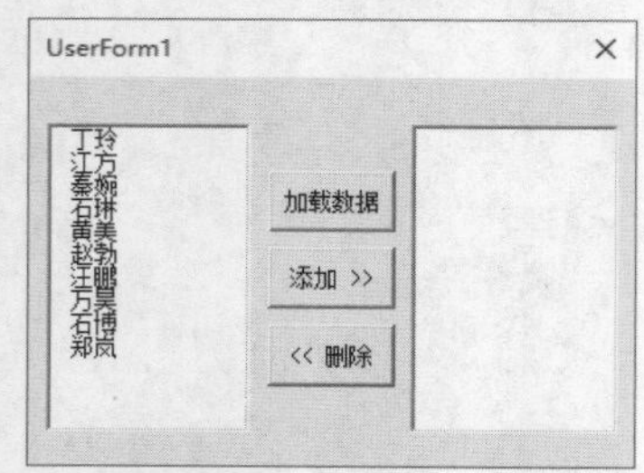
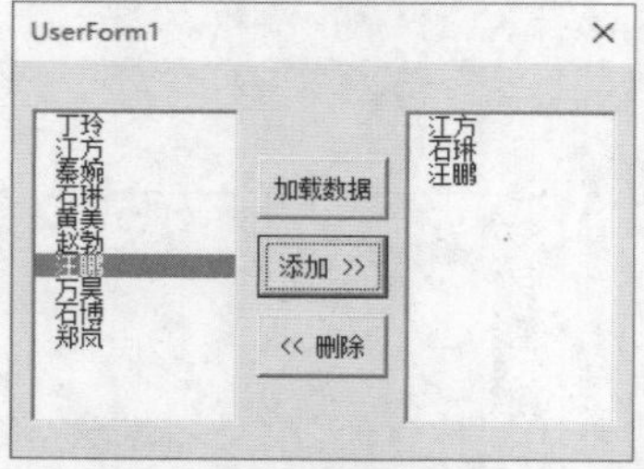
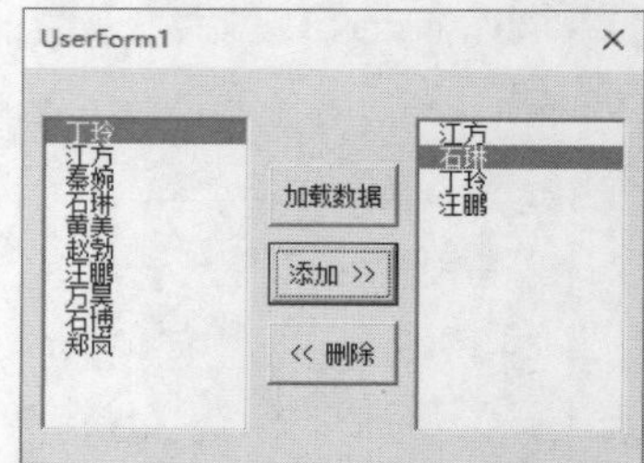

图 14-48　在两个列表框之间移动和删除项目

要从右侧列表框中删除项目，可以先选择一个项目，然后单击“删除”按钮。如果在单击“删除”按钮之前没有选择任何项目，则将显示提示信息。本例中在添加项目时，允许向右侧列表框中添加重复的项目。

```
Private Sub cmdLoad_Click()
    Dim intRow As Integer
    lstFrom.RowSource = ""
    lstFrom.Clear
    For intRow = 1 To 10
        lstFrom.AddItem Cells(intRow, 1).Value
    Next intRow
End Sub

Private Sub cmdAdd_Click()
    Dim intIndex As Integer
    If lstFrom.ListIndex = -1 Then
        MsgBox "请选择要添加的内容！"
        Exit Sub
    Else
        If lstTo.ListIndex = -1 Then
            lstTo.AddItem lstFrom.Text
        Else
            lstTo.AddItem lstFrom.Text, lstTo.ListIndex + 1
        End If
    End If
End Sub

Private Sub cmdDelete_Click()
    If lstTo.ListIndex = -1 Then
        MsgBox "请选择要删除的内容！"
        Exit Sub
    Else
        lstTo.RemoveItem lstTo.ListIndex
    End If
End Sub
```

案例 14-37　在两个列表框之间移动和删除不重复的项目

下面的代码与上一个案例类似，但是限制了不能在右侧列表框中添加重复的项目。本例中的“加载数据”和“删除”按钮的代码与上一个案例相同，为了节省篇幅，只给出“添加”按钮的代码，其中包含了检查并限制添加重复项目的功能。在 For Next 循环中遍历右侧列表框中的每一个项目，如果其中的任何一个项目与左侧列表中当前选中的项目相同，则显示提示信息并退出程序，如图 14-49 所示，否则将选中项目添加到右侧列表框中。

在遍历右侧列表框中的项目之前，应该使用列表框控件的 ListCount 属性检查右侧列表框中是否包含至少一个项目。如果不存在任何项目，则不需要检查重复值，而直接将选中项目添加到右侧列表框中。

```
Private Sub cmdAdd_Click()
    Dim intIndex As Integer
    If lstFrom.ListIndex = -1 Then
        MsgBox "请选择要添加的内容！"
        Exit Sub
    Else
        If lstTo.ListCount <> 0 Then
            For intIndex = 0 To lstTo.ListCount - 1
                If lstFrom.Text = lstTo.List(intIndex) Then
                    MsgBox "要添加的项目已存在！"
                    Exit Sub
                End If
            Next intIndex
            If lstTo.ListIndex = -1 Then
                lstTo.AddItem lstFrom.Text
            Else
                lstTo.AddItem lstFrom.Text, lstTo.ListIndex + 1
            End If
        Else
            lstTo.AddItem lstFrom.Text
        End If
    End If
End Sub
```

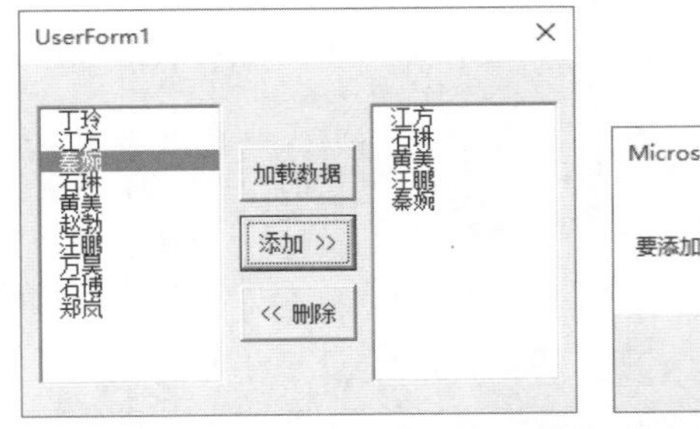

图 14-49　在两个列表框之间移动和删除不重复的项目

案例 14-38　在列表框中移动项目的位置

下面的代码位于用户窗体的代码模块中。运行用户窗体后，单击“添加”按钮，将活动工作表中的 A1:C10 单元格区域中的数据添加到列表框中。单击“上移”按钮，将列表框中的所选项目向上移动一次，如图 14-50 所示，如果选中的是第一个项目，则不进行移动；单击“下移”按钮，将列表框中的所选项目向下移动一次，如果选中的是最后一个项目，则不进行移动。如果在列表框中没有选择任何项目，则无论单击“上移”还是“下移”按钮都不进行任何移动。移动列表框中所选项目的工作原理是，使用数组和临时变量来实现所选项目与其上方或下方的项目之间的位置的互相对调。

```
Private Sub cmdUp_Click()
    Dim intListCount As Integer, intIndex As Integer
    Dim intSelIndex As Integer, varTempItem As Variant
    Dim avarList() As Variant
    intListCount = lstName.ListCount
    If intListCount = 0 Then Exit Sub
    If lstName.ListIndex <= 0 Then Exit Sub
    ReDim avarList(0 To intListCount - 1)
    For intIndex = 0 To intListCount - 1
        avarList(intIndex) = lstName.List(intIndex)
    Next intIndex
```

```
    intSelIndex = lstName.ListIndex
    varTempItem = avarList(intSelIndex)
    avarList(intSelIndex) = avarList(intSelIndex - 1)
    avarList(intSelIndex - 1) = varTempItem
    lstName.List = avarList
    lstName.ListIndex = intSelIndex - 1
End Sub

Private Sub cmdDown_Click()
    Dim intListCount As Integer, intIndex As Integer
    Dim intSelIndex As Integer, varTempItem As Variant
    Dim avarList() As Variant
    intListCount = lstName.ListCount
    If intListCount = 0 Then Exit Sub
    If lstName.ListIndex = -1 Or lstName.ListIndex = intListCount - 1 Then Exit Sub
    ReDim avarList(0 To intListCount - 1)
    For intIndex = 0 To intListCount - 1
        avarList(intIndex) = lstName.List(intIndex)
    Next intIndex
    intSelIndex = lstName.ListIndex
    varTempItem = avarList(intSelIndex)
    avarList(intSelIndex) = avarList(intSelIndex + 1)
    avarList(intSelIndex + 1) = varTempItem
    lstName.List = avarList
    lstName.ListIndex = intSelIndex + 1
End Sub
```

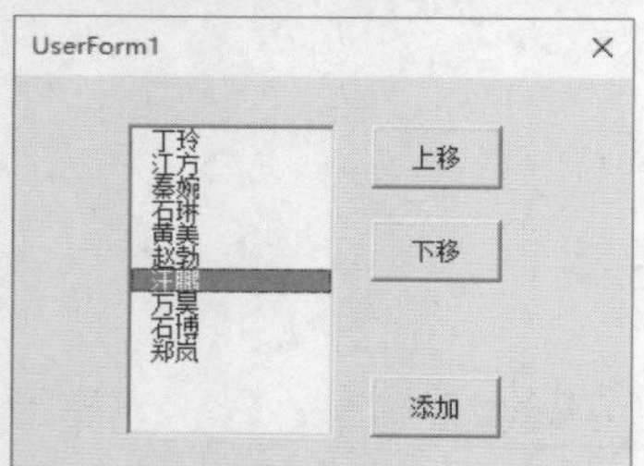

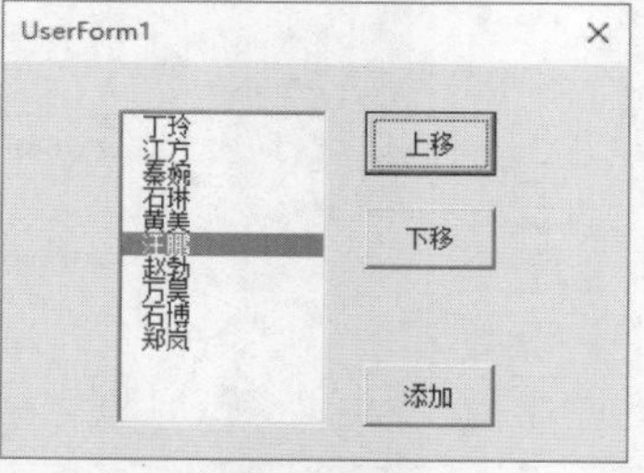

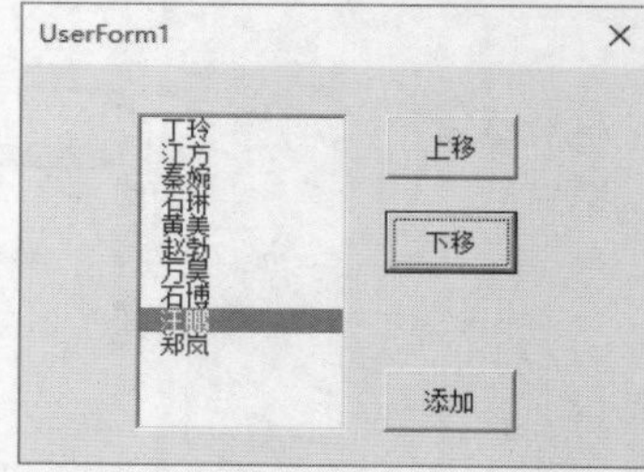

图 14-50　在列表框中移动项目的位置

案例 14-39　将列表框中选中的项目写入工作表

下面的代码位于用户窗体的代码模块中。运行用户窗体后，单击“添加”按钮，将活动工作表中的 A1:C10 单元格区域中的数据添加到列表框中，在列表框中选择的项目将会出现在活动工作表的 D1 单元格中，如图 14-51 所示。为了将列表框中选中的项目动态写入工作表中，需要将列表框控件的 ControlSource 属性设置为希望接收列表框数据的单元格。本例用户窗体中还包括一个“更改链接地址”按钮，单击该按钮，可以重新选择一个要写入列表框数据的单元格，用于选择单元格的对话框由 Application 对象的 InputBox 方法创建。

```
Private Sub cmdAdd_Click()
    Dim intRow As Integer
    lstName.RowSource = ""
    lstName.Clear
    For intRow = 1 To 10
        lstName.AddItem Cells(intRow, 1).Value
    Next intRow
    lstName.ControlSource = "D1"
End Sub

Private Sub cmdChange_Click()
    Dim rng As Range
```

```
    On Error Resume Next
    Set rng = Application.InputBox("选择新的链接单元格: ", Type:=8)
    lstName.ControlSource = rng.Address(0, 0)
End Sub
```

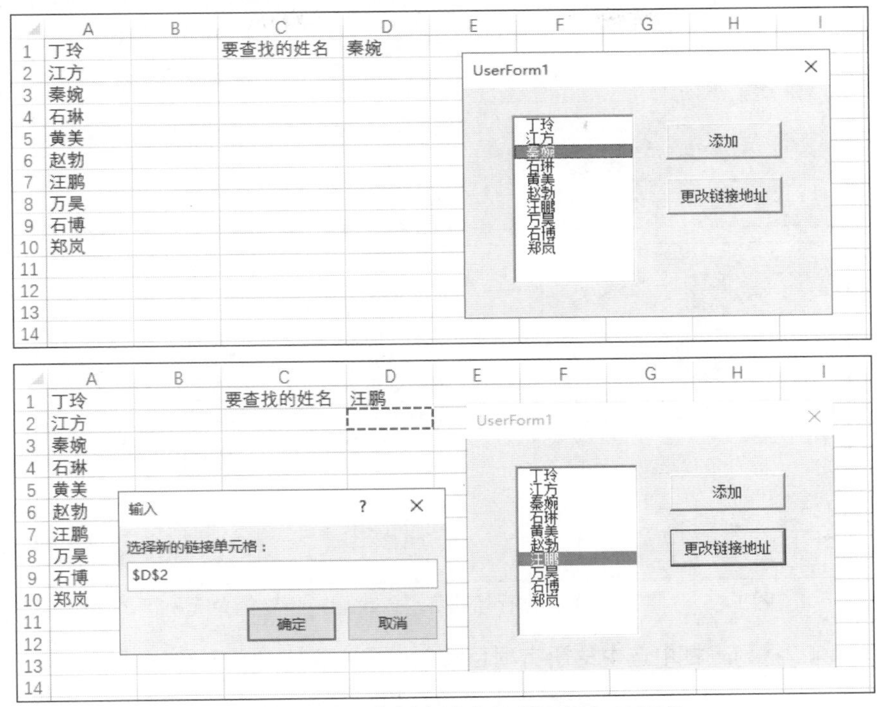

图 14-51　将列表框中选中的项目写入工作表

案例 14-40　将列表框中的所有项目写入由用户指定的单元格区域

下面的代码位于用户窗体的代码模块中。运行用户窗体后，单击“添加”按钮，将一组商品名称添加到列表框中。单击“导出”按钮将会弹出一个对话框，由用户选择一个单元格，单击“确定”按钮后，会自动将列表框中的所有项目导入到以所选单元格为起点的一列单元格区域中，如图 14-52 所示。

```
Private Sub cmdAdd_Click()
    lstProduct.RowSource = ""
    lstProduct.AddItem "电视"
    lstProduct.AddItem "冰箱"
    lstProduct.AddItem "空调"
    lstProduct.AddItem "洗衣机"
    lstProduct.AddItem "微波炉"
    lstProduct.AddItem "电磁炉"
    lstProduct.AddItem "热水器"
End Sub

Private Sub cmdExport_Click()
    Dim rng As Range
    On Error Resume Next
    Set rng = Application.InputBox("选择作为起点的单元格: ", Type:=8)
    If rng Is Nothing Then Exit Sub
    rng.Resize(UBound(lstProduct.List, 1) + 1).Value = lstProduct.List
End Sub
```

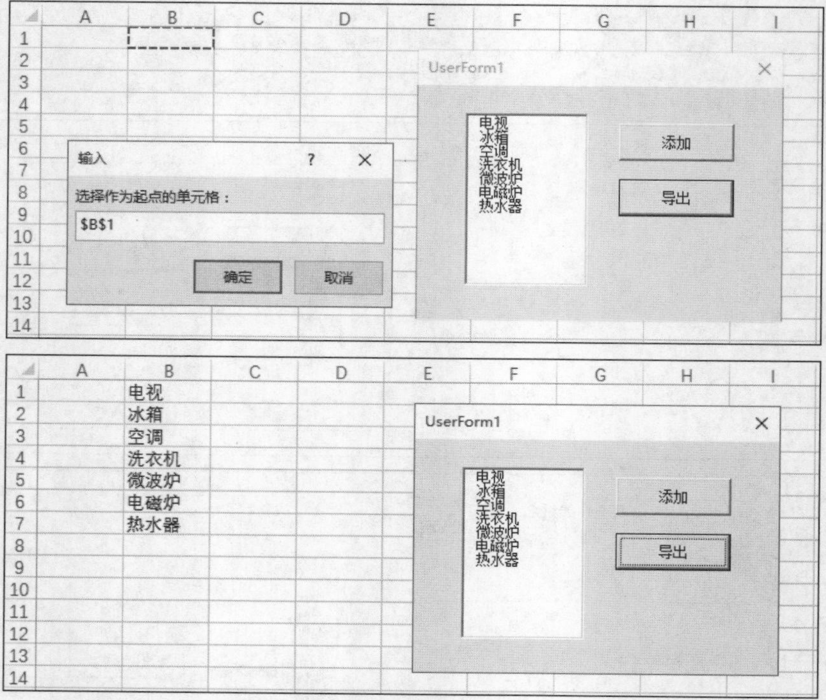

图 14-52　将列表框中的所有项目写入由用户指定的单元格区域

案例 14-41　将列表框中选中的所有项目写入由用户指定的单元格区域

下面的代码位于用户窗体的代码模块中。运行用户窗体后，单击“添加”按钮，将一组商品名称添加到列表框中。本例创建的是可以选择多项的列表框，在列表框中选择多个项目，然后单击“导出”按钮指定起始单元格，最后单击“确定”按钮，将选中的所有项目导入到以所选单元格为起点的一列单元格区域中，如图 14-53 所示。

本例中声明了一个动态数组，用于存储所有选中的项目。在 For Next 循环结构遍历列表框中的每一个项目，使用列表框控件的 Selected 属性确定每一个项目是否被选中。如果被选中，则将用于表示动态数组上界的 intSelCount 变量加 1，然后重新定义动态数组，并将该项目存储到动态数组中由 intSelCount 变量决定的索引号的数组元素中。在完成所有项目的遍历后，将动态数组中的所有数组元素一次性写入到指定的单元格区域中，这些数组元素就是在列表框中选中的所有项目。

```
Private Sub cmdAdd_Click()
    lstProduct.RowSource = ""
    lstProduct.AddItem "电视"
    lstProduct.AddItem "冰箱"
    lstProduct.AddItem "空调"
    lstProduct.AddItem "洗衣机"
    lstProduct.AddItem "微波炉"
    lstProduct.AddItem "电磁炉"
    lstProduct.AddItem "热水器"
    lstProduct.MultiSelect = fmMultiSelectMulti
End Sub

Private Sub cmdExport_Click()
    Dim avarSelItems() As Variant, rng As Range
    Dim intSelCount As Integer, intIndex As Integer
```

```
    For intIndex = 0 To lstProduct.ListCount - 1
        If lstProduct.Selected(intIndex) Then
            intSelCount = intSelCount + 1
            ReDim Preserve avarSelItems(1 To intSelCount)
            avarSelItems(intSelCount) = lstProduct.List(intIndex)
        End If
    Next intIndex
    On Error Resume Next
    Set rng = Application.InputBox("选择作为起点的单元格: ", Type:=8)
    If rng Is Nothing Then Exit Sub
    rng.Resize(UBound(avarSelItems, 1)).Value = Application.WorksheetFunction.Transpose
    (avarSelItems)
End Sub
```

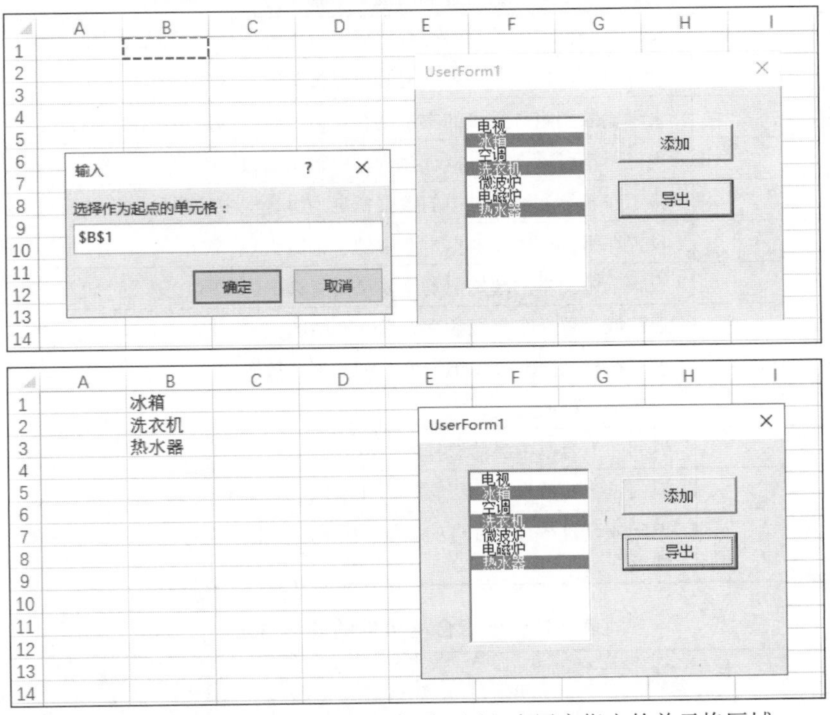

图 14-53　将列表框中选中的所有项目写入由用户指定的单元格区域

14.4.8　组合框

组合框与列表框类似，都可用于在一个或多个选项中做出选择，而且它们也包含很多相同的属性和方法。然而组合框与列表框存在一个重要的区别，组合框不但提供了从中选择选项的列表，还在列表的上方提供了一个用于接收用户输入的文本框，因此组合框相当于是一个由列表框和文本框组合在一起的结合体。用户既可以像在文本框中那样输入数据，又可以像在列表框中那样选择其中的选项。Change 事件是组合框控件的默认事件，当组合框的文本框中的内容发生改变时将会触发 Change 事件。表 14-12 和表 14-13 列出了组合框控件的常用属性和方法。

表 14-12　组合框控件的常用属性

属　　性	说　　明
BoundColumn	对于多列组合框来说，该属性用于设置使用当前所选行的哪一列数据作为组合框的 Value 属性的值

续表

属　性	说　明
ColumnCount	设置在组合框中显示的项目的列数
DropButtonStyle	组合框右侧的下拉按钮上显示的图标，默认显示为下箭头
List	返回或设置组合框中包含的项目，通过索引号来引用组合框中的特定项目，组合框中的第一个项目的索引号为 0，第二个项目的索引号为 1，以此类推
ListCount	返回组合框中包含的项目总数
ListRows	指定列表中显示的最大行数
ListIndex	返回在组合框中当前选择的项目的索引号
ListStyle	设置组合框中的项目的外观样式，可以将项目显示为选项按钮或复选框的外观
MatchEntry	设置组合框按用户输入的内容进行搜索的方式
MatchFound	表示输入到组合框中的文本是否与该组合框列表中的某个项目匹配
MaxLength	规定用户可以在文本框或组合框中输入的最多字符数，设置为 0 则仅受内存限制
RowSource	将工作表单元格区域中的数据指定为组合框中的项目
SelLength	设置在组合框的文本框中选中的字符数
SelStart	设置选中文本的起始位置，如果没有选中的文本，则设置插入点的位置
SelText	返回或设置在组合框的文本框中选中的文本
ShowDropButtonWhen	设置在什么时候显示组合框右侧的下拉按钮
Style	设置组合框的外观样式
Text	返回在组合框中当前选择的项目
TextLength	返回以字符数表示的组合框的文本框中的文本长度
TopIndex	返回或设置组合框顶端的项目，如果组合框中没有任何项目或未被显示，则该属性返回-1

表 14-13　组合框控件的常用方法

方　法	说　明
AddItem	将新的项目添加到组合框中
Clear	删除组合框中的所有项目
RemoveItem	删除组合框中的指定项目

案例 14-42　使用 AddItem 方法将无规律的项目逐一添加到组合框中

下面的代码位于用户窗体的代码模块中。运行用户窗体后，单击“添加”按钮，将商品名称添加到组合框中，如图 14-54 所示。

```
Private Sub cmdAdd_Click()
    cboProduct.RowSource = ""
    cboProduct.AddItem "电视"
    cboProduct.AddItem "冰箱"
    cboProduct.AddItem "空调"
    cboProduct.AddItem "洗衣机"
    cboProduct.AddItem "微波炉"
    cboProduct.AddItem "电磁炉"
    cboProduct.AddItem "热水器"
End Sub
```

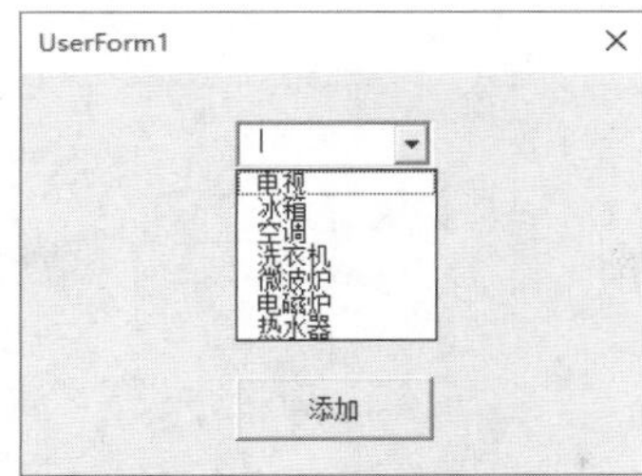

图 14-54　使用 AddItem 方法将无规律的项目逐一添加到组合框中

案例 14-43　使用 RowSource 属性将工作表中的数据添加到组合框中

下面的代码位于用户窗体的代码模块中。运行用户窗体后，单击“添加”按钮，将活动工作表的 A1:A10 单元格区域中的数据添加到组合框中，如图 14-55 所示。

```
Private Sub cmdAdd_Click()
    cboName.RowSource = "A1:A10"
End Sub
```

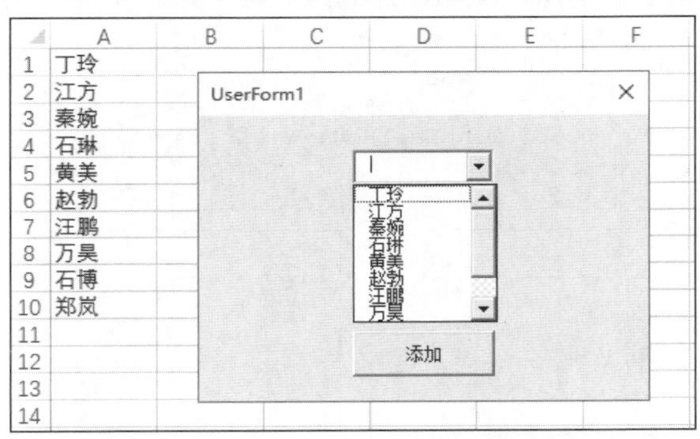

图 14-55　使用 RowSource 属性将工作表中的数据添加到组合框中

案例 14-44　使用 List 属性将工作表中的一列数据添加到组合框中

下面的代码位于用户窗体的代码模块中。运行用户窗体后，单击“添加”按钮，将工作表中的 A1:A10 单元格区域中的数据添加到组合框中。本例使用的是组合框控件的 List 属性来添加项目。

```
Private Sub cmdAdd_Click()
    lstName.List = Application.WorksheetFunction.Transpose(Range("A1:A10"))
End Sub
```

案例 14-45　将单元格区域中的不重复数据添加到组合框中

下面的代码位于用户窗体的代码模块中。运行用户窗体后，单击“添加”按钮，将工作表中的 A1:A10 单元格区域中不重复的数据添加到组合框中，如图 14-56 所示。

```
Private Sub cmdAdd_Click()
    Dim cnn As Collection, rng As Range
    Dim intIndex As Integer
    Set cnn = New Collection
    On Error Resume Next
    For Each rng In Range("A1:A10")
        cnn.Add rng.Value, rng.Value
    Next rng
    For intIndex = 1 To cnn.Count
        cboProduct.AddItem cnn(intIndex)
    Next intIndex
End Sub
```

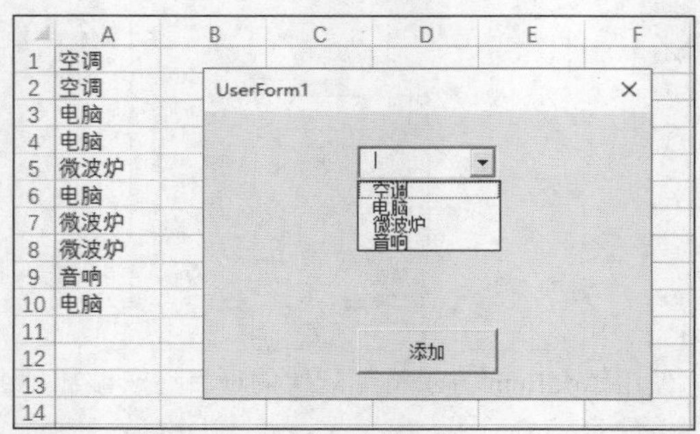

图 14-56　将单元格区域中的不重复数据添加到组合框中

案例 14-46　在组合框中动态添加单元格区域中的所有数据

下面的代码位于用户窗体的代码模块中。运行用户窗体后，单击“添加”按钮，将活动工作表 A 列中的所有数据添加到组合框中。无论以后增加或减少 A 列中的数据，每次单击“添加”按钮，都会将 A 列中当前包含的所有数据添加到组合框中，如图 14-57 所示。

```
Private Sub cmdAdd_Click()
    Dim strAddress As String, lngLastRow As Long
    lngLastRow = Cells(Rows.Count, 1).End(xlUp).Row
    strAddress = "A1:" & Cells(lngLastRow, 1).Address(0, 0)
    cboName.RowSource = strAddress
End Sub
```

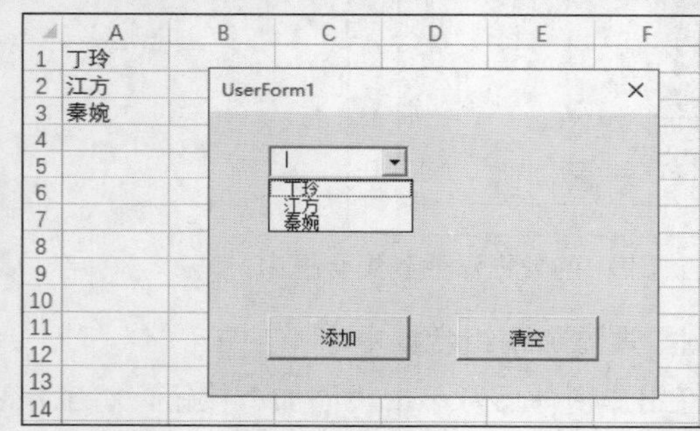

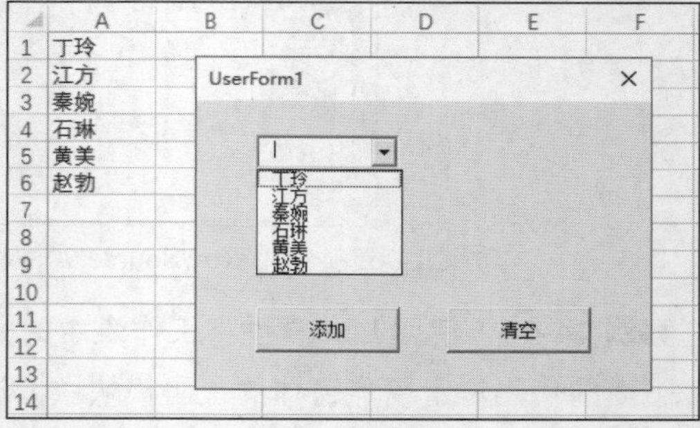

图 14-57　在组合框中动态添加单元格区域中的所有数据

14.4.9　图像

图像控件用于在用户窗体中显示图片，支持以下几种图片文件格式：.bmp、.jpg、.wmf、.gif、.ico 和.cur。可以使用图像控件裁剪或缩放图片，但是不能编辑图片。Click 事件是图像控件的默认事件，在图像上单击时将会触发 Click 事件。表 14-14 列出了图像控件的常用属性。

表 14-14　图像控件的常用属性

属　　性	说　　明
Picture	为图像控件设置要显示的图片，如果在运行时设置，则需要使用 LoadPicture 函数
PictureAlignment	设置图片在图像控件中的位置，可以位于左上角、右上角、居中、左下角、右下角
PictureSizeMode	设置图片填充图像控件的方式，可按等比例放大图片以填满图像控件，或在有可能变形的情况下填满图像控件，还可以裁掉超出图像控件的部分

案例 14-47　在图像控件显示指定的图片

下面的代码位于用户窗体的代码模块中。运行用户窗体后，单击“载入图片”按钮，将在图像控件中显示本例工作簿所在文件夹中名为“风景.jpg”的图片，如图 14-58 所示。

```
Private Sub cmdLoad_Click()
    Dim strFullPath As String
    strFullPath = ThisWorkbook.Path & "\风景.jpg"
    imgPicture.PictureSizeMode = fmPictureSizeModeStretch
    imgPicture.Picture = LoadPicture(strFullPath)
End Sub
```

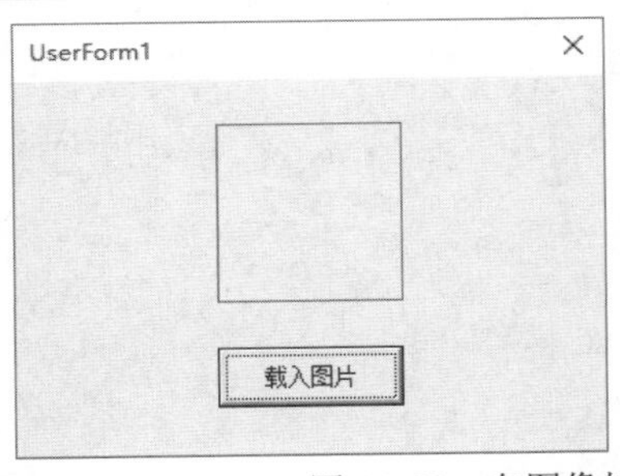

图 14-58　在图像控件显示指定的图片

案例 14-48　由用户灵活指定显示在图像控件中的图片

下面的代码位于用户窗体的代码模块中。运行用户窗体后，单击“载入图片”按钮，将打开一个对话框，用户可以从中选择要显示的图片，双击图片后将其显示在图像控件中，如图 14-59 所示。

```
Private Sub cmdLoad_Click()
    Dim fdl As FileDialog, fdf As FileDialogFilters
    Dim strFullPath As String
    Set fdl = Application.FileDialog(msoFileDialogOpen)
    Set fdf = fdl.Filters
    With fdf
        .Clear
        .Add "图片文件", "*.bmp;*.jpg;*.gif"
    End With
    If fdl.Show Then strFullPath = fdl.SelectedItems(1)
    imgPicture.PictureSizeMode = fmPictureSizeModeStretch
    imgPicture.Picture = LoadPicture(strFullPath)
End Sub
```

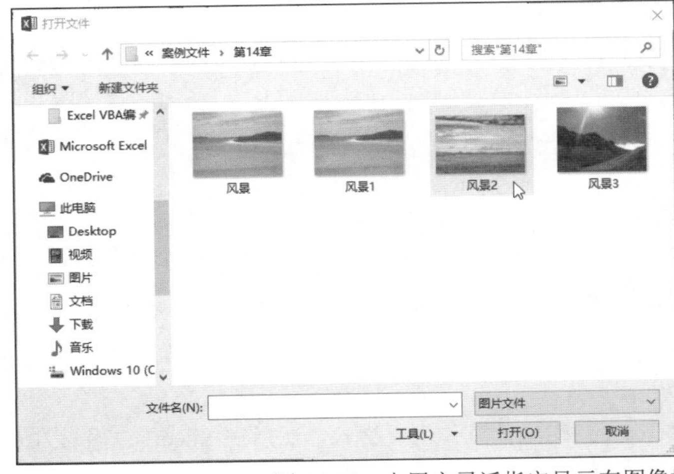

图 14-59　由用户灵活指定显示在图像控件中的图片

案例 14-49　在图像控件中随机显示不同的图片

下面的代码位于用户窗体的代码模块中。运行用户窗体后，每次单击“载入图片”按钮，将会在两个图像控件中随机显示名为“风景 1”“风景 2”和“风景 3”这 3 张图片中的其中之一，如图 14-60 所示。为了实现随机效果，代码中使用了 VBA 内置的 Rnd 函数。本例中的用户窗体还包含一个“删除图片”按钮，单击该按钮可以删除两个图像控件中的图片。将不带参数的 LoadPicture 函数赋值给图像控件的 Picture 属性可以删除图片。

```
Private Sub cmdLoad_Click()
    Dim strFullPath1 As String, strFullPath2 As String
    Dim intNumber1 As Integer, intNumber2 As Integer
    intNumber1 = Int(Rnd() * 3 + 1)
    intNumber2 = Int(Rnd() * 3 + 1)
    strFullPath1 = ThisWorkbook.Path & "\风景" & intNumber1 & ".jpg"
    strFullPath2 = ThisWorkbook.Path & "\风景" & intNumber2 & ".jpg"
    img1.PictureSizeMode = fmPictureSizeModeStretch
    img1.Picture = LoadPicture(strFullPath1)
    img2.PictureSizeMode = fmPictureSizeModeStretch
    img2.Picture = LoadPicture(strFullPath2)
End Sub

Private Sub cmdDelete_Click()
    img1.Picture = LoadPicture
    img2.Picture = LoadPicture
End Sub
```

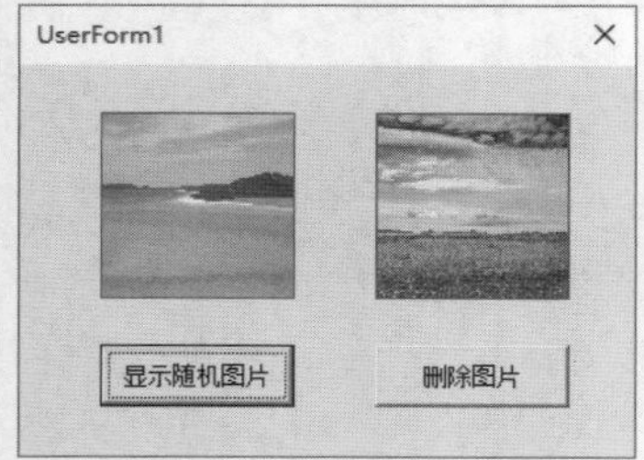

图 14-60　在图像控件中随机显示不同的图片

14.5　用户窗体和控件的综合应用

本节将介绍在实际应用中具有代表性的一些用户窗体案例，通过这些案例可以更好地理解用户窗体和控件的工作机制和设计方法。

14.5.1　创建欢迎界面

在开发一些稍复杂的 Excel 实用程序时，通常都会带有一个欢迎界面，其中显示一些关于实用程序的介绍性信息，比如程序的名称、开发者个人信息等。欢迎界面通常在显示短暂的时间后会自动消失。本节介绍的欢迎界面案例在打开工作簿时自动显示，6 秒后自动消失。

案例 14-50　创建应用程序欢迎界面

创建本例中的欢迎界面的方法如下：

（1）新建一个工作簿并保存为“Excel 启用宏的工作簿”格式，然后在 Sheet1 工作表中插入一张图片，该图片将作为欢迎界面的背景图。

（2）按 Alt+F11 组合键打开 VBE 窗口，在 VBA 工程中添加一个用户窗体，将其名称设置为 frmGreeting，将 Caption 属性设置为“欢迎界面”，将 Height 属性设置为 320，将 Width 属性设置为 480。

（3）复制在 Sheet1 工作表中插入的图片，然后在 VBE 窗口中单击用户窗体并按 F4 键，在打开的属性窗口中选择 Picture 属性后按 Ctrl+V 组合键，将复制的图片粘贴到 Picture 属性中，将该图片设置为用户窗体的背景，如图 14-61 所示。

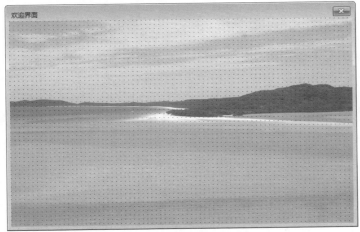

图 14-61　通过复制/粘贴图片来设置用户窗体的 Picture 属性

（4）根据希望在欢迎界面中显示的信息量，需要在用户窗体中插入一个或多个标签控件，然后可能需要设置下面这些属性。如图 14-62 所示是在用户窗体中添加文字后的效果，其中包含两个标签控件。

- Caption 属性：设置标签的标题。
- AutoSize 属性：自动调整控件大小以适应其中的文字。
- Font 属性：设置标题的字体格式。
- BackStyle 属性：将该属性设置为 0-fmBackStyleTransparent，从而使标签背景透明。
- WordWrap 属性：如果希望文字显示在一行中，则需要将该属性设置为 False。

图 14-62　在欢迎界面中添加文字

（5）完成欢迎界面的外观设计后，接下来需要编写 VBA 代码。在 VBA 工程中添加一个标准模块，然后输入下面的代码，用于关闭欢迎界面。

```
Sub 关闭欢迎界面()
   Unload frmGreeting
End Sub
```

（6）在用户窗体模块中编写用户窗体的 Activate 事件，在显示用户窗体时会触发该事件。欢迎界面的显示时间通过当前时间加上由 TimeValue 函数设置的时长决定。

```
Private Sub UserForm_Activate()
   Application.OnTime Now + TimeValue("00:00:06"), "关闭欢迎界面"
End Sub
```

（7）最后需要编写工作簿的 Open 事件，以便在打开工作簿时可以自动显示欢迎界面。下面的代码位于 ThisWorkbook 模块中，在打开工作簿时调用用户窗体的 Show 方法。

```
Private Sub Workbook_Open()
   frmGreeting.Show
End Sub
```

完成以上工作后，保存并关闭当前工作簿。下次打开该工作簿时将会显示欢迎界面，并在 6 秒后自动消失。

14.5.2 创建登录窗口

使用 VBA 开发的一些管理系统可能只授权给某些管理层用户使用，这些授权用户利用管理系统对人事资料、工资薪酬、库存等信息资源进行管理。因此在开始使用这些实用程序之前，必须先验证当前用户是否具有使用权限，通常使用用户名和密码的方式来验证用户身份的有效性。如果输入的用户名和密码都正确，则可以正常使用，否则禁止使用并自动退出程序。

案例 14-51　创建用户登录窗口

创建本例中的登录窗口的方法如下：

（1）新建一个工作簿并保存为“Excel 启用宏的工作簿”格式。打开 VBE 窗口，在 VBA 工程中添加一个用户窗体，将其名称设置为 frmLogin，将其 Caption 属性设置为“用户登录”。

（2）在用户窗体中添加两个标签控件，将它们的 Caption 属性分别设置为“用户名”和“密码”。在两个标签控件的右侧添加两个文本框控件，用于输入用户名和密码，将两个文本框的名称分别设置为 txtUserName 和 txtPassword。为了让密码框中的内容显示为*，需要将 txtPassword 文本框的 PasswordChar 属性设置为“*”，为了让输入用户名的文本框在显示登录窗口时获得焦点，需要将该文本框的 TabIndex 属性设置为 0。

（3）在用户窗体中添加一个命令按钮控件，将其名称设置为 cmdOk，将 Caption 属性分别设置为“确定”，如图 14-63 所示。

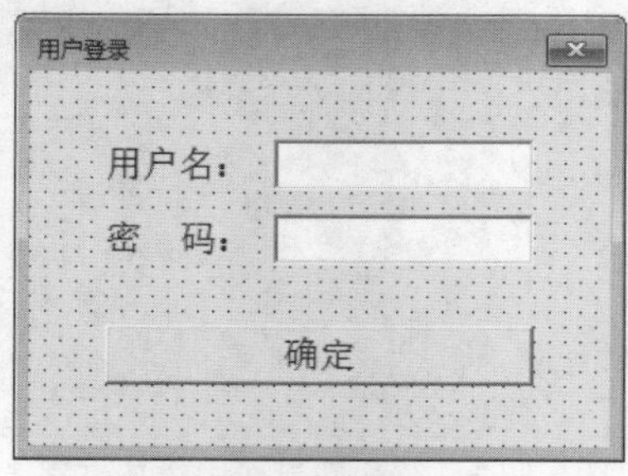

图 14-63　用户登录窗口的界面设计

（4）接下来编写实现验证用户权限的 VBA 代码。这里假设正确的用户名和密码分别为 admin 和 666。如果输入正确则允许登录并显示一条欢迎信息，否则将退出登录并关闭工作簿和 Excel

程序。双击用户窗体中的“确定”按钮并输入下面的代码：

```
Private Sub cmdOk_Click()
    Dim strUserName As String, strPassword As String
    Dim intCount As Integer
    strUserName = txtUserName.Text
    strPassword = txtPassword.Text
    If UCase(strUserName) = "ADMIN" And strPassword = "666" Then
        MsgBox "登录成功，欢迎使用本系统！"
        Unload Me
        Application.Visible = True
    Else
        If Len(strUserName) * Len(strPassword) = 0 Then
            MsgBox "用户名或密码不能为空！"
        Else
            MsgBox "用户名或密码不正确，请重新输入！"
            intCount = intCount + 1
            txtUserName.Text = ""
            txtPassword.Text = ""
            txtUserName.SetFocus
            If intCount = 3 Then
                MsgBox "对不起，尝试次数过多，登录失败！"
                ThisWorkbook.Saved = True
                Application.Quit
            End If
        End If
    End If
End Sub
```

（5）为了避免用户通过单击登录窗口右上角的关闭按钮，在绕开身份验证的情况下直接使用工作簿，因此需要编写工作簿的 QueryClose 事件代码，在用户单击该按钮时直接关闭工作簿并退出 Excel，代码如下：

```
Private Sub UserForm_QueryClose(Cancel As Integer, CloseMode As Integer)
    If CloseMode = vbFormControlMenu Then
        MsgBox "禁止非法关闭用户登录窗口！"
        ThisWorkbook.Saved = True
        Application.Quit
    End If
End Sub
```

（6）为了在打开工作簿时自动显示用户登录窗口，需要在工作簿的 Open 事件过程中编写下面的代码，在显示用户登录窗口之前先隐藏 Excel 程序界面，获得更好的视觉效果。

```
Private Sub Workbook_Open()
    Application.Visible = False
    frmLogin.Show
End Sub
```

提示：为了避免在显示登录窗口时，用户按下 Ctrl+Break 组合键中断代码而进入 VBE 窗口，可以在所有代码都正常工作后，在工作簿的 Open 事件过程中加入下面的代码以禁用 Ctrl+Break 组合键。

```
Application.EnableCancelKey = xlDisabled
```

完成以上工作后，保存并关闭工作簿，下次打开工作簿时将会显示如图 14-64 所示的对话框，输入正确的用户名和密码，单击“确定”按钮后将显示登录成功的信息。如果输入的用户名或密码不正确，则会提示重新输入，连续输错 3 次将会显示错误信息并自动退出 Excel 程序。

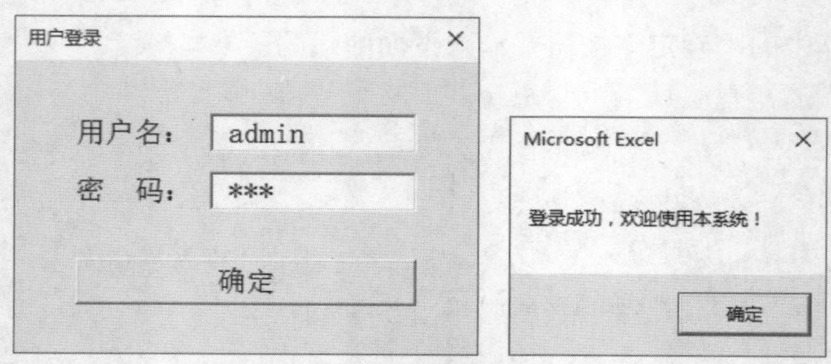

图 14-64　用户登录窗口和登录成功的提示信息

14.5.3　创建颜色选择器

可以使用用户窗体设计一个颜色选择器，通过拖动 3 个滚动条调整 R、G、B 三个颜色分量来得到一个颜色，并将该颜色设置为当前选区的背景色。在拖动滚动条的过程中，3 个颜色分量的值会动态改变，由此可以直观看到颜色的变化以及当前颜色所对应的 RGB 值。

案例 14-52　创建带有预览效果的颜色选择器

创建本例中的颜色选择器的方法如下：

（1）新建一个工作簿并保存为“Excel 启用宏的工作簿”格式。打开 VBE 窗口，在 VBA 工程中添加一个用户窗体，然后在其中添加 4 个标签控件，3 个滚动条控件和两个命令按钮控件，并将这些控件按如图 14-65 所示的位置进行排列。用户窗体和每个控件的属性设置见表 14-15～表 14-24。

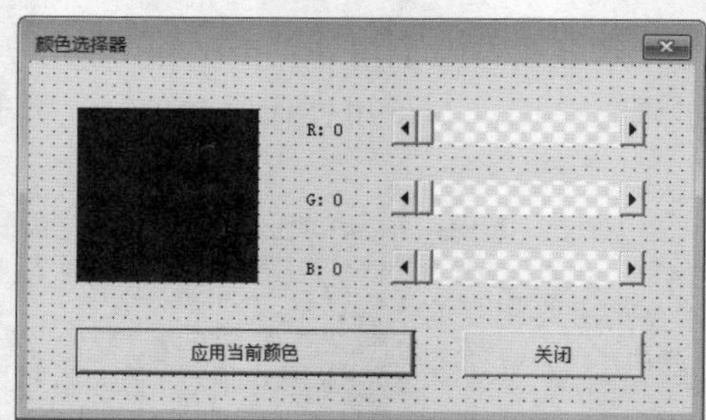

图 14-65　颜色选择器的界面设计

表 14-15　用户窗体的属性设置

属　　性	值
Name	frmColorSelect
Caption	颜色选择器

表 14-16　第一个标签控件的属性设置

属　　性	值
Name	lblRed
Caption	R：0
AutoSize	True
WordWrap	False

表 14-17　第二个标签控件的属性设置

属　　性	值
Name	lblGreen
Caption	G：0
AutoSize	True
WordWrap	False

表 14-18　第三个标签控件的属性设置

属　　性	值
Name	lblBlue
Caption	B：0
AutoSize	True
WordWrap	False

表 14-19　第四个标签控件的属性设置

属　　性	值
Name	lblColor
Caption	留空
BackColor	黑色

表 14-20　第一个滚动条控件的属性设置

属　　性	值
Name	scrRed
Max	255
Min	0
LargeChange	5
SmallChange	1

表 14-21　第二个滚动条控件的属性设置

属　　性	值
Name	scrGreen
Max	255
Min	0
LargeChange	5
SmallChange	1

表 14-22　第三个滚动条控件的属性设置

属　　性	值
Name	scrBlue
Max	255

续表

属　　性	值
Min	0
LargeChange	5
SmallChange	1

表 14-23　第一个命令按钮控件的属性设置

属　　性	值
Name	cmdApply
Caption	将当前颜色设置为选区背景色
Default	True

表 14-24　第二个命令按钮控件的属性设置

属　　性	值
Name	cmdClose
Caption	关闭
Cancel	True

（2）完成界面设计后，接下来需要编写实现颜色选择功能的 VBA 代码。首先编写 scrRed、scrGreen 和 scrBlue 三个滚动条的 Scroll 事件代码。当拖动滚动条上的滑块时，滚动条左侧的 3 个标签控件中将会显示与滑块当前位置对应的 R、G、B 三个颜色分量的值，同时位于窗口右侧的颜色显示器会显示由 R、G、B 三个颜色分量叠加形成的最终颜色。

```
Private R As Integer, G As Integer, B As Integer

Private Sub scrRed_Scroll()
    R = scrRed.Value
    lblRed.Caption = "R: " & R
    lblColor.BackColor = RGB(R, G, B)
End Sub

Private Sub scrGreen_Scroll()
    G = scrGreen.Value
    lblGreen.Caption = "G: " & G
    lblColor.BackColor = RGB(R, G, B)
End Sub

Private Sub scrBlue_Scroll()
    B = scrBlue.Value
    lblBlue.Caption = "B: " & B
    lblColor.BackColor = RGB(R, G, B)
End Sub
```

（3）双击用户窗体中的“将当前颜色设置为选区背景色”按钮，然后编写该按钮的 Click 事件代码，当单击该按钮时，将当前颜色设置为活动工作表中选中的单元格或单元格区域的背景色。

```
Private Sub cmdApply_Click()
    If TypeName(Selection) = "Range" Then
        Selection.Interior.Color = lblColor.BackColor
    End If
End Sub
```

（4）双击用户窗体中的“关闭”按钮，然后编写该按钮的 Click 事件代码，用于在单击“关闭”按钮时关闭颜色选择器窗口。

```
Private Sub cmdClose_Click()
    Unload Me
End Sub
```

（5）在 VBA 工程中添加一个标准模块，然后在该模块的代码窗口中输入下面的代码，用于在执行该 Sub 过程时显示非模式的颜色选择器窗口，这样在窗口显示的同时还可以选择工作表中的单元格或单元格区域。

```
Sub 为选区设置背景色()
    frmColorSelect.Show vbModeless
End Sub
```

完成以上工作后，关闭 VBE 窗口并保存当前工作簿。按 Alt+F8 组合键打开“宏”对话框，选择“为选区设置颜色”后单击“执行”按钮，打开颜色选择器窗口。在工作表中选择一个单元格区域，然后在颜色选择器窗口中拖动 3 个滚动条滑块，观察右侧显示的颜色预览。当显示满意的颜色时，单击“将当前颜色设置为选区背景色”按钮将该颜色设置为当前选区的背景色，如图 14-66 所示。

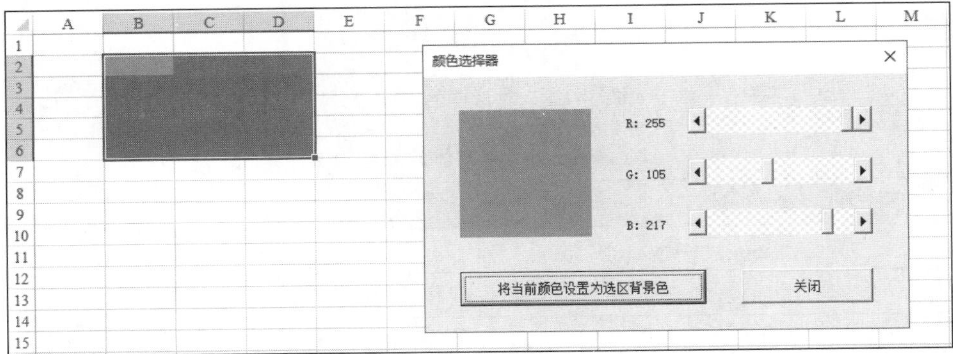

图 14-66　使用颜色选择器为选中的单元格或单元格区域设置背景色

14.5.4　创建可改变大小的对话框

有人可能会在 Excel 或其他程序中看到过一些可以改变大小的对话框，打开对话框时显示的尺寸较小，但是通过单击对话框上的某个按钮，可以增加对话框的尺寸并显示更多的选项。Excel 中的“查找和替换”对话框就是这样一个对话框，单击“选项”按钮前后的效果如图 14-67 所示。

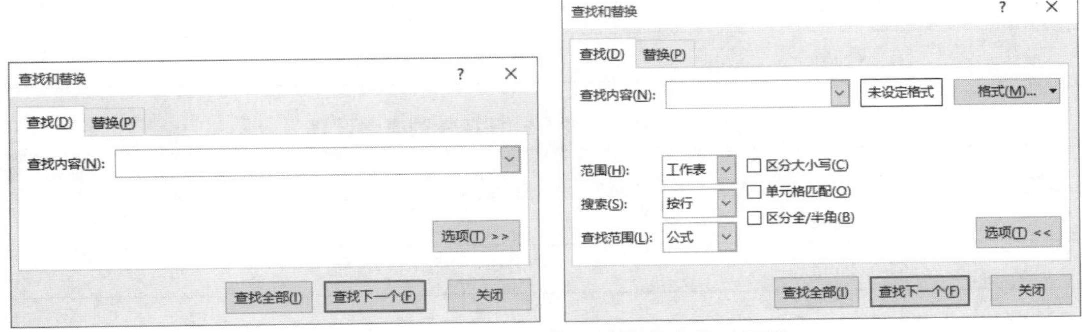

图 14-67　Excel 中的一个可改变大小的对话框

使用 VBA 也可以创建这类对话框，关键在于在用户窗体设计阶段将其尺寸设置得大一些，然后在运行时显示用户窗体时通过代码以小尺寸显示，再为用户窗体中的一个命令按钮编写 Click 事件代码，以在单击该按钮时可以改变用户窗体的尺寸。

案例 14-53　创建可显示隐藏选项的对话框

创建本例中的可改变大小的对话框的方法如下：

（1）新建一个工作簿并保存为“Excel 启用宏的工作簿”格式。打开 VBE 窗口，在 VBA 工程中添加一个用户窗体，然后在其中添加一个列表框控件、2 个命令按钮控件和 3 个选项按钮控件，并将这些控件按如图 14-68 所示的位置进行排列。用户窗体和每个控件的属性设置见表 14-25～表 14-31。

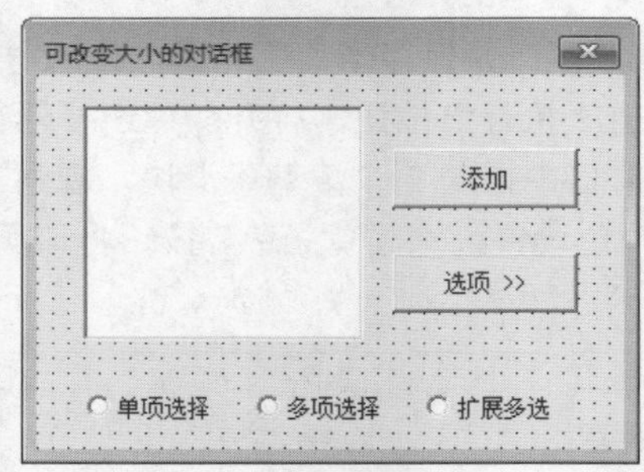

图 14-68　对话框的界面设计

表 14-25　用户窗体的属性设置

属　性	值
Caption	可改变大小的对话框
Height	180
Width	240

表 14-26　列表框控件的属性设置

属　性	值
Name	lstName

表 14-27　第一个命令按钮控件的属性设置

属　性	值
Name	cmdAdd
Caption	添加

表 14-28　第二个命令按钮控件的属性设置

属　性	值
Name	cmdOption
Caption	选项 >>

表 14-29　第一个选项按钮控件的属性设置

属　　性	值
Name	optSingle
Caption	单项选择

表 14-30　第二个选项按钮控件的属性设置

属　　性	值
Name	optMulti
Caption	多项选择

表 14-31　第三个选项按钮控件的属性设置

属　　性	值
Name	optExtended
Caption	扩展多选

（2）完成界面设计后，接下来需要编写实现单击“选项”按钮改变对话框大小功能的 VBA 代码。首先编写“选项”按钮的 Click 事件代码，通过判断“选项”按钮上的标题（即 Caption 属性）来动态改变对话框的大小，代码如下：

```
Private Sub cmdOption_Click()
    If cmdOption.Caption = "选项 >>" Then
        Me.Height = 180
        cmdOption.Caption = "<< 选项"
    Else
        Me.Height = 150
        cmdOption.Caption = "选项 >>"
    End If
End Sub
```

（3）然后编写 3 个选项按钮的 Click 事件代码，在选中它们时改变列表框的单选/多选方式，代码如下：

```
Private Sub optSingle_Click()
    If optSingle.Value = True Then
        lstName.MultiSelect = fmMultiSelectSingle
    End If
End Sub

Private Sub optMulti_Click()
    If optMulti.Value = True Then
        lstName.MultiSelect = fmMultiSelectMulti
    End If
End Sub

Private Sub optExtended_Click()
    If optExtended.Value = True Then
        lstName.MultiSelect = fmMultiSelectExtended
    End If
End Sub
```

（4）接着编写“添加”按钮的 Click 事件代码，该按钮的用途在本章前面很多案例中都出现过，代码如下：

```
Private Sub cmdAdd_Click()
```

```
    Dim intRow As Integer
    lstName.RowSource = ""
    lstName.Clear
    For intRow = 1 To 20
        lstName.AddItem Cells(intRow, 1).Value
    Next intRow
End Sub
```

（5）最后需要编写用户窗体的 Initialize 事件代码，在加载并显示用户窗体时，将用户窗体的高度设置得比在设计窗口中的稍微矮一点，这样在显示用户窗体时对话框下方的 3 个选项按钮会处于隐藏状态。之后通过单击“选项”按钮增加对话框的高度来将这 3 个选项按钮显示出来。用户窗体的 Initialize 事件代码如下：

```
Private Sub UserForm_Initialize()
    Me.Height = 150
    optSingle.Value = True
    lstName.MultiSelect = fmMultiSelectSingle
End Sub
```

完成以上工作后，保存当前工作簿。在 VBE 窗口中运行用户窗体，单击“添加”按钮，将活动工作表中的 A1:A20 单元格区域中的数据添加到列表框中，此时可以在列表框中只能选择一个项目。单击“选项 >>”按钮，展开该对话框并显示下方的 3 个选项，如图 14-69 所示。选择“多项选择”或“扩展多选”后，可以在列表框中选择多个项目，此时“选项 >>”按钮的标题显示为“<< 选项”，单击该按钮将会隐藏下方的 3 个选项。

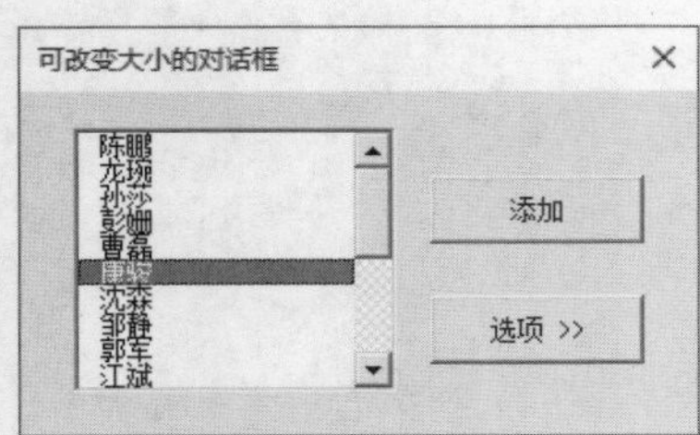

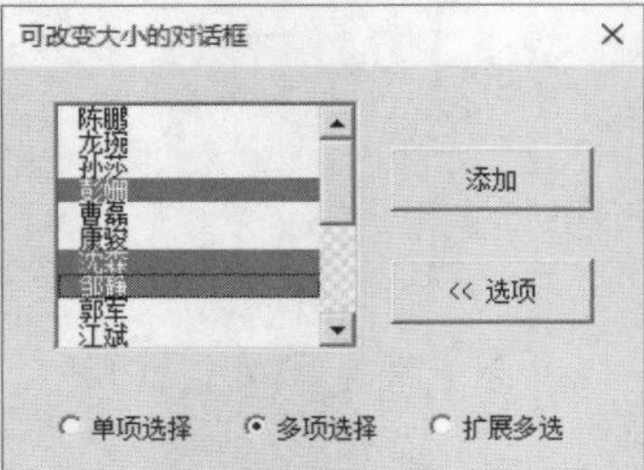

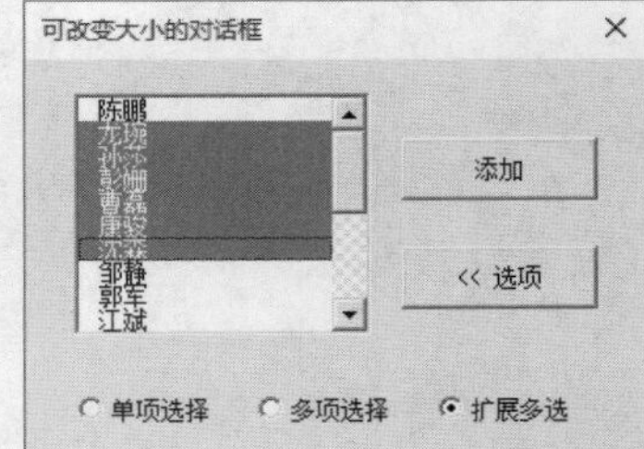

图 14-69　可改变大小的对话框

第 15 章　定制 Excel 界面环境

微软在 Excel 2007 以及更高版本的 Excel 中使用功能区代替了在 Excel 早期版本中沿用多年的菜单栏和工具栏。虽然现在仍可使用 VBA 编程创建菜单栏和工具栏，但是在 Excel 2007 以及更高版本的 Excel 中创建的菜单栏和工具栏都将位于功能区的“加载项”选项卡中，只有右击，弹出的快捷菜单在不同的 Excel 版本中具有相同的显示方式。微软为新的功能区界面提供了一套全新的 RibbonX 可编程机制，通过编辑 XML 代码可以定制功能区的组成元素，然后通过在 VBA 中编写代码来为功能区中的命令提供所要执行的操作。本章首先介绍定制传统的菜单栏和工具栏的方法，然后介绍使用 RibbonX 定制功能区的方法，还介绍了同时适用于 Excel 各个版本的快捷菜单的定制方法。

15.1　定制菜单栏

Excel 早期版本中的内置菜单栏只有两个，一个是工作表菜单栏（Worksheet Menu Bar），另一个是图表菜单栏（Chart Menu Bar），工作表菜单栏是 Excel 界面中默认显示的菜单栏。定制菜单栏时，通常是向 Excel 内置的工作表菜单栏中添加菜单和菜单项。如果需要，也可以创建新的菜单栏来代替 Excel 内置的菜单栏。本节首先介绍用于定制 Excel 界面环境的命令栏的基础知识，然后详细介绍定制菜单栏的方法。

15.1.1　命令栏和控件的类型

命令栏是 Excel 界面元素的统称，菜单栏、工具栏和快捷菜单都是命令栏。换句话说，命令栏可以是指菜单栏、工具栏和快捷菜单中的任何一种。在 VBA 中，使用 CommandBar 对象表示任意一个命令栏，使用 CommandBars 集合表示 Excel 中的所有命令栏，使用 CommandBars 集合和 CommandBar 对象可以对 Excel 中的菜单栏、工具栏和快捷菜单进行编程控制。使用 Application 对象的 CommandBars 属性可以返回 CommandBars 集合，然后通过该集合引用特定的命令栏。

可以使用 CommandBar 对象的 Type 属性确定命令栏的类型，表示命令栏类型的值由 MsoBarType 常量提供，见表 15-1。

表 15-1　MsoBarType 常量

名　称	值	说　明
msoBarTypeNormal	0	工具栏
msoBarTypeMenuBar	1	菜单栏
msoBarTypePopup	2	快捷菜单

命令栏由不同类型的控件组成。控件通常用于执行特定的操作，其形式可以是菜单中的命令（菜单项），也可以是工具栏中的按钮。还有一些控件用于表示菜单中的子菜单或工具栏中

的弹出菜单，这些控件可以包含其他控件。

在 VBA 中，使用 CommandBarButton 对象表示菜单中的菜单项或工具栏中的按钮，使用 CommandBarPopup 对象表示菜单中的子菜单或工具栏中的弹出菜单，而菜单中的子菜单和工具栏中的弹出菜单又都是独立的命令栏。使用 CommandBarComboBox 对象表示命令栏中的文本框、下拉列表和组合框等。如果预先无法确定控件的类型，则可使用 CommandBarControl 对象表示。

通过控件的 Type 属性可以确定控件的类型，表示控件类型的值由 MsoControlType 常量提供，见表 15-2。在 VBA 中只能创建 msoControlButton、msoControlPopup、msoControlComboBox、msoControlEdit、msoControlDropdown 和 msoControlActiveX 几种类型的控件。其他类型的控件虽然可能会出现在特定的命令栏中，但是无法由用户创建。

表 15-2　MsoControlType 常量

名　称	值	说　明
msoControlCustom	0	自定义控件
msoControlButton	1	命令按钮
msoControlEdit	2	文本框
msoControlDropdown	3	下拉列表
msoControlComboBox	4	组合框
msoControlButtonDropdown	5	下拉按钮
msoControlSplitDropdown	6	拆分下拉列表
msoControlOCXDropdown	7	OCX 下拉列表
msoControlGenericDropdown	8	一般下拉列表
msoControlGraphicDropdown	9	图形下拉列表
msoControlPopup	10	弹出菜单
msoControlGraphicPopup	11	图形弹出菜单
msoControlButtonPopup	12	弹出式按钮
msoControlSplitButtonPopup	13	拆分按钮弹出框
msoControlSplitButtonMRUPopup	14	最近使用过的弹出菜单（MRU）
msoControlLabel	15	标签
msoControlExpandingGrid	16	展开网格
msoControlSplitExpandingGrid	17	拆分展开网格
msoControlGrid	18	网格
msoControlGauge	19	计量表控件
msoControlGraphicCombo	20	图形组合框
msoControlPane	21	窗格
msoControlActiveX	22	ActiveX 控件
msoControlSpinner	23	微调按钮
msoControlLabelEx	24	扩展标签
msoControlWorkPane	25	工作窗格
msoControlAutoCompleteCombo	26	在用户输入时自动填充第一个匹配选项的组合框

案例 15-1　获取 Excel 内置的所有命令栏

下面的代码在活动工作表中列出 Excel 内置的所有命令栏，包括菜单栏、工具栏和快捷菜单。A 列显示命令栏的索引号，B 列显示命令栏的名称，C 列显示命令栏的类型。在代码的开始部分首先检查活动工作表中是否包含数据，如果有数据则显示预先指定的提示信息并退出程序。如果没有数据则在 For Each 循环结构中遍历 Excel 中的所有命令栏，使用 CommandBar 对象的 Index 和 Name 属性获取命令栏的索引号和名称。使用 CommandBar 对象的 BuiltIn 属性确定命令栏是否是 Excel 内置的，如果是则使用 Type 属性判断命令栏的类型，并在 C 列输入对应的类型名称。

```
Sub 获取Excel内置的所有命令栏()
    Dim cbr As CommandBar, lngRow As Long
    If Application.WorksheetFunction.CountA(Cells) <> 0 Then
        MsgBox "活动工作表中包含数据，请选择一个空工作表！"
        Exit Sub
    End If
    With Range("A1:C1")
        .Value = Array("索引号", "名称", "类型")
        .HorizontalAlignment = xlCenter
    End With
    lngRow = 2
    For Each cbr In Application.CommandBars
        Cells(lngRow, 1).Value = cbr.Index
        Cells(lngRow, 2).Value = cbr.Name
        If cbr.BuiltIn = True Then
            Select Case cbr.Type
                Case msoBarTypeMenuBar
                    Cells(lngRow, 3).Value = "菜单栏"
                Case msoBarTypeNormal
                    Cells(lngRow, 3).Value = "工具栏"
                Case msoBarTypePopup
                    Cells(lngRow, 3).Value = "快捷菜单"
                Case Else
                    Cells(lngRow, 3).Value = "自定义"
            End Select
        End If
        lngRow = lngRow + 1
    Next cbr
    Range("A1:C1").EntireColumn.AutoFit
End Sub
```

如图 15-1 所示显示了在 Excel 2003 和 Excel 2016 中执行上面代码返回的所有命令栏的相关信息。可以发现，Excel 2003 与 Excel 2016 中的同一个命令栏的索引号并不完全相同。因此在通过 VBA 编程定制命令栏时，为了让代码可以通用于 Excel 的各个版本，应该使用命令栏的名称而不是索引号来引用命令栏。

命令栏中的控件有一个 Id 属性，该属性决定了 Excel 内置控件所执行的操作，Id 属性的值在所有控件中是唯一的。控件还有一个 FaceId 属性，该属性决定了控件上显示的图像，但并不是所有控件都有图像。Excel 内置控件的 Id 属性和 FaceId 属性具有相同的值。用户自定义的控件的 Id 属性的值为 1。如果为控件设置了自定义图像，则该控件的 FaceId 属性的值为 0。如果知道内置控件的 FaceId 属性的值，则可以为自定义控件使用内置控件的图像。

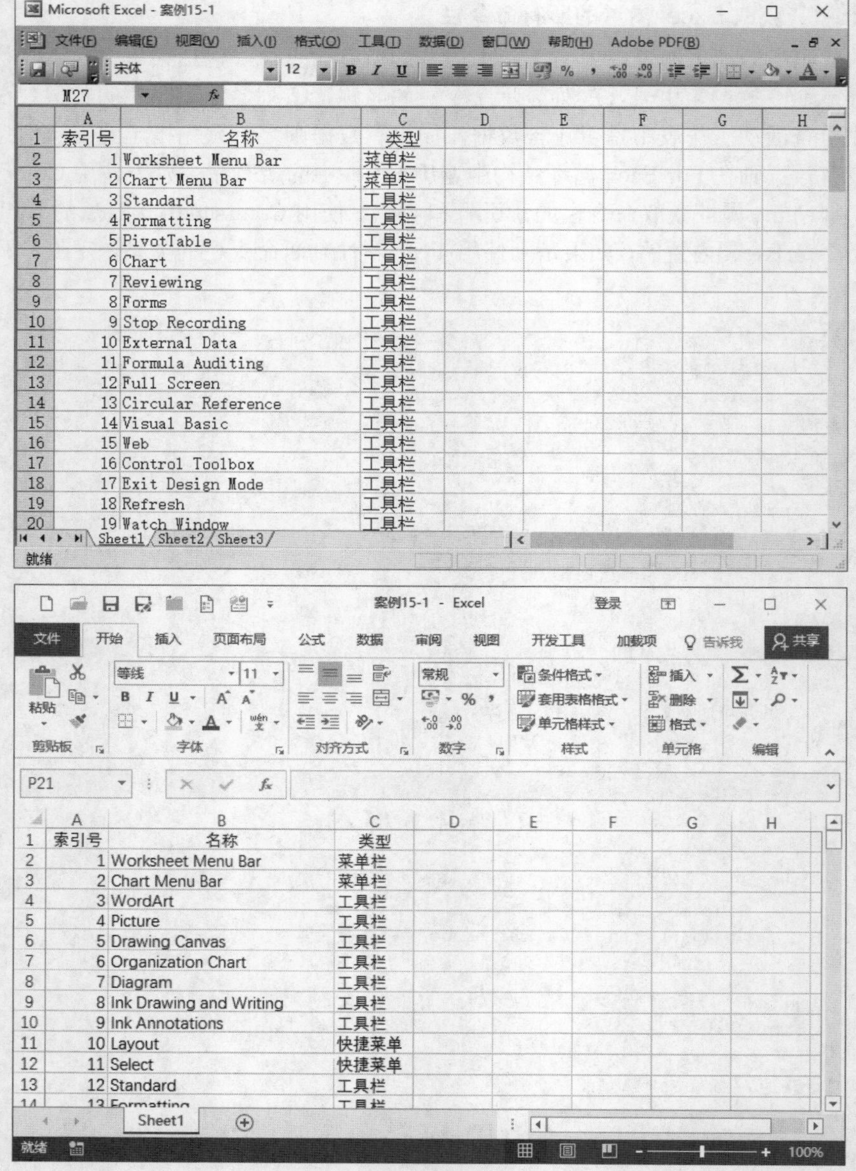

图 15-1　获取 Excel 内置的所有命令栏

案例 15-2　获取 Excel 中的所有内置控件的 FaceId 和图像

下面的代码在工作表中列出了 Excel 中的所有内置控件的 FaceId 属性值及其关联的图像，如图 15-2 所示。首先检查活动工作表中是否包含数据，如果有数据则显示预先指定的提示信息并退出程序。然后创建一个使用默认名称的临时工具栏，临时是指退出 Excel 程序时自动删除该工具栏。接着在这个临时工具栏中添加一个临时的按钮，该按钮作为处理控件图像的中介。

从工作表的第一行开始，每次遍历一行的第 1～8 列，将 intFaceId 的值从 1 开始依次递增，并将状态栏中的信息设置为显示当前的 FaceID 的值。然后将 intFaceId 变量的值赋值给由 ctl 变量表示的控件的 FaceId 属性，从而为控件设置由 intFaceId 中的值指定的图像。使用控件的 CopyFace 方法复制控件上的图像，然后将其粘贴到活动工作表中由 intRow 和 intCol 变量确定的单元格右侧一列的单元格中，并将图像的 FaceId 值写入到由 intRow 和 intCol 变量确定的单元格中。

	A	B	C	D	E	F	G	H	I
1	1	2	3	4	5	6	7	8	
2	9	10	11	12	13	14	15	16	
3	17	18	19	20	21	22	23	24	
4	25	26	27	28	29	30	31	32	
5	33	34	35	36	37	38	39	40	
6	41	42	43	44	45	46	47	48	
7	49	50	51	52	53	54	55	56	
8	57	58	59	60	61	62	63	64	
9	65	66	67	68	69	70	71	72	
10	73	74	75	76	77	78	79	80	
11	81	82	83	84	85	86	87	88	
12	89	90	91	92	93	94	95	96	
13	97	98	99	100	101	102	103	104	
14	105	106	107	108	109	110	111	112	
15	113	114	115	116	117	118	119	120	
16	121	122	123	124	125	126	127	128	
17	129	130	131	132	133	134	135	136	
18	137	138	139	140	141	142	143	144	
19	145	146	147	148	149	150	151	152	
20	153	154	155	156	157	158	159	160	
21	161	162	163	164	165	166	167	168	

图 15-2　获取 Excel 中的所有内置控件的 FaceId 和图像

由于在程序的开始部分设置了错误捕获，因此如果复制的是不可见的图像，则会出现编号为 1004 的运行时错误，此时会自动执行错误处理代码，忽略错误语句并从产生错误的语句的下一条语句继续执行。当到达最后一个 FaceId 时会导致一个编号不是 1004 的错误，此时跳转到错误处理代码部分，清除状态栏中的信息并删除临时命令栏。如果不使用代码删除命令栏，则在退出 Excel 程序时会自动将其删除。

```
Sub 获取Excel中的所有内置控件的FaceId和图像()
    Dim cbr As CommandBar, ctl As CommandBarButton
    Dim intCol As Integer, intRow As Integer
    Dim intFaceId As Integer
    If Application.WorksheetFunction.CountA(Cells) <> 0 Then
        MsgBox "活动工作表中包含数据，请选择一个空工作表！"
        Exit Sub
    End If
    On Error GoTo errTrap
    Application.ScreenUpdating = False
    Set cbr = Application.CommandBars.Add(MenuBar:=False, Temporary:=True)
    Set ctl = cbr.Controls.Add(Type:=msoControlButton, Temporary:=True)
    intRow = 1
    Do
        For intCol = 1 To 8
            intFaceId = intFaceId + 1
            Application.StatusBar = "FaceID=" & intFaceId
            ctl.FaceId = intFaceId
            ctl.CopyFace
            ActiveSheet.Paste Cells(intRow, intCol + 1)
            Cells(intRow, intCol).Value = intFaceId
        Next intCol
        intRow = intRow + 1
    Loop
errTrap:
    If Err.Number = 1004 Then Resume Next
    Application.StatusBar = False
    cbr.Delete
    Application.ScreenUpdating = True
End Sub
```

15.1.2 创建命令栏和控件的通用方法

使用 CommandBars 集合的 Add 方法可以创建一个命令栏，Add 方法包含 4 个参数，语法格式如下：

```
Add(Name, Position, MenuBar, Temporary)
```

- Name：可选，新命令栏的名称。如果省略该参数，则使用默认的名称。
- Position：可选，新命令栏的位置，该参数的值由 MsoBarPosition 常量提供，见表 15-3。该参数在 Excel 2007 以及更高版本的 Excel 中无效。
- MenuBar：可选，创建的是菜单栏还是工具栏。如果为 True 则创建的是菜单栏，如果为 False 则创建的是工具栏。如果省略该参数，则其值默认为 False。
- Temporary：可选，创建的命令栏是临时的或永久的。如果为 True 则创建的命令栏是临时的，在退出 Excel 程序时会自动将其删除。如果为 False 则创建的命令栏是永久的，退出 Excel 程序时不会自动将其删除，而只能使用代码进行删除。如果省略该参数，则其值默认为 False。

表 15-3　MsoBarPosition 常量

名　称	值	说　明
msoBarLeft	0	命令栏固定在 Excel 窗口的左侧
msoBarTop	1	命令栏固定在 Excel 窗口的顶部
msoBarRight	2	命令栏固定在 Excel 窗口的右侧
msoBarBottom	3	命令栏固定在 Excel 窗口的底部
msoBarFloating	4	命令栏浮动在 Excel 窗口的顶端
msoBarPopup	5	命令栏为快捷菜单
msoBarMenuBar	6	命令栏为菜单栏，仅限 Macintosh

使用 Controls 集合的 Add 方法可以在指定的命令栏中添加一个控件，使用 CommandBar 对象的 Controls 属性可以返回 Controls 集合。Add 方法包含 5 个参数，语法格式如下：

```
Add(Type, Id, Parameter, Before, Temporary)
```

- Type：可选，要添加到命令栏中的控件类型，可以是以下几个 MsoControlType 常量：msoControlButton 、 msoControlPopup 、 msoControlComboBox 、 msoControlEdit 或 msoControlDropdown。
- Id：可选，要添加的内置控件的 ID。如果要向命令栏中添加 Excel 内置控件，则需要将该参数设置为内置控件的 ID。如果将该参数设置为 1 或省略该参数，则将在命令栏中添加一个空的自定义控件，之后需要为该控件设置所需的属性。
- Parameter：可选，为自定义控件存储特定信息，该信息将传递给要运行的 VBA 过程并进行处理。
- Before：可选，一个表示控件索引号的值，将控件添加到命令栏中指定位置的控件之前。如果忽略该参数，则将控件添加到命令栏中的最后一个控件之后。
- Temporary：可选，添加的控件是临时的或永久的。如果为 True 则添加的控件是临时的，在退出 Excel 程序时会自动将其删除。如果为 False 则添加的控件是永久的。如果省略该参数，则其值默认为 False。

无论创建的是菜单栏、工具栏还是快捷菜单，都需要使用 CommandBars 集合的 Add 方法。创建菜单栏与工具栏的区别在于为 Add 方法的 MenuBar 参数设置不同的值，该参数的默认值为 False，即表示创建的是工具栏。如果将该参数设置为 True，则创建的是菜单栏。创建快捷菜单与工具栏类似，但是需要在创建快捷菜单时将 Add 方法的 Position 参数设置为 msoBarPopup。

无论添加哪种类型的控件，都需要使用 Controls 集合的 Add 方法。控件的类型由 Add 方法的 Type 参数决定。为了使创建的命令栏可以正常显示，需要在创建命令栏后为其添加控件，并将命令栏的 Visible 属性设置为 True，否则创建的命令栏将处于隐藏状态。

这里主要对不同类型的命令栏的创建方法进行了概括性介绍，并说明了彼此之间的主要区别，具体的创建方法将在本章后面内容中进行详细介绍。

15.1.3　Excel 中的所有菜单栏及其包含的控件

在 Excel 中只有两个内置的菜单栏，一个是 Worksheet Menu Bar，另一个是 Chart Menu Bar。在 VBA 中定制菜单栏时，可以在内置菜单栏中添加或删除菜单和菜单项，也可以创建新的菜单栏以取代默认显示的菜单栏。无论以何种方式定制菜单栏，对 Excel 内置菜单栏中包含的菜单和控件有所了解都有益处，因为可以将内置菜单栏中的控件添加到用户创建的菜单栏中，从而减少定制菜单栏时的工作量。

案例 15-3　获取 Excel 中的所有菜单栏及其包含的控件

下面的代码列出了 Excel 中的所有菜单栏及其包含的控件的名称和 ID，其中只列出了第一级控件，如图 15-3 所示。由于命令栏分为菜单栏、工具栏和快捷菜单三种类型，因此需要使用 CommandBar 对象的 Type 属性判断命令栏的类型是否是菜单栏，即 msoBarTypeMenuBar。如果是则向单元格中写入菜单栏的相关信息。

```
Sub 获取Excel中的所有菜单栏及其包含的控件()
    Dim cbr As CommandBar, ctl As CommandBarControl
    Dim lngRow As Long
    If Application.WorksheetFunction.CountA(Cells) <> 0 Then
        MsgBox "活动工作表中包含数据，请选择一个空工作表！"
        Exit Sub
    End If
    Application.ScreenUpdating = False
    With Range("A1:C1")
        .Value = Array("菜单栏名称", "控件名称", "控件ID")
        .HorizontalAlignment = xlCenter
    End With
    lngRow = 2
    For Each cbr In Application.CommandBars
        If cbr.Type = msoBarTypeMenuBar Then
            Cells(lngRow, 1).Value = cbr.Name
            For Each ctl In cbr.Controls
                Cells(lngRow, 2).Value = ctl.Caption
                Cells(lngRow, 3).Value = ctl.ID
                lngRow = lngRow + 1
            Next ctl
        End If
    Next cbr
    Range("A1:C1").EntireColumn.AutoFit
```

```
    Application.ScreenUpdating = True
End Sub
```

	A	B	C
1	菜单栏名称	控件名称	控件ID
2	Worksheet Menu Bar	文件(&F)	30002
3		编辑(&E)	30003
4		视图(&V)	30004
5		插入(&I)	30005
6		格式(&O)	30006
7		工具(&T)	30007
8		数据(&D)	30011
9		窗口(&W)	30009
10		帮助(&H)	30010
11	Chart Menu Bar	文件(&F)	30002
12		编辑(&E)	30003
13		视图(&V)	30004
14		插入(&I)	30005
15		格式(&O)	30006
16		工具(&T)	30007

图 15-3　获取 Excel 中的所有菜单栏及其包含的控件

15.1.4　引用特定的菜单栏

与从其他集合中引用特定对象的方法类似，也可以通过命令栏的名称或索引号从 CommandBars 集合中引用特定的命令栏。由于不同版本的 Excel 中的命令栏的索引号并不完全相同，因此最好通过名称来引用特定的命令栏。下面的代码通过名称来引用工作表菜单栏和图表菜单栏：

```
Application.CommandBars("Worksheet Menu Bar")
Application.CommandBars("Chart Menu Bar")
```

虽然命令栏的索引号在不同版本的 Excel 中不完全相同，但是对于菜单栏来说并无影响。不同版本的 Excel 中的工作表菜单栏和图表菜单栏的索引号都是 1 和 2，因此可以使用索引号来引用这两个菜单栏，如下所示。但是为了以防万一，最好还是使用名称来引用特定的命令栏。

```
Application.CommandBars(1)
Application.CommandBars(2)
```

提示：*如果两个或两个以上的命令栏具有相同的名称，那么在从 CommandBars 集合中引用包含相同名称的命令栏时，将返回第一个具有该名称的命令栏。*

15.1.5　引用菜单栏中的菜单

对于菜单栏来说，其中的菜单就是菜单栏中的控件，因此从菜单栏中引用菜单的方法实际上就是从表示菜单栏的 CommandBar 对象的 Controls 集合中引用特定的控件。另一方面，由于菜单还包含自己的控件，因此菜单既是菜单栏中的控件，又可作为独立的命令栏。可以使用名称或索引号引用菜单栏中的菜单。下面的代码引用工作表菜单栏中的“文件”菜单，它是菜单栏中的第 1 个菜单。

```
Application.CommandBars("Worksheet Menu Bar").Controls(1)
```

上面的代码返回一个 CommandBarControl 对象，使用该对象的 Caption 属性可以返回菜单的名称，如下所示：

```
Application.CommandBars("Worksheet Menu Bar").Controls(1).Caption
```

使用 CommandBarControl 对象的 Type 属性可以返回表示菜单类型的值，如下所示。菜单栏中的第一级菜单的 Type 属性返回的值是 10，即 msoControlPopup 弹出菜单。

```
Application.CommandBars("Worksheet Menu Bar").Controls(1).Type
```

案例 15-4　获取工作表菜单栏中第一个菜单包含的命令的相关信息

下面的代码在活动工作表中列出工作表菜单栏中第一个菜单包含的命令的名称、ID、FaceID及其图像，如图 15-4 所示。首先检查活动工作表中是否包含数据，如果包含数据则退出程序。之后关闭屏幕刷新以加快程序的运行速度，将工作表菜单栏及其第一个菜单分别赋值给 cbr 和 ctl 两个变量。在 A1:E1 单元格区域中输入各列的标题，并将它们在单元格中居中显示。在第二行的第 1 列和第 2 列分别输入工作表菜单栏及其第一个菜单的名称，并将表示行号的 lngRow 变量赋值为 1。

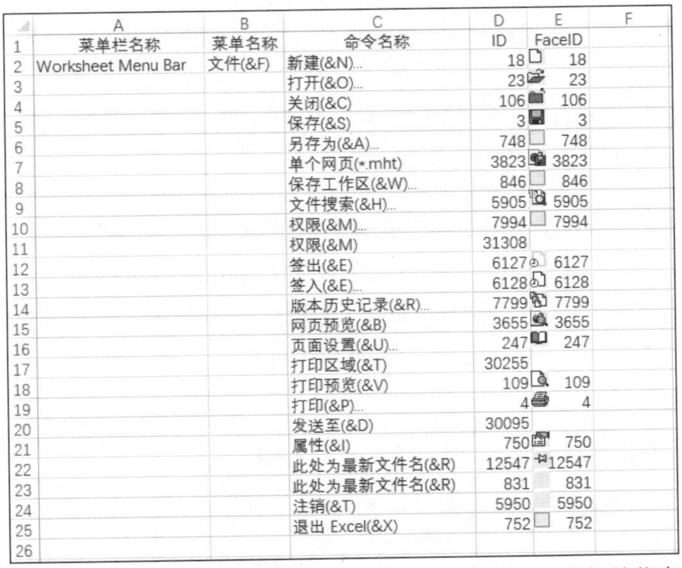

	A	B	C	D	E	F
1	菜单栏名称	菜单名称	命令名称	ID	FaceID	
2	Worksheet Menu Bar	文件(&F)	新建(&N)...	18	18	
3			打开(&O)...	23	23	
4			关闭(&C)	106	106	
5			保存(&S)	3	3	
6			另存为(&A)...	748	748	
7			单个网页(*.mht)	3823	3823	
8			保存工作区(&W)...	846	846	
9			文件搜索(&H)...	5905	5905	
10			权限(&M)...	7994	7994	
11			权限(&M)	31308		
12			签出(&E)	6127	6127	
13			签入(&E)...	6128	6128	
14			版本历史记录(&R)...	7799	7799	
15			网页预览(&B)	3655	3655	
16			页面设置(&U)...	247	247	
17			打印区域(&T)	30255		
18			打印预览(&V)	109	109	
19			打印(&P)...	4	4	
20			发送至(&D)	30095		
21			属性(&I)	750	750	
22			此处为最新文件名(&R)	12547	12547	
23			此处为最新文件名(&R)	831	831	
24			注销(&T)	5950	5950	
25			退出 Excel(&X)	752	752	
26						

图 15-4　获取工作表菜单栏中第一个菜单包含的命令的相关信息

接下来进入 For Each 循环结构，在第一个菜单中遍历其中的每一个命令。将行号加 1，然后将命令的标题输入到当前行第 3 列的单元格中，将命令的 ID 输入到当前行第 4 列的单元格中，将命令的 FaceID 输入到当前行第 5 列的单元格中。然后使用 CopyFace 方法复制当前命令上的图像，如果成功复制图像，则将其复制到当前行第 5 列的单元格中。由于前面使用了 On Error Resume Next 语句，因此即使复制图像失败，也不会出现运行时错误，但是 Err 对象会包含一个错误号，清除该错误号以便重新对下次可能产生的错误进行捕获。使用以上过程继续处理在菜单中找到的下一个命令，直到菜单中的最后一个命令。

```
Sub 获取工作表菜单栏中第一个菜单包含的命令的相关信息()
    Dim cbr As CommandBar, ctl As CommandBarControl
    Dim subctl As CommandBarControl, lngRow As Long
    If Application.WorksheetFunction.CountA(Cells) <> 0 Then
        MsgBox "活动工作表中包含数据，请选择一个空工作表！"
        Exit Sub
    End If
    Application.ScreenUpdating = False
    Set cbr = Application.CommandBars("Worksheet Menu Bar")
    Set ctl = cbr.Controls(1)
    With Range("A1:E1")
```

```
        .Value = Array("菜单栏名称", "菜单名称", "命令名称", "ID", "FaceID")
        .HorizontalAlignment = xlCenter
    End With
    Cells(2, 1).Value = cbr.Name
    Cells(2, 2).Value = ctl.Caption
    lngRow = 1
    On Error Resume Next
    For Each subctl In ctl.Controls
        lngRow = lngRow + 1
        Cells(lngRow, 3).Value = subctl.Caption
        Cells(lngRow, 4).Value = subctl.ID
        Cells(lngRow, 5).Value = subctl.FaceId
        subctl.CopyFace
        If Err.Number = 0 Then ActiveSheet.Paste Cells(lngRow, 5)
        Err.Clear
    Next subctl
    Range("A1:E1").EntireColumn.AutoFit
    Application.ScreenUpdating = True
End Sub
```

案例 15-5　获取工作表菜单栏中所有菜单包含的命令的相关信息

下面的代码是上一个案例的完善版，它可以列出工作表菜单栏中的所有菜单包含的命令的相关信息，而不只是第一个菜单中的命令。本例代码的工作原理与上一个案例类似，主要区别在于需要在列出上一个菜单中包含的所有命令后，在指定行数后的 B 列中输入下一个菜单的名称。

```
Sub 获取工作表菜单栏中所有菜单包含的命令的相关信息()
    Dim cbr As CommandBar, ctl As CommandBarControl
    Dim subctl As CommandBarControl, lngRow As Long
    If Application.WorksheetFunction.CountA(Cells) <> 0 Then
        MsgBox "活动工作表中包含数据，请选择一个空工作表！"
        Exit Sub
    End If
    Application.ScreenUpdating = False
    Set cbr = Application.CommandBars("Worksheet Menu Bar")
    With Range("A1:E1")
        .Value = Array("菜单栏名称", "菜单名称", "命令名称", "ID", "FaceID")
        .HorizontalAlignment = xlCenter
    End With
    Cells(2, 1).Value = cbr.Name
    lngRow = 2
    On Error Resume Next
    For Each ctl In cbr.Controls
        Cells(lngRow, 2).Value = ctl.Caption
        For Each subctl In ctl.Controls
            Cells(lngRow, 3).Value = subctl.Caption
            Cells(lngRow, 4).Value = subctl.ID
            Cells(lngRow, 5).Value = subctl.FaceId
            subctl.CopyFace
            If Err.Number = 0 Then ActiveSheet.Paste Cells(lngRow, 5)
            Err.Clear
            lngRow = lngRow + 1
        Next subctl
    Next ctl
    Range("A1:E1").EntireColumn.AutoFit
    Application.ScreenUpdating = True
End Sub
```

15.1.6　在内置菜单栏中添加菜单

可以使用菜单栏的 Controls 集合的 Add 方法在菜单栏中添加菜单。由于菜单是一个单击后可弹出的控件，因此需要将 Add 方法中的 Type 参数设置为 msoControlPopup。

案例 15-6　在内置菜单栏中创建新的菜单

下面的代码在工作表菜单栏的末尾添加一个菜单，菜单名称通过用户输入的内容指定，如图 15-5 所示。

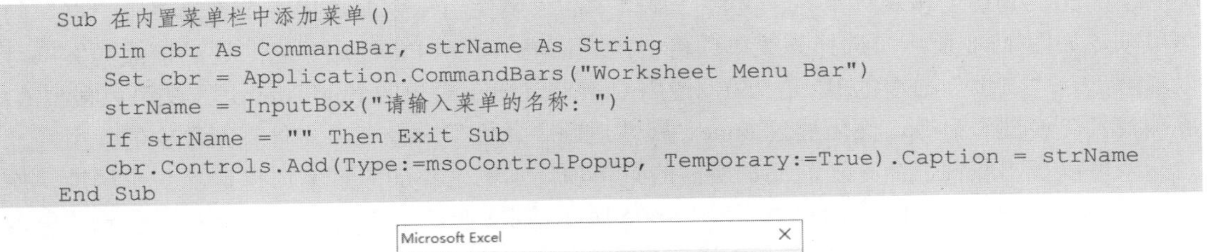

```
Sub 在内置菜单栏中添加菜单()
    Dim cbr As CommandBar, strName As String
    Set cbr = Application.CommandBars("Worksheet Menu Bar")
    strName = InputBox("请输入菜单的名称：")
    If strName = "" Then Exit Sub
    cbr.Controls.Add(Type:=msoControlPopup, Temporary:=True).Caption = strName
End Sub
```

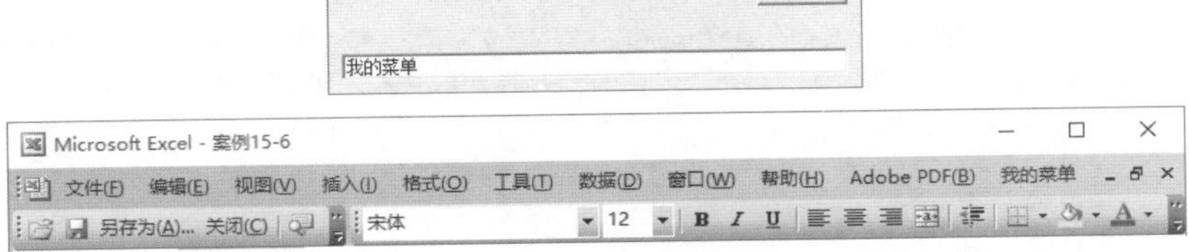

图 15-5　在内置菜单栏中添加菜单

在 Excel 2016 中的效果如图 15-6 所示，添加的菜单位于功能区的“加载项”选项卡中。

图 15-6　Excel 2016 中的效果

可以通过 Add 方法中的 Before 参数将菜单添加到菜单栏中的指定位置，而不总是菜单栏的末尾。

案例 15-7　将菜单添加到内置菜单栏中的指定位置

下面的代码将用户指定名称的菜单添加到工作表菜单栏的“文件”菜单之前，这是因为将 Add 方法的 Before 参数设置为 1，如图 15-7 所示。

```
Sub 菜单添加到内置菜单栏中的指定位置()
    Dim cbr As CommandBar, strName As String
    Set cbr = Application.CommandBars("Worksheet Menu Bar")
    strName = InputBox("请输入菜单的名称：")
    If strName = "" Then Exit Sub
    cbr.Controls.Add(Type:=msoControlPopup, Before:=1, Temporary:=True).Caption = strName
End Sub
```

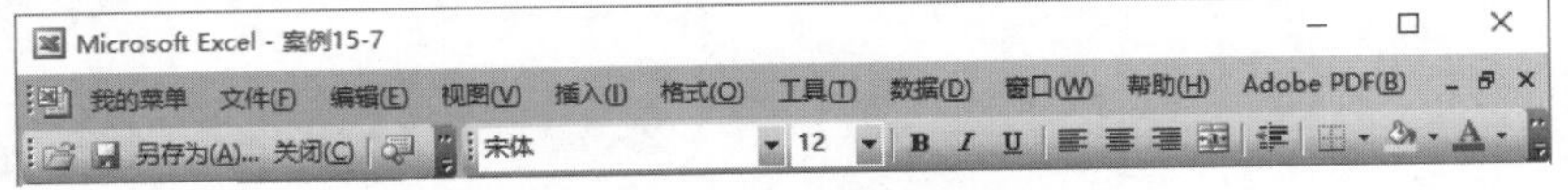

图 15-7　指定新菜单的位置

在 Excel 2016 中无任何变化，改变位置后的菜单仍然位于功能区的“加载项”选项卡中。

15.1.7 在菜单中添加菜单项

在菜单栏中添加菜单后，需要在菜单中添加菜单项，并为菜单项指定要运行的 VBA 过程，才能让菜单具有实际功能。在菜单中添加菜单项与在菜单栏中添加菜单类似，仍然需要使用 Controls 集合的 Add 方法，但是需要将 Type 参数设置为 msoControlButton，因为每个菜单项都是一个可执行命令。

案例 15-8 在内置菜单中添加菜单项

下面的代码在工作表菜单栏“文件”菜单中的“属性”命令前添加一个名为“用户名”的菜单项，如图 15-8 所示，选择该菜单项将会在对话框中显示 Excel 用户名。通过前面的案例可以了解到，“属性”命令的 ID 是 750，使用 CommandBar 对象的 FindControl 方法可以根据 ID 准确找到“属性”命令，然后通过 Index 属性返回“属性”命令在“文件”菜单中的索引号，之后就可以在“属性”命令之前添加所需的菜单项。本例为添加的菜单项指定了 3 个属性，使用 Caption 属性指定菜单项的标题，使用 Style 属性指定菜单项的显示样式，此处只显示菜单项的标题，使用 OnAction 属性指定在选择菜单项时要运行的 VBA 过程的名称。

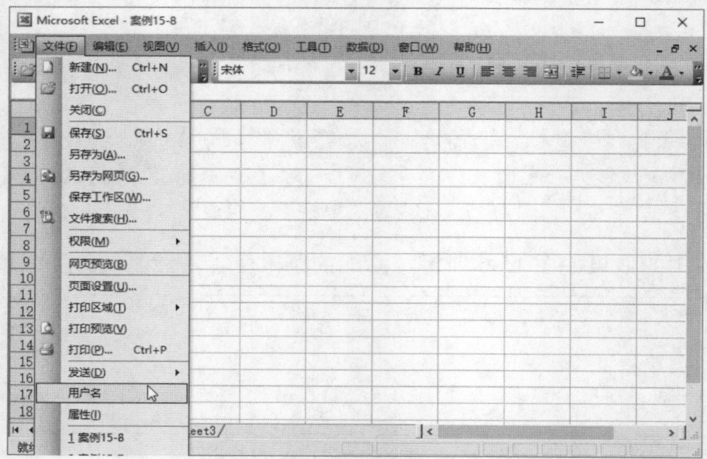

图 15-8 在内置菜单中添加菜单项

代码中的 CommandBars("Worksheet Menu Bar").Controls(1)返回一个 CommandBarPopup 对象，表示的是“文件”菜单。使用该对象的 CommandBar 属性将会返回一个 CommandBar 对象，它是一个表示“文件”菜单的命令栏。只有 CommandBarPopup 对象才有 CommandBar 属性，其他如 CommandBarButton、CommandBarComboBox 等对象都没有该属性。

```
Sub 在内置菜单中添加菜单项()
    Dim cbr As CommandBar, ctl As CommandBarButton
    Set cbr = Application.CommandBars("Worksheet Menu Bar").Controls(1).CommandBar
    Set ctl = cbr.Controls.Add(Type:=msoControlButton, Before:=cbr.FindControl(ID:=750).
    Index, Temporary:=True)
    With ctl
        .Caption = "用户名"
        .Style = msoButtonCaption
        .OnAction = "显示用户名"
    End With
End Sub

Sub 显示用户名()
    MsgBox Application.UserName
End Sub
```

案例 15-9　在自定义菜单中添加菜单项

下面的代码在工作表菜单栏的第一个菜单之前创建了一个新菜单，然后在该菜单中添加了 3 个菜单项，如图 15-9 所示，选择不同的菜单项可以显示不同的信息。

```
Sub 在自定义菜单中添加菜单项()
    Dim cbr As CommandBar, ctl As CommandBarPopup
    Set cbr = Application.CommandBars("Worksheet Menu Bar")
    Set ctl = cbr.Controls.Add(Type:=msoControlPopup, Before:=1, Temporary:=True)
    With ctl
        .Caption = "我的菜单"
        With .Controls.Add(msoControlButton)
            .Caption = "用户名"
            .Style = msoButtonCaption
            .OnAction = "显示用户名"
        End With
        With .Controls.Add(msoControlButton)
            .Caption = "工作簿名"
            .Style = msoButtonCaption
            .OnAction = "显示工作簿名"
        End With
        With .Controls.Add(msoControlButton)
            .Caption = "工作表名"
            .Style = msoButtonCaption
            .OnAction = "显示活动工作表名"
        End With
    End With
End Sub

Sub 显示用户名()
    MsgBox Application.UserName
End Sub

Sub 显示工作簿名()
    MsgBox ActiveWorkbook.Name
End Sub

Sub 显示活动工作表名()
    MsgBox ActiveSheet.Name
End Sub
```

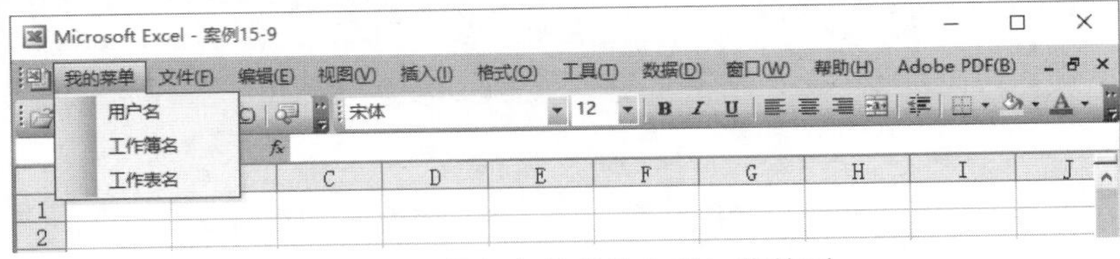

图 15-9　在自定义菜单中添加菜单项

在 Excel 2016 中的效果如图 15-10 所示，添加的菜单位于功能区的“加载项”选项卡中。

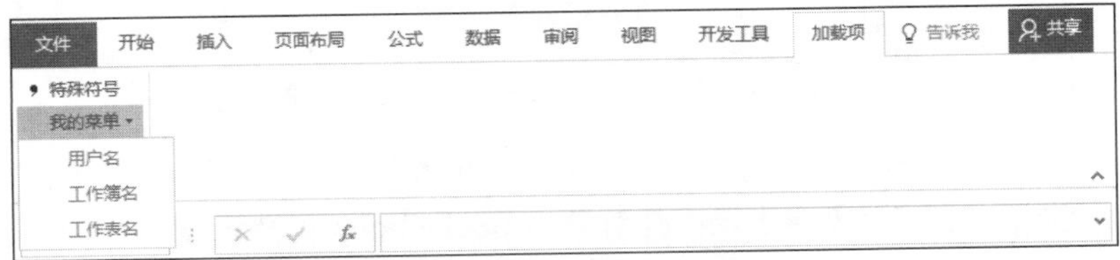

图 15-10　Excel 2016 中的效果

如果愿意，可以使用与在菜单栏中添加菜单的类似方法，在菜单中添加子菜单，然后在子菜单中添加菜单项。

案例 15-10　在自定义菜单中添加子菜单及其菜单项

下面的代码与上一个案例类似，区别在于在新建的“我的菜单”菜单中包含一个菜单项和一个弹出式子菜单，在这个子菜单中包含两个菜单项，如图 15-11 所示。在一个菜单中无论创建几级子菜单，只要将想要作为弹出子菜单的控件的 Type 设置为 msoControlPopup，就可以在其中添加所需的菜单项。

```
Sub 在自定义菜单中添加菜单项()
    Dim cbr As CommandBar, ctl As CommandBarPopup
    Set cbr = Application.CommandBars("Worksheet Menu Bar")
    Set ctl = cbr.Controls.Add(Type:=msoControlPopup, Before:=1, Temporary:=True)
    With ctl
        .Caption = "我的菜单"
        With .Controls.Add(msoControlButton)
            .Caption = "用户名"
            .Style = msoButtonCaption
            .OnAction = "显示用户名"
        End With
        With .Controls.Add(msoControlPopup)
            .Caption = "工作簿相关"
            With .Controls.Add(msoControlButton)
                .Caption = "工作簿名"
                .Style = msoButtonCaption
                .OnAction = "显示工作簿名"
            End With
            With .Controls.Add(msoControlButton)
                .Caption = "工作表名"
                .Style = msoButtonCaption
                .OnAction = "显示活动工作表名"
            End With
        End With
    End With
End Sub
```

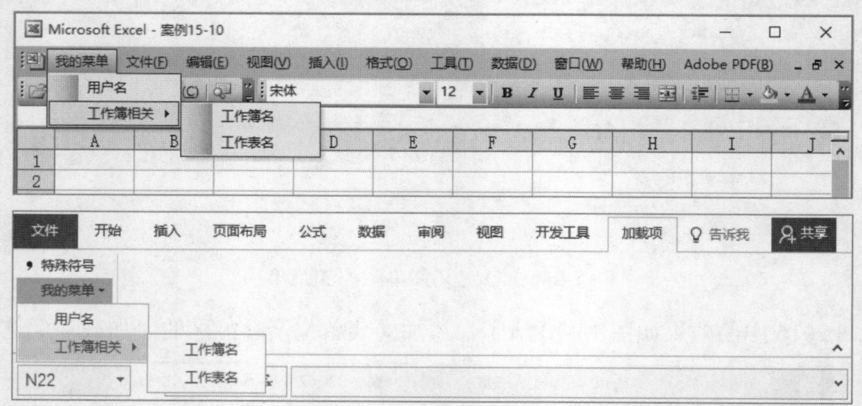

图 15-11　在自定义菜单中添加子菜单及其菜单项

如果菜单中包含很多菜单项，可以根据它们的功能类别进行分组，并在菜单项之间使用横线产生视觉上的分隔效果。只需将表示控件对象的 BeginGroup 属性设置为 True，即可在指定的控件之前添加分组标记。

案例 15-11　为菜单中的菜单项分组

下面的代码为自定义菜单中的菜单项设置了分组，本例将第二个菜单项的 BeginGroup 属性设置为 True，如图 15-12 所示。

```
Sub 为菜单中的菜单项分组()
    Dim cbr As CommandBar, ctl As CommandBarPopup
    Set cbr = Application.CommandBars("Worksheet Menu Bar")
    Set ctl = cbr.Controls.Add(Type:=msoControlPopup, Before:=1, Temporary:=True)
    With ctl
        .Caption = "我的菜单"
        With .Controls.Add(msoControlButton)
            .Caption = "用户名"
            .Style = msoButtonCaption
            .OnAction = "显示用户名"
        End With
        With .Controls.Add(msoControlButton)
            .BeginGroup = True
            .Caption = "工作簿名"
            .Style = msoButtonCaption
            .OnAction = "显示工作簿名"
        End With
        With .Controls.Add(msoControlButton)
            .Caption = "工作表名"
            .Style = msoButtonCaption
            .OnAction = "显示活动工作表名"
        End With
    End With
End Sub
```

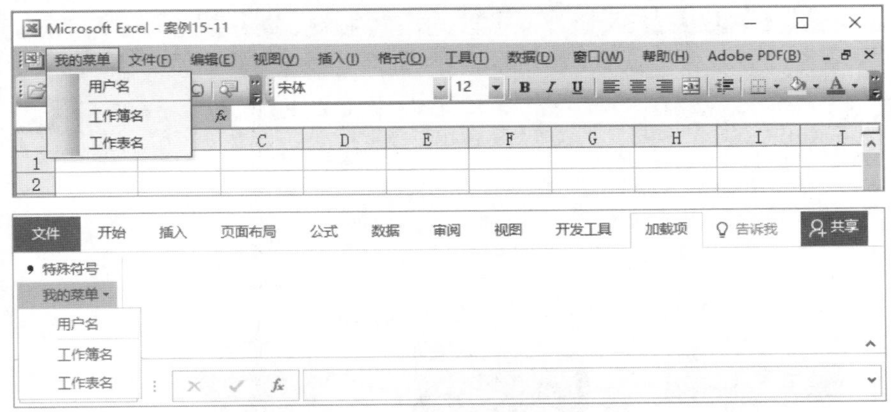

图 15-12　为菜单中的菜单项分组

15.1.8　使用 Parameter 属性传递参数值

可以在创建的菜单项中存储一些有用信息，这样就可以将不同菜单项的 OnAction 属性设置为同一个 VBA 过程，但是又可以根据菜单项中存储的不同信息来执行同一个 VBA 过程中的不同代码，这样就不需要为包含相似代码的菜单项重复编写多个 VBA 过程。简单来说，可以让多个菜单项共享同一个 VBA 过程，通过控件对象的 Parameter 属性的值来区分不同的菜单项。除了 Parameter 属性之外，还可以使用控件对象的 Tag 属性存储信息。

案例 15-12　共享同一个 VBA 过程但实现不同功能的菜单项

下面的代码包含两个 Sub 过程，用于创建自定义菜单的第一个 Sub 过程是对前面案例的修改版，其中为每个菜单项添加了 Parameter 属性，并将表示各菜单项功能的描述信息设置为该属性的值。3 个菜单项的 OnAction 属性都设置为同一个 Sub 过程，但是可以通过 Parameter 属性的值加以区分。本例代码中的第二个 Sub 过程来自于本书第 8 章中的一个案例，但是对其中的代码进行了适当修改，以便可以响应用户对菜单项的选择操作，如图 15-13 所示。

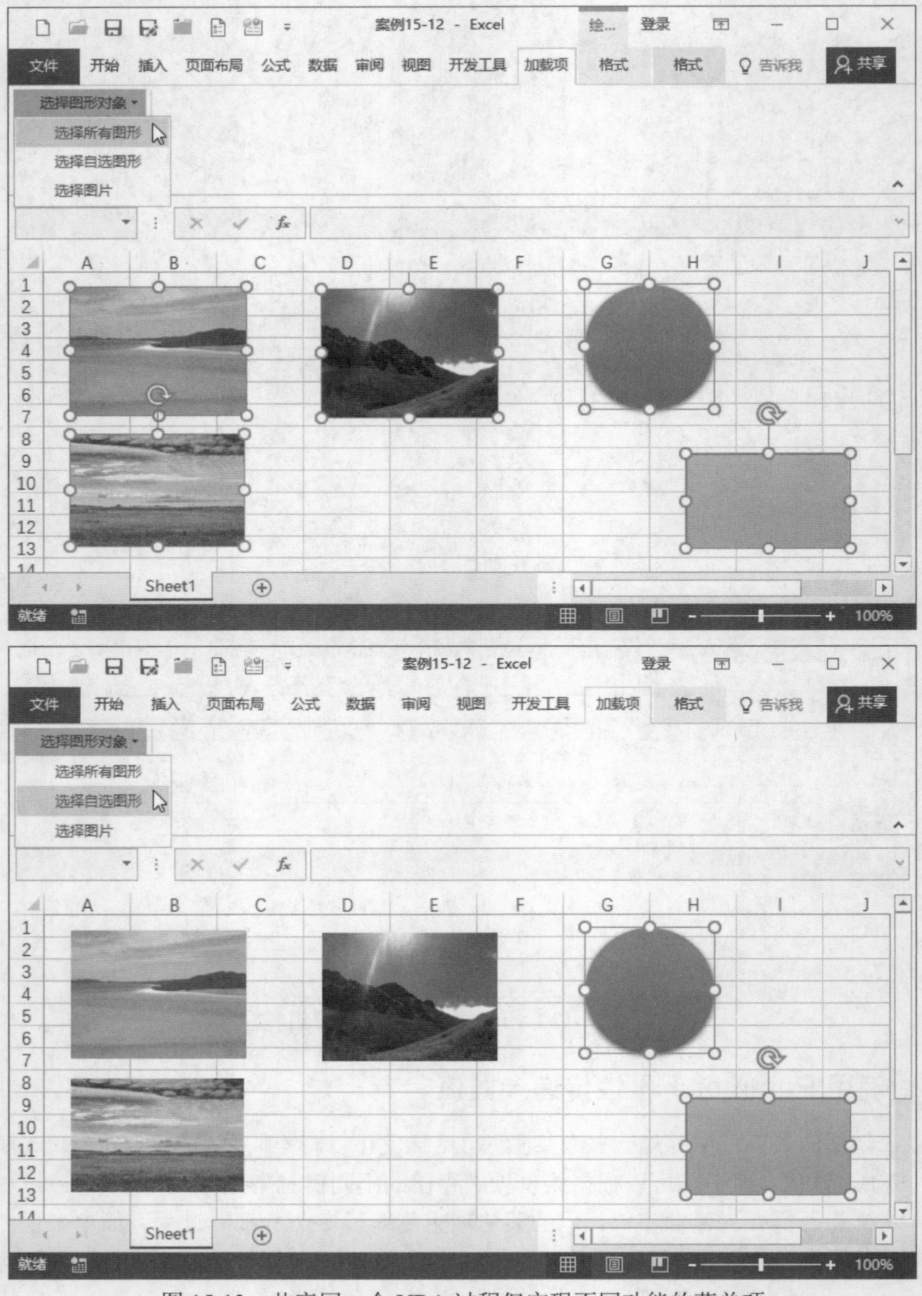

图 15-13　共享同一个 VBA 过程但实现不同功能的菜单项

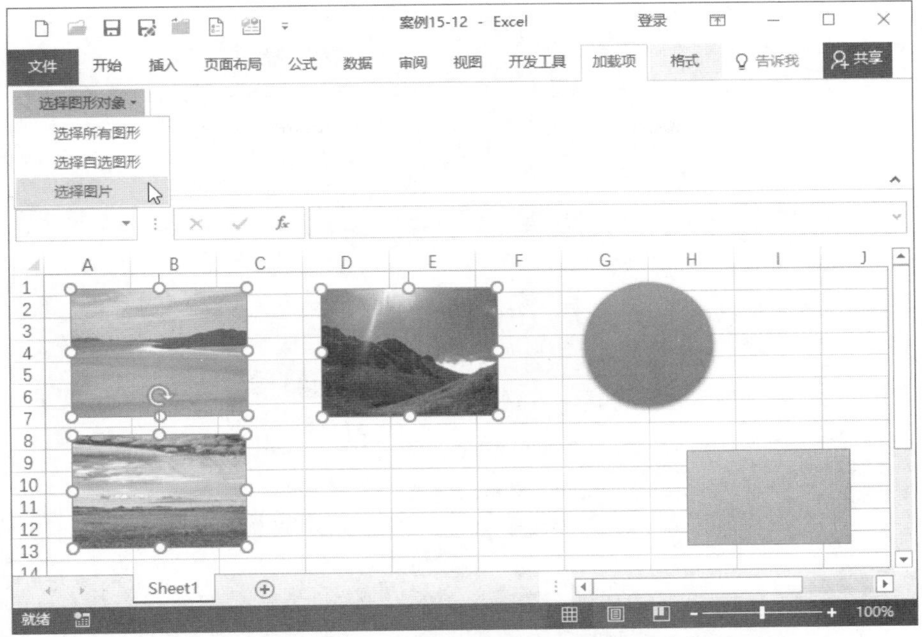

图 15-13　共享同一个 VBA 过程但实现不同功能的菜单项（续）

使用 CommandBars 集合的 ActionControl 属性可以引用当前正在执行操作的菜单项。通过该菜单项的 Parameter 属性中的值可以确定所选择的菜单项中包含的信息，该信息指定了要操作的图形对象的类型，本例分为 3 种：所有图形、自选图形、图片。后两种可以使用 MsoShapeType 常量中的 msoAutoShape 和 msoPicture 表示，然后利用 Shape 对象的 Type 属性加以判断并进行处理。而“所有图形”则需要单独进行处理，因为 MsoShapeType 常量中并不包含“所有图形”的常量值。由于每个菜单项的 Parameter 属性中包含特定的信息，因此程序可以根据所选择的菜单项对不同类型的图形执行选择操作。

```
Sub 共享同一个VBA过程但实现不同功能的菜单项()
    Dim cbr As CommandBar, ctl As CommandBarPopup
    Set cbr = Application.CommandBars("Worksheet Menu Bar")
    Set ctl = cbr.Controls.Add(Type:=msoControlPopup, Before:=1, Temporary:=True)
    With ctl
        .Caption = "选择图形对象"
        With .Controls.Add(msoControlButton)
            .Caption = "选择所有图形"
            .Parameter = "所有图形"
            .OnAction = "选择图形对象"
        End With
        With .Controls.Add(msoControlButton)
            .Caption = "选择自选图形"
            .Parameter = "自选图形"
            .OnAction = "选择图形对象"
        End With
        With .Controls.Add(msoControlButton)
            .Caption = "选择图片"
            .Parameter = "图片"
            .OnAction = "选择图形对象"
        End With
    End With
End Sub
```

```
Sub 选择图形对象()
    Dim shp As Shape, intShapeCount As Integer
    Dim astrShapes() As String, lngType As Long
    Select Case Application.CommandBars.ActionControl.Parameter
        Case "所有图形"
            If ActiveSheet.Shapes.Count > 0 Then
                ActiveSheet.Shapes.SelectAll
                Exit Sub
            Else
                MsgBox "活动工作表中不包含指定类型的对象！"
                Exit Sub
            End If
        Case "自选图形"
            lngType = msoAutoShape
        Case "图片"
            lngType = msoPicture
    End Select
    For Each shp In ActiveSheet.Shapes
        If shp.Type = lngType Then
            intShapeCount = intShapeCount + 1
            ReDim Preserve astrShapes(1 To intShapeCount)
            astrShapes(intShapeCount) = shp.Name
        End If
    Next shp
    If intShapeCount > 0 Then
        ActiveSheet.Shapes.Range(astrShapes).Select
    Else
        MsgBox "活动工作表中不包含指定类型的对象！"
    End If
End Sub
```

15.1.9 禁用菜单或菜单项

如果想要禁用菜单栏中的特定菜单，则可以将表示该菜单的控件对象的 Enabled 属性设置为 False。下面的代码禁用工作表菜单栏中的“视图”菜单，禁用后的菜单呈灰色显示并且无法操作，如图 15-14 所示。

```
Application.CommandBars("Worksheet Menu Bar").Controls(3).Enabled = False
```

图 15-14 禁用“视图”菜单

也可以只禁用菜单中的特定菜单项而不是整个菜单。下面的代码禁用工作表菜单栏“视图”菜单中的第 3 个命令，如图 15-15 所示。

```
Application.CommandBars("Worksheet Menu Bar").Controls(3).Controls(3).Enabled = False
```

图 15-15 禁用特定的菜单项

还可以禁用整个菜单栏。下面的代码禁用工作表菜单栏，如图 15-16 所示。

```
Application.CommandBars("Worksheet Menu Bar").Enabled = False
```

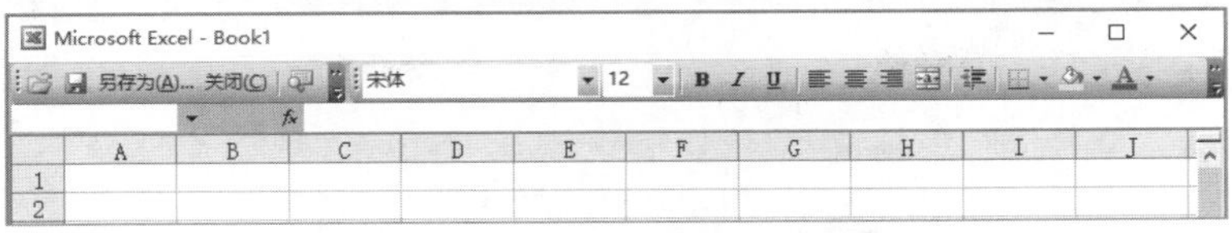

图 15-16　禁用工作表菜单栏

无论禁用的是菜单栏、菜单还是菜单项，只需将相应对象的 Enabled 属性设置为 True，即可重新启用。

15.1.10　隐藏菜单或菜单项

如果想要禁用菜单栏中的菜单或菜单中的菜单项，则可以将表示菜单或菜单项的控件对象的 Visible 属性设置为 False。将 Visible 属性设置为 True 可以重新显示之前隐藏的菜单或菜单项。下面的代码隐藏工作表菜单栏中的“插入”菜单，如图 15-17 所示。

```
Application.CommandBars("Worksheet Menu Bar").Controls(4).Visible = False
```

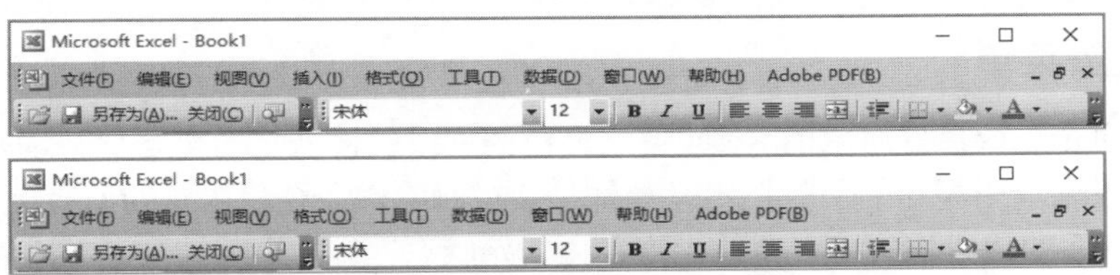

图 15-17　隐藏“插入”菜单

下面的代码隐藏工作表菜单栏“插入”菜单中的“超链接”菜单项，如图 15-18 所示。由于“超链接”菜单项位于“插入”菜单的最底部，因此“超链接”菜单项是“插入”菜单中拥有最大索引号的菜单项，可以使用 Controls.Count 得到菜单中包含的菜单项总数，该值等同于菜单中最后一个菜单项的索引号。

```
With Application.CommandBars("Worksheet Menu Bar").Controls(4)
    .Controls(.Controls.Count).Visible = False
End With
```

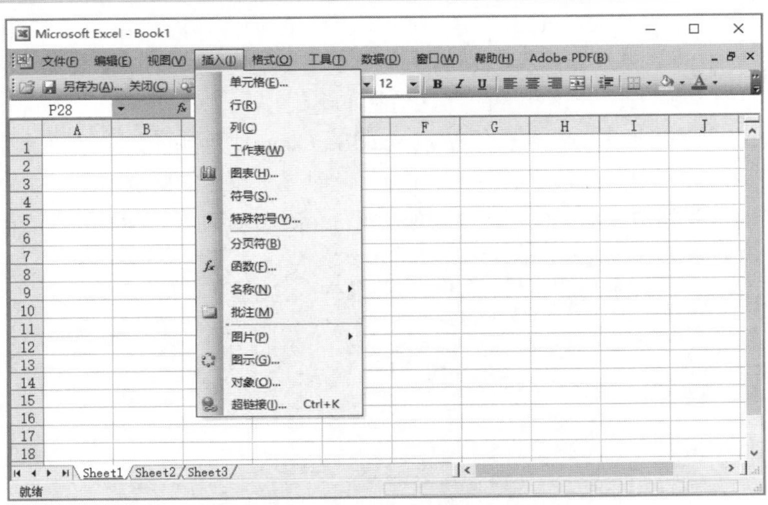

图 15-18　隐藏“插入”菜单中的“超链接”菜单项

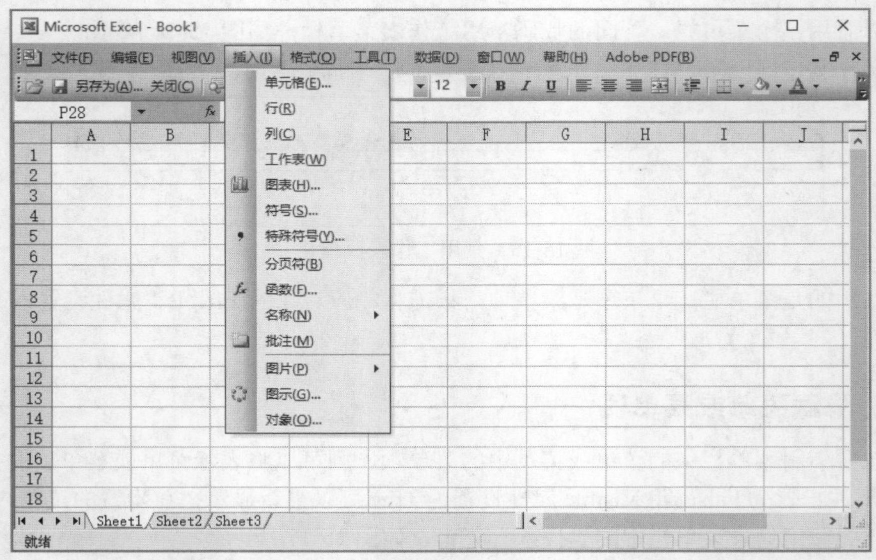

图 15-18　隐藏“插入”菜单中的“超链接”菜单项（续）

15.1.11　重置菜单

可以使用命令栏或控件对象的 Reset 方法将命令栏或控件恢复为初始状态。执行 Reset 方法后，向命令栏或菜单中添加的所有自定义控件都会被删除，命令栏内置的所有控件也会恢复到其初始状态。下面的代码将工作表菜单栏恢复为初始状态，其中的所有自定义控件都会被删除。

```
Application.CommandBars("Worksheet Menu Bar").Reset
```

注意： 如果只想从菜单栏中删除特定的菜单，或从菜单中删除特定的菜单项，那么应该使用这些对象的 Delete 方法而不是 Reset 方法，因为一旦使用 Reset 方法进行重置，将会丢失所有的自定义设置。

案例 15-13　只在包含自定义控件时重置菜单栏

下面的代码只对包含自定义控件的菜单栏进行重置。如果菜单栏中不包含任何自定义控件，则不会重置菜单栏并显示预先指定的提示信息。为了确定菜单栏中是否包含自定义控件，本例使用 CommandBar 对象的 FindControl 方法查找 ID 为 1 的控件，因为自定义控件的 ID 都是 1。为了可以在菜单栏中的菜单及其所有级别的子菜单中查找自定义控件，需要将 FindControl 方法的 Recursive 参数设置为 True，该参数的默认值为 False。

将 FindControl 方法返回的结果赋值给 CommandBarControl 类型的变量，然后检查该变量的值。如果找不到自定义控件，则该变量的值为 Nothing，此时显示指定的提示信息；如果找到自定义控件，则该变量的值是找到的自定义控件，此时使用 CommandBar 对象的 Reset 方法重置菜单栏。

```
Sub 只在包含自定义控件时重置菜单栏()
    Dim cbr As CommandBar, ctl As CommandBarControl
    Set cbr = Application.CommandBars("Worksheet Menu Bar")
    Set ctl = cbr.FindControl(ID:=1, Recursive:=True)
    If ctl Is Nothing Then
        MsgBox "菜单栏中不包含自定义控件，不需要重置！"
    Else
        cbr.Reset
    End If
End Sub
```

15.1.12　删除菜单或菜单项

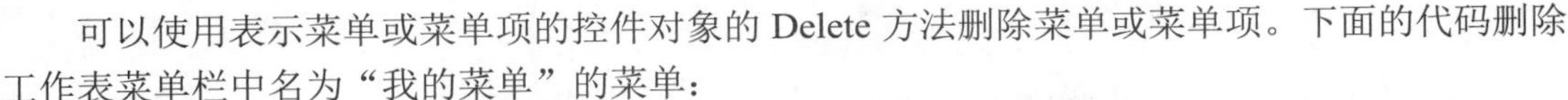

可以使用表示菜单或菜单项的控件对象的 Delete 方法删除菜单或菜单项。下面的代码删除工作表菜单栏中名为“我的菜单”的菜单：

```
Application.CommandBars("Worksheet Menu Bar").Controls("我的菜单").Delete
```

如果在工作表菜单栏中不存在名为“我的菜单”的菜单，运行上面的代码将会出现运行时错误。因此在删除菜单或菜单项之前，必须加入 On Error Resume Next 语句以忽略删除不存在对象时导致的错误，如下所示：

```
On Error Resume Next
Application.CommandBars("Worksheet Menu Bar").Controls("我的菜单").Delete
```

在定制菜单栏时，为了避免重复添加菜单栏中已经存在的菜单或菜单项而导致运行时错误，应该在添加菜单或菜单项之前，先预防性地删除同名的菜单或菜单项。

案例 15-14　定制菜单和菜单项时的防错设置

下面的代码在工作表菜单栏中添加了一个名为“我的菜单”的菜单。为了避免重复添加多个该菜单，在执行添加菜单的代码前，先使用 Delete 方法预防性地删除了同名菜单。如果删除之前菜单栏中不存在指定菜单，则会出现运行时错误，为了避免错误发生，因此加入了防错语句 On Error Resume Next。为了确保删除和添加的菜单具有完全相同的名称，因此在 Sub 过程的开头使用 Const 关键字声明了一个 String 数据类型的常量，用于存储菜单的名称。

```
Sub 定制菜单和菜单项时的防错设置()
    Dim cbr As CommandBar, ctl As CommandBarPopup
    Const strMenuName As String = "我的菜单"
    Set cbr = Application.CommandBars("Worksheet Menu Bar")
    On Error Resume Next
    cbr.Controls(strMenuName).Delete
    Set ctl = cbr.Controls.Add(Type:=msoControlPopup, Before:=1)
    ctl.Caption = strMenuName
End Sub
```

可以将添加菜单和菜单项以及删除菜单和菜单项的代码放置到 Workbook_Open（打开工作簿）和 Workbook_BeforeClose（关闭工作簿）事件过程中，实现在打开和关闭工作簿时自动添加和删除菜单和菜单项。

案例 15-15　使用事件过程自动添加和删除菜单和菜单项

下面的代码位于工作簿中的标准模块中，用于在工作表菜单栏中添加新的菜单和菜单项。为了确保添加和删除菜单时可以使用完全相同的名称，因此将菜单的名称存储在模块顶部声明的模块级常量中，同一个模块中的所有过程都可以使用该常量中存储的值。

```
Const strMenuName As String = "我的菜单"

Sub 添加菜单和菜单项()
    Dim cbr As CommandBar, ctl As CommandBarPopup
    Set cbr = Application.CommandBars("Worksheet Menu Bar")
    On Error Resume Next
    Set ctl = cbr.Controls.Add(Type:=msoControlPopup, Before:=1)
    With ctl
        .Caption = strMenuName
        .Controls.Add(msoControlButton).Caption = "用户名"
        .Controls.Add(msoControlButton).Caption = "工作簿名"
        .Controls.Add(msoControlButton).Caption = "工作表名"
    End With
End Sub
```

```
Sub 删除菜单和菜单项()
    On Error Resume Next
    Application.CommandBars("Worksheet Menu Bar").Controls(strMenuName).Delete
End Sub
```

下面的代码位于工作簿中的 ThisWorkbook 模块中，在打开工作簿时自动执行 Workbook_Open 事件过程中的代码，即调用名为“添加菜单和菜单项”的 Sub 过程。在关闭工作簿时自动执行 Workbook_BeforeClose 事件过程中的代码，即调用名为“删除菜单和菜单项”的 Sub 过程。

```
Private Sub Workbook_Open()
    Call 添加菜单和菜单项
End Sub

Private Sub Workbook_BeforeClose(Cancel As Boolean)
    Call 删除菜单和菜单项
End Sub
```

注意：在使用 Workbook_BeforeClose 事件过程时需要注意，当关闭未保存的工作簿时，Excel 会弹出确认保存的对话框，此时如果单击“取消”按钮返回工作簿，Workbook_BeforeClose 事件过程仍然会调用指定的 Sub 过程来删除菜单和菜单项，第 12 章介绍了解决该问题的方法。

15.1.13 创建新的菜单栏

前面介绍的都是向 Excel 内置的工作表菜单栏中添加菜单和菜单项。如果需要，也可以创建新的菜单栏以代替 Excel 默认的工作表菜单栏，然后在新的菜单栏中添加所需的菜单和菜单项。可以将 Excel 内置菜单栏中的菜单和菜单项添加到用户创建的新菜单栏中，这样可以减少创建具有相同功能的菜单和菜单项的编程时间。

创建新的菜单栏需要使用 CommandBars 集合的 Add 方法，创建后的新菜单栏可以替换 Excel 默认的工作表菜单栏。

案例 15-16　创建包含两个菜单的菜单栏

下面的代码创建了一个包含两个菜单的菜单栏，其中的一个菜单是 Excel 内置的工作表菜单栏中的“文件”菜单，该菜单中的菜单项与 Excel 内置的“文件”菜单中的菜单项相同。另一个菜单是自定义的名为“帮助”的菜单，该菜单中包含“重置”和“关于”两个菜单项。在 Excel 2016 中创建的菜单栏如图 15-19 所示。

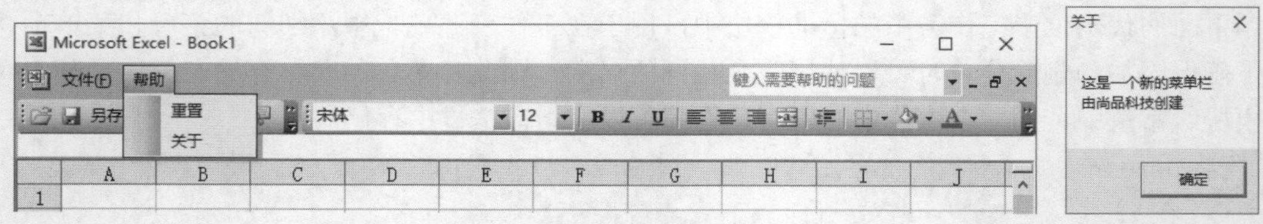

图 15-19　创建的新菜单栏

开始创建新的菜单栏之前，先调用“删除菜单栏”过程删除可能存在的同名菜单栏。然后使用 CommandBars 集合的 Add 方法创建一个新的菜单栏，将其命名为“我的菜单栏”，将 Add 方法的 MenuBar 参数设置为 True，表示创建的是菜单栏而不是工具栏。为了让创建的菜单栏显示在 Excel 窗口中，并取代 Excel 内置的工作表菜单栏，需要将创建的菜单栏的 Visible 属性设置为 True。

接下来向新菜单栏中添加两个菜单，一个菜单是 Excel 内置的“文件”菜单。由于工作表菜单栏中的“文件”菜单的 ID 是 30002，因此可以使用 CommandBar 对象的 FindControl 方法查找具有该 ID 的控件，并将其复制到新菜单栏中。新菜单栏中的另一个菜单包含两个菜单项，使用前面介绍过的技术在新菜单栏中添加菜单及其中包含的菜单项，然后设置菜单项的相关属性，将两个菜单项的 OnAction 属性设置为同一个模块中的另外两个 Sub 过程。

```
Const strBarName As String = "我的菜单栏"

Sub 创建新的菜单栏()
    Dim cbr As CommandBar, ctl As CommandBarControl
    Call 删除菜单栏
    Set cbr = Application.CommandBars.Add(strBarName, MenuBar:=True)
    cbr.Visible = True
    Set ctl = Application.CommandBars("Worksheet Menu Bar").FindControl(ID:=30002)
    ctl.Copy Application.CommandBars(strBarName)
    With cbr.Controls.Add(msoControlPopup)
        .Caption = "帮助"
        With .Controls.Add(msoControlButton)
            .Caption = "重置"
            .OnAction = "删除菜单栏"
        End With
        With .Controls.Add(msoControlButton)
            .Caption = "关于"
            .OnAction = "关于"
        End With
    End With
End Sub

Sub 删除菜单栏()
    On Error Resume Next
    Application.CommandBars(strBarName).Delete
    On Error GoTo 0
End Sub

Sub 关于()
    Dim strMsg As String
    strMsg = "这是一个新的菜单栏" & vbCrLf
    strMsg = strMsg & "由" & Application.UserName & "创建"
    MsgBox strMsg, , "关于"
End Sub
```

在 Excel 2016 中的效果如图 15-20 所示，创建的菜单栏位于功能区的“加载项”选项卡中。

图 15-20　Excel 2016 中的效果

15.2 定制工具栏

在 Excel 2003 以及更低版本的 Excel 中，工具栏与菜单栏的位置和外观完全不同。但是在 Excel 2007 以及更高版本的 Excel 中，工具栏与菜单栏并没有太多区别，它们都位于功能区的“加载项”选项卡中，而且无法控制工具栏的大小和位置，Excel 早期版本中的浮动工具栏也不再有效。定制工具栏的方法与定制菜单栏类似，因为它们都是 CommandBar 对象。本节将介绍在 VBA 中定制工具栏的方法。

15.2.1 Excel 中的所有工具栏及其包含的控件

相对于 Excel 中的两个内置菜单栏来说，Excel 内置了大量的工具栏。在 Excel 2003 以及更低版本的 Excel 中，工具栏呈长条形外观，它们固定显示在菜单栏下方，或悬浮于 Excel 窗口中的任何位置。在 Excel 2007 或更高版本的 Excel 中，工具栏与菜单栏都位于功能区的“加载项”选项卡中。

工具栏中可以包含多种类型的控件，除了包含与菜单栏中相同的弹出菜单和菜单项（在工具栏中称为按钮）之外，在工具栏中通常还会包含文本框、下拉列表、组合框等控件。关于菜单栏、工具栏及其中包含的控件类型，以及它们在 VBA 中对应的对象等内容已在 15.1.1 节介绍过，这里不再赘述。

与定制菜单栏的方法类似，在 VBA 中定制工具栏也需要使用 CommandBars 集合与 Controls 集合。无论以何种方式定制工具栏，熟悉了 Excel 内置工具栏中包含的控件后，可以将这些控件添加到用户创建的工具栏中，从而减少定制工具栏时的工作量。

案例 15-17 获取 Excel 中的所有工具栏及其包含的控件

下面的代码列出了 Excel 中的所有工具栏及其包含的控件的相关信息，包括工具栏的名称以及工具栏中的控件的名称、类型、ID 和 FaceID，如图 15-21 所示。本例代码的工作原理与 15.1.5 节中的案例类似，只不过本例中需要将命令栏的 Type 属性设置为 msoBarTypeNormal，以判断命令栏的类型是否是工具栏。

```
Sub 获取Excel中的所有工具栏及其包含的控件()
    Dim cbr As CommandBar, ctl As CommandBarControl
    Dim lngRow As Long
    If Application.WorksheetFunction.CountA(Cells) <> 0 Then
        MsgBox "活动工作表中包含数据，请选择一个空工作表！"
        Exit Sub
    End If
    Application.ScreenUpdating = False
    With Range("A1:E1")
        .Value = Array("工具栏名称", "控件名称", "控件类型", "控件 ID", "FaceID")
        .HorizontalAlignment = xlCenter
    End With
    lngRow = 2
    On Error Resume Next
    For Each cbr In Application.CommandBars
        If cbr.Type = msoBarTypeNormal Then
            Cells(lngRow, 1).Value = cbr.Name
            For Each ctl In cbr.Controls
                Cells(lngRow, 2).Value = ctl.Caption
                Cells(lngRow, 3).Value = ctl.Type
```

```
                Cells(lngRow, 4).Value = ctl.ID
                Cells(lngRow, 5).Value = ctl.FaceId
                ctl.CopyFace
                If Err.Number = 0 Then ActiveSheet.Paste Cells(lngRow, 5)
                Err.Clear
                lngRow = lngRow + 1
            Next ctl
        End If
    Next cbr
    Range("A1:E1").EntireColumn.AutoFit
    Application.ScreenUpdating = True
End Sub
```

	A	B	C	D	E
1	工具栏名称	控件名称	控件类型	控件ID	FaceID
2	WordArt	艺术字(&W)...	1	1031	1031
3		编辑文字(&X)...	1	2094	2094
4		艺术字库(&W)	1	1606	1606
5		设置对象格式(&O)...	1	962	962
6		艺术字形状(&W)	12	1058	
7		艺术字字母高度相同(&W)	1	1063	1063
8		艺术字竖排文字(&W)	1	1061	1061
9		艺术字对齐方式(&W)	12	1059	
10		艺术字字符间距(&W)	12	1060	
11	Picture	从文件(&F)...	1	2619	2619
12		颜色(&C)	12	1403	
13		增加对比度(&M)	1	1064	1064
14		降低对比度(&L)	1	1065	1065
15		增加亮度(&M)	1	1066	1066
16		降低亮度(&L)	1	1067	1067
17		裁剪(&C)	1	732	732
18		向左旋转 90°(&L)	1	199	199

图 15-21　获取 Excel 中的所有工具栏及其包含的控件

15.2.2　工具栏控件的常用属性

对工具栏中的控件设置的属性与为菜单或菜单项设置的属性类似，以下几个是工具栏中的控件常用的属性。

- Caption：设置控件的标题。
- FaceID：设置控件的图像。
- OnAction：设置单击控件时运行的 VBA 过程的名称。
- Parameter：设置控件的额外信息，以便传递给 VBA 过程并进行处理。
- Style：设置控件的样式。如果工具栏中的控件的对象类型是 CommandBarButton 或 CommandBarComboBox，则可以使用这两个对象的 Style 属性指定控件的样式。CommandBarButton 对象表示的控件的 Style 属性的值由 MsoButtonStyle 常量提供，见表 15-4。CommandBarComboBox 对象表示的控件的 Style 属性的值由 MsoComboStyle 常量提供，见表 15-5。
- TooltipText：设置将鼠标指向控件时显示的屏幕提示。

表 15-4　MsoButtonStyle 常量

名　称	值	说　明
msoButtonAutomatic	0	默认行为
msoButtonIcon	1	仅图像
msoButtonCaption	2	仅文本
msoButtonIconAndCaption	3	图像和文本，且文本位于图像的右侧
msoButtonIconAndWrapCaption	7	右侧带自动换行文本的图像
msoButtonIconAndCaptionBelow	11	下方带文本的图像
msoButtonWrapCaption	14	仅文本，且文本居中并自动换行
msoButtonIconAndWrapCaptionBelow	15	下方带自动换行文本的图像

表 15-5　MsoComboStyle 常量

名　称	值	说　明
msoComboNormal	0	组合框不包含标签
msoComboLabel	1	组合框包含由 Caption 属性指定的标签

15.2.3　引用特定的工具栏和控件

引用工具栏的方法与引用菜单栏类似，也可以通过命令栏的名称或索引号从 CommandBars 集合中引用特定的命令栏。由于不同版本的 Excel 中的命令栏的索引号并不完全相同，因此最好通过名称来引用特定的命令栏。下面的代码通过名称来引用名为“常用”的工具栏：

```
Application.CommandBars("Standard")
```

在 Excel 2016 中“常用”工具栏的索引号是 13，因此如果想要在 Excel 2016 中使用索引号来引用“常用”工具栏，则需要使用如下代码：

```
Application.CommandBars(13)
```

在 Excel 2003 中“常用”工具栏的索引号是 3，因此如果想要在 Excel 2003 中使用索引号来引用“常用”工具栏，则需要使用如下代码：

```
Application.CommandBars(3)
```

提示：通过使用 CommandBar 对象的 Index 属性可以返回工具栏的索引号，比如 Application. CommandBars("Standard").Index 返回的是 13 或 3，具体值取决于运行代码的 Excel 版本。

与从菜单栏中引用菜单或从菜单中引用菜单项的方法类似，可以使用名称或索引号引用工具栏中的控件。下面的两行代码引用的都是“常用”工具栏中的第 2 个控件，即“打开”按钮。

```
Application.CommandBars("Standard").Controls(2)
Application.CommandBars("Standard").Controls("打开")
```

上面的两行代码都会返回一个 CommandBarControl 对象，使用该对象的 Caption 属性可以返回控件的名称，如下所示：

```
Application.CommandBars("Standard").Controls(2).Caption
```

使用 CommandBarControl 对象的 Type 属性可以返回表示控件类型的值，如下所示。“常用”工具栏中的第 2 个控件的 Type 属性返回的值是 1，即 msoControlButton 命令按钮。

```
Application.CommandBars("Standard").Controls(2).Type
```

15.2.4　创建新的工具栏

与创建新的菜单栏类似，创建新的工具栏也需要使用 CommandBars 集合的 Add 方法，但是需要将该方法中的 MenuBar 参数设置为 False 以表示创建的是工具栏，由于该参数的默认值是 False，因此在创建工具栏时可以省略该参数。在 Excel 2003 或更低版本的 Excel 中创建工具栏时，还可以通过 Add 方法的 Position 参数指定工具栏的位置，该参数的值由 MsoBarPosition 常量提供，具体可参考 15.1.2 节。创建工具栏后，必须将其 Visible 属性设置为 True，工具栏才会显示在 Excel 窗口中，Visible 属性的默认值为 False。

创建一个工具栏后，可以使用工具栏的 Controls 集合的 Add 方法在工具栏中添加控件，比如用于执行命令的按钮。在工具栏中添加一个控件后，还需要对控件的属性进行设置，否则创建的是一个空白的控件，该控件不包含任何内容。

案例 15-18　创建包含 3 个按钮的工具栏

下面的代码创建了一个名为“我的工具栏”的工具栏，将工具栏固定显示在 Excel 窗口的顶部。在工具栏中添加了 3 个按钮，按钮的名称为“用户名”“工作簿名”和“工作表名”，将鼠标指向某个按钮时会显示屏幕提示，单击不同的按钮可以显示不同的信息，如图 15-22 所示。

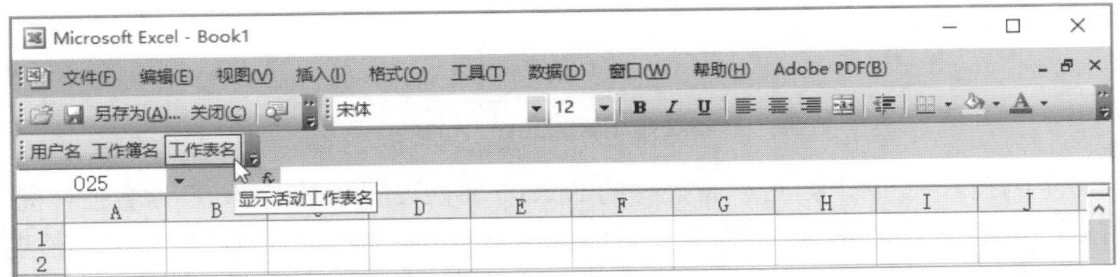

图 15-22　创建包含 3 个按钮的工具栏

代码中使用 CommandBars 集合的 Add 方法创建一个工具栏后，将其 Visible 属性设置为 True 以使其显示出来。然后使用该工具栏的 Controls 集合的 Add 方法创建 3 个 msoControlButton 类型的控件，即 3 个按钮，并为每个按钮设置标题、要运行的 VBA 过程、样式、屏幕提示 4 个属性。

```
Sub 创建包含 3 个按钮的工具栏()
    Dim cbr As CommandBar
    Set cbr = Application.CommandBars.Add("我的工具栏", msoBarTop, , True)
    cbr.Visible = True
    With cbr.Controls.Add(msoControlButton)
        .Caption = "用户名"
        .OnAction = "显示用户名"
        .Style = msoButtonCaption
        .TooltipText = "显示用户名"
    End With
    With cbr.Controls.Add(msoControlButton)
        .Caption = "工作簿名"
        .OnAction = "显示工作簿名"
        .Style = msoButtonCaption
        .TooltipText = "显示工作簿名"
    End With
    With cbr.Controls.Add(msoControlButton)
        .Caption = "工作表名"
        .OnAction = "显示活动工作表名"
        .Style = msoButtonCaption
```

```
        .TooltipText = "显示活动工作表名"
    End With
End Sub

Sub 显示用户名()
    MsgBox Application.UserName
End Sub

Sub 显示工作簿名()
    MsgBox ActiveWorkbook.Name
End Sub

Sub 显示活动工作表名()
    MsgBox ActiveSheet.Name
End Sub
```

在 Excel 2016 中的效果如图 15-23 所示，创建的工具栏位于功能区的“加载项”选项卡中。

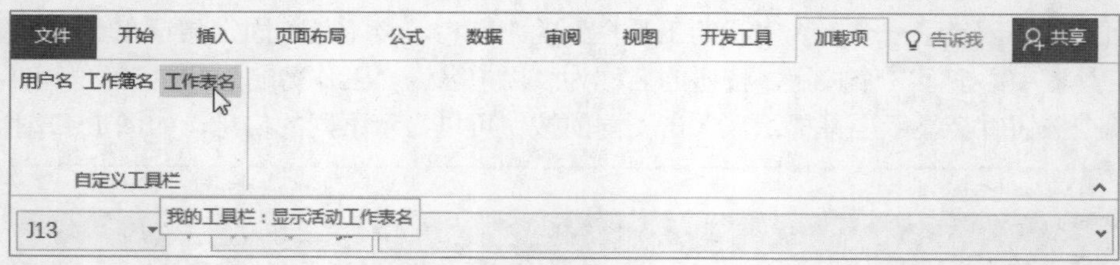

图 15-23　Excel 2016 中的效果

如果希望为控件设置图像，可以将控件的 FaceID 属性设置为某个 Excel 内置控件的 FaceID，这样就可以为工具栏中的控件添加图像，从而实现类似 Excel 内置工具栏中的控件外观。

案例 15-19　让工具栏中的控件以图像显示

下面的代码与上一个案例类似，但是为工具栏中的 3 个按钮添加了图像，并将它们设置为只显示图像而不是显示标题，如图 15-24 所示。这两项设置通过控件的 FaceID 和 Style 属性实现。

```
Sub 让工具栏中的控件以图像显示()
    Dim cbr As CommandBar
    Set cbr = Application.CommandBars.Add("我的工具栏", msoBarTop, , True)
    cbr.Visible = True
    With cbr.Controls.Add(msoControlButton)
        .Caption = "用户名"
        .FaceId = 59
        .OnAction = "显示用户名"
        .Style = msoButtonIcon
        .TooltipText = "显示用户名"
    End With
    With cbr.Controls.Add(msoControlButton)
        .Caption = "工作簿名"
        .FaceId = 263
        .OnAction = "显示工作簿名"
        .Style = msoButtonIcon
        .TooltipText = "显示工作簿名"
    End With
    With cbr.Controls.Add(msoControlButton)
        .Caption = "工作表名"
        .FaceId = 8
        .OnAction = "显示活动工作表名"
        .Style = msoButtonIcon
        .TooltipText = "显示活动工作表名"
```

```
    End With
End Sub
```

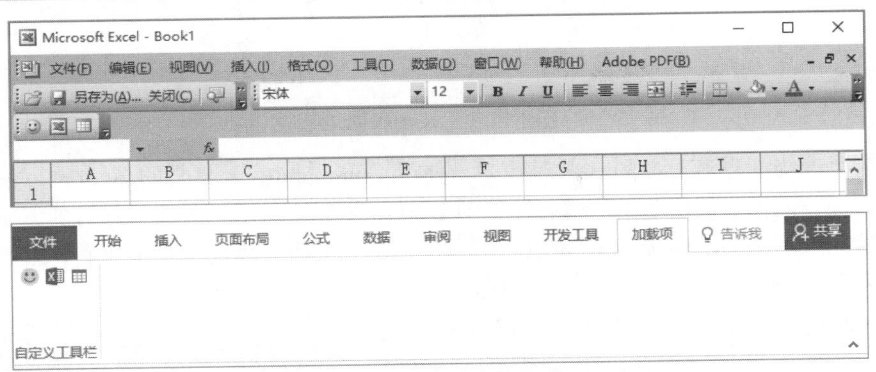

图 15-24　让工具栏中的控件以图像显示

如果想要同时显示按钮的标题和图像，则可以将 Style 属性设置为 msoButtonIconAndCaption，如图 15-25 所示。

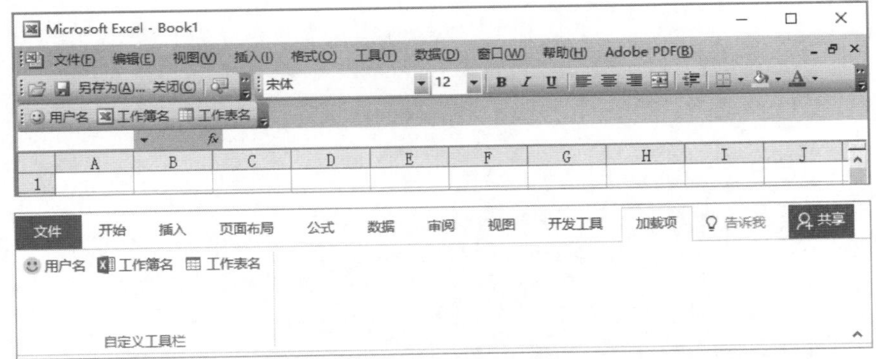

图 15-25　同时显示控件的图像和标题

除了在工具栏中添加 CommandBarButton（按钮）类型的控件之外，还可以在工具栏中添加其他类型的控件，比如弹出菜单或下拉列表。工具栏中的弹出菜单与菜单栏中的菜单使用的都是 CommandBarPopup 对象。下拉列表（msoControlDropdown）使用的是 CommandBarComboBox 对象，该对象还可以表示文本框（msoControlEdit）和组合框（msoControlComboBox）。

案例 15-20　创建包含下拉列表的工具栏

下面的代码创建了一个包含下拉列表的工具栏，该下拉列表中包含 3 个选项，选择不同的选项可以选择不同类型的图形对象，如图 15-26 所示。用于实现选择图形对象的代码是对 15.1.8 节中的案例修改后的版本。为了创建下拉列表类型的控件，需要将 Add 方法中的 Type 参数设置为 msoControlDropdown，然后使用该控件的 AddItem 方法向其中添加项目。

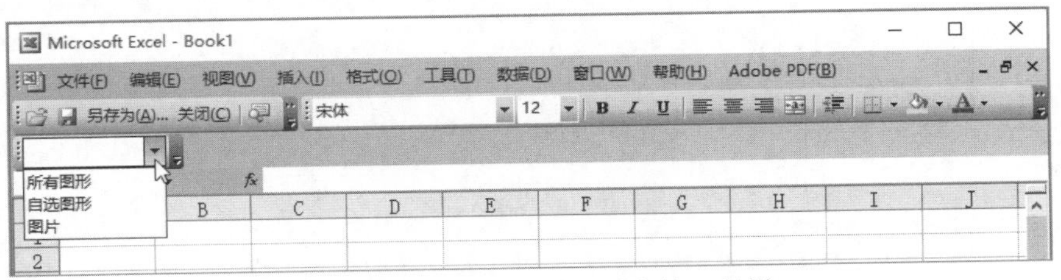

图 15-26　创建包含下拉列表的工具栏

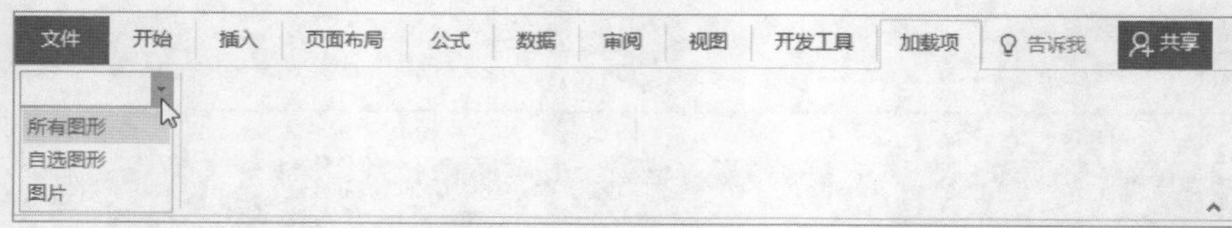

图 15-26　创建包含下拉列表的工具栏（续）

在名为“选择图形对象”的 Sub 过程中，使用 CommandBars 集合的 ActionControl 属性返回当前执行操作的控件。使用下拉列表控件的 ListIndex 属性返回当前选择项目的索引号，将该值作为下拉列表控件的 List 属性的参数，以获取在下拉列表中当前选择的项目，然后在 Select Case 判断结构中根据所选项目执行不同的选择操作。

```
Sub 创建包含下拉列表的工具栏()
    Dim cbr As CommandBar, ctl As CommandBarComboBox
    Set cbr = Application.CommandBars.Add("我的工具栏", msoBarTop, , True)
    Set ctl = cbr.Controls.Add(msoControlDropdown)
    With ctl
        .AddItem "所有图形"
        .AddItem "自选图形"
        .AddItem "图片"
        .OnAction = "选择图形对象"
        .TooltipText = "选择图形对象的类型"
    End With
    cbr.Visible = True
End Sub

Sub 选择图形对象()
    Dim ctl As CommandBarControl
    Dim shp As Shape, intShapeCount As Integer
    Dim astrShapes() As String, lngType As Long
    Set ctl = Application.CommandBars.ActionControl
    Select Case ctl.List(ctl.ListIndex)
        Case "所有图形"
            If ActiveSheet.Shapes.Count > 0 Then
                ActiveSheet.Shapes.SelectAll
                Exit Sub
            Else
                MsgBox "活动工作表中不包含指定类型的对象！"
                Exit Sub
            End If
        Case "自选图形"
            lngType = msoAutoShape
        Case "图片"
            lngType = msoPicture
    End Select
    For Each shp In ActiveSheet.Shapes
        If shp.Type = lngType Then
            intShapeCount = intShapeCount + 1
            ReDim Preserve astrShapes(1 To intShapeCount)
            astrShapes(intShapeCount) = shp.Name
        End If
    Next shp
    If intShapeCount > 0 Then
        ActiveSheet.Shapes.Range(astrShapes).Select
    Else
        MsgBox "活动工作表中不包含指定类型的对象！"
    End If
End Sub
```

15.2.5　在内置工具栏中添加控件

如果不想创建新的工具栏，也可以在 Excel 内置的工具栏中添加所需的控件。这样可以省略使用 CommandBars 集合的 Add 方法创建工具栏的步骤，而直接使用 CommandBars 集合引用特定的工具栏，然后使用工具栏的 Controls 集合的 Add 方法在工具栏中添加控件。

案例 15-21　在内置工具栏中添加自定义控件

下面的代码在 Excel 内置的“常用”工具栏中添加了一个名为“用户名”的按钮，该按钮位于该工具栏的第一个位置，如图 15-27 所示。添加的按钮所使用的图像来自于 ID 为 682 的控件的图像。使用 CommandBars 集合的 FindControl 方法找到 ID 为 682 的控件，然后使用控件的 CopyFace 方法将控件的图像复制到剪贴板中，之后使用添加的新控件的 PasteFace 方法将剪贴板中的图像粘贴到该控件上作为其图像。为了避免出现由于复制图像失败而导致的运行时错误，因此在执行 CopyFace 方法前加入了防错语句，并在该方法之后检查 Err 对象中是否包含错误号，如果是则退出程序。

```
Sub 在内置工具栏中添加控件()
    Dim cbr As CommandBar, ctl As CommandBarButton
    Set cbr = Application.CommandBars("Standard")
    Set ctl = Application.CommandBars.FindControl(ID:=682)
    On Error Resume Next
    ctl.CopyFace
    If Err.Number <> 0 Then Exit Sub
    With cbr.Controls.Add(msoControlButton, , , 1, True)
        .Caption = "用户名"
        .OnAction = "显示用户名"
        .PasteFace
        .Style = msoButtonIconAndCaption
    End With
End Sub
```

图 15-27　在 Excel 内置工具栏中添加控件

15.2.6　禁用工具栏中的控件

可以将控件对象的 Enabled 属性设置为 False 来禁用特定控件，禁用后的控件呈浅灰色显示且无法单击。下面的代码禁用了“常用”工具栏中的第 2 个按钮，如图 15-28 所示。

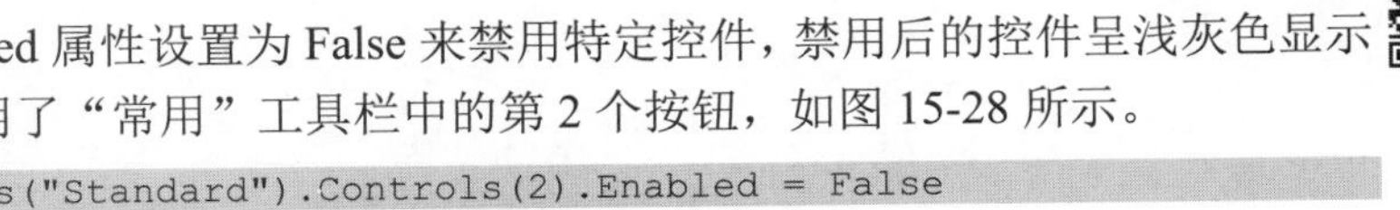

```
Application.CommandBars("Standard").Controls(2).Enabled = False
```

图 15-28　禁用“常用”工具栏中的第 2 个按钮

将禁用的控件的 Enabled 属性设置为 True，即可使该控件变为可用。

15.2.7　重置工具栏

可以使用工具栏或控件对象的 Reset 方法将工具栏或工具栏中的控件恢复为初始状态。执行 Reset 方法后，向工具栏中添加的所有自定义控件都会被删除，工具栏内置的所有控件也会恢复到其初始状态。下面的代码将“常用”工具栏恢复为初始状态，其中的所有自定义控件都会被删除。

```
Application.CommandBars("Standard").Reset
```

注意：如果只想从工具栏中删除特定的控件，则应该使用 Delete 方法而不是 Reset 方法，因为一旦使用 Reset 方法进行重置，将会丢失所有的自定义设置。

15.2.8 删除工具栏中的控件和工具栏

可以使用工具栏的 Controls 集合通过控件的名称或索引号来引用要删除的控件，然后使用控件对象的 Delete 方法将其删除。如果要删除的控件不存在，在执行 Delete 方法时将会出现运行时错误，因此在删除控件之前应该加入防错语句 On Error Resume Next，如下所示：

```
On Error Resume Next
CommandBars("Standard ").Controls("用户名").Delete
```

案例 15-22 删除特定工具栏中的所有自定义控件

下面的代码删除“常用”工具栏中的所有自定义控件。在 For Each 循环结构中遍历“常用”工具栏中的每一个控件，检查控件的 BuiltIn 属性的值。如果该属性为 False，则说明当前控件不是 Excel 的内置控件，此时就执行 Delete 方法将自定义控件删除。

```
Sub 删除特定工具栏中的所有自定义控件()
    Dim ctl As CommandBarControl, ctls As CommandBarControls
    Set ctls = Application.CommandBars("Standard").Controls
    For Each ctl In ctls
        If Not ctl.BuiltIn Then ctl.delete
    Next ctl
End Sub
```

案例 15-23 删除所有工具栏中的所有自定义控件

下面的代码删除所有工具栏中的所有自定义控件。在外层 For Each 循环结构中遍历 Excel 中的每一个命令栏，通过检查命令栏的 Type 属性来判断是否是工具栏（msoBarTypeNormal）。如果是则进入内层 For Each 循环结构，然后遍历当前工具栏中的每一个控件，检查控件的 BuiltIn 属性的值。如果该属性为 False，则说明当前控件不是 Excel 的内置控件，此时就执行 Delete 方法将自定义控件删除。

```
Sub 删除所有工具栏中的所有自定义控件()
    Dim cbr As CommandBar, ctl As CommandBarControl
    For Each cbr In Application.CommandBars
        If cbr.Type = msoBarTypeNormal Then
            For Each ctl In cbr.Controls
                If Not ctl.BuiltIn Then ctl.Delete
            Next ctl
        End If
    Next cbr
End Sub
```

如果要删除整个工具栏，则可以使用 CommandBar 对象的 Delete 方法。只能删除用户创建的自定义工具栏，如果试图删除 Excel 内置的工具栏，或删除不存在的自定义工具栏，将会出现运行时错误，因此在删除工具栏之前应该加入防错语句 On Error Resume Next。通常应该在创建新的工具栏之前，先删除可能存在的同名工具栏，以避免出现运行时错误。

案例 15-24 定制工具栏时的防错设置

下面的代码在创建名为“我的工具栏”的工具栏之前，先预防性地删除该工具栏。在执行删除操作之前加入了 On Error Resume Next 语句，以避免当前不存在该工具栏时出现的运行时错误。

```
Sub 定制工具栏时的防错设置()
    Dim cbr As CommandBar, ctl As CommandBarComboBox
    Const strToolName As String = "我的工具栏"
    On Error Resume Next
    Application.CommandBars(strToolName).Delete
    On Error GoTo 0
    Set cbr = Application.CommandBars.Add(strToolName, msoBarTop, , True)
    Set ctl = cbr.Controls.Add(msoControlDropdown)
    With ctl
        .AddItem "所有图形"
        .AddItem "自选图形"
        .AddItem "图片"
        .OnAction = "选择图形对象"
        .TooltipText = "选择图形对象的类型"
    End With
    cbr.Visible = True
End Sub
```

15.3　定制快捷菜单

快捷菜单是右击时弹出的菜单，其中包含的命令与鼠标右击的位置有关。换句话说，右击的位置不同，所弹出的快捷菜单中将会包含不同的命令。因此，也可以将快捷菜单称为上下文菜单。与菜单栏和工具栏不同，快捷菜单在不同的 Excel 版本中具有几乎相同的显示方式。本节将介绍在 VBA 中定制快捷菜单的方法。

15.3.1　Excel 中的所有快捷菜单及其包含的控件

Excel 中包含大量的快捷菜单，它们响应用户在不同环境下的鼠标右击操作。在 VBA 中定制菜单栏时，可以在内置快捷菜单中添加或删除子菜单和菜单项，也可以创建新的快捷菜单。无论以何种方式定制快捷菜单，了解 Excel 内置快捷菜单的名称及其中包含的控件，对以后定制快捷菜单将会有所帮助。

案例 15-25　获取 Excel 中的所有快捷菜单的相关信息

下面的代码列出了 Excel 中的所有快捷菜单的索引号、名称以及是否是内置快捷菜单，如图 15-29 所示。本例代码与 15.1.1 节中案例 15-1 类似，区别是在判断命令栏的类型时，将 Type 属性的值设置为 msoBarTypePopup，以确定命令栏是否是快捷菜单。同时将命令栏的 BuiltIn 属性的值作为 Select Case 判断结构检测的条件，如果为 True 则说明快捷菜单是内置的，如果为 False 则说明快捷菜单不是内置的，即用户自定义快捷菜单。

```
Sub 获取Excel中的所有快捷菜单的相关信息()
    Dim cbr As CommandBar, lngRow As Long
    If Application.WorksheetFunction.CountA(Cells) <> 0 Then
        MsgBox "活动工作表中包含数据，请选择一个空工作表！"
        Exit Sub
    End If
    With Range("A1:C1")
        .Value = Array("索引号", "名称", "是否内置")
        .HorizontalAlignment = xlCenter
```

```
    End With
    lngRow = 2
    For Each cbr In Application.CommandBars
        If cbr.Type = msoBarTypePopup Then
            Cells(lngRow, 1).Value = cbr.Index
            Cells(lngRow, 2).Value = cbr.Name
            Select Case cbr.BuiltIn
                Case True
                    Cells(lngRow, 3).Value = "内置"
                Case False
                    Cells(lngRow, 3).Value = "自定义"
            End Select
            lngRow = lngRow + 1
        End If
    Next cbr
    Range("A1:C1").EntireColumn.AutoFit
End Sub
```

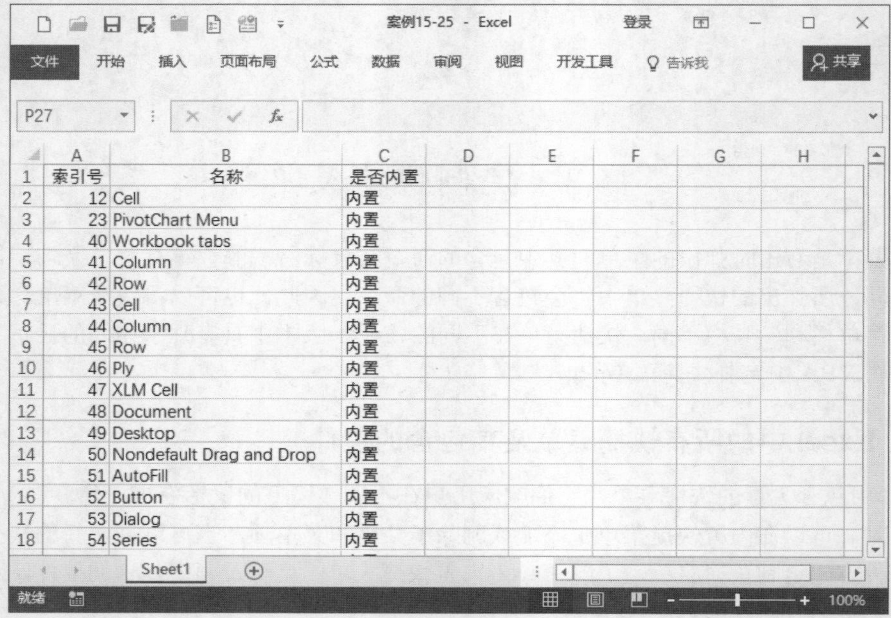

索引号	名称	是否内置
12	Cell	内置
23	PivotChart Menu	内置
40	Workbook tabs	内置
41	Column	内置
42	Row	内置
43	Cell	内置
44	Column	内置
45	Row	内置
46	Ply	内置
47	XLM Cell	内置
48	Document	内置
49	Desktop	内置
50	Nondefault Drag and Drop	内置
51	AutoFill	内置
52	Button	内置
53	Dialog	内置
54	Series	内置

图 15-29　获取 Excel 中的所有快捷菜单的相关信息

案例 15-26　获取 Excel 中的所有快捷菜单及其包含的控件

下面的代码列出了 Excel 中的所有快捷菜单及其包含的控件的名称和 ID，如图 15-30 所示。本例代码与 15.1.3 节中的案例基本相同，唯一区别是在判断命令栏的类型时，将 Type 属性的值设置为 msoBarTypePopup，以确定命令栏是否是快捷菜单。

```
Sub 获取Excel中的所有快捷菜单及其包含的控件()
    Dim lRow As Long
    Dim cbr As CommandBar
    Dim ctl As CommandBarControl
    If Application.WorksheetFunction.CountA(Cells) <> 0 Then
        MsgBox "当前工作表中不为空，请选择一个空白工作表"
        Exit Sub
    End If
    With Range("A1:C1")
        .Value = Array("快捷菜单名称", "控件名称", "控件 ID")
        .Font.Bold = True
```

```
            .HorizontalAlignment = xlCenter
        End With
        lRow = 2
        For Each cbr In CommandBars
            If cbr.Type = msoBarTypePopup Then
                Cells(lRow, 1).Value = cbr.Name
                For Each ctl In cbr.Controls
                    Cells(lRow, 2).Value = ctl.Caption
                    Cells(lRow, 3).Value = ctl.ID
                    lRow = lRow + 1
                Next ctl
            End If
        Next cbr
        Range("A1:C1").EntireColumn.AutoFit
    End Sub
```

	A	B	C
1	快捷菜单名称	控件名称	控件ID
2	Cell	剪切(&T)	21
3		复制(&C)	19
4		粘贴(&P)	22
5		选择性粘贴(&S)...	21437
6		粘贴表格(&P)	3624
7		智能查找(&L)	25536
8		插入单元格(&E)...	295
9		插入单元格(&E)...	27690
10		删除(&D)...	292
11		清除内容(&N)	3125
12		快速分析(&Q)	24508
13		迷你图(&A)	31623
14		筛选(&E)	31402
15		排序(&O)	31435
16		插入批注(&M)	2031
17		删除批注(&M)	1592
18		显示/隐藏批注(&O)	1593

图 15-30　获取 Excel 中的所有快捷菜单及其包含的控件

提示：在快捷菜单中包含两组 Cell、Row、Column，第一组是“普通”视图中的快捷菜单，第二组是“分页预览”视图中的快捷菜单。

15.3.2　在内置快捷菜单中添加子菜单和菜单项

与在菜单栏中为菜单添加菜单项的方法类似，也可以在快捷菜单中添加子菜单和菜单项。首先需要使用上一节列出的快捷菜单的名称从 CommandBars 集合中引用特定的快捷菜单，然后在快捷菜单中添加新的子菜单和菜单项，并指定将子菜单和菜单项添加到快捷菜单的哪个位置上。

案例 15-27　在内置快捷菜单中添加菜单项

下面的代码将“全部清除”命令添加到在“普通”视图下右击工作表单元格弹出的快捷菜单中的“清除内容”命令的下方，如图 15-31 所示，这样就可以在使用鼠标右击单元格时清除单元格中的内容和格式，而不必单击功能区中的“开始”|“编辑”|“清除”按钮，然后选择“全部清除”命令来执行该操作。

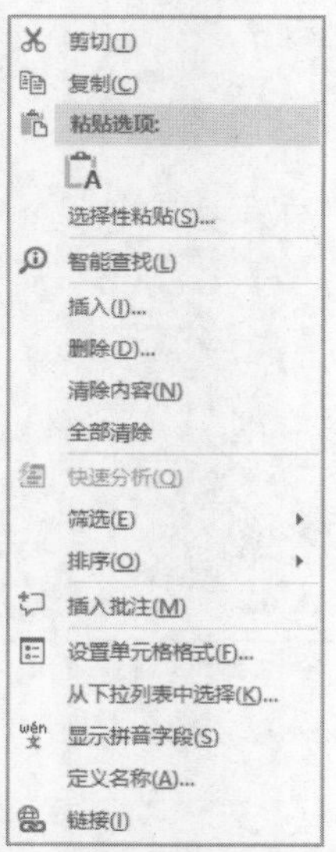

图 15-31　在内置快捷菜单中添加菜单项

首先将对 Cell 快捷菜单的引用赋值给 cbr 变量，然后使用 FindControl 方法在该快捷菜单中查找 ID 为 3125 的菜单项，该 ID 对应的菜单项是“清除内容”。找到后使用 Index 属性返回该菜单项在 Cell 快捷菜单中的索引号。由于要将新的菜单项添加到“清除内容”菜单项的下方，因此需要将“清除内容”菜单项的索引号+1，以获得该菜单项下方的菜单项的索引号。然后将加 1 后的索引号指定给 Add 方法中的 Before 参数，相当于在“清除内容”菜单项下一个菜单项之前放置新添加的菜单项，这样就可以使新的菜单项位于“清除内容”菜单项的下方。由于“全部清除”命令的 ID 是 1964，因此需要将其指定给 Add 方法的 ID 参数。

```
Sub 在内置快捷菜单中添加菜单项()
    Dim cbr As CommandBar, ctl As CommandBarButton
    Dim lngIndex As Long
    Set cbr = Application.CommandBars("Cell")
    lngIndex = cbr.FindControl(ID:=3125).Index
    Set ctl = cbr.Controls.Add(msoControlButton, 1964, , lngIndex + 1, True)
    ctl.Caption = "全部清除"
End Sub
```

案例 15-28　在内置快捷菜单中添加“转换大小写”子菜单及其菜单项

下面的代码在 Cell 快捷菜单中添加了一个名为“转换大小写”的子菜单，在该子菜单中包含 3 个菜单项，用于转换选择的单元格区域中的英文大小写，如图 15-32 所示。在快捷菜单中添加子菜单和菜单项的方法与在菜单栏中的操作相同。

在 OnAction 指定的用于完成菜单项实际功能的 Sub 过程中，首先检查当前选区的单元格数量是否不止一个，如果是则使用 Range 对象的 SpecialCells 方法定位所有包含内容的单元格，并将返回的这些单元格赋值给 rng 变量；如果选区中只包含一个单元格，则将选区赋值给 rng 变量。然后在 Select Case 判断结构中通过检查控件中设置的 Parameter 属性的值，以便确定当前正在处理的是哪个控件并执行相应的大小写转换操作。

```
Sub 在内置快捷菜单中添加菜单项()
    Dim cbr As CommandBar, ctl As CommandBarPopup
    Set cbr = Application.CommandBars("Cell")
    Set ctl = cbr.Controls.Add(Type:=msoControlPopup, Temporary:=True)
    With ctl
```

```
        .Caption = "转换大小写"
        With .Controls.Add(msoControlButton)
            .Caption = "全部大写"
            .Parameter = "全部大写"
            .OnAction = "转换大小写"
        End With
        With .Controls.Add(msoControlButton)
            .Caption = "全部小写"
            .Parameter = "全部小写"
            .OnAction = "转换大小写"
        End With
        With .Controls.Add(msoControlButton)
            .Caption = "首字母大写"
            .Parameter = "首字母大写"
            .OnAction = "转换大小写"
        End With
    End With
End Sub

Sub 转换大小写()
    Dim ctl As CommandBarControl, rng As Range
    Set ctl = Application.CommandBars.ActionControl
    If Selection.Count > 1 Then
        Set rng = Selection.SpecialCells(xlCellTypeConstants)
    Else
        Set rng = Selection
    End If
    Select Case ctl.Parameter
        Case "全部大写"
            rng.Value = UCase(rng.Value)
        Case "全部小写"
            rng.Value = LCase(rng.Value)
        Case "首字母大写"
            rng.Value = UCase(Left(rng.Value, 1)) & Right(rng.Value, Len(rng.Value) - 1)
    End Select
End Sub
```

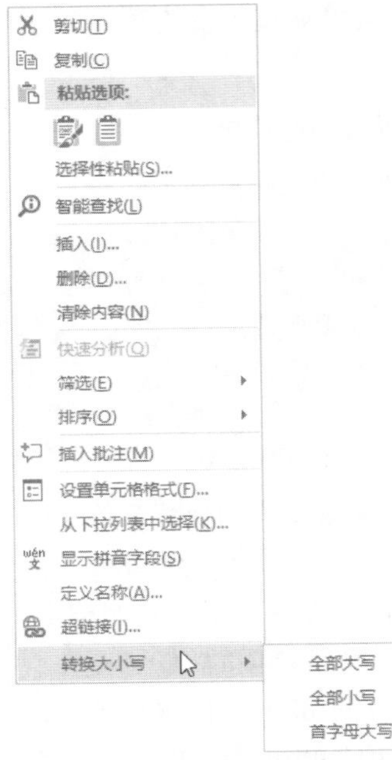

图 15-32　在内置快捷菜单中添加子菜单和菜单项

15.3.3 禁用快捷菜单和菜单项

如果想要禁用特定的快捷菜单，则可以将该快捷菜单的 Enabled 属性设置为 False。下面的代码禁用 Cell 快捷菜单，禁用之后右击工作表中的单元格时不会再弹出该快捷菜单。

```
Application.CommandBars("Cell").Enabled = False
```

也可以使用类似的方法禁用快捷菜单中的菜单项，只需将要禁用的菜单项的 Enabled 属性设置为 False 即可。下面的代码禁用 Cell 快捷菜单中的“剪切”和“复制”命令，禁用后的菜单项呈灰色显示且无法选择，如图 15-33 所示。

```
Application.CommandBars("Cell").Controls(1).Enabled = False
Application.CommandBars("Cell").Controls(2).Enabled = False
```

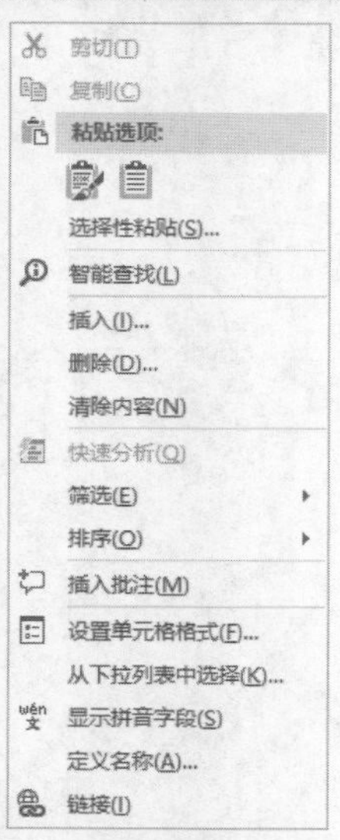

图 15-33 禁用 Cell 快捷菜单中的前两个命令

如果要使被禁用的快捷菜单或菜单项重新变为可用，则可将相应的快捷菜单或菜单项的 Enabled 属性设置为 True。

案例 15-29 禁用 Excel 中的所有快捷菜单

下面的代码禁用了 Excel 中的所有快捷菜单。

```
Sub 禁用Excel中的所有快捷菜单()
    Dim cbr As CommandBar
    For Each cbr In Application.CommandBars
        If cbr.Type = msoBarTypePopup Then
            cbr.Enabled = False
        End If
    Next cbr
End Sub
```

案例 15-30 禁用所有包含自定义菜单项的快捷菜单

下面的代码将禁用所有包含自定义菜单项的快捷菜单。

为了确定快捷菜单中是否包含自定义菜单项，本例使用 CommandBar 对象的 FindControl 方法查找 ID 为 1 的控件，因为自定义菜单项的 ID 都是 1。为了可以在快捷菜单中的子菜单中查找自定义菜单项，需要将 FindControl 方法的 Recursive 参数设置为 True。将 FindControl 方法返回的结果赋值给 CommandBarControl 类型的变量，然后检查该变量的值。如果找到自定义控件，则该变量的值就不是 Nothing，此时将快捷菜单的 Enabled 属性设置为 False 以将其禁用。

```
Sub 禁用所有包含自定义菜单项的快捷菜单()
    Dim cbr As CommandBar, ctl As CommandBarControl
    For Each cbr In Application.CommandBars
        If cbr.Type = msoBarTypePopup Then
            Set ctl = cbr.FindControl(ID:=1, Recursive:=True)
            If Not ctl Is Nothing Then cbr.Enabled = False
        End If
    Next cbr
End Sub
```

15.3.4　删除快捷菜单中的菜单项和快捷菜单

可以使用快捷菜单的 Controls 集合通过控件的名称或索引号来引用要删除的内置菜单项或用户自定义的菜单项，然后使用控件对象的 Delete 方法将其删除。下面的代码删除 Cell 快捷菜单中的第一个菜单项：

```
Application.CommandBars("Cell").Controls(1).Delete
```

如果要删除的菜单项不存在，在执行 Delete 方法时将会出现运行时错误，因此在删除菜单项之前应该加入防错语句 On Error Resume Next。

案例 15-31　删除特定快捷菜单中的所有自定义菜单项

下面的代码删除 Cell 快捷菜单中的所有自定义菜单项。在 For Each 循环结构中遍历 Cell 快捷菜单中的每一个菜单项，检查菜单项的 BuiltIn 属性的值。如果该属性为 False，则说明当前菜单项是用户自定义添加的，此时就执行 Delete 方法将自定义菜单项删除。

```
Sub 删除特定快捷菜单中的所有自定义菜单项()
    Dim ctl As CommandBarControl, ctls As CommandBarControls
    Set ctls = Application.CommandBars("Cell").Controls
    For Each ctl In ctls
        If Not ctl.BuiltIn Then ctl.delete
    Next ctl
End Sub
```

如果要删除特定的快捷菜单，则可以使用 CommandBar 对象的 Delete 方法，但是只能删除用户创建的自定义快捷菜单。如果试图删除 Excel 内置的快捷菜单，或删除不存在的自定义快捷菜单，将会出现运行时错误，因此在删除快捷菜单之前应该加入防错语句 On Error Resume Next。

案例 15-32　定制快捷菜单和菜单项时的防错设置

下面的代码在创建名为“转换大小写”子菜单之前，先预防性地删除该子菜单。在执行删除操作之前加入了 On Error Resume Next 语句，以避免当前不存在该子菜单时出现的运行时错误。

```
Sub 定制快捷菜单和菜单项时的防错设置()
    Dim cbr As CommandBar, ctl As CommandBarButton
    Const strMenuName As String = "全部清除"
    Set cbr = Application.CommandBars("Cell")
    On Error Resume Next
    cbr.Controls(strMenuName).delete
    On Error GoTo 0
    Set ctl = cbr.Controls.Add(Type:=msoControlButton, Temporary:=True)
    ctl.Caption = strMenuName
End Sub
```

15.3.5 创建新的快捷菜单

除了可以在 Excel 内置的快捷菜单中添加子菜单和菜单项之外，也可以创建新的快捷菜单，并且可以在右击时显示自定义的快捷菜单，而且还可以在特定位置显示不同的快捷菜单，类似 Excel 的内置快捷菜单的工作机制。

与创建菜单栏和工具栏类似，创建快捷菜单也需要使用 CommandBars 集合的 Add 方法，但是需要将该方法的 Position 参数设置为 msoBarPopup，以便创建的是快捷菜单，而不是菜单栏或工具栏。

案例 15-33 创建自定义快捷菜单

下面的代码位于工作簿中的标准模块中，用于创建一个名为“我的快捷菜单”的新的快捷菜单，定制该菜单中包含的命令的相关代码来自于 15.3.2 节中的案例。为了适合本例需要，对代码进行了适当修改。

```
Public Const strMenuName As String = "我的快捷菜单"

Sub 创建新的快捷菜单()
    Dim cbr As CommandBar
    On Error Resume Next
    Application.CommandBars(strMenuName).delete
    On Error GoTo 0
    Set cbr = Application.CommandBars.Add(strMenuName, msoBarPopup, , True)
    With cbr.Controls.Add(msoControlButton)
        .Caption = "全部大写"
        .Parameter = "全部大写"
        .OnAction = "转换大小写"
    End With
    With cbr.Controls.Add(msoControlButton)
        .Caption = "全部小写"
        .Parameter = "全部小写"
        .OnAction = "转换大小写"
    End With
    With cbr.Controls.Add(msoControlButton)
        .Caption = "首字母大写"
        .Parameter = "首字母大写"
        .OnAction = "转换大小写"
    End With
End Sub

Sub 转换大小写()
    Dim ctl As CommandBarControl, rng As Range
    Set ctl = Application.CommandBars.ActionControl
    If Selection.Count > 1 Then
        Set rng = Selection.SpecialCells(xlCellTypeConstants)
    Else
        Set rng = Selection
    End If
    Select Case ctl.Parameter
        Case "全部大写"
            rng.Value = UCase(rng.Value)
        Case "全部小写"
            rng.Value = LCase(rng.Value)
        Case "首字母大写"
            rng.Value = UCase(Left(rng.Value, 1)) & Right(rng.Value, Len(rng.Value) - 1)
```

```
        End Select
    End Sub
```

下面的代码位于工作簿中的 ThisWorkbook 模块中，用于当用户在工作簿中的任意一个工作表的 A1:D10 单元格区域中右击时，弹出自定义的快捷菜单，如图 15-34 所示。为了让自定义的快捷菜单可以在工作簿中的任意一个工作表中右击时自动显示，需要编写工作簿的 SheetBeforeRightClick 事件过程。同时在工作簿的 Open 事件过程中调用创建快捷菜单的 Sub 过程，从而在打开工作簿时完成快捷菜单的创建工作。

图 15-34　在特定单元格区域中右击时弹出自定义的快捷菜单

在 SheetBeforeRightClick 事件过程中，首先判断当前正在右击的工作表是否是 Worksheet，如果是则将 A1:D10 单元格区域的引用赋值给 rng 变量。然后使用 Application 对象的 Intersect 方法检查当前右击的单元格是否位于 rng 变量所表示的区域范围之内，如果是则显示自定义的快捷菜单，并将 Cancel 参数设置为 True 以屏蔽默认的快捷菜单。显示快捷菜单需要使用 CommandBar 对象的 ShowPopup 方法。

```
Private Sub Workbook_Open()
    Call 创建新的快捷菜单
End Sub

Private Sub Workbook_SheetBeforeRightClick(ByVal Sh As Object, ByVal Target As Range,
Cancel As Boolean)
    Dim rng As Range
    If TypeName(Sh) = "Worksheet" Then
        Set rng = Sh.Range("A1:D10")
        If Not Intersect(rng, Target) Is Nothing Then
            Application.CommandBars(strMenuName).ShowPopup
            Cancel = True
        End If
    End If
End Sub
```

15.4 功能区开发基础

功能区是自 Excel 2007 开始具有革新性的界面环境的重要组成部分。虽然现在仍可使用 CommandBars 对象模型在 Excel 2007 以及更高版本的 Excel 中创建传统的菜单栏和工具栏，但是它们只能位于功能区的“加载项”选项卡中，而且也无法使用新的功能区控件的特性。在 Excel 2007 以及更高版本的 Excel 中需要通过编写 RibbonX 代码才能实现对功能区控件的类型、位置和外观等方面的定制，而 VBA 主要是为功能区中的控件提供其所要完成的实际操作。本节主要介绍在定制功能区之前需要了解的一些基础知识以及相关内容，为后面将要介绍的功能区的具体定制打下基础。

15.4.1 Excel 文件的内部结构

从 Office 2007 开始，微软将新的开放式的 XML 引入 Office，并基于 XML 创建了新的 Office 文件格式。就 Excel 来说，在 Excel 中使用新的文件格式创建的每个工作簿实际上是一组 XML 文件，这些文档被压缩到 ZIP 容器中，并提供.xlsx、.xlsm、.xlam 等新文件格式的扩展名。

XML 文件是基于文本的，因此它拥有跨平台的特性，不需要依赖于某种特定应用程序对其进行解释、读取和编辑。XML 文件拥有更高的压缩比，因此使用这种格式的文件的体积会更小。与标准的文本文件相比，XML 文件采用父、子层次关系来描述文件的结构和内容，因此在从 XML 文件中搜索和提取数据时的效率更高。

如果要查看 Excel 文件的内部结构，则需要将 Excel 文件的扩展名改为.zip，或者在 Excel 文件原有的扩展名结尾添加.zip。Windows 系统中的文件默认不显示扩展名，以防用户误操作而导致文件无法被正确的程序识别和打开。需要先显示文件的扩展名，然后才能修改 Excel 文件的扩展名。打开 Windows 系统中的文件资源管理器，在功能区“查看”选项卡中选中“文件扩展名”复选框，如图 15-35 所示。

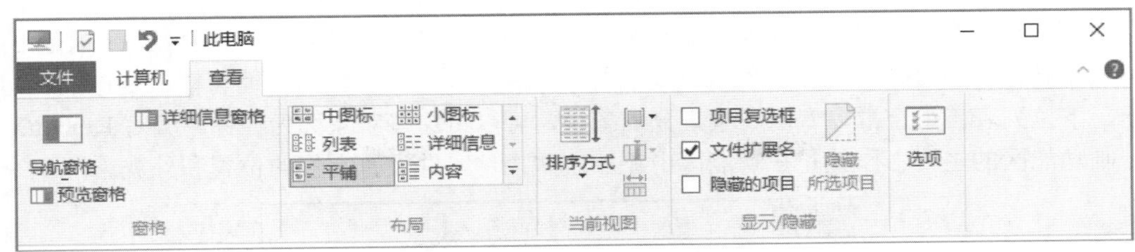

图 15-35　显示文件扩展名的设置

提示：不同版本的 Windows 系统中用于设置文件扩展名的界面不一定完全相同。上面介绍的是在 Windows 10 中设置文件扩展名的方法。

在将文件扩展名显示出来之后，就可以对 Excel 文件的扩展名进行修改了。选择要修改的 Excel 文件，按 F2 键使文件名处于编辑状态，然后将现有扩展名改为.zip，或在现有扩展名之后添加.zip。修改后按 Enter 键将会弹出如图 15-36 所示的对话框，单击“是”按钮确认对扩展名的更改。

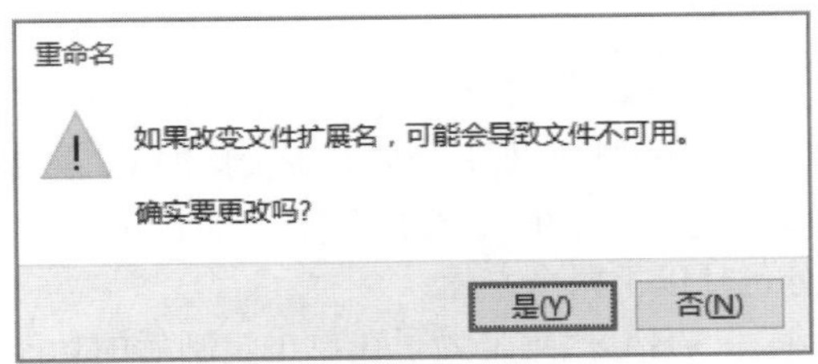

图 15-36　修改文件扩展名时显示的提示信息

将 Excel 文件改为 ZIP 压缩文件后，双击该压缩文件将会显示如图 15-37 所示的该文件的内部结构。在定制功能区时，需要对包含定制功能区的 RibbonX 代码的文件添加到 Excel 文件内部并建立与功能区之间的关联。

名称	大小	压缩后大小	类型	修改时间	CRC32
..			文件夹		
_rels			文件夹		
docProps			文件夹		
xl			文件夹		
[Content_Types].xml	1,087	367	XML 文档	1980/1/1 0:00	513599AC

图 15-37　Excel 文件的内部结构

15.4.2　功能区的组成结构

功能区位于 Excel 窗口标题栏的下方，是一个贯穿于窗口水平方向上的矩形区域，如图 15-38 所示为 Excel 2016 的功能区。

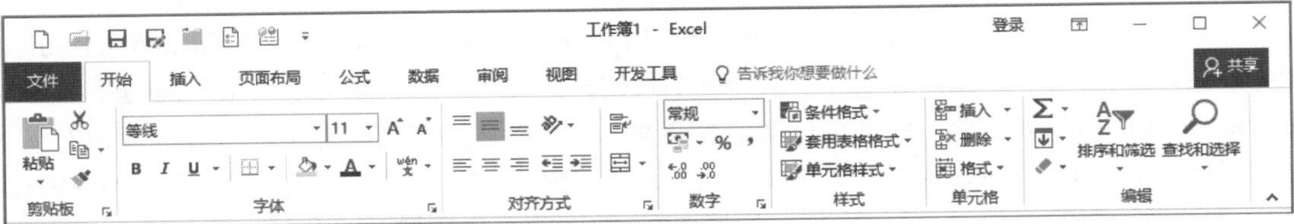

图 15-38　Excel 2016 的功能区

功能区中的命令按照选项卡和组的方式进行排列布局，如图 15-39 所示。单击选项卡顶部的文字可以在各个选项卡之间切换，在每个选项卡中按命令的类别划分为多个组，在不同的组中可以找到相应的命令。命令的显示方式包括很多种类型，比如按钮、编辑框、复选框、切换按钮、下拉列表、组合框、库以及垂直分隔条等，可以将这些对象称为控件。编写 RibbonX 代码定制功能区的主要工作就是在功能区中添加这些控件，并设置它们的位置和外观。

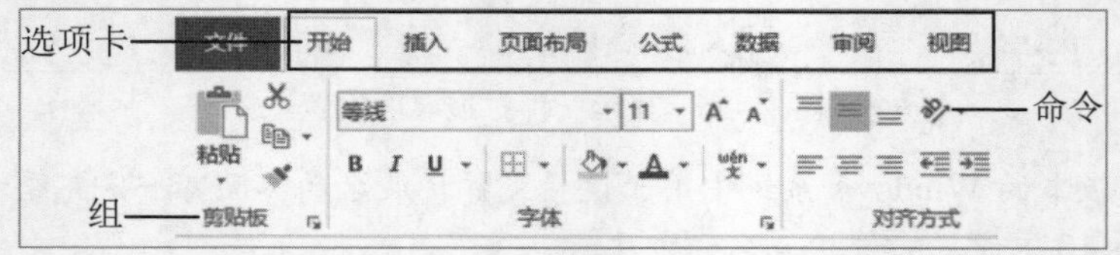

图 15-39　功能区由选项卡、组和命令组成

选项卡中的某些组的右下角有一个按钮，可以将其称为“对话框启动器”。单击该按钮将打开一个对话框，对话框中包括了该按钮所在组中的所有选项，其中还包括未能显示在功能区中的选项。

15.4.3　定制功能区的一般流程和工具

定制功能区的过程虽然不是特别复杂，但也不是一件简单的事，需要编写 RibbonX 代码和 VBA 代码，同时还要建立 RibbonX 代码与功能区之间的关联。下面列出了定制功能区的一般流程：

（1）编写代码，该部分包括以下两个方面：

- 编写 VBA 代码：编写 VBA 代码是为了在单击定制后的功能区中的控件时，可以运行指定的 VBA 过程，以执行具体的操作。
- 编写 RibbonX 代码：编写 RibbonX 代码是为了定制功能区中包含的界面元素。

（2）编辑 Excel 文件内部并建立代码与功能区之间的关联。该部分包括以下几个方面：

- 将包含 VBA 代码的 Excel 文件的扩展名改为.zip，使其成为一个压缩文件。
- 在压缩文件内创建名为 customUI 的文件夹。
- 将之前编写好的代码存储在名为 customUI.xml 的文件中，然后将该文件移入 customUI 文件夹。
- 修改.rels.xml 文件，在其中建立 RibbonX 代码与功能区之间的关联。

为了可以获取 RibbonX 代码中任何可能出现的错误，应该在 Excel 中进行以下设置：单击 Excel 界面中的“文件”|“选项”命令，打开“Excel 选项”对话框，在左侧选择“高级”选项卡，然后在右侧选中“显示加载项用户界面错误”复选框，如图 15-40 所示。

由于 XML 文件实际上是一个文本文件，因此编辑 RibbonX 代码的最简单工具是使用 Windows 系统内置的记事本程序。该工具的优点是随手可得，无须获取和安装，缺点是缺少对代码自动排版和格式化的功能，且编写完 RibbonX 代码后，需要手动将包含该代码的 XML 文件添加到 Excel 文件内部并建立与 Excel 文件的关联。

为了简化烦琐的操作，可以使用 Custom UI Editor 工具来定制功能区。在 Custom UI Editor 中输入的代码会被自动验证有效性，从而确保代码的正确。该工具还可以使用不同的颜色区分 RibbonX 代码的不同部分，而且会自动处理 XML 文件的添加与关联的建立，用户只需在该工具中编写 RibbonX 代码，保存并关闭 Custom UI Editor 中的文件后，即可在相应的工作簿中看到定制功能区的变化。如图 15-41 所示为使用 Custom UI Editor 编写的 RibbonX 代码。

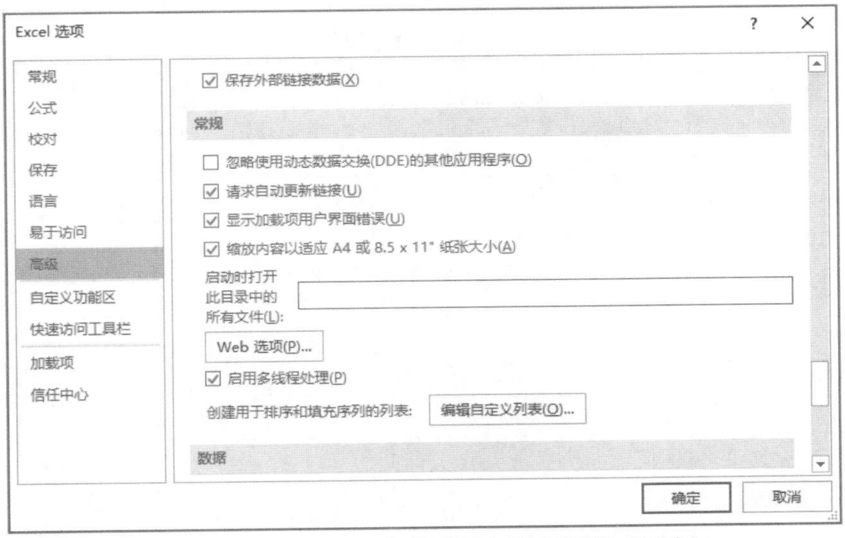

图 15-40　选中“显示加载项用户界面错误”复选框

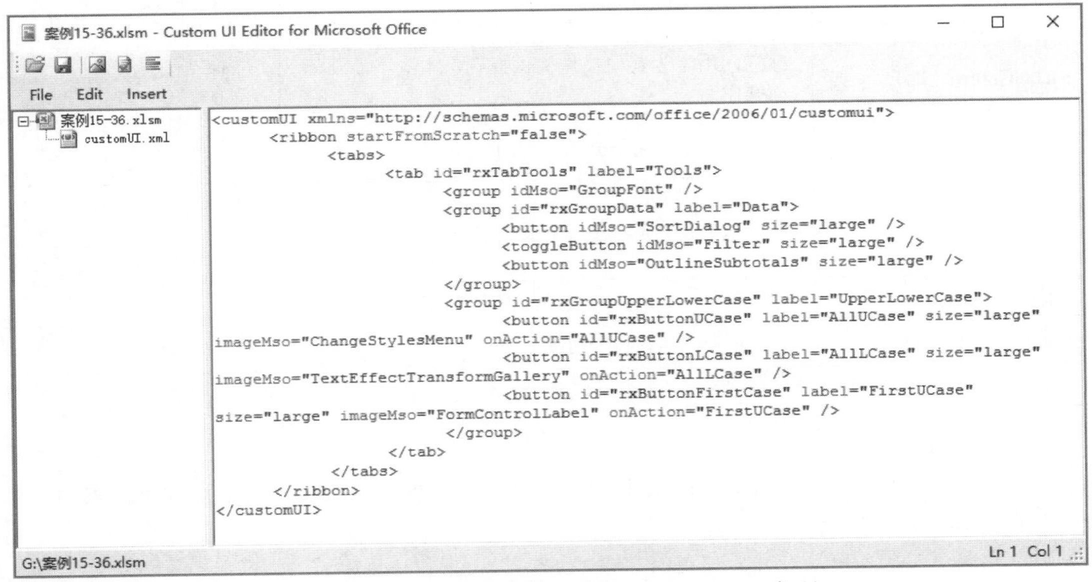

图 15-41　在 Custom UI Editor 中编写 RibbonX 代码

15.4.4　功能区定制中的控件类型

在编写 RibbonX 代码定制功能区时，可以向功能区添加两类控件：基本控件和容器控件。基本控件类似于定制菜单栏和工具栏中的 msoControlButton、msoControlPopup、msoControlComboBox 等类型的控件，每个控件都是独立的个体。容器控件类似于定制菜单栏和工具栏中的弹出菜单，用于作为基本控件的容器，其内部可以包含一个或多个基本控件。

1. 基本控件

表 15-6 列出了定制功能区时可以使用的基本控件，可以将这些控件添加到功能区的自定义组或容器控件中。

表 15-6　基本控件

控件类型	说　明	控件样式
<control…/>	通用控件类型，与定制菜单栏和工具栏中的 CommandBarControl 类似	无
<button…/>	按钮，用于执行命令的可单击项，可带有图像和标题	开始计算
<toggleButton…/>	切换按钮，每次单击时在按下和弹起之间切换	
<editBox…/>	编辑框，可在其中输入内容	表名称: 表1
<checkBox…/>	复选框，可以选中或取消选中，从而控制界面元素是否可见	☑ 网格线 ☑ 标题
<gallery…/>	库，提供一个下拉列表，可以在其中包含一组其他类型的控件	套用表格格式 单元格样式 插入 删除 浅色
<labelControl…/>	标签，用于为其他控件提供标题，本身不涉及任何操作	网格线 标题 ☑ 查看 ☑ 查看
<separator…/>	垂直分隔条，用于分隔组中的控件	
<menuSeparator…/>	菜单水平分隔条，用于分隔菜单中的菜单项	移去箭头 公式求值 移去箭头(A) 移去引用单元格追踪箭头(P) 移去从属单元格追踪箭头(D)
<dynamicMenu…/>	弹出菜单，在运行时使用回调为其提供内容	无
<dialogBoxLauncher…/>	对话框启动器，位于组的右下角	剪贴板
<item…/>	下拉列表或组合框中的选项	无

2．容器控件

表 15-7 列出了可以在其中添加基本控件的容器控件。也可以在一个容器控件中嵌入另一个容器控件，从而创建嵌套的层次结构。

表 15-7　容器控件

控件类型	说　明	可包含的控件类型
<box…> 内容 </box>	用于控制其他控件的布局	可包含任何其他类型的控件
<buttonGroup…> 内容 </buttonGroup>	用于将包含在其中的控件显示为一个相关的组	<control>、<button>、<toggleButton>、<splitButton>、<gallery>、<menu>、<dynamicMenu>
<dropDown…> 内容 </dropDown>	在下拉列表中提供选项以供选择	<item>、<button>

续表

控件类型	说　明	可包含的控件类型
<comboBox…> 内容 </comboBox>	编辑框与下拉列表的组合，既可以进行输入，也可以从下拉列表中进行选择	<item>
<menu…> 内容 </menu>	可以在其中包含按钮或其他菜单的弹出菜单	<control>、<button>、<toggleButton>、<checkBox>、<splitButton>、<gallery>、<menu>、<dynamicMenu>、<menuSeparator>
<splitButton…> <button…/> <menu…> 内容 </menu> </splitButton>	包含左右两部分的组合按钮，单击左侧部分可以执行默认操作，单击右侧的箭头可以从下拉列表中选择选项	<button>、<toggleButton>

15.4.5　控件属性

与 Excel 对象模型中的对象的属性类似，功能区中的控件的属性用于设置控件的外观。所有控件都包含很多属性，表 15-8 列出了所有可用的属性及其适用的控件，以及对属性的简要说明和允许设置的值。

表 15-8　控件可用的属性及其说明

属　性	说　明	适用的控件
boxStyle	box 控件的图标水平或垂直排列	box
columns	库中的列数	gallery
description	控件的描述信息	button、toggleButton、checkBox、splitButton、menu、dynamicMenu
enabled	是否启用控件	所有控件
id	自定义控件的 ID	所有控件
idMso	内置控件的 ID	所有控件
idQ	有限制的控件 ID	tab、group、menu
image	自定义图像的名称	所有带有图像的控件
imageMso	内置控件的图像的名称	所有带有图像的控件
invalidateContentOnDrop	中止控件时是否去除相关内容的回调	comboBox、gallery、dynamicMenu
itemHeight	库中项目的高度，以像素为单位	gallery
itemSize	菜单中项目的尺寸，分为普通尺寸和大尺寸两种，大尺寸同时显示标签和描述	menu
itemWidth	库中项目的宽度，以像素为单位	gallery
keytip	访问控件的快捷键	所有的选项卡、组和控件
label	控件的标题	所有的选项卡、组和控件
maxLength	可输入的文本的最大长度	comboBox、editBox

续表

属　　性	说　　明	适用的控件
rows	库中的行数	gallery
screentip	屏幕提示	所有控件
showImage	是否显示控件的图像	所有带有图像的控件
showItemImage	是否显示下拉项的图像	comboBox、dropDown、gallery
showItemLabel	是否显示下拉项的标题	comboBox、dropDown、gallery
showLabel	是否显示控件的标题	所有控件
size	控件的尺寸，普通尺寸占用 1 行，大尺寸占用 3 行	所有控件
sizeString	用于设置控件宽度的字符串	comboBox、dropDown、editBox
supertip	屏幕超级提示	所有控件
tag	存储在控件中的额外信息	所有控件
title	菜单的标题	menu、menuSeparator
visible	控件是否可见	所有的选项卡、组和控件

15.4.6 控件回调

回调是指将功能区中的控件的行为和大多数属性与 VBA 过程挂钩，在操作这些控件时可以自动执行预先指定的 VBA 过程。RibbonX 中的回调与定制传统菜单栏和工具栏所使用的 CommandBars 对象模型中的 OnAction 属性的作用类似，不同之处在于 RibbonX 中的回调会向所调用的 VBA 过程传递很多参数，因此必须正确声明用于回调的 VBA 过程中的参数。

如果需要在运行时更改控件的属性，则也需要使用控件回调。为此需要在 RibbonX 中使用以 get 开头的与上一节列出的等价的属性来提供回调的 VBA 过程的名称。例如，如果希望在运行时动态显示组的名称，而不是预先将组的名称固定写入到 RibbonX 中，那么就需要通过控件回调来完成该任务。从上一节可以了解到，设置组标题的属性是 label，为了使用回调的 VBA 过程，需要在该属性前加上 get，即在 RibbonX 中需要使用 getLabel 属性，并将用于设置组标题的 VBA 过程的名称赋值给该属性，类似于下面的形式：

```
<group id="customGroup" getLabel="customGroup_getLabel">
```

然后在 Excel VBA 中创建名为 customGroup_getLabel 的 VBA 过程，并为其添加预先指定的参数，这些参数是 RibbonX 希望提供的参数。或者也可以先在 VBA 中创建用于回调的过程，然后将该过程的名称赋值给 RibbonX 中的 getLabel 属性。

下面列出了所有可用的控件回调的 VBA 过程的参数配置。

（1）回调的属性：getContent、getDescription、getEnabled、getImage、getItemCount、getItemHeight、getItemWidth、getKeytip、getLabel、getPressed、getSize、getScreentip、getSelectedItemID、getSelectedItemIndex、getShowImage、getShowLabel、getSupertip、getText、getTitle、getVisible。

对应的 VBA 过程的参数配置：

```
Sub 过程名(ByRef Control As IRibbonControl, ByRef ReturnValue As Variant)
```

（2）回调的属性：getItemID、getItemImage、getItemLabel、getItemScreentip、getItemSupertip。

对应的 VBA 过程的参数配置：

```
Sub 过程名(ByRef Control As IRibbonControl, ByRef Index As Integer, ByRef ReturnedValue
As Variant)
```

（3）回调的属性：button 控件的 OnAction。

对应的 VBA 过程的参数配置：

```
Sub 过程名(ByRef Control As IRibbonControl)
```

（4）回调的属性：checkBox 和 toggleButton 控件的 OnAction。

对应的 VBA 过程的参数配置：

```
Sub 过程名(ByRef Control As IribbonControl, ByRef Pressed As Boolean)
```

（5）回调的属性：dropDown 和 gallery 控件的 OnAction

对应的 VBA 过程的参数配置：

```
Sub 过程名(ByRef Control As IribbonControl, ByRef SelectedID As String, ByRef SelectedIndex
As Integer)
```

（6）回调的属性：editBox 和 comboBox 控件的 OnChange

对应的 VBA 过程的参数配置：

```
Sub 过程名(ByRef Control As IribbonControl, ByRef Text As String)
```

除了以 get 开头的与在设计时等价的属性之外，表 15-9 列出了其他在运行时设置的控件回调的属性及其适用的控件。

表 15-9　运行时设置的回调及其说明

回　调	说　明	适用的控件
getContent	为菜单的内容提供 XML	dynamicMenu
getPressed	控件是否被按下或选中	toggleButton、checkBox
getItemCount	控件中包含项目的数量	comboBox、dropDown、gallery
getItemID、getItemImage、getItemLabel、getItemScreentip、getItemSupertip	控件中项目的相关信息	comboBox、dropDown、gallery
getSelectedItemID	在控件中当前选择的项目	dropDown、gallery
getSelectedItemIndex	控件中当前选择的项目的索引号	dropDown、gallery
getText	显示在控件中的文本	comboBox、editBox
OnAction	单击控件时执行的操作	button、toggleButton、checkBox、dropDown、gallery
OnChange	当控件中的文本改变时执行	comboBox、editBox

15.4.7　使用 VBA 可以对功能区进行的操作

在 Excel 2007 以及更高版本的 Excel 中，使用 VBA 可以直接对功能区进行的操作受到了很多限制。表 15-10 列出了使用 VBA 可以对功能区进行的操作。

表 15-10　使用 VBA 可以对功能区进行的操作

可对功能区执行的操作	在 VBA 中使用的方法
激活选项卡	使用 Application 对象的 SendKeys 方法
执行控件	使用 CommandBars 对象的 ExccuteMso 方法

续表

可对功能区执行的操作	在 VBA 中使用的方法
判断控件是否已启用	使用 CommandBars 对象的 GetEnabledMso 方法
判断控件是否可见	使用 CommandBars 对象的 GetVisibleMso 方法
判断控件是否被按下或选中	使用 CommandBars 对象的 GetPressedMso 方法
获取控件的标题	使用 CommandBars 对象的 GetLableMso 方法
获取控件的图像	使用 CommandBars 对象的 GetImageMso 方法
获取控件的屏幕提示	使用 CommandBars 对象的 GetScreentipMso 方法
获取控件的超级提示	使用 CommandBars 对象的 GetSupertipMso 方法

名称以 Mso 结尾的 CommandBars 对象的方法的参数是要处理的控件名称，必须严格区分大小写，否则将会出现运行时错误。Excel 功能区中的所有控件的名称可从微软官方网站上下载名为 ExcelRibbonControls.xlsx 或 ExcelControls.xlsx 的文件。

在功能区界面中可以使用 Alt 键和一个字母键来激活特定的选项卡，所有与选项卡对应的字母键会在按下 Alt 键后显示在功能区中，如图 15-42 所示。例如，要激活功能区中的“数据”选项卡，可以先按 Alt 键，然后按 A 键。

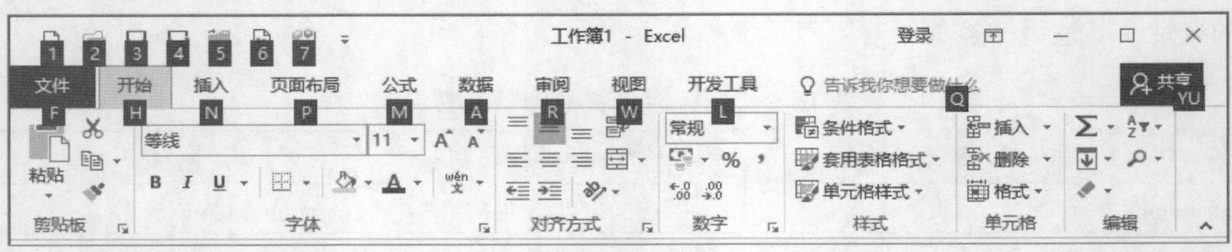

图 15-42　使用 VBA 激活功能区中的选项卡

在 VBA 中可以使用 Application 对象的 SendKeys 方法模拟键盘操作，第 4 章已对该方法的具体用法进行过详细介绍。下面的 VBA 代码将激活功能区中的“数据”选项卡，其中的%表示 Alt 键。

```
Application.SendKeys "%A"
```

下面列出了使用 Application 对象的 SendKeys 方法激活各个默认选项卡的方法：

```
激活“开始”选项卡：Application.SendKeys "%H"
激活“插入”选项卡：Application.SendKeys "%N"
激活“页面布局”选项卡：Application.SendKeys "%P"
激活“公式”选项卡：Application.SendKeys "%M"
激活“数据”选项卡：Application.SendKeys "%A"
激活“审阅”选项卡：Application.SendKeys "%R"
激活“视图”选项卡：Application.SendKeys "%W"
激活“开发工具”选项卡：Application.SendKeys "%L"
```

注意：上述代码可能无法从 VBE 窗口中正确执行，需要从 Excel 界面中执行这些代码。

功能区中的每一个控件都有一个名称，可以在 VBA 中使用前面介绍的 CommandBars 对象的方法，通过引用控件的名称来判断控件的状态或获取控件的信息。

案例 15-34　使用 ExecuteMso 方法执行功能区中的控件

下面的代码使用 CommandBars 对象的 ExecuteMso 方法打开“页面设置”对话框。

```
Sub 使用ExecuteMso方法执行功能区中的控件()
```

```
    Dim strMsoName As String
    strMsoName = "PageSetupPageDialog"
    Application.CommandBars.ExecuteMso strMsoName
End Sub
```

案例 15-35　使用 GetImageMso 方法获取控件的图像

下面的代码使用 CommandBars 对象的 GetImageMso 方法将“剪切”命令的图像，以 64×64 像素大小显示在 Sheet1 工作表的 Image 控件中，如图 15-43 所示。

```
Sub 使用GetImageMso方法获取控件的图像()
    Dim wks As Worksheet, img As Image
    Set wks = Worksheets("Sheet1")
    Set img = wks.Image1
    img.Picture = Application.CommandBars.GetImageMso("Cut", 128, 128)
    img.AutoSize = True
End Sub
```

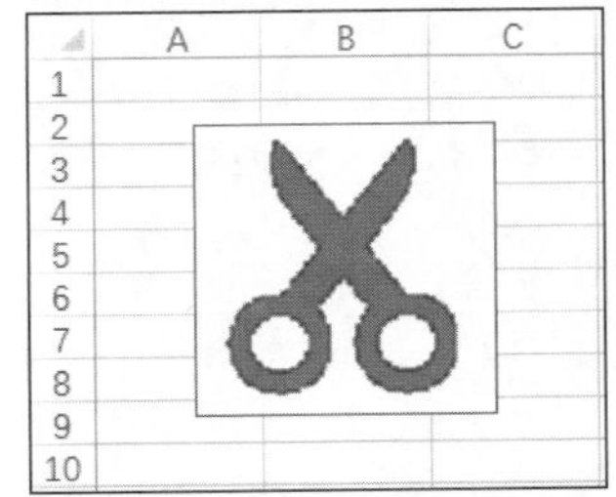

图 15-43　获取功能区控件的图像

15.5　定制功能区

本节将通过一个案例详细完整地介绍定制功能区的整个过程以及需要注意的问题。由于使用 Custom UI Editor 工具编写 RibbonX 代码可以省略很多中间步骤，因此本节中的案例将使用记事本的方式编写 RibbonX 代码，说明如何将包含 RibbonX 代码的 XML 文件添加到 Excel 文件内部，并建立与 Excel 文件关联的方法，目的在于演示在不使用 Custom UI Editor 工具的情况下定制功能区的步骤。

15.5.1　创建实现控件功能的 VBA 过程

用于实现控件功能的代码需要在 VBA 中编写。可以先创建 VBA 过程并编写代码，然后再编写 RibbonX 代码，并将用于回调的属性设置为已创建好的 VBA 过程的名称。也可以先编写 RibbonX 代码并在其中指定还未存在的 VBA 过程的名称，然后在 VBA 中使用该名称创建 VBA 过程并编写代码。这两个步骤的先后顺序无关紧要，只要确保 VBA 过程的名称与 RibbonX 代码中用于回调的 VBA 过程名称相同即可。

案例 15-36　自定义功能区

本例希望在功能区中创建一个新的选项卡，然后在其中添加一个组，在该组中添加 3 个按钮，它们的功能与 15.3.5 节中的案例相同。首先新建一个工作簿，将其保存为.xlsm 格式以便可以包含 VBA 代码。按 Alt+F11 组合键打开 VBE 窗口，在与该工作簿关联的工程中插入一个标准模块，然后在该模块的代码窗口中输入用于实现 3 个按钮功能的代码。由于创建的 VBA 过程作为功能区中按钮的回调，因此需要在每个 Sub 过程中添加参数 ByRef Control As

IRibbonControl。GetRange 函数过程用于判断选区中包含的单元格数量，以便进行不同的处理，后面的 3 个 Sub 过程都要执行该操作，因此将共同的判断过程集中到一个 Function 过程中，然后在 3 个 Sub 过程中可以调用这个 Function 过程而不必重复编写相同的代码。

```
Function GetRange() As Range
    If TypeName(Selection) <> "Range" Then
        Set GetRange = Nothing
        MsgBox "请选择单元格或单元格区域！"
        Exit Function
    End If
    If Selection.Count > 1 Then
        Set GetRange = Selection.SpecialCells(xlCellTypeConstants)
    Else
        Set GetRange = Selection
    End If
End Function

Sub AllUCase(ByRef Control As IRibbonControl)
    Dim rng As Range
    If GetRange Is Nothing Then Exit Sub
    For Each rng In GetRange
        rng.Value = UCase(rng.Value)
    Next rng
End Sub

Sub AllLCase(ByRef Control As IRibbonControl)
    Dim rng As Range
    If GetRange Is Nothing Then Exit Sub
    For Each rng In GetRange
        rng.Value = LCase(rng.Value)
    Next rng
End Sub

Sub FirstUCase(ByRef Control As IRibbonControl)
    Dim rng As Range
    If GetRange Is Nothing Then Exit Sub
    For Each rng In GetRange
        If Len(rng) <> 0 Then
            rng.Value = UCase(Left(rng.Value, 1)) & LCase(Right(rng.Value, Len(rng.
            Value) - 1))
        End If
    Next rng
End Sub
```

15.5.2 编写定制功能区的 RibbonX 代码

在记事本程序中编写 RibbonX 代码容易出错，因此并不建议使用记事本编写 RibbonX 代码，这里主要是为了演示将编辑好的 RibbonX 代码的文件添加到 Excel 文件内部的方法。如果使用 Custom UI Editor 编写 RibbonX 代码，那么该工具会自动创建相关文件并将其添加到 Excel 文件内部，用户无须对这些进行手动处理。

启动记事本程序，按 Ctrl+S 组合键打开“另存为”对话框，将保存的文件名设置为 customUI.xml，然后选择一个合适的保存位置，如图 15-44 所示。单击“保存”按钮创建 customUI.xml 文件。

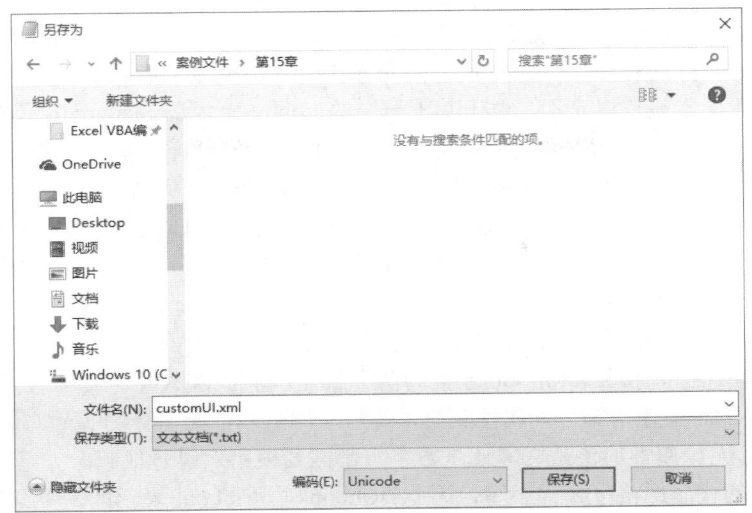

图 15-44　创建 customUI.xml 文件

提示：为了在自定义功能区中使用中文，需要将文本文件的编码格式设置为 Unicode。

接下来需要在 customUI.xml 文件中编写定制功能区的 RibbonX 代码。本例将创建一个名为“工具箱”的选项卡，其中包含 3 个组，具体如下：

- 第一个组及其包含的所有命令直接引用 Excel 内置的“字体”组。
- 第二个组是自定义组，将其命名为“数据分析”，但是该组包含的命令是 Excel 内置的命令，具体为“排序”“筛选”和“分类汇总”3 个命令。
- 第三个组也是自定义组，将其命名为“大小写转换”，其中包含 3 个按钮，分别命名为“全部大写”“全部小写”和“首字母大写”。这 3 个按钮完全由用户自定义创建，它们所实现的功能对应于上一节在 VBA 中创建的 3 个 Sub 过程。

下面将本例所需的 RibbonX 代码分为几个部分进行讲解。RibbonX 代码严格区分大小写，因此应该确保输入了正确的大小写，否则定制功能区的操作可能会失败。

1．创建选项卡

首先需要在 customUI.xml 文件中输入下面的代码。该代码用于定义功能区的整体框架，并在其中创建了一个名为“工具箱”的选项卡。

```
<customUI xmlns="http://schemas.microsoft.com/office/2006/01/customui">
  <ribbon>
    <tabs>
      <tab id="rxTabTools" label="工具箱">

      </tab>
    </tabs>
  </ribbon>
</customUI>
```

下面对这段代码中涉及的 XML 语法知识进行介绍：

- <ribbon>包含功能区所有变化的容器，<tabs>包含功能区中所有内置和自定义的选项卡的所有变化的容器。在<tabs>和</tabs>之间定义了一个新的选项卡。
- 由一对尖括号包围起来的名称是 XML 文件中的元素。每个元素使用开始标签（如<ribbon>）和结束标签（如</ribbon>）定义，在这两个标签之间输入的内容组成了该元素的数据。

- 不同的元素之间具有父子层次结构，位于 XML 文件最顶端的元素是根元素。在 XML 文件中必须有且只有一个根元素，根元素作为其他元素的容器。例如，上面代码中的 customUI 元素就是根元素，位于其下一层的 ribbon 元素是 customUI 元素的子元素，而 customUI 元素则是 ribbon 元素的父元素。其他元素也同样具有类似的父子关系。
- 与其他元素不同，上面代码中的根元素包含以 xmlns 开头的一长串类似网址的字符，xmlns 表示 XML 命名空间。命名空间的目的是为了可以创建唯一的字符串，而不会发生重复，因此从技术上讲，作为命名空间的字符串可以使用任何有效的内容。命名空间通常会出现在单独的一行中，而在上面代码中位于 customUI 根元素中，说明该命名空间会自动应用到根元素下面的所有子元素中。
- 上面代码中的 id 和 label 是 tab 元素的两个属性。与在 VBA 中为对象设置属性的方法类似，在 XML 中使用等号为属性赋值，等号左侧是属性的名称，等号右侧是要为属性设置的值。无论属性的值是文本还是数字，都需要使用双引号括起。
- XML 中的代码严格区分大小写，因此<Ribbon>与<ribbon>表示的是不同的内容。
- 虽然不同层次的元素可以使用完全相同的缩进格式，但是为它们使用不同的缩进可以让代码的结构更加清晰直观。

提示：如果希望从头开始创建功能区并隐藏所有内置的选项卡，则可以在<ribbon>元素中添加 startFromScratch 属性，并将其设置为 True，如下所示：

```
<ribbon startFromScratch="true" >
```

2．创建组

接下来需要在选项卡中创建所需的组。用于定义组的相关代码需要作为 tab 元素的子元素以放置到其内部。组元素使用<group>和</group>作为其数据范围的开始标签和结束标签。本例中一共创建 3 个组，第一个组是 Excel 内置的“字体”组，其内置名称是 GroupFont，将该名称赋值给 idMso 属性。

第二个组虽然包含的是 Excel 内置命令，但该组并不是 Excel 内置的组，因此需要将为该组设置的自定义名称赋值给 group 元素的 id 属性而不是 idMso 属性。第三个组完全是自定义的组，也需要将自定义的组名赋值给 group 元素的 id 属性。创建本例中的 3 个组的 RibbonX 代码如下：

```
<group idMso="GroupFont" />
<group id="rxGroupData" label="数据分析" />
<group id="rxGroupUpperLowerCase" label="大小写转换" />
```

由于稍后需要在第二个组和第三个组中添加控件，因此需要将上面的代码改为下面的格式，使用</group>作为第二个组和第三个组的结束标签，而不是使用/>。

```
<group idMso="GroupFont" />
<group id="rxGroupData" label="数据分析">
</group>
<group id="rxGroupUpperLowerCase" label="大小写转换">
</group>
```

3．在组中添加控件

由于第一个组引用的是 Excel 内置的“字体”组，因此其内部已经包含了该组中所有默认的控件，不需要手动在该组中添加额外的控件。后两个组都是自定义组，因此需要手动向这两个组中添加控件。第二个组中包含的控件来自于 Excel 内置的“排序”“筛选”和“分类汇总”3 个命令，它们的名称依次为 SortDialog、Filter 和 OutlineSubtotals，其中的 SortDialog 和

OutlineSubtotals 是 button 类型的控件，Filter 是 toggleButton 类型的控件。可以使用与命令对应的特定类型的控件，也可以使用通用的 control 控件类型。本例中将以上 3 个控件的尺寸都设置为大尺寸。创建第二个组中的 3 个命令的 RibbonX 代码如下：

```
<button idMso="SortDialog" size="large" />
<toggleButton idMso="Filter" size="large" />
<button idMso="OutlineSubtotals" size="large" />
```

第三个组包含 3 个自定义控件，它们都是 button 类型的控件。由于这 3 个控件不是 Excel 内置控件，因此需要将它们的自定义名称赋值给 id 属性而不是 idMso 属性，而且还需要为它们设置 label 属性，以指定它们在组中显示的标题。为了让这 3 个控件可以执行具体的操作，需要为这 3 个控件设置 OnAction 属性，并将前面编写好的 VBA 过程作为 OnAction 属性的回调。此外，自定义控件默认不包含图像，因此需要为其指定显示在控件上的图像。可以将内置控件的名称赋值给 imageMso 属性，从而将内置控件的图像指定为自定义控件的图像，也可以使用 image 属性为控件添加自定义图像。创建第三个组中的 3 个命令的 RibbonX 代码如下：

```
<button id="rxButtonUCase" label="全部大写" size="large" imageMso="ChangeStylesMenu"
onAction="AllUCase" />
<button id="rxButtonLCase" label="全部小写" size="large" imageMso="TextEffectTransformGallery"
onAction="AllLCase" />
<button id="rxButtonFirstCase" label="首字母大写" size="large" imageMso="FormControlLabel"
onAction="FirstUCase" />
```

现在已经完成了本例所需编写的全部 RibbonX 代码，保存并关闭 customUI.xml 文件。本例完整的 RibbonX 代码如下：

```
<customUI xmlns="http://schemas.microsoft.com/office/2006/01/customui">
   <ribbon startFromScratch="false">
      <tabs>
         <tab id="rxTabTools" label="工具箱">
            <group idMso="GroupFont" />
            <group id="rxGroupData" label="数据分析">
               <button idMso="SortDialog" size="large" />
               <toggleButton idMso="Filter" size="large" />
               <button idMso="OutlineSubtotals" size="large" />
            </group>
            <group id="rxGroupUpperLowerCase" label="转换大小写">
               <button id="rxButtonUCase" label="全部大写" size="large" imageMso=
               "ChangeStylesMenu" onAction="AllUCase" />
               <button id="rxButtonLCase" label="全部小写" size="large" imageMso=
               "TextEffectTransformGallery" onAction="AllLCase" />
               <button id="rxButtonFirstCase" label="首字母大写" size="large"
               imageMso="FormControlLabel" onAction="FirstUCase" />
            </group>
         </tab>
      </tabs>
   </ribbon>
</customUI>
```

15.5.3　将定制功能区的工作簿更改为压缩文件

完成 RibbonX 代码的编写后，接下来需要通过特殊的方式进入 Excel 工作簿的文件内部，以便向其中添加文件夹和文件并建立 RibbonX 代码与工作簿之间的关联。要进入工作簿的文件内部，需要将工作簿的扩展名改为.zip，使其成为 ZIP 压缩文件。如图 15-45 所示为进入本例工作簿的文件内部所显示的内容。

案例15-36.zip - ZIP 压缩文件, 解包大小为 51,057 字节
名称
大小
压缩后大小
类型
修改时间
CRC32
..
文件夹
_rels
文件夹
docProps
文件夹
xl
文件夹
[Content_Types].xml
1,503
413
XML 文档
1980/1/1 0:00
B1DF7FC6
总计 3 文件夹 和 1,503 字节(1 个文件)

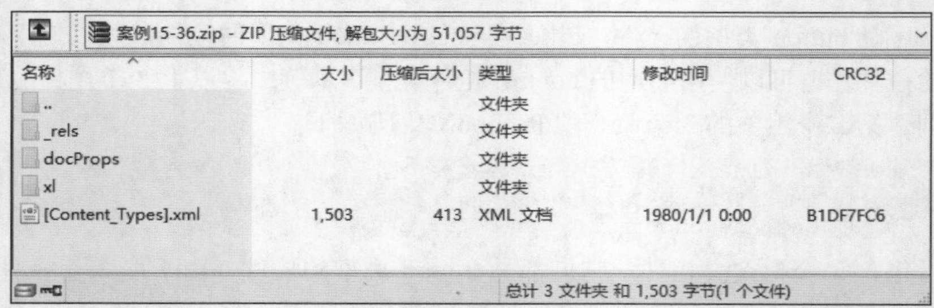

图 15-45　Excel 工作簿的文件内部结构

15.5.4　在压缩文件中创建 customUI 文件夹

双击修改扩展名后的 ZIP 压缩文件，在打开的窗口中右击任意一个文件或文件夹，然后在弹出的菜单中选择“创建一个新文件夹”命令。将新建文件夹的名称设置为 customUI，然后按 Enter 键确认命名，如图 15-46 所示。

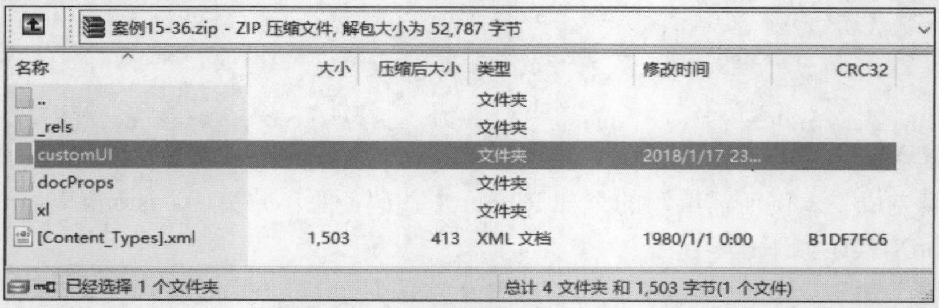

案例15-36.zip - ZIP 压缩文件, 解包大小为 52,787 字节
名称
大小
压缩后大小
类型
修改时间
CRC32
..
文件夹
_rels
文件夹
customUI
文件夹
2018/1/17 23...
docProps
文件夹
xl
文件夹
[Content_Types].xml
1,503
413
XML 文档
1980/1/1 0:00
B1DF7FC6
已经选择 1 个文件夹
总计 4 文件夹 和 1,503 字节(1 个文件)

图 15-46　创建 customUI 文件夹

15.5.5　将 customUI.xml 文件移入 customUI 文件夹

将前面创建的包含 RibbonX 代码的 customUI.xml 文件放置到 customUI 文件夹中，具体方法是：同时打开 customUI.xml 文件所在的文件夹窗口，以及 ZIP 压缩文件中的 customUI 文件夹窗口，然后按住鼠标左键将 customUI.xml 文件拖动到 customUI 文件夹中，在弹出的对话框中单击“确定”按钮，将 customUI.xml 文件移入 customUI 文件夹，如图 15-47 所示。

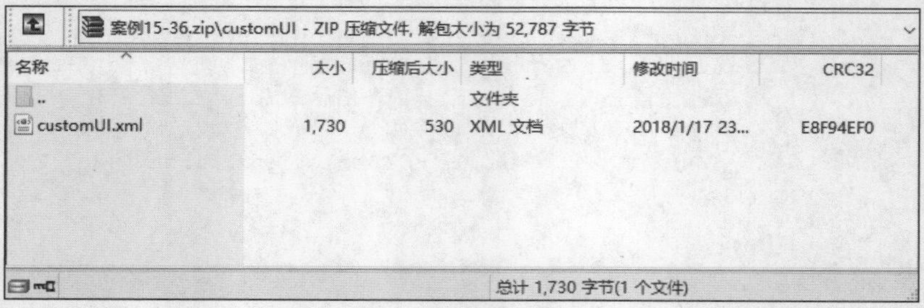

案例15-36.zip\customUI - ZIP 压缩文件, 解包大小为 52,787 字节
名称
大小
压缩后大小
类型
修改时间
CRC32
..
文件夹
customUI.xml
1,730
530
XML 文档
2018/1/17 23...
E8F94EF0
总计 1,730 字节(1 个文件)

图 15-47　将 customUI.xml 文件移入 customUI 文件夹

15.5.6　建立 RibbonX 代码与工作簿之间的关联

最后一个非常重要的步骤是修改 ZIP 压缩文件中的_rels 文件夹中的.rels.xml 文件，以便建立 RibbonX 代码与工作簿之间的关联。进入 ZIP 压缩文件中的_rels 文件夹，将其中的.rels.xml 文件拖动到 ZIP 压缩文件以外的任意一个文件夹窗口中。右击拖出的.rels.xml 文件并选择“编辑”命令，在记事本中打开该文件，在最后一个</Relationships>之前输入下面的内容，以便将

RibbonX 代码与工作簿进行关联。确保输入的代码中的 Id 属性的值在.rels.xml 文件中是唯一的，否则会出错。

```
<Relationship Id="rxRibbonX" Type="http://schemas.microsoft.com/office/2006/relationships/
ui/extensibility" Target="customUI/customUI.xml"/>
```

在.rels.xml 文件中的最后一个</Relationships>之前输入好上面的内容后，将会得到类似于如下所示的内容：

```
<?xml version="1.0" encoding="UTF-8" standalone="yes"?>
<Relationships xmlns="http://schemas.openxmlformats.org/package/2006/relationships">
<Relationship Id="rId3" Type="http://schemas.openxmlformats.org/officeDocument/2006/
relationships/extended-properties" Target="docProps/app.xml"/><Relationship Id="rId2"
Type="http://schemas.openxmlformats.org/package/2006/relationships/metadata/core-
properties" Target="docProps/core.xml"/><Relationship Id="rId1" Type="http://schemas.
openxmlformats.org/officeDocument/2006/relationships/officeDocument"
Target="xl/workbook.xml"/><Relationship Id="rxRibbonX" Type="http://schemas.microsoft.
com/office/2006/relationships/ui/extensibility" Target="customUI/customUI.xml"/>
</Relationships>
```

保存并关闭.rels.xml 文件，然后将该文件拖动回_rels 文件夹时直接覆盖原始文件。关闭 ZIP 压缩文件窗口，然后将该文件的后缀名改为原来的.xlsm，使其恢复为 Excel 工作簿。

15.5.7　测试定制后的功能区

完成上述操作后，打开包含功能区定制的工作簿，如果一切工作正常，那么创建的自定义选项卡及其中包含的组和命令都会正常显示在功能区中，如图 15-48 所示，单击不同的命令可以执行相应的功能。

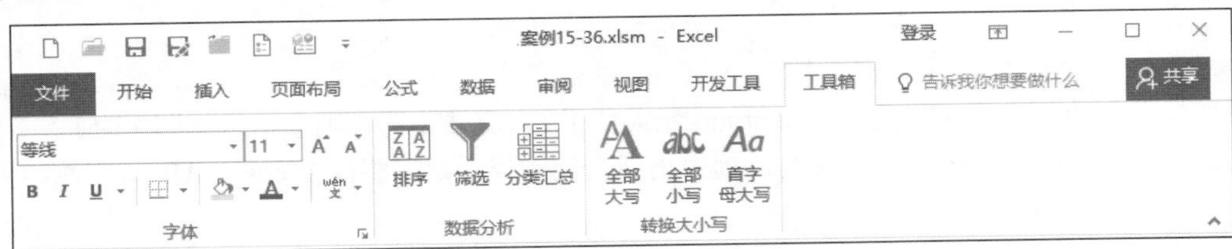

图 15-48　定制后的功能区

如果希望将定制的功能区应用于所有打开的工作簿，则需要将包含功能区定制的工作簿转换为 Excel 加载项。

15.5.8　定制功能区时可能遇到的问题

在定制功能区的过程中可能会遇到一些问题，这些问题通常都来自于 customUI.xml 文件中包含错误的拼写或其他问题。本节将介绍一些常见问题的原因及解决方法。

1. 不符合 XML 语法规则的内容

最容易出现的错误是输入的代码不符合 XML 语法规则。例如，在 customUI.xml 文件中编写 RibbonX 代码时，“<”和“>”符号本应该成对出现，但是却少输入了一个，此时就会显示如图 15-49 所示的错误信息，其中给出了出错的行、列位置，只需补上缺失的内容即可修复该错误。

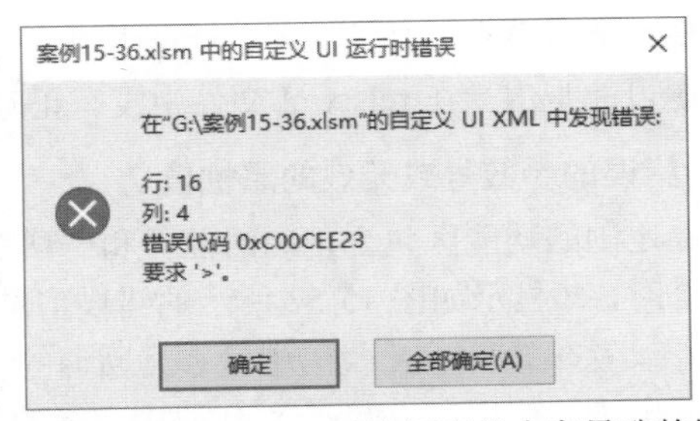

图 15-49　不符合 XML 语法规则的内容导致的错误

2．在 DTD/架构中未找到指定属性

在编辑 customUI.xml 文件中的 RibbonX 代码时，属性名必须严格区分大小写。比如将 idMso 属性写为 IDMso，将会显示如图 15-50 所示的错误信息。

图 15-50　不正确的属性名大小写导致的错误

3．错乱的元素层次结构

在编写 RibbonX 代码时，customUI.xml 文件中的结构通常具有类似于下面的层次结构：

```
<customUI>
   <ribbon>
      <tabs>
        <tab>
            <group>
                <button/>
            </group>
        </tab>
      </tabs>
   </ribbon>
</customUI>
```

如果元素的层次结构错乱，比如 group 元素位于 tab 元素上方，则会显示如图 15-51 所示的错误信息。因此如果在定制功能区的过程中出现这种错误，则需要检查 customUI.xml 文件中的元素结构是否正确并进行修正。

图 15-51　错乱的元素层次结构导致的错误

4．未显示预期的自定义功能区

如果在测试自定义功能区时，没有出现任何错误信息，但却没有显示自定义的功能区控件，那么问题可能是由于在.rels.xml 文件中没有正确建立 customUI.xml 文件与工作簿的关联。

5．错误的参数号或无效的属性值

可能定制的功能区包含正确的控件和一切期望的外观显示效果，但是当单击自定义控件以执行命令时，却显示如图 15-52 所示的错误信息，该信息说明没有为回调的 VBA 过程指定正确的参数，或者在 RibbonX 代码中没有为回调的属性指定正确的 VBA 过程的名称。

根据出错的控件在 RibbonX 代码中定义的控件类型，需要在编写回调的 VBA 过程时指定相应的参数，比如在为 button 控件创建回调的 VBA 过程时需要指定如下参数。

```
Sub 过程名(ByRef Control As IRibbonControl)

End Sub
```

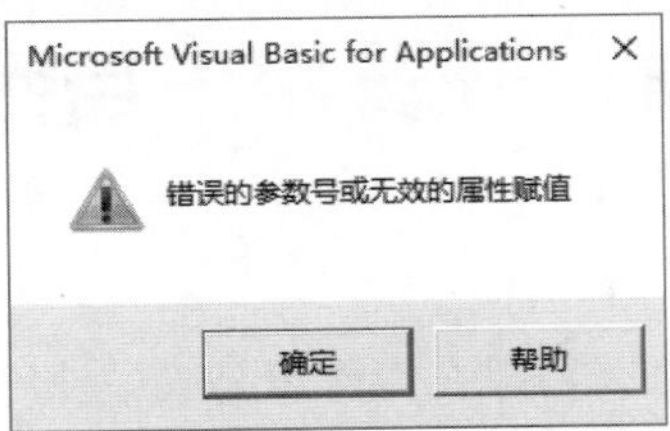

图 15-52　VBA 过程缺少控件参数时的错误

第 16 章　开发用户自定义函数

Excel 提供了上百个内置函数，可以在工作表公式中使用这些函数执行不同类型的计算任务。虽然用户可以很方便地使用这些内置函数，但在面对一些复杂问题时，仍然需要构建包含多个内置函数的嵌套结构的公式，对于很多用户来说这并不是一项简单的工作。另一方面，对于一些特定的计算任务，Excel 内置函数可能无法胜任。在 VBA 中创建用户自定义函数可以解决以上两个问题，将用户创建的 Function 过程称为用户自定义函数（User Defined Function，UDF）。本章首先介绍了在 Function 过程可以使用的参数类型，然后介绍了创建包含不同类型参数的 Function 过程的方法，最后介绍了使用 VBA 开发的用户自定义函数的大量案例。

16.1　用户自定义函数基础

本节将介绍创建包含不同类型参数的用户自定义函数的方法，其中的案例主要用于说明在创建的 Function 过程中如何定义和使用不同类型的参数，案例代码都位于 VBA 工程的标准模块中。

16.1.1　理解 Function 过程中的参数

第 2 章介绍了 Function 过程的语法格式和创建方法，以及在 VBA 代码中和工作表公式中使用 Function 过程的基本方法。由于参数是 Function 过程的重要组成元素，会直接影响到 Function 过程的工作方式和使用方式，因此本节主要介绍 Function 过程中可以使用的参数类型及其语法规则，作为本章后续内容的基础。

Function 过程中的参数的命名规则与变量的命名规则相同，具体请参考第 2 章。为了与 Excel 内置函数的英文名称一致，用户创建的用于工作表公式的 Function 过程也应该使用英文名称。Function 过程中的参数的功能和用法与变量类似，而且参数是一个不需要在 Function 过程中声明就可以直接使用的变量。与变量类似，这意味着参数也可以有数据类型。可以创建不包含任何参数的 Function 过程，也可以创建包含一个或多个参数的 Function 过程，各个参数之间以逗号分隔。参数的个数可以是固定或不固定的。也可以像 Excel 内置函数和 VBA 内置函数那样，在创建的 Function 过程中包含必选参数和可选参数。

如果要创建包含参数的 Function 过程，则需要在 Function 过程名称右侧的圆括号中定义参数的名称及其数据类型，参数的语法格式如下：

```
[Optional] [ByVal | ByRef] [ParamArray] varname[( )] [As type] [= defaultvalue]
```

- Optional：可选，使用 Optional 关键字定义的参数是可选参数，如果在使用该关键字定义的参数之后还有其他参数，则这些参数也必须是可选的，并且每一个参数都需要使用 Optional 关键字进行定义。在使用 Function 过程时，可以省略由 Optional 关键字定义的参数，这样将会自动使用该参数的默认值。
- ByVal 和 ByRef：可选，参数是按值传递还是按址传递，ByRef 是默认的传递方式。

- ParamArray：可选，使用该关键字定义的参数是不限数量的可选参数。如果在 Function 过程中定义了多个参数，则使用 ParamArray 关键字定义的参数必须是该 Function 过程中的最后一个参数。
- varname：可选，参数的名称。
- type：可选，参数的数据类型。可为变量设置的数据类型同样适用于参数，但是使用 ParamArray 关键字定义参数时，该参数的数据类型只能是 Variant 类型的数组，参数名右侧必须带有一对圆括号。
- defaultvalue：可选，为使用 Optional 关键字定义的可选参数提供默认值。

在一个 Function 过程中，Optional 关键字或 ParamArray 关键字不能同时出现。对于使用 Optional 关键字或 ParamArray 关键字定义的可选参数，可以在创建的 Function 过程中使用 VBA 内置的 IsMissing 函数检查是否省略了可选参数。如果省略了可选参数，则 IsMissing 函数将返回 True，否则返回 False，从而可以根据是否省略了可选参数来执行不同的计算。

另一个与函数相关的内容是函数的易失性。易失性是指在工作表的任意单元格中进行计算或编辑时，易失性函数都会自动重新计算。可以使用 Application 对象的 Volatile 方法为用户自定义函数设置易失性，该方法有一个参数，如果为 True 则将用户自定义函数设置为易失性函数，如果为 False 则将用户自定义函数设置为非易失性函数。如果省略该参数，则其值默认为 True。下面的代码都用于为函数设置易失性，它们的功能相同，唯一区别在于是否省略了作为 Volatile 方法的参数的默认值 True。

```
Application.Volatile
Application.Volatile True
```

16.1.2　创建不包含任何参数的函数

Excel 内置的一些工作表函数不包含任何参数，比如 NOW 和 TODAY 函数。在 VBA 中也可以创建类似的不包含任何参数的 Function 过程，格式如下：

```
Function 函数名()

End Function
```

案例 16-1　创建返回单元格所在工作表的名称的函数

下面的代码创建了一个不包含任何参数的 GetWorksheetName 函数，该函数返回输入该函数的单元格所在的工作表的名称。Application 对象的 Caller 属性返回调用函数的对象。因为是在工作表单元格中输入函数，因此返回的是函数所在单元格的 Range 对象，然后使用 Range 对象的 Parent 属性返回其上一级的 Worksheet 对象，最后使用 Worksheet 对象的 Name 属性返回工作表的名称。

```
Function GetWorksheetName()
   GetWorksheetName = Application.Caller.Parent.Name
End Function
```

在工作表公式中输入该函数时，只需输入函数的名称和一对圆括号，然后按 Enter 键后得到计算结果，如图 16-1 所示。

当修改工作表的名称时，GetWorksheetName 函数的计算结果不会自动更新，需要进入函数所在单元格的编辑状态，然后按 Enter 键才能使函数返回修改后的工作表名称，或者按 Ctrl+Alt+F9 组合键强制重新计算工作表。为了让函数具有自动更新功能，可以在 Function 过程中加入下面的语句：

```
    Application.Volatile
```

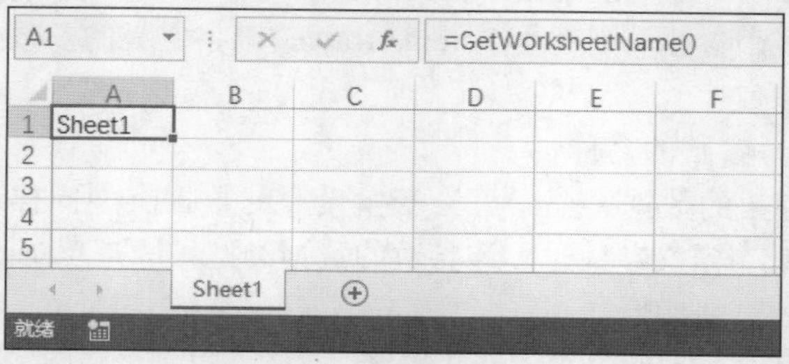

图 16-1　在工作表公式中使用不包含参数的函数

案例 16-2　创建可自动更新的函数

下面的代码创建了与上一个案例相同的 GetWorksheetName 函数，区别在于本例使用了 Application 对象的 Volatile 方法，使函数成为易失性函数，具有自动更新功能。当修改函数所在的工作表的名称时，函数的计算结果会立刻显示修改后的工作表名称。

```
Function GetWorksheetName()
    Application.Volatile
    GetWorksheetName = Application.Caller.Parent.Name
End Function
```

由于 Function 过程具有返回值，因为可以在创建 Funtion 过程时指定其返回值的数据类型。下面的代码表示创建的 GetWorksheetName 函数的返回值的数据类型为 String。如果不指定函数的返回值类型，则默认为 Variant 数据类型，这一点与在声明变量时指定数据类型的规则相同。

```
Function GetWorksheetName() As String
```

注意：如果创建 Function 过程时为其指定的数据类型，与其在实际使用中的返回值的数据类型不一致，则会返回错误值#VALUE!。

16.1.3　创建包含一个参数的函数

不包含参数的函数通常用于返回 Excel 中的一些特定信息，比如 Excel 用户名、Excel 安装路径、工作簿路径、工作簿或工作表的名称等。只有在函数中包含参数，才能处理用户输入的数据，并将结果返回给用户。可以创建包含一个参数的 Function 过程，格式如下：

```
Function 函数名(参数名 As 数据类型)

End Function
```

如果不指定参数的数据类型，则默认为 Variant 数据类型。

案例 16-3　创建计算数字平方根的函数

下面的代码创建了一个只包含一个参数的函数，该函数的功能与 VBA 内置的 SQR 函数相同，用于计算给定数字的平方根。给定数字由该函数的参数提供，参数的数据类型为 Integer。

```
Function Sqr(intNum As Integer)
    Sqr = intNum ^ (1 / 2)
End Function
```

在工作表公式中输入该函数，并使用一个数字或包含数字的单元格作为其参数，按 Enter 键后将计算出该数字的平方根，如图 16-2 所示。

需要注意的是，由于本例创建的 Function 过程与 VBA 内置的 Sqr 函数同名，因此在代码中使用 VBA 内置的 Sqr 函数时，需要在函数名前添加类型库的限定符，即 VBA.Sqr。

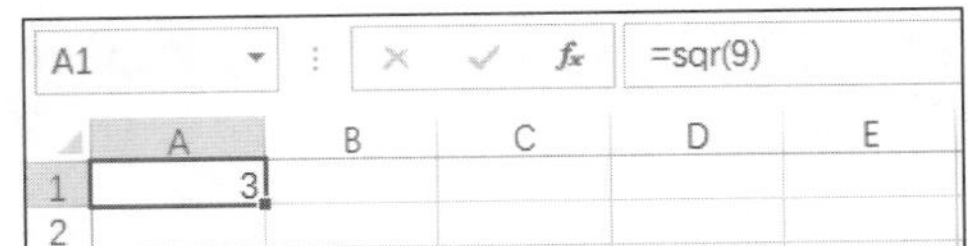

B1 =sqr(A1)

	A	B	C	D	E
1	9	3			
2					

图 16-2　在工作表公式中使用只包含一个参数的函数

16.1.4　创建包含两个参数的函数

如果需要在函数中处理两个输入值，则可以创建包含两个参数的 Function 过程，参数之间以逗号分隔，格式如下：

```
Function 函数名(参数名 As 数据类型, 参数名 As 数据类型)

End Function
```

案例 16-4　创建进行四则运算的函数

下面的代码创建了一个包含两个参数的 SuperCal 函数，用于计算指定区域中的所有数字进行连加、连减、连乘或连除。第一个参数表示一个单元格区域，第二个参数表示一个运算符，类型为加、减、乘、除中的一种。为了避免初始值为 0 时执行运算返回错误值，因此使用一个变量判断当前处理的是否是第一个单元格中的值，如果是则将第一个值赋值给函数名本身，以初始化其值。如果当前处理的不是第一个值，则根据在函数中指定的运算符执行相应的运算。如果在函数中指定了加、减、乘、除以外的其他运算符，则函数将返回“无效的运算符”文本。

```
Function SuperCal(rngs As Range, operator As String)
    Dim rng As Range, i As Integer
    For Each rng In rngs
        If IsNumeric(rng.Value) Then
            i = i + 1
            If i = 1 Then
                SuperCal = rng.Value
            Else
                Select Case operator
                    Case "+": SuperCal = SuperCal + rng.Value
                    Case "-": SuperCal = SuperCal - rng.Value
                    Case "*": SuperCal = SuperCal * rng.Value
                    Case "/": SuperCal = SuperCal / rng.Value
                    Case Else: SuperCal = "无效的运算符"
                End Select
            End If
        End If
    Next rng
End Function
```

在工作表公式中输入该函数，将第一个参数设置为一个单元格区域，将第二个参数设置为加、减、乘、除中的一个运算符，按 Enter 键后将计算出指定单元格区域的连加、连减、连乘或连除，如图 16-3 所示。

C1 =SuperCal(A1:A4,"+")

	A	B	C	D	E
1	2	连加	14		
2	3	连减	-10		
3	4	连乘	120		
4	5	连除	0.033333333		
5					

C2 =SuperCal(A1:A4,"-")

	A	B	C	D	E
1	2	连加	14		
2	3	连减	-10		
3	4	连乘	120		
4	5	连除	0.033333333		
5					

图 16-3　在工作表公式中使用包含两个参数的函数

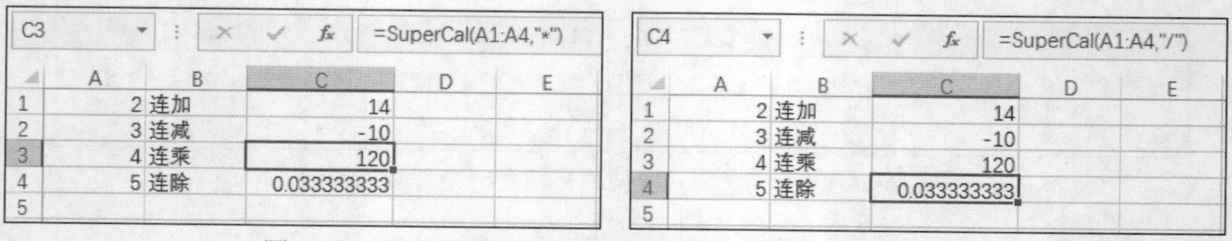

C3 =SuperCal(A1:A4,"*")

	A	B	C	D	E
1	2	连加	14		
2	3	连减	-10		
3	4	连乘	120		
4	5	连除	0.033333333		
5					

C4 =SuperCal(A1:A4,"/")

	A	B	C	D	E
1	2	连加	14		
2	3	连减	-10		
3	4	连乘	120		
4	5	连除	0.033333333		
5					

图 16-3　在工作表公式中使用包含两个参数的函数（续）

16.1.5　创建包含可选参数的函数

很多 Excel 内置函数都包含可选参数。可选参数意味着在输入函数的参数时可以将其省略。例如，Excel 内置的工作表函数 LEFT 用于从字符串左侧开始提取指定数量的字符。该函数包含两个参数，第一个参数是必选参数，表示要从中提取字符的字符串，第二个参数是可选参数，表示要从字符串中提取的字符数。如果在输入 LEFT 函数的参数时省略了第二个参数，即只输入了第一个参数，那么 Excel 会自动将第二个参数设置为 1，因此下面两个公式是等效的。

```
=LEFT(A1,1)
=LEFT(A1)
```

创建用户自定义函数时也可以为 Function 过程定义可选参数。为此需要将 Optional 关键字添加到希望成为可选参数的参数左侧，然后将省略可选参数时为其指定的默认值通过等号赋值给该参数，格式如下：

```
Function 函数名(参数名, Optional 参数名 = 默认值)

End Function
```

案例 16-5　创建包含指定默认值的可选参数的函数

下面的代码与上一个案例中创建的 SuperCal 函数类似，不同之处在于将该函数的第二个参数定义为可选参数。当省略该参数时，将默认使用“+”运算符对单元格区域进行求和，如图 16-4 所示。

```
Function SuperCal(rngs As Range, Optional operator = "+")
    Dim rng As Range, i As Integer
    For Each rng In rngs
        If IsNumeric(rng.Value) Then
            i = i + 1
            If i = 1 Then
                SuperCal = rng.Value
            Else
                Select Case operator
                    Case "+": SuperCal = SuperCal + rng.Value
                    Case "-": SuperCal = SuperCal - rng.Value
                    Case "*": SuperCal = SuperCal * rng.Value
                    Case "/": SuperCal = SuperCal / rng.Value
                    Case Else: SuperCal = "无效的运算符"
                End Select
            End If
        End If
    Next rng
End Function
```

实际上也可以在定义可选参数时不为其指定默认值，而是在 Function 过程内部使用 VBA 内置的 IsMissing 函数检查是否提供了可选参数。如果该函数返回 True，则说明省略了可选参数，此时可以为可选参数设置一个值。使用这种方法检查是否省略了可选参数时，必须在定义可选参数时将其数据类型设置为 Variant。

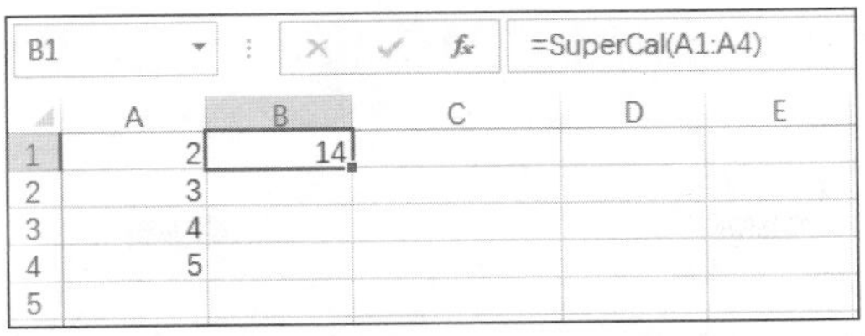

	A	B	C	D	E
1	2	14			
2	3				
3	4				
4	5				
5					

B1　=SuperCal(A1:A4)

图 16-4　在工作表公式中使用包含可选参数的函数

案例 16-6　创建包含未指定默认值的可选参数的函数

下面的代码与上一个案例类似，区别在于在定义可选参数时没有为其指定默认值，而且没有为可选参数设置特定的数据类型，因此其数据类型为 Variant。然后在 Function 过程内部使用 IsMissing 函数检查是否省略了可选参数，如果省略了该参数，则将"+"运算符赋值给该参数。

```
Function SuperCal(rngs As Range, Optional operator)
    Dim rng As Range, i As Integer
    If IsMissing(operator) Then operator = "+"
    For Each rng In rngs
        If IsNumeric(rng.Value) Then
            i = i + 1
            If i = 1 Then
                SuperCal = rng.Value
            Else
                Select Case operator
                    Case "+": SuperCal = SuperCal + rng.Value
                    Case "-": SuperCal = SuperCal - rng.Value
                    Case "*": SuperCal = SuperCal * rng.Value
                    Case "/": SuperCal = SuperCal / rng.Value
                    Case Else: SuperCal = "无效的运算符"
                End Select
            End If
        End If
    Next rng
End Function
```

16.1.6　创建包含不定数量参数的函数

一些 Excel 内置的工作表函数可以包含不定数量的参数，比如 SUM 函数。用户创建的自定义函数也可以包含不定数量的参数。为此需要使用 ParamArray 关键字将参数定义为一个 Variant 数据类型的数组，并且该参数必须是 Function 过程中的最后一个参数，格式如下：

```
Function 函数名(ParamArray 参数名())

End Function
```

与使用 Optional 关键字定义可选参数类似，使用 ParamArray 关键字定义的参数也是可选参数。

案例 16-7　创建计算不定数量的参数总和的函数

下面的代码创建了一个包含不定数量参数的函数，用于计算所有参数中的数字之和，这些参数的形式可以是直接输入的数字、单元格或单元格区域，如图 16-5 所示。虽然在创建 Function 过程时只使用 ParamArray 关键字定义了一个参数，但在实际使用中，可以在该函数中添加多个参数。代码中使用 VBA 内置的 IsNumeric 函数检查参数是否是有效的数字，如果是才会进行指定的计算。

```
Function SuperSum(ParamArray numbers())
    Dim rng As Variant, num As Variant
    For Each num In numbers
```

```
        If Application.WorksheetFunction.CountA(num) > 1 Then
            For Each rng In num
                If IsNumeric(rng) Then
                    SuperSum = SuperSum + rng
                End If
            Next rng
        Else
            If IsNumeric(num) Then
                SuperSum = SuperSum + num
            End If
        End If
    Next num
End Function
```

E1 =SuperSum(A1:A2)

	A	B	C	D	E	F
1	1	1	1	一个区域之和	3	
2	2	2	2	两个区域之和	9	
3		3	3	三个区域之和	19	
4			4	常量与区域之和	25	
5						

E2 =SuperSum(A1:A2,B1:B3)

	A	B	C	D	E	F
1	1	1	1	一个区域之和	3	
2	2	2	2	两个区域之和	9	
3		3	3	三个区域之和	19	
4			4	常量与区域之和	25	
5						

E3 =SuperSum(A1:A2,B1:B3,C1:C4)

	A	B	C	D	E	F
1	1	1	1	一个区域之和	3	
2	2	2	2	两个区域之和	9	
3		3	3	三个区域之和	19	
4			4	常量与区域之和	25	
5						

E4 =SuperSum(1,2,3,A1:A2,B1:B3,C1:C4)

	A	B	C	D	E	F
1	1	1	1	一个区域之和	3	
2	2	2	2	两个区域之和	9	
3		3	3	三个区域之和	19	
4			4	常量与区域之和	25	
5						

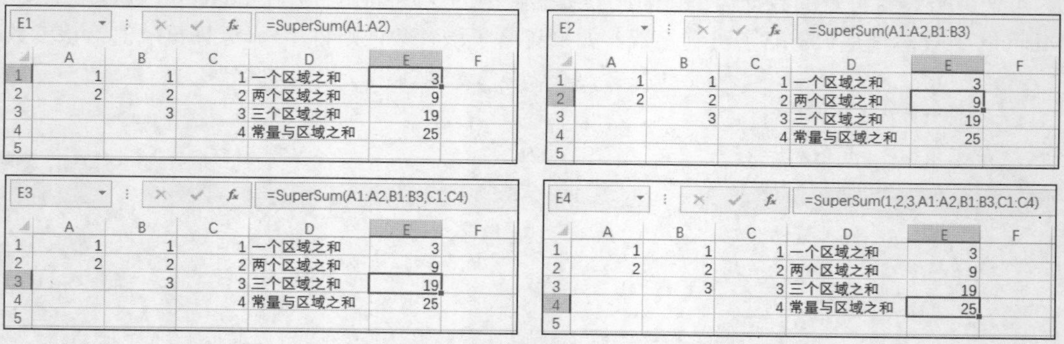

图 16-5　在工作表公式中使用包含不定数量参数的函数

我们也可以使用 IsMissing 函数检查由 ParamArray 关键字定义的参数是否被省略了。由于使用 ParamArray 关键字定义的参数是一个数组，因此需要在 For Each 循环结构中遍历数组时，使用下面的代码检查数组中的每个元素是否被省略了。如果没被省略，则执行相应的操作。

```
Function SuperSum(ParamArray numbers())
    Dim rng As Variant, num As Variant
    For Each num In numbers
        If Not IsMissing(num) Then
            要执行的操作
        End If
    Next num
End Function
```

16.1.7　创建返回数组的函数

在使用公式处理很多复杂计算任务时，通常都需要借助数组公式来完成。按 Ctrl+Shift+Enter 组合键输入的公式都是数组公式，这也是与普通公式在输入方法上最显著的区别。可以在 VBA 中创建返回数组的 Function 过程，有以下两种方法：

- 将 VBA 内置的 Array 函数产生的 Variant 数组赋值给函数名。
- 在 Function 过程内部创建一个数组，然后使用循环结构为数组赋值，再将数组赋值给函数名。

下面通过两个案例说明使用这两种方式创建返回数组的函数的方法。

案例 16-8　使用 Array 函数创建返回数组的函数

下面的代码创建了一个返回数组的函数，用于在一行或一列的连续 12 个单元格中输入一年 12 个月的名称。该函数包含了一个可选参数，用于确定在一行还是一列中输入，如果将该参数设置为 h，表示在一行中输入，如果将该参数设置为 v，表示在一列中输入。如果省略该参数，则默认按列输入。使用 Array 函数创建的是水平数组，为了获得垂直数组，需要使用工作表函数 Transpose 对水平数组进行转置。

```
Function MonthNames(Optional orientation)
    Dim avarMonths As Variant
    avarMonths = Array("1月", "2月", "3月", "4月", "5月", "6月", "7月", "8月", "9
    月", "10月", "11月", "12月")
    If IsMissing(orientation) Then orientation = "v"
    Select Case orientation
        Case "h"
            MonthNames = avarMonths
        Case "v"
            MonthNames = Application.WorksheetFunction.Transpose(avarMonths)
        Case Else
            MonthNames = "输入了无效的参数"
    End Select
End Function
```

在工作表中输入该函数时，需要在一行或一列中选择连续的 12 个单元格，然后输入该函数及其参数，按 Ctrl+Shift+Enter 组合键后将在选区中输入 12 个月的名称，如图 16-6 所示。如果省略函数的参数，则在一列中输入 12 个月的名称。

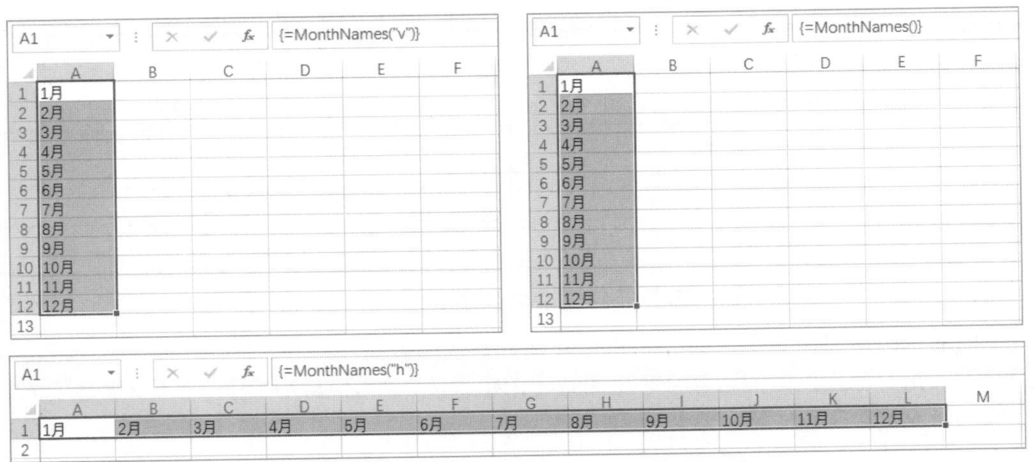

图 16-6　在工作表公式中使用返回数组的函数

案例 16-9　通过循环结构为数组赋值来创建返回数组的函数

下面的代码使用在 For Next 循环结构中为数组赋值的方式来创建并赋值数组。之后的代码与上一个案例相同。

```
Function MonthNames(Optional orientation)
    Dim avarMonths(1 To 12) As Variant, intIndex As Integer
    For intIndex = 1 To 12
        avarMonths(intIndex) = intIndex & "月"
    Next intIndex
    If IsMissing(orientation) Then orientation = "v"
    Select Case orientation
        Case "h"
            MonthNames = avarMonths
        Case "v"
            MonthNames = Application.WorksheetFunction.Transpose(avarMonths)
        Case Else
```

```
        MonthNames = "输入了无效的参数"
    End Select
End Function
```

16.1.8 创建返回错误值的函数

在工作表公式中使用 Excel 内置函数时，如果参数的数据类型不正确、引用了无效的单元格或其他任何无法被函数识别的内容，函数将会根据错误类型返回相应的错误值，比如#VALUE!和#N/A。

可以在用户创建的 Function 过程中使用 VBA 内置的 CVErr 函数来实现类似的功能。该函数有一个参数，表示一个有效的错误号。如果希望 CVErr 函数可以返回 Excel 工作表公式中的 7 个错误值之一，则需要使用 XlCVError 常量作为该函数的参数，表 16-1 列出了该常量的值及其对应的 Excel 工作表公式中的错误值。

表 16-1 XlCVError 常量

名 称	说 明
xlErrDiv0	对应于错误值#DIV/0!
xlErrNA	对应于错误值#N/A
xlErrName	对应于错误值#NAME?
xlErrNull	对应于错误值#NULL!
xlErrNum	对应于错误值#NUM!
xlErrRef	对应于错误值#REF!
xlErrValue	对应于错误值#VALUE!

案例 16-10 创建可检查错误并返回错误值的函数

下面的代码与前面案例中创建 SuperCal 函数的代码类似，区别在于本例中使用 CVErr 函数在用户输入指定范围以外的运算符时返回特定的错误值，如图 16-7 所示，而不是普通文本。函数返回的错误值由 xlErrValue 常量值决定。

```
Function SuperCal(rngs As Range, Optional operator)
    Dim rng As Range, i As Integer
    If IsMissing(operator) Then operator = "+"
    For Each rng In rngs
        i = i + 1
        If i = 1 Then
            SuperCal = rng.Value
        Else
            Select Case operator
                Case "+": SuperCal = SuperCal + rng.Value
                Case "-": SuperCal = SuperCal - rng.Value
                Case "*": SuperCal = SuperCal * rng.Value
                Case "/": SuperCal = SuperCal / rng.Value
                Case Else: SuperCal = CVErr(xlErrValue)
            End Select
        End If
    Next rng
End Function
```

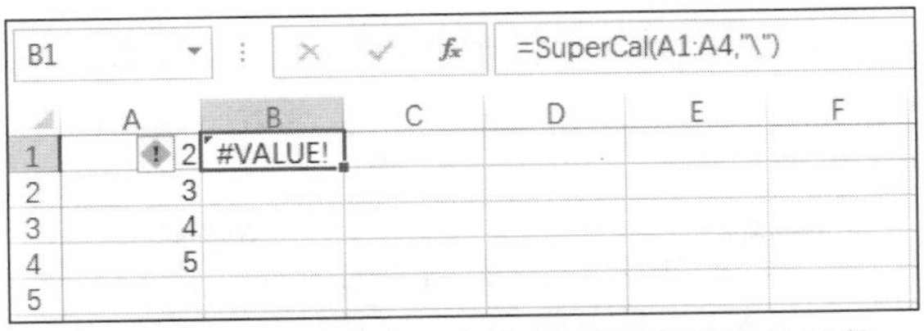

图 16-7　在工作表公式中使用返回错误值的函数

16.1.9　为用户自定义函数添加帮助信息

在 Excel 窗口中单击编辑栏左侧的“插入函数”标记 *fx*，打开“插入函数”对话框，在“或选择类别”下拉列表中选择任意一个内置函数类别，比如“数学与三角函数”。然后在下方的列表框中选择一个内置函数，比如 SUM，可以看到该函数的语法格式和功能的简要说明，如图 16-8 所示。Excel 内置函数都自带这种帮助信息。

用户在 VBA 中创建的 Function 过程默认位于“用户定义”类别中，并且不包含任何帮助信息，如图 16-9 所示。如果将用户自定义函数共享给其他人使用，没有帮助信息的函数很难让人理解其功能和使用方法。

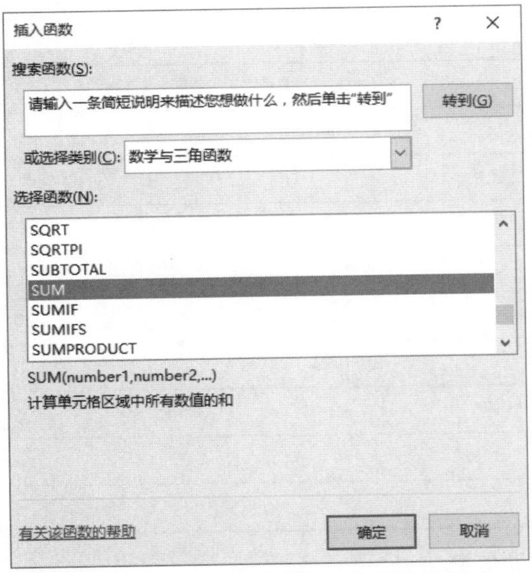

图 16-8　Excel 内置函数包含帮助信息

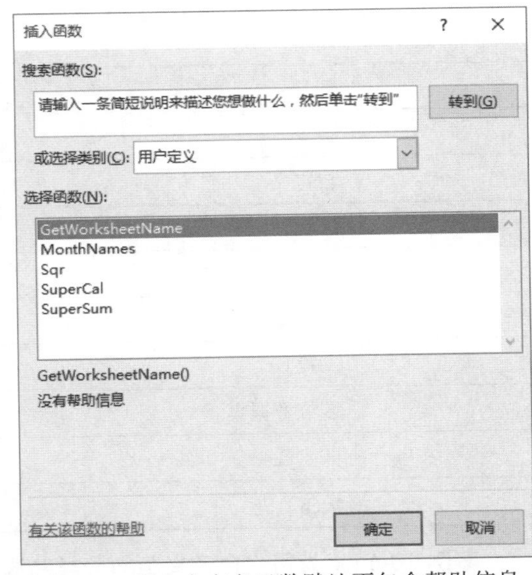

图 16-9　用户自定义函数默认不包含帮助信息

可以为用户创建的自定义函数添加类似于 Excel 内置函数的帮助信息，还可以将用户自定义函数添加到“用户定义”以外的其他内置函数类别或新建的类别中。使用 Application 对象的 MacroOptions 方法可以实现以上两项功能，该方法的语法格式如下：

```
MacroOptions(Macro, Description, HasMenu, MenuText, HasShortcutKey, ShortcutKey, Category, StatusBar, HelpContextID, HelpFile, ArgumentDescriptions)
```

MacroOptions 方法包含多个参数，最常用的是以下 3 个参数。

- Macro：要设置帮助信息的 Function 过程的名称。
- Description：对函数功能的说明信息。
- Category：要将 Function 过程划分到的函数类别的名称或编号，可以是 Excel 内置函数类别，也可以是新建的类别。表 16-2 列出了 Excel 中的函数类别名称及其编号，某些类别不会显示在“插入函数”对话框中。

- ArgumentDescriptions：对函数参数的说明信息。该参数的内容是一个 Variant 数据类型的数组，可以使用 Array 函数进行设置。Array 函数中表示参数说明信息的每一个参数，与用户自定义函数中的每一个参数一一对应。

表 16-2　Excel 内置的函数类别

类别名称	类别编号
全部	0
财务	1
日期与时间	2
数字与三角函数	3
统计	4
查找与引用	5
数据库	6
文本	7
逻辑	8
信息	9
命令	10
自定义	11
宏控件	12
DDE/外部	13
用户定义	14
工程	15
多维数据集	16
兼容性	17
Web	18

案例 16-11　为用户自定义函数分类并添加帮助信息

下面的代码为前面案例中创建的 SuperCal 函数添加帮助信息，并将其划分到“信息”类别中。由于没有设置 Category 参数，因此该函数仍然位于“用户定义”类别中。

```
Sub 为用户自定义函数添加帮助信息()
    Dim strDes As String, avarArg As Variant
    strDes = "对单元格区域中的所有数字执行连加、连减、连乘、连除的计算"
    avarArg = Array("要进行计算的单元格区域", "要执行的计算类型")
    Application.MacroOptions macro:="SuperCal", Description:=strDes, ArgumentDescriptions:=
    avarArg
End Sub
```

只需运行一次上面的代码，无论以后何时启动 Excel 并打开该工作簿，都会始终在包含该函数的工作簿中生效。在“插入函数”对话框的“用户定义”类别中将会显示该函数的帮助信息，如图 16-10 所示。单击“确定”按钮，在打开的“函数参数”对话框中将会显示该函数的参数的说明信息。

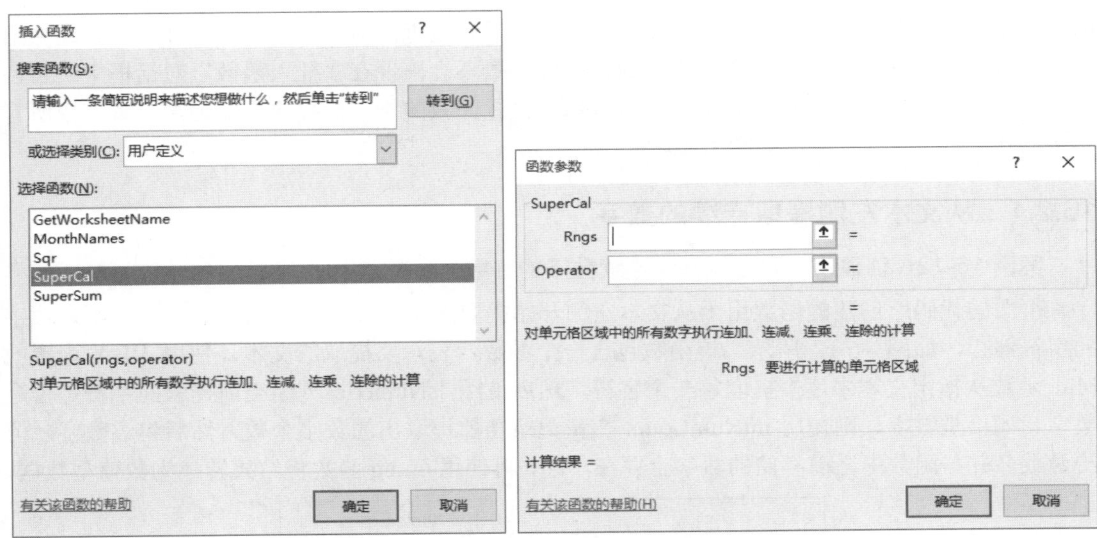

图 16-10　为用户自定义函数添加帮助信息

提示： 还可以使用“宏选项”对话框为用户自定义函数添加帮助信息，但不能添加参数的说明信息。按 Alt+F8 组合键打开“宏”对话框，在“宏名”文本框中输入要添加帮助信息的用户自定义函数的名称。单击“选项”按钮，打开“宏选项”对话框，在“说明”文本框中为函数添加帮助信息，如图 16-11 所示。

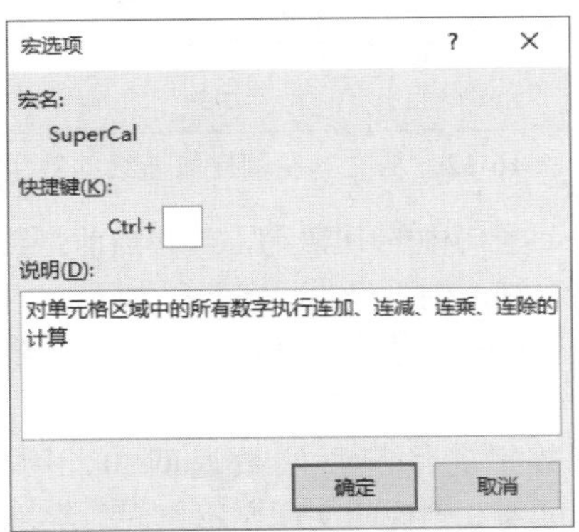

图 16-11　在“宏选项”对话框中为函数添加帮助信息

为了可以在 Excel 中新建或打开的任意一个工作簿中使用用户自定义函数，可以将包含用户自定义函数的工作簿转换为 Excel 加载项，然后在 Excel 中安装该加载项。在任意工作簿中使用加载项中的用户自定义函数时，不需要在函数名称前添加对加载项工作簿的引用。创建与安装 Excel 加载项的具体方法请参考第 22 章。

需要注意的是，如果使用了前面介绍的方法在加载项中为用户自定义函数添加了帮助信息，则需要在加载项工作簿的 VBE 窗口中执行一次用于为用户自定义函数添加帮助信息的 Sub 过程。只需执行一次，即可在以后始终显示函数的帮助信息。

16.2　开发用户自定义函数

本节介绍了一些使用 VBA 开发的用户自定义函数案例，使用这些函数可以简化由多层嵌套的内置函数构造的复杂公式，还可以实现 Excel 内置函数无法完成的任务。此外，本节还介绍了一些专门在 VBA 中使用的自定义函数，这些函数不会出现在“插入函数”对话框中，它们用于在编写 VBA 代码时执行安全性检查，以免执行无效的操作而导致程序错误。本节中所有案例的代码都位于 VBA 工程的标准模块中。

16.2.1 从文本左侧提取连续的数字

案例 16-12 创建从文本左侧提取连续数字的函数

下面的代码所创建的函数用于从文本左侧开始提取连续的数字，直到遇到下一个不是数字的字符停止，如图 16-12 所示。该函数包含一个参数，表示要提取的文本。使用 VBA 内置的 Mid 函数从指定文本中逐个提取每一个字符，然后使用 IsNumeric 判断当前提取的字符是否是数字。如果是数字，则使用 intNumCount 变量记录当前提取出的数字个数，然后将该数字赋值给函数名并与函数中之前存储的数字合并在一起，再使用 CLng 函数将结果转换为数值型数据。

B1 =GetLeftNumbers(A1)

	A	B	C	D	E
1	2Excel016	2			
2	20Excel16	20			
3	201Excel6	201			
4	2016Excel	2016			
5	E2x01c6el	2			
6	Ex20c16el	20			
7	Exc201e6l	201			
8	Exce2016l	2016			
9	Excel 2016	2016			
10	2016	2016			
11	Excel				
12					

图 16-12 从文本左侧提取连续的数字

如果不是数字，则执行 Else 子句中的 If 语句，判断当前是否已经提取了至少一个数字。如果文本的第一个字符是非数字字符，则不满足该条件。如果文本开头是连续的非数字字符，也不满足该条件。只有当提取了至少一个数字，并在下次再次遇到非数字字符时，才满足该条件并退出 Function 过程。

为了避免在文本中没有数字的情况下函数返回 0，因此需要检查记录数字个数的 intNumCount 变量是否为 0，如果为 0 则说明文本中不包含数字，此时将空字符串赋值给函数名，表示函数返回空白。

```
Function GetLeftNumbers(str)
    Dim intIndex As Integer, strTemp As String
    Dim intNumCount As Integer
    Application.Volatile
    For intIndex = 1 To Len(str)
        strTemp = Mid(str, intIndex, 1)
        If IsNumeric(strTemp) Then
            intNumCount = intNumCount + 1
            GetLeftNumbers = CLng(GetLeftNumbers & strTemp)
        Else
            If intNumCount > 0 Then
                Exit Function
            End If
        End If
    Next intIndex
    If intNumCount = 0 Then GetLeftNumbers = ""
End Function
```

16.2.2　将数字中的每一位输入到连续的多个单元格中

案例 16-13　创建将数字中的每一位输入到连续多个单元格中的函数

如果要将一个单元格中的多位数字中的每一位数字输入到连续的多个单元格中，则需要构建包含多个函数嵌套的数组公式。为了简化数组公式的复杂性，可以在 VBA 中创建实现相同功能的 Function 过程。下面的代码所创建的函数用于将数字中的每一位输入到连续的多个单元格中。

首先判断参数中的内容是否是数字，如果不是则显示预先指定的提示信息，并将空字符串赋值给函数名后退出 Function 过程。如果是数字则确定数字的位数，然后使用该位数作为数组的上界重新定义数组的大小。之后在 For Next 循环结构中依次提取数字的每一位并保存到从索引号 1 开始依次递增的每一个数组元素中。最后将数组元素中的所有内容赋值给函数名。

```
Function SplitNumbers(number)
    Dim aintNumbers() As Integer
    Dim intCount As Integer, intIndex As Integer
    Application.Volatile
    If Not IsNumeric(number) Then
        MsgBox "参数不是数字"
        SplitNumbers = ""
        Exit Function
    End If
    intCount = Len(number)
    ReDim aintNumbers(1 To intCount) As Integer
    For intIndex = 1 To intCount
        aintNumbers(intIndex) = CInt(Mid(number, intIndex, 1))
    Next intIndex
    SplitNumbers = aintNumbers
End Function
```

在一行中选择相应数量的单元格，输入公式后按 Ctrl+Shift+Enter 组合键以数组公式的形式输入，会将数字中的每一位依次输入到选区中的每一个单元格中，如图 16-13 所示。也可以选择将拆分后的每一个数字输入到一列中的多个单元格中，为此需要在一列中选择多个单元格，然后使用 TRANSPOSE 函数将水平数组转换为垂直数组，类似于下面的公式，同样需要按 Ctrl+Shift+Enter 组合键以数组公式的形式输入。

```
=TRANSPOSE(SplitNumbers(A1))
```

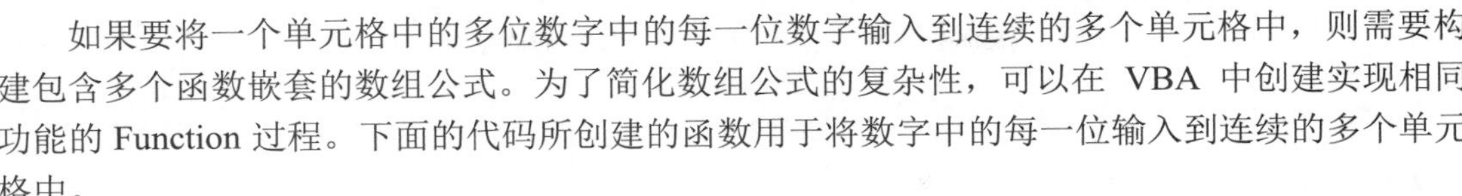

B1　{=SplitNumbers(A1)}

	A	B	C	D	E	F	G	H
1	123456	1	2	3	4	5	6	
2	12345	1	2	3	4	5		
3	1234	1	2	3	4			
4	123	1	2	3				
5	12	1	2					
6	1	1						
7								

B1　{=TRANSPOSE(SplitNumbers(A1))}

	A	B	C	D	E	F	G
1	123456	1					
2		2					
3		3					
4		4					
5		5					
6		6					
7							

图 16-13　将数字中的每一位输入到连续的多个单元格中

16.2.3 返回区域中第一个非空单元格的地址

案例 16-14 创建返回区域中第一个非空单元格地址的函数

下面的代码所创建的函数用于返回指定区域中第一个非空单元格的地址。该函数有一个参数，表示要检查的单元格区域。在工作表中输入公式时，为该函数指定一个单元格区域，可以将整行或整列作为函数的参数。输入公式后按 Enter 键将会返回指定区域中第一个包含数据的单元格的地址，如图 16-14 所示。

```
Function GetFirstValueCell(rng As Range)
    Dim rngCell As Range
    Application.Volatile
    For Each rngCell In rng
        If rngCell.Value <> "" Then
            GetFirstValueCell = rngCell.Address(0, 0)
            Exit Function
        End If
    Next rngCell
    GetFirstValueCell = "指定区域中没有任何内容"
End Function
```

如果某个单元格中包含下面的公式，即使单元格显示为空白，但其内部包含了一个长度为 0 的字符串。上面创建函数不会认为这样的单元格是包含内容的，如图 16-15 所示。

```
=""
```

C1 =GetFirstValueCell(A1:A5)

	A	B	C	D	E	F
1			A3			
2						
3	1					
4	2					
5	3					
6						

图 16-14 返回区域中第一个非空单元格的地址

A2 =""

	A	B	C	D
1			A3	
2				
3	1			
4	2			
5	3			
6				

图 16-15 包含空字符串的单元格不被认为是非空单元格

为了解决这个问题，需要将上面的代码中的 If 判断条件改为下面的形式，使用 IsEmpty 函数检查单元格是否为空，如图 16-16 所示。

```
If rngCell.Value <> "" Then
```

改为

```
If Not IsEmpty(rngCell.Value) Then
```

C1 =GetFirstValueCell(A1:A5)

	A	B	C	D	E	F
1			A2			
2						
3	1					
4	2					
5	3					
6						

图 16-16 将包含空字符串的单元格认定为非空单元格

16.2.4 返回区域中最后一个非空单元格的地址

案例 16-15 创建返回区域中最后一个非空单元格地址的函数

下面的代码所创建的函数用于返回指定区域中最后一个非空单元格的地址，如图 16-17 所示。由于要返回的是区域中最后一个非空单元格的地址，因此需要从区域中的最后一个单元格开始区域的开头查找包含数据的单元格。Range 对象的 Count 属性可以返回区域中的单元格总数，在 Range 对象的 Cells 属性中使用一个索引号可以引用区域中的特定单元格，本例正是使用这种方式在 For Next 循环结构中根据区域中的单元格总数来遍历其中的每一个单元格。使用 IsEmpty 函数检查单元格是否为空，如果不是则将单元格的地址赋值给函数名，并退出 Function 过程。

```
Function GetLastValueCell(rng As Range)
    Dim lngIndex As Long
    Application.Volatile
    For lngIndex = rng.Count To 1 Step -1
        If Not IsEmpty(rng.Cells(lngIndex).Value) Then
            GetLastValueCell = rng.Cells(lngIndex).Address(0, 0)
            Exit Function
        End If
    Next lngIndex
    GetLastValueCell = "指定区域中没有任何内容"
End Function
```

C1　=GetLastValueCell(A1:B10)

	A	B	C	D	E	F
1	1	1	B9			
2		2				
3	3	3				
4		4				
5	5					
6	6	6				
7	7					
8		8				
9		9				
10						

图 16-17　返回区域中最后一个非空单元格的地址

16.2.5　返回包含特定内容的所有单元格的地址

案例 16-16　创建返回包含特定内容的所有单元格地址的函数

下面的代码所创建的函数用于返回区域中包含特定内容的所有单元格的地址。该函数包含两个参数，rng 参数表示要在其中查找特定内容的单元格区域，find 表示要查找的文本。如果找到多个符合要求的单元格，则会显示所有这些单元格地址，并使用逗号分隔它们，如图 16-18 所示。

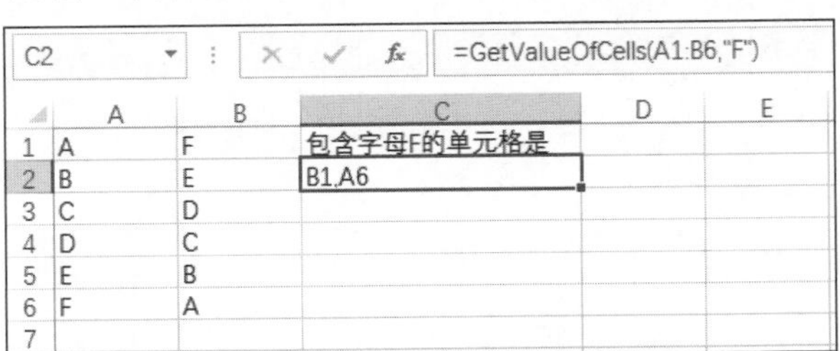

C2　=GetValueOfCells(A1:B6,"F")

	A	B	C	D	E
1	A	F	包含字母F的单元格是		
2	B	E	B1,A6		
3	C	D			
4	D	C			
5	E	B			
6	F	A			
7					

图 16-18　返回包含特定内容的所有单元格的地址

使用 For Each 循环结构遍历由 rng 参数表示的指定区域中的每一个单元格，然后使用 VBA 内置的 InStr 函数判断单元格中的内容是否包含要查找的内容，如果找到则 InStr 函数将会返回一个大于 0 的值。此时判断用于存储符合条件的单元格地址的变量是否为空，如果为空则说明其中还不包含任何单元格地址，这时就将当前找到的单元格地址赋值给该变量；如果不为空，则将找到的单元格地址与该变量中的已有地址连接在一起并以逗号分隔。

完成对所有单元格的查找后，判断包含单元格地址的变量是否为空，如果为空则将指定的文本信息赋值给函数名，否则将包含符合条件的单元格地址赋值给函数名。

```
Function GetValueOfCells(rng As Range, find As String)
    Dim strAddress As String, rngCell As Range
    Application.Volatile
    For Each rngCell In rng
        If InStr(rngCell.Text, find) > 0 Then
            If strAddress = "" Then
                strAddress = rngCell.Address(0, 0)
            Else
                strAddress = strAddress & "," & rngCell.Address(0, 0)
            End If
        End If
    Next rngCell
    If strAddress = "" Then
        GetValueOfCells = "未找到合适的单元格"
    Else
        GetValueOfCells = strAddress
    End If
End Function
```

16.2.6 统计区域中不重复值的数量

案例 16-17 创建统计区域中不重复值数量的函数

下面的代码所创建的函数用于统计指定区域中不重复值的数量，如图 16-19 所示。代码中声明了一个集合对象 colUniqueValues，用于存储不重复的值。在 For Each 循环结构中遍历指定区域中的每一个单元格，然后使用集合对象的 Add 方法将单元格中的值，以及值的字符串形式添加到集合中。由于集合对象的 Add 方法要求其第二参数必须为 String 数据类型，因此需要使用 CStr 函数将单元格中的值强制转换为 String 数据类型。最后使用集合对象的 Count 属性统计集合中不重复值的数量，并将其赋值给函数名。为了避免在向集合中添加重复值时出现运行时错误，需要在执行集合对象的 Add 方法之前使用 On Error Resume Next 语句忽略所有错误。

```
Function CountUniqueValues(rng As Range)
    Dim colUniqueValues As Collection, rngCell As Range
    Application.Volatile
    Set colUniqueValues = New Collection
    On Error Resume Next
    For Each rngCell In rng
        colUniqueValues.Add rngCell.Value, CStr(rngCell.Value)
    Next rngCell
    On Error GoTo 0
    CountUniqueValues = colUniqueValues.Count
End Function
```

C1 =CountUniqueValues(A1:B6)

	A	B	C	D	E	F
1	A	F	6			
2	B	E				
3	C	D				
4	D	C				
5	E	B				
6	F	A				
7						

图 16-19 统计区域中不重复值的数量

16.2.7　逆序排列单元格中的内容

案例 16-18　创建逆序排列单元格中内容的函数

下面的代码所创建的函数用于将指定单元格中的内容逆序排列，如图 16-20 所示。该函数包含一个参数，表示要逆序排列其内容的单元格。首先使用 VBA 内置的 Trim 函数删除单元格中所有额外的空格，然后将单元格中的内容赋值给 strOld 变量。接下来使用 VBA 内置的 Mid 函数从 strOld 变量中的第一个位置开始依次提取每一个字符，并将其与 strNew 变量中的文本连接，这样就得到了经过逆序排列后的内容。为了使逆序排列后的内容的数据类型与原始内容一致，需要使用 IsNumeric 函数判断原始内容是否是数字，如果是则使用 CDbl 将逆序排列后的内容转换为数值型，如果不是则保持原来的数据类型。

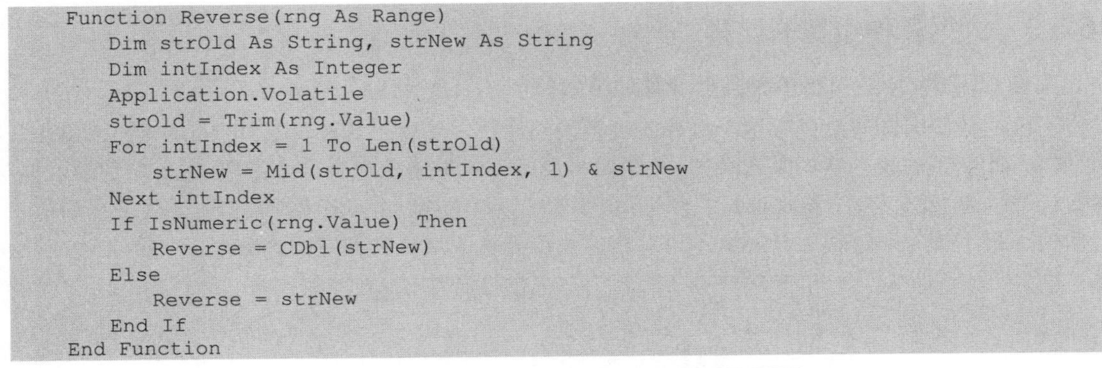

```
Function Reverse(rng As Range)
    Dim strOld As String, strNew As String
    Dim intIndex As Integer
    Application.Volatile
    strOld = Trim(rng.Value)
    For intIndex = 1 To Len(strOld)
        strNew = Mid(strOld, intIndex, 1) & strNew
    Next intIndex
    If IsNumeric(rng.Value) Then
        Reverse = CDbl(strNew)
    Else
        Reverse = strNew
    End If
End Function
```

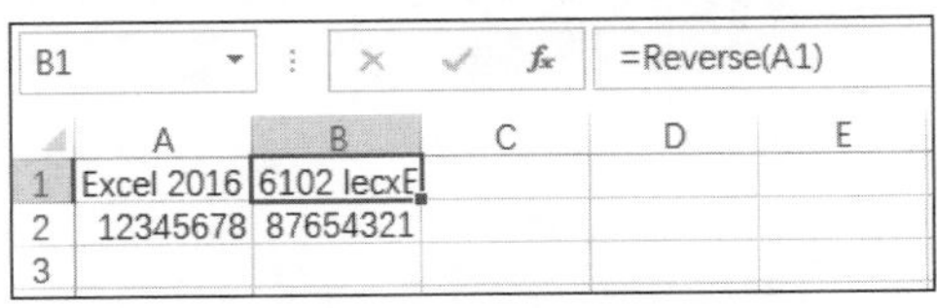

B1　=Reverse(A1)

	A	B	C	D	E
1	Excel 2016	6102 lecxE			
2	12345678	87654321			
3					

图 16-20　逆序排列单元格中的内容

16.2.8　按单元格背景色对单元格中的数据求和

案例 16-19　创建按单元格背景色对单元格中的数据求和的函数

下面的代码所创建的函数用于对单元格区域中具有与指定单元格背景色相同的单元格进行求和，如图 16-21 所示。该函数包含两个参数，rngColor 参数表示作为背景色参照基准的单元格，rngSum 参数表示要求和的单元格区域。

B1　=SumByColor(A1,A1:A10)

	A	B	C	D	E	F
1	1	25				
2	2					
3	3					
4	4					
5	5					
6	6					
7	7					
8	8					
9	9					
10	10					
11						

图 16-21　按单元格背景色对单元格中的数据求和

使用 For Each 循环结构遍历要求和的单元格区域中的每一个单元格，然后在 If 语句中判断单元格的背景色是否与第一参数指定的单元格的背景色相同，如果是则将单元格中的值累加到由函数名表示的变量中，并将结果赋值给函数名。Range 对象的 Interior 属性返回 Interior 对象，该对象的 Color 属性用于设置单元格的背景色。

```
Function SumByColor(rngColor As Range, rngSum As Range)
    Dim rngCell As Range
    Application.Volatile
    For Each rngCell In rngSum
        If rngCell.Interior.Color = rngColor.Interior.Color Then
            SumByColor = SumByColor + rngCell.Value
        End If
    Next rngCell
End Function
```

16.2.9 执行多种类型的计算

案例 16-20 创建执行多种类型计算的函数

下面的代码所创建的函数用于执行 5 种类型的计算，实现了 SUM、COUNT、AVERAGE、MAX 和 MIN 工作表函数的基本功能，如图 16-22 所示。该函数包含两个参数，rng 参数表示要进行计算的单元格区域，operator 参数表示计算的类型，包括以下 5 种：求和、计数、平均值、最大值、最小值，通过输入任一文本可对指定的单元格区域执行相应的计算。

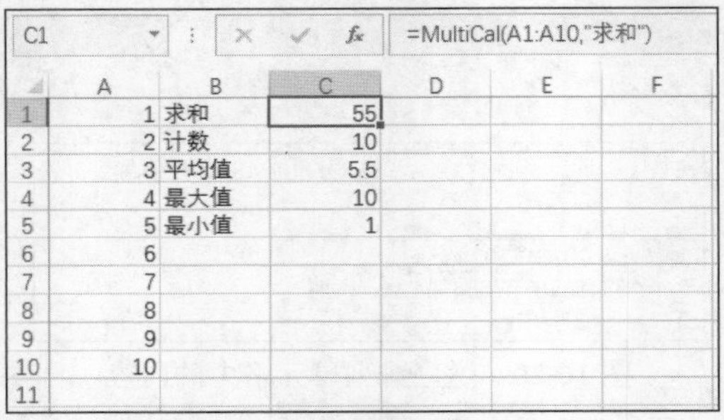

C1 =MultiCal(A1:A10,"求和")

	A	B	C	D	E	F
1	1	求和	55			
2	2	计数	10			
3	3	平均值	5.5			
4	4	最大值	10			
5	5	最小值	1			
6	6					
7	7					
8	8					
9	9					
10	10					
11						

图 16-22　执行多种类型的计算

实现本例多种计算类型功能的关键在于使用 WorksheetFunction 对象的方法调用相应的工作表函数，通过在 Select Case 判断结构中检查 operator 参数的值来调用不同的工作表函数执行相应的计算。

```
Function MultiCal(rng As Range, operator As String)
    With Application.WorksheetFunction
        Select Case operator
            Case "求和"
                MultiCal = .Sum(rng)
            Case "计数"
                MultiCal = .Count(rng)
            Case "平均值"
                MultiCal = .Average(rng)
            Case "最大值"
                MultiCal = .Max(rng)
            Case "最小值"
                MultiCal = .Min(rng)
            Case Else
                MultiCal = CVErr(xlErrNA)
        End Select
    End With
End Function
```

16.2.10　返回所有工作表指定区域中的最大值

案例 16-21　创建返回所有工作表指定区域中最大值的函数

下面的代码所创建的函数用于返回所有工作表指定区域中的最大值，如图 16-23 所示。该函数包含一个参数，表示要返回最大值的单元格区域。在为函数指定一个单元格区域后，该函数返回的是公式所在工作簿中所有工作表中该单元格区域的最大值。

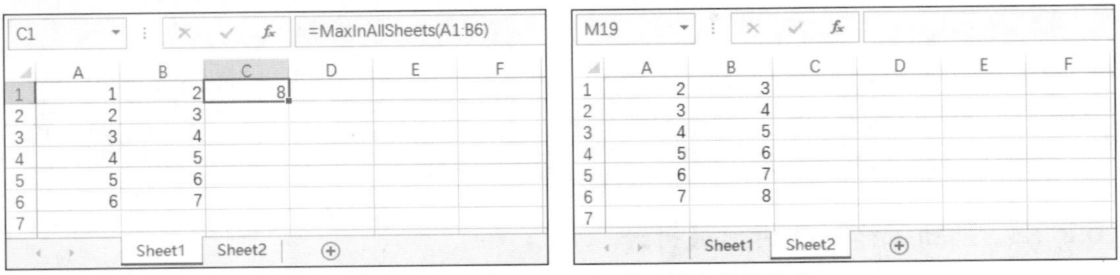

图 16-23　返回所有工作表指定区域中的最大值

首先将 Excel 中可以接受的最小值赋值给一个 dblMax 变量。然后在 For Each 循环结构中遍历公式所在的工作簿中的每一个工作表。通过 WorksheetFunction 对象使用工作表函数 Max 统计工作表指定区域中的最大值，并将其赋值给 dblMaxTemp 变量。然后比较 dblMax 和 dblMaxTemp 变量的大小，如果 dblMaxTemp 变量的值大于 dblMax 变量，则将统计出的最大值赋值给 dblMax 变量。之后遍历每个工作表时重复进行以上操作，最终 dblMax 变量中存储的就是所有工作表指定区域中的最大值。如果所有工作表中指定区域中的值都不大于 Excel 所能接受的最小值，那么将 dblMax 变量设置为 0。最后将 dblMax 变量的值赋值给函数名。

Application.Caller 返回包含使用本例自定义函数的公式所在单元格的 Range 对象。Application.Caller.Parent.Parent 相当于返回公式所在单元格的 Range 对象的上两级对象，即 Workbook 对象，然后再使用该对象的 Worksheets 属性返回公式所在工作簿的工作表集合。

```
Function MaxInAllSheets(rng As Range)
    Dim wks As Worksheet, rngCell As Range
    Dim dblMax As Double, dblMaxTemp As Double
    Application.Volatile
    dblMax = -9E+307
    For Each wks In Application.Caller.Parent.Parent.Worksheets
        dblMaxTemp = Application.WorksheetFunction.Max(wks.Range(rng.Address))
        If dblMaxTemp > dblMax Then dblMax = dblMaxTemp
    Next wks
    If dblMax = -9E+307 Then dblMax = 0
    MaxInAllSheets = dblMax
End Function
```

16.2.11　判断文件是否存在

从本节开始将介绍一些在 VBA 中使用的自定义函数，它们可以对代码中要进行的操作执行安全性检查。

案例 16-22　创建判断文件是否存在的函数

在 VBA 中对文件执行打开、删除等操作之前，应该先检查文件是否存在，从而避免出现运行时错误。下面的代码所创建的函数用于检查指定的文件是否存在，如果文件存在则返回 True，否则返回 False。将该函数声明为 Boolean 数据类型，因此函数返回的是逻辑值 True 或 False。该函数包含一个 String 数据类型的参数，表示文件的完整路径。使用 VBA 内置的 Dir

函数检查指定的文件路径，如果该函数返回的不是空字符串，则说明文件存在，否则说明文件不存在。

```
Function IsFileExists(filename As String) As Boolean
    If Dir(filename) <> "" Then
        IsFileExists = True
    Else
        IsFileExists = False
    End If
End Function
```

由于 Dir(filename)<>""本身返回的就是逻辑值，因此本例代码还可以简化为以下形式：

```
Function IsFileExists(filename As String) As Boolean
    IsFileExists = (Dir(filename) <> "")
End Function
```

16.2.12 判断工作簿是否已被打开

案例 16-23 创建判断工作簿是否已打开的函数

当前打开的每一个工作簿都被添加 Workbooks 集合中。如果要操作某个工作簿，则需要先确定其是否已被打开，操作未被打开的工作簿将会出现运行时错误。下面的代码所创建的函数用于检查指定的工作簿是否已被打开，如果已打开则返回 True，否则返回 False。该函数包含一个参数，表示工作簿的名称。通过将特定名称的工作簿的引用赋值给 Workbook 类型的变量，然后判断该变量是否为 Nothing 来判断当前是否打开了特定名称的工作簿。在使用 Set 语句赋值前必须使用 On Error Resume Next，以避免工作簿未被打开时出现的运行时错误。

```
Function IsWorkbookOpen(name As String) As Boolean
    Dim wkb As Workbook
    On Error Resume Next
    Set wkb = Workbooks(name)
    If wkb Is Nothing Then
        IsWorkbookOpen = False
    Else
        IsWorkbookOpen = True
    End If
End Function
```

16.2.13 判断工作表是否存在

案例 16-24 创建判断工作表是否存在的函数

操作不存在的工作表时也会出现运行时错误，因此在操作前必须先确定特定的工作表是否存在。下面的代码所创建的函数用于判断指定的工作表是否存在，如果存在则返回 True，否则返回 False。判断方法与上一个案例类似。

```
Function IsWorksheetExists(name As String) As Boolean
    Dim wks As Worksheet
    On Error Resume Next
    Set wks = Worksheets(name)
    If wks Is Nothing Then
        IsWorksheetExists = False
    Else
        IsWorksheetExists = True
    End If
End Function
```

16.2.14　判断名称是否存在

案例 16-25　创建判断名称是否存在的函数

下面的代码所创建的函数用于判断指定的名称是否存在，如果存在则返回 True，否则返回 False。本例代码与上一个案例类似，区别在于本例没有检查通过名称赋值后的 Range 对象是否为 Nothing，而是检查 Err 对象的 Number 属性的值是否为 0，如果为 0 则说明没出现运行时错误，说明指定的名称存在；如果不为 0 则说明出现了运行时错误，说明指定的名称不存在。

```
Function IsNameExists(name As String) As Boolean
    Dim rng As Range
    On Error Resume Next
    Set rng = Range(name)
    If Err.number = 0 Then
        IsNameExists = True
    Else
        IsNameExists = False
    End If
End Function
```

16.2.15　从文件的完整路径中提取文件名

案例 16-26　创建从文件的完整路径中提取文件名的函数

下面的代码所创建的函数用于从文件的完整路径中提取文件名。该函数包含一个参数，表示文件的完整路径。在 For Next 循环结构中使用一个计数器变量从文件路径的最后一个字符开始依次向开头搜索第一个遇到的路径分隔符“\”，如果找到则退出 For Next 循环结构，此时的计数器变量中的值就是路径分隔符所在的字符位置。如果在完成 For Next 循环时一直没找到路径分隔符，则计数器变量的值为 0，会超过终止值。最后使用 VBA 内置的 Right 函数从文件路径中最后一个分隔符的右侧提取文件名。

```
Function GetFileName(fullname As String) As String
    Dim intIndex As Integer
    For intIndex = Len(fullname) To 1 Step -1
        If Mid(fullname, intIndex, 1) = "\" Then Exit For
    Next intIndex
    GetFileName = Right(fullname, Len(fullname) - intIndex)
End Function
```

第 17 章　处理文件

文件和文件夹的处理是 VBA 编程中必不可少的操作。虽然 Excel 对象模型中包括用于处理 Excel 文件的对象，但是如果想要对计算机中的任何文件和文件夹进行各种相关操作，比如获取驱动器和文件信息，对文件进行复制、删除、重命名，以及处理文本文件等，则需要借助 VBA 的内置语句和函数或使用 FSO 对象模型中的对象。用于处理文件和文件夹的 VBA 内置语句和函数是相对传统的方法，而使用 FSO 对象模型来处理文件和文件夹则更简单也更高效。本章将以使用 FSO 对象模型处理文件和文件夹为主进行介绍，但是在一些操作中也会同时介绍使用 VBA 内置语句和函数完成相同功能的方法。

17.1　VBA 内置功能与 FSO 对象模型简介

在 VBA 中可以使用两种方法处理文件和文件夹，一种方法是使用 VBA 内置的语句和函数，另一种方法是使用 Scripting 类型库中的 FSO 对象模型中的对象及其属性和方法。本节将介绍这两种方法的一些基础知识。它们在文件和文件夹方面的具体应用将在本章后面的内容中进行详细介绍。

17.1.1　处理文件和文件夹的 VBA 内置语句和函数

VBA 提供了用于处理文件和文件夹的内置语句和函数，见表 17-1。这些语句和函数可以分为以下两类：一类用于返回文件和文件夹的信息，另一类用于对文件和文件夹执行特定操作。

表 17-1　处理文件和文件夹的 VBA 内置语句和函数

语句和函数	说　　明
ChDir 语句	改变当前目录
ChDrive 语句	改变当前驱动器
CurDir 函数	返回当前目录
Dir 函数	返回与指定格式或文件属性相匹配的文件名或目录
EOF 函数	判断是否到达文件的结尾
FileAttr 函数	返回使用 Open 语句打开文件的方式
FileCopy 语句	复制文件
FileDateTime 函数	返回最后一次修改文件的日期和时间
FileLen 函数	返回文件的大小，以字节为单位
FreeFile 函数	返回下一个可供 Open 语句使用的文件号
GetAttr 函数	返回文件的属性
Input 语句	从打开的顺序文件中读出数据并将其指定给变量

续表

语句和函数	说　明
Input 函数	返回从打开的文件中读取的指定数量的字符
Line Input 语句	从打开的顺序文件中读取一行数据并将其指定给变量
LOF 函数	返回使用 Open 语句打开文件的大小，以字节为单位
Kill 语句	删除文件
MkDir 语句	创建一个新的文件夹
Name 语句	重命名文件或文件夹
Open 语句	打开文件
Print 语句	将格式化显示的数据写入顺序文件
RmDir 语句	删除空文件夹
SetAttr 语句	设置文件的属性
Tab 函数	与 Print 语句一起使用，用于指定写入数据的位置

17.1.2　FSO 对象模型简介

FSO 是 FileSystemObject 的简称，即文件系统对象模型。与 Excel 对象模型类似，FSO 对象模型提供了一系列用于处理文件和文件夹的对象，可以对文件和文件夹进行各种处理，包括创建、重命名、移动、复制、删除、显示相关信息等。与 VBA 内置的语句和函数相比，使用 FSO 对象模型处理文件和文件夹更系统也更方便。

FSO 对象模型包含在 Scripting 类型库（Scrrun.Dll 文件）中，该对象模型中包含与文件和文件夹操作相关的 FileSystemObject、Drive、Folder、File 和 TextStream 五个对象以及 Drives、Folders、Files 三个集合。各对象的作用如下：

- FileSystemObject 对象：FSO 对象模型中的核心对象，包含对驱动器、文件夹和文件的各种操作。FileSystemObject 对象包括其他 4 个对象所能实现的大多数功能，因此本章将以 FileSystemObject 对象的属性和方法为主介绍如何处理文件和文件夹。FileSystemObject 对象只有一个 Drivers 属性，用于返回所有驱动器的集合，通过该集合可以返回指定的驱动器（Drive 对象），然后由驱动器再继续向下返回文件夹（Folder 对象）和文件（File 对象）。在到达每一级对象时，都可以使用当前对象的属性和方法。表 17-2 列出了 FileSystemObject 对象的所有方法。
- Drive 对象和 Drives 集合：处理驱动器（磁盘分区）的相关操作，Drives 表示多个驱动器的集合。表 17-3 列出了 Drive 对象的属性。
- Folder 对象和 Folders 集合：处理文件夹的相关操作，Folders 表示多个文件夹的集合。表 17-4 列出了 Folder 对象的属性。
- File 对象和 Files 集合：处理文件的相关操作，Files 表示多个文件的集合。表 17-5 列出了 File 对象的属性。
- TextStream 对象：处理文本文件的读、写操作。

Drive 对象没有方法，Folder 对象和 File 对象各包含 3 个类似的方法，分别是 Move、Copy 和 Delete，用于对文件夹和文件执行移动、复制和删除操作。Folder 对象包含一个 CreateTextFile 方法，用于在指定的文件夹中创建文本文件。File 对象包含一个 OpenAsTextStream 方法，用于打开指定的文本文件。

表 17-2　FileSystemObject 对象的方法

方　　法	说　　明
BuildPath	将名称添加到已存在的路径中
CopyFile	复制文件
CopyFolder	复制文件夹
CreateFolder	创建文件夹
CreateTextFile	创建文本文件
DeleteFile	删除文件
DeleteFolder	删除文件夹
DriveExists	确定指定的驱动器是否存在
FileExists	确定指定的文件是否存在
FolderExists	确定指定的文件夹是否存在
GetAbsolutePathName	返回绝对路径
GetBaseName	返回路径中最后部分的名称，不包括文件扩展名
GetDrive	返回表示指定路径中的驱动器的 Drive 对象
GetDriveName	返回指定路径中的驱动器的名称
GetExtensionName	返回路径中最后部件扩展名的字符串
GetFile	返回表示指定路径中的文件的 File 对象
GetFileName	返回指定路径中的最后名称
GetFolder	返回表示指定路径中的文件夹的 Folder 对象
GetParentFolderName	返回指定路径的父文件夹的名称
GetSpecialFolder	返回表示指定的特殊文件夹的 Folder 对象
GetTempName	返回随机产生的临时文件或文件夹的名称
MoveFile	移动文件
MoveFolder	移动文件夹
OpenTextFile	打开文本文件

表 17-3　Drive 对象的属性

属　　性	说　　明
AvailableSpace	返回驱动器的可用空间
DriveLetter	返回驱动器的字母
DriveType	返回驱动器的类型
FileSyttem	返回驱动器的文件系统类型
FreeSpace	返回驱动器的剩余容量，通常与 AvailableSpace 的值相同
IsReady	确定驱动器是否已准备好
Path	返回驱动器的路径
RootFolder	返回驱动器的根目录
SerialNumber	返回驱动器的卷标序列号

续表

属　　性	说　　明
ShareName	返回驱动器的网络共享名
TotalSize	返回驱动器的总容量
VolumeName	返回驱动器的卷标名

表 17-4　Folder 对象的属性

属　　性	说　　明
Attributes	返回或设置文件夹的属性
DateCreated	返回文件夹的创建日期和时间
DateLastAccessed	返回最后一次访问文件夹的日期和时间
DateLastModified	返回最后一次修改文件夹的日期和时间
Drive	返回文件夹所在的驱动器号
Files	返回包含指定文件夹中的所有文件的 Files 集合
IsRootFolder	确定文件夹是否是根目录
Name	返回或设置文件夹的名称
ParentFolder	返回表示指定文件夹的父文件夹的 Folder 对象
Path	返回文件夹的路径
ShortName	返回需要较早的 8.3 命名规则①约定的程序所使用的短名称
ShortPath	返回需要较早的 8.3 命名规则约定的程序所使用的短路径
Size	返回以字节为单位的包含在文件夹中所有文件和子文件夹的大小
SubFolders	返回包含指定文件夹中的所有子文件夹的 Folders 集合
Type	返回文件夹类型的相关信息

注：①8.3 命名规则是指，使用最多 8 个字符的主文件名和 3 个字符的文件扩展名。

表 17-5　File 对象的属性

属　　性	说　　明
Attributes	返回或设置文件的属性
DateCreated	返回文件的创建日期和时间
DateLastAccessed	返回最后一次访问文件的日期和时间
DateLastModified	返回最后一次修改文件的日期和时间
Drive	返回文件所在的驱动器号
Name	返回或设置文件的名称
ParentFolder	返回表示指定文件所在文件夹的父文件夹的 Folder 对象
Path	返回指定文件的路径
ShortName	返回需要较早的 8.3 命名规则约定的程序所使用的短名称
ShortPath	返回需要较早的 8.3 命名规则约定的程序所使用的短路径
Size	返回文件的大小，以字节为单位
Type	返回文件类型的相关信息

17.1.3 使用 FSO 对象模型前的准备工作

由于 FSO 对象模型包含在 Scripting 类型库（Scrrun.dll）中，因此在使用该对象模型之前需要做一些额外的工作，主要是在 VBA 中建立对 Scripting 类型库的引用，以便可以识别 Scripting 类型库中的 FSO 对象模型。可以通过前期绑定或后期绑定使用 Scripting 类型库中的 FSO 对象模型。这里只介绍前期绑定和后期绑定的操作方法，第 18 章将对前期绑定和后期绑定进行详细介绍。本章中的所有案例使用的是前期绑定，在运行这些案例中的代码前，需要先在 VBA 工程中添加对 Scripting 类型库的引用。

1. 前期绑定

前期绑定需要在编写代码前，添加对 Scripting 类型库的引用。在 Excel 中打开 VBE 窗口，然后单击菜单栏中的“工具”|“引用”命令，打开“引用”对话框。在“可使用的引用”列表框中选中 Microsoft Scripting Runtime 复选框，如图 17-1 所示，最后单击“确定”按钮。

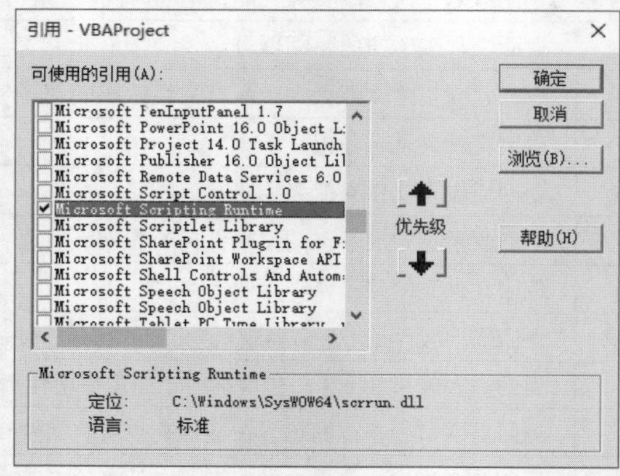

图 17-1　添加对 Scripting 类型库的引用

添加对 Scripting 类型库的引用后，需要在代码中声明一个 FileSystemObject 类型的对象变量，然后将 FileSystemObject 对象的引用赋值给该变量，有以下两种方法：

方法 1：使用 New 关键字：

```
Dim fso As FileSystemObject
Set fso = New FileSystemObject
```

方法 2：使用 VBA 内置的 CreateObject 函数：

```
Dim fso As FileSystemObject
Set fso = CreateObject("Scripting.FileSystemObject")
```

如果想要查看 FSO 对象模型中包含的对象及其属性和方法，则可以按 F2 键打开对象浏览器，在上方的“工程/库”下拉列表中选择 Scripting，然后在下方的“类”列表中选择要查看的对象，比如 FileSystemObject，在右侧列表中就会显示所选对象包含的所有属性和方法，如图 17-2 所示。

2. 后期绑定

后期绑定不需要在 VBA 中添加对 Scripting 类型库的引用，只需在代码中将变量声明为 Object 数据类型，然后使用 CreateObject 函数将对象引用赋值给声明的变量，代码如下所示：

```
Dim fso As Object
Set fso = CreateObject("Scripting.FileSystemObject")
```

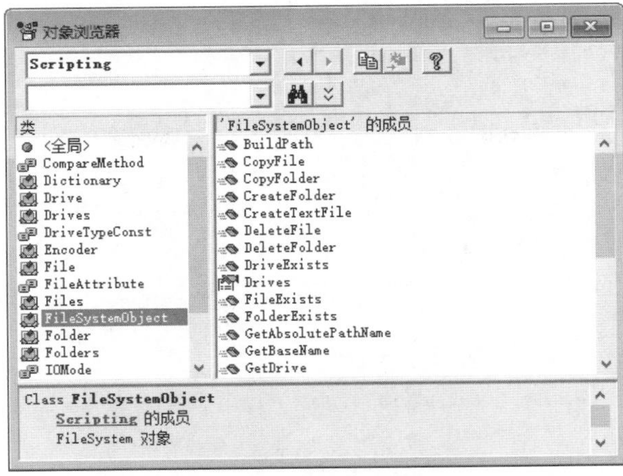

图 17-2　在对象浏览器中查看 FSO 对象模型中的对象

17.2　获取驱动器和文件信息

本节将介绍使用 FSO 对象模型中的 FileSystemObject 对象以及 VBA 内置语句和函数处理文件和文件夹的方法。

17.2.1　获取驱动器的相关信息

使用 FileSystemObject 对象的 GetDrive 方法可以返回一个表示指定驱动器的 Drive 对象，然后使用 Drive 对象的属性获取驱动器的相关信息。Drive 对象的 GetDrive 方法只有一个参数，表示指定的驱动器。可以是一个表示驱动器的字母，如“C”。也可以是一个驱动器字母加一个冒号，如“C:”。还可以是一个驱动器字母加一个冒号，并在结尾加上路径分隔符，如“C:\”。或者可以是任何网络共享的路径。

下面的 3 行代码都返回一个引用驱动器 C 的 Drive 对象，其中的 fso 变量已被声明并赋值为 FileSystemObject 对象。

```
fso.GetDrive ("C")
fso.GetDrive ("C:")
fso.GetDrive ("C:\")
```

案例 17-1　获取驱动器的属性信息

下面的代码在一个对话框中显示由用户指定的驱动器的文件系统类型（FileSystem 属性）、磁盘的总容量（TotalSize 属性）以及磁盘可用空间（AvailableSpace 属性）等信息，如图 17-3 所示。为了获得以“兆字节”（MB）为单位的容量，需要使用 FormatNumber 函数设置数字格式。由于 AvailableSpace 属性和 TotalSize 属性的返回值以字节（Byte）为单位，因此需要将返回值除以两次 1024 才能将“字节”转换为“兆字节”。为了避免用户指定无效的驱动器而导致运行时错误，因此加入了防错代码。

```
Sub 获取驱动器的相关信息()
    Dim fso As FileSystemObject, drv As Drive
    Dim strDriveName As String, strMsg As String
    Set fso = New FileSystemObject
    strDriveName = InputBox("请输入驱动器号: ")
    On Error Resume Next
```

```
    Set drv = fso.GetDrive(strDriveName)
    If Err.Number <> 0 Then
        MsgBox "输入的驱动器号无效! "
        Exit Sub
    End If
    strMsg = "驱动器" & UCase(strDriveName) & "的相关信息如下: " & vbCrLf
    strMsg = strMsg & "文件系统: " & drv.FileSystem & vbCrLf
    strMsg = strMsg & "总容量: " & FormatNumber(drv.TotalSize / 1024 / 1024, 0) & "MB"
    & vbCrLf
    strMsg = strMsg & "可用空间: " & FormatNumber(drv.AvailableSpace / 1024 / 1024, 0)
    & "MB" & vbCrLf
    MsgBox strMsg, vbInformation, "驱动器信息"
End Sub
```

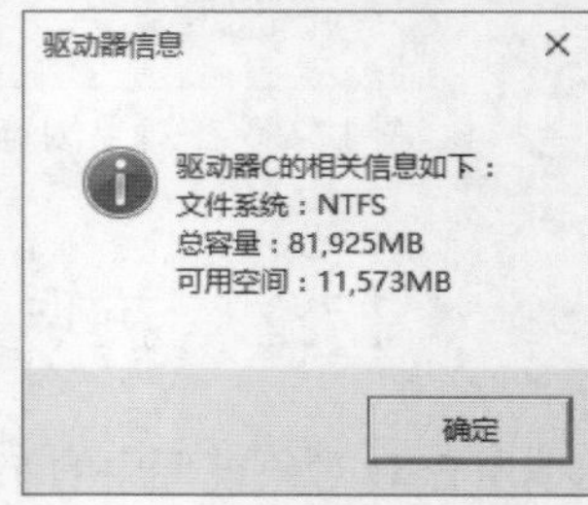

图 17-3　获取指定驱动器的相关信息

17.2.2　获取文件夹的相关信息

获取指定文件夹的相关信息的方法与上一节介绍的获取驱动器信息的方法类似，可以使用 FileSystemObject 对象的 GetFolder 方法返回一个表示指定文件夹的 Folder 对象，然后使用 Folder 对象的属性获取文件夹的相关信息。

案例 17-2　获取文件夹的属性信息

下面的代码在对话框中显示用户选择的文件夹的相关信息，如图 17-4 所示。为了可以让用户自由选择任意的文件夹，本例使用 FileDialog 对象提供选择文件夹的对话框。

```
Sub 获取文件夹的相关信息()
    Dim fso As FileSystemObject, fdr As Folder
    Dim fdl As FileDialog, strMsg As String
    Set fso = New FileSystemObject
    Set fdl = Application.FileDialog(msoFileDialogFolderPicker)
    With fdl
        If .Show = 0 Then Exit Sub
        .AllowMultiSelect = False
        Set fdr = fso.GetFolder(.SelectedItems(1))
    End With
    strMsg = " “" & fdr.Name & "” 文件夹的统计信息: " & vbCrLf
    strMsg = strMsg & "大小: " & FormatNumber(fdr.Size / 1024 / 1024, 0) & "MB" & vbCrLf
    strMsg = strMsg & "创建日期: " & fdr.DateCreated & vbCrLf
    strMsg = strMsg & "最近访问的日期: " & fdr.DateLastAccessed & vbCrLf
    strMsg = strMsg & "最近修改的日期: " & fdr.DateLastModified & vbCrLf
    strMsg = strMsg & "路径: " & fdr.Path
    MsgBox strMsg
End Sub
```

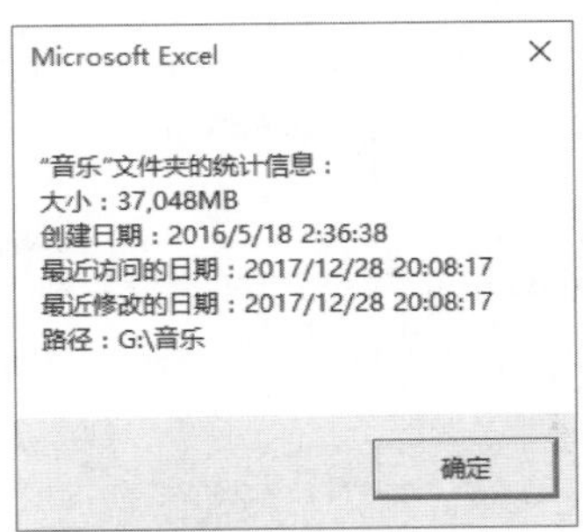

图 17-4　获取文件夹的相关信息

17.2.3　获取文件的相关信息

与前面介绍的获取驱动器和文件夹的相关信息的方法类似，我们可以使用 FileSystemObject 对象的 GetFile 方法返回一个表示指定文件的 File 对象，然后使用 File 对象的属性获取文件的相关信息。

案例 17-3　获取文件的属性信息

下面的代码在对话框中显示用户选择的文件的相关信息，如图 17-5 所示。为了可以让用户自由选择任意的文件，本例使用 FileDialog 对象提供选择文件的对话框。

```
Sub 获取文件的相关信息()
    Dim fso As FileSystemObject, fil As File
    Dim fdl As FileDialog, strMsg As String
    Set fso = New FileSystemObject
    Set fdl = Application.FileDialog(msoFileDialogFilePicker)
    With fdl
        If .Show = 0 Then Exit Sub
        .AllowMultiSelect = False
        Set fil = fso.GetFile(.SelectedItems(1))
    End With
    strMsg = " “" & fil.Name & "” 文件的统计信息： " & vbCrLf
    strMsg = strMsg & "大小： " & FormatNumber(fil.Size / 1024, 0) & "KB" & vbCrLf
    strMsg = strMsg & "创建日期： " & fil.DateCreated & vbCrLf
    strMsg = strMsg & "最近访问的日期： " & fil.DateLastAccessed & vbCrLf
    strMsg = strMsg & "最近修改的日期： " & fil.DateLastModified & vbCrLf
    strMsg = strMsg & "路径： " & fil.Path
    MsgBox strMsg
End Sub
```

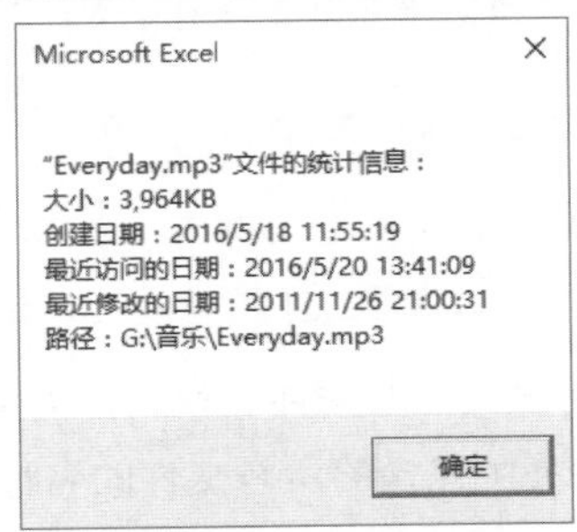

图 17-5　获取文件的相关信息

17.2.4　获取文件夹中的所有子文件夹的名称

我们有时可能想要了解某个文件夹中包含的所有子文件夹的名称，此时可以使用 SubFolders

集合。在 For Each 循环结构中遍历 SubFolders 集合中的每一个子文件夹，并使用 Folder 集合的 Name 属性可以获取文件夹的名称。使用 Folder 对象的 SubFolders 属性可以返回指定文件夹中包含的所有子文件夹的 SubFolders 集合。

案例 17-4 获取文件夹中的所有子文件夹的数量和名称

下面的代码在对话框中显示用户选择的文件夹中包含的所有子文件夹的总数，以及每个子文件夹的名称，如图 17-6 所示。

```
Sub 获取文件夹中的所有子文件夹的名称()
    Dim fso As FileSystemObject, fdl As FileDialog
    Dim fdr As Folder, fdrSub As Folder
    Dim strMsg As String, intCount As Integer
    Set fso = New FileSystemObject
    Set fdl = Application.FileDialog(msoFileDialogFolderPicker)
    With fdl
        If .Show = 0 Then Exit Sub
        .AllowMultiSelect = False
        Set fdr = fso.GetFolder(.SelectedItems(1))
    End With
    For Each fdrSub In fdr.SubFolders
        intCount = intCount + 1
        strMsg = strMsg & fdrSub.Name & vbCrLf
    Next fdrSub
    MsgBox " "" & fdr & "" 文件夹中包含" & intCount & "个子文件夹, 名称如下: " & vbCrLf & strMsg
End Sub
```

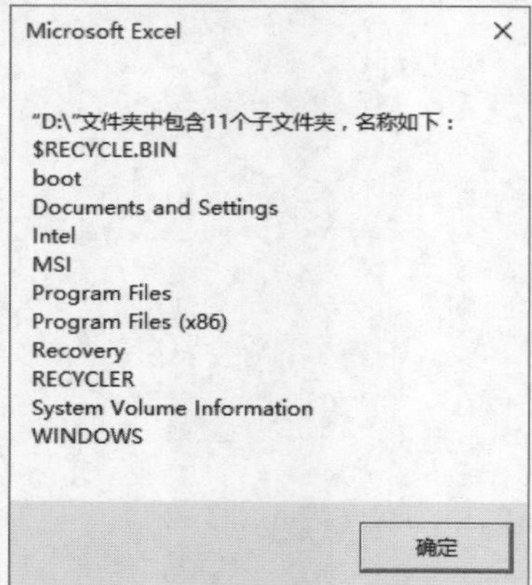

图 17-6 获取文件夹中的所有子文件夹的名称

17.2.5 获取文件夹中的所有文件的名称和类型

使用 FSO 对象模型中的 File 对象的属性可以获取文件的相关信息，比如使用 Name 属性可以获取文件的名称，使用 Type 属性可以获取文件的类型。File 对象的更多属性请参考表 17-5。

案例 17-5 获取文件夹中的所有文件的文件名和文件类型

下面的代码将用户选择的文件夹中包含的所有文件的名称显示在活动工作簿的 Sheet1 工作表中的 A、B 两列，如图 17-7 所示，这两列的标题为“文件名”和“文件类型”。

```
Sub 获取文件夹中的所有文件的名称和类型()
    Dim fso As FileSystemObject, fdl As FileDialog
    Dim fdr As Folder, fil As File
    Dim wks As Worksheet, intRow As Integer
```

```
    Set wks = Worksheets("Sheet1")
    Set fso = New FileSystemObject
    Set fdl = Application.FileDialog(msoFileDialogFolderPicker)
    With fdl
        If .Show = 0 Then Exit Sub
        .AllowMultiSelect = False
        Set fdr = fso.GetFolder(.SelectedItems(1))
    End With
    wks.Cells.Clear
    intRow = 1
    wks.Cells(intRow, 1).Resize(1, 2).Value = Array("文件名", "文件类型")
    For Each fil In fdr.Files
        intRow = intRow + 1
        Cells(intRow, 1).Value = fil.Name
        Cells(intRow, 2).Value = fil.Type
    Next fil
    wks.Range("A1").Resize(1, 2).EntireColumn.AutoFit
End Sub
```

	A	B	C
1	文件名	文件类型	
2	$WINRE_BACKUP_PARTITION.MARKER	MARKER 文件	
3	AUTOEXEC.BAT	Windows 批处理文件	
4	boot.ini	配置设置	
5	Boot.ini.saved	SAVED 文件	
6	bootfont.bin	BIN 文件	
7	bootmgr	系统文件	
8	BOOTNXT	系统文件	
9	BOOTSECT.BAK	BAK 文件	
10	CONFIG.SYS	系统文件	
11	IO.SYS	系统文件	
12	MSDOS.SYS	系统文件	
13	NTDETECT.COM	MS-DOS 应用程序	
14	ntldr	系统文件	
15	zchzr	系统文件	
16	zchzr.mbr	MBR 文件	
17	zchzr.pbr	PBR 文件	
18			
19			

图 17-7　获取文件夹中的所有文件的名称和类型

17.3　文件的基本操作

文件的基本操作主要包括复制、移动、重命名、删除等，还可以在指定位置创建文件夹。由于文件和文件夹的很多操作都是类似的，因此本节主要介绍使用 FSO 对象模型中的 FileSystemObject 对象，以及 VBA 内置语句和函数处理文件的基本方法。

17.3.1　复制和移动文件

使用 FileSystemObject 对象的 CopyFile 方法可以将文件复制到指定的位置。当目标位置存在同名文件时，可以在 CopyFile 方法中指定是否覆盖同名文件。CopyFile 方法的语法格式如下：

```
FileSystemObject.CopyFile source, destination[, overwrite]
```

- source：必选，要复制的一个或多个文件，可以使用通配符表示多个文件。
- destination：必选，要将文件复制到的目标文件夹，不能使用通配符。如果路径中不包含结尾的分隔符，则将使用路径中最后一个部分的名称创建一个没有扩展名的文件。
- overwrite：可选，是否覆盖同名文件。如果为 True 则表示覆盖同名文件，如果为 False 则表示不覆盖同名文件。如果省略该参数，则其值默认为 True。

案例 17-6　使用 CopyFile 方法复制文件

下面的代码将 C 盘根目录中名为“工作总结.docx”的文件复制到 G 盘名为“公司文件”的文件夹中。

```
Sub 使用CopyFile方法复制文件()
    Dim fso As FileSystemObject
    Dim strSource As String, strDestination As String
    Set fso = New FileSystemObject
    strSource = "C:\工作总结.docx"
    strDestination = "G:\公司文件\"
    fso.CopyFile strSource, strDestination, True
End Sub
```

上面的代码虽然可以将指定的文件复制到目标位置，但是如果指定的文件或目标文件夹不存在，则会出现运行时错误，因此应该加入防错代码。一种方法是使用 On Error Resume Next 语句忽略所有错误。另一种方法是使用 FileSystemObject 对象的 FolderExists 方法检查指定的文件和文件夹是否存在，如果不存在则向用户发出提示信息。

案例 17-7　使用 CopyFile 方法复制文件

下面的代码与上一个案例的功能相同，但是加入了防错代码，当复制的文件或目标文件夹不存在时，将会显示预先指定的提示信息。

```
Sub 使用CopyFile方法复制文件()
    Dim fso As FileSystemObject
    Dim strSource As String, strDestination As String
    Set fso = New FileSystemObject
    strSource = "C:\工作总结.docx"
    strDestination = "G:\公司文件\"
    If fso.FileExists(strSource) And fso.FolderExists(strDestination) Then
        fso.CopyFile strSource, strDestination, True
    Else
        MsgBox "指定的文件或文件夹不存在！"
    End If
End Sub
```

使用 VBA 内置的 FileCopy 语句也可以完成复制文件的操作，该语句包含两个参数，第一个参数表示要复制的文件及其路径，第二个参数表示要复制到的目标路径与文件名。如果在第二个参数中指定与复制的文件不同的名称，则可以在复制文件的同时对其进行重命名。如果复制一个打开的文件，则会出现运行时错误。

案例 17-8　使用 FileCopy 语句复制文件

下面的代码将 C 盘根目录中名为“工作总结.docx”的文件复制到 G 盘名为“公司文件”的文件夹中。

```
Sub 使用FileCopy语句复制文件()
    Dim strSource As String, strDestination As String
    strSource = "C:\工作总结.docx"
    strDestination = "G:\公司文件\工作总结.docx"
    FileCopy strSource, strDestination
End Sub
```

案例 17-9　使用 FileCopy 语句复制并重命名文件

下面的代码与上一个案例的功能类似，但是在复制文件后将其名称改为“第一季度工作总结.docx”。

```
Sub 使用FileCopy语句复制并重命名文件()
    Dim strSource As String, strDestination As String
    strSource = "C:\工作总结.docx"
    strDestination = "G:\公司文件\第一季度工作总结.docx"
    FileCopy strSource, strDestination
End Sub
```

如果想要移动文件夹，则可以使用 FileSystemObject 对象的 MoveFile 方法。该方法与 CopyFile 方法类似，但只包含两个参数，分别指定要移动的文件以及移动到的目标文件夹。

案例 17-10　使用 MoveFile 方法移动文件

下面的代码将 C 盘根目录中名为“工作总结.docx”的文件移动到 G 盘名为“公司文件”的文件夹中。当移动的文件或目标文件夹不存在时，将会显示预先指定的提示信息。

```
Sub 使用MoveFile方法移动文件()
    Dim fso As FileSystemObject
    Dim strSource As String, strDestination As String
    Set fso = New FileSystemObject
    strSource = "C:\工作总结.docx"
    strDestination = "G:\公司文件\"
    If fso.FileExists(strSource) And fso.FolderExists(strDestination) Then
        fso.MoveFile strSource, strDestination
    Else
        MsgBox "指定的文件或文件夹不存在！"
    End If
End Sub
```

17.3.2　重命名文件

FileSystemObject 对象没有提供用于修改文件名称的方法，如果需要重命名指定的文件，则可以使用 FSO 对象模型中的 File 对象的 Name 属性。使用该属性既可以为文件设置名称，也可以返回文件的名称。

案例 17-11　使用 File 对象的 Name 属性重命名文件

下面的代码将 G 盘“公司文件”文件夹中名为“工作总结.docx”的文件重命名为“第一季度工作总结.docx”。为了避免文件不存在而出现运行时错误，在重命名前先检查文件是否存在。

```
Sub 使用File对象的Name属性重命名文件()
    Dim fso As FileSystemObject, fil As File
    Dim strFileName As String
    Set fso = New FileSystemObject
    strFileName = "G:\公司文件\工作总结.docx"
    If fso.FileExists(strFileName) Then
        Set fil = fso.GetFile(strFileName)
        fil.Name = "第一季度工作总结.docx"
    Else
        MsgBox "指定的文件不存在！"
    End If
End Sub
```

使用 VBA 内置的 Name 语句也可以完成重命名文件的操作，语法格式如下：

```
Name oldpathname As newpathname
```

- oldpathname：必选，重命名前的文件及其路径。
- newpathname：必选，重命名后的文件及其路径。

案例 17-12　使用 Name 语句重命名文件

下面的代码与上一个案例的功能类似，将 G 盘“公司文件”文件夹中名为“工作总结.docx”的文件重命名为“第一季度工作总结.docx”。

```
Sub 使用Name语句重命名文件()
    Dim strOldName As String, strNewName As String
    strOldName = "G:\公司文件\工作总结.docx"
    strNewName = "G:\公司文件\第一季度工作总结.docx"
    Name strOldName As strNewName
End Sub
```

案例 17-13　使用 Name 语句重命名并移动文件

下面的代码将 G 盘“公司文件”文件夹中名为“工作总结.docx”的文件重命名为“第一季度工作总结.docx”，并将其移动到 G 盘根目录中。

```
Sub 使用Name语句重命名文件()
    Dim strOldName As String, strNewName As String
    strOldName = "G:\公司文件\工作总结.docx"
    strNewName = "G:\第一季度工作总结.docx"
    Name strOldName As strNewName
End Sub
```

17.3.3　删除文件

对于不再有用的文件，可以使用 FileSystemObject 对象的 DeleteFile 方法将其删除。使用该方法删除的文件不会进入回收站，这意味着删除文件后无法通过回收站进行恢复。如果删除不存在的文件，则会出现运行时错误。DeleteFile 方法的语法格式如下：

```
FileSystemObject.DeleteFile filespec[, force]
```

- filespec：必选，要删除的文件及其路径。
- force：可选，是否强制删除具有只读属性的文件。如果为 True 则表示强制删除具有只读属性的文件，如果为 False 则表示不删除具有只读属性的文件。如果省略该参数，则其值默认为 False。

案例 17-14　使用 DeleteFile 方法删除文件

下面的代码删除 G 盘“公司文件”文件夹中名为“工作总结.docx”的文件，即使该文件具有只读属性，也将其删除。如果删除不存在的文件，则会显示预先指定的提示信息。

```
Sub 使用DeleteFile方法删除文件()
    Dim fso As FileSystemObject, strFileName As String
    Set fso = New FileSystemObject
    strFileName = "G:\公司文件\工作总结.docx"
    If fso.FileExists(strFileName) Then
        fso.DeleteFile strFileName, True
    Else
        MsgBox "要删除的文件不存在！"
    End If
End Sub
```

使用 VBA 内置的 Kill 语句也可以完成删除文件的操作，删除的文件也不会进入回收站，因此无法进行恢复。

案例 17-15　使用 Kill 语句删除文件

下面的代码与上一个案例的功能类似，删除 G 盘“公司文件”文件夹中名为“工作总结.docx”

的文件。

```
Sub 使用Kill语句删除文件()
    Dim strFileName As String
    strFileName = "G:\公司文件\工作总结.docx"
    On Error Resume Next
    Kill strFileName
End Sub
```

17.3.4　创建文件夹

使用 FileSystemObject 对象的 CreateFolder 方法可以在指定位置创建文件夹。如果指定位置存在同名的文件夹，则会出现运行时错误。CreateFolder 方法只有一个参数，用于指定要创建的文件夹的名称和路径。

案例 17-16　使用 CreateFolder 方法创建文件夹

下面的代码在 G 盘根目录中创建一个名为“公司文件”的文件夹。如果该位置已经存在同名的文件夹，则会显示预先指定的提示信息。

```
Sub 使用CreateFolder方法创建文件夹()
    Dim fso As FileSystemObject, strFolderName As String
    Set fso = New FileSystemObject
    strFolderName = "G:\公司文件\"
    If fso.FolderExists(strFolderName) Then
        MsgBox "已存在同名文件夹，不能重复创建！"
        Exit Sub
    Else
        fso.CreateFolder strFolderName
    End If
End Sub
```

使用 VBA 内置的 MkDir 语句也可以完成创建文件夹的操作，该语句只有一个参数，用于指定要创建的文件夹的路径和名称。

案例 17-17　使用 MkDir 语句创建文件夹

下面的代码与上一个案例的功能类似，在 G 盘根目录中创建一个名为“公司文件”的文件夹。如果该位置已经存在同名的文件夹，则会显示预先指定的提示信息。

```
Sub 使用MkDir语句创建文件夹()
    Dim strFolderName As String
    strFolderName = "G:\公司文件\"
    On Error Resume Next
    MkDir strFolderName
    If Err.Number <> 0 Then
        MsgBox "已存在同名文件夹，不能重复创建！"
    End If
End Sub
```

17.4　处理文本文件

文本文件提供了一种在不同类型的计算机之间交换信息的方法。虽然 Excel 提供了导入和导出文本文件的功能，但是并不具备太多的灵活性。使用 VBA 则能以任意指定的格式基于 Excel 数据创建文本文件，或从包含任意格式的文本文件中读取数据。可以使用三种方式访问文件，本节主要介绍顺序方式访问文件。可以使用 VBA 内置的语句和函数创建、打开文本文件以及读、写其中的内容。FSO 对象模型中的 TextStream 对象则被设计为专门用于处理与文本文件相关的一系列操作。本节将介绍使用这两种方法处理文本文件。

17.4.1 打开和关闭文本文件

在读、写文本文件之前，需要先使用 VBA 内置的 Open 语句打开文本文件。Open 语句的语法格式如下：

```
Open pathname For mode [Access access] [lock] As [#]filenumber [Len=reclength]
```

- pathname：必选，要打开的文本文件的路径和名称。
- mode：必选，打开文件的方式，包括 Append（顺序访问，读取文件或将数据追加到文件末尾）、Binary（随机访问，以字节的方式写入文件）、Input（顺序访问，只允许读取文件）、Output（顺序访问，允许读取和写入文件）或 Random（随机访问，使用 reclength 参数确定读写的单位）几种，默认以 Random 方式打开文件。
- access：可选，打开文件后可进行的操作，包括读取、写入，或读取和写入。
- lock：可选，限制其他进程打开文件的操作，有 Shared、Lock Read、Lock Write 和 Lock Read Write 操作。
- filenumber：必选，一个未被使用的文件号，范围为 1～511。使用 FreeFile 函数可以自动获取下一个可用的文件号。
- reclength：可选，小于等于 32767 字节的一个数。对于使用随机访问方式打开的文件，该值用于记录长度；对于使用顺序访问方式打开的文件，该值表示缓冲字符数。

如果在 Open 语句中指定的文件不存在，则会创建该文件。打开一个文本文件并完成所需的读取或写入操作后，应该使用 Close 语句将该文件关闭，否则该文件将一直处于打开状态并可能造成数据损坏。

案例 17-18 使用 Open 语句打开文本文件

下面的代码以 Input 方式打开 G 盘根目录中的“公司文件”文件夹中名为“销售数据.txt”的文本文件，为了避免文件不存在时导致的运行时错误，在打开文件前使用 VBA 内置的 Dir 函数检查文件是否存在，如果该函数返回空字符串，则表示指定的文件不存在。

```
Sub 使用 Open 语句打开文本文件()
    Dim intFileNumber As Integer, strFileName As String
    intFileNumber = FreeFile
    strFileName = "G:\公司文件\销售数据.txt"
    If Dir(strFileName) <> "" Then
        Open strFileName For Input As #intFileNumber
    Else
        MsgBox "未找到指定的文本文件！"
    End If
    Close #intFileNumber
End Sub
```

17.4.2 使用 Write 语句将数据写入文本文件

可以使用 Write 语句或 Print 语句将数据写入文本文件。Write 语句将指定的数据以逗号分隔的形式写入文本文件。换句话说，文本文件中的各个数据项之间的逗号是由 Write 语句自动添加的。对于不同类型的数据，Write 语句会使用不同的格式：使用井号包围日期，使用双引号包围字符串，数值数据则按原样输入。

提示：本节中的案例假设在 G 盘根目录中存在“公司文件”文件夹，并在该文件夹中存在名为“销售数据.txt”的文本文件，否则运行代码会出现运行时错误，可以使用上一节案例中介绍的方法检查指定的文件是否存在。为了避免重复的代码浪费篇幅，因此本节和接下来的几节中的案例都不会包含检查文件是否存在的代码。

Write 语句的语法格式如下：

```
Write #filenumber, [outputlist]
```

- filenumber：必选，要向文本文件中写入数据的有效文件号。
- outputlist：可选，要向文本文件中写入的数据列表，列表中各个数据之间以逗号分隔，通常会使用包含不同数据的多个变量作为该参数的值。Write 语句在将 outputlist 参数中的最后一个数据写入文本文件后，将会自动插入一个换行符，以便可以在下次使用 Write 语句写入数据时，将新数据放置到新的一行。

案例 17-19　使用 Write 语句向文本文件中写入数据

下面的代码从活动工作簿 Sheet1 工作表中读取每一行数据，并将其写入到 G 盘根目录的“公司文件”文件夹中名为“销售数据.txt”的文本文件中，如图 17-8 所示。代码中声明了一系列变量，前两行中的 4 个变量用于存储 Excel 工作表中每一行各个列中的数据。第 3 行中的两个变量存储打开的文件号以及文本文件的路径和名称。使用 Open 语句以 Output 模式打开指定路径和名称中的文本文件，如果这个文件不存在，则会创建该文件。

	A	B	C	D	E
1	日期	商品	销售额	销售员	
2	2017/10/10	冰箱	201600	江荣	
3	2017/11/24	电脑	115900	吴力	
4	2017/10/5	电视	495900	夏昊	
5	2017/12/8	洗衣机	547200	胡芳	
6	2017/11/2	洗衣机	155800	魏辉	
7	2017/10/22	洗衣机	121000	姚薇	
8	2017/11/14	电脑	154000	梁宏	
9	2017/11/14	电视	287000	康昂	
10	2017/11/14	冰箱	133000	王甫	
11	2017/11/12	空调	178600	林飞	
12	2017/10/24	电脑	524400	孔兰	
13	2017/12/10	洗衣机	186200	贾佳	
14	2017/10/6	电脑	140600	蔡辉	
15	2017/11/1	电脑	484500	贾伶	
16	2017/12/6	电视	182000	廖玲	
17					
18					

销售数据 - 记事本

文件(F)　编辑(E)　格式(O)　查看(V)　帮助(H)

```
#2017-10-10#,"冰箱",201600,"江荣"
#2017-11-24#,"电脑",115900,"吴力"
#2017-10-05#,"电视",495900,"夏昊"
#2017-12-08#,"洗衣机",547200,"胡芳"
#2017-11-02#,"洗衣机",155800,"魏辉"
#2017-10-22#,"洗衣机",121000,"姚薇"
#2017-11-14#,"电脑",154000,"梁宏"
#2017-11-14#,"电视",287000,"康昂"
#2017-11-14#,"冰箱",133000,"王甫"
#2017-11-12#,"空调",178600,"林飞"
#2017-10-24#,"电脑",524400,"孔兰"
#2017-12-10#,"洗衣机",186200,"贾佳"
#2017-10-06#,"电脑",140600,"蔡辉"
#2017-11-01#,"电脑",484500,"贾伶"
#2017-12-06#,"电视",182000,"廖玲"
```

图 17-8　Excel 中的原始数据与写入文本文件后的数据

由于工作表中的第一行是标题行，因此实际的数据从第 2 行开始，因此将表示行号的变量的初始值设置为 2。进入 Do Loop 循环结构后，将工作表中的 A～D 列中的值分别赋值给之前声明的 4 个变量，要注意数据类型应该与变量一一对应。然后使用 Write 语句将这 4 个变量中的数据写入到文本文件中。之后将行号加 1，并重复前面的赋值与写入操作。当工作表中第 1 列的单元格为空时退出 Do Loop 循环结构，最后使用 Close 语句关闭打开的文本文件。

```
Sub 使用Write语句将数据写入文本文件()
    Dim datDate As Date, strProduct As String
    Dim dblTotal As Double, strName As String
    Dim intFileNumber As Integer, strFileName As String
    Dim lngRow As Long, wks As Worksheet
```

```
    strFileName = "G:\公司文件\销售数据.txt"
    intFileNumber = FreeFile
    Set wks = Worksheets("Sheet1")
    Open strFileName For Output As #intFileNumber
    lngRow = 2
    Do
        With wks
            datDate = .Cells(lngRow, 1).Value
            strProduct = .Cells(lngRow, 2).Value
            dblTotal = .Cells(lngRow, 3).Value
            strName = .Cells(lngRow, 4).Value
        End With
        Write #intFileNumber, datDate, strProduct, dblTotal, strName
        lngRow = lngRow + 1
    Loop Until IsEmpty(wks.Cells(lngRow, 1).Value)
    Close #intFileNumber
End Sub
```

我们可能希望使用空行分隔数据行，可以使用下面的代码在文本文件中插入空行，将该行代码添加到上面案例中的 Write 语句之后，得到的文本文件如图 17-9 所示。

```
Write #intFileNumber,
```

图 17-9　在数据行之间插入空行

17.4.3　使用 Print 语句将数据写入文本文件

除了使用 Write 语句，还可以使用 Print 语句将数据写入文本文件，写入后的各个数据项之间默认以空格分隔。将上一个案例中的 Write 改为 Print 后得到如图 17-10 所示的文本文件。

Print 语句的语法格式如下：

```
Print #filenumber, [outputlist]
```

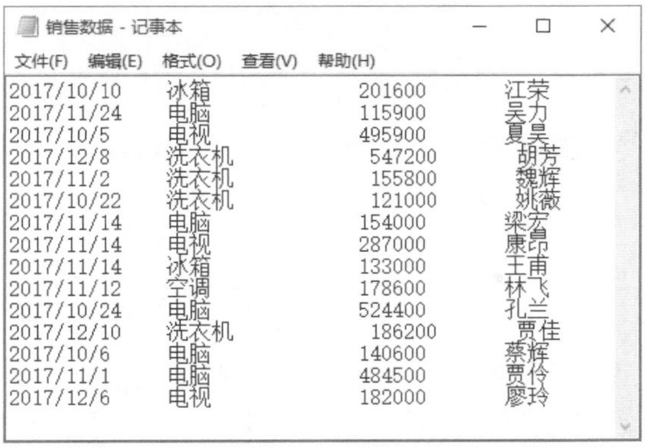

销售数据 - 记事本

文件(F)　编辑(E)　格式(O)　查看(V)　帮助(H)

```
2017/10/10    冰箱        201600      江荣
2017/11/24    电脑        115900      吴力
2017/10/5     电视        495900      夏昊
2017/12/8     洗衣机       547200      胡芳
2017/11/2     洗衣机       155800      魏辉
2017/10/22    洗衣机       121000      姚薇
2017/11/14    电脑        154000      梁宏
2017/11/14    电视        287000      康昂
2017/11/14    冰箱        133000      王甫
2017/11/12    空调        178600      林飞
2017/10/24    电脑        524400      孔兰
2017/12/10    洗衣机       186200      贾佳
2017/10/6     电脑        140600      蔡辉
2017/11/1     电脑        484500      贾伶
2017/12/6     电视        182000      廖玲
```

图 17-10　使用 Print 语句将数据写入文本文件

Print 语句包含的两个参数的含义与 Write 语句类似，但是 Print 语句中的 outputlist 参数可以进行更多的设置，具体如下：

```
[{Spc(n) | Tab[(n)]}] [expression] [charpos]
```

- Spc(n)：在写入到文本文件中的数据项之间插入指定数量的空格，n 表示空格数。
- Tab(n)：将放置数据项的插入点定位到指定的列号，n 表示列号。如果省略 n，则将插入点定位到下一个打印区的起始位置。
- expression：要写入到文本文件中的数据，可以使用 VBA 内置的 Format 函数自定义设置数据的格式。
- charpos：写入下一个数据项的插入点。使用分号将插入点定位到上一个数据项之后，使用 Tab(n)将插入点定位到指定的列号或下一个打印区的起始位置。如果省略 charpos 参数，则将下一个数据项写入到下一行。

案例 17-20　使用 Print 语句自定义数据项的格式以及分隔符

下面的代码从活动工作簿 Sheet1 工作表中读取每一行数据，并将其写入到 G 盘根目录的“公司文件”文件夹中名为“销售数据.txt”的文本文件中，如图 17-11 所示。本例代码与上一个案例类似，不同之处在于使用 strDataLine 变量组合工作中每一行各列中的数据，使用分号作为写入后的各个数据项之间的分隔符，并使用 Format 函数自定义设置数据项的格式，将日期格式化为“年月日”的形式，为销售额添加两位小数。

```
Sub 使用 Print 语句自定义数据项的格式以及分隔符()
    Dim strFileName As String, strDataLine As String
    Dim intFileNumber As Integer, lngRow As Long
    Dim wks As Worksheet
    strFileName = "G:\公司文件\销售数据.txt"
    intFileNumber = FreeFile
    Set wks = Worksheets("Sheet1")
    Open strFileName For Output As #intFileNumber
    lngRow = 2
    Do Until IsEmpty(wks.Cells(lngRow, 1).Value)
        With wks
            strDataLine = Format(.Cells(lngRow, 1).Value, "yyyy 年 mm 月 dd 日") & ";"
            strDataLine = strDataLine & .Cells(lngRow, 2).Value & ";"
            strDataLine = strDataLine & Format(.Cells(lngRow, 3).Value, "0.00") & ";"
            strDataLine = strDataLine & .Cells(lngRow, 4).Value
        End With
        Print #intFileNumber, strDataLine
        lngRow = lngRow + 1
```

```
    Loop
    Close #intFileNumber
End Sub
```

提示：如果使用 Write 替换上面代码中的 Print，则会使用一对双引号包围每一行数据，如图 17-12 所示。

```
销售数据 - 记事本
文件(F) 编辑(E) 格式(O) 查看(V) 帮助(H)
2017年10月10日；冰箱；201600.00；江荣
2017年11月24日；电脑；115900.00；吴力
2017年10月05日；电视；495900.00；夏昊
2017年12月08日；洗衣机；547200.00；胡芳
2017年11月02日；洗衣机；155800.00；魏辉
2017年10月22日；洗衣机；121000.00；姚薇
2017年11月14日；电脑；154000.00；梁宏
2017年11月14日；电视；287000.00；康昂
2017年11月14日；冰箱；133000.00；王甫
2017年11月12日；空调；178600.00；林飞
2017年10月24日；电脑；524400.00；孔兰
2017年12月10日；洗衣机；186200.00；贾佳
2017年10月06日；电脑；140600.00；蔡辉
2017年11月01日；电脑；484500.00；贾伶
2017年12月06日；电视；182000.00；廖玲
```

图 17-11　使用 Print 语句自定义数据项

```
销售数据 - 记事本
文件(F) 编辑(E) 格式(O) 查看(V) 帮助(H)
"2017年10月10日；冰箱；201600.00；江荣"
"2017年11月24日；电脑；115900.00；吴力"
"2017年10月05日；电视；495900.00；夏昊"
"2017年12月08日；洗衣机；547200.00；胡芳"
"2017年11月02日；洗衣机；155800.00；魏辉"
"2017年10月22日；洗衣机；121000.00；姚薇"
"2017年11月14日；电脑；154000.00；梁宏"
"2017年11月14日；电视；287000.00；康昂"
"2017年11月14日；冰箱；133000.00；王甫"
"2017年11月12日；空调；178600.00；林飞"
"2017年10月24日；电脑；524400.00；孔兰"
"2017年12月10日；洗衣机；186200.00；贾佳"
"2017年10月06日；电脑；140600.00；蔡辉"
"2017年11月01日；电脑；484500.00；贾伶"
"2017年12月06日；电视；182000.00；廖玲"
```

图 17-12　使用 Write 替换 Print 后的结果

17.4.4　使用 Input 语句读取文本文件中的数据

使用 Input 语句或 Line Input 语句可以读取文本文件中的数据。Input 语句适合读取使用 Write 语句写入到文本文件中的数据，可以将 Input 语句读取数据的过程看作是 Write 语句写入数据的逆操作。Input 语句的语法格式如下：

```
Input #filenumber, varlist
```

- filenumber：必选，要从文本文件中读取数据的有效文件号。
- varlist：必选，存储从文本文件中读取到的各个数据项的变量列表。

案例 17-21　使用 Input 语句从文本文件中读取数据

下面的代码从前面案例中使用 Write 语句写入数据的"销售数据.txt"文本文件中读取数据，并将读取到的数据写入到活动工作簿的 Sheet1 工作表中。使用 Input 语句读取文本文件中每一行的 4 个数据项，并将它们分别存储到 4 个变量中。然后将每个变量的值输入到从工作表第二行开始的每一列中。重复此操作，直到达到文本文件的结尾。最后在工作表的第一行输入各列的标题，将标题在单元格居中对齐，并根据每列数据的多少自动调整列宽。

```
Sub 使用 Input 语句读取文本文件中的数据()
    Dim datDate As Date, strProduct As String
    Dim dblTotal As Double, strName As String
    Dim intFileNumber As Integer, strFileName As String
    Dim lngRow As Long, wks As Worksheet
    strFileName = "G:\公司文件\销售数据.txt"
    intFileNumber = FreeFile
    Set wks = Worksheets("Sheet1")
    Open strFileName For Input As #intFileNumber
    wks.Cells.Clear
    lngRow = 2
    Do Until EOF(intFileNumber)
        Input #intFileNumber, datDate, strProduct, dblTotal, strName
        With wks
            .Cells(lngRow, 1).Value = datDate
            .Cells(lngRow, 2).Value = strProduct
```

```
            .Cells(lngRow, 3).Value = dblTotal
            .Cells(lngRow, 4).Value = strName
        End With
        lngRow = lngRow + 1
    Loop
    Close #intFileNumber
    With wks.Range("A1").Resize(1, 4)
        .Value = Array("日期", "商品", "销售额", "销售员")
        .HorizontalAlignment = xlCenter
        .EntireColumn.AutoFit
    End With
End Sub
```

17.4.5　使用 Line Input 语句读取文本文件中的数据

Line Input 语句适合读取使用 Print 语句写入到文本文件中的数据。使用 Line Input 语句可以从文本文件中每次读取一整行数据，然后通过各个数据项之间的分隔符来将整行数据解析为各自独立的部分，之后对每个数据项进行所需的处理。Line Input 语句的语法格式如下：

```
Line Input #filenumber, varname
```

- filenumber：必选，要从文本文件中读取数据的有效文件号。
- varname：必选，存储从文本文件中读取到的整行数据项的变量。

案例 17-22　使用 Line Input 语句从文本文件中读取数据

下面的代码从前面案例中使用 Print 语句写入数据的“销售数据.txt”文本文件中读取数据，并将读取到的数据写入到活动工作簿的 Sheet1 工作表中。本例中的大部分代码与上一个案例相同，不同之处在于使用 Split 函数将读取到的整行数据解析为包含各个数据项的数组，然后对数组中的元素进行操作，从而将每个数据项写入到工作表的指定单元格中。

```
Sub 使用LineInput语句读取文本文件中的数据()
    Dim strFileName As String, strDataLine As String
    Dim intFileNumber As Integer, varData As Variant
    Dim wks As Worksheet, lngIndex As Long
    Dim lngRow As Long, lngCol As Long
    strFileName = "G:\公司文件\销售数据.txt"
    intFileNumber = FreeFile
    Set wks = Worksheets("Sheet1")
    Open strFileName For Input As #intFileNumber
    wks.Cells.Clear
    lngRow = 2
    Do Until EOF(intFileNumber)
        Line Input #intFileNumber, strDataLine
        varData = Split(strDataLine, ";")
        lngCol = 1
        For lngIndex = LBound(varData) To UBound(varData)
            wks.Cells(lngRow, lngCol).Value = varData(lngIndex)
            lngCol = lngCol + 1
        Next lngIndex
        lngRow = lngRow + 1
    Loop
    Close #intFileNumber
    With wks.Range("A1").Resize(1, 4)
        .Value = Array("日期", "商品", "销售额", "销售员")
        .HorizontalAlignment = xlCenter
        .EntireColumn.AutoFit
    End With
End Sub
```

17.4.6 使用 TextStream 对象读写文本文件

FSO 对象模型中的 TextStream 对象专门用于读取和写入文本文件中的数据。使用 FSO 对象模型中的以下几个对象及其方法都将返回一个 TextStream 对象：

- ❑ FileSystemObject 对象的 OpenTextFile 方法和 CreateTextFile 方法。
- ❑ Folder 对象的 CreateTextFile 方法。
- ❑ File 对象的 OpenAsTextStream 方法。

获得一个 TextStream 对象后，可以使用该对象的属性和方法读、写文本文件。表 17-6 和表 17-7 列出了 TextStream 对象的属性和方法。

表 17-6 TextStream 对象的属性

属　性	说　明
Line	返回文本文件中的当前行号
AtEndOfStream	确定是否达到文本文件的结尾
AtEndOfLine	确定是否达到文本文件中指定行的结尾
Column	返回文本文件中当前字符位置的列号

表 17-7 TextStream 对象的方法

方　法	说　明
ReadAll	读取并返回文本文件的所有内容
WriteLine	将指定内容和换行符写入文本文件
Read	读取并返回文本文件中指定数量的字符
Close	关闭已打开的文本文件
WriteBlankLines	将指定数量的换行符写入文本文件
Skip	在读取文本文件时跳过指定数量的字符
ReadLine	读取并返回文本文件中的一整行内容
SkipLine	读取文本文件时跳过下一行
Write	将指定内容写入文本文件

使用 FileSystemObject 对象的 OpenTextFile 方法可以打开一个指定的文本文件，该方法的语法格式如下：

```
FileSystemObject.OpenTextFile(filename[, iomode[, create[, format]]])
```

- ❑ filename：必选，要打开的文本文件的路径和名称。
- ❑ iomode：可选，打开文件的方式，包括 ForAppending、ForReading 和 ForWriting 三个值。该参数的含义类似于 Open 语句中的 mode 参数。
- ❑ create：可选，如果要打开的文件不存在，是否以该文件名创建一个新文件。如果为 True 则创建新文件，如果为 False 则不创建新文件。如果省略该参数，则其值默认为 False。
- ❑ format：可选，打开文件的格式。如果为 TristateTrue 则以 Unicode 格式打开文件，如果为 TristateFalse 则以 ASCII 格式打开文件。如果省略该参数，则使用系统默认的格式打开文件。

案例 17-23 打开文本文件并显示其中的所有内容

下面的代码打开 G 盘根目录中的“公司文件”文件夹中名为“销售数据.txt”的文本文件，

并显示其中包含的所有内容，如图 17-13 所示。将对该文本文件的引用赋值给 tts 对象变量，然后使用 TextStream 对象的 ReadAll 方法读取文件中的所有内容并显示在对话框中。运行本例代码前，需要在 VBA 工程中添加对 Scripting 类型库的引用，方法请参考 17.1.3 节。

```
Sub 打开文本文件并显示其中的所有内容()
    Dim fso As FileSystemObject, tts As TextStream
    Dim strFileName As String, varData As Variant
    Set fso = New FileSystemObject
    strFileName = "G:\公司文件\销售数据.txt"
    Set tts = fso.OpenTextFile(strFileName, ForReading)
    MsgBox tts.ReadAll
End Sub
```

图 17-13　显示文本文件中的所有内容

如果要向文本文件中写入数据，则可以使用 TextStream 对象的 Write 方法或 WriteLine 方法。它们之间的主要区别是 WriteLine 方法可以在写入的一行数据结尾添加一个换行符，以便下次写入的数据可以自动放置到下一行。

案例 17-24　使用 WriteLine 方法将数据写入文本文件

下面的代码与 17.4.3 节中的案例具有类似的功能，将活动工作簿的 Sheet1 工作表中的数据写入到 G 盘根目录的“公司文件”文件夹中名为“销售数据.txt”的文本文件中。如果该文件不存在，则会自动创建该文件并写入数据。

```
Sub 使用WriteLine方法将数据写入文本文件()
    Dim fso As FileSystemObject, tts As TextStream
    Dim strFileName As String, strDataLine As String
    Dim wks As Worksheet, lngRow As Long
    Set fso = New FileSystemObject
    strFileName = "G:\公司文件\销售数据.txt"
    Set tts = fso.OpenTextFile(strFileName, ForWriting, True)
    Set wks = Worksheets("Sheet1")
    lngRow = 2
    Do Until IsEmpty(wks.Cells(lngRow, 1).Value)
        With wks
            strDataLine = Format(.Cells(lngRow, 1).Value, "yyyy年mm月dd日") & ";"
            strDataLine = strDataLine & .Cells(lngRow, 2).Value & ";"
            strDataLine = strDataLine & Format(.Cells(lngRow, 3).Value, "0.00") & ";"
            strDataLine = strDataLine & .Cells(lngRow, 4).Value
```

```
        End With
        tts.WriteLine strDataLine
        lngRow = lngRow + 1
    Loop
    tts.Close
End Sub
```

如果想要读取文本文件中的数据，则可以使用 TextStream 对象的 Read 方法、ReadLine 方法和 ReadAll 方法。ReadAll 方法在前面的案例中使用过，可以读取文本文件中的所有内容。Read 方法用于读取指定数量的字符，ReadLine 方法用于读取一整行数据。

案例 17-25　使用 ReadLine 方法读取文本文件中的数据

下面的代码与 17.4.5 节中的案例具有类似的功能，从上一个案例中使用 WriteLine 方法写入数据的“销售数据.txt”文本文件中读取数据，并将读取到的数据写入到活动工作簿的 Sheet1 工作表中。

```
Sub 使用ReadLine方法读取文本文件中的数据()
    Dim fso As FileSystemObject, tts As TextStream
    Dim strFileName As String, wks As Worksheet
    Dim varData As Variant, lngIndex As Long
    Dim lngRow As Long, lngCol As Long
    Set fso = New FileSystemObject
    strFileName = "G:\公司文件\销售数据.txt"
    Set tts = fso.OpenTextFile(strFileName, ForReading)
    Set wks = Worksheets("Sheet1")
    wks.Cells.Clear
    lngRow = 2
    Do Until tts.AtEndOfStream
        varData = Split(tts.ReadLine, ";")
        lngCol = 1
        For lngIndex = LBound(varData) To UBound(varData)
            wks.Cells(lngRow, lngCol).Value = varData(lngIndex)
            lngCol = lngCol + 1
        Next lngIndex
        lngRow = lngRow + 1
    Loop
    tts.Close
    With wks.Range("A1").Resize(1, 4)
        .Value = Array("日期", "商品", "销售额", "销售员")
        .HorizontalAlignment = xlCenter
        .EntireColumn.AutoFit
    End With
End Sub
```

第 18 章　与其他 Office 应用程序交互

除了使用 VBA 自动完成 Excel 内部的任务之外，有时可能还需要执行跨程序任务，比如将 Excel 中制作好的表格添加到 Word 文档中，或者读取 Word 表格中的数据并写入到 Excel 中。VBA 允许用户编程处理在不同 Office 应用程序之间进行交互，以便协同完成各种简单到复杂的工作。本章将详细介绍在 Excel 中使用 VBA 控制其他 Office 应用程序涉及的基本概念、通用方法以及具体应用。虽然所有的代码都是在 Excel 中编写的，但是也可以很容易地对它们进行修改并应用于其他 Office 应用程序。

18.1　与外部应用程序交互的基本概念与通用方法

本节将介绍在 VBA 中与外部应用程序进行交互的基本概念，还介绍了使用前期绑定和后期绑定两种技术建立到外部应用程序的连接的方法。

18.1.1　在 VBA 中与外部应用程序交互的方式

与外部应用程序交互是指在一个应用程序中控制另一个应用程序，就像正在另一个应用程序中操作一样，这种技术称为 OLE（Object Linking and Embedding，对象链接与嵌入）自动化，并在后来演变为其他一些形式的技术，比如 COM（Component Object Model，组件对象模型）。

在自动化技术中，将在其内部控制其他应用程序的程序称为“自动化客户端”，将被控制的应用程序称为“自动化服务器”。例如，本章后面内容中将要介绍的在 Excel 中操作 Word 和 PowerPoint 的方法，其中的 Excel 就是自动化客户端，而 Word 和 PowerPoint 则是自动化服务器。Office 应用程序都可用作自动化服务器。

VBA 是 Office 应用程序的通用编程语言，一旦在某个 Office 应用程序中掌握了 VBA 语法和使用方法，就可以将其应用于其他 Office 应用程序。所有 Office 应用程序的主要区别在于其对象模型。在 VBA 中实现 OLE 自动化的关键在于建立对外部应用程序的连接，之后就可以使用 VBA 访问已连接的外部应用程序的对象模型中的对象及其属性和方法。例如，如果想要在 Excel 中控制 Word，则需要先建立对 Word 的连接，然后就能像在 Word 中一样访问 Word 对象模型中的对象，并使用对象的属性和方法。

要建立对外部应用程序的连接，需要使用前期绑定和后期绑定两种技术中的其中一种，同时还要了解外部应用程序中的哪些对象是外部可创建对象，通过声明对象变量来引用外部应用程序中的外部可创建对象，之后就可以使用对象变量对外部应用程序进行编程控制。

18.1.2　外部可创建对象

可以将外部可创建对象看作是从某个 Office 应用程序控制其他 Office 应用程序的入口。外部可创建对象通常是位于 Office 应用程序的对象模型顶层的 Application 对象。一些 Office 应用程序可能还提供其他一些外部可创建对象，比如 Excel 中的 Workbook 对象，Word 中的 Document

对象。表 18-1～表 18-3 列出了 Excel、Word 和 PowerPoint 提供的主要的外部可创建对象。

表 18-1　Excel 中的外部可创建对象

外部可创建的对象	编程标识符	说　　明
Application	Excel.Application	创建对 Excel 中的 Application 对象的引用
Chart	Excel.Chart	创建对 Excel 中的 Chart 对象的引用
Workbook	Excel.Workbook	创建对 Excel 中的 Workbook 对象的引用
Worksheet	Excel.Worksheet	创建对 Excel 中的 Worksheet 对象的引用

表 18-2　Word 中的外部可创建对象

外部可创建的对象	编程标识符	说　　明
Application	Word.Application	创建对 Word 中的 Application 对象的引用
Document	Word.Document	创建对 Word 中的 Document 对象的引用

表 18-3　PowerPoint 中的外部可创建对象

外部可创建的对象	编程标识符	说　　明
Application	PowerPoint.Application	创建对 PowerPoint 中的 Application 对象的引用

如果希望在某个 Office 应用程序中通过 VBA 来控制其他 Office 应用程序，那么必须先创建对其他 Office 应用程序中的外部可创建对象的引用，然后通过该对象来引用外部应用程序的对象模型中位于其他层的对象，从而使用外部应用程序中的不同对象来完成所需的任务。

18.1.3　理解前期绑定和后期绑定

要从一个应用程序控制另一个应用程序，需要建立到另一个应用程序的连接。在 VBA 中建立到外部应用程序连接的方法有两种：前期绑定和后期绑定。前期绑定是指在代码运行前就建立到外部应用程序的连接，从而可以访问外部应用程序的类型库及其中包含的对象。后期绑定是指在代码运行后才建立到外部应用程序的连接，在代码编写阶段无法访问外部应用程序的类型库及其中包含的对象。

前期绑定主要有以下一些优点：

- 由于在代码运行前就可以访问外部应用程序的类型库，因此可以将对象变量声明为外部应用程序中的特定对象类型。
- 可以在对象浏览器中查看外部应用程序的类型库中包含的所有对象及其属性和方法。
- 可以使用外部应用程序提供的内置常量和命名参数。
- 在输入外部应用程序的对象后，将会自动显示包含该对象的属性和方法的成员列表，使代码编写更容易。
- 由于在代码编写阶段已经引用了外部应用程序的类型库，因此代码的运行速度比后期绑定更快。

后期绑定的最大优点是无须事先在 VBA 中添加对外部应用程序类型库的引用，这样可以让程序以最大的自由度运行。另一个优点是可以通过编写代码检测目标计算机中是否存在指定的类型库，并根据检测结果连接到外部应用程序的不同版本。

由于后期绑定不需要事先添加对外部应用程序类型库的引用，因此也为后期绑定带来了很多不利因素，比如无法查看外部应用程序包含的所有对象及其属性和方法，在声明变量时只能将其声明为 Object 一般对象类型，在输入对象后不会显示该对象包含的属性和方法的成员列表，也不能使用外部应用程序中的内置常量和命名参数，而只能利用数值代替内置常量，或在代码中声明自定义的常量，代码的运行速度比前期绑定更慢。

18.1.4　使用前期绑定创建对象引用

使用前期绑定的一般步骤如下：

（1）在 VBA 工程中添加对外部应用程序的类型库的引用。

（2）在代码中声明特定对象类型的变量，对象的类型是外部应用程序中的外部可创建对象的类型。

（3）在 Set 语句中使用 New 关键字、CreateObject 函数或 GetObject 函数将外部可创建对象的引用赋值给对象变量。

下面以在 Excel 中建立到 Word 的连接为例，介绍前期绑定的具体操作过程。

案例 18-1　使用前期绑定创建对 Word 对象引用

在 Excel 中打开 VBE 窗口，单击菜单栏中的“工具”|“引用”命令，打开“引用”对话框，在“可使用的引用”列表框中选择要建立连接的外部应用程序的类型库，如图 18-1 所示。本例连接到的是 Word 2016，因此选中 Microsoft Word 16.0 Object Library 复选框，其中的数字表示的是 Word 版本号，Word 16 表示 Word 2016。

提示： 如果没有安装 Word，则不会在“引用”对话框中显示 Word 类型库。

单击“确定”按钮关闭“引用”对话框，将 Word 应用程序的类型库添加到当前 VBA 工程中。此时按 F2 键打开对象浏览器，在“工程/库”下拉列表中选择 Word，在下方的“类”列表中将会显示 Word 对象模型包含的所有对象，如图 18-2 所示。

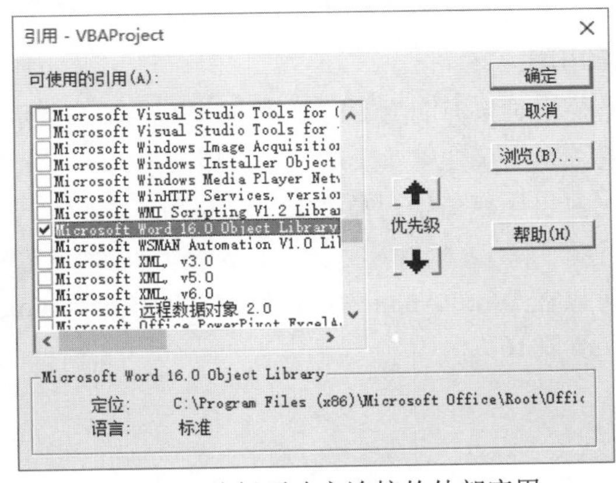

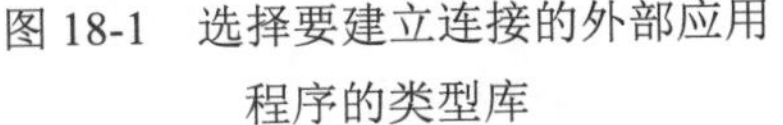
图 18-1　选择要建立连接的外部应用程序的类型库

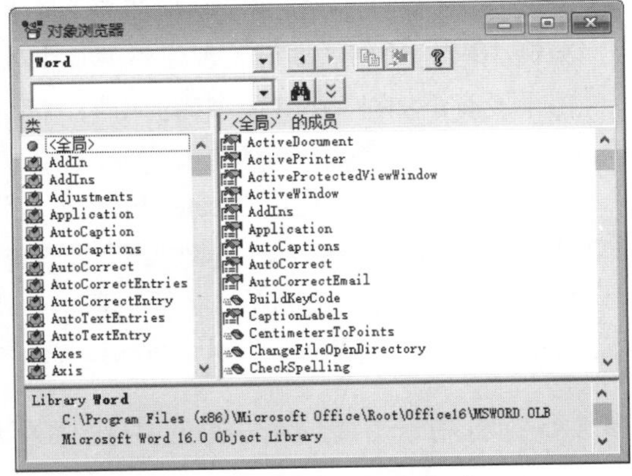

图 18-2　在对象浏览器中查看 Word 对象模型包含的所有对象

接下来就可以在代码窗口中声明一个用于引用 Word 对象模型顶层的 Application 对象，该对象是 Word 中的外部可创建对象。

```
Dim wrdApp As Word.Application
```

然后在 Set 语句中使用 New 关键字将一个 Word 应用程序实例赋值给声明的对象变量。也可以使用 CreateObject 函数或 GetObject 函数完成相同操作，这两个函数将在后面的内容中进行介绍。

```
Set wrdApp = New Word.Application
```

由于使用的是前期绑定，因此在声明语句中输入 As 关键字并按空格键后，以及在赋值语句中输入 New 关键字并按空格键后，都会出现自动成员列表。输入作为类型库名的“Word”以及一个句点，将会自动弹出 Word 对象库中包含的所有对象，在其中选择 Application。此时已完成对 Word 对象模型中的 Application 对象的引用，在之后的代码中就可以使用对象变量来操作 Word 的 Application，并使用该对象的属性和方法来完成所需任务。

不同的类型库可能包含相同名称的对象，比如 Excel 和 Word 的类型库中都包含 Application 对象。在这种情况下，为了明确区分同名对象所属的类型库，应该在代码中显式指明类型库的名称，就像上面案例中那样。另一种方法是在“引用”对话框中使用优先级按钮↑和↓调整类型库的排列顺序，VBA 会优先在列表框中位于较高位置的类型库中搜索对象。建议使用第一种方法，因为它可以明确限定对象的类型库，而不会导致不必要的混乱。

18.1.5 使用后期绑定创建对象引用

使用后期绑定的一般步骤如下：

（1）在代码中声明 Object 数据类型的对象变量。

（2）在 Set 语句中使用 CreateObject 函数或 GetObject 函数将指定类型的对象引用赋值给对象变量。

CreateObject 函数用于创建并返回一个指定类型的对象，语法格式如下：

```
CreateObject(class,[servername])
```

- class：必选，要创建对象引用的应用程序的名称和类，该参数使用表 18-1～表 18-3 中列出的编程标识符。
- servername：可选，要在其上创建对象引用的网络服务器的名称。

下面以在 Excel 中建立到 Word 的连接为例，介绍后期绑定的具体操作过程。

案例 18-2 使用后期绑定创建对 Word 对象的引用

由于没有添加对 Word 类型库的引用，因此需要将对象声明为 Object 数据类型，如下所示：

```
Dim wrdApp As Object
```

声明对象变量后，使用 CreateObject 函数将对象引用赋值给对象变量，如下所示：

```
Set wrdApp = CreateObject("Word.Application")
```

如果计算机中安装了 Word 的不同版本，则可以在 Word.Application 的结尾添加表示 Word 版本号的数字，比如 Word.Application.16 表示 Word 2016。

18.1.6 引用一个已存在的应用程序实例

前面介绍的前期绑定和后期绑定都用于创建应用程序的一个新实例，同时介绍了在 Set 语句中使用 New 关键字和 CreateObject 函数将对象引用赋值给对象变量的方法。有时可能已经启动了目标应用程序，并希望使用对象变量引用和控制这个已启动的应用程序。在这种情况下需要使用 GetObject 函数，语法格式如下：

```
GetObject([pathname] [,class])
```

- pathname：可选，要在应用程序中打开的文件的路径和名称。如果省略 class 参数，则使用与该文件相关联的应用程序打开文件，也可以在 class 参数中指定用于打开文件的特定程序。如果省略该参数，则必须设置 class 参数，此时表示引用一个已存在的应用程序的实例；如果将该参数设置为空字符串，则表示创建并引用一个应用程序的新实例。

- class：可选，要创建对象引用的应用程序的名称和类，该参数使用表 18-1～表 18-3 中列出的编程标识符。

案例 18-3　在 Excel 中控制 Word 打开一个文档

下面的代码在 Word 中打开 C 盘根目录中名为“工作总结”的文档，本例使用的是后期绑定。如果该文档不存在，则会显示预先指定的提示信息。代码中声明了一个 wrdDoc 变量以表示 Word 对象模型中的 Document 对象，然后使用 GetObject 函数并设置其第一参数为要打开的文档的路径和名称，如果成功打开，则将该文档的引用赋值给 wrdDoc 变量。之后使用 wrdDoc 变量的 Parent 属性返回 Word 的 Application 对象，最后将 Application 对象的 Visible 属性设置为 True 以使 Word 文档可见，否则即使打开了文档也处于隐藏状态。

```
Sub 在Excel中控制Word打开一个文档()
    Dim wrdDoc As Object
    On Error Resume Next
    Set wrdDoc = GetObject("C:\工作总结.docx")
    If wrdDoc Is Nothing Then
        MsgBox "指定的文档不存在！"
        Exit Sub
    End If
    wrdDoc.Parent.Application.Visible = True
End Sub
```

在完成对外部应用程序的处理后，应该及时退出外部应用程序，并将相关对象变量赋值为 Nothing 以释放占用的内存空间。下面两行代码用于退出上一个案例打开的 Word 程序，并释放 wrdDoc 变量占用的内存空间。

```
wrdDoc.Parent.Quit
Set wrdDoc = Nothing
```

案例 18-4　显示已启动的 Word 的版本号

下面的代码引用当前已启动的 Word 应用程序并显示 Word 的版本号。如果当前没有启动 Word，则会显示预先指定的提示信息。

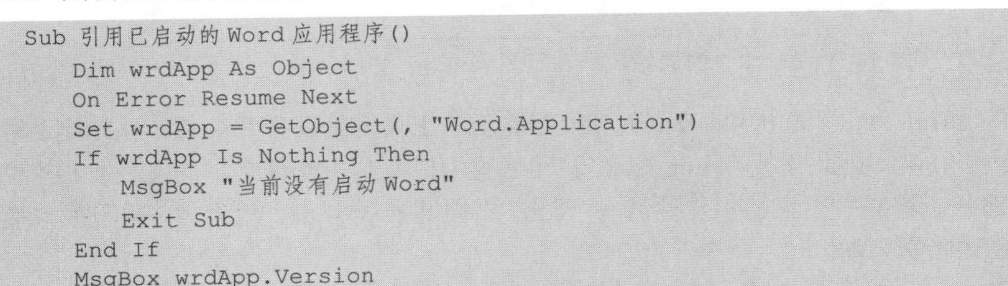

```
Sub 引用已启动的Word应用程序()
    Dim wrdApp As Object
    On Error Resume Next
    Set wrdApp = GetObject(, "Word.Application")
    If wrdApp Is Nothing Then
        MsgBox "当前没有启动Word"
        Exit Sub
    End If
    MsgBox wrdApp.Version
End Sub
```

案例 18-5　引用现有的 Word 或启动新的 Word

下面的代码引用当前已启动的 Word 应用程序，如果当前没有启动 Word，则启动 Word 并引用新启动的 Word 应用程序。为了避免看不到 Word 应用程序，需要将 Word 对象模型中的 Application 对象的 Visible 属性设置为 True。然后使用 Application 对象的 Version 属性显示 Word 的版本。最后使用前面介绍的方法退出 Word 应用程序，并将引用 Word 程序的 wrdApp 变量赋值为 Nothing，以释放其所占用的内存空间。

```
Sub 引用现有的Word或启动新的Word()
    Dim wrdApp As Object
    On Error Resume Next
    Set wrdApp = GetObject(, "Word.Application")
```

```
    If wrdApp Is Nothing Then
        Set wrdApp = GetObject("", "Word.Application")
    End If
    wrdApp.Visible = True
    MsgBox wrdApp.Version
    wrdApp.Quit
    Set wrdApp = Nothing
End Sub
```

18.2 在 Excel 中操作 Word

Word 可能是最常与 Excel 交换数据的 Office 应用程序，在 Excel 中可以很容易地启动与退出 Word 应用程序，正如前面所介绍的。还可以对 Word 应用程序的细节进行控制，比如在 Word 中新建文档、在文档中添加内容以及设置内容的格式等操作。

案例 18-6 将 Excel 中的数据写入 Word 文档

下面的代码将一个已保存工作簿的 Sheet1 工作表中的每一行数据复制到一个 Word 文档中，效果如图 18-3 所示。将该文档保存在该工作簿所在的路径中，文档名称与工作簿的名称相同。

	A	B	C	D	E	F	G	H
1	商品	1月	2月	3月	4月	5月	6月	
2	电脑	630	728	938	964	505	539	
3	空调	693	866	759	979	639	994	
4	冰箱	682	855	735	965	867	925	
5								
6								

商品	1 月	2 月	3 月	4 月	5 月	6 月
电脑	630	728	938	964	505	539
空调	693	866	759	979	639	994
冰箱	682	855	735	965	867	925

图 18-3 Excel 中的原始数据与写入到 Word 文档中的数据

代码中使用 strFilePath 和 strWkbName 变量存储活动工作簿的路径和名称。由于名称中包含 Excel 文件的扩展名，因此需要在 For Next 循环结构中提取其主文件名，即文件扩展名之前的句点左侧的部分。将提取出来的主文件名与 Word 文档的扩展名.doc 组合在一起组成后面将要保存的 Word 文档的名称。

接下来创建 Word 应用程序的一个新实例，并将 Word 的 Application 对象赋值给 wrdApp 变量。然后使用该 Application 对象的 Documents 集合的 Add 方法新建一个文档，并将新建的文档赋值给 wrdDoc 变量。

将活动工作簿 Sheet1 工作表中的所有数据复制到剪贴板，然后在新建的 Word 文档中以文本格式进行选择性粘贴。Word 中的 PasteSpecial 方法使用 WdPasteDataType 常量为该方法指定粘贴方式，wdPasteText 常量值表示以文本格式进行粘贴，对应的值为 2。由于本例使用的是后期绑定，因此无法在 Excel 中使用 Word 应用程序中的命名参数和内置常量，这就需要在代码的开始部分声明一个自定义常量 wdPasteText 并为其赋值为 2，之后可以在代码中使用该自定义常量代替 Word 中的内置常量。将数据粘贴到 Word 文档后，选择文档中的所有内容，然后将字号大小设置为 16 磅。

使用 Word 的 Document 对象的 SaveAs 方法将新建的 Word 文档以前面指定好的名称保存在工作簿所在的路径中。为了避免路径中已经存在同名文档而出现是否覆盖文件的提示信息，因此应该将 Word 中的 Application 对象的 DisplayAlerts 属性设置为 False。最后使用 Application 对象的 Quit 方法退出 Word 应用程序，并释放 wrdApp 和 wrdDoc 两个变量占用的内存空间。

```
Sub 将Excel中的数据写入Word文档()
    Dim strFilePath As String, strWkbName As String
    Dim i As Integer, strDocName As String
    Dim wrdApp As Object, wrdDoc As Object
    Const wdPasteText As Integer = 2

    strFilePath = ActiveWorkbook.Path
    strWkbName = ActiveWorkbook.Name
    For i = 1 To Len(strWkbName)
        If Mid(strWkbName, i, 1) = "." Then Exit For
    Next i
    strDocName = Left(strWkbName, i - 1) & ".doc"

    Worksheets("Sheet1").UsedRange.Copy
    Set wrdApp = CreateObject("Word.Application")
    Set wrdDoc = wrdApp.Documents.Add
    wrdApp.Selection.PasteSpecial , , , , wdPasteText
    wrdApp.Selection.WholeStory
    wrdApp.Selection.Font.Size = 16
    Application.CutCopyMode = False

    wrdApp.DisplayAlerts = False
    wrdDoc.SaveAs Filename:=strFilePath & "\" & strDocName
    wrdApp.DisplayAlerts = True

    wrdApp.Quit
    Set wrdApp = Nothing
    Set wrdDoc = Nothing
End Sub
```

18.3　在 Excel 中启动其他应用程序

除了与 Office 应用程序交互之外，还可以在 Excel 中启动其他应用程序。从 Excel 中启动一个应用程序最直接的方法是使用 VBA 内置的 Shell 函数。Shell 函数的语法格式如下：

```
Shell(pathname[,windowstyle])
```

- pathname：必选，要启动的应用程序的路径和可执行文件名。如果应用程序的可执行文件位于环境变量存储的任一路径中，则不需要指定应用程序的路径，只提供可执行文件的名称即可。
- windowstyle：可选，应用程序运行时的窗口样式，该参数的值见表 18-4。如果省略该参数，则应用程序在具有焦点的最小化窗口中运行。

如果使用 Shell 函数成功启动指定的应用程序，则会返回表示该程序的任务 ID，它是一个 Double 数据类型的值。如果启动失败，则会返回 0。

注意：默认情况下，Shell 函数以异步方式执行应用程序。换句话说，使用 Shell 函数启动的应用程序可能还没有完成启动过程，VBA 代码就已经执行到位于 Shell 函数之后的语句中了。

表 18-4　windowstyle 参数的值

常　量	值	说　明
vbHide	0	窗口被隐藏且焦点移到隐式窗口
vbNormalFocus	1	窗口具有焦点，且还原到其原来的大小和位置
vbMinimizedFocus	2	窗口最小化到任务栏，显示为一个具有焦点的图标
vbMaximizedFocus	3	窗口显示为一个具有焦点的最大化窗口
vbNormalNoFocus	4	窗口被还原到最近使用的大小和位置，不改变当前活动窗口的状态
vbMinimizedNoFocus	6	窗口最小化到任务栏，显示为一个图标，不改变当前活动窗口的状态

案例 18-7　在 Excel 中启动指定的应用程序

下面的代码启动 Windows 操作系统中的记事本程序。如果启动失败，则会显示指定的提示信息。

```
Sub 在 Excel 中启动指定的应用程序()
    Dim strPath As String, dblTaskID As Double
    strPath = "notepad.exe"
    On Error Resume Next
    dblTaskID = Shell(strPath, vbNormalFocus)
    If dblTaskID = 0 Then MsgBox "无法启动指定的程序！"
End Sub
```

第 19 章　使用 ADO 访问数据

ADO（ActiveX Data Object）是一种通用的数据访问技术，足以用一本书的篇幅来介绍 ADO 技术的相关内容。本章主要以访问 Access 数据库中的数据为例，介绍在 VBA 中通过 ADO 编程访问 Excel 外部数据的方法。在开始正式介绍 ADO 之前，首先介绍了数据库和结构化查询语言的基本概念以及 SQL 语句的基本用法，它们是使用 ADO 访问数据的基础。

19.1　了解结构化查询语言

为了更好地使用 ADO 编程访问 Excel 外部数据，有必要了解 SQL（结构化查询语言）。SQL 是一种通用的数据库语言，用于与普遍使用的所有数据库相交互。在介绍 SQL 之前，首先介绍了数据库的基本概念。由于本章主要以 Access 数据库为例来介绍使用 ADO 技术访问数据，因此在介绍数据库的基本概念时也主要以 Access 数据库为例进行说明。

19.1.1　数据库的基本概念

数据库是特定类型信息的集合，其中的数据按照一定的逻辑形式组织在一起。对于 Access 数据库来说，其中的数据存储在相互关联的多个表中，各个表中的数据之间存在着某种关系或关联，最终构成错综复杂但又逻辑清晰的整个数据库。正是由于数据在数据库中的这种组织方式，使得维护各个表的工作变得相对简单，同时又可以很容易地从相互关联的多个表中提取所需的数据。

数据库的基本组成元素包括表、字段、记录、值、键、视图、关系。

1．表

表是数据库中的主要结构，用于存储数据库中的所有基础数据。每个表有一个特定的主题，其中包含与该主题紧密相关的数据。如图 19-1 所示是 Access 数据库中的表的一个案例，该表是一个客户资料表，表中的所有数据都用于描述客户的个人信息。

客户资料

客户编号	姓名	性别	年龄	籍贯	学历
1001	龚凯	男	45	北京	高中
1002	陆婕	女	28	福建	高中
1003	苏婉	女	24	湖北	初中
1004	韩晨	女	22	湖南	高中
1005	戴蓉	女	44	山东	大专
1006	康辉	男	45	云南	博士
1007	余昊	男	39	吉林	职高
1008	孟荣	男	27	湖南	硕士
1009	谭兰	女	25	甘肃	大本
1010	周枫	男	48	北京	硕士

图 19-1　Access 数据库中的表

2．字段

字段表示表的主题的一个特征。表中的每一列对应一个字段，字段名称位于每一列的顶端。

字段决定了与其对应的列中存储的数据类型。客户编号、姓名、性别等都是客户资料中的字段。

3．记录

表中的每一行是一条包含完整信息的记录，由各个字段中的数据组成，每条记录在表中应该是唯一的。在客户资料表中，客户编号为 1001 的记录包含了客户编号、姓名、性别、年龄、籍贯、学历等数据。其他客户编号的记录也包含相同类型的数据。

4．值

行（记录）与列（字段）交叉位置上的内容是表中的一个具体的值。

5．键

键是表中具有特定作用的特殊字段，键的类型决定了其在表中的作用。键的最主要的两种类型是主键和外键，主键用于区分表中的每一条记录。换句话说，由于主键的存在，每条记录在表中才是唯一的。“唯一”对于表中的数据来说至关重要，因为可以明确定位特定的记录，而不会发生混淆。

在客户资料表中，客户编号就是该表的主键，因为在这个表中，客户编号永远不会发生重复。主键的另一个关键作用是为了与其他的表建立关系，因此数据库中的每个表都应该有一个主键。

外键是在当前表中引入的其他表的主键，因为对于当前表来说，该键是外来的。外键有助于帮助两个表建立关系，而且可以确保两个表之间的记录总是正确的关联，而不会出现“孤儿记录”。

6．视图

视图是由来自数据库中的一个或多个表中的字段所组成的一个虚拟的表，因此视图中并不包含实际的数据，而只包含数据的结构。实际的数据仍然存储在从中提取数据的表中，将这些表称为基本表。通过视图可以从不同角度、不同方式呈现数据的不同组合。

7．关系

如果将一个表中的记录以某种方式与另一个表中的记录关联起来，就称这两个表之间拥有一个关系。表与表之间的关系分为 3 种：一对一、一对多、多对多。正是由于在不同表之间建立不同的关系，才让数据库中的各个表中的数据形成一个紧密关联的有机整体。

19.1.2 结构化查询语言简介

SQL（Structured Query Language）是操作数据库的通用语言，通过编写 SQL 语句可以创建 SQL 查询，以便从数据库中检索符合条件的数据，而且复杂的数据检索任务需要使用 SQL 语句来完成。使用 SQL 语句还可以完成数据的添加、更新和删除等操作。SQL 中的以下 4 个语句用于完成数据的基本操作，接下来的几节将会分别介绍这几个语句的基本用法。

- SELECT：从数据库中检索数据。
- INSERT：向数据库中添加数据。
- UPDATE：修改数据库中的数据。
- DELETE：删除数据库中的数据。

由于本章是以 Access 数据库为例来介绍数据访问技术，为了便于验证 SQL 语句的实际功能，可以在 Access 中输入后面几节将要介绍的 SQL 语句。这里以 Access 2016 为例，在 Access 中输入 SQL 语句的方法如下：

（1）启动 Access 2016，打开要使用 SQL 语句操作的数据库文件，在功能区“创建”选项卡中单击“查询设计”按钮，如图 19-2 所示。

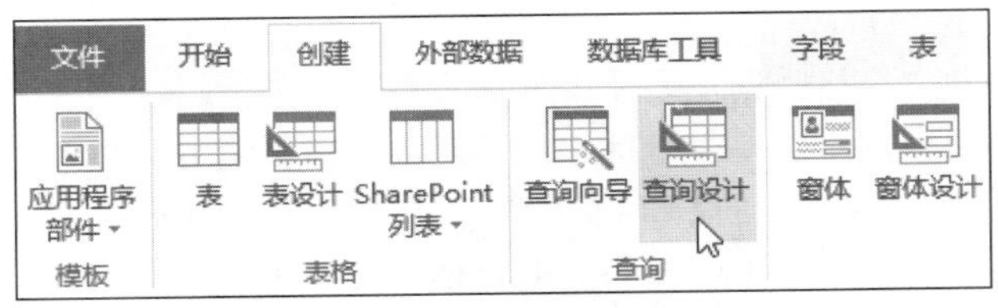

图 19-2　单击“查询设计”按钮

（2）打开“显示表”对话框，由于要使用 SQL 建立查询，因此可以直接单击“关闭”按钮关闭该对话框。

（3）在查询窗口中的空白处右击，在弹出的菜单中选择“SQL 视图”命令，如图 19-3 所示。

（4）进入如图 19-4 所示的 SQL 视图，可以在其中输入 SQL 语句，然后在功能区“查询工具”|“设计”选项卡中单击“运行”按钮，运行输入的 SQL 语句并返回相应的结果。

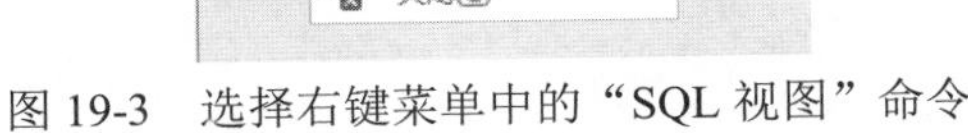
图 19-3　选择右键菜单中的“SQL 视图”命令

图 19-4　在 SQL 视图中输入 SQL 语句

下面介绍的 SQL 语句所操作的数据都来自于 Access 数据库中名为“客户资料”的表，该表在前面介绍数据库的基本概念时曾经引用过，包括以下几个字段：客户编号、姓名、性别、年龄、籍贯、学历。

19.1.3　使用 SELECT 语句检索数据

SELECT 语句是 SQL 中的核心功能，承担着数据操作的底层工作，也是 SQL 包含的所有语句中最复杂的语句。本节并不会涉及 SELECT 语句的所有功能，而是主要介绍该语句在检索数据时的基本用法。

使用 SELECT 语句可以从数据库中的表中检索数据，语法格式如下：

```
SELECT 字段名
FROM 要在其中查询的表名
WHERE 限定条件
ORDER BY 字段名 [ASC|DESC]
```

在使用上面的语法格式编写 SELECT 语句时，需要注意以下几点：

- 在 SELECT 语句中必须提供 FROM 子句，其他子句是可选的。
- SELECT 语句右侧可以包含多个字段，各个字段之间以逗号分隔。
- 如果需要检索不同表中的字段，且这些表中包含名称相同的字段，那么需要在字段名前使用表名作为限定符，以明确告诉 Access 引用的同名字段来自于哪个表。但是为了使 SELECT 语句的含义更清晰，即使只在一个表中检索数据，也最好在字段名前使用表名作为限定符。

- 如果字段名中包含空格，则需要使用方括号将字段名括起。
- 字符串常量需要使用一对单引号括起，日期数据需要使用一对“#”号括起。
- 为了明确告诉 Access 当前的 SELECT 语句已结束，在 SELECT 语句结尾应该包含分号。如果语句结尾没有分号，Access 将会假定语句已结束。

案例 19-1　使用 SELECT 语句检索表中的所有记录

下面的 SQL 语句将从客户资料表中返回所有记录，其中的*号是一个通配符，用于表示表中的所有字段。

```
SELECT *
FROM 客户资料;
```

案例 19-2　使用 SELECT 语句检索表中包含特定字段的所有记录

下面的 SQL 语句将从客户资料表中返回包含“客户编号”“姓名”“年龄”和“学历”4 个字段的所有记录，如图 19-5 所示。本例中的 SQL 语句在字段名前添加了表名作为限定符。

```
SELECT 客户资料.客户编号,客户资料.姓名,客户资料.年龄,客户资料.学历
FROM 客户资料;
```

查询1

客户编号	姓名	年龄	学历
1001	龚凯	45	高中
1002	陆婕	28	高中
1003	苏婉	24	初中
1004	韩晨	22	高中
1005	戴蓉	44	大专
1006	康辉	45	博士
1007	余昊	39	职高
1008	孟荣	27	硕士
1009	谭兰	25	大本
1010	周枫	48	硕士
1011	于柔	38	大专
1012	赵蓉	44	硕士
1013	邵昂	42	大本
1014	赵蓉	30	博士
1015	蒋晖	23	大本
1016	刘姗	25	中专
1017	姜盛	26	职高
1018	萧健	44	硕士
1019	苏凤	41	硕士
1020	黄萍	40	中专

图 19-5　检索表中的特定字段

如果改变 SELECT 语句中各个字段的排列顺序，则在返回内容中各个字段的排列顺序也会同步改变。

案例 19-3　使用 SELECT 语句检索表中满足单一条件的所有记录

下面的 SQL 语句将从客户资料表中返回年龄大于 30 的所有记录，如图 19-6 所示。为了设置条件，需要在 WHERE 子句中设置检索条件。

```
SELECT *
FROM 客户资料
WHERE 客户资料.年龄>30;
```

查询1

客户编号	姓名	性别	年龄	籍贯	学历
1001	龚凯	男	45	北京	高中
1005	戴蓉	女	44	山东	大专
1006	康辉	男	45	云南	博士
1007	余昊	男	39	吉林	职高
1010	周枫	男	48	北京	硕士
1011	于柔	女	38	安徽	大专
1012	赵蓉	女	44	黑龙江	硕士
1013	邵昂	男	42	黑龙江	大本
1018	萧健	男	44	甘肃	硕士
1019	苏凤	女	41	江苏	硕士
1020	黄萍	女	40	湖北	中专

图 19-6　检索表中符合特定条件的内容

案例 19-4　使用 SELECT 语句检索表中满足单一条件中的一系列特定值的所有记录

下面的 SQL 语句将从客户资料表中返回学历为大专、大本和硕士的所有记录，如图 19-7 所示。为了表示单一条件中的一系列特定值，需要在 WHERE 子句中使用 IN 关键字，并在一对圆括号中放置这些特定值。

```
SELECT *
FROM 客户资料
WHERE 客户资料.学历 IN ('大专','大本','硕士');
```

查询1

客户编号	姓名	性别	年龄	籍贯	学历
1005	戴蓉	女	44	山东	大专
1008	孟荣	男	27	湖南	硕士
1009	谭兰	女	25	甘肃	大本
1010	周枫	男	48	北京	硕士
1011	于柔	女	38	安徽	大专
1012	赵蓉	女	44	黑龙江	硕士
1013	邵昂	男	42	黑龙江	大本
1015	蒋晖	男	23	重庆	大本
1018	萧健	男	44	甘肃	硕士
1019	苏凤	女	41	江苏	硕士

图 19-7　检索表中满足单一条件中的一系列特定值的所有记录

案例 19-5　使用 SELECT 语句检索表中满足多个条件之一的所有记录

下面的 SQL 语句将从客户资料表中返回年龄小于 30 岁或籍贯是北京的所有记录，如图 19-8 所示。为了表示满足多个条件之一，需要使用逻辑运算符 OR 连接多个条件。

```
SELECT *
FROM 客户资料
WHERE 客户资料.年龄<30 OR 客户资料.籍贯='北京';
```

查询1

客户编号	姓名	性别	年龄	籍贯	学历
1001	龚凯	男	45	北京	高中
1002	陆婕	女	28	福建	高中
1003	苏婉	女	24	湖北	初中
1004	韩晨	女	22	湖南	高中
1008	孟荣	男	27	湖南	硕士
1009	谭兰	女	25	甘肃	大本
1010	周枫	男	48	北京	硕士
1015	蒋晖	男	23	重庆	大本
1016	刘姗	女	25	福建	中专
1017	姜盛	男	26	北京	职高

图 19-8　检索表中满足多个条件之一的所有记录

案例 19-6　使用 SELECT 语句检索表中同时满足多个条件的所有记录

下面的 SQL 语句将从客户资料表中返回所有年龄在 30 岁以上的男性客户的记录，如图 19-9

所示。为了表示同时满足多个条件，需要使用逻辑运算 AND 连接多个条件。

```
SELECT *
FROM 客户资料
WHERE 客户资料.年龄>30 AND 客户资料.性别='男';
```

查询1

客户编号	姓名	性别	年龄	籍贯	学历
1001	龚凯	男	45	北京	高中
1006	康辉	男	45	云南	博士
1007	余昊	男	39	吉林	职高
1010	周枫	男	48	北京	硕士
1013	邵昂	男	42	黑龙江	大本
1018	萧健	男	44	甘肃	硕士

图 19-9　检索表中同时满足多个条件的所有记录

案例 19-7　使用 SELECT 语句检索表中包含特定字段的所有记录并进行排序

下面的 SQL 语句将从客户资料表中返回包含“客户编号”“姓名”“年龄”和“学历”4 个字段且年龄大于 30 岁，并按年龄降序排列的所有记录，如图 19-10 所示。为了对记录降序排列，需要在 ORDER BY 子句中使用 DESC 关键字。

```
SELECT 客户资料.客户编号, 客户资料.姓名, 客户资料.年龄, 客户资料.学历
FROM 客户资料
WHERE 客户资料.年龄>30
ORDER BY 客户资料.年龄 DESC;
```

查询1

客户编号	姓名	年龄	学历
1010	周枫	48	硕士
1006	康辉	45	博士
1001	龚凯	45	高中
1018	萧健	44	硕士
1012	赵蓉	44	硕士
1005	戴蓉	44	大专
1013	邵昂	42	大本
1019	苏凤	41	硕士
1020	黄萍	40	中专
1007	余昊	39	职高
1011	于柔	38	大专

图 19-10　检索表中包含特定字段的所有记录并进行排序

19.1.4　使用 INSERT 语句添加数据

使用 INSERT 语句可以向数据库中的表中添加新的数据，语法格式如下：

```
INSERT INTO 表名 (字段名列表)
VALUES (与字段一一对应的值列表)
```

如果在 VALUES 子句中为表中所有字段提供了值，则可以在 INSERT INTO 语句中只提供表名，而省略字段名列表。

案例 19-8　使用 INSERT 语句向表中添加新的记录

下面的 SQL 语句向客户资料表中添加一条新记录，新增记录中的客户编号是“1021”，姓名是“尚品科技”，性别是“男”，年龄是“30”，籍贯是“北京”，学历是“硕士”。由于本例是为客户资料表中的所有字段添加数据，因此省略了 INSERT INTO 语句中的字段名列表。

```
INSERT INTO 客户资料
VALUES (1021,'尚品科技','男',30,'北京','硕士')
```

运行上面的 SQL 语句，将会弹出如图 19-11 所示的对话框。如果要向表中添加新记录，则

单击“是”按钮，此操作无法撤销。

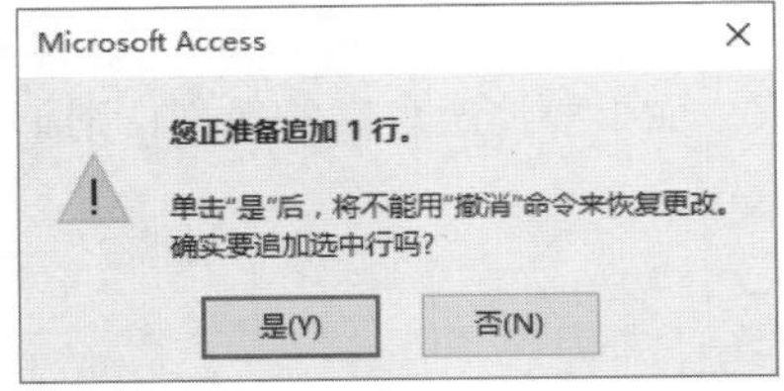

查询1　客户资料

客户编号	姓名	性别	年龄	籍贯	学历
1001	龚凯	男	45	北京	高中
1002	陆婕	女	28	福建	高中
1003	苏婉	女	24	湖北	初中
1004	韩晨	女	22	湖南	高中
1005	戴蓉	女	44	山东	大专
1006	康辉	男	45	云南	博士
1007	余昊	男	39	吉林	职高
1008	孟荣	男	27	湖南	硕士
1009	谭兰	女	25	甘肃	大本
1010	周枫	男	48	北京	硕士
1011	于柔	女	38	安徽	大专
1012	赵蓉	女	44	黑龙江	硕士
1013	邵昂	男	42	黑龙江	大本
1014	赵蓉	女	30	重庆	博士
1015	蒋晖	男	23	重庆	大本
1016	刘姗	女	25	福建	中专
1017	姜盛	男	26	北京	职高
1018	萧健	男	44	甘肃	硕士
1019	苏凤	女	41	江苏	硕士
1020	黄萍	女	40	湖北	中专
1021	尚品科技	男	30	北京	硕士

图 19-11　向表中添加新的记录

案例 19-9　使用 INSERT 语句向表中添加不完整的新记录

下面的 SQL 语句向客户资料表中添加一条新记录，但是只为记录中的“客户编号”“姓名”和“年龄”3 个字段设置了数据，其他几个字段留空，如图 19-12 所示。

```
INSERT INTO 客户资料 (客户资料.客户编号,客户资料.姓名,客户资料.年龄)
VALUES (1021,'尚品科技',30);
```

客户资料

客户编号	姓名	性别	年龄	籍贯	学历
1001	龚凯	男	45	北京	高中
1002	陆婕	女	28	福建	高中
1003	苏婉	女	24	湖北	初中
1004	韩晨	女	22	湖南	高中
1005	戴蓉	女	44	山东	大专
1006	康辉	男	45	云南	博士
1007	余昊	男	39	吉林	职高
1008	孟荣	男	27	湖南	硕士
1009	谭兰	女	25	甘肃	大本
1010	周枫	男	48	北京	硕士
1011	于柔	女	38	安徽	大专
1012	赵蓉	女	44	黑龙江	硕士
1013	邵昂	男	42	黑龙江	大本
1014	赵蓉	女	30	重庆	博士
1015	蒋晖	男	23	重庆	大本
1016	刘姗	女	25	福建	中专
1017	姜盛	男	26	北京	职高
1018	萧健	男	44	甘肃	硕士
1019	苏凤	女	41	江苏	硕士
1020	黄萍	女	40	湖北	中专
1021	尚品科技		30		

图 19-12　向表中添加不完整记录

19.1.5　使用 UPDATE 语句修改数据

使用 UPDATE 语句可以修改数据库中的表中的数据，语法格式如下：

```
UPDATE 表名
SET 字段名及其对应值的列表
WHERE 限定条件
```

如果需要修改多个字段的值，则需要在 SET 子句中分别列出所需修改的每一个字段名及其对应的值，并使用等号连接它们。WHERE 子句是可选的，如果省略该子句，则将修改表中每条记录的特定字段中的值。如果只想修改特定记录中的值，则需要在 WHERE 子句中指定条件，通常将条件设置为特定记录的主键的值。

案例 19-10　使用 UPDATE 语句修改表中特定记录的数据

下面的 SQL 语句将客户资料表中客户编号为 1006 的记录中的籍贯改为“北京”，学历改为“大专”。

```
UPDATE 客户资料
SET 客户资料.籍贯='北京',客户资料.学历='大专'
WHERE 客户资料.客户编号=1006
```

运行上面的 SQL 语句，将会弹出如图 19-13 所示的对话框。如果要修改表中的数据，则单击“是”按钮，此操作无法撤销。

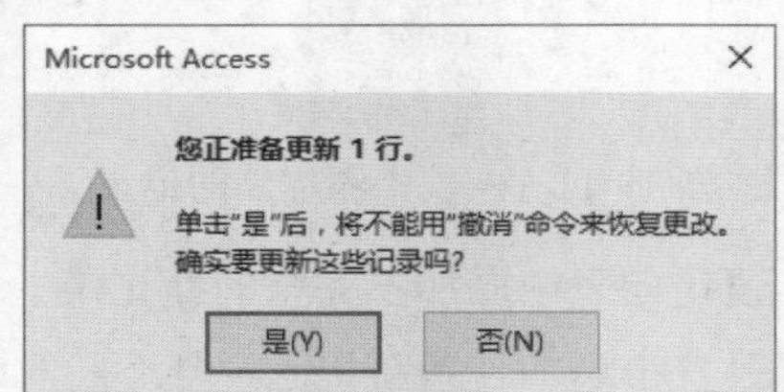

图 19-13　修改表中的数据时显示的信息

19.1.6　使用 DELETE 语句删除数据

使用 DELETE 语句可以删除数据库中的表中的数据，语法格式如下：

```
DELETE FROM 表名
WHERE 限定条件
```

与 UPDATE 语句类似，DELETE 语句中的 WHERE 子句也是可选的。如果在 DELETE 语句中省略 WHERE 子句，则会删除表中的所有记录。如果要删除表中的特定记录，则需要在 WHERE 子句中指定条件，通常将条件设置为特定记录的主键的值。

案例 19-11　使用 DELETE 语句删除表中的特定记录

下面的 SQL 语句将删除客户资料表中客户编号为 1006 的记录。

```
DELETE FROM 客户资料
WHERE 客户资料.客户编号=1006
```

运行上面的 SQL 语句，将会弹出如图 19-14 所示的对话框。如果要删除表中的特定记录，则单击“是”按钮，此操作无法撤销。

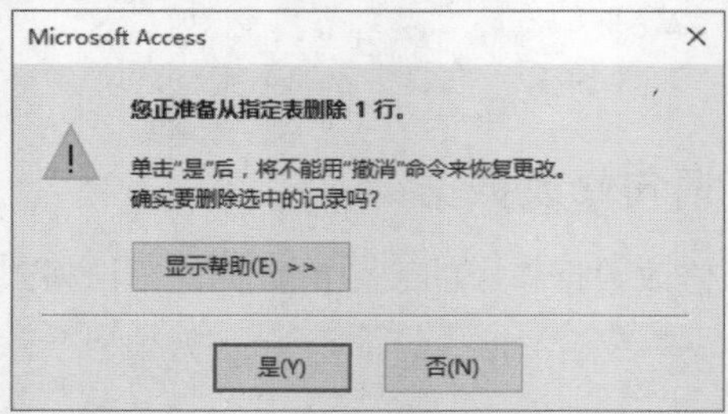

图 19-14　删除表中的记录时显示的信息

19.2　ADO 对象模型简介

ADO 是 Microsoft 通用的数据访问技术，这意味着可以使用 ADO 访问任何一种可能的数据源，比如 Access 数据库、SQL Server 数据库、文本文件等。实际上与数据直接连接的并不是 ADO，而是一个称为 OLE DB 的更底层的技术。由于 OLE DB 无法直接与 VBA 交互，因此设计 ADO 以为它们之间提供接口。无论数据源是何种类型，ADO 都使用相同的一组命令进行访问，这也正是 ADO 作为通用的数据访问技术的主要原因。

与 Excel 对象模型类似，ADO 也有其自己的对象模型，其中包含的对象专门用于数据访问。在 Excel 中使用 ADO 访问数据时主要使用以下 3 个对象：

- Connection 对象：该对象用于建立数据源的连接。
- Command 对象：该对象用于对数据源执行命令，比如使用 SELECT 语句从数据源中检索数据。
- Recordset 对象：该对象表示在数据源中检索数据后返回的记录集。

以上 3 个对象都是外部可创建对象，本节主要介绍这 3 个对象。

19.2.1　Connection 对象

Connection 对象的使用非常灵活。在一些简单的数据访问任务中，可能只需使用 Connection 对象就可以完成数据源的连接以及命令的执行。在某些数据访问任务中可能根本不需要使用 Connection 对象，因为 Command 对象和 Recordset 对象在需要时会自动创建 Connection 对象。表 19-1 和表 19-2 列出了 Connection 对象的常用属性和方法。

表 19-1　Connection 对象的常用属性

属　性	说　明
ConnectionString	设置或返回用于建立数据源连接所必需的信息
State	返回数据源的连接状态

表 19-2　Connection 对象的常用方法

方　法	说　明
Close	关闭数据源的连接。关闭连接前应该检查连接状态，以免出现运行时错误
Execute	执行指定的命令并返回 Recordset 对象
Open	使用连接信息建立数据源的连接

19.2.2　Command 对象

Command 对象用于对已建立连接的数据源执行指定的命令，比如 SQL 语句。表 19-3 和表 19-4 列出了 Command 对象的常用属性和方法。

表 19-3　Command 对象的常用属性

属　性	说　明
ActiveConnection	返回或设置一个已建立连接的 Connection 对象或用于建立连接的字符串
CommandText	返回或设置用于执行命令的字符串
CommandType	返回或设置用于优化命令执行效率的命令类型

表 19-4　Command 对象的常用方法

方　法	说　明
Execute	执行指定的命令。如果执行的是 SELECT 语句，则会返回 Recordset 对象

19.2.3 Recordset 对象

Recordset 对象表示在数据源中检索数据后返回的记录集。表 19-5 和表 19-6 列出了 Recordset 对象的常用属性和方法。

表 19-5　Recordset 对象的常用属性

属　性	说　明
ActiveConnection	返回或设置一个已建立连接的 Connection 对象或用于建立连接的字符串
BOF	确定当前记录是否位于第一条记录之前，即文件开头，如果是则返回 True
EOF	确定当前记录是否位于最后一条记录之后，即文件结尾，如果是则返回 True
Filter	为 Recordset 对象中的内容设置筛选条件
RecordCount	返回 Recordset 对象中包含的记录总数
Sort	为 Recordset 对象中的内容设置排序条件
Source	返回或设置 Recordset 对象中的数据的来源

表 19-6　Recordset 对象的常用方法

方　法	说　明
Delete	删除 Recordset 对象中的当前记录或记录组
Move	移动 Recordset 对象中的当前记录的位置
MoveFirst	移动到 Recordset 对象中的第一条记录
MoveLast	移动到 Recordset 对象中的最后一条记录
MoveNext	移动到 Recordset 对象中的下一条记录
MovePrevious	移动到 Recordset 对象中的上一条记录
Open	打开代表基本表、查询结果或以前保存的 Recordset 对象中的内容
Save	将 Recordset 对象中的所有记录以文件的形式保存
Update	保存对 Recordset 对象中的当前记录所做的更改

19.3 在 Excel 中使用 ADO 访问数据的一般流程和具体方法

我们可能经常需要在 Excel 中访问位于 Excel 之外的数据，比如 Access 数据库或 SQL Server 数据库中的数据，使用 ADO 技术可以很方便地从不同类型的数据源中获取数据。本节以访问 Access 数据库中的数据为例，介绍在 Excel 中使用 ADO 访问数据的一般流程和具体方法。在 Excel 中使用 ADO 访问数据的整个过程可以分为以下几步：

（1）添加对 ADO 类型库的引用。

（2）建立数据源的连接。

（3）从数据源中检索数据并返回特定的记录集。

（4）关闭数据源的连接。

下面将对流程中的各个步骤涉及的具体操作进行详细介绍。

19.3.1　添加对 ADO 类型库的引用

为了便于使用 ADO 对象模型中的对象来访问数据，可以在编写代码之前使用前期绑定技术在 VBA 工程中添加对 ADO 类型库的引用，方法如下：

（1）在 Excel 中新建或打开一个工作簿，按 Alt+F11 组合键打开 VBE 窗口，单击菜单栏中的“工具”|“引用”命令。

（2）打开“引用”对话框，在“可使用的引用”列表框中选择要添加的 ADO 类型库的版本，比如选中 Microsoft ActiveX Data Objects 2.5 Library 复选框，如图 19-15 所示，然后单击“确定”按钮。

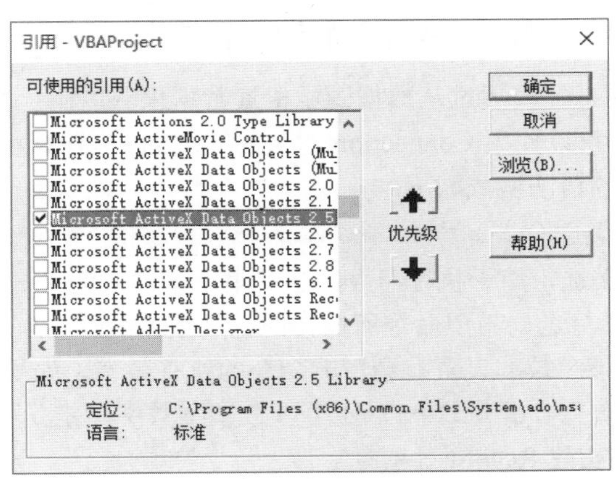

图 19-15　添加对 ADO 类型库的引用

19.3.2　建立数据源的连接

我们可以使用 Connection 对象的 Open 方法建立数据源的连接。成功建立连接后，该连接将处于活动状态，此时可以直接对其发出命令并处理结果。Open 方法的语法格式如下：

```
Open ConnectionString, UserID, Password, Options
```

- ConnectionString：数据源的连接信息。
- UserID：建立连接时使用的用户名。
- Password：建立连接时使用的密码。
- Options：建立异步连接或同步连接。adConnectUnspecified 常量值表示建立同步连接，adAsyncConnect 常量值表示建立异步连接。

如果在执行 Open 方法之前预先为 Connection 对象的 ConnectionString 属性设置了连接数据源所需的信息，则在执行 Open 方法时可以省略 ConnectionString 参数，这是因为该参数的值可以自动继承 ConnectionString 属性中包含的连接信息。

在 ConnectionString 参数中设置的数据源的连接信息通常包含以下 3 个：

- OLE DB 提供者，比如“Provider=Microsoft.ACE.OLEDB.12.0”，如果连接到不同类型的数据库，Provider 参数中的内容将会有所不同。
- Access 数据库文件的路径和文件名，比如：“G：客户订单系统.accdb”。
- Mod 模式：设置对连接到的数据源的访问权限。

案例 19-12 建立数据源的连接

下面的代码在 Excel 中建立对位于 G 盘根目录中名为“客户订单系统.accdb”的 Access 数据库文件的连接。如果 Provider 和 Data Source 中的内容不正确，或者要连接到的数据库文件的路径或名称不正确，VBA 代码都会出现运行时错误。

```
Sub 建立数据源的连接()
    Dim adoCnn As ADODB.Connection, strCnn As String
    Dim strProvider As String, strDataSource As String
    strProvider = "Provider=Microsoft.ACE.OLEDB.12.0;"
    strDataSource = "Data Source=G:\客户订单系统.accdb"
    strCnn = strProvider & strDataSource
    Set adoCnn = New ADODB.Connection
    adoCnn.Open strCnn
End Sub
```

19.3.3 从数据源中检索数据并返回特定的记录集

建立数据源的连接后，需要通过从数据源中检索数据来获取满足指定条件的记录集，以便为之后的操作做好准备。可以使用 Connection 对象的 Execute 方法执行 SQL 语句以从数据源中检索数据。Execute 方法的语法格式如下：

```
Execute CommandText, RecordsAffected, Options
```

- CommandText：必选，用于执行命令的字符串，最常用的是 SQL 语句。
- RecordsAffected：可选，希望命令所操作的记录数。
- Options：可选，该参数的设置将会影响命令的执行效率。如果使用的是 SQL 语句，则应该将该参数设置为 adCmdText。还可以在该参数中指定是异步执行命令还是在执行 Execute 方法后不构建 Recordset 对象。

案例 19-13 使用 Connection 对象从数据源中检索数据

下面的代码获取“客户订单系统.accdb”文件中年龄在 30 岁以上的所有客户记录，并将其写入活动工作簿的 Sheet1 工作表中以 A2 单元格为左上角单元格的单元格区域中，如图 19-16 所示。

	A	B	C	D	E	F	G
1	客户编号	姓名	性别	男	年龄	籍贯	
2	1001	龚凯	男	45	北京	高中	
3	1005	戴蓉	女	44	山东	大专	
4	1006	康辉	男	45	云南	博士	
5	1007	余昊	男	39	吉林	职高	
6	1010	周枫	男	48	北京	硕士	
7	1011	于柔	女	38	安徽	大专	
8	1012	赵蓉	女	44	黑龙江	硕士	
9	1013	邵昂	男	42	黑龙江	大本	
10	1018	萧健	男	44	甘肃	硕士	
11	1019	苏凤	女	41	江苏	硕士	
12	1020	黄萍	女	40	湖北	中专	
13							

图 19-16 从数据源中检索数据并将返回的数据写入 Excel 工作表

代码首先建立数据源的连接，连接到 G 盘根目录中名为“客户订单系统.accdb”的 Access 数据库文件。使用 strSQL 变量存储用于从数据源中检索数据的 SELECT 语句，该语句用于从数据源中检索年龄在 30 岁以上的所有客户记录，然后使用 Connection 对象的 Execute 方法执行该 SELECT 语句从数据源中检索数据，并将返回的记录集赋值给 Recordset 对象类型的 adoRst 变量。

为了避免记录集中没有数据，因此使用 Recordset 的 EOF 属性判断记录指针是否位于记录集最后一条记录之后，如果不是则说明记录集中包含数据。然后使用 Excel 对象模型中的 Range 对象的 CopyFromRecordset 方法将获取的记录集中的数据写入活动工作簿的 Sheet1 工作表中以 A2 单元格为左上角单元格的单元格区域中。为了使代码完整，本例代码中包含上一个案例中建立数据源连接的代码。

```
Sub 使用Connection对象从数据源中检索数据()
    Dim adoCnn As ADODB.Connection, strCnn As String
    Dim strProvider As String, strDataSource As String
    Dim adoRst As ADODB.Recordset, strSQL As String
    Set adoRst = New ADODB.Recordset
    strProvider = "Provider=Microsoft.ACE.OLEDB.12.0;"
    strDataSource = "Data Source=G:\客户订单系统.accdb"
    strCnn = strProvider & strDataSource
    Set adoCnn = New ADODB.Connection
    adoCnn.Open strCnn
    strSQL = "SELECT *" & vbCrLf
    strSQL = strSQL & "FROM 客户资料" & vbCrLf
    strSQL = strSQL & "WHERE 客户资料.年龄>30;"
    Set adoRst = adoCnn.Execute(strSQL)
    If Not adoRst.EOF Then
        With Worksheets("Sheet1")
            .Range("A1:F1").Value = Array("客户编号", "姓名", "性别", "男", "年龄", "籍
            贯", "学历")
            .Range("A1:F1").HorizontalAlignment = xlCenter
            .Range("A2").CopyFromRecordset adoRst
        End With
    End If
End Sub
```

前面曾经介绍过，Connection 对象、Command 对象和 Recordset 对象都是外部可创建对象，因此可以在 Excel 中直接创建对其中任何一个对象的引用。实际上除非需要多次使用同一个数据源连接，否则可以不需要使用 Connection 对象建立数据源的连接，而直接使用 Recordset 对象的 Open 方法建立数据源连接的同时从数据源中检索数据。

Recordset 对象的 Open 方法的语法格式如下：

```
Open Source, ActiveConnection, CursorType, LockType, Options
```

- ❒ Source：可选，从数据源中检索的数据类型，比如可以使用 SQL 语句中的 SELECT 检索数据。
- ❒ ActiveConnection：可选，已建立数据源连接的 Connection 对象的名称或用于建立数据源连接的字符串。
- ❒ CursorType：可选，打开记录集时使用的记录指针（游标）的类型。该参数的默认值为 AdOpenForwardOnly，表示使用仅向前的记录指针。这种类型的记录指针只能按从头到尾单方向操作记录集中的数据，单向移动可以提高数据访问的性能。
- ❒ LockType：可选，设置打开记录集时的锁定类型。该参数的默认值为 adLockReadOnly，表示只能读取记录集中的数据，而无法对其进行修改。
- ❒ Options：可选，该参数的含义与 Connection 对象的 Execute 方法中的同名参数相同，已在前面介绍过。

案例 19-14　使用 Recordset 对象从数据源中检索数据

下面的代码与上一个案例的效果相同，但是在建立数据源的连接时没有使用 Connection 对象，而是使用 Recordset 对象的 Open 方法同时完成数据源的连接与命令的执行两项操作。

```
Sub 使用 Recordset 对象从数据源中检索数据()
    Dim adoRst As ADODB.Recordset
    Dim strCnn As String, strSQL As String
    Dim strProvider As String, strDataSource As String
    Set adoRst = New ADODB.Recordset
    strProvider = "Provider=Microsoft.ACE.OLEDB.12.0;"
    strDataSource = "Data Source=G:\客户订单系统.accdb"
    strCnn = strProvider & strDataSource
    strSQL = "SELECT *" & vbCrLf
    strSQL = strSQL & "FROM 客户资料" & vbCrLf
    strSQL = strSQL & "WHERE 客户资料.年龄>30;"
    adoRst.Open strSQL, strCnn
    If Not adoRst.EOF Then
        With Worksheets("Sheet1")
            .Range("A1:F1").Value = Array("客户编号", "姓名", "性别", "男", "年龄", "籍
             贯", "学历")
            .Range("A1:F1").HorizontalAlignment = xlCenter
            .Range("A2").CopyFromRecordset adoRst
        End With
    End If
End Sub
```

19.3.4　关闭数据源的连接

在完成对数据源的操作后，应该关闭数据源的连接，并销毁相关对象变量中的内容，即将对象变量设置为 Nothing。可以使用 Connection 对象的 Close 方法关闭数据源的连接，同时也会关闭与数据源连接相关联的 Recordset 对象。

案例 19-15　完成从数据源中检索数据的任务后关闭数据源的连接

下面的代码与前面的案例类似，但是在程序结束前添加了关闭记录集和数据源连接的代码，并将相关的对象变量设置为 Nothing 以将其销毁。

```
Sub 完成从数据源中检索数据的任务后关闭数据源的连接()
    Dim adoCnn As ADODB.Connection, strCnn As String
    Dim strProvider As String, strDataSource As String
    Dim adoRst As ADODB.Recordset, strSQL As String
    Set adoRst = New ADODB.Recordset
    strProvider = "Provider=Microsoft.ACE.OLEDB.12.0;"
    strDataSource = "Data Source=G:\客户订单系统.accdb"
    strCnn = strProvider & strDataSource
    Set adoCnn = New ADODB.Connection
    adoCnn.Open strCnn
    strSQL = "SELECT *" & vbCrLf
    strSQL = strSQL & "FROM 客户资料" & vbCrLf
    strSQL = strSQL & "WHERE 客户资料.年龄>30;"
    Set adoRst = adoCnn.Execute(strSQL)
    If Not adoRst.EOF Then
        With Worksheets("Sheet1")
            .Range("A1:F1").Value = Array("客户编号", "姓名", "性别", "男", "年龄", "籍
             贯", "学历")
            .Range("A1:F1").HorizontalAlignment = xlCenter
            .Range("A2").CopyFromRecordset adoRst
        End With
    End If
    adoRst.Close
    adoCnn.Close
    Set adoRst = Nothing
    Set adoCnn = Nothing
End Sub
```

第 20 章　操作注册表

注册表是一个包含了计算机系统中的软硬件和用户配置信息的大型数据库，系统启动、硬件配置、软件安装与环境设置、用户个人数据载入等任务都需要与注册表中存储的信息进行交互，注册表让整个计算机系统成为一个有机的整体。对于 VBA 来说，如果想要开发具有记忆功能的程序，则需要使用 VBA 将程序的配置信息写入注册表，并在下次运行程序时从注册表读取相关信息。本章首先介绍了注册表的基础知识和基本操作，然后介绍了使用 VBA 操作注册表的方法。

20.1　注册表基础

为了更好地通过编程来操作注册表，我们有必要对注册表的基础概念和基本操作有所了解。本节将介绍注册表的组织结构以及编辑注册表数据的方法。

20.1.1　注册表简介

为了便于对 Windows 操作系统进行统一管理，微软在 Windows 95 及其之后的 Windows 操作系统中使用了一种称为“注册表”的数据库，它可以将计算机中的各种资源和配置信息集中存储起来，从而更加有效地管理操作系统及其相关的软硬件和用户数据。

系统为用户提供了一些可以修改注册表数据的图形化工具，比如控制面板、组策略等。虽然很多用户在使用这些工具设置系统选项时并未留意，但是实际上这些操作本质上是在对注册表进行编辑。这些工具可以极大地降低操作注册表的复杂度，用户只需处理几个选项即可完成对注册表特定部分的修改，但缺点是只能对注册表进行非常有限的修改。

为了让用户可以更自由地对注册表进行编辑，Windows 系统内置了专门的注册表编辑工具——注册表编辑器。注册表编辑器是 Windows 系统中用于查看、编辑与管理 Windows 注册表的工具，通过注册表编辑器，用户可以在注册表中添加或删除数据，也可以查找特定数据，还可以将注册表中的特定部分导出或导入。

regedit.exe 是启动注册表编辑器的可执行文件，该文件位于安装 Windows 操作系统的磁盘分区的 Windows 文件夹中，双击该文件即可启动注册表编辑器。早期版本的 Windows 操作系统提供了两种注册表编辑器——regedit.exe 和 regedit32.exe，它们的大多数功能相同。直到 Windows XP 才将两种注册表编辑器的功能合二为一。

20.1.2　注册表的组织结构

启动注册表编辑器后，其中显示了注册表分层式的组织结构，如图 20-1 所示。Windows 注册表是一个带有多个配置层面的分层式结构的复杂体，这些层面由根键、子键、键值和数据组成。注册表有 5 个根键，它们位于注册表的顶层。根键下包含多个子键。子键下可以继续包含子键，形成多层嵌套的子键。每个子键可以包含零个或多个键值，键值用于为子键提供实际的功能。只有在键值中包含数据才能发挥键值的作用。键值可以存储不同类型的数据，REG_SZ、REG_DWORD 和 REG_BINARY 是其常用的数据类型。

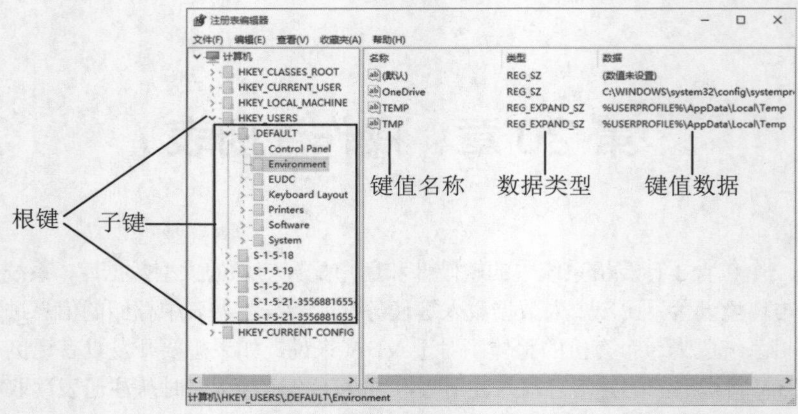

图 20-1 注册表的分层式组织结构

用户不能创建新的根键，也不能删除 Windows 注册表的 5 个根键或修改它们的名称。5 个根键的名称和功能如下：

- HKEY_LOCAL_MACHINE：存储 Windows 系统中安装的硬件、应用程序以及系统配置等信息。
- HKEY_CURRENT_CONFIG：存储当前硬件配置的相关信息。
- HKEY_CLASSES_ROOT：存储文件关联和组件对象模型的相关信息，比如文件扩展名与应用程序之间的关联。
- HKEY_USERS：存储系统中所有用户账户的相关信息。
- HKEY_CURRENT_USER：存储当前登录系统的用户账户的相关信息。

每个根键或子键都可以包含键值。键值是指在注册表编辑器中选择一个根键或子键后，在窗口右侧显示的一个或多个项目。键值由名称、数据类型和数据三部分组成，它们按照“名称”“数据类型”“数据”的顺序显示。

在注册表编辑器底部的状态栏中显示了当前选中的根键或子键的完整路径，路径的格式类似于文件资源管理器中文件夹路径的表示方法。下面的路径表示位于 HKEY_CURRENT_USER 根键中的 Control Panel 子键中的 Desktop 子键。

```
HKEY_CURRENT_USER\Control Panel\Desktop
```

20.1.3 创建与删除子键和键值

我们可以在注册表中的大多数位置创建子键，但也有一些位置不允许创建子键，了解这一点对于使用 VBA 操作注册表将会有所帮助，因为可以避免在禁止位置上创建子键所导致的运行时错误。下面列出的位置不允许创建子键：

- HKEY_LOCAL_MACHINE 根键下。
- HKEY_USERS 根键下。
- HKEY_LOCAL_MACHINE\BCD00000000 子键下。
- HKEY_LOCAL_MACHINE\SAM\SAM 子键下。
- HKEY_LOCAL_MACHINE\SECURITY 子键下。

我们可以根据需要在以上位置之外的其他位置创建子键。打开注册表编辑器，在窗口左侧找到想要在其下方创建子键的子键，然后右击该子键，在弹出的菜单中选择“新建”|“项”命令，如图 20-2 所示。将在右击的子键下创建一个新的子键，为该子键输入一个名称后按 Enter 键确认。

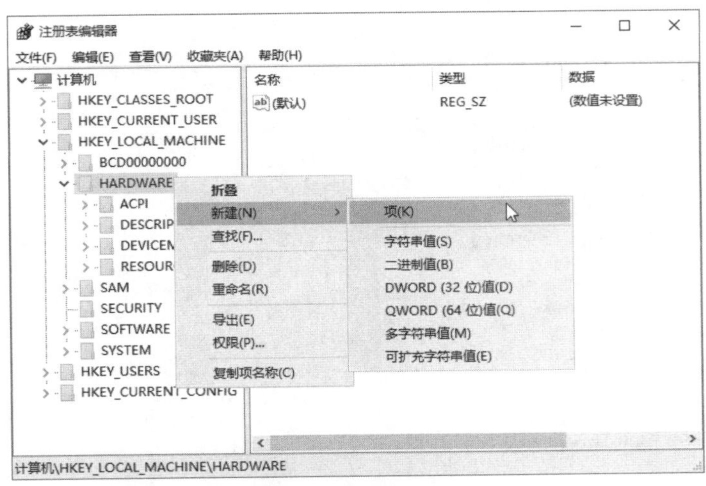

图 20-2　创建新的子键

如果要删除某个子键，可以右击该子键，在弹出的菜单中选择“删除”命令，或在选择子键后按 Delete 键。使用任何一种方法都会打开如图 20-3 所示的对话框，单击“是”按钮将所选子键删除。

图 20-3　删除子键时的提示信息

注意： 删除子键可能会导致系统不稳定或出现无法预料的问题，因此在删除之前应该备份注册表。

不包含键值的子键毫无意义。为了让子键发挥作用，需要在子键中创建一个或多个键值，然后为这些键值设置数据。在子键中创建键值的方法如下：

（1）打开注册表编辑器，在左侧窗格中选择要在其中创建键值的子键。

（2）在右侧窗格中的空白处右击，在弹出的菜单中选择“新建”命令，然后在其子菜单中选择一种数据类型，如图 20-4 所示。

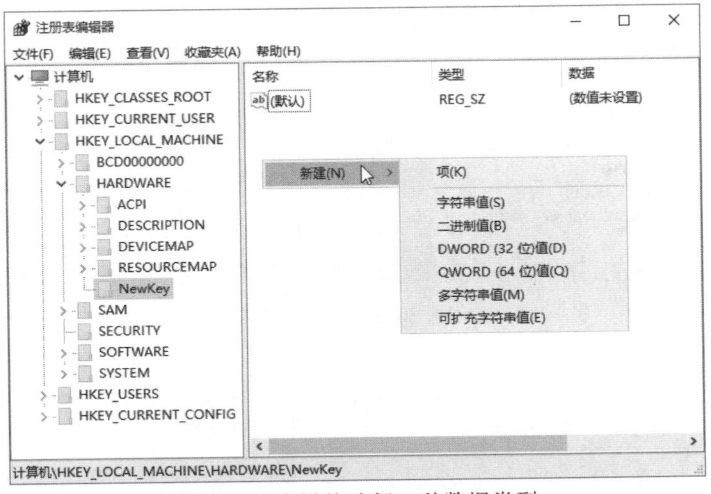

图 20-4　为键值选择一种数据类型

（3）选择数据类型后将在右侧窗格中新增一个键值，为其设置合适的名称后按 Enter 键确认。

（4）双击刚创建好的键值，在打开的对话框中设置该键值的数据，如图 20-5 所示，然后单击“确定”按钮。对于不同数据类型的键值，打开的对话框中会包含不同的选项。

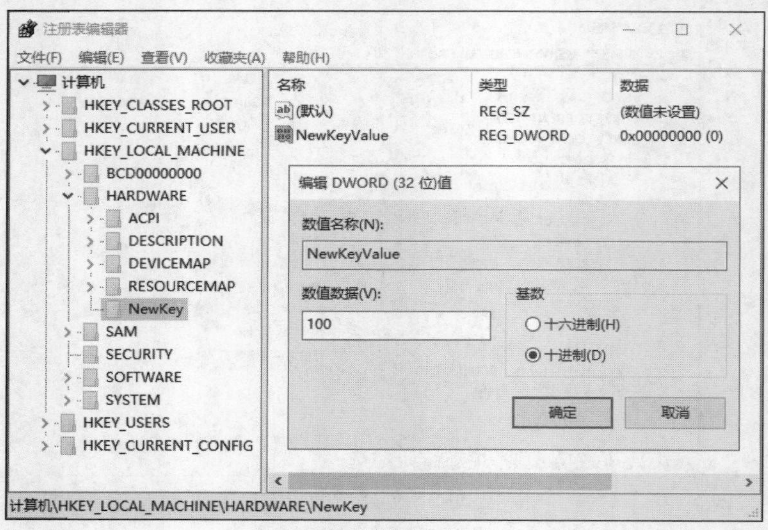

图 20-5　设置键值的数据

删除键值的方法与删除子键类似，右击一个键值，在弹出的菜单中选择“删除”命令，如图 20-6 所示，然后在弹出的对话框中单击“是”按钮将该键值删除。也可以选择键值后按 Delete 键删除键值。如果想要删除同一个子键中的多个键值，则可以使用鼠标配合 Ctrl 或 Shift 键同时选择多个键值，然后执行删除操作。

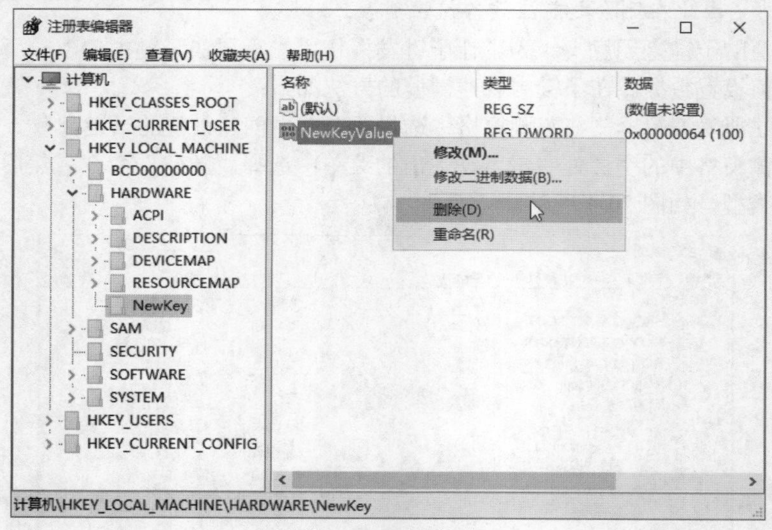

图 20-6　删除键值

20.2　使用 VBA 操作注册表

VBA 提供了几个用于操作注册表的内置函数和语句，可以使用它们以编程的方式读写注册表中的数据，但是仅限于在注册表中的以下位置读写数据。如果注册表中还不存在 VB and VBA Program Settings 子键，在向注册表中写入数据时会自动创建该子键。

```
HKEY_CURRENT_USER\SOFTWARE\VB and VBA Program Settings
```

VBA 内置了 4 个用于读、写注册表的函数和语句，具体如下：

- SaveSetting 语句：向注册表中写入程序的配置信息。
- GetSetting 函数：从注册表中读取程序的某个设置值。
- GetAllSettings 函数：从注册表中读取程序的所有设置值。
- DeleteSetting 语句：删除程序在注册表中的配置信息。

20.2.1　使用 SaveSetting 语句将内容写入注册表

使用 SaveSetting 语句可以向注册表中写入数据，语法格式如下：

```
SaveSetting appname, section, key, setting
```

- appname：必选，要在 VB and VBA Program Settings 子键下创建的子键的名称，通常将其指定为使用 VBA 开发的程序的名称。
- section：必选，要在 appname 子键下创建的子键的名称，通常将其指定为由 appname 表示的程序中的某类设置的名称。
- key：必选，要在 section 中创建的键值的名称。
- setting：必选，要为键值设置的数据。

案例 20-1　使用 SaveSetting 语句将指定内容写入注册表

下面的代码使用 VBA 内置的 InputBox 函数创建一个对话框，然后将用户在其中输入的内容写入注册表，如图 20-7 所示。

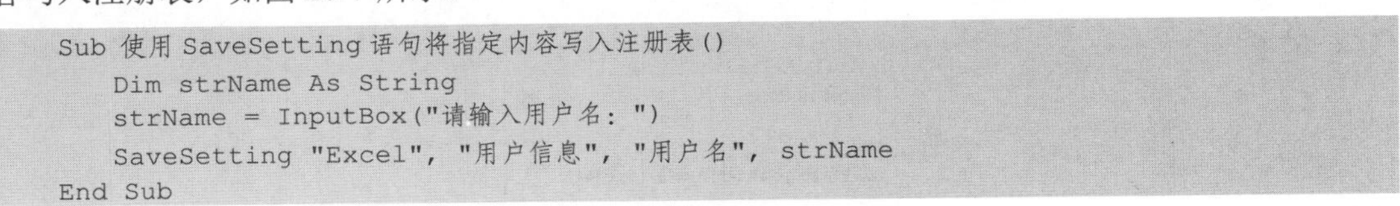

```
Sub 使用SaveSetting语句将指定内容写入注册表()
    Dim strName As String
    strName = InputBox("请输入用户名：")
    SaveSetting "Excel", "用户信息", "用户名", strName
End Sub
```

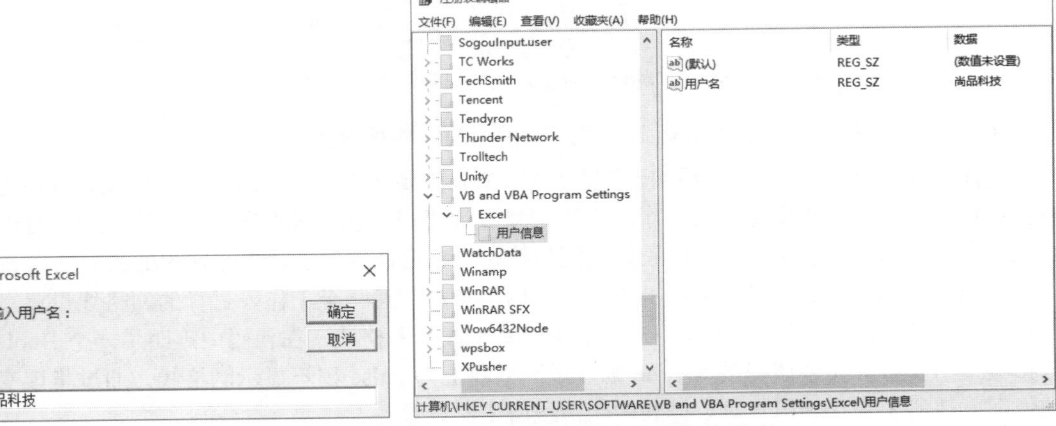

图 20-7　将用户在对话框中输入的内容写入注册表

通过本例可以更容易理解 SaveSetting 语句中的 4 个参数与写入到注册表中的数据位置的对应关系，具体如下：

- appname 参数对应于图 20-6 中的“Excel”。
- section 参数对应于图 20-6 中的“用户信息”。
- key 参数对应于图 20-6 中的“用户名”。
- setting 参数对应于图 20-6 中的 strName 变量中的值，即用户在对话框中输入的用户名。

20.2.2 使用 GetSetting 函数读取特定键值中的内容

使用 GetSetting 函数可以从注册表中读取特定键值中的数据，并作为该函数的返回值。GetSetting 函数的语法格式如下：

```
GetSetting(appname, section, key[, default])
```

GetSetting 函数的前 3 个参数的含义与 SaveSetting 语句的前 3 个参数相同，只不过这里不是创建而是读取。GetSetting 函数的最后一个参数 default 用于为 GetSetting 函数的返回值指定一个默认值，如果读取的内容不包含数据，则返回由 default 参数指定的默认值。如果省略 default 参数，则在读取不到数据时返回零长度的空字符串。如果不存在指定的子键，则会出现运行时错误。

案例 20-2 使用 GetSetting 函数读取注册表中的内容

下面的代码从注册表中读取上一个案例写入到注册表中的数据，并在对话框中显示读取到的内容，如图 20-8 所示。

```
Sub 使用GetSetting函数读取注册表中的内容()
    Dim strApp As String, strSection As String
    Dim strKey As String, varValue As String
    strApp = "Excel"
    strSection = "用户信息"
    strKey = "用户名"
    varValue = GetSetting(strApp, strSection, strKey)
    MsgBox "从注册表中读取到的内容是：" & varValue
End Sub
```

图 20-8 在对话框中显示从注册表中读取到的内容

案例 20-3 为工作簿中的所有工作表应用相同的网格线设置

Excel 中的网格线设置只对活动工作表有效。如果想要让工作簿中的所有工作表具有相同的网格线设置，那么就需要逐一对每个工作表重复进行相同的网格线设置。借助注册表，可以实现在工作簿中的任意一个工作表中设置的网格线选项，自动应用于该工作簿中的所有工作表。

下面的代码位于工作簿中的标准模块中，用于将对任意一个工作表进行的网格线设置写入注册表，如图 20-9 所示。为了让用户可以选择是否显示网格线，在代码中声明了一个 Boolean 数据类型的变量，如果该变量为 True 则显示网格线，为 False 则不显示网格线。通过将该变量的值写入注册表来存储用户对工作表的网格线所做的设置。

使用 MsgBox 函数产生一个对话框，其中提供了“是”和“否”两个按钮。如果用户单击“是”按钮，则显示网格线；如果用户单击“否”按钮，则隐藏网格线。在 Select Case 判断结构中通过检查 lngAns 变量的值来确定用户单击的是哪个按钮，并使用 strDisplay 变量根据用户单击的按钮来存储不同的内容，从而可以记录用户对网格线所做的设置。

在第二个 Select Case 判断结构中检查 strDisplay 变量的值，以确定用户是否要显示工作表的网格线，并根据用户的设置改变 Window 对象的 DisplayGridlines 属性的值，从而实现显示或隐藏网格线的功能。最后使用 SaveSetting 语句将网格线的设置结果写入注册表。

```
Sub 为工作簿中的所有工作表应用相同的网格线设置()
    Dim lngAns As Long, strDisplay As String
    lngAns = MsgBox("是否显示工作表的网格线？", vbQuestion + vbYesNo)
    Select Case lngAns
        Case vbYes
            strDisplay = "是"
        Case vbNo
            strDisplay = "否"
    End Select
    Select Case strDisplay
        Case "是": ActiveWindow.DisplayGridlines = True
        Case "否": ActiveWindow.DisplayGridlines = False
    End Select
    SaveSetting "Excel", "网格线设置", "是否显示网格线", strDisplay
End Sub
```

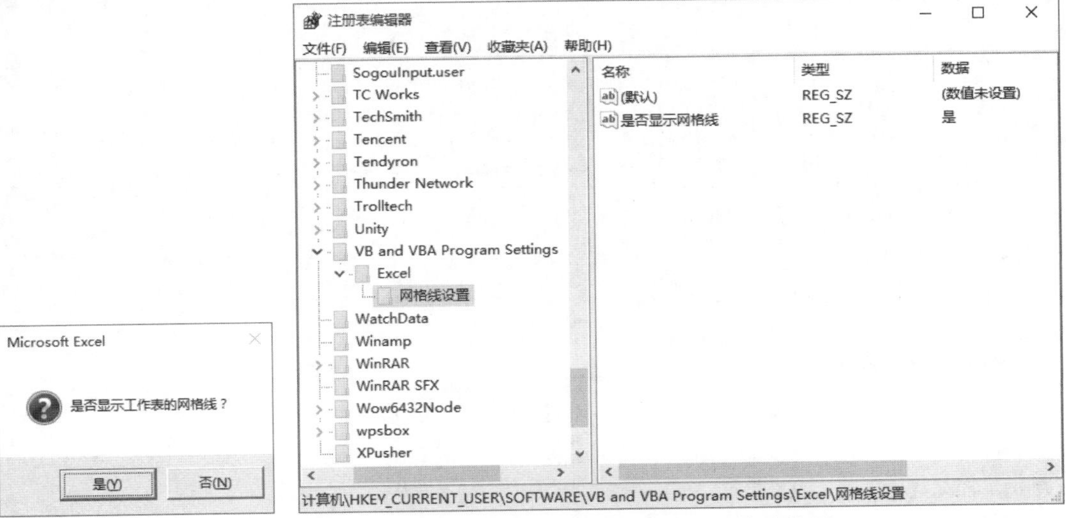

图 20-9　为工作簿中的所有工作表应用相同的网格线设置

下面的代码位于工作簿中的 ThisWorkbook 模块中，为了实现在切换到不同的工作表时可以应用相同的网格线设置，需要编写工作簿的 SheetActivate 事件过程代码，用于在激活工作簿中的任意一个工作表时，从注册表中读取网格线的设置，并将其应用到激活的工作表的活动窗口中。

```
Private Sub Workbook_SheetActivate(ByVal Sh As Object)
    Dim strDisplay As String
    strDisplay = GetSetting("Excel", "网格线设置", "是否显示网格线")
    Select Case strDisplay
        Case "是"
            ActiveWindow.DisplayGridlines = True
        Case "否"
            ActiveWindow.DisplayGridlines = False
    End Select
End Sub
```

20.2.3　使用 GetAllSettings 函数读取特定子键中的所有内容

使用 GetAllSettings 函数可以从注册表中读取特定子键下包含的所有键值中的数据，该函数的返回值是一个包含了读取到的所有数据的二维数组。GetAllSettings 函数的语法格式如下：

```
GetAllSettings(appname, section)
```

GetAllSettings 函数的两个参数的含义与 GetAllSetting 函数的前两个参数相同，只不过 GetAllSettings 函数将读取由 section 参数指定的子键中包含的所有键值中的数据，而不是某个特定键值中的数据。如果不存在指定的子键，则会出现运行时错误。

案例 20-4　使用 GetAllSettings 函数一次性读取注册表中的所有内容

下面的代码从注册表中的特定子键中读取其包含的所有键值中的数据，然后使用 VBA 内置的 LBound 和 UBound 函数计算由读取到的所有键值数据组成的二维数组的行数和列数，从而确定要向工作表中写入数据所需的单元格区域的大小，并将读取到的所有键值数据写入该单元格区域，如图 20-10 所示。

```
Sub 使用GetAllSettings函数一次性读取注册表中的所有内容()
    Dim strApp As String, strSection As String
    Dim lngRows As Long, lngCols As Long
    Dim varAllValues As Variant
    strApp = "Excel"
    strSection = "用户信息"
    Range("A1:B1").Value = Array("键值名称", "键值数据")
    varAllValues = GetAllSettings(strApp, strSection)
    lngRows = UBound(varAllValues, 1) - LBound(varAllValues, 1) + 1
    lngCols = UBound(varAllValues, 2) - LBound(varAllValues, 2) + 1
    With Range("A2").Resize(lngRows, lngCols)
        .Value = varAllValues
        .EntireColumn.AutoFit
    End With
End Sub
```

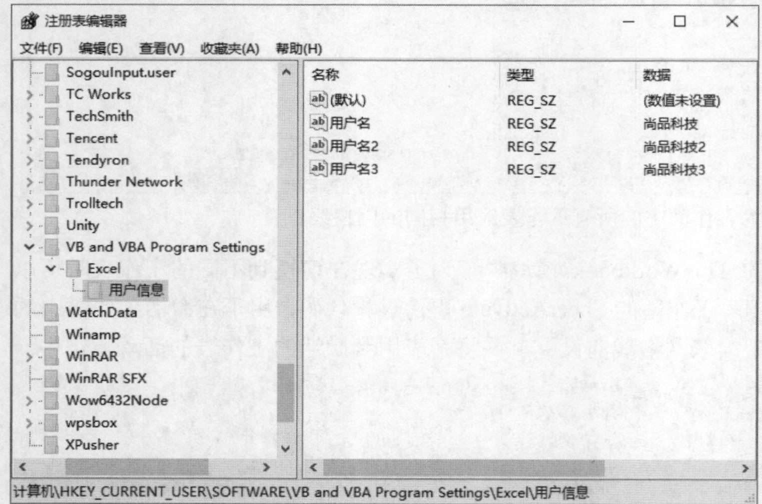

	A	B	C
1	键值名称	键值数据	
2	用户名	尚品科技	
3	用户名2	尚品科技2	
4	用户名3	尚品科技3	
5			

图 20-10　读取注册表中的特定子键中包含的所有键值数据

20.2.4　使用 DeleteSetting 语句删除注册表中的内容

使用 DeleteSetting 语句可以从注册表中删除特定子键及其中包含的键值和数据，语法格式如下：

```
DeleteSetting appname, section[, key]
```

DeleteSetting 语句的 3 个参数的含义与 SaveSetting 语句的前 3 个参数相同。第三个参数为可选参数，如果省略该参数，则删除由 section 参数表示的子键及其中包含的所有键值。如果指定 key 参数，则只删除由该参数表示的键值及其数据。如果删除不存在的子键或键值，则会出现运行时错误。

案例 20-5　使用 DeleteSetting 语句删除注册表中的特定键值

下面的代码删除注册表中的特定键值，如果不存在指定的键值，则会显示提示信息。

```
Sub 使用DeleteSetting语句删除注册表中的特定键值()
    Dim strApp As String
    Dim strSection As String
    Dim strKey As String
    strApp = "Excel"
    strSection = "用户信息"
    strKey = "用户名"
    On Error Resume Next
    DeleteSetting strApp, strSection, strKey
    If Err.Number <> 0 Then MsgBox "指定的键值不存在! "
End Sub
```

案例 20-6　使用 DeleteSetting 语句删除注册表中的特定子键及其中包含的所有内容

下面的代码删除注册表中的特定子键及其中包含的所有内容。如果不存在指定的子键，则会显示提示信息。

```
Sub 使用DeleteSetting语句删除注册表中的特定子键及其中包含的所有内容()
    Dim strApp As String
    Dim strSection As String
    Dim strKey As String
    strApp = "Excel"
    strSection = "用户信息"
    On Error Resume Next
    DeleteSetting strApp, strSection
    If Err.Number <> 0 Then MsgBox "指定的子键不存在! "
End Sub
```

第 21 章　操作 VBE

VBE 是 Visual Basic Editor 的简称，它也可以称为 Visual Basic 集成开发环境（Visual Basic Integrated Design Environment，VBIDE），指的是编写 VBA 代码的界面环境。可以使用 VBA 对 VBE 进行编程，从而实现通过代码来操作和管理整个 VBE，比如自动添加和删除 VBA 工程中的模块、在模块中自动编写实际所需的 VBA 代码、自动创建用户窗体和控件并编写相关的事件代码等。本章将详细介绍使用 VBA 编程操作 VBE 的方法。

21.1　编程控制 VBE 的准备工作

VBE 有其自己的对象模型，编程操作 VBE 实际上处理的是 VBE 对象模型中的对象。为了可以编程操作 VBE，需要启用对 VBE 对象模型的访问权限。此外，为了使用前期绑定以便于代码的编写，需要在 VBA 工程中添加对 VBE 对象模型所属类型库的引用。

21.1.1　启用对 VBE 对象模型的访问权限

出于安全性方面的考虑，在 Excel 中默认禁止通过 VBA 代码编程处理 VBE，但是微软公司提供了启用访问权限的选项。因此在使用 VBA 编程操作 VBE 之前需要启用该选项，方法如下：

（1）单击“文件”按钮，然后选择“选项”，打开“Excel 选项”对话框。

（2）在左侧选择“信任中心”，然后在右侧单击“信任中心设置”按钮。

（3）打开“信任中心”对话框，在左侧选择“宏设置”，在右侧选中“信任对 VBA 工程对象模型的访问”复选框，如图 21-1 所示。

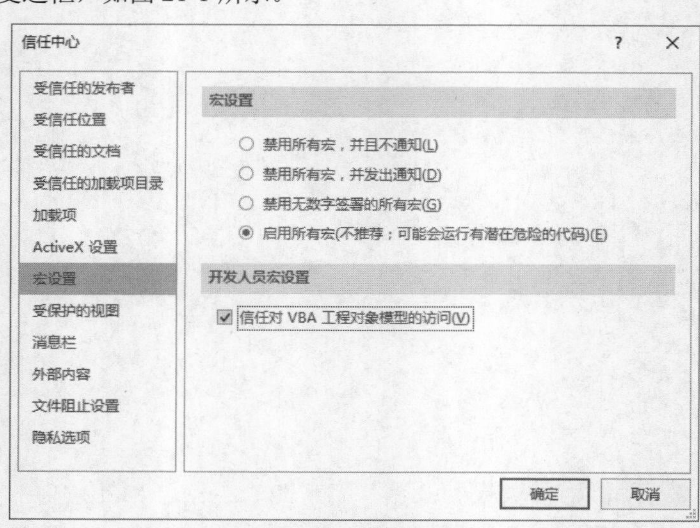

图 21-1　启用对 VBE 对象模型的访问权限

（4）单击两次“确定”按钮，依次关闭打开的对话框。

技巧：如果已将“开发工具”选项卡显示在功能区中，则可以在该选项卡中单击“宏安全性”按钮，这样将会直接打开图 21-1 所示的对话框，然后进行相应的设置。

案例 21-1　检查是否已启用对 VBE 对象模型的访问权限

可以使用 VBA 代码检查用户的 Excel 程序中是否已启用对 VBE 对象模型的访问权限，这样即使用户的 Excel 程序中没有启用该设置，也可以给出有所帮助的提示信息，以便引导用户进行正确的设置，而不是难以理解的运行时错误。

```
Sub 检查是否已启用对 VBE 对象模型的访问权限()
    Dim strMsg As String
    On Error Resume Next
    MsgBox ThisWorkbook.VBProject.Name
    If Err.Number <> 0 Then
        strMsg = "当前未启用对 VBE 对象模型的访问权限，" & vbCrLf
        strMsg = strMsg & "请在【Excel 选项】对话框的【信任中心】中" & vbCrLf
        strMsg = strMsg & "启用【信任对 VBA 工程对象模型的访问】选项"
        MsgBox strMsg, vbExclamation
    End If
End Sub
```

运行上面的代码，如果在 Excel 中没有启用对 VBE 对象模型的访问权限，则会显示如图 21-2 所示的提示信息，用户可以根据提示进行设置。

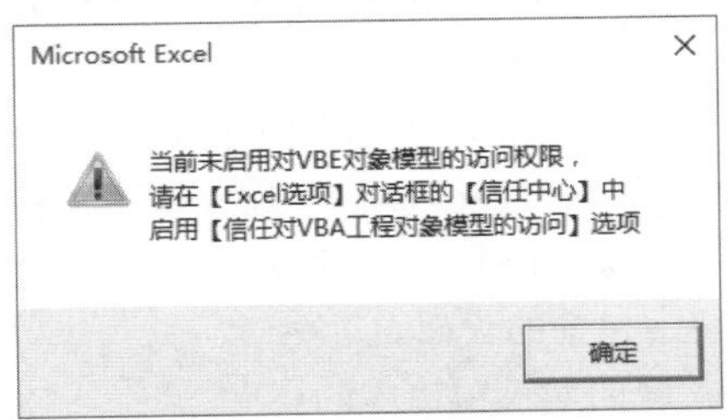

图 21-2　使用代码检查是否已启用对 VBE 对象模型的访问权限

21.1.2　添加对 VBIDE 类型库的引用

为了便于编程操作 VBE，需要在 VBA 工程中添加对 VBE 对象模型所属类型库的引用。在代码中该类型库的名称是 VBIDE，因此需要添加对 VBIDE 类型库的引用。之后就可以在代码中使用前期绑定技术的相关特性，比如将变量声明为 VBE 对象模型中的特定对象、使用自动成员列表快速输入对象的属性和方法、使用 VBE 对象模型中的内置常量等。可以使用下面的方法在 VBA 工程中添加对 VBIDE 类型库的引用：

（1）在 Excel 中新建或打开一个工作簿，按 Alt+F11 组合键打开 VBE 窗口，单击菜单栏中的“工具”|“引用”命令。

（2）打开“引用”对话框，在“可使用的引用”列表框中选中 Microsoft Visual Basic for Application Extensibility 5.3 复选框，如图 21-3 所示，然后单击“确定”按钮。

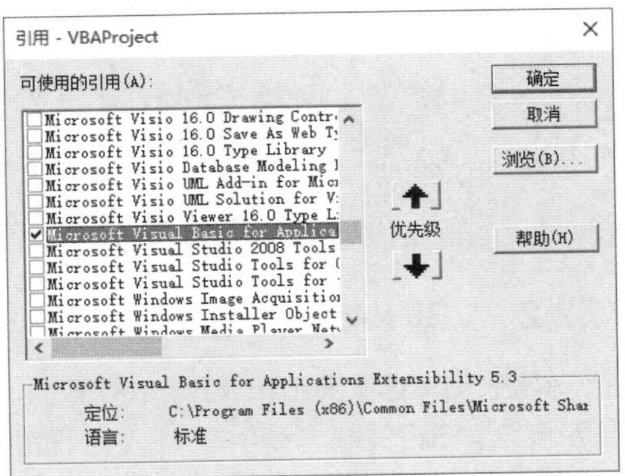

图 21-3　添加对 VBIDE 类型库的引用

21.2　理解 VBE 对象模型

在开始编程操作 VBE 之前，应该先了解 VBE 对象模型的组织结构以及其中包含的常用对象，以便可以更好地使用代码控制 VBE。

21.2.1　VBE 对象

VBE 对象是整个 VBE 对象模型中的顶层对象，类似于 Excel 对象模型中的 Application 对象。通过 VBE 对象可以逐层向下引用 VBE 对象模型中的其他对象。VBE 对象的下一层主要包含 5 个对象（集合）：

- VBProject（VBProjects）：用于访问 VBE 中的所有 VBA 工程。
- CodePane（CodePanes）：用于访问 VBE 中的所有代码窗口。
- CommandBar（CommandBars）：用于访问 VBE 中的命令栏。
- Window（Windows）：用于访问 VBE 中的所有窗口。
- AddIn（AddIns）：用于访问 VBE 中的所有外接程序。

本章主要介绍使用 VBProject（VBProjects）对象（集合）及其下层的对象编程操作 VBE 的方法，这些对象的层次结构如下所示：

```
VBE→VBProject→VBComponent→CodeModule
VBE→VBProject→VBComponent→Property
VBE→VBProject→VBComponent→Designer
```

在 VBProject 对象中包含特定 VBA 工程中的所有组件，以及在工程中引用的类型库。工程中的组件可以是 ThisWorkbook 模块、Sheet 模块、标准模块、类模块、用户窗体模块中的任何一个。每个组件都是一个 VBComponent 对象，在该对象中可以包含以下几个对象：

- CodeModule 对象：模块中包含的代码。
- Property 对象：与模块关联的属性窗口中的属性。
- Designer 对象：与模块关联的图形设计界面，比如用户窗体模块中的用户窗体设计窗口。

如果要创建一个对 VBE 对象的引用，则可以使用 Excel 对象模型中的 Application 对象的 VBE 属性来返回一个 VBE 对象。

案例 21-2　创建对 VBE 对象的引用

下面的代码将 objVBE 变量声明为 VBE 对象类型，并将使用 Application 对象的 VBE 属性所返回的 VBE 对象赋值给该变量，然后在对话框中显示由 VBE 对象的 Version 属性返回的 VBE 的版本号。

```
Sub 创建对VBE对象的引用()
    Dim objVBE As VBIDE.VBE
    Set objVBE = Application.VBE
    MsgBox objVBE.Version
End Sub
```

21.2.2　VBProject 对象

VBProject 对象表示在 VBE 中打开的一个特定的 VBA 工程，该工程与当前在 Excel 中打开的某个工作簿相关联。所有的 VBA 工程组成了 VBProjects 集合，只能通过在 Excel 中新建或打开一个工作簿来向 VBProjects 集合中添加一个新成员，或者在 Excel 中关闭一个工作簿来从 VBProjects 集合中删除一个成员。

如果要从 VBProjects 集合中引用特定的 VBProject 对象，则可以使用 Workbook 对象的 VBProject 属性。下面的代码引用与活动工作簿关联的 VBA 工程：

```
ActiveWorkbook.VBProject
```

案例 21-3　引用特定的 VBA 工程

下面的代码引用与名为“销售数据分析.xlsm”的工作簿关联的 VBA 工程，并在对话框中显示该工程的名称。为了避免在 Excel 中未打开该工作簿，因此加入了防错代码，并在出现运行时错误时显示预先指定的信息。

```
Sub 引用特定的 VBA 工程()
    Dim vbp As VBIDE.VBProject
    On Error Resume Next
    Set vbp = Workbooks("销售数据分析.xlsm").VBProject
    If vbp Is Nothing Then
        MsgBox "请确认已打开指定的工作簿或文件名拼写正确！"
        Exit Sub
    End If
    MsgBox vbp.Name
End Sub
```

21.2.3　VBComponent 对象

VBComponent 对象表示 VBA 工程中的一个模块，工程中包含的所有模块组成了 VBComponents 集合。通过 VBProject 对象的 VBComponents 属性返回特定工程中的 VBComponents 集合，然后可以使用模块的名称或索引号从 VBComponents 集合中引用特定的模块。

案例 21-4　引用 VBA 工程中的特定模块

下面的代码引用与活动工作簿关联的 VBA 工程中名为“模块 1”的模块，然后在对话框中显示该模块所属的 VBA 工程的名称。为了避免工程中不存在该模块，因此加入了防错代码，并在出现运行时错误时显示预先指定的信息。使用 VBComponent 对象的 Collection 属性可以返回 VBComponents 集合，然后使用 VBComponents 集合的 Parent 属性返回其上层的 VBProject 对象，最后使用 VBProject 对象的 Name 属性返回 VBA 工程的名称。

```
Sub 引用 VBA 工程中的特定模块()
    Dim vbc As VBIDE.VBComponent
    On Error Resume Next
    Set vbc = ActiveWorkbook.VBProject.VBComponents("模块 1")
    If vbc Is Nothing Then
        MsgBox "不存在指定的模块！"
        Exit Sub
    End If
    MsgBox vbc.Collection.Parent.Name
End Sub
```

VBComponent 对象有一个 Type 属性，用于区分不同类型的模块，该属性的值见表 21-1。

表 21-1　Type 属性的值

名　称	值	说　明
Vbext_ct_StdModule	1	标准模块
Vbext_ct_ClassModule	2	类模块
Vbext_ct_MSForm	3	窗体模块
Vbext_ct_Document	100	文档模块，包括 ThisWorkbook 模块和 Sheet 模块

案例 21-5　获取 VBA 工程中包含的所有模块的名称和类型

下面的代码在活动工作表的 A、B 两列中列出了与活动工作簿关联的 VBA 工程中包含的所有模块的名称和类型，如图 21-4 所示。

```
Sub 获取VBA工程中包含的所有模块的名称和类型()
    Dim vbc As VBIDE.VBComponent, intRow As Integer
    Cells.Clear
    intRow = 2
    For Each vbc In ActiveWorkbook.VBProject.VBComponents
        Cells(intRow, 1).Value = vbc.Name
        Select Case vbc.Type
            Case vbext_ct_StdModule
                Cells(intRow, 2).Value = "标准模块"
            Case vbext_ct_ClassModule
                Cells(intRow, 2).Value = "类模块"
            Case vbext_ct_MSForm
                Cells(intRow, 2).Value = "窗体模块"
            Case vbext_ct_Document
                Cells(intRow, 2).Value = "文档模块"
        End Select
        intRow = intRow + 1
    Next vbc
    With Range("A1:B1")
        .Value = Array("名称", "类型")
        .HorizontalAlignment = xlCenter
        .EntireColumn.AutoFit
    End With
End Sub
```

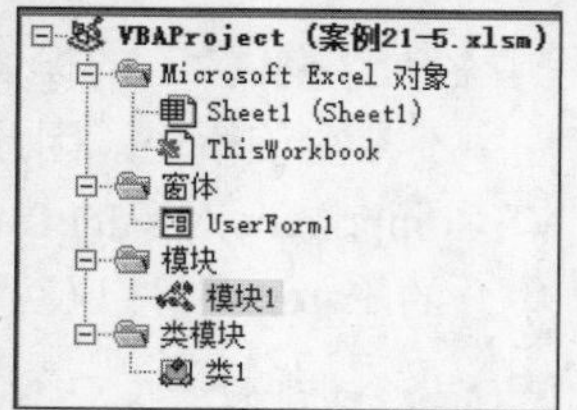

	A	B	C
1	名称	类型	
2	ThisWorkbook	文档模块	
3	Sheet1	文档模块	
4	模块1	标准模块	
5	UserForm1	窗体模块	
6	类1	类模块	
7			

图 21-4　获取 VBA 工程中包含的所有模块的名称和类型

如果要引用 Thisworkbook 模块、Sheet 模块或 Chart 模块，则可以使用这些对象的代码名称。下面的代码引用与活动工作簿关联的 VBA 工程中的 ThisWorkbook 模块：

```
Dim vbc As VBIDE.VBComponent
Set vbc = ActiveWorkbook.VBProject.VBComponents("ThisWorkbook")
```

如果 ThisWorkbook 模块的名称不是 ThisWorkbook，那么上面的代码将会出现运行时错误。为了避免这个问题，应该使用工作簿、工作表或图表工作表的代码名称来从 VBComponents 集合中引用相应的模块。

案例 21-6　使用代码名称引用 ThisWorkbook 模块

下面的代码将活动工作簿的代码名称存储到一个变量中，然后在 VBComponents 集合中使用该变量中存储的名称来引用 ThisWorkbook 模块。

```
Sub 使用代码名称引用特定的文档模块()
    Dim vbc As VBIDE.VBComponent, strName As String
    strName = ActiveWorkbook.CodeName
    Set vbc = ActiveWorkbook.VBProject.VBComponents(strName)
```

```
    MsgBox vbc.Name
End Sub
```

案例 21-7　使用代码名称引用特定的 Sheet 模块

下面的代码与上一个案例类似，将活动工作簿中的 Sheet1 工作表的代码名称存储到一个变量中，然后在 VBComponents 集合中使用该变量中存储的名称来引用相应的 Sheet 模块。

```
Sub 使用代码名称引用特定的 Sheet 模块()
    Dim vbc As VBIDE.VBComponent, strName As String
    strName = Worksheets("Sheet1").CodeName
    Set vbc = ActiveWorkbook.VBProject.VBComponents(strName)
    MsgBox vbc.Name
End Sub
```

使用 VBE 对象的 SelectedVBComponent 属性可以返回 VBComponent 对象，它表示在工程资源管理器中当前选中的模块。每个 VBComponent 对象都有一个 Properties 集合，基本上对应于在工程资源管理器中当前选中的 VBComponent 对象关联的属性窗口中的所有属性，其中的 Name 属性可以返回 VBComponent 对象的名称。

案例 21-8　使用 Name 属性引用当前选中的模块

下面的代码显示在工程资源管理器中当前选中的模块的名称。

```
Sub 使用 Name 属性获取当前选中的模块的名称()
    Dim vbc As VBIDE.VBComponent, strName As String
    Set vbc = Application.VBE.SelectedVBComponent
    MsgBox vbc.Properties("Name")
End Sub
```

21.2.4　CodeModule 对象

CodeModule 对象表示 VBA 工程中包含的所有代码，这些代码来自于 VBA 工程中的每一个模块。通过 VBComponent 对象的 CodeModule 属性返回 CodeModule 对象，每个 VBComponent 对象只有一个 CodeModule 对象，不存在 CodeModules 集合。使用 VBA 编程操作 VBE 的主要工作是操作 CodeModule 对象，包括读取、添加、修改和删除 VBA 代码。

案例 21-9　获取 VBA 工程中的特定模块中包含的所有过程的名称

下面的代码在活动工作表的 A、B 两列中列出了与活动工作簿关联的 VBA 工程中的特定模块中包含的所有 Sub 过程和 Function 过程的名称，如图 21-5 所示。将要从其中获取过程名的模块的名称存储到 strModuleName 变量中，以便于在代码中引用和修改。第一个 On Error Resume Next 语句用于防止特定模块不存在时出现运行时错误，第二个 On Error Resume Next 语句用于防止在向集合中添加重复项目时出现运行时错误。

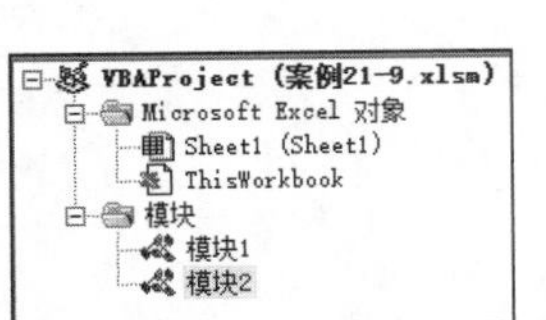

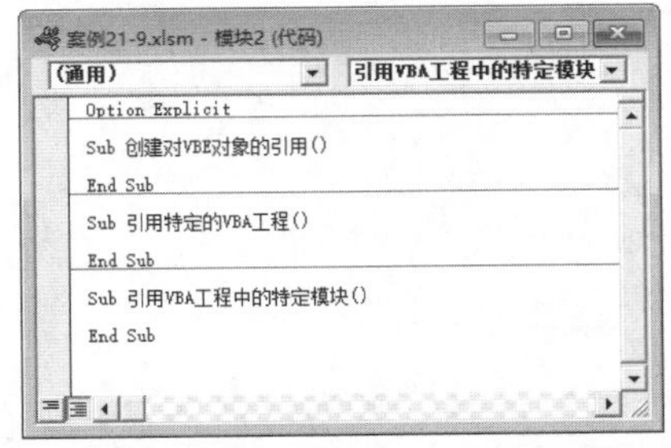

	A	B	C
1	模块2	创建对VBE对象的引用	
2		引用特定的VBA工程	
3		引用VBA工程中的特定模块	
4			

图 21-5　获取 VBA 工程中的特定模块中包含的所有过程的名称

将表示特定模块中包含的所有代码的 CodeModule 对象赋值给 cdm 变量，然后在 For Next 循环结构中从该模块的第一行代码遍历到最后一行代码，使用 CodeModule 对象的 CountOfLines 属性可以返回模块中所有代码的总行数。然后使用 CodeModule 对象的 ProcOfLine 属性返回当前代码行所属的过程的名称，接着判断过程名是否为空，如果不为空则将其添加到集合中，以去除重复值。最后在另一个 For Next 循环结构中遍历集合中的每一项，并将其依次写入工作表中的 B 列。

```
Sub 获取VBA工程中的特定模块中包含的所有过程的名称()
    Dim cdm As VBIDE.CodeModule, cnn As Collection
    Dim strModuleName As String, strProcName As String
    Dim intCodeLine As Integer, intRow As Integer
    Set cnn = New Collection
    strModuleName = "模块2"
    On Error Resume Next
    Set cdm = ActiveWorkbook.VBProject.VBComponents(strModuleName).CodeModule
    On Error GoTo 0
    Cells.Clear
    Range("A1").Value = strModuleName
    On Error Resume Next
    For intCodeLine = 1 To cdm.CountOfLines
        strProcName = cdm.ProcOfLine(intCodeLine, vbext_pk_Proc)
        If strProcName <> "" Then
            cnn.Add strProcName, strProcName
        End If
    Next intCodeLine
    For intRow = 1 To cnn.Count
        Cells(intRow, 2).Value = cnn(intRow)
    Next intRow
    Range("A1:B1").EntireColumn.AutoFit
End Sub
```

案例 21-10　获取 VBA 工程中包含的所有模块中的代码的总行数

下面的代码在活动工作表的 A～C 列中列出了与活动工作簿关联的 VBA 工程中包含的所有模块的名称、类型以及模块包含的代码的总行数，如图 21-6 所示。本例中使用 CodeModule 对象的 CountOfLines 属性返回特定模块中包含的代码的总行数。

```
Sub 获取VBA工程中包含的所有模块中的代码的总行数()
    Dim vbc As VBIDE.VBComponent, intRow As Integer
    Cells.Clear
    intRow = 2
    For Each vbc In ActiveWorkbook.VBProject.VBComponents
        Cells(intRow, 1).Value = vbc.Name
        Cells(intRow, 3).Value = vbc.CodeModule.CountOfLines
        Select Case vbc.Type
            Case vbext_ct_StdModule
                Cells(intRow, 2).Value = "标准模块"
            Case vbext_ct_ClassModule
                Cells(intRow, 2).Value = "类模块"
            Case vbext_ct_MSForm
                Cells(intRow, 2).Value = "窗体模块"
            Case vbext_ct_Document
                Cells(intRow, 2).Value = "文档模块"
        End Select
        intRow = intRow + 1
    Next vbc
    With Range("A1:C1")
        .Value = Array("名称", "类型", "代码行数")
```

```
        .HorizontalAlignment = xlCenter
        .EntireColumn.AutoFit
    End With
End Sub
```

	A	B	C	D
1	名称	类型	代码行数	
2	ThisWorkbook	文档模块	5	
3	Sheet1	文档模块	5	
4	模块1	标准模块	28	
5	模块2	标准模块	13	
6				

图 21-6　获取 VBA 工程中包含的所有模块中的代码的总行数

21.2.5　CodePane 对象

CodePane 对象表示 VBA 工程中的代码窗口，使用该对象可以选择代码并返回所选择的位置。通过 CodeModule 对象的 CodePane 属性返回与 CodeModule 对象关联的 CodePane 对象，使用 VBE 对象的 ActiveCodePane 属性可以返回当前正在编辑的 CodePane 对象。

21.2.6　Designer 对象

Designer 对象表示 VBA 工程中包含的模块所对应的图形设计界面。在 VBE 中只有用户窗体模块才有对应的图形设计界面。

21.2.7　Reference 对象

Reference 对象表示在 VBA 工程中引用的特定类型库。在 VBA 工程中引用的所有类型库组成了 References 集合。通过 VBProject 对象的 References 属性返回特定工程中的 References 集合，然后可以使用类型库的名称或索引号从 References 集合中引用特定的类型库。

案例 21-11　获取在 VBA 工程中引用的所有类型库的相关信息

下面的代码在活动工作表的 A～D 列中列出了与活动工作簿关联的 VBA 工程中引用的所有类型库的相关信息，包括名称、描述和路径，还包括引用的类型库能否从 VBA 工程中移除，如图 21-7 所示。名称是指在 VBA 代码中引用类型库时使用的名称。

```
Sub 获取在 VBA 工程中引用的所有类型库的相关信息()
    Dim ref As VBIDE.Reference, intRow As Integer
    intRow = 2
    Cells.Clear
    For Each ref In ActiveWorkbook.VBProject.References
        Cells(intRow, 1).Value = ref.Name
        Cells(intRow, 2).Value = ref.Description
        Cells(intRow, 3).Value = ref.FullPath
        Cells(intRow, 4).Value = IIf(ref.BuiltIn, "不能", "能")
        intRow = intRow + 1
    Next ref
    With Range("A1:D1")
        .Value = Array("名称", "描述", "路径", "类型库能否被移除")
        .HorizontalAlignment = xlCenter
        .EntireColumn.AutoFit
    End With
End Sub
```

名称	描述	路径	类型库能否被移除
VBA	Visual Basic For Applications	C:\Program Files (x86)\Common Files\Microsoft Shared\VBA\VBA7.1\VBE7.DLL	不能
Excel	Microsoft Excel 16.0 Object Library	C:\Program Files (x86)\Microsoft Office\Root\Office16\EXCEL.EXE	不能
stdole	OLE Automation	C:\Windows\SysWOW64\stdole2.tlb	能
Office	Microsoft Office 16.0 Object Library	C:\Program Files (x86)\Common Files\Microsoft Shared\OFFICE16\MSO.DLL	能
VBIDE	Microsoft Visual Basic for Applications Extensibility 5.3	C:\Program Files (x86)\Common Files\Microsoft Shared\VBA\VBA6\VBE6EXT.OLB	能
MSForms	Microsoft Forms 2.0 Object Library	C:\WINDOWS\SysWOW64\FM20.DLL	能

图 21-7　获取在 VBA 工程中引用的所有类型库的相关信息

21.3　使用 VBA 编程操作 VBE

本节将介绍使用 VBA 编程操作 VBE 的方法，包括添加和删除模块、编写普通 VBA 过程和事件过程的代码，以及创建用户窗体和控件并编写相关的事件代码。

21.3.1　使用 VBA 自动添加和删除模块

可以使用 VBA 自动在 VBA 工程中添加模块，也可以删除 VBA 工程中的模块，但是不能使用 VBA 添加和删除与工作簿和工作表关联的 ThisWorkbook 模块和 Sheet 模块。如果要在 VBA 工程中添加 ThisWorkbook 模块和 Sheet 模块，则需要在 Excel 界面中新建或打开一个工作簿，以及在工作簿中添加新的工作表。可以添加和删除的模块类型包括以下 3 种，在前面介绍 VBComponent 对象的 Type 属性时也曾介绍过它们。

- 标准模块：在代码中表示为 Vbext_ct_StdModule。
- 类模块：在代码中表示为 Vbext_ct_ClassModule。
- 窗体模块：在代码中表示为 Vbext_ct_MSForm。

案例 21-12　使用 VBA 自动在 VBA 工程中添加新的模块

下面的代码在与活动工作簿关联的 VBA 工程中添加一个名为“模块 1”的模块。如果 VBA 工程中已经存在同名模块，则将出现运行时错误，因此必须编写防错代码。通过预先将特定名称的模块赋值给一个对象变量，然后检查该变量的值是否是 Nothing。如果是则说明 VBA 工程中不存在该名称的模块，可以进行添加并使用 Name 属性对新模块命名，如果变量的值不是 Nothing，说明 VBA 工程中已经存在同名模块，此时显示提示信息并退出程序。

```
Sub 使用VBA自动在VBA工程中添加新的模块()
    Dim vbc As VBIDE.VBComponent, strName As String
    strName = "模块1"
    On Error Resume Next
    Set vbc = ActiveWorkbook.VBProject.VBComponents(strName)
    If vbc Is Nothing Then
        Set vbc = ActiveWorkbook.VBProject.VBComponents.Add(vbext_ct_StdModule)
        vbc.Name = strName
    Else
        MsgBox "工程中已经存在名为【" & strName & "】的模块！"
        Exit Sub
    End If
End Sub
```

案例 21-13　使用 VBA 自动删除 VBA 工程中的所有模块

下面的代码删除与活动工作簿关联的 VBA 工程中的所有的标准模块、类模块和用户窗体模块。由于不能使用 VBA 删除与工作簿和工作表关联的 ThisWorkbook 模块和 Sheet 模块，因此需要检查 VBComponent 对象的类型是否是以上两种模块，以将它们排除在外，否则将出现运行时错误。代码中可以不判断当前 VBComponent 对象的名称是否是包含本例代码的模块名称，这样在删除模块时也会将该模块删除。

```
Sub 使用VBA自动删除VBA工程中的所有模块()
    Dim vbc As VBIDE.VBComponent, vbcs As VBIDE.VBComponents
    Set vbcs = ActiveWorkbook.VBProject.VBComponents
    For Each vbc In vbcs
        If vbc.Name <> "模块1" And vbc.Type <> vbext_ct_Document Then
            vbcs.Remove vbc
        End If
    Next vbc
End Sub
```

案例 21-14　使用 VBA 自动删除 VBA 工程中的所有模块及其中包含的代码

下面的代码与上一个案例类似，除了可以删除 VBA 工程中的所有模块以外，还将删除 ThisWorkbook 模块和 Sheet 模块中的所有代码。代码中使用 CodeModule 对象的 DeleteLines 方法删除指定范围内的代码行，该方法包含两个参数，分别指定要删除的代码的起始行的行号和结束行的行号。

```
Sub 使用VBA自动删除VBA工程中的所有模块()
    Dim vbc As VBIDE.VBComponent, vbcs As VBIDE.VBComponents
    Set vbcs = ActiveWorkbook.VBProject.VBComponents
    For Each vbc In vbcs
        If vbc.Type = vbext_ct_Document Then
            vbc.CodeModule.DeleteLines 1, vbc.CodeModule.CountOfLines
        Else
            If vbc.Name <> "模块1" Then
                vbcs.Remove vbc
            End If
        End If
    Next vbc
End Sub
```

21.3.2　使用 VBA 自动编写 VBA 代码

可以使用 VBA 自动编写 VBA 过程中的代码，本节将介绍编写普通的 Sub 过程和工作簿事件过程的代码。

案例 21-15　使用 VBA 自动创建普通的 VBA 过程并编写代码

下面的代码使用 VBA 自动创建了一个名为“测试”的 Sub 过程，并为该过程编写了 3 句代码，如图 21-8 所示。使用 VBA 自动创建代码需要使用 CodeModule 对象的 InsertLines 方法，该方法包含两个参数，第一个参数表示要从哪一行开始放置创建的代码，第二个参数表示要创建的代码的具体内容。

```
Sub 使用VBA自动创建普通的VBA过程并编写代码()
    Dim strCodeText As String, intCodeLine As Integer
    Dim cdm As VBIDE.CodeModule, strModuleName As String
    strModuleName = "模块1"
    On Error Resume Next
    Set cdm = ActiveWorkbook.VBProject.VBComponents(strModuleName).CodeModule
    If cdm Is Nothing Then
        MsgBox "工程中不存在【" & strModuleName & "】模块，无法创建代码！"
        Exit Sub
    End If
    strCodeText = "Sub 测试()" & vbCrLf
    strCodeText = strCodeText & "    MsgBox ""这是一个使用VBA代码自动创建的过程！""" & vbCrLf
    strCodeText = strCodeText & "End Sub" & vbCrLf
```

```
    intCodeLine = cdm.CountOfLines + 1
    cdm.InsertLines intCodeLine, strCodeText
End Sub
```

```
案例21-15.xlsm - 模块1 (代码)
(通用)    使用VBA自动创建普通的VBA过程并编写
Option Explicit

Sub 使用VBA自动创建普通的VBA过程并编写代码()
    Dim strCodeText As String, intCodeLine As Integer
    Dim cdm As VBIDE.CodeModule, strModuleName As String
    strModuleName = "模块1"
    On Error Resume Next
    Set cdm = ActiveWorkbook.VBProject.VBComponents(strModuleName).CodeModule
    If cdm Is Nothing Then
        MsgBox "工程中不存在【" & strModuleName & "】模块，无法创建代码！"
        Exit Sub
    End If
    strCodeText = "Sub 测试()" & vbCrLf
    strCodeText = strCodeText & "    MsgBox ""这是一个使用VBA代码自动创建的过
    strCodeText = strCodeText & "End Sub" & vbCrLf
    intCodeLine = cdm.CountOfLines + 1
    cdm.InsertLines intCodeLine, strCodeText
End Sub

Sub 测试()
    MsgBox "这是一个使用VBA代码自动创建的过程！"
End Sub
```

图 21-8　使用 VBA 自动创建普通的 VBA 过程并编写代码

案例 21-16　使用 VBA 自动创建工作簿事件过程并编写代码

下面的代码与上一个案例类似，但是创建的是工作簿的事件过程及其代码，因此该代码必须放置到 ThisWorkbook 模块中，如图 21-9 所示。由于 VBA 工程中不可能没有 ThisWorkbook 模块，因此不需要进行防错处理。但是由于用户可能会将默认的 ThisWorkbook 改为其他名称，因此为了避免出错，应该使用 Workbook 对象的 CodeName 属性来获得正确的工作簿的代码名称。当使用 VBA 编写的过程中的代码包含双引号时，需要使用两个双引号来确保获得正确的引号。

```
Sub 使用 VBA 自动创建普通的 VBA 过程并编写代码()
    Dim strCodeText As String, intCodeLine As Integer
    Dim cdm As VBIDE.CodeModule, strModuleName As String
    strModuleName = ActiveWorkbook.CodeName
    Set cdm = ActiveWorkbook.VBProject.VBComponents(strModuleName).CodeModule
    strCodeText = "Private Sub Workbook_Open()" & vbCrLf
    strCodeText = strCodeText & "    MsgBox ""欢迎使用本系统！""" & vbCrLf
    strCodeText = strCodeText & "End Sub" & vbCrLf
    intCodeLine = cdm.CountOfLines + 1
    cdm.InsertLines intCodeLine, strCodeText
End Sub
```

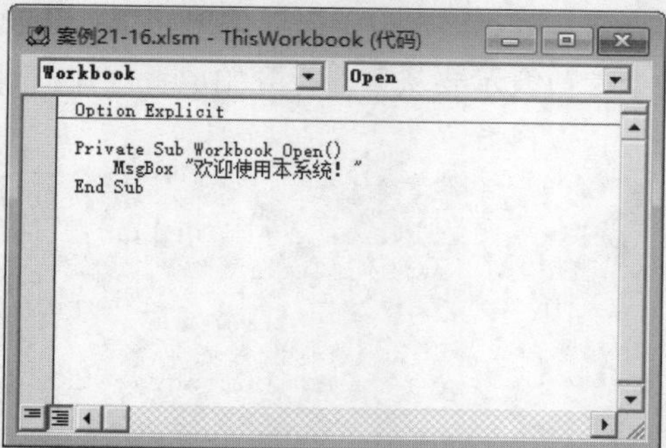

图 21-9　使用 VBA 自动创建工作簿事件过程并编写代码

21.3.3　使用 VBA 自动创建用户窗体和控件并编写事件代码

可以使用 VBA 自动在已有的用户窗体中添加控件，或创建用户窗体及其中包含的控件，并编写它们的事件代码。在工程资源管理器中双击用户窗体模块打开的窗口称为设计窗口，该窗口中的用户窗体是一个窗体类，所有基于该用户窗体运行的实例都与该窗体类具有完全相同的外观和功能。

因此可以将用户窗体的设计阶段分为设计时和运行时两种，使用 VBA 可以在设计时创建用户窗体及其中包含的控件，也可以在运行时创建用户窗体及其中包含的控件。在设计时创建的用户窗体和控件被认为是窗体类和控件类，它们一直存在，使用 VBE 对象模型中的 Designer 对象可以在设计时向用户窗体中添加控件。而在运行时创建的用户窗体和控件则只存在于内存中，并不会影响设计窗口中的用户窗体及其中包含的控件的外观和功能。

案例 21-17　使用 VBA 在运行时自动在用户窗体中创建控件

下面的代码在运行时自动在现有的名为 UserForm1 的用户窗体中创建一个命令按钮控件，如图 21-10 所示的左侧为设计窗口中的用户窗体，右侧为运行后的用户窗体。

```
Sub 使用VBA在运行时自动在用户窗体中创建控件()
    Dim cmdOk As CommandButton
    Set cmdOk = UserForm1.Controls.Add("Forms.CommandButton.1")
    With cmdOk
        .Caption = "确定"
        .Width = 100
        .Height = 30
        .Left = 65
        .Top = 100
    End With
    UserForm1.Show
End Sub
```

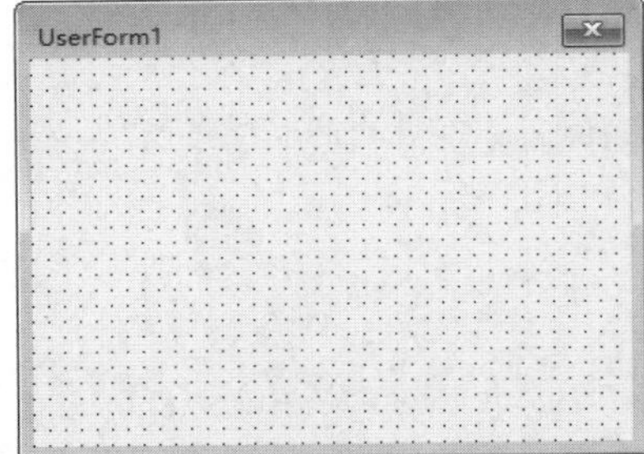

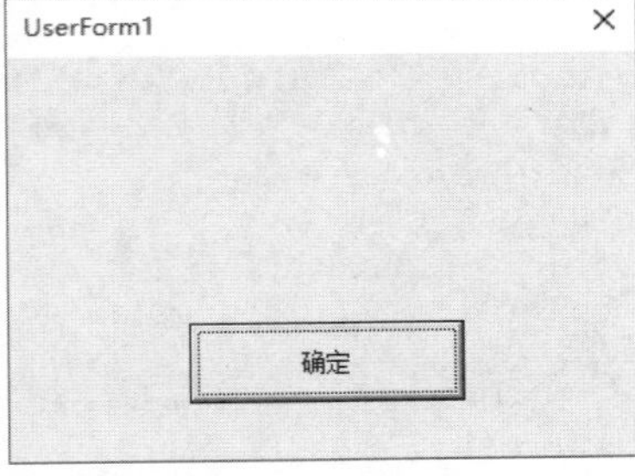

图 21-10　使用 VBA 在运行时自动在用户窗体中创建控件

使用 VBA 代码创建控件时必须指明控件的 ProgID，格式如下，“控件类型的名称”部分需要使用要创建的控件类型的英文名称进行替换。

```
Forms.控件类型的名称.1
```

例如，本例中创建的是命令按钮控件，其格式如下：

```
Forms.CommandButton.1
```

如果要创建的是文本框，则使用如下格式，其他控件类型的格式以此类推。

```
Forms.TextBox.1
```

案例 21-18　使用 VBA 在设计时自动在用户窗体中创建控件

下面的代码与上一个案例类似，区别在于本例中使用 Designer 对象在设计时在用户窗体中创建控件，这些控件永久存在，不会在程序运行结束后自动消失。

```
Sub 使用VBA在设计时自动在用户窗体中创建控件()
    Dim vbc As VBIDE.VBComponent, cmdOk As CommandButton
```

```
    Set vbc = ActiveWorkbook.VBProject.VBComponents("UserForm1")
    Set cmdOk = vbc.Designer.Controls.Add("Forms.CommandButton.1")
    With cmdOk
        .Caption = "确定"
        .Width = 100
        .Height = 30
        .Left = 65
        .Top = 100
    End With
End Sub
```

案例 21-19 全自动创建用户窗体、控件及其 VBA 代码

下面的代码使用 VBA 自动创建用户窗体及其中包含的控件，并编写它们的事件代码。首先使用 VBE 对象的 MainWindow 属性返回 Window 对象，然后将该对象的 Visible 属性设置为 False 暂时隐藏 VBE 窗口，这样可以避免在创建用户窗体时出现屏幕闪动。

然后使用 VBComponents 集合的 Add 方法创建一个临时的用户窗体，并设置该用户窗体的标题和尺寸，这些设置通过 Caption、Width 和 Height 三个属性实现。接着用 Designer 对象的 Controls 集合的 Add 方法在用户窗体中创建一个命令按钮控件，并设置该命令按钮的标题和位置。

接着在 strCodeText 变量中存储命令按钮的 Click 事件代码，并使用与用户窗体关联的 CodeModule 对象的 InsertLines 方法创建代码。由于是在运行时创建的临时的用户窗体，为了显示该用户窗体，需要使用 UserForms 集合的 Add 方法将其添加到 UserForms 集合中，然后使用 Show 方法显示该用户窗体。最后使用 VBComponents 集合的 Remove 方法将创建的临时用户窗体删除。

```
Sub 使用VBA自动创建用户窗体和控件并编写事件代码()
    Dim vbcForm As VBIDE.VBComponent, cmdOk As CommandButton
    Dim strCodeText As String, intCodeLine As Integer
    Application.VBE.MainWindow.Visible = False
    Set vbcForm = ThisWorkbook.VBProject.VBComponents.Add(vbext_ct_MSForm)
    With vbcForm
        .Properties("Caption") = "测试"
        .Properties("Width") = 260
        .Properties("Height") = 160
    End With
    Set cmdOk = vbcForm.Designer.Controls.Add("Forms.CommandButton.1")
    With cmdOk
        .Caption = "确定"
        .Left = 90
        .Top = 55
    End With
    strCodeText = "Private Sub CommandButton1_Click()" & vbCrLf
    strCodeText = strCodeText & "    MsgBox""这是在运行时创建的命令按钮控件! """ & vbCrLf
    strCodeText = strCodeText & "End Sub"
    With vbcForm.CodeModule
        intCodeLine = .CountOfLines + 1
        .InsertLines intCodeLine, strCodeText
    End With
    VBA.UserForms.Add(vbcForm.Name).Show
    ThisWorkbook.VBProject.VBComponents.Remove vbcForm
End Sub
```

第 22 章　创建和使用加载项

Excel 加载项提供了一种通用性，可以将在特定工作簿中使用 VBA 开发的功能变成可以在所有工作簿中使用的通用功能。只需在计算机中进行简单的安装，就可以在任何一个打开的工作簿中使用加载项中包含的功能，而且在每次启动 Excel 时会随之自动加载，就像使用 Excel 内置功能一样方便。本章将详细介绍创建和管理加载项的方法，还介绍了使用 VBA 操作加载项的方法。

22.1　了解加载项

本节主要介绍与加载项相关的一些基本内容，通过这些内容可以对加载项有一个比较全面的了解，包括使用加载项的原因以及加载项的特点和工作方式。本节的最后还对“加载项”对话框进行了简要介绍。

22.1.1　使用加载项的原因

Excel 包含一些内置的加载项，用于为 Excel 提供一些额外的新功能。用户也可以根据需要使用 VBA 为自己或他人开发加载项，从而满足个性化的功能所需。创建好的加载项可供自己使用，也可以非常方便地分发给其他用户。创建和使用加载项可能有以下几个原因。

1. 扩展 Excel 功能

创建加载项的主要原因是为了扩展 Excel 功能。虽然 Excel 具备强大的功能，但是仍然无法满足用户在实际应用中所需的各种不同功能。通过 VBA 可以开发出 Excel 内置功能以外的新功能，从而扩展 Excel 功能。

2. 简化操作

很多复杂的计算公式需要通过多个函数的嵌套使用才能完成，对于对公式和函数不太熟悉的用户来说，无疑增加了使用难度。使用 VBA 开发能够完成特定任务的用户自定义函数，可以极大地简化公式的复杂度。

3. 提供应用程序级访问

在普通工作簿中使用 VBA 创建的 Sub 过程、用户自定义函数、界面定制等内容都只能在包含这些代码和对象的工作簿中使用，而无法用于其他工作簿。加载项的出现解决了这个问题。从普通工作簿创建加载项之后，可以让其中包含的功能被当前打开的任何一个工作簿使用，提供 Excel 应用程序级的访问。

22.1.2　加载项的特点与工作方式

虽然加载项也是工作簿的一种，但其行为方式与普通工作簿有很大区别，具体表现在以下几个方面：

- 安装后的加载项可以在每次 Excel 启动时自动启动，不需要重复安装。
- 安装后的加载项始终处于隐藏状态，无法让加载项显示在 Excel 窗口中，也不能查看加载项中包含的工作表和图表。
- 在加载项中创建的 Sub 过程、用户自定义函数、界面定制等内容可以被当前打开的所有工作簿使用，并且不需要在使用 Sub 过程或用户自定义函数时添加加载项名称的限定。
- 加载项中包含的 Sub 过程不会显示在“宏”对话框中，因此无法使用该对话框运行加载项中的 Sub 过程，但是可以从用户界面中运行这些 Sub 过程，也可以在公式中使用加载项中包含的用户自定义函数。
- 安装后的加载项不受宏安全性设置的影响，无论该设置当前是否禁用了所有宏，加载项中的宏都始终可用。

22.1.3 加载项的存储位置和管理工具

Excel 2016 内置的加载项通常位于 Windows 系统文件所在的磁盘分区的以下路径中，其他版本 Excel 的内置加载项的存储路径与其类似。

```
C:\Program Files\Microsoft Office\Root\Office16\Library\
```

用户创建的加载项的默认存储路径如下，其中的<用户名>由用户登录系统时使用的用户名决定。使用 Application 对象的 UserLibraryPath 属性可以返回该路径。

```
C:\Users\<用户名>\AppData\Roaming\Microsoft\AddIns
```

可以使用以下方法查看 Excel 内置加载项的存储路径：在功能区“开发工具”选项卡中单击“宏安全性”按钮，打开“信任中心”对话框，在左侧选择“受信任位置”，在右侧将会显示包括 Excel 加载项在内的所有 Excel 默认位置，如图 22-1 所示。

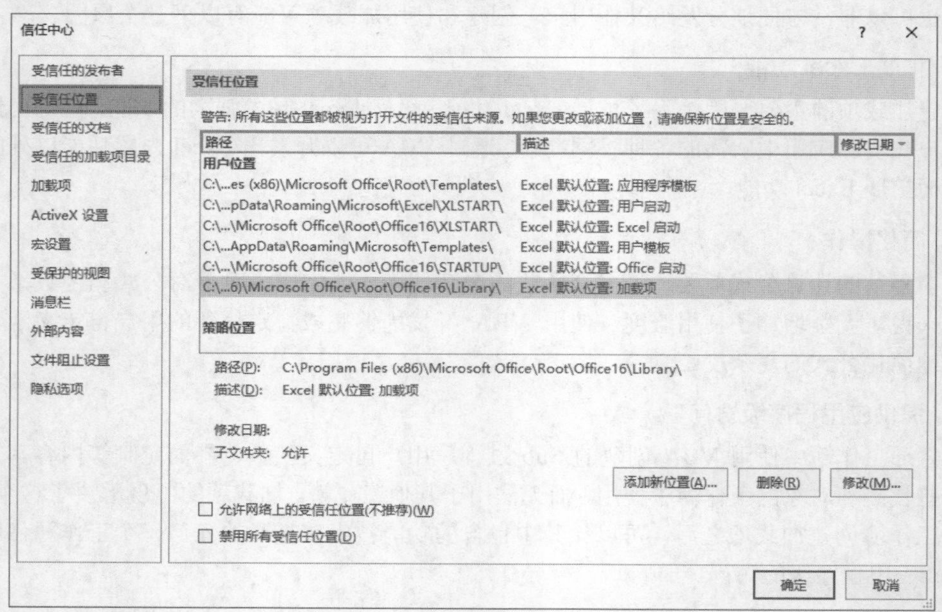

图 22-1 查看 Excel 内置加载项的存储位置

“加载项”对话框是 Excel 中用于安装和管理 Excel 加载项的工具，可以使用以下两种方法打开“加载项”对话框：

- 单击 Excel 功能区左侧的“文件”按钮，然后选择“选项”命令，打开“Excel 选项”对话框。在左侧选择“加载项”，然后在右侧底部的“管理”下拉列表中选择“Excel 加载项”，最后单击“转到”按钮，如图 22-2 所示。
- 在功能区“开发工具”选项卡中单击“Excel 加载项”按钮。

打开的“加载项”对话框如图 22-3 所示，其中显示了位于加载项存储路径中包含的所有加载项。选择一个加载项，对话框下方可能会显示关于该加载项功能的简要说明，是否显示取决于创建加载项时是否为其添加了描述信息。如果加载项左侧的复选框处于选中状态，则说明已经安装了该加载项，在 Excel 中打开的所有工作簿都可以使用该加载项中包含的功能。

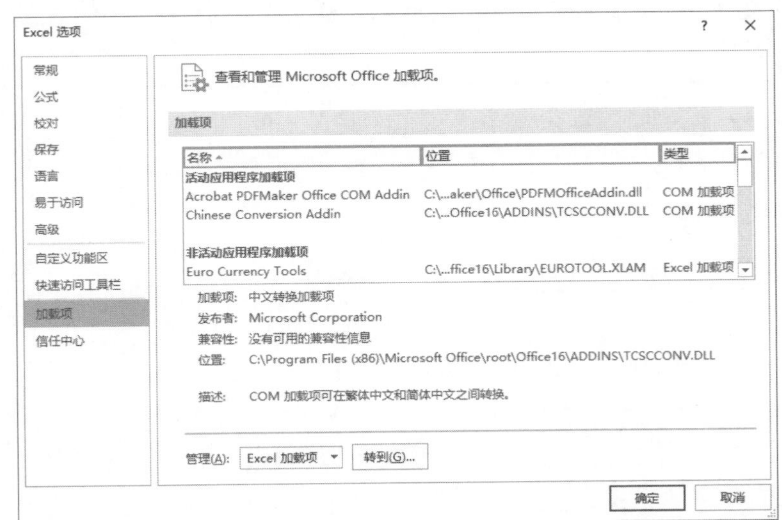

图 22-2　通过“Excel 选项”对话框打开“加载项”对话框

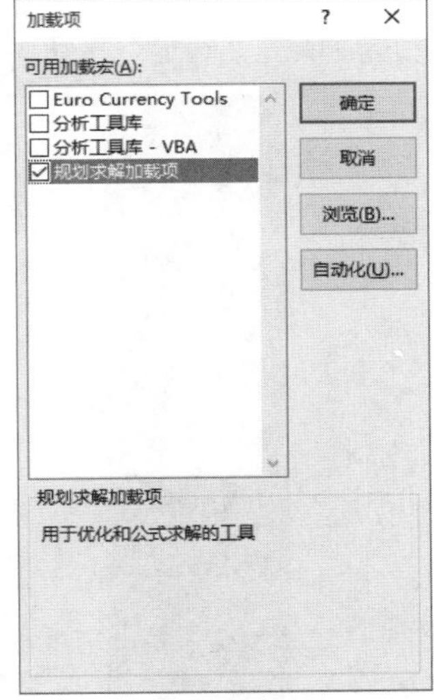

图 22-3　“加载项”对话框

加载项在列表中显示的名称由以下方式决定：

- 如果没有为加载项文件设置“标题”属性，那么显示在“加载项”对话框中的就是该加载项的文件名。
- 如果为加载项文件设置了“标题”属性，那么显示在“加载项”对话框中的是在“标题”属性中设置的内容，而不是加载项的文件名。

例如，如果一个加载项的文件名是“自定义工具”，将其“标题”属性设置为“大小写转换”，那么该加载项在“加载项”对话框中将显示为“大小写转换”而不是“自定义工具”。

提示：如果 Excel 当前处于运行状态，那么在将加载项文件添加到 AddIns 文件夹后，在“加载项”对话框中不会显示新增的加载项。只有退出并重新启动 Excel，才会在“加载项”对话框中显示新添加到 AddIns 文件夹中的加载项。

22.2　创建加载项

Excel 2007 以及更高版本 Excel 中的加载项文件的扩展名是.xlam，Excel 早期版本中的加载项文件的扩展名是.xla。如果要创建在多个不同版本中使用的加载项，则应该创建.xla 文件格式的加载项。创建加载项的过程并不复杂，通常需要以下几个步骤：

设置加载项的标题和描述信息→保护 VBA 工程→创建加载项

22.2.1 为加载项添加标题和描述信息

为了让加载项可以在“加载项”对话框中显示友好的说明信息，需要为将要创建加载项的工作簿添加标题和描述信息。可以在创建加载项之前为工作簿添加该信息，也可以在创建加载项之后为加载项文件添加该信息。两种方法的操作过程基本相同，区别在于添加信息的时机。

案例 22-1 设置加载项的标题和描述信息

在 Excel 中打开要创建加载项的工作簿，然后单击“文件”按钮并选择“信息”命令，在右侧选择“属性”|“高级属性”命令，如图 22-4 所示。打开如图 22-5 所示的对话框，在“标题”和“备注”文本框中输入要在“加载项”对话框中显示的有关该加载项的名称和说明信息，完成后单击“确定”按钮关闭对话框。

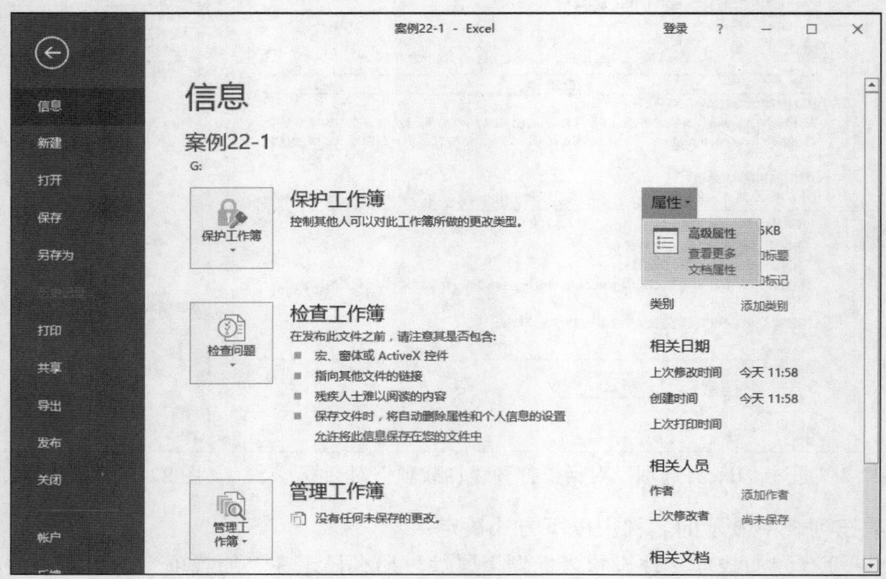

图 22-4 选择“高级属性”命令

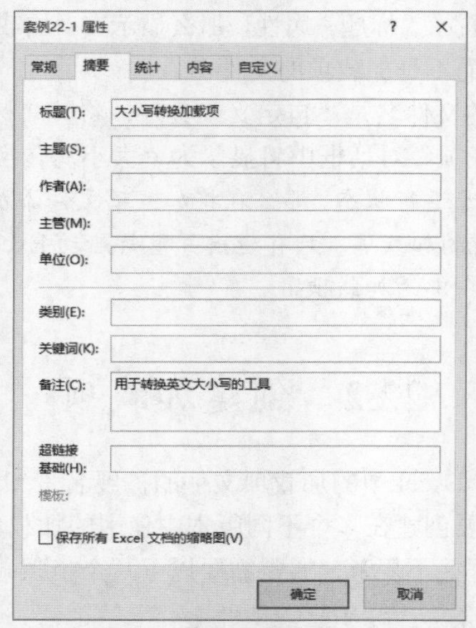

图 22-5 为加载项添加标题和描述信息

如果在创建加载项之前没有为工作簿设置标题和描述信息，那么可以在创建加载项之后为加载项文件设置类似信息。只需进入包含加载项文件的文件夹，右击要添加说明信息的加载项文件，在弹出的菜单中选择“属性”命令，然后就可以在打开的属性对话框中设置加载项的标题和备注。

22.2.2　保护加载项中的模块和 VBA 代码

为了防止其他用户查看和编辑加载项中包含的模块和 VBA 代码，可以在创建加载项之前为 VBA 工程设置保护。

案例 22-2　保护加载项的安全

打开要创建加载项的工作簿，然后按 Alt+F11 组合键打开 VBE 窗口。在工程资源管理器中右击与该工作簿关联的 VBA 工程中的任意一项，在弹出的菜单中选择“大小写转换属性”命令，如图 22-6 所示。

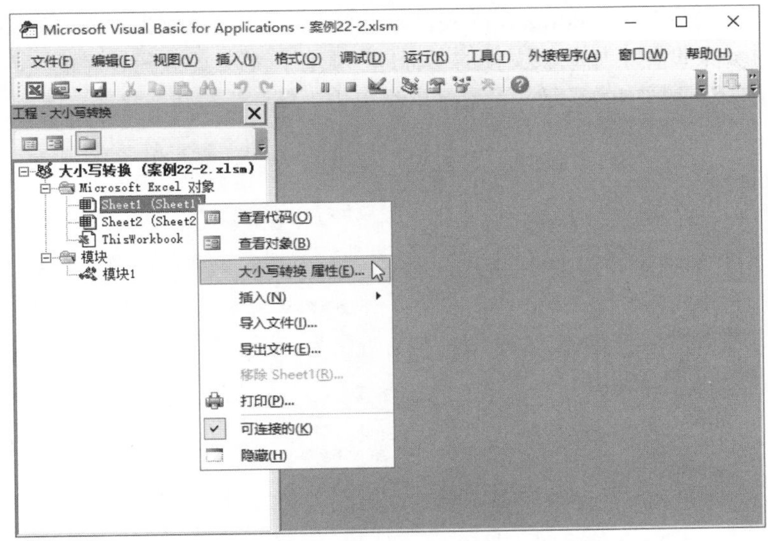

图 22-6　选择“大小写转换属性”命令

打开 VBA 工程属性对话框，在“保护”选项卡中选中“查看时锁定工程”复选框，然后输入两次相同的密码（比如 666），如图 22-7 所示，单击“确定”按钮关闭对话框，最后保存工作簿。

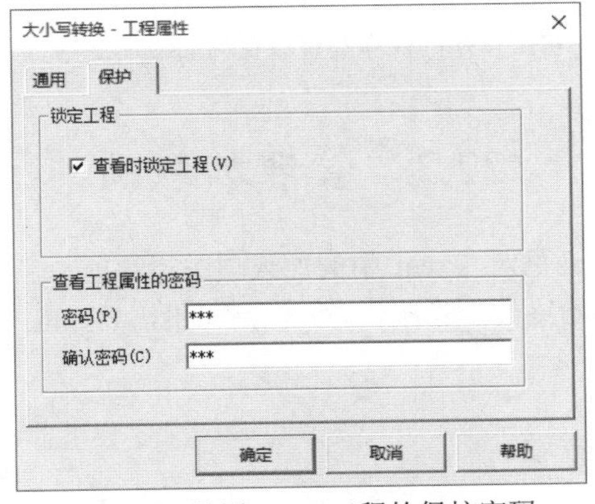

图 22-7　设置 VBA 工程的保护密码

22.2.3 创建加载项

创建加载项之前，必须确保要创建加载项的工作簿中包含一个活动工作表，否则无法从工作簿创建.xlam 或.xla 格式的加载项文件。创建加载项的方法是对工作簿执行另存操作，然后以.xlam 或.xla 文件格式保存。

案例 22-3 从工作簿创建加载项

打开要创建加载项的工作簿，单击“文件”按钮并选择“导出”命令，然后双击右侧的“更改文件类型”命令。打开“另存为”对话框，在“保存类型”下拉列表中选择以下两项之一：

- 如果要创建应用于 Excel 2007 以及更高版本 Excel 的加载项，则选择“Excel 加载宏”选项。
- 如果要创建应用于 Excel 2003 以及更低版本 Excel 的加载项，则选择“Excel 97-2003 加载宏”选项。

无论选择保存为适用于哪个 Excel 版本的加载宏选项，对话框中的保存位置都会自动定位到存储用户自定义加载项的 AddIns 文件夹，如图 22-8 所示。可以为加载项文件起一个易于识别的名称，不过如果设置了加载项文件的“标题”属性，那么此处另存时的文件名不会影响加载项在“加载项”对话框中的显示。设置好以后单击“保存”按钮，将会在 AddIns 文件夹中创建加载项。

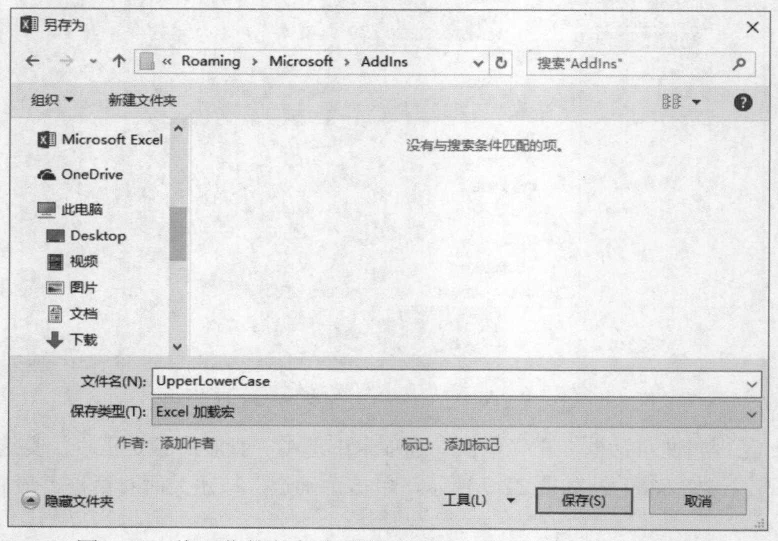

图 22-8 将工作簿的保存类型设置为加载项支持的文件格式

22.3 管理加载项

可以使用“加载项”对话框对 Excel 中的加载项进行管理，包括安装与卸载加载项、删除加载项等操作。虽然加载项始终处于隐藏状态，但是如果需要，也可以在 VBE 窗口中对加载项进行修改。

22.3.1 安装与卸载加载项

如果希望使用加载项中包含的功能，则需要将其安装到 Excel 中。在从普通工作簿创建加载项时，在当前 Excel 进程中新创建的加载项并不会显示在“加载项”对话框中，而且也不会自动进行安装。只有退出并在下次启动 Excel 后，在“加载项”对话框中才会显示新创建的加载项。

安装加载项的方法很简单，在功能区“开发工具”选项卡中单击“Excel 加载项”按钮，打开“加载项”对话框，选中要安装的加载项，如图 22-9 所示。如果对话框中没有显示要安装的加载项，则可以单击“浏览”按钮定位并选择所需的加载项。最后单击“确定”按钮，将指定的加载项安装到 Excel 中。

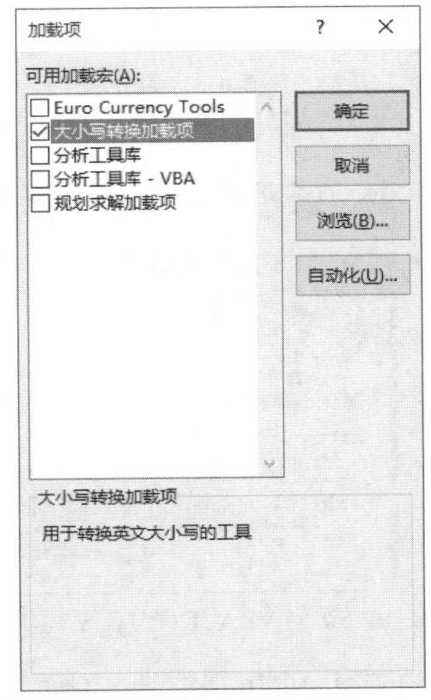

图 22-9 选择要安装的加载项

对于一些不常用的加载项，可以将其从 Excel 中卸载，以免影响 Excel 的启动速度。卸载加载项与安装加载项的方法类似，需要打开“加载项”对话框，然后取消选中要卸载的加载项，最后单击“确定”按钮。

卸载后的加载项仍然会显示在“加载项”对话框中，但是以后不会再随 Excel 的启动而自动加载，也无法再使用该加载项包含的所有功能，包括加载项中对 Excel 界面环境的定制。

22.3.2 打开与关闭加载项文件

可以使用与打开普通工作簿类似的方法，在 Excel 中打开加载项文件。打开的加载项文件不会显示在 Excel 窗口中，也无法使其显示出来，窗口切换列表中不会显示加载项的文件名，加载项中包含的 Sub 过程也不会出现在“宏”对话框中。但是如果知道 Sub 过程的名称，则可以将其输入到“宏”对话框中，然后单击“执行”按钮运行该 Sub 过程。

由于加载项始终处于隐藏状态，因此无法使用常规的方法关闭打开的加载项，而只能借助 VBA 才能完成。假设当前打开了一个名为 UpperLowerCase.xlam 的加载项文件，使用下面的代码可以将其关闭：

```
Workbooks("UpperLowerCase.xlam").Close
```

22.3.3 修改并保存加载项

如果需要修改加载项中包含的 VBA 代码，则可以在 Excel 中打开加载项文件或安装加载项，然后在当前打开或新建的任意一个工作簿中进入 VBE 窗口，在工程资源管理器中双击与加载项对应的 VBA 工程，可以展开其中包含的模块，进入指定的模块窗口以修改其中的代码。如果加载项的 VBA 工程处于保护状态，在双击以展开工程时会弹出如图 22-10 所示的对话框，输入正确的解锁密码，即可显示 VBA 工程中包含的模块。

修改好加载项中的代码后，单击 VBE 窗口工具栏中的“保存”按钮，将修改结果保存到加载项中。

如果要修改的是加载项的工作表中的数据，那么操作过程会稍微复杂一些，这是因为 Excel 窗口中不会显示加载项中包含的工作表。可以使用下面的方法修改加载项工作表中的数据：

（1）在任意一个工作簿中打开 VBE 窗口，展开与加载项对应的 VBA 工程，选择其中的 ThisWorkbook 对象模块。

（2）按 F4 键打开属性窗口，其中显示了 ThisWorkbook 对象的属性。选择 IsAddIn 属性，然后将其值从 True 改为 False，如图 22-11 所示。

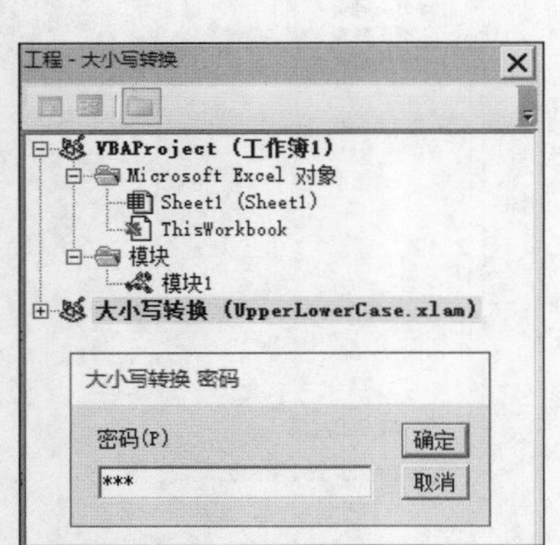

图 22-10　访问 VBA 工程时需要提供解锁密码

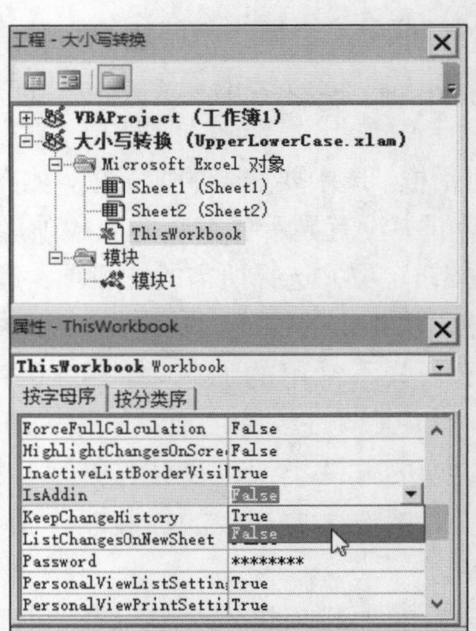

图 22-11　修改 IsAddIn 属性

（3）将 IsAddIn 属性改为 True 之后，加载项工作簿就会显示在 Excel 窗口中，此时可以对加载项工作表中的数据进行编辑。完成所有需要的修改后，使用与上一步类似的方法，将 IsAddIn 属性的值从 False 改为 True，此时加载项会重新隐藏起来。

（4）单击 VBE 窗口工具栏中的“保存”按钮，将修改结果保存到加载项中。

22.3.4　从“加载项”对话框中删除加载项

无论是否将加载项安装到 Excel 中，Excel 检测到的加载项都会显示在“加载项”对话框中，而且并没有提供直接的命令将加载项从该对话框中删除。如果想要从“加载项”对话框中删除特定的加载项，可以使用下面的方法：

（1）退出 Excel 程序，进入包含加载项文件的文件夹，然后执行以下 3 种操作之一：

- 修改加载项文件的名称。
- 将加载项文件移动到其他文件夹。
- 将加载项文件从当前文件夹中删除。

（2）重新启动 Excel 程序，打开“加载项”对话框，选中与上一步操作的加载项对应的复选框，此时会弹出如图 22-12 所示的对话框，单击“是”按钮，将该加载项从“加载项”对话框中删除。

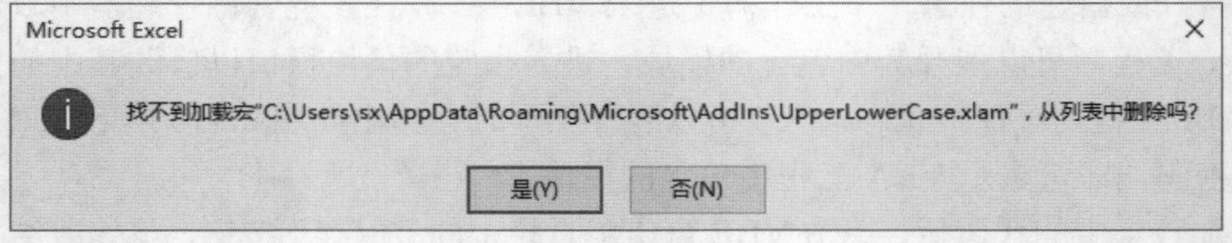

图 22-12　从“加载项”对话框中删除加载项

22.4　使用 VBA 操作加载项

在 Excel 对象模型中提供了用于操作加载项的集合与对象，因此可以使用 VBA 操作加载项，从而自动完成与加载项相关的任务。

22.4.1　理解 AddIns 集合与 AddIn 对象

Excel 对象模型中的 AddIns 集合表示在“加载项”对话框中列出的所有加载项，无论这些加载项是否被安装，它们都是 AddIns 集合的成员，其中列出的每一个加载项都是一个 AddIn 对象。

可以使用加载项的名称或索引号从 AddIns 集合中引用某个特定的加载项。需要注意的是，在 AddIns 集合中引用特定名称的加载项时，此处的名称不是加载项的文件名，而是加载项在“加载项”对话框中显示的内容。换句话说，在 VBA 中使用 AddIns 集合引用特定加载项时，需要使用为加载项文件设置的“标题”属性中的内容作为 AddIns 集合的参数。

例如，本章案例中使用的加载项的文件名是 UpperLowerCase.xlam，该加载项在“加载项”对话框中显示为“大小写转换加载项”。因此在 VBA 中使用 AddIns 集合引用该加载项时，需要使用下面的代码：

```
AddIns("大小写转换加载项")
```

而不能使用下面的代码：

```
AddIns("UpperLowerCase.xlam")
```

虽然加载项是一种.xlam 文件格式的工作簿，但是加载项不是 Workbooks 集合的成员，然而可以在 Workbooks 集合中使用加载项的文件名来引用特定的加载项，正如在 22.3.2 节中使用 Workbook 对象的 Closer 方法关闭加载项时的用法。下面的代码使用 Workbooks 集合引用名为 UpperLowerCase.xlam 的加载项并返回该加载项的文件名：

```
Workbooks("UpperLowerCase.xlam").Name
```

AddIns 集合只有几个属性，比如 Count、Item、Parent 等，这些属性是 Excel 对象模型中的所有其他集合通用的属性，它们的含义及用法与其他集合的同名属性类似，唯一区别是所应用的对象不同，这里这些属性作用于 AddIns 集合。AddIns 集合只有一个 Add 方法，用于向“加载项”对话框中添加指定位置上的加载项，具体用法将在下一节进行介绍。

AddIn 对象包含一些属性，但是没有方法。表 22-1 列出了 AddIn 对象的常用属性。

表 22-1　AddIn 对象的常用属性

属　　性	说　　明
Comments	返回为加载项设置的“备注”属性中的内容
FullName	返回加载项的文件路径和名称
Installed	返回或设置加载项是否已被安装，True 表示已安装，False 表示未安装
IsOpen	确定加载项是否已打开，True 表示加载项已打开，False 表示加载项未打开
Name	返回加载项的文件名
Path	返回加载项的文件路径，不包括路径结尾的分隔符和文件名
Title	返回为加载项设置的“标题”属性中的内容

AddIn 对象的 Installed 属性和 IsOpen 属性可能容易发生混淆。当安装了某个加载项后，这两个属性都返回 True。但是如果只是使用 Excel 中的“打开”命令打开了加载项，而没有在“加载项”对话框中安装该加载项，那么此时 Installed 属性返回 False，而 IsOpen 属性返回 True。

22.4.2 列出 Excel 中的所有加载项

在“加载项”对话框中显示了 Excel 识别的所有 Excel 加载项。用户可能希望快速了解这些加载项的相关信息，比如它们的文件名、存储路径，在“标题”和“备注”属性中设置的内容等。使用 VBA 可以很容易获取这些信息，并将其保存到 Excel 工作表或其他外部程序如 Word 中。

案例 22-4 获取 Excel 中的所有加载项的相关信息

下面的代码列出了 Excel 中的所有加载项的相关信息，包括加载项的文件名、存储路径、是否已安装、“标题”和“备注”属性中的设置，如图 22-13 所示。本例代码的工作原理与第 15 章中获取 Excel 中的所有菜单栏、工具栏的代码类似。由于 AddIn 对象的 Installed 属性返回的是 True 或 False，为了让其返回文字“是”或“否”，因此使用了 VBA 内置的 IIF 函数。该函数的第一个参数表示要判断的条件，第二个参数表示当条件为 True 时返回的值，第三个参数表示当条件为 False 时返回的值。

```
Sub 获取Excel中的所有加载项的相关信息()
    Dim adi As AddIn, lngRow As Long
    If Application.WorksheetFunction.CountA(Cells) <> 0 Then
        MsgBox "活动工作表中包含数据，请选择一个空工作表！"
        Exit Sub
    End If
    Application.ScreenUpdating = False
    With Range("A1:E1")
        .Value = Array("文件名", "存储路径", "是否已安装", "标题", "备注")
        .HorizontalAlignment = xlCenter
    End With
    lngRow = 2
    On Error Resume Next
    For Each adi In AddIns
        Cells(lngRow, 1).Value = adi.Name
        Cells(lngRow, 2).Value = adi.Path
        Cells(lngRow, 3).Value = IIf(adi.Installed, "是", "否")
        Cells(lngRow, 4).Value = adi.Title
        Cells(lngRow, 5).Value = adi.Comments
        lngRow = lngRow + 1
    Next adi
    Range("A1:E1").EntireColumn.AutoFit
    Application.ScreenUpdating = True
End Sub
```

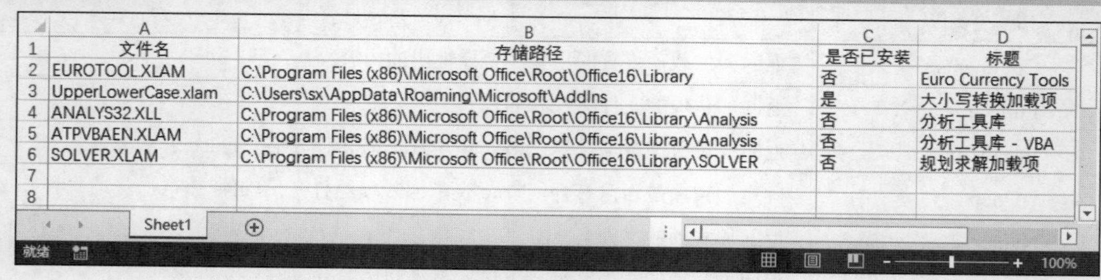

	A	B	C	D
1	文件名	存储路径	是否已安装	标题
2	EUROTOOL.XLAM	C:\Program Files (x86)\Microsoft Office\Root\Office16\Library	否	Euro Currency Tools
3	UpperLowerCase.xlam	C:\Users\sx\AppData\Roaming\Microsoft\AddIns	是	大小写转换加载项
4	ANALYS32.XLL	C:\Program Files (x86)\Microsoft Office\Root\Office16\Library\Analysis	否	分析工具库
5	ATPVBAEN.XLAM	C:\Program Files (x86)\Microsoft Office\Root\Office16\Library\Analysis	否	分析工具库 - VBA
6	SOLVER.XLAM	C:\Program Files (x86)\Microsoft Office\Root\Office16\Library\SOLVER	否	规划求解加载项
7				
8				

图 22-13 获取 Excel 中的所有加载项的相关信息

22.4.3 将加载项添加到 Excel 中

可以使用 AddIns 集合的 Add 方法将特定的加载项添加到 AddIns 集合中。执行 Add 方法后会将加载项添加到“加载项”对话框中，但是在添加后不会自动安装它们。Add 方法包含两个参数，第 1 个参数是必选参数，用于指定要添加的加载项的路径和名称。第 2 个参数是可选参数，用于指定是否要复制加载项。如果要添加的加载项位于可移动介质中，则需要将第 2 个参数设置为 True。

下面的代码将 G 盘根目录中的“公司文件”文件夹中名为“销售数据分析模型.xlam”的加载项添加到“加载项”对话框中。

```
AddIns.Add "G:\公司文件\销售数据分析模型.xlam"
```

案例 22-5　将用户选择的一个或多个加载项添加到 Excel 中

下面的代码将用户选择的一个或多个加载项添加到 Excel 中，如图 22-14 所示。为了让用户可以自由选择要添加的加载项，因此需要使用 FileDialog 对象。本例使用 msoFileDialogFilePicker 常量来显示一个“文件选取器”对话框。将文件类型设置为"*.xla;*.xlam"，表示在对话框中只显示.xla 和.xlam 格式的加载项文件。然后判断 FileDialog 对象的 Show 方法的返回值，如果为 True 则说明用户在对话框中单击了“确定”按钮，Excel 会将用户选择的一个或多个文件的完整路径存储到 FileDialogSelectedItems 集合中，使用 FileDialog 对象的 SelectedItems 属性可以返回该集合。遍历该集合中的每一项，并使用 AddIns 集合的 Add 方法将每一个加载项添加到“加载项”对话框中。

```
Sub 将用户选择的一个或多个加载项添加到 Excel 中()
    Dim fdl As FileDialog, fdf As FileDialogFilters
    Dim varItem As Variant
    Set fdl = Application.FileDialog(msoFileDialogFilePicker)
    Set fdf = fdl.Filters
    With fdl
        .AllowMultiSelect = True
        With fdf
            .Clear
            .Add "Excel 加载宏", "*.xla;*.xlam"
        End With
        If .Show Then
            For Each varItem In .SelectedItems
                AddIns.Add varItem
            Next varItem
        End If
    End With
End Sub
```

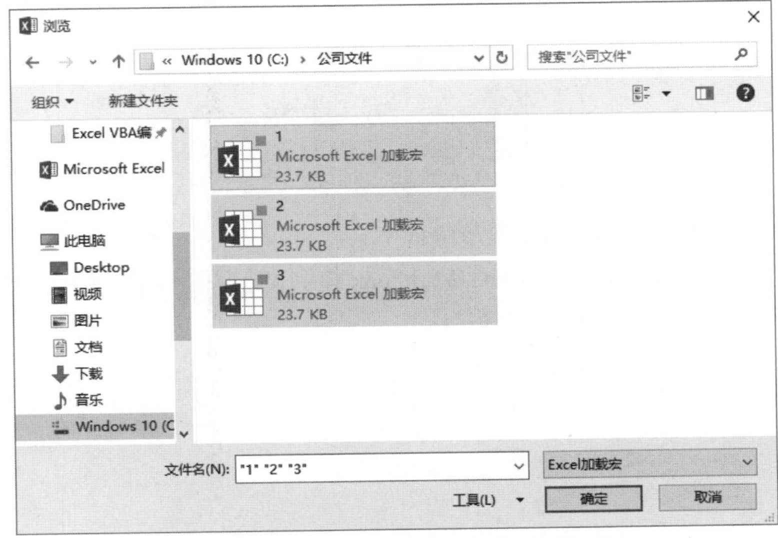

图 22-14　将用户选择的一个或多个加载项添加到 Excel 中

22.4.4 自动安装“加载项”对话框中的所有加载项

AddIn 对象的 Installed 属性为可读写属性，这意味着既可以通过该属性的返回值来判断加载项是否已被安装，也可以为该属性赋值来决定是否安装加载项。

案例 22-6 自动安装加载项

下面的代码自动安装“加载项”对话框中的所有加载项。在 For Each 循环结构中使用一个变量遍历“加载项”对话框中的每一个加载项。如果加载项的 Installed 属性为 False，则说明该加载项还未被安装，因此将该加载项的 Installed 属性设置为 True 来安装它。

```
Sub 自动安装加载项对话框中的所有加载项()
    Dim adi As AddIn
    For Each adi In AddIns
        If adi.Installed = False Then
            adi.Installed = True
        End If
    Next adi
End Sub
```

22.4.5 处理 AddIn 对象的事件

在 Workbook 对象的所有事件过程中，AddinInstall 和 AddinUninstall 事件与加载项有关。AddinInstall 事件在安装加载项时触发，AddinUninstall 事件在卸载加载项时触发。包含这两个事件过程的 VBA 代码必须放入指定的加载项文件的 ThisWorkbook 模块中。利用这两个事件，可以在安装和卸载加载项时显示指定的提示信息，以使安装和卸载加载项的过程更友好。

案例 22-7 在安装加载项时显示提示信息

下面的代码位于加载项文件中的 ThisWorkbook 模块中。当在“加载项”对话框中安装包含该代码的加载项时，将显示如图 22-15 所示的信息。

```
Private Sub Workbook_AddinInstall()
    MsgBox "大小写转换加载项已正确安装！"
End Sub
```

图 22-15 在安装加载项时显示提示信息

案例 22-8 在卸载加载项时显示提示信息

下面的代码位于加载项文件中的 ThisWorkbook 模块中。当在“加载项”对话框中卸载包含该代码的加载项时，将显示预先指定的信息。

```
Private Sub Workbook_AddinInstall()
    MsgBox "大小写转换加载项已正确安装！"
End Sub
```

第 23 章　开发 Excel 实用程序

本章作为本书的最后一章，介绍了使用 VBA 开发 Excel 实用程序的两个典型案例，一个案例是开发通用插件，另一个案例是开发一个人事管理系统。通过这两个案例读者可以更好地理解 VBA 编程中涉及的主要概念和技术，并将它们进行综合运用。

23.1　开发通用插件

插件实际上可以认为是 Excel 加载项的俗称，在 Excel 中可以使用 VBA 开发增强 Excel 功能的插件，从而弥补 Excel 自身的一些不足。本节首先介绍了通用插件与普通 VBA 程序之间的区别，然后以开发一个通用的按行批量合并单元格插件为例介绍插件开发的一般方法。

23.1.1　通用插件与普通 VBA 程序的区别

通用插件与普通 VBA 程序虽然都用于提高 Excel 操作效率，实现 Excel 自身不具备的功能，但两者在设计和编写代码的过程中仍然存在着一些重要的区别，具体包括以下几点。

1. 使用频率

普通 VBA 程序主要用于解决临时问题，通常只会使用一次。而且由于 VBA 程序仅针对当前遇到的特定问题，所以一旦问题得以解决，VBA 程序也就不再有用。通用插件通常用于解决具有共同特点的一类问题，而不是针对某个特定环境下的临时问题，因此通常会反复使用。

2. 通用性

通用性与使用频率之间联系紧密。由于普通 VBA 程序主要针对特定环境下的临时问题，问题的环境稍微发生改变，VBA 程序就无法正常工作，因此通用性极差。而插件在设计之初就考虑到要适合不同用户在不同环境和操作方式下使用，因此通用性较好。

插件的通用性主要体现在用户的操作方式和 Excel 版本两个方面。由于插件是给其他用户使用，这些用户的实际操作方式通常并不相同，因此插件中的 VBA 代码应该尽可能减少硬编码，比如不能指定具体的单元格地址，而是以灵活的方式获取用户的操作方式及其相关信息，从而确定在代码中要使用的数据。插件还应该尽可能适用于不同的 Excel 版本，我们很难保证使用同一插件的所有用户都使用相同的 Excel 版本，因此在设计插件时就需要检查用户的 Excel 版本，根据检查结果来执行不同的代码，从而实现多版本适用。

3. 易用性

普通 VBA 程序可能是 VBA 开发人员或具有一定 Excel VBA 编程经验的用户为了提高操作效率，或为了解决 Excel 常规方法无法解决的问题而临时编写的一段 VBA 代码。需要在专门的 VBE 环境下运行 VBA 代码，而且由于考虑不足或编程经验有限，在运行代码时可能还会遇到程序错误。对于普通用户来说，在 VBE 中运行 VBA 代码以及解决运行过程中遇到的问题并不容易。

开发的通用插件一般都是给 VBA 开发人员以外的 Excel 普通用户使用的，这些用户中的绝大多数可能不具备 VBA 的相关知识和技术，因此通用插件通常都易于使用，提供了友好的操作方式。易用性的一个主要体现就是在 Excel 界面中提供了用于执行插件中的功能的界面控制元素，比如在功能区中添加了按钮，或在鼠标右键菜单中提供相应的命令，使得最终用户可以单击按钮或从右键菜单中选择命令即可使用插件中的功能，而不是在 VBE 中运行和调试 VBA 代码。

4．防错功能

即使经验再丰富的 VBA 开发人员，也会因为一个细小的疏漏而导致程序出现严重的错误，因此程序中是否包含防错功能是检验一个程序是否健壮的基本标准。普通 VBA 程序通常不具备完善的防错功能，甚至可能根本没有防错功能，在运行这样的程序时，一旦遇到运行时错误，将会在屏幕中显示对普通用户来说没有太多帮助的信息。这类信息对于具有编程经验的开发人员来说，有时可能也无法提供查找并解决问题的帮助。

通用插件由于面向的是所有需要它的用户，因此在设计时必须尽可能考虑到在用户的计算机中运行时可能出现的任何问题，以便在开发插件的 VBA 代码中提前加入防错功能，以应对可能遇到的系统环境方面的问题或由用户的无效操作导致的问题。

23.1.2 通用插件开发案例

Excel 提供了合并单元格的功能，但是当需要将多行单元格按行分别合并时，使用 Excel 内置的合并单元格功能则需要逐一按行合并。如果选择所有需要合并的单元格，则会将所有选中的单元格合并为一个整体。本例中的插件提供了分行合并单元格的功能，允许一次性对所有选中的多行单元格执行按行合并。本例中的插件开发主要包括以下 3 个部分：

- 编写实现插件功能的 VBA 代码。
- 在功能区和鼠标右键菜单中添加执行插件功能的命令。
- 创建包含插件功能的 Excel 加载项。

由于下一个案例也会介绍为开发好的 Excel 实用程序定制功能区界面的内容，因此为了避免内容重复，本例在介绍插件功能的界面定制时，只介绍定制鼠标右键菜单的方法。

案例 23-1　开发按行批量合并单元格插件

（1）新建一个工作簿并保存为“Excel 启用宏的工作簿”格式。

（2）按 Alt+F11 组合键打开 VBE 窗口，在 VBA 工程中添加一个标准模块，双击该模块打开与其关联的代码窗口，然后输入下面的代码：

```
Sub 按行批量合并单元格()
    Dim avarCellValues As Variant, rngRow As Range
    Dim intIndex As Long, strMerge As String
    Dim lngRow As Long, lngRowCount As Long
    lngRowCount = Selection.Rows.Count
    Application.DisplayAlerts = False
    For lngRow = 1 To lngRowCount
        Set rngRow = Selection.Rows(lngRow)
        If rngRow.Cells.Count > 1 Then
            avarCellValues = rngRow
```

```
            For intIndex = LBound(avarCellValues, 2) To UBound(avarCellValues, 2)
                If strMerge = "" Then
                    strMerge = avarCellValues(1, intIndex)
                Else
                    strMerge = strMerge & "-" & avarCellValues(1, intIndex)
                End If
            Next intIndex
            rngRow.Merge True
            rngRow.Value = strMerge
            strMerge = ""
        End If
    Next lngRow
    Application.DisplayAlerts = True
End Sub
```

（3）为了便于在工作簿中执行本例插件中的按行批量合并单元格的命令，需要将上一步创建的 Sub 过程以命令的形式添加到鼠标右键菜单中，如图 23-1 所示。如果希望在每次打开工作簿时使该命令可用，则需要编写工作簿的 Open 事件代码，如下所示：

```
Private Sub Workbook_Open()
    Dim cbr As CommandBar
    Const strName As String = "按行批量合并"
    Set cbr = Application.CommandBars("Cell")
    On Error Resume Next
    cbr.Controls(strName).Delete
    With cbr.Controls.Add(Type:=msoControlButton, Before:=3, Temporary:=True)
        .Caption = strName
        .OnAction = "按行批量合并单元格"
        .Style = msoButtonCaption
    End With
End Sub
```

图 23-1　将插件功能以命令的形式添加到鼠标右键菜单中

（4）完成以上工作后，可以测试按行合并单元格功能是否能够正常工作。测试无误后，将工作簿转换为加载项，以便在 Excel 中任何打开的工作簿中都可以使用这项功能。单击“文件”按钮并选择“信息”命令，在右侧选择“属性”|“高级属性”命令。打开如图 23-2 所示的对话框，在“标题”和“备注”文本框中输入“按行批量合并单元格”和“用于将选中的单元格区域中的每一行单元格逐一按行合并的工具”，然后单击“确定”按钮。

（5）对工作簿执行“另存为”命令，打开“另存为”对话框，在“保存类型”下拉列表中选择“Excel 加载宏”选项，然后设置加载项文件的名称，最后单击“保存”按钮。之后在功能区“开发工具”选项卡中单击“Excel 加载项”按钮，打开“加载项”对话框，选中本例开发的插件，如图 23-3 所示，即可将其安装在 Excel 中。

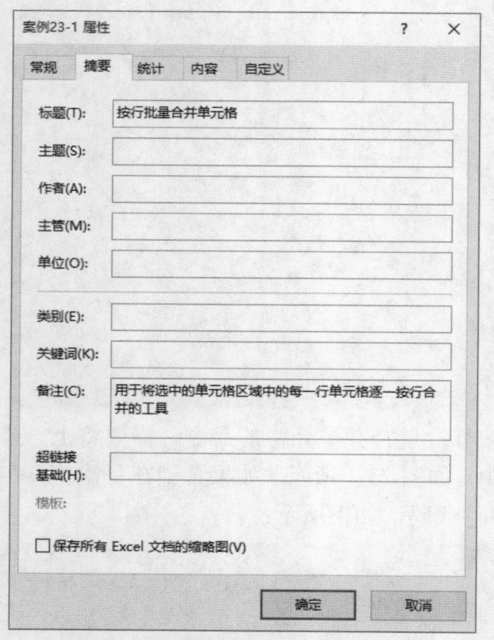

图 23-2　设置插件的标题和描述信息

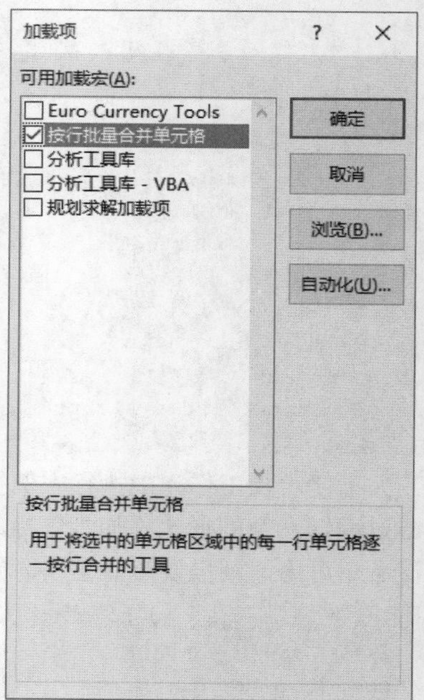

图 23-3　安装插件

23.2　开发一个简单的人事管理系统

本节将介绍使用 VBA 开发一个简单的人事管理系统的方法。本例中的管理系统具有以下几个功能：

- ❒ 用户登录并验证用户的操作权限。
- ❒ 添加新的员工资料。
- ❒ 修改现有的员工资料。
- ❒ 备份员工资料，将其导出为文本文件。
- ❒ 删除现有的员工资料。

可以根据需要在该系统的基础上增加更多功能，本例中的人事管理系统虽然只具备一些基础功能，但是可以很好地说明开发一个类似的管理系统的思路、流程和方法。

案例 23-2　开发人事管理系统

本例开发的人事管理系统包括以下几个部分：

- ❒ 用户登录和身份验证模块。
- ❒ 添加员工资料模块。
- ❒ 修改员工资料模块。
- ❒ 备份员工资料模块。
- ❒ 删除员工资料模块。
- ❒ 定制功能区命令。

提示： 如果不想让别人看到人事管理系统中包含的模块及其 VBA 代码，则可以为 VBA 工程设置密码保护。

23.2.1　开发用户登录和身份验证模块

本例中的用户登录和身份验证模块分为欢迎屏幕与用户登录和身份验证两部分。

1．欢迎屏幕

第一部分是“欢迎”对话框，其中包含“登录”和“退出”两个命令按钮，如图 23-4 所示。单击“退出”按钮退出 Excel 程序，单击“登录”按钮将会显示“用户登录”对话框，此时进入第二部分。

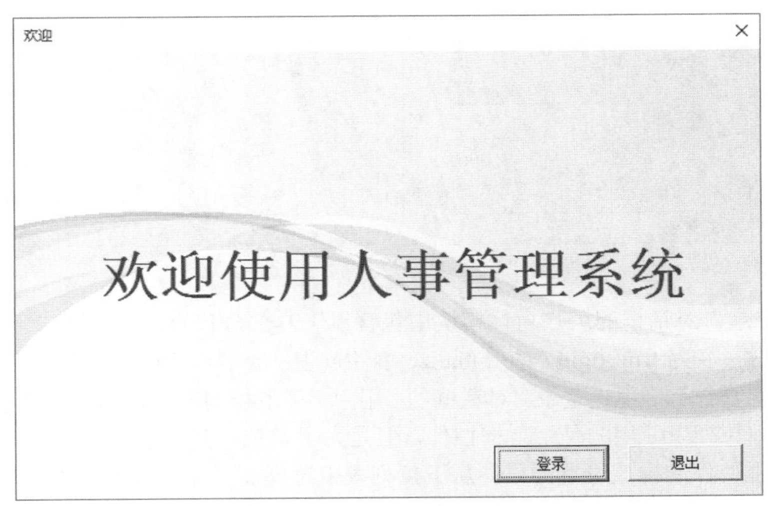

图 23-4　“欢迎”对话框

在“欢迎”对话框的用户窗体模块中包含以下几部分代码：

- 用户窗体（名为 frmGreeting）的 Initialize 事件过程：用于设置欢迎界面的背景图，隐藏 Excel 程序窗口，以便于只显示欢迎界面。
- 用户窗体（名为 frmGreeting）的 QueryClose 事件过程：用于禁止通过单击对话框右上角的关闭按钮关闭欢迎界面，而绕过用户登录和身份验证。
- “登录”按钮（名为 cmdLogin）的 Click 事件过程：用于显示“用户登录”对话框。
- “退出”按钮（名为 cmdQuit）的 Click 事件过程：用于退出 Excel 程序。

```
Private Sub UserForm_Initialize()
    Dim strPicturePath As String
    strPicturePath = ThisWorkbook.Path & "\背景图.jpg"
    Application.Visible = False
    frmGreeting.Picture = LoadPicture(strPicturePath)
End Sub

Private Sub UserForm_QueryClose(Cancel As Integer, CloseMode As Integer)
    If CloseMode = vbFormControlMenu Then
        MsgBox "只能使用【退出】按钮关闭本窗口！"
        Cancel = True
    End If
End Sub

Private Sub cmdLogin_Click()
    frmLogin.Show
End Sub

Private Sub cmdQuit_Click()
```

```
    Application.Quit
End Sub
```

2. 用户登录和身份验证

在“用户登录”对话框中从“用户名”下拉列表中选择一个预置的用户名，如图 23-5 所示，然后在“密码”文本框中输入密码。如果密码正确，单击“确定”按钮后将登录成功，并隐藏“用户登录”对话框和欢迎屏幕。否则输错 3 次密码将自动退出 Excel 程序。

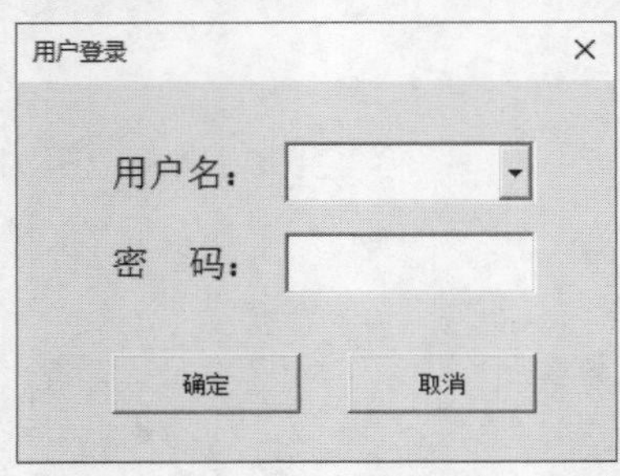

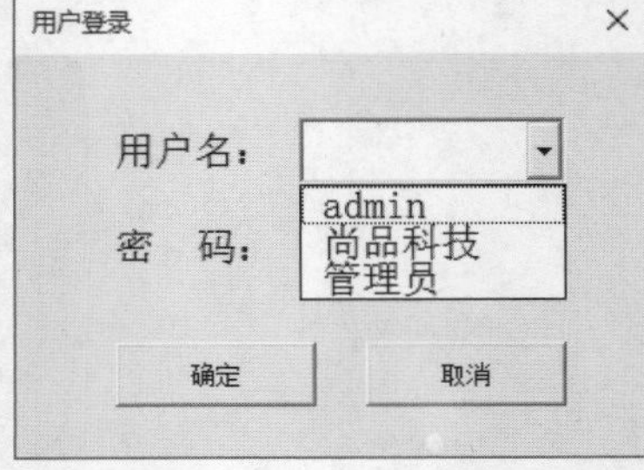

图 23-5 “用户登录”对话框

在“用户登录”对话框的用户窗体模块中包含以下几部分代码：

- 用户窗体（名为 frmLogin）的 Initialize 事件过程：用于将存储用户名和密码的工作表中的用户名添加到“用户登录”对话框的“用户名”下拉列表中，以供用户从中选择。“用户名”下拉列表使用的是组合框控件，但是为了避免在其中输入不存在的用户名，因此将组合框控件的样式设置为只能从下拉列表中选择而不能输入的形式。此外，还将“密码”文本框中输入的字符指定为以*号显示。
- “确定”按钮（名为 cmdOk）的 Click 事件过程：用于验证用户在“密码”文本框中输入的密码，是否与在“用户名”下拉列表中选择的用户名匹配。如果匹配则登录成功，否则在输错 3 次密码后将退出 Excel。
- “取消”按钮（名为 cmdCancel）的 Click 事件过程：用于关闭“用户登录”对话框并返回欢迎屏幕。

```
Private Sub UserForm_Initialize()
    Dim strAddress As String, lngLastRow As Long
    lngLastRow = Worksheets("用户名和密码").Cells(Worksheets("用户名和密码").Rows.Count,
    1).End(xlUp).Row
    strAddress = "A2:" & Worksheets("用户名和密码").Cells(lngLastRow, 1).Address(0, 0)
    cboUserName.RowSource = "用户名和密码!" & strAddress
    cboUserName.Style = fmStyleDropDownList
    txtPassword.PasswordChar = "*"
End Sub

Private Sub cmdOk_Click()
    Dim strUserName As String, strPassword As String
    Dim intCount As Integer
    strUserName = cboUserName.Text
    strPassword = Worksheets("用户名和密码").Columns("A:A").Find(What:=strUserName,
    SearchOrder:=xlByColumns).Offset(0, 1).Value
    If UCase(txtPassword.Text) = UCase(strPassword) Then
        Unload frmLogin
        Unload frmGreeting
        Application.Visible = True
    Else
        If txtPassword = "" Then
```

```
            MsgBox "没有输入密码！"
        Else
            MsgBox "密码不正确，请重新输入！"
            intCount = intCount + 1
            txtPassword.Text = ""
            txtPassword.SetFocus
            If intCount = 3 Then
                MsgBox "对不起，尝试次数过多，登录失败！"
                Application.Quit
            End If
        End If
    End If
End Sub

Private Sub cmdCancel_Click()
    frmLogin.Hide
End Sub
```

23.2.2　开发添加员工资料模块

添加员工资料模块主要提供新增员工资料数据的功能，在 5 个文本框中输入员工的资料，然后单击“添加”按钮将新增数据输入到员工资料表中现有数据的下一行。“添加员工资料”对话框的界面设计如图 23-6 所示。

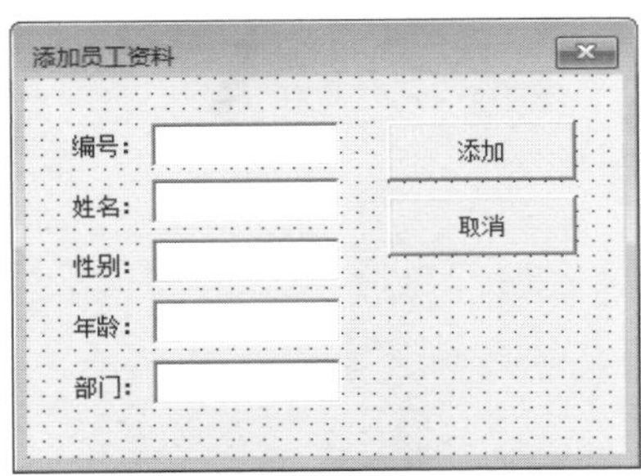

图 23-6　“添加员工资料”对话框

在“添加员工资料”对话框的用户窗体模块中包含以下几部分代码：

- 用户窗体（名为 frmAdd）的 Initialize 事件过程：用于将焦点置于编号文本框中。
- “添加”按钮（名为 cmdAdd）的 Click 事件过程：用于检查 5 个文本框是否都填入内容，如果信息完整，则将所有数据输入到员工资料表中最后一行数据的下一行。
- “取消”按钮（名为 cmdCancel）的 Click 事件过程：用于关闭“添加员工资料”对话框。

```
Private Sub UserForm_Initialize()
    txtNumber.SetFocus
End Sub

Private Sub cmdAdd_Click()
    Dim ctl As Control
    For Each ctl In frmAdd.Controls
        If TypeName(ctl) = "TextBox" Then
            If ctl.Value = "" Then
                MsgBox "信息不完整！"
                Exit Sub
            End If
        End If
    Next ctl
    Sheet1.Cells(GetLastRow + 1, 1).Value = txtNumber.Text
```

```
    Sheet1.Cells(GetLastRow, 2).Value = txtName.Text
    Sheet1.Cells(GetLastRow, 3).Value = txtSex.Text
    Sheet1.Cells(GetLastRow, 4).Value = txtAge.Text
    Sheet1.Cells(GetLastRow, 5).Value = txtDepartment.Text
    For Each ctl In frmAdd.Controls
        If TypeName(ctl) = "TextBox" Then
            ctl.Text = ""
        End If
    Next ctl
    txtNumber.SetFocus
End Sub

Private Sub cmdCancel_Click()
    Unload frmAdd
End Sub
```

23.2.3 开发修改员工资料模块

修改员工资料模块主要提供修改员工资料的功能，从编号下拉列表中选择员工编号，然后修改除了编号以外的其他 4 个文本框中的内容，然后单击“修改”按钮将修改后的数据替换员工资料表中该员工的原始资料。“修改员工资料”对话框的界面设计如图 23-7 所示。

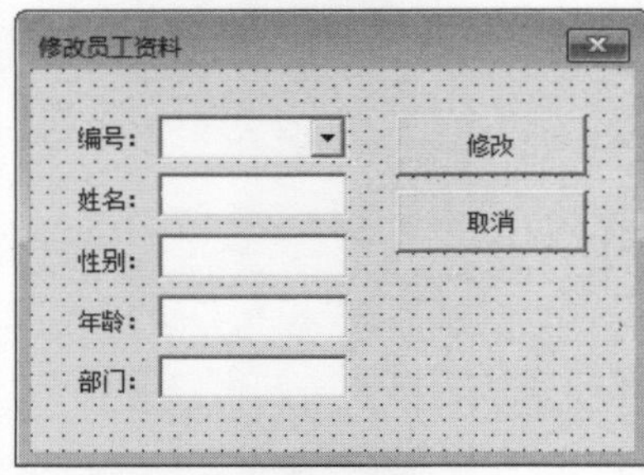

图 23-7 “修改员工资料”对话框

在“修改员工资料”对话框的用户窗体模块中包含以下几部分代码：

- 用户窗体（名为 frmModify）的 Initialize 事件过程：用于将员工资料表中 A 列的员工编号添加到组合框中，并将组合框的样式设置为不支持输入的下拉列表。GetNumberListAddress 函数是一个在标准模块中创建的 Function 过程，用于获取员工资料表中 A 列除标题行以外的所有数据的单元格地址。
- 组合框（名为 cboNumber）的 Change 事件过程：用于从下拉列表中选择一个员工编号时，其他 4 个文本框可以显示与该员工编号对应的员工资料。
- 4 个文本框的 Change 事件过程：用于将修改后的内容赋值给数组中的指定元素。
- “修改”按钮（名为 cmdModify）的 Click 事件过程：用于将包含修改后的数据的数组中的值赋值给指定的行，该行就是要修改的员工资料所在的行。
- “取消”按钮（名为 cmdCancel）的 Click 事件过程：用于关闭“修改员工资料”对话框。

```
Dim lngFoundRow As Long, avarCellValues As Variant

Private Sub UserForm_Initialize()
    cboNumber.RowSource = GetNumberListAddress
    cboNumber.Style = fmStyleDropDownList
End Sub

Private Sub cboNumber_Change()
    On Error Resume Next
```

```
    lngFoundRow = Sheet1.Columns("A:A").Find(What:=cboNumber.Text, SearchOrder:=
    xlByColumns).Row
    avarCellValues = Sheet1.Range(Sheet1.Cells(lngFoundRow, 1), Sheet1.Cells(lngFoundRow,
    5)).Value
    txtName.Text = avarCellValues(1, 2)
    txtSex.Text = avarCellValues(1, 3)
    txtAge.Text = avarCellValues(1, 4)
    txtDepartment.Text = avarCellValues(1, 5)
End Sub

Private Sub txtName_Change()
    avarCellValues(1, 2) = txtName.Text
End Sub

Private Sub txtSex_Change()
    avarCellValues(1, 3) = txtSex.Text
End Sub

Private Sub txtAge_Change()
    avarCellValues(1, 4) = txtAge.Text
End Sub

Private Sub txtDepartment_Change()
    avarCellValues(1, 5) = txtDepartment.Text
End Sub

Private Sub cmdModify_Click()
    Sheet1.Range(Sheet1.Cells(lngFoundRow, 1), Sheet1.Cells(lngFoundRow, 5)).Value =
    avarCellValues
End Sub

Private Sub cmdCancel_Click()
    Unload frmModify
End Sub
```

23.2.4　开发备份员工资料模块

备份员工资料模块主要提供将员工资料全部或部分内容导出为文本文件以进行备份的功能，通过在文本框中输入首行行号和尾行行号，或者单击数值调节钮设置首行行号和尾行行号，然后将由首行行号和尾行行号构成的数据区域导出为文本文件。“备份员工资料”对话框的界面设计如图 23-8 所示。

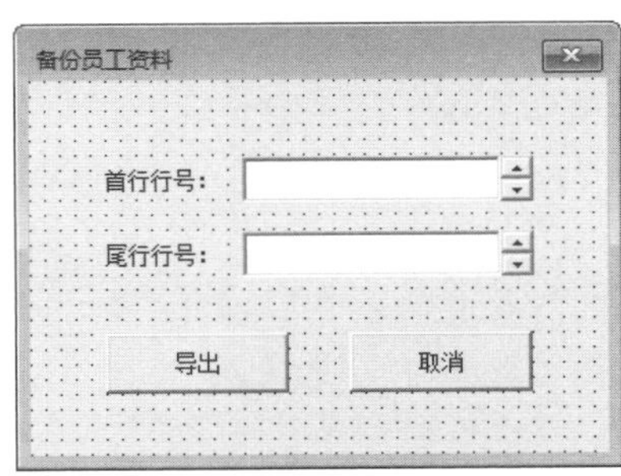

图 23-8　“备份员工资料”对话框

在“备份员工资料”对话框的用户窗体模块中包含以下几部分代码：

- 用户窗体（名为 frmExport）的 Initialize 事件过程：用于将两个文本框中的值设置为两个数值调节钮的最小值。

- 两个数值调节钮的 Change 事件过程：当分别单击两个数值调节钮时，两个文本框中分别显示它们的当前值。
- “导出”按钮（名为 cmdExport）的 Click 事件过程：将员工资料表中指定范围内的员工资料导出为文本文件。
- “取消”按钮（名为 cmdCancel）的 Click 事件过程：用于关闭“备份员工资料”对话框。

```
Private Sub UserForm_Initialize()
    txtFirstRow.Text = spnFirstRow.Min
    txtLastRow.Text = spnLastRow.Min
End Sub

Private Sub spnFirstRow_Change()
    txtFirstRow.Text = spnFirstRow.Value
End Sub

Private Sub spnLastRow_Change()
    txtLastRow.Text = spnLastRow.Value
End Sub

Private Sub cmdExport_Click()
    Dim lngFirstRow As Long, lngLastRow As Long
    Dim avarExport As Variant, lngIndex As Long

    Dim strFileName As String, strDataLine As String
    Dim intFileNumber As Integer

    strFileName = ThisWorkbook.Path & "\员工资料备份.txt"
    intFileNumber = FreeFile
    Open strFileName For Output As #intFileNumber

    lngFirstRow = txtFirstRow.Text
    lngLastRow = txtLastRow.Text

    avarExport = Sheet1.Range(Sheet1.Cells(lngFirstRow, 1), Cells(lngLastRow, 5)).Value
    For lngIndex = LBound(avarExport, 1) To UBound(avarExport, 1)
          strDataLine = avarExport(lngIndex, 1) & ";"
          strDataLine = strDataLine & avarExport(lngIndex, 2) & ";"
          strDataLine = strDataLine & avarExport(lngIndex, 3) & ";"
          strDataLine = strDataLine & avarExport(lngIndex, 4) & ";"
          strDataLine = strDataLine & avarExport(lngIndex, 5)
          Print #intFileNumber, strDataLine
    Next lngIndex
    Close #intFileNumber
End Sub

Private Sub cmdCancel_Click()
    Unload frmExport
End Sub
```

23.2.5 开发删除员工资料模块

删除员工资料模块主要提供删除员工资料的功能，从编号下拉列表中选择员工编号，然后单击“删除”按钮删除该编号的员工的所有资料。“删除员工资料”对话框的界面设计如图 23-9 所示。

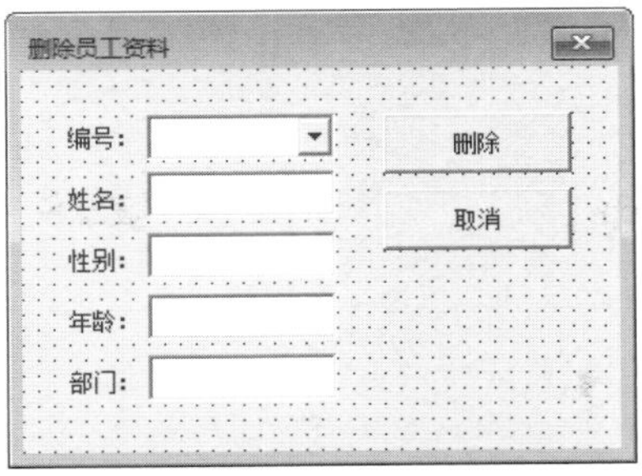

删除员工资料
编号：
姓名：
性别：
年龄：
部门：
删除
取消

图 23-9　“删除员工资料”对话框

在“删除员工资料”对话框的用户窗体模块中包含以下几部分代码：

- 用户窗体（名为 frmDelete）的 Initialize 事件过程：用于将员工资料表中 A 列的员工编号添加到组合框中，并将组合框的样式设置为不支持输入的下拉列表。还将“删除员工资料”对话框中的所有文本框锁定，以禁止编辑其中内容。
- 组合框（名为 cboNumber）的 Change 事件过程：用于从下拉列表中选择一个员工编号时，其他 4 个文本框可以显示与该员工编号对应的员工资料。
- “删除”按钮（名为 cmdDelete）的 Click 事件过程：用于将指定的行删除，该行就是要删除的员工资料所在的行。
- “取消”按钮（名为 cmdCancel）的 Click 事件过程：用于关闭“删除员工资料”对话框。

```
Dim lngFoundRow As Long, avarCellValues As Variant

Private Sub UserForm_Initialize()
    Dim ctl As Control
    cboNumber.RowSource = GetNumberListAddress
    cboNumber.Style = fmStyleDropDownList
    For Each ctl In frmDelete.Controls
        If TypeName(ctl) = "TextBox" Then
            ctl.Locked = True
        End If
    Next ctl
End Sub

Private Sub cboNumber_Change()
    On Error Resume Next
    lngFoundRow = Sheet1.Columns("A:A").Find(What:=cboNumber.Text, SearchOrder:=
    xlByColumns).Row
    avarCellValues = Sheet1.Range(Sheet1.Cells(lngFoundRow, 1), Sheet1.Cells
    (lngFoundRow,5)).Value
    txtName.Text = avarCellValues(1, 2)
    txtSex.Text = avarCellValues(1, 3)
    txtAge.Text = avarCellValues(1, 4)
    txtDepartment.Text = avarCellValues(1, 5)
End Sub

Private Sub cmdDelete_Click()
    Sheet1.Rows(lngFoundRow).Delete
End Sub

Private Sub cmdCancel_Click()
    Unload frmDelete
End Sub
```

23.2.6 定制功能区界面

最后需要定制功能区界面，将本例中的人事管理系统包含的功能以命令的形式添加到功能区中，这样用户可以通过单击功能区中的按钮来使用人事管理系统中的功能，以便于进行人事管理工作。为本例人事管理系统定制功能区界面后的效果如图 23-10 所示。

	A	B	C	D	E
1	编号	姓名	性别	年龄	部门
2	1	曹艾	男	37	销售部
3	2	朱萍	男	39	财务部
4	3	赖芙	男	32	信息部
5	4	朱甫	女	38	客服部
6	5	侯斌	女	27	市场部
7	6	罗文	男	43	销售部
8	7	汪辉	女	20	客服部
9	8	范超	男	39	工程部
10	9	唐如	男	24	工程部
11	10	金甫	女	29	客服部

图 23-10 定制功能区界面

关于定制功能区的内容已在第 15 章进行了详细说明，这里仅给出定制本例功能区界面的 RibbonX 代码，如下所示：

```
<customUI xmlns="http://schemas.microsoft.com/office/2006/01/customui">
    <ribbon startFromScratch="true">
        <tabs>
            <tab id="rxHRTab" label="人事管理">
                <group id="rxHRGroup" label="人事管理工具">
                    <button id="rxAddButton" label="添加员工资料" size="large" imageMso=
                    "RecordsAddFromOutlook" onAction="添加员工资料" />
                    <button id="rxModifyButton" label="修改员工资料" size="large"
                    imageMso="MailMergeRecipientsEditList" onAction="修改员工资料" />
                    <button id="rxExportButton" label="备份员工资料" size="large"
                    imageMso="RecordsSaveAsOutlookContact" onAction="备份员工资料" />
                    <button id="rxDeleteButton" label="删除员工资料" size="large"
                    imageMso="RecordsDeleteRecord" onAction="删除员工资料" />
                </group>
            </tab>
        </tabs>
    </ribbon>
</customUI>
```

附录 A　VBA 函数速查

VBA 函数与功能如附表 A-1 所示。

附表 A-1　VBA 函数与功能

函　数	功　能
Abs	返回一个数的绝对值
Array	返回一个包含数组的变量
Asc	将字符串中的第一个字符转换为其 ASCII 值
Atn	返回一个数的正切值
CallByName	执行一个对象的方法，或设置或返回一个对象的属性
CBool	将表达式转换为 Boolean 数据类型
CByte	将表达式转换为 Byte 数据类型
CCur	将表达式转换为 Currency 数据类型
CDate	将表达式转换为 Date 数据类型
CDbl	将表达式转换为 Double 数据类型
CDec	将表达式转换为 Decimal 数据类型
Choose	选择并返回参数列表中的某个值
Chr	将字符代码转换为与其对应的字符串
CInt	将表达式转换为 Integer 数据类型
CLng	将表达式转换为 Long 数据类型
Cos	返回一个数的余弦值
CreateObject	创建并返回一个 OLE 自动化对象
CSng	将表达式转换为 Single 数据类型
CStr	将表达式转换为 String 数据类型
CurDir	返回当前的路径
CVar	将表达式转换为 Variant 数据类型
CVDate	将表达式转换为 Variant 数据类型的 Date，并非是真正的 Date 数据类型，不建议使用
CVErr	返回对应于错误编号的用户定义错误值
Date	返回当前的系统日期
DateAdd	为某个日期添加时间间隔
DateDiff	返回两个日期的时间间隔
DatePart	返回日期的指定时间部分
DateSerial	根据给定的表示年、月、日的数字，返回对应的日期

续表

函　　数	功　　能
DateValue	将字符串转换为日期
Day	返回指定日期中的天
DDB	返回一笔资产在一段时间内的折旧
Dir	返回与模式匹配的文件或文件夹的名称
DoEvents	转让控制权以便让操作系统处理其他任务
Environ	返回一个操作系统环境的字符串
EOF	如果到达文本文件的末尾则返回 True
Error	返回对应于错误编号的错误消息
Exp	返回自然对数底（e）的某次方
FileAttr	返回文本文件的文件模式
FileDateTime	返回创建文件或最后一次修改文件时的日期和时间
FileLen	返回文件中的字节数
Filter	返回指定筛选条件下的一个字符串数组的子集
Fix	返回一个数的整数部分
Format	以指定的格式显示给定的表达式
FormatCurrency	返回用系统货币符号格式化后的表达式
FormatDateTime	返回格式化为日期或时间的表达式
FormatNumber	返回格式化为数值的表达式
FormatPercent	返回格式化为百分数的表达式
FreeFile	返回用于打开文本文件的下一个可用的文件号
FV	返回年金终值
GetAllSettings	返回 Windows 注册表中与应用程序相关的所有设置项及其对应值
GetAttr	返回文件或文件夹的属性信息
GetObject	返回文件中的 OLE 自动化对象
GetSetting	返回 Windows 注册表中应用程序特定项的设置
Hex	将十进制数转换为十六进制数
Hour	返回时间中的小时
IIf	根据表达式的真假返回对应的部分
Input	返回顺序文本文件中指定个数的字符
InStr	返回一个字符串在另一个字符串中第一次出现的位置
InStrRev	从字符串的末尾算起，返回一个字符串在另一个字符串中第一次出现的位置
Int	返回一个数的整数部分
IPmt	返回在一段时间内对年金所支付的利息值
IRR	返回一系列周期性现金流的内部利率
IsArray	当变量为数组时返回 True
IsDate	当变量为日期时返回 True

续表

函　数	功　能
IsEmpty	当变量未被初始化时返回 True
IsError	当变量为错误值时返回 True
IsMissing	如果没有向过程传递可选参数则返回 True
IsNull	当变量含有 Null 值时返回 True
IsNumeric	当变量是一个数值时返回 True
IsObject	当变量引用了一个 OLE 自动化对象时返回 True
Join	将包含在数组中的多个字符串连接起来
LBound	返回数组的下限
LCase	将英文字母转换为小写
Left	返回字符串左侧指定数量的字符
Len	返回字符串的字符数量
Loc	返回当前文本文件的读/写位置
LOF	返回打开的文本文件的字节数
Log	返回一个数的自然对数
LTrim	返回没有前导空格的字符串
Mid	从一个字符串的指定位置开始提取指定数量的字符
Minute	返回时间中的分钟
MIRR	返回一系列修改过的周期性现金流的内部利率
Month	返回日期中的月份
MonthName	返回指定月份的字符串形式
MsgBox	显示模态消息对话框，返回一个 Integer 数值告诉用户单击了哪个按钮
Now	返回当前的系统日期和时间
NPer	返回年金总期数
NPV	返回投资净现值
Oct	将十进制数转换为八进制数
Partition	返回代表值写入的单元格区域的字符串
Pmt	返回年金支付额
PPmt	返回年金的本金偿付额
PV	返回年金现值
QBColor	返回红/绿/蓝（RGB）颜色码
Rate	返回每一期的年金利率
Replace	返回一个字符串，该字符串中指定的子字符串被替换成另一个子字符串
RGB	返回代表 RGB 颜色值的数值，每个颜色分量的取值范围都是 0～255
Right	返回字符串右侧指定数量的字符
Rnd	返回 0～1 之间的某个随机数
Round	返回四舍五入后的数值

续表

函　　数	功　　能
RTrim	返回没有尾随空格的字符串
Second	返回时间中的秒数
Seek	返回文本文件中当前的读/写位置
Sgn	返回代表数值正负的整数
Shell	运行可执行的程序，如果成功则返回该程序的任务 ID
Sin	返回一个数的正弦值
SLN	返回一期里一项资产的直线折旧
Space	返回包含指定空格数的字符串
Spc	对要打印的文件进行输出定位
Split	返回一个下标从零开始的一维数组，它包含指定数目的子字符串
Sqr	返回一个数的平方根
Str	返回一个数值的字符串形式
StrComp	返回代表两个字符串比较结果的值
StrConv	返回按指定类型转换后的字符串
String	返回指定长度的重复字符
StrReverse	返回顺序方向的字符串
Switch	计算一组 Boolean 表达式的值，返回与第一个为 True 的表达式关联的值
SYD	返回某项资产在一指定期间用年数总计法计算的折旧
Tab	对要打印的文件进行输出定位
Tan	返回一个数的正切值
Time	返回当前的系统时间
Timer	返回从午夜开始到现在所经过的秒数
TimeSerial	根据给定的表示时、分、秒的数字，返回对应的时间
TimeValue	将字符串转换为时间
Trim	返回不包含前导空格和尾随空格的字符串
TypeName	返回代表变量数据类型的字符串
UBound	返回数组的上限
UCase	将英文字母转换为大写
Val	返回包含于字符串内的数字。在它不能识别为数字的第一个字符上停止读入字符串
VarType	返回代表变量子类型的数值
Weekday	返回代表星期几的数值
WeekdayName	返回代表星期几的字符串
Year	返回日期中的年份

附录 B　VBA 语句速查

VBA 语句与功能如附表 B-1 所示。

附表 B-1　VBA 语句与功能

语　句	功　能
AppActivate	激活一个应用程序窗口
Beep	通过计算机喇叭发出声音
Call	将控制权转移到另一个过程
ChDir	改变当前目录
ChDrive	改变当前驱动器
Close	关闭一个文本文件
Const	声明一个常量
Date	设置当前系统日期
Declare	声明对动态链接库 DLL 中外部过程的引用
DefBool	将指定字母开头的变量的默认数据类型设置为 Boolean
DefByte	将指定字母开头的变量的默认数据类型设置为 Byte
DefCur	将指定字母开头的变量的默认数据类型设置为 Cur
DefDate	将指定字母开头的变量的默认数据类型设置为 Date
DefDec	将指定字母开头的变量的默认数据类型设置为 Dec
DefDbl	将指定字母开头的变量的默认数据类型设置为 Dbl
DefInt	将指定字母开头的变量的默认数据类型设置为 Int
DefLng	将指定字母开头的变量的默认数据类型设置为 Lng
DefObj	将指定字母开头的变量的默认数据类型设置为 Obj
DefSng	将指定字母开头的变量的默认数据类型设置为 Sng
DefStr	将指定字母开头的变量的默认数据类型设置为 Str
DefVar	将指定字母开头的变量的默认数据类型设置为 Var
DeleteSetting	在 Windows 注册表中，从应用程序项目中删除区域或注册表项设置
Dim	声明变量及其数据类型
Do-Loop	当条件为 True 时，或直到条件变为 True 时，重复执行指定的代码
End	退出指定的过程
Enum	声明枚举类型
Erase	重新初始化大小固定的数组的元素，以及释放动态数组的存储空间
Error	模拟错误的发生

续表

语　句	功　能
Event	声明一个用户定义的事件
Exit Do	退出一个 Do-Loop 循环
Exit For	退出一个 For-Next 循环
Exit Function	退出一个函数过程
Exit Property	退出一个属性过程
Exit Sub	退出一个子过程
FileCopy	复制一个文件
For Each-Next	对一个数组或集合中的每个元素重复执行指定的代码
For-Next	对指定的代码循环执行指定的次数
Function	声明一个函数过程
Get	从文本文件中读取数据
GoSub-Return	从一个过程跳转到另一个过程并执行代码，执行后返回到之前的过程
GoTo	跳转到指定地代码行
If-Then-Else	按条件执行代码
Implements	指定将在类模块中实现的接口或类
Input#	从顺序文本文件中读取数据
Kill	从磁盘中删除文件
Let	为变量或属性赋值
Line Input#	从顺序文本文件中读取一行数据
Load	将对象加载到内存中，但不显示该对象
Lock,Unlock	对访问一个文本文件进行控制
LSet	将字符串变量中的字符串左对齐
Mid	使用其他字符替换字符串中的字符
MkDir	创建一个新的文件夹
Name	重命名一个文件或文件夹
On Error	启动错误处理程序
On-GoSub	根据条件跳转到指定的代码行
On-GoTo	根据条件跳转到指定的代码行
Open	打开一个文本文件
Option Base	声明数组的默认下限
Option Compare	声明字符串的默认比较方式
Option Explicit	强制显式声明模块中的所有变量
Option Private	指明当前模块是私有的
Print#	向顺序文本文件中写入数据
Private	声明模块级的私有变量
Property Get	声明一个获取属性值的过程

续表

语　句	功　能
Property Let	声明一个给属性赋值的过程
Property Set	声明一个设置对象引用的过程
Public	声明一个公共变量
Put	将一个变量中的数据写入文本文件中
RaiseEvent	引发一个用户定义的事件
Randomize	初始化随机数生成器
ReDim	修改动态数组的维度
Rem	对代码添加注释
Reset	关闭所有打开的文本文件
Resume	在错误处理程序结束后，恢复原有的运行
RmDir	删除一个空文件夹
RSet	将字符串变量中的字符串右对齐
SaveSetting	在 Windows 注册表中保存或创建应用程序记录
Seek	设置文本文件中下一个读/写操作的位置
Select Case	根据表达式的值，有条件地执行代码
SendKeys	发送按键到活动窗口中
Set	将对象引用赋值给一个变量或属性
SetAttr	修改一个文件的属性信息
Static	声明静态变量，在程序运行期间始终保存该变量的值
Stop	暂停程序的执行
Sub	声明一个子过程
Time	设置系统时间
Type	定义一个自定义数据类型
Unload	从内存中删除一个对象
While-Wend	当条件为 True 时，重复执行指定的代码
Width#	设置文本文件的输出行宽度
With	在一个对象上执行一系列代码，主要用于设置对象的多个属性和方法
Write#	向顺序文本文件中写入数据

附录 C　VBA 错误代码

VBA 错误代码及消息如附表 C-1 所示。

附表 C-1　VBA 错误代码及消息

错误代码	消　　息
3	无 GoSub 返回
5	无效的过程调用或参数
6	溢出
7	内存溢出
9	下标越界
10	该数组被固定或暂时锁定
11	除数为零
13	类型不匹配
14	溢出串空间
16	表达式太复杂
17	不能执行所需的操作
18	出现用户中断
20	无错误恢复
28	溢出堆栈空间
35	子过程或函数未定义
47	DLL 应用程序客户太多
48	加载 DLL 错误
49	DLL 调用约定错误
51	内部错误
52	文件名或文件号错误
53	文件未找到
54	文件模式错误
55	文件已打开
57	设备 I/O 错误
58	文件已存在
59	记录长度错误
61	磁盘已满
62	输入超出文件尾

续表

错误代码	消　息
63	记录号错误
67	文件太多
68	设备不可用
70	拒绝的权限
71	磁盘未准备好
74	不能更名为不同的驱动器
75	路径/文件访问错误
76	路径未找到
91	对象变量或 With 块变量未设置
92	For 循环未初始化
93	无效的模式串
94	无效使用 Null
96	由于对象已经激活了事件接收器支持的最大数目的事件，不能吸收对象的事件
97	不能调用对象的友元函数，该对象不是所定义类的一个实例
98	属性或方法调用不能包括对私有对象的引用，不论是作为参数还是作为返回值
321	无效文件格式
322	不能创建必要的临时文件
325	资源文件中格式无效
380	无效属性值
381	无效的属性数组索引
382	运行时不支持 Set
383	（只读属性）不支持 Set
385	需要属性数组索引
387	Set 不允许
393	运行时不支持 Get
394	（只写属性）不支持 Get
422	属性没有找到
423	属性或方法未找到
424	要求对象
429	ActiveX 部件不能创建对象
430	类不支持自动化 Automation）或不支持期待的接口
432	自动化（Automation）操作时文件名或类名未找到
438	对象不支持该属性或方法
440	自动化（Automation）错误
442	远程进程到类型库或对象库的连接丢失。单击对话框中的“确定”按钮取消引用
443	Automation 对象无缺省值

续表

错误代码	消　　息
445	对象不支持该动作
446	对象不支持命名参数
447	对象不支持当前的本地设置
448	未找到命名参数
449	参数不可选
450	错误的参数号或无效的属性赋值
451	property let 过程未定义，property get 过程未返回对象
452	无效的序号
453	指定的 DLL 函数未找到
454	代码资源未找到
455	代码资源锁定错误
457	该关键字已经与该集合的一个元素相关联
458	变量使用了一个 Visual Basic 不支持的自动化（Automation）类型
459	对象或类不支持的事件集
460	无效的剪贴板格式
461	方法和数据成员未找到
462	远程服务器不存在或不可用
463	类未在本地机器上注册
481	无效的图片
482	打印机错误
735	不能将文件保存到 TEMP
744	要搜索的文本没有找到
746	替换文本太长
1004	应用程序定义或对象定义错误